建筑制图与识图从入门到精通

鸿图造价 组织编写　　杨霖华 赵小云 主编

U0221866

化学工业出版社

·北京·

内 容 简 介

本书主要依据建筑相关专业的最新制图规范编写,共 21 章。首先,本书系统地介绍了建筑行业的基本制图要求、绘图基础、相关专业的常用图例和制图规定。接着,在识图部分,本书全面介绍了识读本专业施工图的原则、顺序、方法和识图的主要内容。然后,本书在识读应用部分列举了大量各专业的实际图纸并对其进行了细致、具体的识读说明。最后,本书用一个整套施工图纸作为案例,对其进行了全面、深入的识读和解读。

本书内容涵盖建筑行业的建筑设计、结构、装饰、给水排水、电气、暖通等各个专业,可作为从事建筑工程、工程造价、建筑工程管理、建筑装饰工程施工、建筑设计、安装工程技术等方面从业人员的参考用书,也可供高等院校、高职院校等相关专业作为教材使用。

图书在版编目（CIP）数据

建筑制图与识图从入门到精通/鸿图造价组织编写；杨霖华，赵小云主编 . —北京：化学工业出版社，2022.7

ISBN 978-7-122-41194-5

Ⅰ.①建…　Ⅱ.①鸿…②杨…③赵…　Ⅲ.①建筑制图-识图　Ⅳ.①TU204.21

中国版本图书馆 CIP 数据核字（2022）第 062959 号

责任编辑：彭明兰　邹　宁　　　　　　　　　　装帧设计：刘丽华
责任校对：田睿涵

出版发行：化学工业出版社（北京市东城区青年湖南街 13 号　邮政编码 100011）
印　　装：大厂聚鑫印刷有限责任公司
787mm×1092mm　1/16　印张 40¼　字数 983 千字　2023 年 4 月北京第 1 版第 1 次印刷

购书咨询：010-64518888　　　　　　　　　　售后服务：010-64518899
网　　址：http://www.cip.com.cn
凡购买本书，如有缺损质量问题，本社销售中心负责调换。

定　　价：99.00 元

编写人员名单

组织编写：鸿图造价

主　　编：杨霖华　赵小云

副主编：孙丹枫　王　旭　周　鹏　杨　崇　刘　传　王庆杰

编　　委：胡富望　刘文明　王守华　李小辉　刘　云　郝莹莹

张忠远　张宏涛　高　鹏　杨中华　夏金灿　王家梁

刘晓锦　李　丹　张俊利　朱　峰　席广建　张　良

马洪志　王俊丹　贺　冰　赵傲东　常鸿尚　赵毅丽

晋苗苗　毛　幸　张庆伟　刘文龙　潘亚奇　张孟豪

吴中房　袁　航

前 言

　　"建筑制图与识图"是一门用投影法绘制工程图的学科。工程技术人员的设计意图只有通过工程图样才能确切地表达出来，施工人员也只有在看懂工程图样的前提下，才能依据图样进行施工。由此可见，工程图样是工程界用以表达和交流技术思想的工具之一，也因此被称为"工程界的技术语言"。为了使读者掌握最全面的知识，本书内容大而全，涵盖了建筑、装饰、安装三大专业，顺应目前市场工程人员的需求，也完美地覆盖大建筑的范畴，内容层次从基础入门开始，循序渐进，解读者之难、释读者之疑，为工程技术人员提供强有力的支持。

　　本书站在读者的角度，系统地介绍了建筑、装饰、安装工程关于制图与识图的要点，并针对实际工程中容易被初学者忽略的问题做了特别说明。本书还配套了相关资源，以帮助读者达到快速学习的目的。为了进一步为读者答疑解惑，本书还提供在线答疑服务。

　　本书的内容主要包含国家标准基本规定、绘图技术基础、投影基础、建筑形体的表达方法、轴测图、施工图图样、建筑结构制图、暖通空调制图、给水排水制图、电气制图、建筑施工图的识读、结构施工图的识读、装饰装修施工图的识读、设备施工图的识读、建筑施工图识读的应用、结构施工图识读的应用、装饰装修施工图识读的应用、给水排水施工图识读的应用、采暖与通风空调工程施工图识读的应用、电气工程施工图识读的应用、工程施工图实例解读分析等。与同类书相比，本书每章均进行了详细的划分，将知识点分门别类有序进行讲解，以求尽最大努力为读者提供有价值的学习资料。本书结合时代潮流，配合实际案例识图，在内容上做到了循序渐进、环环相扣，同时也做到了系统性和完整性的统一，为读者的学习提供了极大的便利。

　　本书与同类书相比具有的显著特点如下。

　　（1）采用微视频讲解的模式，在内页重要知识点相关图文的旁边附有二维码，读者只要用手机扫描二维码，即可在手机上随时浏览对应的教学视频，视频内容与图书涉及的知识完全匹配，复杂难懂的图文知识通过视频解读，变得更加直观易懂。

　　（2）图文串讲，图片和文字相呼应，尤其是在识图章节，图文互相对应，增加直观性，提高学习效率。

　　（3）理论实践性强，书中的图片和相关的实例均取材于实际工程，在同类型实例中具有典型性，同时针对性也比较强。

（4）跟踪答疑服务。对于读者采用跟踪服务的方式，在一定程度上为读者提供最贴切的疑难解答服务。

本书在编写过程中，得到了许多同行的支持与帮助，在此一并表示感谢。由于编者水平有限、时间紧迫，书中难免有疏漏和不足之处，望广大读者批评指正。如有疑问，可发邮件至 zjyjr1503@163.com 或是申请加入 QQ 群 909591943 与编者联系。

目 录

第3章 03 投影基础

第4章 04 建筑形体的表达方法

第5章 05 轴测图

第6章 06 施工图图样

第7章 07 建筑结构制图

第8章 08 暖通空调制图

第9章 09 给水排水制图

第10章 10 电气制图

第11章 建筑施工图的识读

第12章 结构施工图的识读

13 第13章 装饰装修施工图的识读

14 第14章 设备施工图的识读

第15章 建筑施工图识读的应用

第16章 结构施工图识读的应用

第17章 装饰装修施工图识读的应用

18 第18章 给水排水施工图识读的应用

19 第19章 采暖与通风空调工程施工图识读的应用

20 第20章 电气工程施工图识读的应用

21 第21章 工程施工图实例解读分析

主要参考文献

第 1 章

国家标准基本规定

1.1 图纸幅面规格与图纸编排顺序

1.1.1 图纸幅面

1.1.1.1 图幅纸面规格

扫码观看视频

图纸幅面

图纸幅面简称图幅，指由图纸的宽度和长度组成的图面，即图纸的有效范围，通常用细实线绘出，称为图纸的幅面线或边框线，基本幅面的尺寸及图纸边框尺寸见表 1-1。如基本幅面不能满足绘图时布图的需要，可采用加长幅面，如 297×630 即 $297 \times (420+210)$，841×1783 即 $841 \times (1189+2 \times 297)$❶等。需要时，可查阅有关规定。为了使图纸幅面统一，便于装订和保管，绘制图样时应优先采用表 1-1 中规定的基本幅面。

表 1-1　基本幅面的尺寸及图纸边框尺寸　　　　单位：mm

幅面代号	A0	A1	A2	A3	A4
$b \times l$	841×1189	594×841	420×594	297×420	210×297
a	25				
c	10			5	

注：b 为幅面短边尺寸，l 为幅面长边尺寸，c 为图框线与幅面线的间距，a 为图框线与装订边的间距。

1.1.1.2 图幅尺寸

图纸幅面通常有横式和立式两种形式。以长边为水平边的为横式幅面；以短边为水平边的称为立式幅面。A0～A3 图纸宜横式使用；必要时，也可立式使用。一个工程设计中，每个专业所使用的图纸不宜多于两种幅面，不含目录及表格所使用的 A4 幅面。图幅尺寸如图 1-1 所示。

---

❶　单位为 mm。

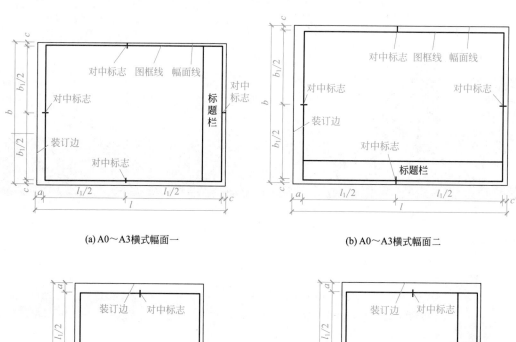

(a) A0～A3横式幅面一　　　　　　　　　　(b) A0～A3横式幅面二

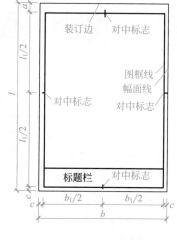

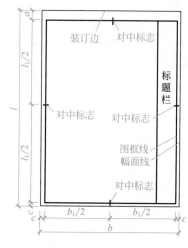

(c) A0～A4立式幅面一　　　　　　　　　　(d) A0～A4立式幅面二

图 1-1　图幅尺寸

b—幅面短边尺寸；l—幅面长边尺寸；c—图框线与幅面线的间距；

a—图框线与装订边的间距；b_1—图框短边尺寸；l_1—图框长边尺寸

图幅内应画出图框线，图框线用粗实线绘制，与图纸幅面线的间距宽 a 和 c 应符合表 1-1 的规定。

1.1.1.3　附加符号

① 对中符号。为使图纸复制和微缩时定位方便，应在图纸各边的中点处用粗实线画出对中符号，长度从纸边界开始伸入图框内约 5mm。对中符号处在标题栏范围内，伸入标题栏部分省略不画，如图 1-2 所示。

② 方向符号。当使用预先印制的图纸时，为了明确绘图和看图方向，要在对中符号处画出一个方向符号。方向符号是用细实线画的等边三角形"▽"，如图 1-3 所示。

图 1-2　对中符号　　　　　　　　　　图 1-3　方向符号

1.1.2　标题栏

　　工程图纸应有工程名称、图名、图号、比例、设计单位、注册师姓名、设计人姓名、审核人姓名及日期等内容，把这些集中列表放在图纸的下面或右面，如图 1-4 所示，称为图纸标题栏，简称图标。涉外工程的标题栏内，各项主要内容的中文下方应附有译文，设计单位的上方或左方，应加"中华人民共和国"字样。会签栏宜布置在图框外的左下角，会签栏外框线线宽宜为 0.5mm；内分格线线宽宜为 0.25mm。会签栏如图 1-5 所示。

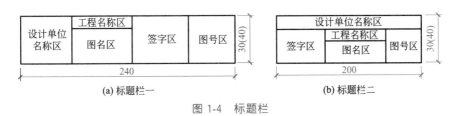

(a) 标题栏一　　　　　　　　　　　(b) 标题栏二

图 1-4　标题栏

图 1-5　会签栏

1.1.3　图纸编排顺序

1.1.3.1　房屋建筑工程

　　① 工程图纸应按专业顺序编排，顺序为图纸目录、设计说明、总图、建筑图、结构图、给水排水图、暖通空调图、电气图等。

② 各专业的图纸，应按图纸内容的主次关系、逻辑关系进行分类排序。

1.1.3.2 道路工程

① 工程图纸应按封面、扉页、目录、说明、材料总数量、工程位置平面图、主体工程、次要工程等顺序排列。

② 扉页应绘制图框，各级负责人签署区应位于图幅上部或左部；参加项目的主要成员签署区、设计单位等级、设计单位证书号，应位于图幅的下部或右部，排列应力求匀称。

③ 图纸目录应绘制图框，目录本身不应编入图号与页号。

1.2 图线

扫码观看视频

图线

在绘制建筑工程图时，图线是构成图样的基本元素，为了表示出图中不同的内容，并且能够分清主次，必须使用不同的线型和不同粗细的图线。因此，掌握各类图线的画法是建筑制图最基本的要求。

（1）线宽

建筑工程图中，对于表示不同内容和区别主次的图线，其线宽都互成一定的比例，即粗线、中粗线、中线、细线。四种线宽比分别为 b、$0.7b$、$0.5b$、$0.25b$。

粗线的宽度代号为 b，它应根据图的复杂程度及比例大小，从下面的线宽系列中选取：1.4mm、1.0mm、0.7mm、0.5mm。

绘制比例较小的图或比较复杂的图，应选取较细的线。当选定了粗线的宽度 b 后，中粗线及细线的宽度也就随之确定而成为线宽组。线宽组如表 1-2 所示。

表 1-2　线宽组

线宽比	线宽组/mm			
b	1.4	1.0	0.7	0.5
$0.7b$	1.0	0.7	0.5	0.35
$0.5b$	0.7	0.5	0.35	0.25
$0.25b$	0.35	0.25	0.18	0.13

（2）线型

建筑工程图样采用的常用线型、线宽及其主要用途见表 1-3。

表 1-3　常用线型、线宽及其主要用途

名称		线型	线宽	一般用途
实线	粗	————	b	主要可见轮廓线
	中粗	————	$0.7b$	可见轮廓线、变更云线
	中	————	$0.5b$	可见轮廓线、尺寸线
	细	————	$0.25b$	图例填充线、家具线

名称		线型	线宽	一般用途
虚线	粗		b	见各有关专业制图标准
	中粗		$0.7b$	不可见轮廓线
	中		$0.5b$	不可见轮廓线、图例线
	细		$0.25b$	图例填充线、家具线
单点长划线	粗		b	见各有关专业制图标准
	中		$0.5b$	见各有关专业制图标准
	细		$0.25b$	中心线、对称线、轴线等
双点长划线	粗		b	见各有关专业制图标准
	中		$0.5b$	见各有关专业制图标准
	细		$0.25b$	假想轮廓线、成型前原始轮廓线
折断线	细		$0.25b$	断开界线
波浪线	细		$0.25b$	断开界线

相互平行的图例线，其净间隙或线中间隙不宜小于 0.2mm。

虚线、单点长划线或双点长划线的线段长度和间隔，宜各自相等。单点长划线或双点长划线，当在较小图形中绘制有困难时，可用实线代替。

单点长划线或双点长划线的两端不应采用点。点划线与点划线交接或点划线与其他图线交接时，应采用线段交接的方式。

虚线与虚线交接或虚线与其他图线交接时，应采用线段交接的方式。虚线为实线的延长线时，不得与实线相接。

图线不得与文字、数字或符号重叠、混淆，不可避免时，应首先保证文字的清晰。

1.3 字体

用图线绘成的图样，需用文字及数字加以注释，表明其大小尺寸、有关材料、构造做法、施工要点及标题。图样上所需书写的文字、数字或符号等，均应笔划清晰、字体端正、排列整齐，标点符号应清楚正确。

（1）字高

文字的字高，应从表 1-4 中选用。字高大于 10mm 的文字宜采用 True Type 字体，如需书写更大的字，其高度应按 $\sqrt{2}$ 的倍数递增。

表 1-4　文字的字高　　　　　　　　　单位：mm

字体种类	汉字矢量字体	True Type 字体及非汉字矢量字体
字高	3.5、5、7、10、14、20	3、4、6、8、10、14、20

（2）汉字

图样及说明中的汉字，宜优先采用 True Type 字体中的宋体字型，采用矢量字体时应为长仿宋体字型。同一图纸字体种类不应超过两种。矢量字体的宽高比宜为 0.7，且应符合表 1-5 的规定，打印线宽宜为 0.25～0.35mm；True Type 字体宽高比宜为 1。大标题、图册封面、地形图等的汉字，也可书写成其他字体，但应易于辨认，其宽高比宜为 1。

表 1-5　长仿宋字高宽关系　　　　　　　　　　　　　单位：mm

字高	3.5	5	7	10	14	20
字宽	2.5	3.5	5	7	10	14

书写要领为横平竖直、注意起落、结构匀称、填满方格。汉字的简化字书写应符合国家有关汉字简化方案的规定。

（3）图样及说明中的字母、数字

图样及说明中的字母、数字，宜优先采用 True Type 字体中的 Roman 字型，书写规则应符合表 1-6 的规定。

表 1-6　字母及数字的书写规则

书写格式	字体	窄字体
大写字母高度	h	h
小写字母高度（上下均无延伸）	$\frac{7}{10}h$	$\frac{10}{14}h$
小写字母伸出的头部或尾部	$\frac{3}{10}h$	$\frac{4}{14}h$
笔划宽度	$\frac{1}{10}h$	$\frac{1}{14}h$
字母间距	$\frac{2}{10}h$	$\frac{2}{14}h$
上下行基准线的最小间距	$\frac{15}{10}h$	$\frac{21}{14}h$
词间距	$\frac{6}{10}h$	$\frac{6}{14}h$

字母及数字，当需写成斜体字时，其斜度应是从字的底线逆时针向上倾斜 75°。斜体字的高度和宽度应与相应的直体字相等。字母及数字的字高不应小于 2.5mm。

（4）数量

数量的数值注写，应采用正体阿拉伯数字。各种计量单位凡前面有量值的，均应采用国家颁布的单位符号注写。单位符号应采用正体字母。阿拉伯数字示例如图 1-6 所示。

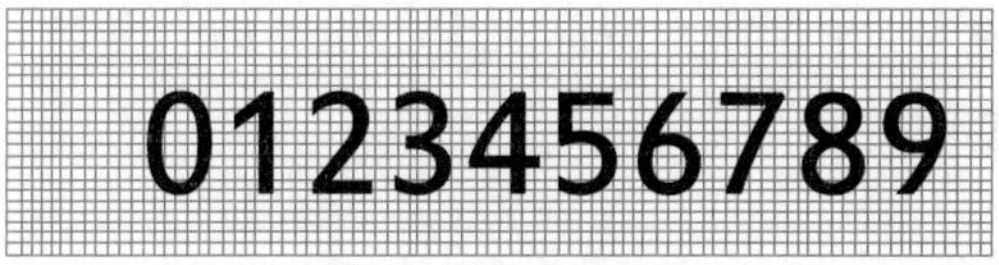

$$0123456789$$

图 1-6　阿拉伯数字示例

（5）拉丁字母

拉丁字母的大写和小写均有斜体和直体两种，写法示例如图 1-7 所示。汉语拼音字母来源于拉丁字母。

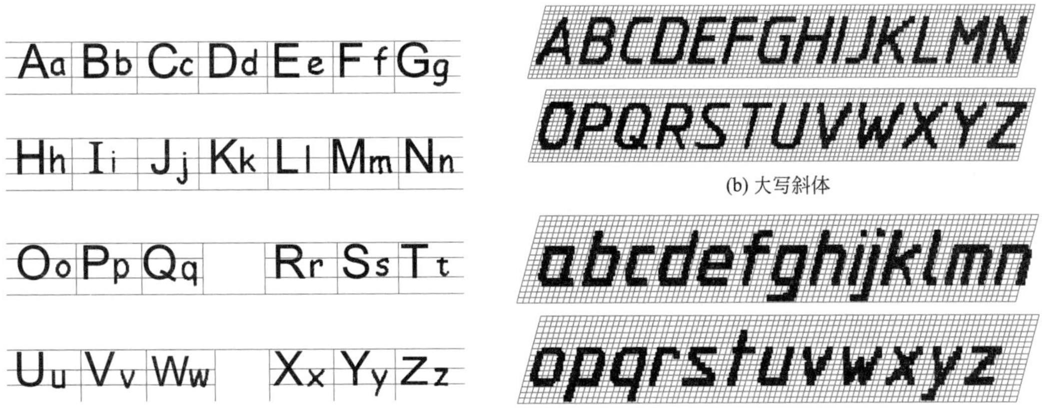

(b) 大写斜体

(a) 直体大小写

(c) 小写斜体

图 1-7　拉丁字母示例

1.4　比例

图样的比例，应为图形与实物相对应的线性尺寸之比。比例的符号应为"**：**"，比例应以阿拉伯数字表示。比例宜注写在图名的右侧，字的基准线应取平；比例的字高宜比图名的字高小一号或二号，如图 1-8 所示。

平面图 1:100　　⑥ 1:20

图 1-8　比例的注写

绘图所用的比例应根据图样的用途与被绘对象的复杂程度，从表 1-7 中选用，并应优先采用表中的常用比例。

表 1-7　绘图所用的比例

种类	比例
常用比例	1：1，1：2，1：5，1：10，1：20，1：30，1：50，1：100，1：150，1：200，1：500，1：1000、1：2000
可用比例	1：3，1：4，1：6，1：15，1：25，1：40，1：60，1：80，1：250，1：300，1：400，1：600，1：5000、1：10000，1：20000，1：50000，1：100000，1：2000000

一般情况下，一个图样应选用一种比例。根据专业制图需要，同一图样可选用两种比例。特殊情况下也可自选比例，这时除应注出绘图比例外，还应在适当位置绘制出相应的比例尺。需要缩微的图纸应绘制比例尺。

1.5　符号

扫码观看视频

剖切符号

1.5.1　剖切符号

剖切符号宜优先选择国际通用方法表示，也可采用常用方法表示，同一套图纸应选用同一种表示方法。

① 剖切符号标注的位置应符合下列规定。

a. 建（构）筑物剖面图的剖切符号应注在±0.000标高的平面图或首层平面图上。

b. 局部剖切图（不含首层）、断面图的剖切符号应注在包含剖切部位的最下面一层的平面图上。

② 采用国际通用剖视表示方法时，剖面及断面的剖切符号应符合下列规定。

a. 剖面剖切索引符号应由直径为8～10mm的圆和水平直径以及两条相互垂直且外切圆的线段组成，水平直径上方应为索引编号，下方应为图纸编号，线段与圆之间应填充黑色并形成箭头表示剖视方向，索引符号应位于剖线两端；断面及剖视详图剖切符号的索引符号应位于平面图外侧一端，另一端为剖视方向线，长度宜为7～9mm，宽度宜为2mm。

b. 剖切线与符号线线宽应为0.25b。

c. 需要转折的剖切位置线应连续绘制。

d. 剖号的编号宜由左至右、由下向上连续编排。剖视的剖切符号如图1-9所示。

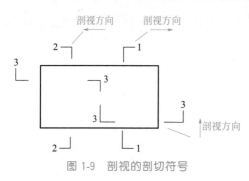

图1-9　剖视的剖切符号

③ 采用常用方法表示时，剖面的剖切符号应由剖切位置线及剖视方向线组成，均应以粗实线绘制，线宽宜为b。剖面的剖切符号应符合下列规定。

a. 剖切位置线的长度宜为6～10mm；剖视方向线应垂直于剖切位置线，长度应短于剖切位置线，宜为4～6mm。绘制时，剖视剖切符号不应与其他图线相接触。

b. 剖视剖切符号的编号宜采用粗阿拉伯数字，按剖切顺序由左至右、由下向上连续编排，并应注写在剖视方向线的端部。

c. 需要转折的剖切位置线，应在转角的外侧加注与该符号相同的编号。

d. 断面的剖切符号应仅用剖切位置线表示，其编号应注写在剖切位置线的一侧；编号所在的一侧应为该断面的剖视方向，其余同剖面的剖切符号。

e. 当与被剖切图样不在同一张图内时，应在剖切位置线的另一侧注明其所在图纸的编号，也可在图上集中说明。断面的剖切符号如图1-10所示。

④ 索引剖视详图时，应在被剖切的部位绘制剖切位置线，并以引出线引出索引符号，引出线所在的一侧应为剖视方向。索引的剖视符号如图1-11所示。

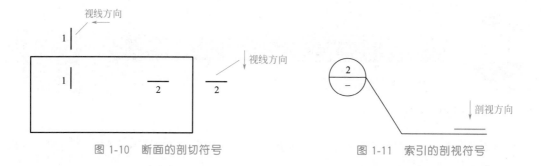

图1-10　断面的剖切符号　　　　　　图1-11　索引的剖视符号

1.5.2 索引符号与详图符号

（1）索引符号

图样中的某一局部或构件，如需另见详图，应以索引符号索引，如图 1-12 所示。索引符号应由直径为 8～10mm 的圆和其水平直径组成，圆及水平直径线宽宜为 $0.25b$。

索引符号编写应符合下列规定。

① 当索引出的详图与被索引的详图同在一张图纸内，应在索引符号的上半圆中用阿拉伯数字注明该详图的编号，并在下半圆中间画一段水平细实线，如图 1-13 所示。

② 当索引出的详图与被索引的详图不在同一张图纸中，应在索引符号的上半圆中用阿拉伯数字注明该详图的编号，在索引符号的下半圆用阿拉伯数字注明该详图所在图纸的编号，如图 1-14 所示。数字较多时，可加文字标注。

图 1-12　索引符号一　　　图 1-13　索引符号二　　　图 1-14　索引符号三

③ 当索引出的详图采用标准图时，应在索引符号水平直径的延长线上加注该标准图集的编号，如图 1-15 所示。需要标注比例时，应在文字的索引符号右侧或延长线下方，与符号下对齐。

④ 索引符号如用于索引剖视详图，应在被剖切的部位绘制剖切位置线，并以引出线引出索引符号，引出线所在的一侧应为剖视方向。索引符号的编号同前述的规定，如图 1-16 所示。

图 1-15　索引符号四　　　　　　图 1-16　用于索引剖面详图的索引符号

（2）设备符号

零件、钢筋、杆件及消火栓、配电箱、管井等设备的编号宜以直径为 4～6mm 的圆表示，圆线宽为 $0.25b$，同一图样应保持一致，其编号应用阿拉伯数字按顺序编写。

（3）详图符号

详图的位置和编号，应以详图符号表示。详图符号的圆应以直径为 14mm 的粗实线绘制。

详图应按下列规定编号。

① 详图与被索引的图样同在一张图纸内时，应在详图符号内用阿拉伯数字注明详图的编号，如图 1-17 所示。

② 详图与被索引的图样不在同一张图纸内时，应用细实线在详图符号内画一水平直径，在上半圆中注明详图编号，在下半圆中注明被索引的图纸的编号，如图 1-18 所示。

图 1-17　详图符号所示详图位置一

图 1-18　详图符号所示详图位置二

1.5.3　引出线

引出线线宽应为 $0.25b$，宜采用水平方向的直线，或与水平方向成 30°、45°、60°、90°的直线，并经上述角度再折成水平线。文字说明宜注写在水平线的上方，如图 1-19 所示，也可注写在水平线的端部，如图 1-20 所示。索引详图的引出线，应与水平直径线相连接，如图 1-21 所示。

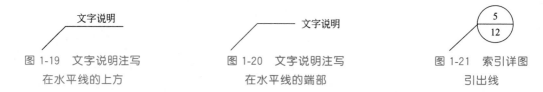

图 1-19　文字说明注写　　　　　图 1-20　文字说明注写　　　　　图 1-21　索引详图
在水平线的上方　　　　　　　　在水平线的端部　　　　　　　　引出线

同时引出的几个相同部分的引出线，宜互相平行，如图 1-22 所示，也可画成集中于一点的放射线，如图 1-23 所示。

图 1-22　平行共用引出线　　　　　　　图 1-23　放射共用引出线

多层构造或多层管道共用引出线，应通过被引出的各层，并用圆点示意对应各层次。文字说明宜注写在水平线的上方，或注写在水平线的端部，说明的顺序应由上至下，并应与被说明的层次对应一致；如层次为横向排序，则由上至下的说明顺序应与由左至右的层次对应一致，如图 1-24 所示。

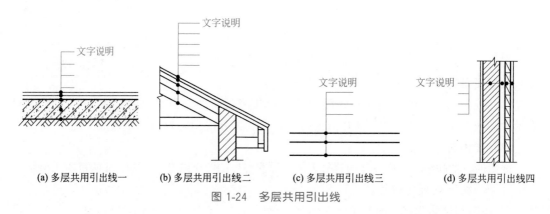

(a) 多层共用引出线一　　　(b) 多层共用引出线二　　　(c) 多层共用引出线三　　　(d) 多层共用引出线四

图 1-24　多层共用引出线

1.5.4　其他符号

对称符号应由对称线和两端的两对平行线组成。对称线应用单点长划线绘制，线宽宜为 0.25b；平行线应用实线绘制，其长度宜为 6～10mm，每对的间距宜为 2～3mm，线宽宜为 0.5b；对称线应垂直平分于两对平行线，两端超出平行线宜为 2～3mm，如图 1-25 所示。

连接符号应以折断线表示需连接的部分。两部位相距过远时，折断线两端靠图样一侧应标注大写英文字母表示连接编号。两个被连接的图样应用相同的字母编号，如图 1-26 所示。

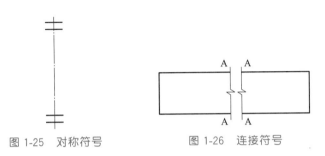

图 1-25　对称符号　　　　图 1-26　连接符号

指北针的形状如图 1-27 所示，其圆的直径宜为 24mm，用细实线绘制；指针尾部的宽度宜为 3mm，指针头部应注"北"或"N"字。需用较大直径绘制指北针时，指针尾部的宽度宜为直径的 1/8。

指北针与风玫瑰结合时宜采用互相垂直的线段，线段两端应超出风玫瑰轮廓线 2～3mm，垂点宜为风玫瑰中心，北向应注"北"或"N"字，组成风玫瑰的所有线宽均宜为 0.5b，如图 1-28 所示。

对图纸中局部变更部分宜采用云线，并宜注明修改版次。修改版次符号宜为边长 0.8cm 的正等边三角形，修改版次应采用数字表示，如图 1-29 所示，图 1-29 中三角形内的"1"表示变更次数。变更云线的线宽宜按 0.7b 绘制。

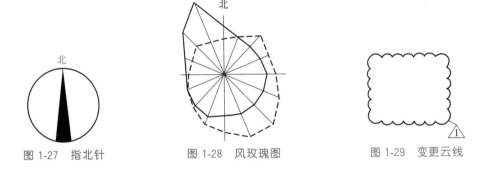

图 1-27　指北针　　　　图 1-28　风玫瑰图　　　　图 1-29　变更云线

1.6　定位轴线

扫码观看视频

定位轴线应用 0.25b 线宽的单点长划线绘制。定位轴线应编号，编号应注写在轴线端部的圆内。圆应用 0.25b 线宽的实线绘制，直径宜为 8～10mm。定位轴线圆的圆心应在定位轴线的延长线上或延长线的折线上。

定位轴线

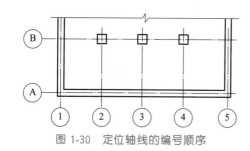

图 1-30　定位轴线的编号顺序

除较复杂需采用分区编号或圆形、折线形的定位轴外，平面图上定位轴线的编号，宜标注在图样的下方及左侧，或在图样的四面标注。横向编号应用阿拉伯数字，从左至右顺序编写；竖向编号应用大写英文字母，从下至上顺序编写，如图 1-30 所示。

英文字母作为轴线号时，应全部采用大写字母，不应用同一个字母的大小写来区分轴线号。英文字母的 I、O、Z 不得用作轴线编号。当字母数量不够使用时，可增用双字母或单字母加数字注脚。

较复杂的组合平面图中定位轴线可采用分区编号，如图 1-31 所示。编号的注写形式应为"分区号-该分区定位轴线编号"，分区号宜采用阿拉伯数字或大写英文字母表示；多子项的平面图中定位轴线可采用子项编号，编号的注写形式为"子项号-该子项定位轴线编号"，子项号采用阿拉伯数字或大写英文字母表示，如"1-1""1-A"或"A-1""A-2"。当采用分区编号或子项编号，同一根轴线有不止 1 个编号时，相应编号应同时注明。

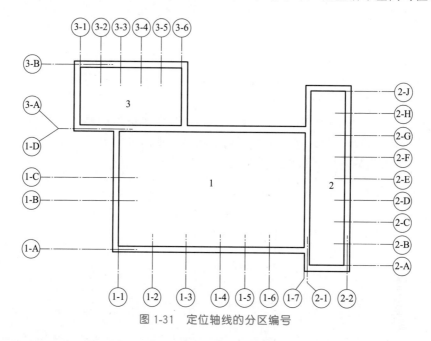

图 1-31　定位轴线的分区编号

附加定位轴线的编号应以分数形式表示，并应符合下列规定。

① 两根轴线的附加轴线，应以分母表示前一轴线的编号，分子表示附加轴线的编号，编号宜用阿拉伯数字顺序编写。

② 1 号轴线或 A 号轴线之前的附加轴线的分母应以 01 或 0A 表示。

一个详图适用于几根轴线时，应同时注明各有关轴线的编号，如图 1-32 所示。

通用详图中的定位轴线，应只画圆，不注写轴线编号。

圆形与弧形平面图中的定位轴线，其径向轴线应以角度进行定位，其编号宜用阿拉伯数字表示，从左下角或 $-90°$（若径向轴线很密，角度间隔很小）开始，按逆时针顺序编写；其环向轴线宜用大写英文字母表示，从外向内顺序编写，如图 1-33 所示。圆形与弧

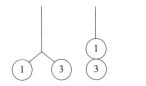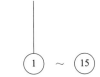

(a) 用于两根轴线时　　(b) 用于3根或3根以上轴线时　　(c) 用于3根以上连续编号的轴线时

图 1-32　详图的轴线编号

形平面图的圆心宜选用大写英文字母编号（I、O、Z 除外），有不止 1 个圆心时，可在字母后加注阿拉伯数字进行区分，如 P1、P2、P3。

折线形平面图中定位轴线的编号如图 1-34 所示。

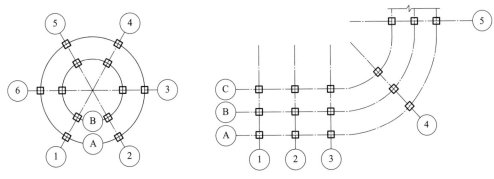

(a) 圆形平面定位轴线的编号　　　　　　(b) 弧形平面定位轴线的编号

图 1-33　定位轴线的编号编写

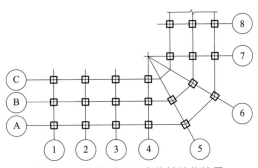

图 1-34　折线形平面定位轴线的编号

1.7　常用建筑材料表示方法

1.7.1　一般规定

一般只规定常用建筑材料的图例画法，对其尺度比例不作具体规定。使用时，尺度比例应根据图样大小而定，并应符合下列规定。

① 图例线应间隔均匀、疏密适度，做到图例正确、表示清楚。

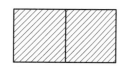
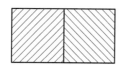

图 1-35　相同图例相接时的画法

② 不同品种的同类材料使用同一图例时，应在图上附加必要的说明。

③ 两个相同的图例相接时，图例线宜错开或使倾斜方向相反，如图 1-35 所示。

④ 两个相邻的填黑或灰的图例间应留有空隙，其净宽度不得小于 0.5mm，如图 1-36 所示。

下列情况可不绘制图例，但应增加文字说明。

a. 一张图纸内的图样只采用一种图例时。

b. 图形较小无法绘制表达建筑材料图例时。

c. 需画出的建筑材料图例面积过大时。此种情况下可在断面轮廓线内沿轮廓线作局部表示，如图 1-37 所示。

图 1-36　相邻填黑图例的画法　　　　　图 1-37　局部表示图例

1.7.2　常用建筑材料图例

当选用《房屋建筑制图统一标准》（GB/T 50001—2017）中未包括的建筑材料时，可自编图例，但不得与标准所列的图例重复。绘制时，应在适当位置画出该材料图例，并加以说明。

常用建筑材料图例如表 1-8 所示。

表 1-8　常用建筑材料图例

序号	名称	图例	备注
1	自然土壤		包括各种自然土壤
2	夯实土壤		—
3	砂、灰土		—
4	石材		—
5	毛石		—
6	实心砖、多孔砖		包括普通砖、多孔砖、混凝土砖等砌体
7	耐火砖		包括耐酸砖等砌体

序号	名称	图例	备注
8	空心砖、空心砌块		包括空心砖、普通或轻骨料混凝土小型空心砌块等砌体
9	饰面砖	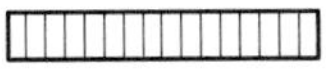	包括铺地砖、玻璃马赛克、陶瓷锦砖、人造大理石等
10	混凝土	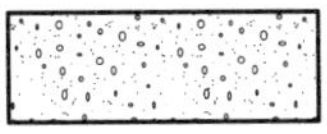	1. 包括各种强度等级、骨料、添加剂的混凝土; 2. 在剖面图上画出钢筋时,不画图例线; 3. 断面图形较小,不易画出图例线时,可涂黑或深灰(灰度宜70%)
11	钢筋混凝土	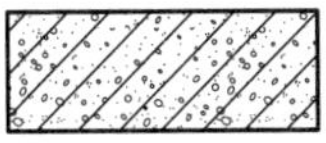	
12	多孔材料	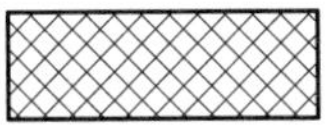	包括水泥珍珠岩、沥青珍珠岩、泡沫混凝土、软木、蛭石制品等
13	纤维材料	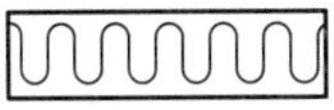	包括矿棉、岩棉、玻璃棉、麻丝、木丝板、纤维板等
14	泡沫塑料材料	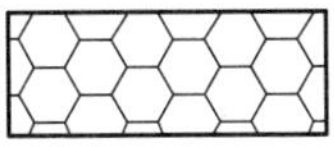	包括聚苯乙烯、聚乙烯、聚氨酯等多聚合物类材料
15	木材		1. 上图为横断面,左上图为垫木、木砖或木龙骨; 2. 下图为纵断面
16	胶合板	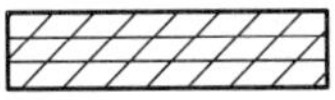	应注明为×层胶合板
17	石膏板	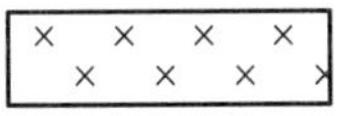	包括圆孔或方孔石膏板、防水石膏板、硅钙板、防火石膏板等
18	金属	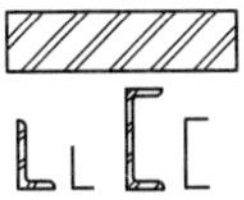	1. 包括各种金属; 2. 图形较小时,可填黑或深灰(灰度宜70%)
19	网状材料		1. 包括金属、塑料网状材料; 2. 应注明具体材料名称
20	玻璃	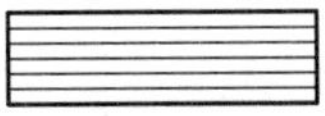	包括平板玻璃、磨砂玻璃、夹丝玻璃、钢化玻璃、中空玻璃、夹层玻璃、镀膜玻璃等
21	橡胶	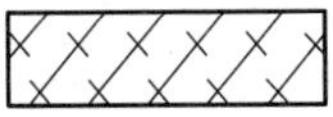	—
22	塑料		包括各种软、硬塑料及有机玻璃等
23	防水材料		构造层次多或绘制比例大时,采用上面的图例
24	粉刷	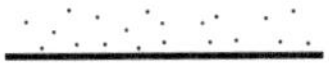	本图例采用较稀的点

表1-8中所列图例通常在1∶50及以上比例的详图中绘制表达。如需表达砖、砌块等砌体墙的承重情况时,可通过在原有建筑材料图例上增加填灰等方式进行区分,灰度宜为25%左右。序号1、2、4、6、7、11、12、18图例中的斜线、短斜线、交叉线等均为45°。

1.8 图样画法

1.8.1 投影法

房屋建筑的视图应按正投影法并用第一角画法绘制。自前方 A 投影应为正立面图，自上方 B 投影应为平面图，自左方 C 投影应为左侧立面图，自右方 D 投影应为右侧立面图，自下方 E 投影应为底面图，自后方 F 投影应为背立面图，如图 1-38 所示。

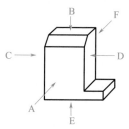

图 1-38 正投影法示意

当视图用第一角画法绘制不易表达时，可用镜像投影法绘制，如图 1-39（a）所示。但应在图名后注写"镜像"二字，如图 1-39（b）所示，或按图 1-39（c）所示画出镜像投影识别符号。

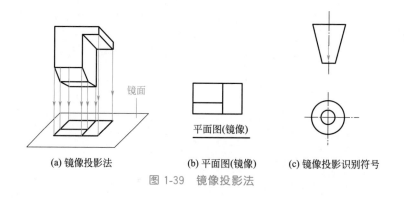

(a) 镜像投影法　　　(b) 平面图(镜像)　　　(c) 镜像投影识别符号

图 1-39 镜像投影法

1.8.2 视图布置

当在同一张图纸上绘制若干个视图时，各视图的位置宜按图 1-40 的顺序进行布置。

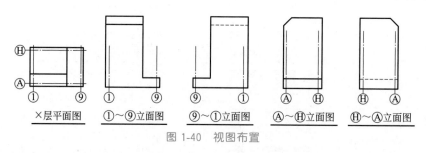

×层平面图　　①~⑨立面图　　⑨~①立面图　　Ⓐ~Ⓗ立面图　　Ⓗ~Ⓐ立面图

图 1-40 视图布置

每个视图均应标注图名。各视图的命名，主要应包括平面图、立面图、剖面图或断面图、详图。同一种视图多个图的图名前应加编号以示区分。平面图应以楼层编号，包括地下二层平面图、地下一层平面图、首层平面图、二层平面图等。立面图应以该图两端头的轴线号编号，剖面图或断面图应以剖切号编号，详图应以索引号编号。图名宜标注在视图的下方或一侧，并在图名下用粗实线绘一条横线，其长度应以图名所占长度为准。使用详图符号作图名时，符号下不宜再画线。

分区绘制的建筑平面图，应绘制组合示意图，指出该区在建筑平面图中的位置，并注明关键部位的轴号。各分区视图的分区部位及编号均应一致，并应与组合示意图一致，如图1-41所示。

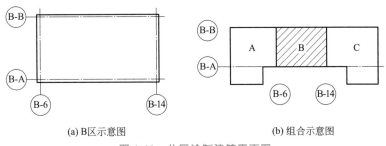

(a) B区示意图　　　　　　　(b) 组合示意图

图1-41　分区绘制建筑平面图

总平面图应反映建筑物在室外地坪上的墙基外包线，宜以0.7b线宽的实线表示，室外地坪上的墙基外包线以外的可见轮廓线宜以0.5b线宽的实线表示。同一工程不同专业的总平面图，在图纸上的布图方向均应一致；单体建（构）筑物平面图在图纸上的布图方向，必要时可与其在总平面图上的布图方向不一致，但必须标明方位；不同专业的单体建（构）筑物平面图，在图纸上的布图方向均应一致。

建（构）筑物的某些部分，如与投影面不平行，在画立面图时，可将该部分展至与投影面平行，再以正投影法绘制，并应在图名后注写"展开"字样。

建筑吊顶（顶棚）灯具、风口等设计绘制布置图，应是其反映在地面上的镜面图，不宜采用仰视图。

1.8.3　剖面图和断面图

剖面图除应画出剖切面切到部分的图形外，还应画出沿投射方向看到的部分，被剖切面切到部分的轮廓线用0.7b线宽的实线绘制，剖切面没有切到但沿投射方向可以看到的部分，用0.5b线宽的实线绘制；断面图则只需用0.7b线宽的实线画出剖切面切到部分的图形，如图1-42所示。

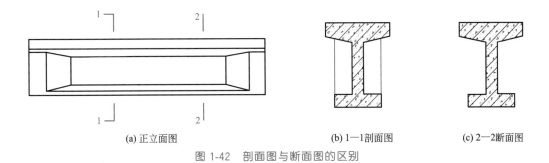

(a) 正立面图　　　　　(b) 1—1剖面图　　　　　(c) 2—2断面图

图1-42　剖面图与断面图的区别

剖面图和断面图剖切线的绘制方法见图1-43，用（b）、（c）法剖切时，应在图名后注明"展开"字样。用两个以上平行的剖切面剖切时的绘制方法可参见图1-43(b)。

分层剖切的剖面图，应按层次以波浪线将各层隔开，波浪线不应与任何图线重合，如图1-44所示。

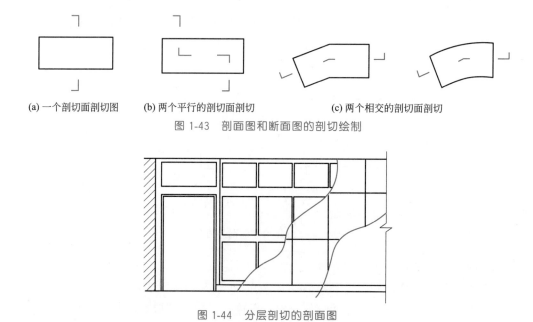

(a) 一个剖切面剖切图   (b) 两个平行的剖切面剖切   (c) 两个相交的剖切面剖切

图 1-43　剖面图和断面图的剖切绘制

图 1-44　分层剖切的剖面图

　　杆件的断面图可绘制在靠近杆件的一侧或端部处并按顺序依次排列，也可绘制在杆件的中断处；结构梁板的断面图可画在结构布置图上，如图 1-45 所示。

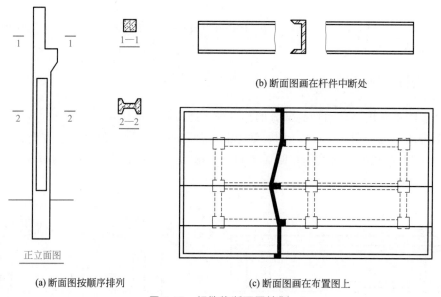

正立面图

(a) 断面图按顺序排列

(b) 断面图画在杆件中断处

(c) 断面图画在布置图上

图 1-45　杆件的断面图绘制

1.8.4　简化画法

　　构配件的视图有一条对称线，可只画该视图的一半；视图有两条对称线，可只画该视图的 1/4，并画出对称符号，如图 1-46 所示。图形也可稍超出其对称线，此时可不画对称符号，如图 1-47 所示。对称的形体需画剖面图或断面图时，可以对称符号为界，一半画视图（外形图），另一半画剖面图或断面图，如图 1-48 所示。

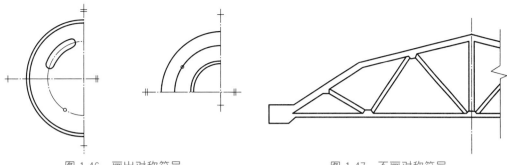

图 1-46　画出对称符号　　　　　　　　　图 1-47　不画对称符号

　　构配件内多个完全相同且连续排列的构造要素，可仅在两端或适当位置画出其完整形状，其余部分可以中心线或中心线交点表示，如图 1-49（a）所示。当相同构造要素少于中心线交点时，其余部分应在相同构造要素位置的中心线交点处用小圆点表示，如图 1-49（b）所示。

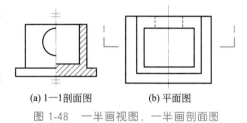

(a) 1—1剖面图　　　　　(b) 平面图

图 1-48　一半画视图，一半画剖面图

　　较长的构件，当沿长度方向的形状相同或按一定规律变化，可断开省略绘制，断开处应以折断线表示，如图 1-50 所示。

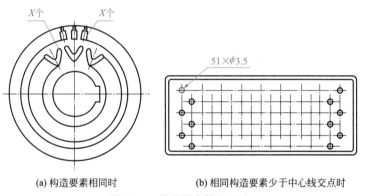

(a) 构造要素相同时　　　　　　(b) 相同构造要素少于中心线交点时

图 1-49　相同要素简化画法

　　一个构配件如绘制位置不够，可分成几个部分绘制，并应以连接符号表示相连。

　　一个构配件如与另一构配件仅部分不相同，该构配件可只画不同部分，但应在两个构配件的相同部分与不同部分的分界线处，分别绘制连接符号，如图 1-51 所示。

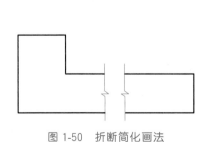

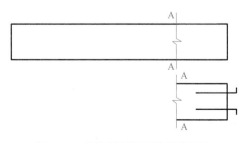

图 1-50　折断简化画法　　　　　　　图 1-51　构件局部不同的简化画法

1.8.5 轴测图

轴测图中，p、q、r 可分别表示 OX 轴、OY 轴、OZ 轴的轴向伸缩系数，用轴向伸缩系数控制着轴向投影的大小变化。房屋建筑的轴测图宜采用正等测投影并用简化轴向伸缩系数绘制，即 $p=q=q=1$，如图 1-52 所示。

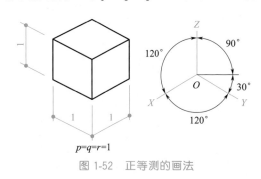

$p=q=r=1$

图 1-52　正等测的画法

轴测图的可见轮廓线宜用 $0.5b$ 线宽的实线绘制，断面轮廓线宜用 $0.7b$ 线宽的实线绘制。不可见轮廓线可不绘出，必要时，可用 $0.25b$ 线宽的虚线绘出所需部分。

轴测图的断面上应画出其材料图例线，图例线应按其断面所在坐标面的轴测方向绘制。如以 45° 斜线为材料图例线时，应按图 1-53 的规定绘制。

轴测图的线性尺寸应标注在各自所在的坐标面内，尺寸线应与被注长度平行，尺寸界线应平行于相应的轴测轴，尺寸数字的方向应平行于尺寸线，如出现字头向下倾斜时，应将尺寸线断开，在尺寸线断开处水平方向注写尺寸数字。轴测图的尺寸起止符号宜用小圆点，如图 1-54 所示。

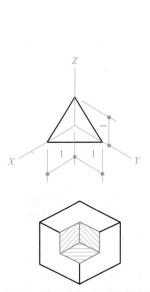

图 1-53　轴测图断面图例线画法

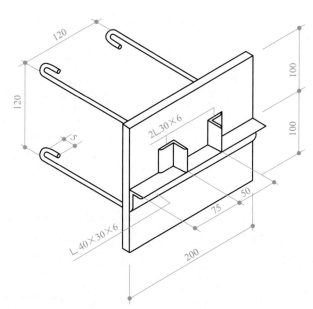

图 1-54　轴测图线性尺寸的标注方法

轴测图中的圆直径尺寸，应标注在圆所在的坐标面内；尺寸线与尺寸界线应分别平行于各自的轴测轴。圆弧半径和小圆直径尺寸也可引出标注，但尺寸数字应注写在平行于轴测轴的引出线上，如图 1-55 所示。

轴测图的角度尺寸，应标注在该角所在的坐标面内，尺寸线应画成相应的椭圆弧或圆弧。尺寸数字应水平方向注写，如图 1-56 所示。

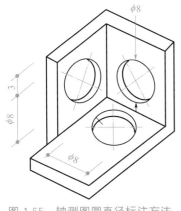

图 1-55 轴测图圆直径标注方法

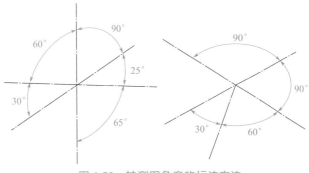

图 1-56 轴测图角度的标注方法

1.8.6 透视图

房屋建筑设计中的效果图宜采用透视图。

透视图中的可见轮廓线宜用 $0.5b$ 线宽的实线绘制。不可见轮廓线可不绘出，必要时，可用 $0.25b$ 线宽的虚线绘出所需部分。

1.9 尺寸标注

扫码观看视频

尺寸界线、尺寸线
及尺寸起止符号

1.9.1 尺寸界线、尺寸线及尺寸起止符号

图样上的尺寸，应包括尺寸界线、尺寸线、尺寸起止符号和尺寸数字，如图 1-57 所示。

1.9.1.1 尺寸界线

尺寸界线应用细实线绘制，应与被注长度垂直，其一端应离开图样轮廓线不小于 2mm，另一端宜超出尺寸线 2～3mm。图样轮廓线可用作尺寸界线，如图 1-58 所示。

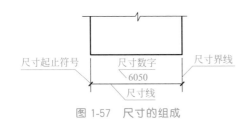

图 1-57 尺寸的组成

尺寸起止符号　尺寸数字　尺寸界线　6050　尺寸线

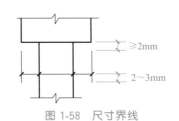

图 1-58 尺寸界线

≥2mm　2～3mm

1.9.1.2 尺寸线

尺寸线应用细实线绘制，应与被注长度平行，两端宜以尺寸界线为边界，也可超出尺寸界线 2～3mm。图样本身的任何图线均不得用作尺寸线。

1.9.1.3 尺寸起止符

尺寸起止符号用中粗斜短线绘制，其倾斜方向应与尺寸界线成顺时针 45°角，长度宜为 2～3mm。轴测图中用小圆点表示尺寸起止符号，小圆点直径 1mm，如图 1-59(a) 所示。半径、直径、角度与弧长的尺寸起止符号，宜用箭头表示，箭头宽度 b 不宜小于 1mm，如图 1-59(b) 所示。

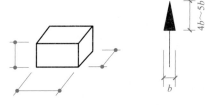

(a) 轴测图尺寸起止符号   (b) 箭头尺寸起止符号

图 1-59 尺寸起止符号

1.9.2 尺寸数字

图样上的尺寸，应以尺寸数字为准，不应从图上直接量取。

图样上的尺寸单位，除标高及总平面以 m 为单位外，其他必须以 mm 为单位。

尺寸数字的方向，应按图 1-60(a) 的规定注写。若尺寸数字在 30°斜线区内，也可按图 1-60(b) 的形式注写。

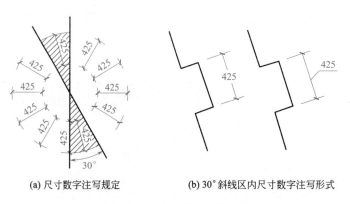

(a) 尺寸数字注写规定   (b) 30°斜线区内尺寸数字注写形式

图 1-60 尺寸数字的注写方向

尺寸数字应依据其方向注写在靠近尺寸线的上方中部。如没有足够的注写位置，最外边的尺寸数字可注写在尺寸界线的外侧，中间相邻的尺寸数字可上下错开注写，可用引出线表示标注尺寸的位置，如图 1-61 所示。

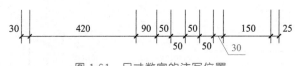

图 1-61 尺寸数字的注写位置

1.9.3 尺寸的排列与布置

尺寸宜标注在图样轮廓以外，不宜与图线、文字及符号等相交，如图 1-62 所示。

互相平行的尺寸线，应从被注写的图样轮廓线由近向远整齐排列，较小尺寸应离轮廓线较近，较大尺寸应离轮廓线较远，如图 1-63 所示。

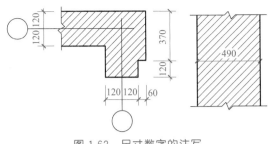

图 1-62 尺寸数字的注写

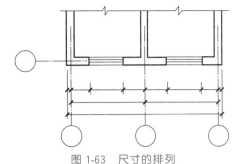

图 1-63 尺寸的排列

图样轮廓线以外的尺寸界线，距图样最外轮廓之间的距离不宜小于 10mm。平行排列的尺寸线的间距宜为 7～10mm，并应保持一致。

总尺寸的尺寸界线应靠近所指部位，中间的分尺寸的尺寸界线可稍短，但其长度应相等。

1.9.4 半径、直径、球的尺寸标注

扫码观看视频

半径、直径、球
的尺寸标注

1.9.4.1 半径

半径的尺寸线应一端从圆心开始，另一端画箭头指向圆弧。半径数字前应加注半径符号"R"，如图 1-64 所示。较小圆弧的半径，可按图 1-65 的形式标注。较大圆弧的半径，可按图 1-66 的形式标注。

图 1-64 半径的标注方法

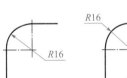

图 1-65 较小圆弧半径的标注方法

1.9.4.2 直径

标注圆的直径尺寸时，直径数字前应加直径符号"ϕ"。在圆内标注的尺寸线应通过圆心，两端画箭头指至圆弧，如图 1-67 所示。较小圆的直径尺寸，可标注在圆外，如图 1-68 所示。

图 1-66 较大圆弧半径的标注方法

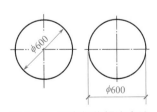

图 1-67 圆直径的标注方法

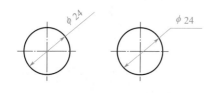

(a) 较小圆的直径尺寸标注一　　　(b) 较小圆的直径尺寸标注二　　　(c) 较小圆直径尺寸标注三

图 1-68　较小圆直径的标注方法

1.9.4.3　球的尺寸标注

标注球的半径尺寸时，应在尺寸前加注符号"SR"。标注球的直径尺寸时，应在尺寸数字前加注符号"Sφ"。注写方法与圆弧半径和圆直径的尺寸标注方法相同。

1.9.5　角度、弧度、弧长的标注

角度的尺寸线应以圆弧表示。该圆弧的圆心应是该角的顶点，角的两条边为尺寸界线。起止符号应以箭头表示，如没有足够的位置画箭头，可用圆点代替，角度数字应沿尺寸线方向注写，如图 1-69 所示。

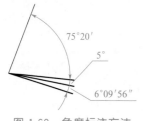

标注圆弧的弧长时，尺寸线应以与该圆弧同心的圆弧线表示，尺寸界线应指向圆心，起止符号用箭头表示，弧长数字上方或前方应加注圆弧符号"⌒"，如图 1-70 所示。

标注圆弧的弦长时，尺寸线应以平行于该弦的直线表示，尺寸界线应垂直于该弦，起止符号用中粗斜短线表示，如图 1-71 所示。

图 1-69　角度标注方法

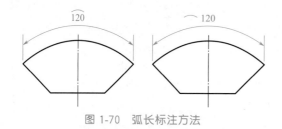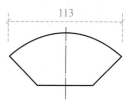

图 1-70　弧长标注方法　　　　　　　　图 1-71　弦长标注方法

1.9.6　薄板厚度、正方形、坡度、非圆曲线等尺寸标注

1.9.6.1　薄板厚度

在薄板板面标注板厚尺寸时，应在厚度数字前加厚度符号"t"，如图 1-72 所示。

1.9.6.2　正方形

标注正方形的尺寸，可用"边长×边长"的形式，也可在边长数字前加正方形符号"□"，如图 1-73 所示。

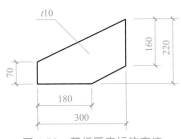

图 1-72　薄板厚度标注方法

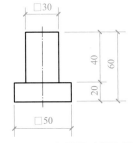

图 1-73　正方形尺寸标注形式

1.9.6.3　坡度

标注坡度时，应加注坡度符号"←"或"←"，如图 1-74（a）所示，箭头应指向下坡方向，如图 1-74（b）所示。坡度也可用直角三角形的形式标注，如图 1-74（c）所示。

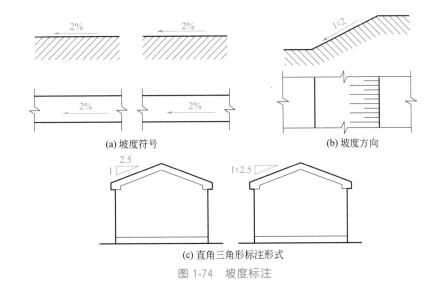

(a) 坡度符号　　　　　　　　　　(b) 坡度方向

(c) 直角三角形标注形式

图 1-74　坡度标注

1.9.6.4　非圆曲线

外形为非圆曲线的构件，可用坐标形式标注尺寸，如图 1-75 所示。

1.9.6.5　复杂图形

复杂的图形，可用网格形式标注尺寸，如图 1-76 所示。

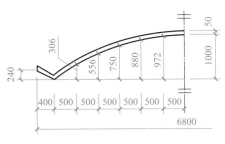

图 1-75　非圆曲线的标注

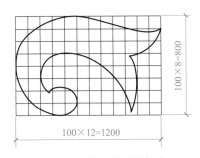

图 1-76　复杂图形的标注

1.9.7 尺寸的简化标注

杆件或管线的长度，在单线图（桁架简图、钢筋简图、管线简图）上，可直接将尺寸数字沿杆件或管线的一侧注写，如图 1-77 所示。

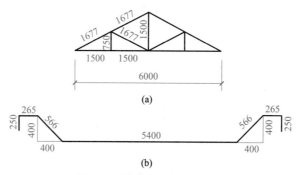

图 1-77　单线图尺寸标注方法

连续排列的等长尺寸，可用"等长尺寸×个数＝总长"的形式注写，如图 1-78（a）所示，或"总长（等分个数）"的形式注写，如图 1-78（b）所示。

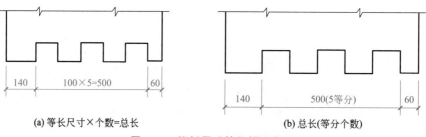

(a)等长尺寸×个数=总长　　　　　(b)总长(等分个数)

图 1-78　等长尺寸简化标注方法

构配件内的构造要素（如孔、槽等）如相同，可仅标注其中一个要素的尺寸，如图 1-79 所示。

对称构配件采用对称省略画法时，该对称构配件的尺寸线应略超过对称符号，仅在尺寸线的一端画尺寸起止符号，尺寸数字应按整体全尺寸注写，其注写位置宜与对称符号对齐，如图 1-80 所示。

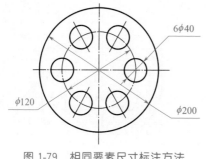

图 1-79　相同要素尺寸标注方法

图 1-80　对称构件尺寸标注方法

两个构配件如个别尺寸数字不同，可在同一图样中将其中一个构配件的不同尺寸数字注写在括号内，该构配件的名称也应注写在相应的括号内，如图 1-81 所示。

数个构配件如仅某些尺寸不同，这些有变化的尺寸数字，可用拉丁字母注写在同一图样中，另列表格写明其具体尺寸，如图 1-82 所示。

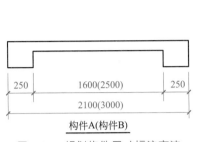

图 1-81　相似构件尺寸标注方法

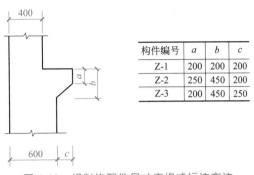

构件编号	a	b	c
Z-1	200	200	200
Z-2	250	450	200
Z-3	200	450	250

图 1-82　相似构配件尺寸表格式标注方法

1.9.8　标高

扫码观看视频

标高符号应以等腰直角三角形表示，并应按图 1-83（a）所示形式用细实线绘制，如标注位置不够，也可按图 1-83（b）所示形式绘制。标高符号的具体画法可按图 1-83（c）、图 1-83（d）所示。

标高

总平面图室外地坪标高符号宜用涂黑的三角形表示，具体画法如图 1-84 所示。

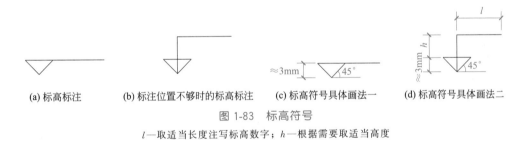

(a) 标高标注　　(b) 标注位置不够时的标高标注　　(c) 标高符号具体画法一　　(d) 标高符号具体画法二

图 1-83　标高符号

l—取适当长度注写标高数字；h—根据需要取适当高度

标高符号的尖端应指至被注高度的位置。尖端宜向下，也可向上。标高数字应注写在标高符号的上侧或下侧，如图 1-85 所示。

标高数字应以 m 为单位，注写到小数点以后第三位。在总平面图中，可注写到小数点以后第二位。

零点标高应注写成 ± 0.000，正数标高不注"＋"，负数标高应注"－"，例如 3.000、－0.600。

在图样的同一位置需表示几个不同标高时，标高数字可按图 1-86 的形式注写。

图 1-84　总平面图室外地坪标高符号　　图 1-85　标高的指向　　图 1-86　同一位置注写多个标高数字

第 2 章

绘图技术基础

2.1 绘图工具和仪器

2.1.1 传统绘图工具

绘制图样按使用的工具不同，分为尺规绘图和计算机绘图。尺规绘图是借助丁字尺、三角板、圆规、铅笔等绘图工具和仪器在图板上进行手工操作的一种绘图方法。虽然目前计算机绘图已经比较常见，但手工绘图既是工程技术人员必备的基本技能，也是学习和巩固理论知识的必要途径。正确使用绘图工具和仪器不仅能保证绘图质量、提高绘图速度，而且能为计算机绘图奠定基础。传统绘图工具的介绍如下。

（1）图板

图板是用于铺放、固定图纸的长方形案板，如图 2-1 所示。图板表面应平整、光洁，工作边（左边）作为丁字尺的导边，应平直。图板的大小有各种不同的规格，可根据需要而选定。0 号图板适用于画 A0 号图纸，1 号图板适用于画 A1 号图纸，四周还略有宽裕。图板放在桌面上，板身宜与水平桌面呈 10°～15°倾角。

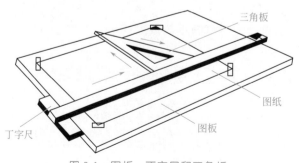

图 2-1　图板、丁字尺和三角板

（2）丁字尺

丁字尺由尺头和尺身组成，尺头分为固定尺头和活动尺头。固定尺头的丁字尺，其尺头和尺身是相互垂直的，主要用于画水平线。活动尺头的丁字尺以螺栓连接尺头和尺身，可以调整尺身的倾斜角度，主要用于画倾斜直线。作图时，左手将尺头紧贴图板的工作边上下移动，右手握笔，可以沿尺身带有刻度的一边由左至右画出不同位置的水平线。在画同一张图纸时，尺头不可以在图板的其他边滑动，以避免图板各边不成直角时，画出的线不准确。丁字尺的尺身工作边必须平直光滑，不可用丁字尺击物和用刀片沿尺身工作边裁纸。丁字尺用完后，宜竖直挂起来，以避免尺身弯曲变形或折断。

（3）三角板

一副三角板有两块，一块是两个 45°锐角的直角三角板，另一块是两个锐角分别为 30°、60°的直角三角板。三角板与丁字尺配合，可以画竖直线和 15°倍角的斜线。两块三角板配合，可以画任意方向直线的平行线和垂直线（图 2-2）。画铅垂线时，先将丁字尺移动到所绘图线的下方，把三角尺放在应画线的右方，并使一直角边紧靠丁字尺的工作边，然后移动三角尺，直到另一直角边对准要画线的地方，再用左手按住丁字尺和三角尺，自下而上画线。丁字尺与三角尺配合画斜线及两块三角尺配合画各种斜度的相互平行或垂直的直线时，凡在

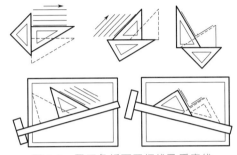

图 2-2　用三角板画平行线及垂直线

三角板左侧画线，运笔方向是从下到上；在三角板右侧画线时，运笔方向是从上到下。

（4）圆规及分规

圆规是用于画圆和圆弧的工具。圆规的一腿为可固定紧的活动钢针，其中有台阶状的一端多用来加深图线时使用。另一腿上附有插脚，根据不同用途可换上铅芯插脚、鸭嘴笔插脚、针管笔插脚、接笔杆（供画大圆用）。使用时，应先检查两脚是否等长并调整好针脚，使针尖略长于铅芯，取好半径后将针尖固定于圆心，按顺时针方向转动圆规，画出圆或圆弧。画大圆弧时，可加上延伸杆，使圆规的两条腿都垂直于纸面。

画圆时，首先调整铅芯与针尖的距离，使其等于所画圆的半径，再用左手食指将针尖送到圆心上轻轻插住，尽量不使圆心扩大，并使笔尖与纸面的角度接近垂直；然后右手转动圆规手柄，转动时，圆规应向画线方向略微倾斜，速度要均匀，沿顺时针方向画圆，整个圆一笔画完。在绘制较大的圆时，可将圆规两插杆弯曲，使它们仍然保持与纸面垂直，如图 2-3 所示。直径在 10mm 以下的圆，一般用点圆规来画。使用时，右手食指按顶部。大拇指和中指按顺时针方向迅速地旋动套管，画出小圆。需要注意的是，画圆时必须保持针尖垂直于纸面，圆画出后，要先提起套管，然后拿开点圆规。圆规上的铅芯型号应比画

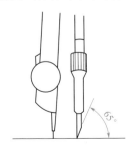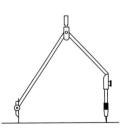

图 2-3　圆规的针尖及画圆的姿势

同类直线所用铅芯软一号。打底稿时，铅芯应磨成65°斜面，加深时铅芯可磨成与线宽一致的扁状。

分规是截量长度和等分线段的工具，它的两个腿必须等长，两针尖合拢时应会合成一点。用分规等分线段的方法如图2-4(b)所示。例如，分线段 AB 为4等份，先凭目测估计，将分规两脚张开，使两针尖的距离大致等于1/4AB，然后交替两针尖划弧，在该线段上截取1、2、3、4等分点；假设点4落在 B 点以内，距差为 e，这时可将分规再开1/4e，再行试分，若仍有差额（也可能超出 AB 线外），则照样再调整两针尖距离（或加或减），直到恰好等分为止。

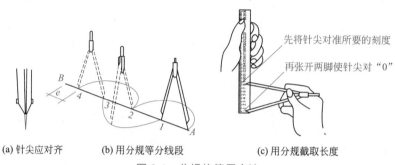

(a) 针尖应对齐　　(b) 用分规等分线段　　(c) 用分规截取长度

图2-4　分规的使用方法

（5）铅笔

绘图所用铅笔的铅芯有软硬之分，分别以字母"B"（软）和"H"（硬）表示（图2-5），

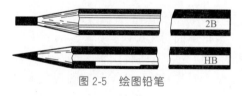

图2-5　绘图铅笔

且字母前面的数字越大，表示铅芯越软（或越硬），画出的线条越浓（或越淡）。"HB"表示铅芯软硬适中。绘图时，一般应用较硬的铅笔打底稿，如2H铅笔，用HB铅笔注写文字和尺寸数字，用2B等较软的铅笔加深图线。

（6）比例尺

比例尺是用来放大或缩小线段长度的尺子（图2-6）。有的比例尺做成三棱柱状，称为三棱尺。三棱尺上刻有6种刻度，通常分别表示1∶100、1∶200、1∶300、1∶400、1∶500、1∶600 6种比例。有的做成直尺形状，称为比例直尺，它只有1行刻度和3行数字，表示3种比例，即1∶100、1∶200、1∶500。比例尺上的数字是以米（m）为单位的。比例尺是用来量取尺寸的，不可用来画线。现以比例直尺为例，说明它的用法。

推算法：首先按比例尺比例，计算其最小刻度所表示的实际尺寸，再按绘图所需比例，推算要画的实际尺寸的图上距离。如利用1∶200的比例尺寸绘1∶20、1∶2、1∶2000的图样。

公式法：设比例尺比例为1∶C，比例尺刻度值为 K，实际绘图比例为1∶S，绘图标注尺寸为 X，则 X＝KS/C。

（7）建筑模板

建筑模板主要用来画各种建筑标准图例和常用符号，如图2-7所示，如柱、墙、门开启线、大便器、污水盆、详图索引符号、轴线圆圈等。模板上刻有可以画出各种不同图例或符号的孔，其大小已符合一定的比例，只要用笔沿孔内画一周，图例就画出来了。

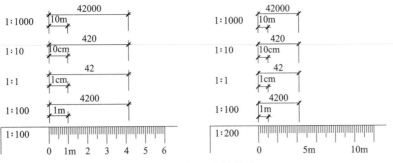

图 2-6　比例尺及其用法

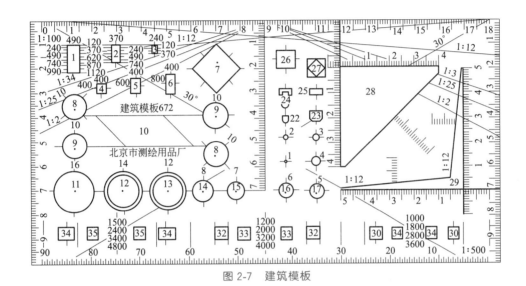

图 2-7　建筑模板

除上述工具外，绘图时还需准备削铅笔的刀片、固定图纸的胶带、橡皮擦、曲线板、墨线笔和绘图墨水笔等。

2.1.2　计算机绘图工具

随着计算机技术的不断发展，工程技术人员摆脱传统的手工绘图方式的愿望得以实现。使用计算机技术来辅助绘图，不仅使成图方式发生了革命性的变化，也是设计过程的一次革命。计算机绘图系统由硬件和软件两大部分组成。硬件系统是计算机绘图的设备条件，它包括图形输入设备、图形处理设备、图形输出设备三部分。软件是计算机程序、方法、规则及相关的文档以及计算机运行时所必需的数据。常用的计算机绘图硬件系统如图 2-8 所示。

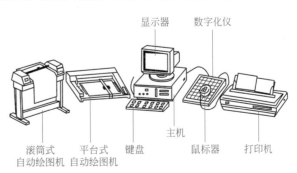

图 2-8　计算机绘图的常用硬件系统

绘图软件是用高级算法语言编写的一些具有各种功能的绘图子程序包，它有基本子程序、功能子程序、应用子程序三部分。计算机系统显示或绘出图样的途径为：利用交互式的图形软件系统，或用各种高级语言编写绘图程序进行绘图，如应用高级 BASIC 语言等。

目前国内外工程上应用较为广泛的绘图软件是 AutoCAD，它是美国 Autodesk 公司开发的一个交互式图形软件系统。该系统自 1982 年问世以来，经过 40 多年的应用、发展和不断完善，版本几经更新，功能不断增强，已成为目前最流行的图形软件之一，可以用于绘制二维图形和三维图形、渲染图形及打印图纸等，容易掌握、使用方便、适应性广。

相对于传统手工绘制而言，计算机绘图具有较为明显的特点和优势，目前已在建筑行业中广泛应用。计算机绘图快捷准确，作图者不需要长期伏案，改善了工作方式，有效减少作图者颈椎、腰椎、肩部的不适；能够精确捕捉关键点，保证图线交接准确；利用复制、阵列、镜像等特有功能，能够大幅度减少部分图线的重复绘制，提高作图效率。使用计算机绘制的图样，可以充分利用互联网技术，不受地域和距离的限制，以电子文件的形式进行整体文件的传输、局部截屏讲解等操作，交流信息实时化，便于更加直接有效地沟通。保存和调用方便快捷、完整，同样是计算机绘制图样强大的生命力所在。

2.2 几何作图画法

2.2.1 平行线、垂线及等分线

2.2.1.1 平行线

已知一条直线 AB 和直线外一点 C，过 C 点作 AB 的平行线，其画法如图 2-9 所示。

① 使三角板①的一条边平行于 AB，将三角板②紧贴三角板①的另一边，如图 2-9(a) 所示。

② 按住三角板②，平推三角板①，使平行于 AB 的边过点 C，作直线 CD，即为所求平行线，如图 2-9(b) 所示。

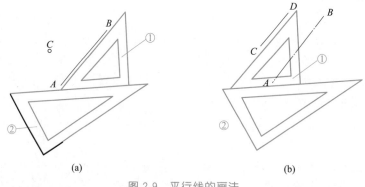

(a)   (b)

图 2-9　平行线的画法

2.2.1.2 垂线

已知直线 AB 和直线外一点 C，过点 C 作直线 AB 的垂线，其画法如图 2-10 所示。

① 使三角板①的边平行于 AB，将三角板②的一直角边紧贴三角板①，如图 2-10(a)

所示。

② 平推三角板②，沿三角板②另一直角边过点 C，作直线 CD，即为所求垂直线，如图 2-10(b) 所示。

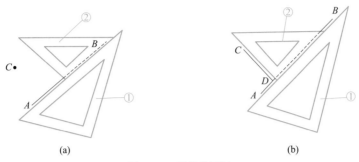

图 2-10 垂线的画法

2.2.1.3 等分直线段

(1) 等分已知线段

如图 2-11(a) 所示，已知线段 AB，将其五等分，作图步骤如下。

① 过点 A 任意作一直线段 AC，然后用分规或尺子在 AC 上截取任意长度的五等分，得到点 1、2、3、4、5，如图 2-11(b) 所示。

② 连接 $5B$，然后分别过点 1、2、3、4 作 $5B$ 的平行线，与 AB 交于点 $1'$、$2'$、$3'$、$4'$，即为所求的等分点，如图 2-11(c) 所示。

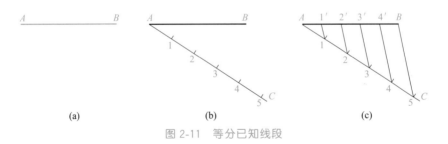

图 2-11 等分已知线段

(2) 等分两平行线间的距离

已知 $AB/\!/CD$，将 AB 和 CD 间的距离进行五等分，作图步骤如下。

① 将直尺的 0 点置于 CD 上，移动直尺，使刻度 5 落到 AB 上，如图 2-12(a) 所示。

② 作 1、2、3、4 各等分点，过各等分点所作 AB 的平行线即为所求，如图 2-12(b) 所示。

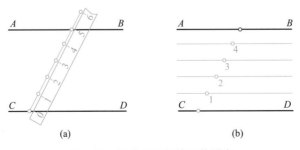

图 2-12 等分两平行线间的距离

2.2.2　正多边形

2.2.2.1　作已知圆的内接正六边形

作图步骤如下。

① 以半径为 R 的圆上一点为圆心，以 R 为半径画圆弧，在已知圆上得到点 1、2、3、4、5、6。

② 依次连接点 1、2、3、4、5、6，即为所求正六边形，如图 2-13 所示。

2.2.2.2　作已知圆的外切正六边形

作图步骤如下。

用丁字尺与不等腰三角板配合作圆的切线，即为所求正六边形，如图 2-14 所示。

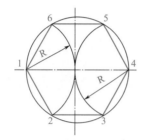

图 2-13　作圆的内接正六边形

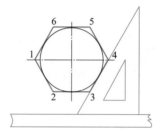

图 2-14　作圆的外切正六边形

2.2.2.3　已知圆内接任意边数的正多边形

以作圆内接正七边形为例，作图步骤如下。

① 做直径 AB 七等分，如图 2-15(a) 所示。

② 以点 A 为圆心、AB 为半径画圆弧，交水平中心线于点 M；过点 M 分别连接 AB 上各偶数点（或奇数点）并延长，与已知圆交于点 C、D、E，如图 2-15(b) 所示。

③ 分别过点 C、D、E 作水平线，与已知圆交于点 F、G、H，依次连接点 A、C、D、E、H、G、F，即得正七边形，如图 2-15(c) 所示。

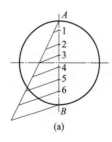
(a)

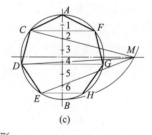
(b)　　　　(c)

图 2-15　作圆内接正七边形

2.2.3　斜度与坡度

2.2.3.1　斜度

斜度：指一直线（或一平面）对另一直线（或另一平面）的倾斜程

扫码观看视频

斜度与坡度

度，其大小用该两直线（或两平面）夹角的正切值来表示，见图 2-16。$\tan\alpha = H/L$，习惯上化为 $1:n$ 的形式。

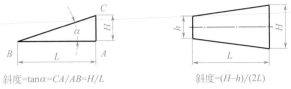

斜度=$\tan\alpha$=CA/AB=H/L 斜度=$(H-h)/(2L)$

图 2-16   斜度的概念

作图步骤：自 A 点在水平线上取 6 等分点，得到 B 点，见图 2-17（a）；自 A 点在 AB 的垂直线上取一相同的等分得到 C 点，见图 2-17(b)；连接 BC 得到 1∶6 的斜度，见图 2-17(c)；过 BC 线外的点 K 做 BC 的平行线，得到 1∶6 的斜度线，见图 2-17(d)。

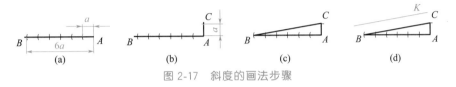

| (a) | (b) | (c) | (d) |

图 2-17   斜度的画法步骤

斜度的标注：标注时符号的方向应与斜度方向一致，见图 2-18。

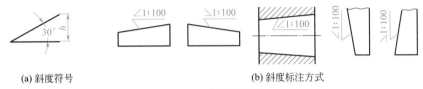

(a)斜度符号   (b)斜度标注方式

图 2-18   斜度的标注

2.2.3.2   坡度

坡度的概念：通常把坡面的铅直高度 h 与坡面的水平距离 l 的比叫做坡度（或坡比）。坡度的表示方法有百分比法、度数法、密位法和分数法。其中以百分比法和度数法较为常用。

百分比法：表示坡度最为常用的方法，即两点的高程差与其水平距离的百分比，其计算公式为：坡度＝（高程差/水平距离）×100%，即 $i=(h/l)\times100\%$。

例：1%是指水平距离每 100m，垂直方向上升（或下降）1m，以此类推。

度数法：用度数来表示坡度，利用反三角函数计算而得，$\tan\alpha$＝高程差/水平距离［α 为坡度，须注意 $\tan\alpha$ 的值不能作为坡度，即坡度 $\alpha = \arctan(h/l)$］。部分角度的坡度、正切及正弦的关系见表 2-1。

表 2-1   部分角度的坡度、正切及正弦的关系

角度	正切 tan	正弦 sin
0°	0	0
5°	0.09	0.09
10°	0.18	0.17
30°	0.58	0.50
45°	1.00	0.71
60°	1.73	0.87

2.2.4 圆弧连接

在工程图样中，很多图形是由圆弧与直线、圆弧与圆弧光滑连接而形成的。该连接处是相切的，因此作图时需求出连接圆弧的圆心和切点。

2.2.4.1 圆弧连接两直线

如图 2-19(a) 所示，用半径为 R 的圆弧连接两已知直线 CD、MN。作图步骤如下。

① 分别作出与直线 CD、MN 相距 R 的平行线，这两条直线相较于点 O，点 O 即为所求圆弧的圆心，如图 2-19(b) 所示。

② 过点 O 分别作直线 CD、MN 的垂线，垂足为点 B、A，即为所求切点，如图 2-19(c) 所示。

③ 以点 O 为圆心、R 为半径作圆弧 AB，即为所求，如图 2-19(d) 所示。

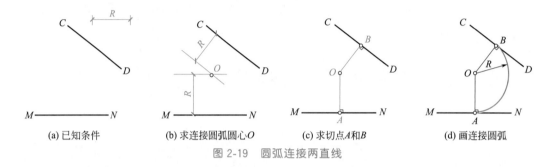

(a) 已知条件 　　(b) 求连接圆弧圆心 O 　　(c) 求切点 A 和 B 　　(d) 画连接圆弧

图 2-19　圆弧连接两直线

2.2.4.2 圆弧内连接直线和圆弧

如图 2-20(a) 所示，用半径为 R 的圆弧内连接已知半径为 R_1 的圆和直线 MN。作图步骤如下。

① 作与直线 MN 相距 R 的平行线，并与以 O_1 为圆心、$R-R_1$ 为半径所作的圆交于点 O，点 O 即为所求圆弧的圆心，如图 2-20(b) 所示。

② 过点 O 作直线 MN 的垂线，垂足为点 A，连接 OO_1，并延长交已知圆于点 B，点 A、B 即为所求的切点，如图 2-20(c) 所示。

③ 以点 O 为圆心、R 为半径作圆弧 AB，即为所求，如图 2-20(d) 所示。

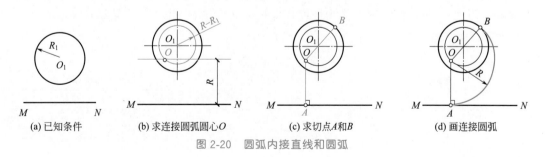

(a) 已知条件 　　(b) 求连接圆弧圆心 O 　　(c) 求切点 A 和 B 　　(d) 画连接圆弧

图 2-20　圆弧内接直线和圆弧

2.2.4.3 圆弧内连接两圆弧

如图 2-21(a) 所示，用半径为 R 的圆弧内连接已知半径为 R_1 和 R_2 的圆。作图步骤如下。

① 以 O_1 为圆心、$R-R_1$ 为半径作圆弧，以 O_2 为圆心、$R-R_2$ 为半径作圆弧，两圆弧相交于点 O，点 O 即为连接圆弧的圆心，如图 2-21(b) 所示。

② 连接两圆心 OO_1，并延长交圆于点 A，连接两圆心 OO_2 并延长交圆于点 B，点 A、B 即为所求的切点，如图 2-21(c) 所示。

③ 以 O 为圆心、R 为半径作圆弧 AB，即为所求，如图 2-21(d) 所示。

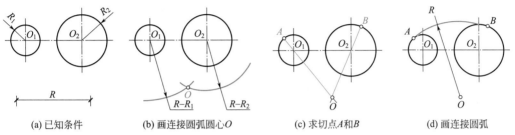

(a) 已知条件　　(b) 画连接圆弧圆心O　　(c) 求切点A和B　　(d) 画连接圆弧

图 2-21　圆弧内连接两圆弧

2.2.4.4　圆弧外连接两圆弧

如图 2-22(a) 所示，用半径为 R 的圆弧外连接已知半径为 R_1 和 R_2 的圆。作图步骤如下。

① 以 O_1 为圆心、$R+R_1$ 为半径作圆弧，以 O_2 为圆心、$R+R_2$ 为半径作圆弧，两圆弧相交于点 O，点 O 即为连接圆弧的圆心，如图 2-22(b) 所示。

② 连接两圆心 OO_1 交圆于点 A，连接两圆心 OO_2 交圆于点 B，点 A、B 即为所求的切点，如图 2-22(c) 所示。

③ 以点 O 为圆心、R 为半径作圆弧 AB，即为所求，如图 2-22(d) 所示。

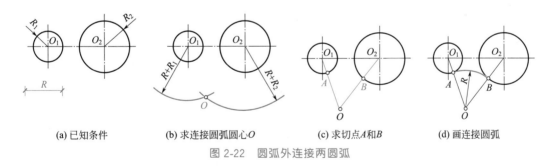

(a) 已知条件　　(b) 求连接圆弧圆心O　　(c) 求切点A和B　　(d) 画连接圆弧

图 2-22　圆弧外连接两圆弧

2.2.4.5　圆弧分别内外连接两圆弧

如图 2-23(a) 所示，用半径为 R 的圆弧内连接已知半径为 R_1 的圆、外连接已知半径为 R_2 的圆。作图步骤如下。

① 以 O_1 为圆心、R_1-R 为半径作圆弧，以 O_2 为圆心、$R+R_2$ 为半径作圆弧，两圆弧相交于点 O，点 O 即为连接圆弧的圆心，如图 2-23(b) 所示。

② 连接两圆心 O_1O 并延长交已知圆弧于点 A，连接两圆心 OO_2 交已知圆弧于点 B，点 A、B 即为所求的切点，如图 2-23(c) 所示。

③ 以点 O 为圆心、R 为半径作圆弧 AB，即为所求，如图 2-23(d) 所示。

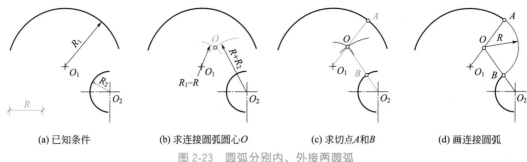

(a) 已知条件　　　　　(b) 求连接圆弧圆心O　　　　　(c) 求切点A和B　　　　　(d) 画连接圆弧

图 2-23　圆弧分别内、外接两圆弧

2.2.5　椭圆

已知椭圆的长轴 AB 和短轴 CD，下面分别介绍用四心圆法和同心圆法作椭圆。

2.2.5.1　四心圆法

作图步骤如下。

① 连接 AC，以点 O 为圆心、OA 为半径作圆弧与 CD 的延长线交于点 E，以 C 为圆心、CE 为半径作圆弧交 AC 于点 F，如图 2-24（a）所示。

② 作 AF 的中垂线，分别与椭圆的长、短轴相交于点 O_1、O_2，作出点 O_1、O_2 在轴上的相应对称点 O_3、O_4，如图 2-24（b）所示。

③ 分别以点 O_1、O_2、O_3、O_4 为圆心，以 O_1A、O_2C、O_3B、O_4D 为半径作圆弧，切点为 M、N、P、Q，即得椭圆，如图 2-24（c）所示。

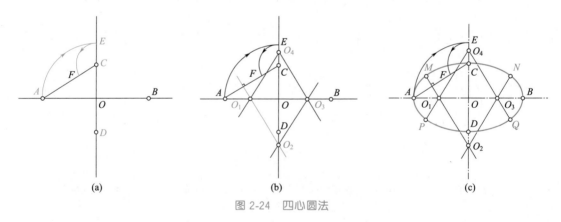

(a)　　　　　　　(b)　　　　　　　(c)

图 2-24　四心圆法

2.2.5.2　同心圆法

作图步骤如下。

① 以点 O 为圆心，OA、OC 为半径分别作圆。

② 过点 O 作等分两圆周的直径线，分别在两圆上得到若干点，如图 2-25（a）所示。

③ 分别过大圆上的点作短轴的平行线、过小圆上的点作长轴的平行线，相应两直线的交点，即为椭圆上的点，如图 2-25（b）所示。

④ 用曲线板将所求出的各点依次光滑连接即为所求椭圆，如图 2-25（c）所示。

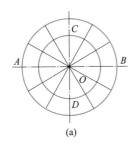

(a)

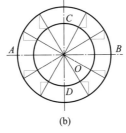

(b)

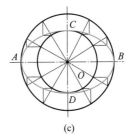

(c)

图 2-25　同心圆法

2.3　平面图形的绘图方法和步骤

2.3.1　平面图形的尺寸分析

平面图形中的尺寸按其作用，可分为定形尺寸和定位尺寸。

① 定形尺寸：用以确定平面图形中各线段（或线框）形状大小的尺寸，称为定形尺寸，如直线段的长度、圆及圆弧的直径或半径、角度的大小等。图 2-26 中 $R12$、$R18$、$R25$、$R35$ 等都是定形尺寸。

② 定位尺寸：用以确定平面图形中各线段（或线框）间相对位置的尺寸，称为定位尺寸。图 2-26 中 15、20、40、42、45 等均属于定位尺寸。需要说明的是，有时某些尺寸既是定位尺寸，又是定形尺寸。尺寸 40 既是定位尺寸又是定形尺寸。

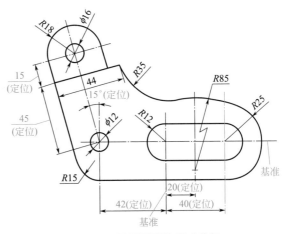

图 2-26　平面图形的尺寸分析

③ 尺寸基准：标注尺寸时，必须先选好尺寸基准（图 2-27）。尺寸基准是指用以确定

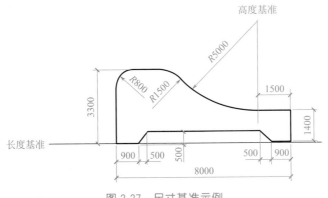

图 2-27　尺寸基准示例

尺寸位置的依据的一些面、线或点，简称基准。通常将图形的对称线、较大圆的中心线、主要轮廓线等作为尺寸基准。在平面图形中，图形的长度方向和宽度方向各有一个主要基准，还会有一个或几个辅助基准。

2.3.2 平面图形的线段分析和画法

平面图形中的线段通常可按其尺寸是否齐全分为三类。

① 已知线段（圆弧）：凡是定位尺寸和定形尺寸均齐全的线段，称为已知线段（圆弧）。已知线段（圆弧）能根据已知尺寸直接画出。

② 中间线段（圆弧）：定形尺寸齐全，但定位尺寸不齐全的线段，称为中间线段（圆弧）。中间线段（圆弧）必须根据与相邻已知线段的连接关系才能画出，中间线段（圆弧）需在其相邻的已知线段画完后才能画出。

③ 连接线段（圆弧）：只有定形尺寸，而无定位尺寸的线段，称为连接线段（圆弧）。连接线段（圆弧）必须根据与相邻中间线段或已知线段的连接关系才能画出，连接线段（圆弧）须最后画出。

必须指出：在两条已知线段（圆弧）之间，可有任意条中间线段（圆弧）；但在两条已知线段（圆弧）之间必须有，也只能有一条连接线段（圆弧）。否则，尺寸将出现缺少或多余。例如某地水坝断面的尺寸、线段分析如图 2-28 所示。

已知线段：8000、900、500、1400、3300、$R5000$。

中间线段：$R1500$ 圆弧。

连接线段：$R800$ 圆弧。

尺寸、线段分析：先画基准线和已知线段；再画中间线段（作图求 O_2）；画中间线段（作圆弧 T_1、T_2）；最后画连接线段（作圆弧 T_3、T_4）；检查、修改、描深并标注尺寸。具体画法如图 2-29～图 2-31 所示。

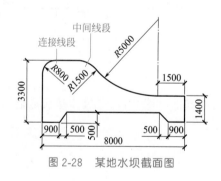

图 2-28　某地水坝截面图

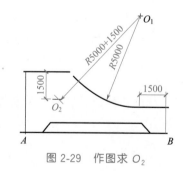

图 2-29　作图求 O_2

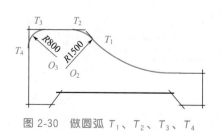

图 2-30　做圆弧 T_1、T_2、T_3、T_4

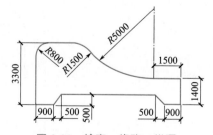

图 2-31　检查、修改、描深

2.3.3　仪器绘图的一般步骤

用仪器绘图是工程技术人员应该掌握的主要技能之一。要绘制出一幅好的图样，除了需要掌握国家制图标准、正确的几何作图方法和正确使用绘图工具外，还应掌握合理的绘图步骤，这将能提高绘图工作的效率，保证图样的高质量。通常，在使用仪器绘制工程图样时，一般应按以下步骤进行。

① 做好绘图前的准备工作：首先准备好图板、丁字尺、三角板、绘图仪器、橡皮、胶带纸等，并将图板、丁字尺和三角板擦拭干净；清理桌面后，将各种用具放在适当的位置上，暂不用的工具、书籍不要放在图板上，并固定图纸。

② 分析所画对象：阅读有关参考资料或根据设计任务要求，了解并确定所画图形的内容和要求。画图前，要了解所画的物体。如果抄画图样，应看懂图形，分析图形的连接情况。

③ 选择画图的比例和图幅：根据前面的分析，要在国家标准中，选用符合规范的比例和图纸幅面。选好图纸之后，将其用胶带纸固定在图板的左下方，如果图纸的图幅比图板小，则下部应留两个丁字尺宽度的距离，以便使用绘图仪器。

④ 布置图形，画作图基准线：布置图形的基本原则是：使图形在图框中疏密得当，为注写尺寸和文字说明留出足够的空间。布图时要依据图形的总长、总宽尺寸确定其位置，并以细实线或点划线画出各个图形的作图基准线，如中心线、对称线或主要轮廓线。

⑤ 画底稿（用2H/H铅笔、细实线）：绘制底稿时应注意：先画已知线段，再画中间线段，最后画连接线段。在作图的基准线上先画主要轮廓线，然后再画细节部分。绘制底稿时要使用铅笔，采用细实线画底稿，便于擦除、修改。

⑥ 描深图线（用2B铅笔、粗实线）：底稿画好后，先检查无错误，更正后，再描深图线。为了使线段光滑连接，应先描深圆和圆弧，再描深直线段。直线段要用2B铅笔，要求粗细均匀，符合国家标准。

⑦ 标注尺寸，检查后，填写标题栏：标注尺寸前应再次检查图形，无误后，方可标注尺寸。标注尺寸后，再检查整张图样，确保没有错误后，方可填写标题栏，填写的日期应是完成的时间。用HB铅笔标注尺寸、填写标题栏，注意不可用钢笔或圆珠笔注写。

注意事项：底稿线条要轻而细，可用2H、H的铅笔。加深粗实线的铅笔用HB～2B，加深细实线的铅笔用H或2H。写字的铅笔用H或HB。加深圆弧时所用的铅芯，应比加深同类型直线所用的铅芯软一号。加深或描绘粗实线时，要以底稿线为中心线，以保证图形的准确性。修图时，如果是用绘图墨水绘制的，应等墨线干透后，用刀片刮去需要修整的部分。

第3章

投影基础

3.1 投影法

3.1.1 投影法的概念及分类

3.1.1.1 投影法的概念

在日常生活中，人们经常能看到这样的现象：当光线照射物体的时候，就会在附近的地面或墙面上产生影子，这就是生活中的成影现象。

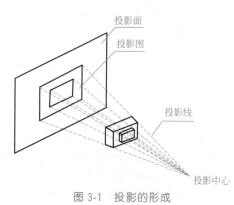

图 3-1 投影的形成

在制图中，把光源称为投影中心，光线称为投射线，光线的射向称为投射方向，落影的平面（如地面、墙面等）称为投影面，影子的轮廓称为投影。用投影表示物体的形状和大小的方法称为投影法。用投影法画出的物体图形称为投影图。投影的形成如图 3-1 所示。

为了能在投影图中同时反映物体的内部形状，我们假设投射线能透过物体，并用虚线表示那些看不见的轮廓线，这样就可将物体的某些内部形状表示出来。

投影法中涉及的几个概念如下所示。

① 投影线：发自投影中心且通过被投影物上各点的直线。

② 投影面：得到投影的面。

③ 投影法：投影线通过物体向选定的面投影，并在该面上得到图形的方法。

④ 投影图：用投影法画出的物体图形。

3.1.1.2 投影法的分类

物体的投影，会随着投影线方向的改变而变化。由此，投影可分为中心投影和平行投影两大类。

（1）中心投影

投影线会交于一点的投影方法称为中心投影法。如图 3-2（a）所示，投影线从投射中心 S 射出，并通过形体上的各顶点与投影面形成交点，将这些交点连接起来就得到了形体的中心投影。用中心投影法作出的投影图，其大小与原形体不相等，不能正确反映物体的尺寸，一般只在绘制透视图时使用。

如图 3-3 所示，是按中心投影法画出的透视投影图，只需一个投影面。其优点是图形逼真，直观性强。但作图复杂，形体的尺寸不能直接在图中度量，故不能作为施工依据，仅用于建筑设计方案的比较，及工艺美术和宣传广告等。

（2）平行投影

投影线互相平行的投影方法称为平行投影法。根据投影线与投影面之间是否垂直，平行投影法又分为斜投影法和正投影法。

① 斜投影法：投影线相互平行且与投影面倾斜的投影方法，称为斜投影法，如图 3-2（b）所示。斜投影法不能反映出物体的真实尺寸大小，一般在作轴测投影图时应用。如图 3-4 所示，轴测投影图也称立体图。它是平行投影的一种，画图时只需一个投影面。这种投影图的优点是立体感强，非常直观，但作图较复杂，表面形状在图中往往失真，度量性差，只能作为工程上的辅助图样。

② 正投影法：投影线相互平行且垂直于投影面的投影方法，称为正投影法，如图 3-2(c) 所示。用正投影法画出的物体投影图，称为正投影图。因正投影图能反映出物体的真实形状和大小，度量性好，且作图方便，所以是工程制图中应用最广泛的图示方法。

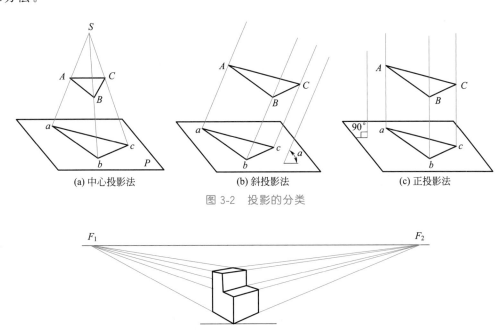

(a) 中心投影法　　　　(b) 斜投影法　　　　(c) 正投影法

图 3-2　投影的分类

图 3-3　形体透视投影图

标高投影是一种带有数字标记的单面正投影。在建筑工程上，常用它来表示地面的形状。作图时，用一组等高差的水平面切割地面，其交线为等高线。将不同高程的等高线投影在水平投影面上，并注出各等高线的高程，即为等高线图，也称为标高投影图，如图 3-5 所示。

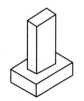

图 3-4　形体的轴测投影图

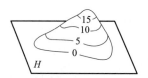

图 3-5　标高投影图

3.1.2　平行投影的基本特性

在工程制图中，最常用的投影法是平行投影法。平行投影具有如下特性。

3.1.2.1　真实性

若线段或平面平行于投影面，其投影反映实长或实形，如图 3-6(a) 所示，△ABC 与其平行投影△abc 全等，$AB=ab$；$BC=bc$；$AC=ac$。

3.1.2.2　类似性

若直线或平面倾斜于投影面，其投影与原图形类似。正投影小于实长或实形；斜投影则可能大于、等于或小于实长或实形。不管直线或平面的投影是大于、等于或小于实长或实形，它的形状必然是原图形的类似形。如图 3-6(b) 所示，直线 BC 的投影仍然是直线 bc，△ABC 的投影仍然是△abc。

3.1.2.3　积聚性

若直线或平面平行于投射线（在正投影体系中则垂直于投影面），其投影积聚为一点或一直线。如图 3-6(c) 所示，直线 DE 的投影积聚为一点 $d(e)$，△ABC 的投影积聚为一直线 bac。

空间直线与投影面垂直时，直线上的所有点对投影面来说都是位于同一投影线上，因而它们在该投影面上的投影重合，这些点称为该投影面的重影点。对某一投影方向而言，两点的投影产生重影必有一点被"遮挡"，也就是说，两点有可见与不可见之分。显然，距离投影面较远的点是可见的，在投影图中一般把不可见点的投影加上括号表示。

3.1.2.4　平行性

相互平行的两空间直线，它们在同一投影面上的投影仍对应平行。如果一直线或一平面经过平行地移动（平动）之后，它们在同一投影面上的投影位置虽然变动了，但其形状和大小没有变化。如图 3-6(d)、(e) 所示。

3.1.2.5　定比性

直线上两线段长度之比等于直线的投影上该两线段的投影长度之比，即点的投影分线段所成的比例经投影后比值不变。如图 3-6(f) 所示，$AC:CB=ac:cb$。

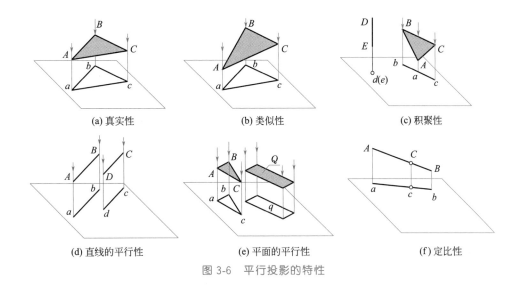

(a) 真实性　　　　　　　　　(b) 类似性　　　　　　　　　(c) 积聚性

(d) 直线的平行性　　　　　　(e) 平面的平行性　　　　　　(f) 定比性

图 3-6　平行投影的特性

3.2　点的投影

空间中任何形体都是由点、线、面组成的，而点、线、面也可以统称为几何元素。我们知道，线由若干点集合而成，面由若干条线集合而成，而形体则由若干个点、线、面组成，所以点的投影为线、面及形体投影的基础。

3.2.1　点的三面投影

点的投影仍然是点，投影点是通过该点的投影线与投影面的交点，一般地，空间点用大写字母表示，投影点用同名小写字母表示。

将空间点 A 置于三投影面体系中，自 A 点分别向三个投影面作垂线（即投射线），三个垂足就是点 A 在三个投影面上的投影，用相应的小写字母 a、a'、a'' 表示。将点 A 移走，把三个投影面展开，去掉边框线，即为 A 点的三面投影图，如图 3-7 所示。

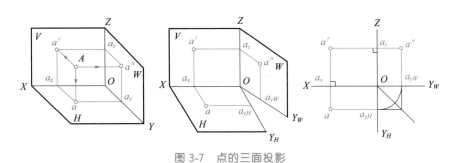

图 3-7　点的三面投影

从点的三面正投影图可以看出，点的三面投影规律符合"三等"关系。

点的水平投影 a 与正面投影 a' 的连线垂直于 X 轴，即 $aa' \perp OX$，此相当于"长对正"。

点的正面投影 a' 与侧面投影 a'' 的连线垂直于 Z 轴，即 $a'a'' \perp OZ$，此相当于"高平齐"。

点的水平投影 a 到 X 轴的距离等于侧面投影 a'' 到 Z 轴的距离，即 $aa_x = a''a_z$，此相当于"宽相等"。

不难看出，点的三面投影也符合"长对正、高平齐、宽相等"的投影规律。这个规律说明，在点的三面投影中，任何两个投影都能反映出点到三个投影面的距离。因此，只要给出点的任意两个投影，就可以求出它的第三个投影。

3.2.2 两点的相对位置与重影点

3.2.2.1 两点的相对位置

空间两点的相对位置，可以从投影中判断，V 面投影反映上下、左右关系，H 面投影反映左右、前后关系，W 面投影反映上下、前后关系。也可以根据点的坐标值大小来确定或判断其相对位置，坐标值大的点在左、前、上方；坐标值小的点在右、后、下方。如图 3-8 所示。

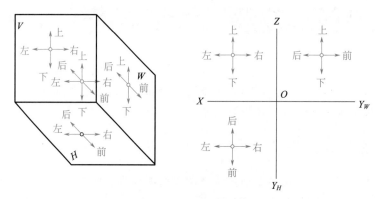

图 3-8 投影图上的方向

点在 V 面上的投影，可以反映出左右和上下的位置关系。

点在 W 面上的投影，可以反映出前后和上下的位置关系。

因此，通过方位的判断，可以确定出两点在空间的相对位置。

由图 3-9 中可判断：点 A 在点 B 的左下前方。

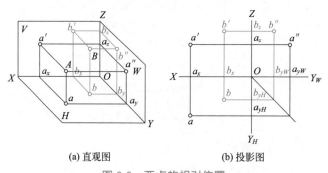

(a) 直观图　　　　　　　(b) 投影图

图 3-9 两点的相对位置

3.2.2.2 重影点

如果空间两点位于某投影面的同一投射线上，则此两点在该投影面上的投影必定重合，此两点称为该投影面的重影点。离投影面较远的一个重影点是可见的，而较近的重影点则不可见。当点不可见时，应在其投影上加"（ ）"表示。

如图 3-10 所示，点 A、B 是对 H 面的重影点，点 C、D 是对 V 面的重影点。

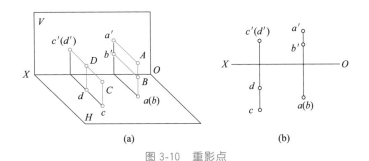

(a)   (b)

图 3-10　重影点

3.3　直线的投影

由初等几何学知道，直线是无限长的。直线的空间位置可由直线上任意两点的位置确定，即两点定一直线。直线上两点之间的一段称为线段。一般用线段的空间位置代表直线的空间位置。若确定直线 AB 的空间位置，只要分别求作 A、B 两点的三面投影 a、a'、a'' 和 b、b'、b''，然后分别把这两点的同面投影相连，即为直线 AB 的投影。

3.3.1　直线的投影图

3.3.1.1　各种位置直线的投影

空间直线对投影面的相对位置可分为三种：投影面平行线、投影面垂直线和一般位置线。

（1）投影面平行线

投影面平行线为仅平行于某一投影面，而倾斜于另两个投影面的直线。投影面平行线可分为以下三种。

① 水平线：平行于 H 面，倾斜于 V、W 面。

② 正平线：平行于 V 面，倾斜于 H、W 面。

③ 侧平线：平行于 W 面，倾斜于 V、H 面。

（2）投影面垂直线

投影面垂直线为垂直于一个投影面，而平行于另两个投影面的直线。投影面垂直线可分为以下三种。

① 铅垂线：垂直于 H 面，平行于 V、W 面。

② 正垂线：垂直于 V 面，平行于 H、W 面。

③ 侧垂线：垂直于 W 面，平行于 H、V 面。

（3）一般位置直线

对三个投影面以两点确定一直线。因此，想要作直线的三面投影，首先作出直线上两点在三个投影面上的投影，然后将各投影面上的两个投影点相连即可，如图 3-11 所示。若已知直线的两面投影，则其第三投影可通过求作点的第三投影求出。

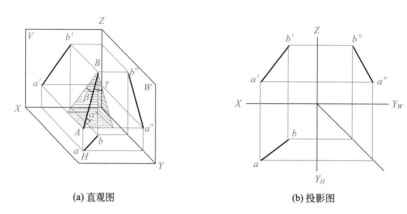

(a) 直观图   (b) 投影图

图 3-11　直线的投影图

3.3.1.2　平面上的直线和点

① 如果直线通过平面上的两个点，则此直线在该平面上。由此可知，平面上直线的投影，必定是过平面上两已知点的同面投影的连线。

② 如果点在平面内的一条直线上，则点在该平面上。

3.3.2　直线的投影特性

3.3.2.1　投影面平行线

① 直线在所平行的投影面上的投影反映实长，并且该投影与投影轴的夹角（α、β、γ）等于直线对其他两个投影面的倾角。

② 直线在另外两个投影面上的投影分别平行于相应的投影轴，但其投影长度缩短。

3.3.2.2　投影面垂直线

① 直线在所垂直的投影面上的投影积聚成一点。

② 直线在另外两个投影面上的投影同时平行于一条相应的投影轴且均反映实长。

3.3.2.3　一般位置直线

① 直线的三个投影仍为直线，但不反映实长。

② 直线的各个投影都倾斜于投影轴，并且各个投影与投影轴的夹角（α、β、γ）都不反映该直线对投影面倾角的真实大小。

3.3.3　直线上点的投影

（1）点在直线上

若点在直线上，则点的各个投影必定在该直线的同面投影上，并且符合点的投影规律，如图 3-12 中的 F 点。如果点有一个投影不在直线的同面投影上，则点一定不在该直线上，如图 3-12 中的 G 点。

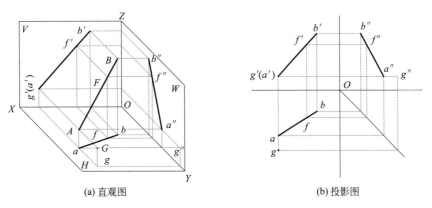

(a) 直观图 (b) 投影图

图 3-12 点与直线的关系

（2）若直线上的点分线段成比例

若直线上的点分线段成比例，则该点的各投影也相应分线段的同面投影成相同的比例。如图 3-13 所示，K 点把直线 AB 分为 AK、KB 两段，则有：$\dfrac{AK}{KB} = \dfrac{a'k'}{k'b'} = \dfrac{ak}{kb} = \dfrac{a''k''}{k''b''}$。

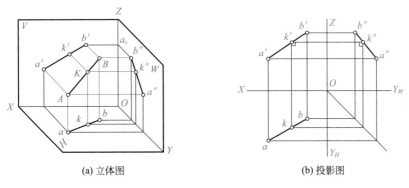

(a) 立体图 (b) 投影图

图 3-13 直线上的点

3.4 平面的投影

3.4.1 平面的表示法

在空间中，到两点距离相等的点的轨迹叫做平面。平面没有厚度，可无限延伸。平面常以一个平行四边形表示。

3.4.1.1　用几何元素来表示平面

平面经常用平面上的点、直线或者平面图形等几何元素表示。例如，用不在同一直线上的三个点可以表示一个平面，一直线和直线外的一点、相交的两条直线、平行的两直线、平面几何图形等都可以表示平面，如图 3-14 所示。在上述几何元素表示平面的方法中，较多采用的是用平面图形来表示平面。但是应该注意的是，这种平面图形可能仅仅表示其本身，也可能表示包括该图形在内的一个无限扩展的平面，为了使用的方便，以上两种情况均统称为平面。

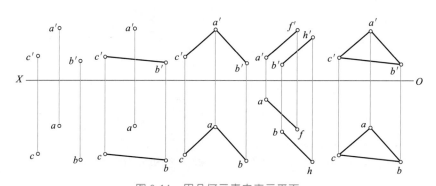

图 3-14　用几何元素来表示平面

3.4.1.2　用迹线表示平面

平面可以无限延展，因此，平面一定与投影面相交产生交线，这种平面与投影面的交线，称作迹线。如图 3-15 所示，空间平面 P 与 H 面产生的交线，称为水平迹线，用 P_H 表示；与 V 面产生的交线，称为正面迹线，用 P_V 表示；与 W 面产生的交线称为侧面迹线，用 P_W 表示。

3.4.2　平面的投影特性

空间平面与投影面的相对位置有三种不同情况，不同位置的平面具有不同的投影特性。

3.4.2.1　投影面平行面

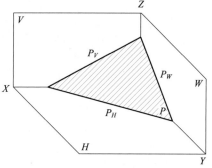

图 3-15　用迹线表示平面

（1）概念

平行于一个投影面的平面（该平面必定垂直于另外两个投影面），称为投影面平行面。投影面平行面根据其所平行的投影面不同分为以下三种。

①　水平面：平行于 H 面，垂直于 V、W 面的平面。

②　正平面：平行于 V 面，垂直于 H、W 面的平面。

③　侧平面：平行于 W 面，垂直于 H、V 面的平面。

（2）特性

①　平面在所平行的投影面上的投影反映实形。

②　平面在另外两个投影面上的投影积聚成直线，且分别平行于相应的投影轴。

3.4.2.2 投影面垂直面

（1）概念

垂直于一个投影面但倾斜于另外两个投影面的平面，称为投影面垂直面。投影面垂直面根据其所垂直的投影面不同分为以下三种。

① 正垂面：垂直于 V 面，倾斜于 H、W 面的平面。

② 铅垂面：垂直于 H 面，倾斜于 V、W 面的平面。

③ 侧垂面：垂直于 W 面，倾斜于 V、H 面的平面。

（2）特性

① 平面在所垂直的投影面上的投影，积聚成一条倾斜于投影轴的直线，且此直线与投影轴之间的夹角等于空间平面对另外两个投影面的倾角。

② 平面在与它倾斜的两个投影面上的投影为缩小了的类似线框（如四边形的投影仍为四边形，三角形的投影仍为三角形，等等）。

3.4.2.3 一般位置直线

（1）概念

与三个投影面都倾斜的平面称为一般位置平面。一般位置平面在三个投影面上的投影都是缩小的类似形，无积聚投影，如图 3-16 所示。

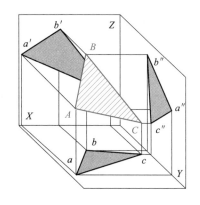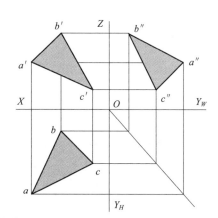

图 3-16　一般位置平面

（2）特性

平面的三个投影既没有积聚性，也不反映实形，而是原平面图形的类似形。

3.5 标高投影

工程中，各种建筑物、构筑物通常建在形状不规则的地面、山峦或河流上。采用正投影，在一个图中不能将这些形态全部反映出来。如果在采用水平投影的同时也标注出点、线、面等的高度，则比较清楚，这种方法称为标高投影法。此时的投影称为标高投影。由于水平投影仍是正投影，因此标高投影也具有正投影的一些特性。

3.5.1 点、直线和平面的标高投影

3.5.1.1 点的标高投影

如图 3-17 所示，设空间有三个点 A、B、C，作出它们在一个水平面（基准面）H 上的水平投影 a、b、c，并在字母的右下角，标注各点离开 H 面的高度数字 5、-4、0，就是各点的标高投影。高度数值称为标高，单位一般为米（m）。当一点高于平面 H 时，标高为正。根据一点的标高投影，即可确定该点的空间位置。如由 d_7 点作垂直于 H 面的投影线，向上量 7m，即得 D 点。

选择基准面时，应使各点的标高是正的。在标高投影图中，要充分确定形体的空间形状和位置，还必须附有比例尺及其长度单位，如图 3-17 所示。

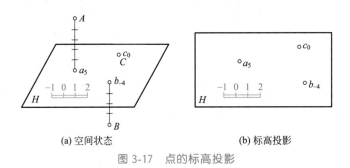

(a) 空间状态   (b) 标高投影

图 3-17　点的标高投影

3.5.1.2 直线的标高投影

① 直线的标高投影表示法。直线由它的水平投影及线上任意两点的标高投影来表示，如图 3-18 所示，a_2b_5、c_5d_2、e_3f_3 为直线 AB、CD、EF 的标高投影，其中 AB 为一般位置直线、CD 为铅垂线、EF 为一水平线。

② 直线用标注方向和坡度的直线及线上一点的标高投影来表示，如图 3-19 所示，图中箭头所指为下坡方向。

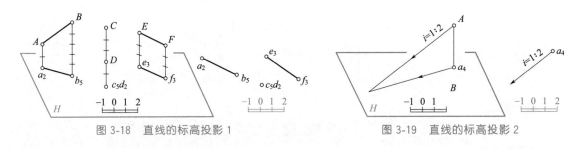

图 3-18　直线的标高投影 1   图 3-19　直线的标高投影 2

3.5.1.3 平面的标高投影

平面的标高投影，常常用下面几种方法表示。

① 用一组相互平行且距离相等的等高线表示。平面上的等高线就是用若干个高差均为单位尺寸的假想平面与平面的相截，所产生的截交线的水平投影，如图 3-20（a）所示。

② 用坡度比例尺表示。坡度比例尺就是带有高程刻度的最大坡度线的标高投影,用平行的一组一粗一细双线表示,见图 3-20(b)。

③ 用平面上任意一条等高线和一条最大坡度线表示,见图 3-20(c),该最大坡度线用注有坡度 i 和带有下降方向箭头的细直线表示。

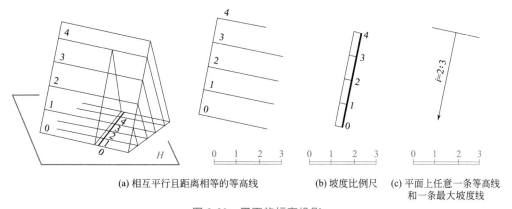

(a) 相互平行且距离相等的等高线　　(b) 坡度比例尺　(c) 平面上任意一条等高线和一条最大坡度线

图 3-20　平面的标高投影

3.5.2　曲面的标高投影

曲面的标高投影由曲面上一组等高线表示。这组等高线,相当于用一组间隔均为一个标准高度单位的水平面与曲面截割所产生的交线。

在标高投影图中,正圆锥的底圆为水平面,用一组间隔相等的水平面与正圆锥相交,截交线都为圆。因此可以用这组标有高度值的圆的水平投影来表示正圆锥。

如图 3-21 中所示,正圆锥面标高投影是一组同心圆;斜圆锥面的标高投影是一组偏心椭圆。同坡曲面的标高投影如图 3-22 所示。

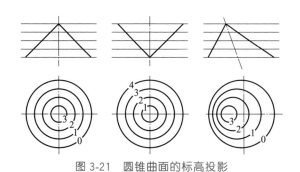

图 3-21　圆锥曲面的标高投影

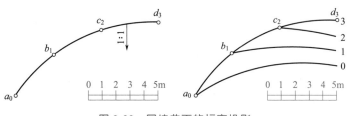

图 3-22　同坡曲面的标高投影

平面上的直线和点

一直线若通过平面内的两点，则此直线必位于该平面上，由此可知，平面上直线的投影必定是过平面上两已知点的同面投影的连线。若点在直线上，直线在平面上，则点必定在平面上。根据上述投影特性，可以解决在平面上取点、取线的问题。

3.6.1　平面上取直线

直线在平面上的几何条件是：直线通过平面上的两点；或通过平面上的一点，并且平行于平面上的任一直线。

如图 3-23 所示，两相交直线 AB 和 BC 决定一平面 P。D 点在直线 AB 上，E 点在直线 BC 上，则过 D、E 两点的直线必定在平面 P 上。

如图 3-24 所示，相交两直线 DE、EF 决定一平面 Q。过 DE 上的 M 点作 $MN /\!/ EF$，则直线 MN 必定在平面 Q 上。

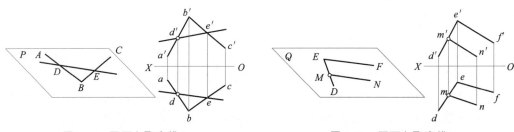

图 3-23　平面上取直线 1　　　　　　　　　图 3-24　平面上取直线 2

3.6.2　平面上取点

在平面上取点，首先要在平面上取线。而在平面上取线，又离不开在平面上取点。因此，在平面上取点、取线互为作图条件。

点在平面上的几何条件：如果点在平面内的任一直线上，则点一定在该平面上。因此要在平面内取点，必须过点在平面内取一条已知直线，然后在该直线上取点，如图 3-25 所示。

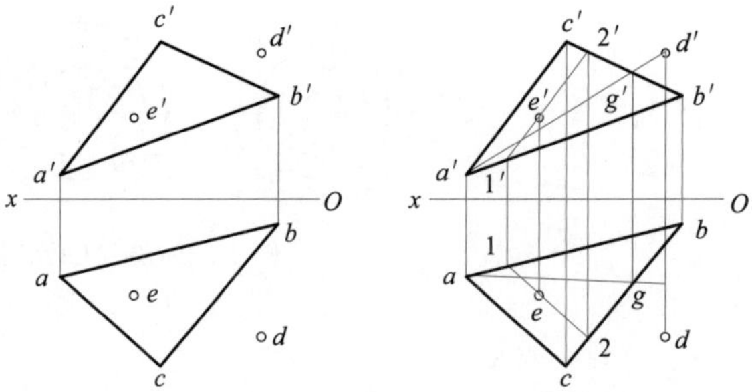

图 3-25　平面上取点并判断点是否在平面上

3.6.3　平面上取投影面平行线

常用的有平面上的正平线和水平线。要在一般平面 ABC 上作一条正平线，可根据"正平线的 H 投影是水平的"这个投影特点，先在 ABC 的水平投影上作一任意水平线（为作图简单起见，一般通过一已知点），作为所求正平线的 H 投影，然后作出它的 V 投影。在 ABC 上作水平线，也要抓住"它的 V 投影一定水平的"这一投影特点，作图步骤如图 3-26 所示。

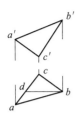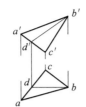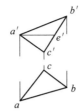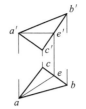

图 3-26　平面上作正平线和水平线

3.7　物体的三视图

物体的三视图

点、线、面、体等几何元素在三面的投影面（V、H、W）体系中的投影，称为三面投影。将物体向投影面投射所得的图形，称为视图。物体在三投影面（V、H、W）体系中的投影，称为三视图。三视图是能够正确反映物体长、宽、高尺寸的正投影工程图，即 V 面投影（主视图）、H 面投影（俯视图）、W 面投影（左视图），如图 3-27 所示。

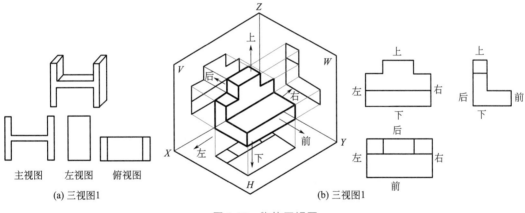

(a) 三视图1　　　　　　　　　　　　　(b) 三视图1

图 3-27　物体三视图

物体三视图是观测者从上面、左面、正面三个不同角度观察同一个空间几何体画出的图形，是工程界一种对物体几何形状约定俗成的抽象表达方式。

为了便于画图和看图，通常要将物体正放（即与投影面平行或垂直），尽量使物体的表面或对称平面或回转体轴相对于投影面处于特殊位置（正放），并将 OX、OY 和 OZ 轴的方向分别设为物体的长度方向、宽度方向和高度方向有关。由于用多面正投影图表示物体的形状大小，且投影图与其离投影面的远近无关，因此，画物体的三视图时，不必画投影轴和投影连线。

3.7.1　三视图的形成

三视图是根据轴测图投影得来的，有第一角法和第三角法两种，是六个投影视图里最常用的 3 个视图（主视图、左视图、俯视图）。第一角法的主视图一般选择最能表达形状的视图；左视图是从主视图左面投影的视图，放在主视图右面；俯视图是从主视图上面投影的视图，一般放在主视图下面。第三角法则是左视图放在主视图左面，仰视图放在主视图下面。

三视图是基于投影的一种视图，讲到投影就要考虑光源，三视图的光源是"平行光源"，而实际生活中，人是视觉是"点光源"。为了表述，人们就想象：因太阳离我们很远很远，可将太阳光"视作"平行光源，因此，三视图是"一种人为规定的画法"。

3.7.2 三视图的投影规律

三视图的投影规律与三面投影的规律相同。

3.7.2.1 三视图反映物体大小的投影规律

物体有长、宽、高三个方向的大小，然而每个视图只能反映物体两个方向的尺寸。主视图反映物体的长度和高度，俯视图反映物体的长度和宽度，左视图反映物体的高度和宽度。三视图所反映物体的长、宽、高三个大小与其投影的关系，可以概括为：主、俯视图长对正，主、左视图高平齐，俯、左视图宽相等。或者说，长对正、高平齐、宽相等。应当指出，在画和看物体的三视图时，无论是物体的整体或局部，都应遵守这个规律。

3.7.2.2 三视图反映物体方位的投影规律

物体有上、下、左、右、前、后六个方位，左右为长、上下为高，或者说，长分左右、宽分前后、高分上下。从每个视图中只能反映物体空间的四个方位：主视图能反映物体的上、下和左、右方位；俯视图能反映物体的左、右和前、后方位；左视图能反映物体的上、下和前、后方位；俯、左视图的外侧和内侧（对主视图而言的外、内）分别为物体的前、后方位。

3.7.2.3 三视图反映物体形状的投影规律

一般情况下，物体上有六面（上、下，左、右、前、后）外形和三个方向（主视含长和高，俯视含宽和长，左视含高和宽）上的内形，每个视图都只能反映物体的两面外形（迎、背）和一个方向上的内形，主视图能反映物体的前、后外形和主视方向的内形；俯视图能反映物体的上、下外形和俯视图方向上的内形；左视图能反映物体的左、右外形和左视方向上的内形。

由于三视图的投影规律可知：物体的三个大小和六个方位有两个视图就能确定，而物体的形状一般需要三个视图才能确定。而且物体的内形和背面的外形都是不可见的，在三视图上，它们的轮廓线应以虚线表示。

3.8 基本体的三视图

3.8.1 平面立体的投影

立体按其表面性质不同可分为平面立体和曲面立体。围成立体的所有表面都是平面的立体称为平面立体，如棱柱、棱锥等；表面为曲面或曲面与平面共同围成的立体称为曲面立体，常见的曲面立体有圆柱、圆锥、圆球、圆环等。工程中的建筑形体无论多么复杂，一般都可以看成由这些简单几何体叠加、切割或相交组合而成，如图 3-28 所示的基础。

平面立体的每个表面都是平面多边形，称为棱面；表面与表面的交线称为棱线。平面立体的投影，实际上可归结为棱线和棱面的投影。常见的平面立体有棱柱、棱锥和棱台等。

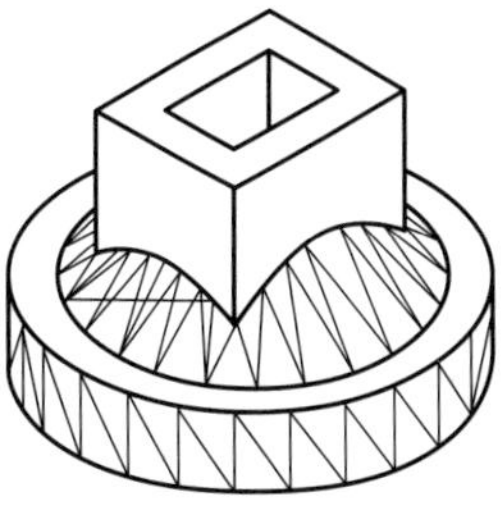

3.8.1.1 棱柱的投影

由两个相互平行的底面和若干个侧面围成的平面立体称为棱柱。侧棱垂直于底面的棱柱称为直棱柱；侧棱与底面倾斜的棱柱称为斜棱柱。底面为正多边形的直棱柱称为正棱柱。工程中常见的棱柱体有三棱柱、四棱柱、五棱柱和六棱柱等。正三棱柱平面立体的投影如图 3-29 所示。

图 3-28　基础

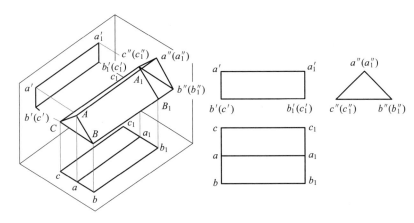

图 3-29　正三棱柱的投影

其他常见平面立体（长方体、六棱锥和四棱台）的投影及特性参见表 3-1。

表 3-1　其他常见平面立体的投影及特性

名称	形体在三投影面体系中的投影	投影图	投影特点
长方形	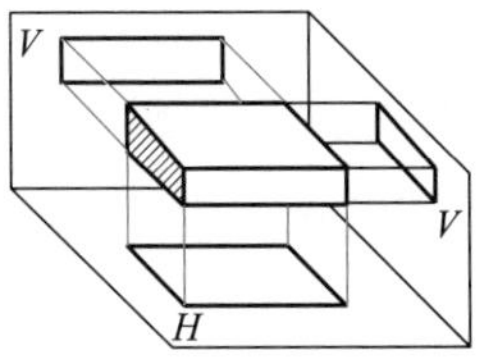	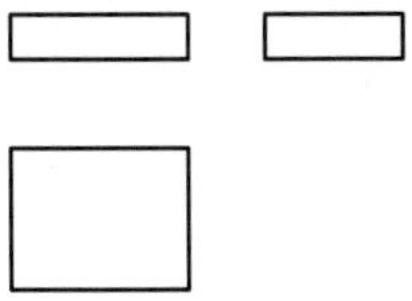	三面投影结合起来反映了长方体的长、宽、高
六棱锥	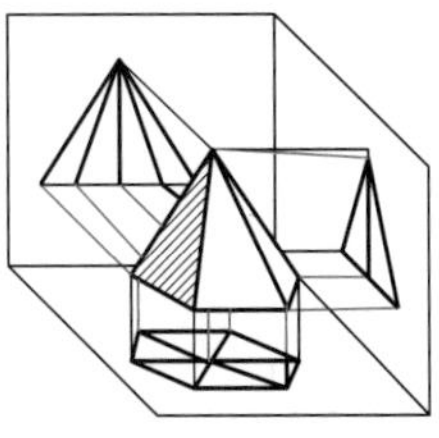	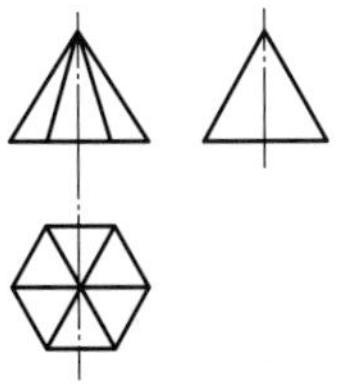	两面投影的外形是同一高度的等腰三角形，另一面投影的外形是正六边形，反映六棱锥底面的实形

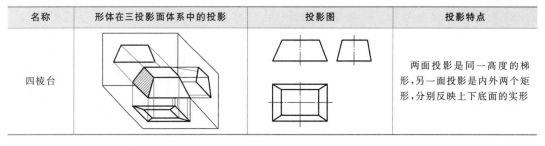

名称	形体在三投影面体系中的投影	投影图	投影特点
四棱台			两面投影是同一高度的梯形,另一面投影是内外两个矩形,分别反映上下底面的实形

3.8.1.2 棱柱表面上点的投影

棱柱的表面均为平面,在棱柱表面上取点,其原理和方法与平面上取点相同,如图 3-30 所示。

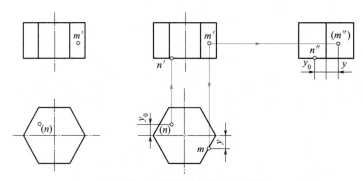

图 3-30 棱柱表面上的点的投影

3.8.1.3 棱柱表面上线的投影

两点确定一条直线,求作棱柱表面上线的投影时,应首先确定该线段在棱柱的哪个表面上,然后求出该线段两端点的投影,连接两端点即为线段的投影。

已知正六棱柱主、左视图及线段 1、2、3、4 的正面投影,补画正六棱柱的俯视图,并补全线段 1、2、3、4 的水平投影和侧面投影,其作图方法如下。

正六棱柱的各个表面均处于特殊位置,因此棱柱表面上的点可利用平面投影的积聚性作图。而该两平面都为侧垂面,侧面投影具有积聚性,因此可利用积聚性求出线段 1、2、3、4 的侧面投影,再由正面投影和侧面投影根据"长对正、高平齐、宽相等"求出水平投影。积聚性投影不用判断可见性,水平投影的可见性如图 3-31 所示。

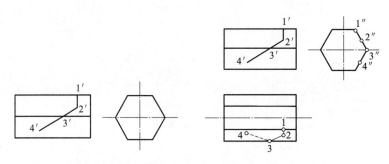

图 3-31 棱柱表面上线的投影

3.8.1.4 棱锥

由一个多边形平面与多个有公共顶点的三角形平面所围成的几何体称为棱锥。这个多边形称为棱锥的底面，其余各平面称为棱锥的侧面，相邻侧面的公共边称为棱锥的侧棱，各侧棱的公共点称为棱锥的顶点，顶点到底面的距离称为棱锥的高。根据底面形状的不同，棱锥有三棱锥、四棱锥和五棱锥等。图 3-32 所示为三棱锥。

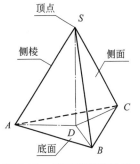

图 3-32　正三棱锥的投影

3.8.1.5　棱锥表面上点的投影

求作棱锥表面点的投影时，对于特殊位置平面上的点（如垂直于 W 面的侧面上的点），可利用平面的积聚性作出；对于一般位置平面上的点，则根据平面内取点的原理，利用辅助线才能作出。

已知三棱锥表面上点 M 和点 N 的正面投影 m' 和 n'，试求该两点的水平投影和侧面投影，其作图方法如图 3-33 所示。

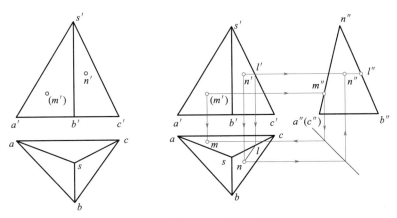

图 3-33　棱锥表面上点的投影

3.8.1.6　棱锥表面上线的投影

棱锥表面上求线，首先根据棱锥表面线段的投影位置和可见性判别该线段究竟在哪个表面上，然后根据"长对正，高平齐，宽相等"的投影规律求出线段的各个投影，并判别可见性，如图 3-34 所示。

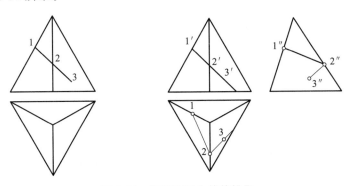

图 3-34　棱锥表面上线的投影

3.8.2 曲面立体的投影

在建筑工程中常见的曲面立体是回转体，主要包括圆柱体、圆锥体、圆球体等。曲面立体是由曲面或曲面与平面围合而成的。

3.8.2.1 圆柱的形成

圆柱由圆柱面、上底面、下底面围成。圆柱面由一条直母线绕着与之平行的轴线回转而成。在圆柱面上任意位置的母线称为素线，如图 3-35 所示，位于最左、最右、最前和最后位置的四条素线分别称为最左素线、最右素线、最前素线和最后素线，为特殊位置素线。

3.8.2.2 圆柱表面上点的投影

在图 3-36 中，可以看到轴线垂直于 H 面的圆柱的三面投影。圆柱的 H 面投影是一个圆，它既是圆柱的顶面和底面重合的投影，反映了顶面和底面的实形，又是圆柱面的积聚性的投影。

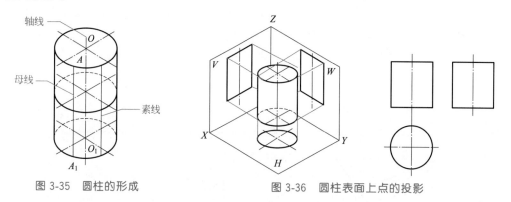

图 3-35　圆柱的形成　　　　图 3-36　圆柱表面上点的投影

3.8.2.3 圆柱表面上线的投影

作图方法如下。

① 如图 3-37 所示，曲线 $ABCD$ 是一条不规则曲线，其平面投影为 $abcd$，求其主视图投影 $a'b'c'd'$。先在曲线上找特殊位置的点，即点划线上的点、转向轮廓线上的点、曲线的端点。利用圆柱侧面投影的积聚性，得到 $a''b''c''d''$，再根据投影规律求 $a'b'c'd'$。

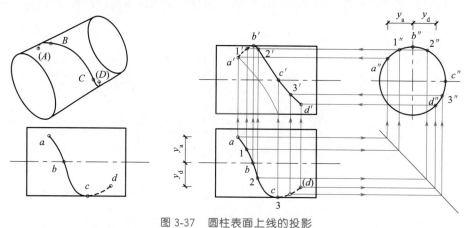

图 3-37　圆柱表面上线的投影

② 在曲线上适当寻找一般位置的点，如图中的 1、2、3 三点，根据圆柱侧面投影的积聚性和投影规律，得到 1、2、3 三点的三面投影。

③ 判断直线的可见性，并光滑地连接起来。

3.8.2.4 圆锥的形成

圆锥是由圆锥面和圆底面所围成的回转体。圆锥面是由母线绕着与它相交并且成一定角度的轴线回转而成的。如图 3-38 所示，SA 为母线，SA 在圆锥面的任意位置时即为它的素线。母线上任意一点的运动轨迹都为圆。

3.8.2.5 圆锥表面上点的投影

在图 3-39 中，可以看到轴线垂直于 H 投影面的圆锥的三面投影。圆锥的 H 面投影是一个圆：它既是底面的投影，反映了底面的实形，同时也是圆锥面的投影，它们重合成同一个圆。因为圆锥面在底面之上，所以圆锥面的投影可见，底面的投影不可见。锥顶 S 的 H 面投影即为这个圆的圆心，常用两条中心线的交点来表示。

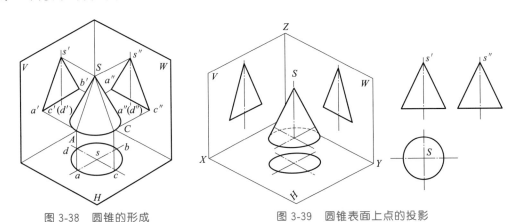

图 3-38　圆锥的形成　　　　图 3-39　圆锥表面上点的投影

（1）辅助线法

在圆锥表面上求点的投影，可以用辅助线法，也叫素线法，如图 3-40 所示。

（2）辅助面法

在圆锥表面上求点的投影，可以用辅助面法，也叫纬圆法。如图 3-41 所示。

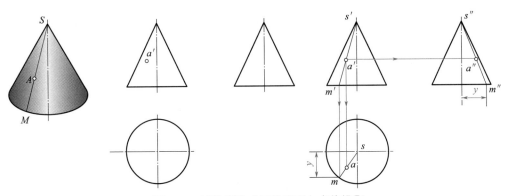

图 3-40　辅助线法求圆锥表面上点的投影

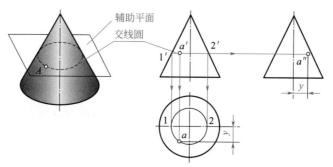

图 3-41　辅助面法求圆锥表面上点的投影

3.8.2.6　圆锥表面上线的投影

圆锥表面取线，同圆柱表面取线一样，先取属于线上的特殊点，再取属于线上的一些一般点，判别可见性后，顺次连接成所要取的线，如图 3-42 所示。

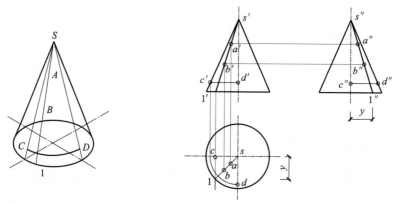

图 3-42　圆锥表面上线的投影

3.8.2.7　圆球的形成

球面可以看做是一个圆围绕过圆心且在同一平面的轴线旋转而成的。此圆为母线，母线的任一位置即为素线。母线上任一点的运动轨迹都为圆形，如图 3-43 所示。

3.8.2.8　圆球表面点的投影

在图 3-44 中，可看到球的三面投影，是三个大小相同的圆，其直径即为球的直径，圆心分别是球心的投影。由此，也可以想到，球在任一投影面上的投影都是大小相同的圆。

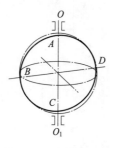

图 3-43　球面的形成

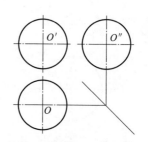

图 3-44　圆球表面点的投影

3.8.2.9 圆台的投影

圆锥体被平行于底面的平面截去锥顶后形成的立体，称为圆台。圆台及其三视图如图 3-45 所示。其三视图的特征是：一面投影为反映两底面实形的两个同心圆，两圆之间为圆台面的投影；其他两面投影均为等腰梯形，梯形的两底为两个底面的积聚性投影，两条腰线为圆台面转向轮廓线的投影。

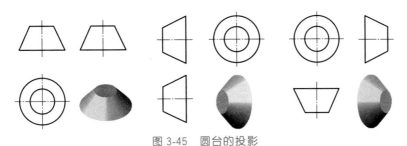

图 3-45　圆台的投影

3.8.3　平面与立体相交

机械零件的结构是多种多样的，但这些零件往往不是单一或完整的基本立体，而是由平面与立体相交或立体与立体相交产生的，因此，这些零件表面会产生交线，其中由平面与立体表面相交而产生的交线称为截交线，由立体与立体表面相交而产生的交线称为相贯线。

为了清楚地表达出机件的形状，应正确地画出这些交线的投影。

3.8.3.1　平面与平面立体相交

平面与平面立体相交，即平面立体被平面截切，其截交线是平面多边形，多边形的各边是截平面与立体表面的交线，而多边形的顶点是立体各棱线或底边与截平面的交点，因此平面体上截交线的求法可归结为求两平面的交线或直线与平面的交点问题。

在图 3-46 中，三棱锥被正垂面 P 截切，其截交线是三角形。三角形的三条边分别是三棱锥的三个棱与截平面的交线，三个顶点则分别是三棱锥的三个侧棱面与截平面的交点。由于截平面是正垂面，它的正面投影有积聚性，则截交线的正平面投影与 P_V 重合，故只要求出截交线的水平投影和侧面投影即可。

3.8.3.2　平面与曲面立体相交

平面与曲面立体相交，即曲面立体被平面所截切，其截交线为封闭的平面曲线，或由曲线与直线围成的平面图形或平面多边形，其几何形状取决于曲面立体的形状和截

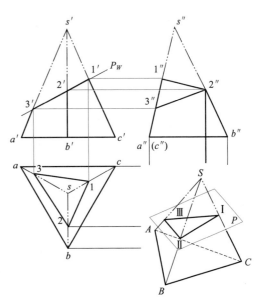

图 3-46　正垂面与三棱锥相交

平面与曲面立体的相对位置。

求曲面立体上的截交线，就是要求截平面与立体上各被截素线的交点，可归结为求线面交点的问题。当截平面或被截曲面轴线处于垂直于投影面的特殊位置时，可利用投影的积聚性求出截交线的投影，而在一般的情况下则需要通过作辅助平面才能求出截交线的投影。

3.8.4 两立体相贯

两个立体相交，称为两立体相贯。两个相贯的立体称相贯体，相贯后立体表面形成的交线称为相贯线。相贯线上的点是两个立体表面上的共有点。两立体相贯的形式可分三种情况：两平面立体相贯、平面立体与曲面立体相贯、两曲面立体相贯，如图3-47所示。

(a) 两平面立体相贯　　(b) 平面立体与曲面立体相贯　　(c) 两曲面立体相贯

图 3-47　两立体相贯

3.8.4.1 两平面立体相贯

两平面立体的相贯线一般是一条或两条闭合的空间折线，特殊情况下，也可为闭合的平面折线。构成折线的每条线段，均是两个平面立体有关棱面的交线，而每一个折点就是一个立体的棱线与另一个立体棱面的交点，即贯穿点。因此，求两平面立体的相贯线，实质就是求两个平面的交线或求直线与平面的交点。因为两个立体相贯成为一个整体，所以一个立体位于另一个立体内部的部分在投影图中不必画出，如图3-47(a) 所示。

3.8.4.2 平面立体与曲面立体相贯

平面立体与曲面立体相贯，其相贯线一般是由若干平面曲线所组成的空间闭合曲线，每一部分平面曲线是平面立体上某一棱面与曲面立体的截交线。所以，求平面立体与曲面立体的相贯线可以归结为求截交线的问题，见图3-47(b)。

3.8.4.3 两曲面立体相贯

曲面立体与曲面立体相贯，其相贯线一般为封闭的空间曲线，如图3-47(c) 所示。相贯线上的点，为两个曲面立体表面的共有点。求相贯线时，先求出一系列的共有点，然后用圆滑的曲线依次连接所求的各点。所以，求曲面立体与曲面立体的相贯线可以归结为在曲面立体表面取点的问题。求共有点时，应先求出相贯线上的特殊点（极限点和转向点），再求一般点。

3.9　相贯体的三视图

两立体相交，在立体表面上产生的交线称为相贯线，两相交的立体称为相贯体。两立体相交包括两平面立体相交和平面立体与曲面立体相交。

3.9.1　相贯线的性质

相贯线是两立体表面的共有线，也是两立体的分界线；相贯线上的点是两立体表面的共有点；相贯线一般为封闭的空间曲线，但在特殊情况下也为平面曲线或直线，也可能不封闭。

相贯线是由若干段平面曲线（或直线）组成的空间折线，其每一段是平面体的棱面与回转体表面的交线。各段平面曲线或直线，就是平面体上各侧面截割曲面所得的截交线。

相贯线是相交两立体表面共有点组成的线，此线为两立体表面所共有。一般情况下，相贯线是封闭的空间曲线，特殊情况下也可以是平面曲线或直线。相贯线的形状与两立体的形状及两立体的相对位置有关。

由于组成相贯体的各立体的形状、大小和相对位置的不同，相贯线也表现为不同的形状，但任何两立体表面相交的相贯线都具有下列基本性质。

① 共有性。相贯线是两立体表面的共有线，也是两立体表面的分界线，相贯线上的点一定是两相交立体表面的共有点。

② 封闭性。相贯线一般是封闭的空间折线（通常由直线和曲线组成）或空间曲线。形体具有一定的空间范围，所以相贯线一般都是封闭的。在特殊情况下也可能是不封闭的。

③ 相贯线的形状。平面立体与平面立体相交，其相贯线为封闭的空间折线或平面折线。平面立体与曲面立体相交，其相贯线为由若干平面曲线或平面曲线和直线结合而成的封闭的空间几何形。

3.9.2　相贯线的作图方法

扫码观看视频

相贯线的
作图方法

3.9.2.1　表面取点法

当相交的两回转体中有一个（或两个）圆柱，且其轴线垂直于投影面时，则圆柱面在该投影面上的投影具有积聚性且为一个圆，相贯线上的点在该投影面上的投影也一定积聚在该圆上，而其他投影可根据表面上取点方法作出。

两圆柱的轴线垂直相交，相贯线是封闭的空间曲线，且前后、左右对称。相贯线的水平投影与垂直竖放圆柱体的圆柱面水平投影的圆重合，其侧面投影与水平横放圆柱体相贯的柱面侧面投影的一段圆弧重合。因此，需要求作的是相贯线的正面投影，故可用面上取点法作图。轴线正交的两圆柱表面的相贯线如图 3-48 所示。

3.9.2.2　辅助平面法

（1）原理

假设作一辅助平面，使与相贯线的两回转体相交，先求出辅助平面与两回转体的截交线，则两回转体上截交线的交点必为相贯线上的点。如图 3-49 所示。若作一系列的辅助平面，便可得到相贯线上的若干点，然后判别可见性，依次光滑连接各点，即为所求的相贯线。

（2）辅助平面选择原则

为了便于作图，辅助平面应为特殊位置平面，且在两回转面的相交范围内，同时应使辅助平面与两回转面的截交线的投影都是最简单易画的图形（多边形多圆）。

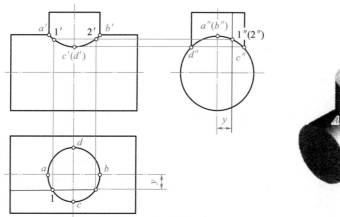

图 3-48　圆柱与圆柱的正交

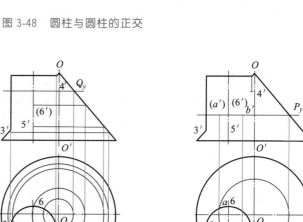

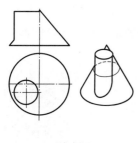

(a) 已知视图

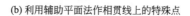

(b) 利用辅助平面法作相贯线上的特殊点

(c) 利用辅助平面法作一般点

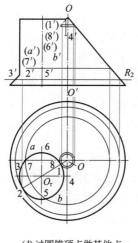

(d) 过圆锥顶点做其他点

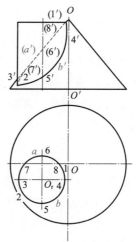

(e) 描深、检查、完成全图

图 3-49　辅助平面法

3.9.2.3 一些典型几何形状的相贯线

① 求轴线正交的圆柱与圆锥台的相贯线，如图 3-50 所示。

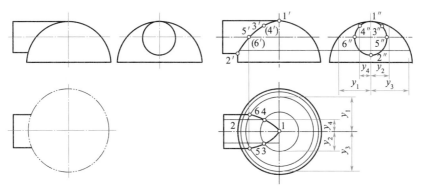

图 3-50　正交的圆柱与圆锥台的相贯线

② 圆锥台与半球的相贯线，如图 3-51 所示。

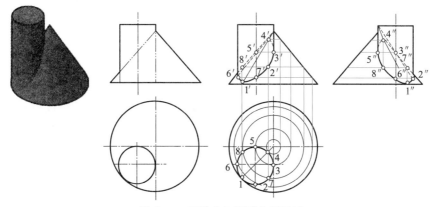

图 3-51　圆锥台与半球的相贯线

3.9.3　相贯线的特殊情况

两回转体相交，在一般情况下相贯线是空间曲线，但在特殊情况下相贯线也可能是平面曲线或直线。

(1) 同轴的两回转体相交

相贯线是垂直于轴线的圆，当轴线平行于某一投影面时，其相贯线在该投影面上的投影积聚成一直线，如图 3-52 所示。

(2) 切于同一球面的两回转体相交

圆柱与圆柱、圆柱与圆锥、圆锥与圆锥，其相贯线为两个相交的垂直于公共对称面的椭圆，举例如下。

① 当两圆柱轴线相交、直径相等、同切于一球面时，其相贯线为两个大小相等的椭圆，如图 3-53(a) 所示。在这种情况下两个椭圆的正面投影积聚为相交两直线，水平投影和侧面投影均积聚为圆。

② 当圆柱与圆锥台的轴线相交，且同切于一球面时，其相贯线为两个大小相等的椭

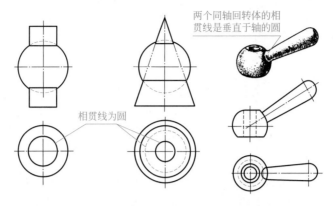

图 3-52 两同轴的两回转体相交的相贯线

圆，如图 3-53（b）所示。在这种情况下两个椭圆的正面投影积聚为两相交直线，水平投影仍为椭圆，侧面投影积聚为圆。

（3）轴线相互平行的两圆柱相交

两圆柱面上的相贯线是两条平行于轴线的直线，如图 3-54 所示。

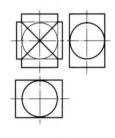

(a) 两圆柱轴线相交

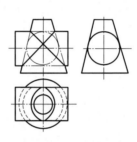
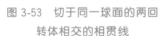

(b) 圆柱与圆锥台的轴线相交

图 3-53 切于同一球面的两回转体相交的相贯线

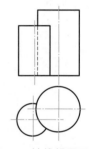

图 3-54 轴线相互平行的两圆柱相交的相贯线

3.9.4 正交两圆柱相贯线的简化画法

在不引起误解时，图形中的相贯线可以简化成圆弧或直线。例如，轴线正交且平行于 V 面的两圆柱相贯，相贯线的 V 面投影可以用与大圆柱半径相等的圆弧来代替。圆弧的圆心在小圆柱的轴线上，圆弧通过 V 面转向轮廓线的两个交点，并凸向大圆柱的轴线。

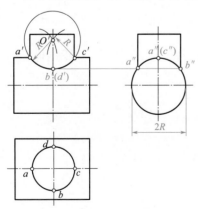

图 3-55 相贯线的近似画法

当两圆柱正交且直径不等时，相贯线又不需要准确绘出时，其投影可采用简化画法，在与两圆柱轴线平行的投影面上，可用圆弧来代替非圆弧曲线的简化画法，得到近似的相贯线投影。作图要领可概括为："在两圆柱轮廓交点之间，以大圆柱的半径为半径，在小圆柱轴线上找圆心，凸向大圆柱轴线画圆弧。"相贯线的近似画法如图 3-55 所示。

3.10 切割体的三视图

3.10.1 截交线的一般性质

平面与立体相交，在立体表面产生的交线称为截交线。与立体相交的平面称为截平面。截交线所围成的平面图形称为断面。立体被截断后，截去的部分如要在投影图中绘出，应用双点长划线表示。立体的截交线在投影图中如可见，则用实线表示，反之为虚线。作图时一定要注意判别截交线的可见性。截交线的性质如下。

（1）共有性

截交线是截平面与立体表面的共有线，截交线上任何一点都是截平面和立体表面的共有点。

（2）封闭性

由于立体表面是有范围的，所以截交线一般是封闭的平面图形。根据截交线性质求截交线，就是求出截平面与立体表面的一系列共有点，然后依次连接即可。求截交线的方法，既可利用投影的积聚性直接作图，也可通过作辅助线的方法求出。

（3）截交线的形状

截交线的形状取决于立体的几何性质及其与截平面的相对位置，通常为平面折线、平面曲线或平面直线，或由其共同组成。

3.10.2 截交线的作图方法

平面立体被某一平面所截后，其截交线为多边形，该多边形各边交点是截平面与平面立体棱线的交点，该多边形各边是截平面与立体相应棱面的交线。要想求出平面立体上的截交线，只需求出立体棱线与截平面的交点即可。然后，依次连接各点。

（1）面上取点法

平面与立体相交，截平面处于特殊位置，截交线有一个投影或两个投影有积聚性，利用积聚性采用面上取点法，求出截交线上共有点的另外一个或两个投影，此方法称为面上取点法。

（2）线面交点法

平面与立体相交，截平面处于特殊位置，截交线有一个投影或两个投影有积聚性，求立体表面上的棱线或素线与截平面的交点，该交点即为截交线上的点（共有点），此方法称为线面交点法。

3.10.3 平面立体的截交线

平面立体的截交线是平面立体被平面切割后形成的，如图3-56所示。其截交线为一封闭的平面折线，由立体上各棱线及底边与截平面的交点连接而成，截交线多边形的顶点是截平面与平面立体侧棱及底边的交点。因此，求平面立体的截交线，应先求出立体上各棱线与截平面的交点，然后将同一侧面上的两交点用直线段连接起来。为了清楚起见，通常把这些交点加以编号。

3.10.3.1 棱锥体的截交线

当棱锥体被一个任意位置的平面截断后，其投影特征比较复杂，当截平面为投影面的平行面时，所截得的截交线必定与投影面平行，截交线所围成的断面必然也是投影面的平行面，如图 3-56 所示。

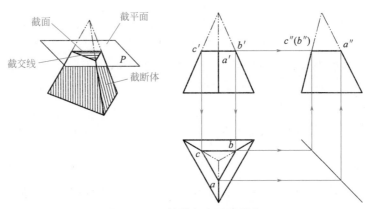

图 3-56　三棱锥与水平面相交

3.10.3.2 棱柱体的截交线

多平面与棱柱体相交，截去棱柱体的一部分，其形式如图 3-57 所示。作图时，先通过"长对正、高平齐"，绘制出棱柱的主体形状。然后可按图中点的序号依次绘制各截平面与棱柱棱线的交点。图中 3～6 点的位置可先通过主视图找到其在俯视图的位置，然后再由俯视图向左视图找到其位置。

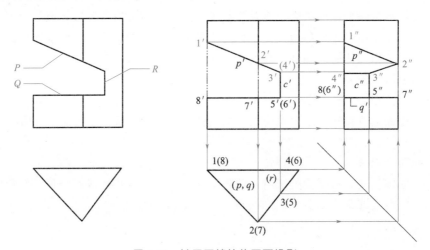

图 3-57　缺口三棱柱的三面投影

3.10.3.3 立方体的截交线

建工程中最常见的就是各种比例的立方体。绘制立方体的三视图的时候，首先应注意找准三视图的方向，一般将最能体现立方体特征的视图作为主视图。另外就是应能大致想象立方体的立体形状，并注意准确使用视线和虚线。如图 3-58 所示为缺口立方体的三面投影。

3. 10. 4 回转体的截交线

回转体的截交线一般情况下是封闭的平面曲线。如果截交线的投影是非圆曲线，作图时采用近似画法，一般先求出若干个点的投影，然后使用曲线板光滑地连接若干个点所形成的封闭曲线，即为截交线的投影。

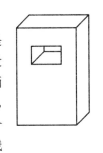

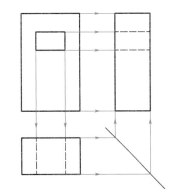

图 3-58　缺口立方体的三面投影

3. 10. 4. 1　圆柱的截交线

若截切圆柱，根据截平面与圆柱轴线相对位置的不同，可在其表面上得到 3 种不同形状的截交线，即：

① 截平面与圆柱轴线平行时，截交线为矩形；

② 截平面与圆柱轴线垂直时，截交线为圆；

③ 截平面与圆柱轴线倾斜时，截交线为椭圆。

圆柱体的 3 种截交线见表 3-2。

表 3-2　圆柱体的 3 种截交线

截平面的位置	与圆柱轴线平行	与圆柱轴线垂直	与圆柱轴线倾斜
立体图			
投影图			
截交线	圆	矩形	椭圆

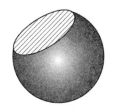

图 3-59　圆球的截交线

3. 10. 4. 2　圆球的截交线

圆球被任何截平面所截，产生的截交线均为圆。根据切口平面与投影面的相对位置不同，截交线圆的投影可能是圆、椭圆或直线，如图 3-59 所示。

3. 10. 4. 3　圆锥的截交线

平面与圆锥体截切，表面的截交线有以下 5 种情况，见表 3-3。

表 3-3　圆锥体的 5 种截交线

截平面的位置	与圆锥轴线平行	过圆锥顶点	与圆锥轴线倾斜	与圆锥轴线平行	与一条素线平行
立体图					
投影图					
截交线	圆	三角形	椭圆	双曲线	抛物线

3.11　组合体的三视图

3.11.1　组合体的组合方式

　　组合体从空间形态上看，要比前面所学的基本形体复杂。但是，经过观察也能发现它们的组成规律，它们一般由三种组合方式组合而成。

　　组合体按其构成的方式，通常可分为叠加、切割、综合。叠加型组合体是由若干个基本立体叠加而成的，如图 3-60(a) 所示的楼房是由三个长方体叠加而成的。切割型组合体

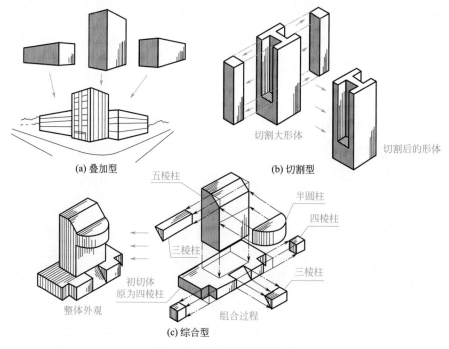

(a) 叠加型　　　　　　　　(b) 切割型

(c) 综合型

图 3-60　组合体的构成方式

则可看成是由基本立体经过切割或穿孔后形成的，如图 3-60（b）所示的压块是由四棱柱经过 2 次切割以后形成的。大多数组合体则是叠加和切割的综合，如图 3-60（c）所示的综合体。

3.11.2　组合体的相邻表面关系

绘制组合体视图时，要注意组合体相邻两形体相邻表面的连接关系。形体相邻表面之间，可能形成共面、不共面、相切或相交等几种情况。

3.11.2.1　平行

当两个相邻基本体的表面平行时，在看图和画图时应注意两形体结合平面是共面的还是不共面的。如果结合平面不共面，而是相互错开，如图 3-61（a）所示，那么两形体的结合面处应该画出两形体的分界线。如果结合平面共面，如图 3-61（b）所示，那么两形体的结合面处则不应该画出两形体的分界线。

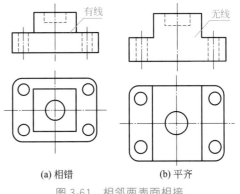

图 3-61　相邻两表面相接

3.11.2.2　相切

当两基本体表面相切时，如图 3-62 所示，在相切处是光滑过渡的，两基本体连接处不存在分界线，因此相切处不画切线。

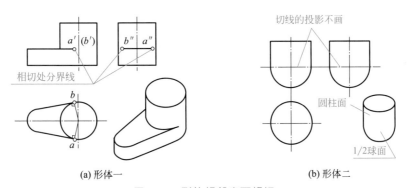

图 3-62　形体相邻表面相切

3.11.2.3　相交

当两基本体表面彼此相交时，在相交处会产生交线，因此，在绘图时应绘制出交线的投影，如图 3-63 所示。

3.11.2.4　共面

当两形体相邻表面共面（平齐）时，在两平面结合处不应有分隔线，如图 3-64 所示。

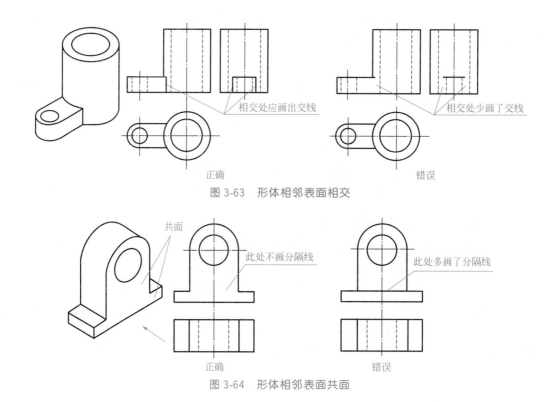

图 3-63　形体相邻表面相交

图 3-64　形体相邻表面共面

3.11.2.5　不共面

当两形体相邻表面不共面（不平齐）时，在两平面结合处应有分隔线，如图 3-65 所示。

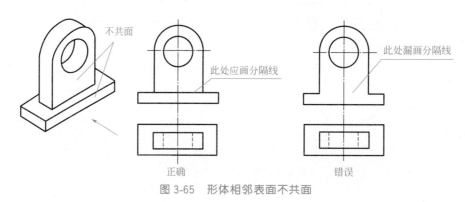

图 3-65　形体相邻表面不共面

3.11.3　画组合体的三视图

（1）形体分析

画组合体三视图时，应先分析物体的形状和结构特点，了解组合体由哪几个基本体组成，各基本体的形状、组合形式和相对位置关系，为画图作准备。

（2）选择主视图

主视图是反映物体主要形状特征的视图，选择主视图一般应符合以下原则。

① 主视图应较多地反映组合体各部分的形状特征，尽量以清楚地表达组合体各组成部分形状、表明相对位置关系最多的方向作为主视图的投影方向。

② 符合自然安放位置，尽量使主要平面（或轴线）尽可能多地平行或垂直于投影面，以便使投影得到实形。

③ 尽量减少视图中的虚线。

（3）选定画图比例和图幅

根据物体的大小选定作图比例，使用软件绘图时，尽量选用 $1:1$，这样既便于画图，又能较直观地反映物体的大小。

（4）布置视图，画作图基准线

在选择图纸幅面的大小时，不仅要考虑到图形的大小和摆放位置，而且要留出标注尺寸和画标题栏的位置，图形布置要匀称。因此要先画每一投影的作图基准线，通常用对称中心线、轴线等作为基准线。组合体视图需要确定长、宽、高三个方向的基准线。

（5）画三视图

按照先主体、后细节，先实体、后挖切，先形体、后交线的方法，根据投影规律先从反映形体特征的视图画起，再画出其他两个视图。逐一画出各形体的三视图。这样既能保证各基本体之间的相对位置和投影关系，又能提高绘图速度。

（6）查错描深

检查错漏，擦去多余图线后按标准线型描深。

3.11.4 读组合体的三视图

3.11.4.1 形体分析法

形体分析法看图，主要用于看叠加型组合体的视图。通过画组合体的视图可知，在物体的三视图中，凡有投影联系的 3 个封闭线框，一般表示构成组合体某一简单部分的 3 个投影。因此，看图的要领是以特征视图为主，按封闭线框分解成几个部分，再与其他视图对投影，想象各部分的基本体形状、相对位置和组合方式，最后组合为物体整体形状，步骤如下。

（1）抓特征，分线框

抓特征就是以特征视图为主，在较短的时间里，对物体的形状有概括的了解。然后将视图分为几个线框，根据叠加型组合体的视图特点对线框，每个线框代表了一个形体某个方向的投影。如图 3-66 所示的支架，主视图较多地反映了支架的形体特征。

（2）对投影，识形体

根据主视图中的线框及其与其他视图投影的三等对应关系，对应的线框进行形体分析，分别想象出它们的形状。

（3）看细节，综合想象整体形状

以图 3-66 为例，底板上有两个安装圆孔，左前角是圆角过渡，上部大圆柱中心有通孔。综合主体和细节，即可确切地想象出支架的整体形状。

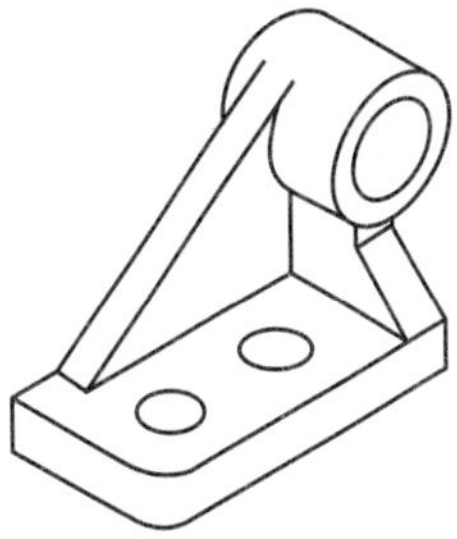

图 3-66　支架三视图

3.11.4.2 线面分析法

线面分析法看图，主要用于看切割型组合体的视图。从线和面的角度去分析物体的形成及构成形体各部分的形状与相对位置的方法，称为线面分析法。看图时，根据线、面的正投影特性，线、面的空间位置关系，视图之间相联系的图线、线框的含义，进而确定由它们所描述的空间物体的表面形状及相对位置，想象出物体的形状。用线面分析法看图的步骤如下。

（1）形体分析

一般地，切割型组合体是由某个基本体通过切割而成的，因此应先根据视图进行形体分析，分析出切割前的原基本体，再进行线面分析。图 3-67（a）所示压板的三视图，通过图 3-67（b）的处理，可知其切割前的基本体是一个长方体。

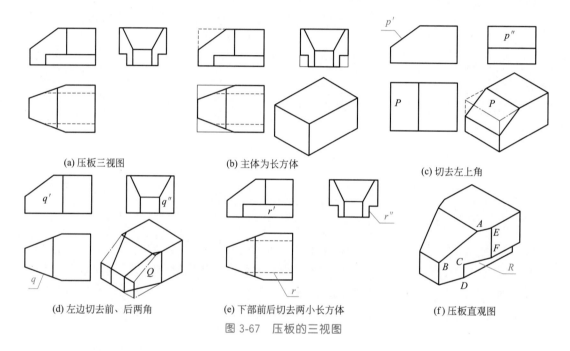

(a) 压板三视图　　　　　　(b) 主体为长方体　　　　　　(c) 切去左上角

(d) 左边切去前、后两角　　　(e) 下部前后切去两小长方体　　(f) 压板直观图

图 3-67　压板的三视图

（2）线面分析

由俯视图中线框 p、主视图中图线 p' 和左视图中线框 p'' 可知，P 为一正垂面，它切去长方体的左上角，如图 3-67（c）所示。

从主视图中线框 q'、俯视图中图线 q 和左视图中线框 q'' 可知，Q 为铅垂面，将长方体的左前（后）角切去，如图 3-67（d）所示。

与主视图中线框 r' 有投影联系的是俯视图中图线 r、左视图中图线 r''，所以 R 为正平面，它与一水平面将长方体前（后）下部切去一块长方体，如图 3-67（e）所示。

通过几次切割后，长方体所剩余部分的形状就是压板的形状，如图 3-67（f）所示。从直观图中可看出，由于长方体被不同的平面切割，则在表面上产生了许多交线，如 AB 为倾斜线（正垂面与铅垂面的交线），AE、CF 均为水平线（水平面与铅垂面的交线），CD、EF 均为铅垂线（正平面与铅垂面的交线）。

看图时，常把形体分析法和线面分析法综合应用。

第 **4** 章

建筑形体的表达方法

建筑形体的形状是多种多样的，在表达它们时，应考虑看图方便。要根据建筑形体的结构形状采用适当的图示方法，在完整、清晰地表达建筑形体内、外结构形状的前提下，力求制图简便。为此，国家颁布的标准规定了建筑形体的表示方法，包括视图及视图配置、剖面图、断面图、尺寸标注方法和一些其他规定画法及简化画法。绘图时要遵守和灵活运用这些规则，达到制图方便的目的。

4.1 视图

4.1.1 视图的形成

在建筑工程制图中常把建筑形体在某个投影面上的投影称为视图。但建筑物的形体有时比较复杂，例如房屋的几个立面形状不同，要想将每个立面的形状都表达出来，三个视图是远远不够的，因此为了便于画图和读图，需增加一些基本视图。

画法几何中，空间形体在 V、H、W 面的投影在工程图中称为三视图，大多数形体用三个视图可以表达清楚，因此三视图在工程图中被经常使用。在原有三个投影面 V、H、W 的对面再增设三个分别与他们平行的投影面 V_1、H_1、W_1，可得到六面投影体系，这样的六个投影面称为基本投影面。建筑形体的视图，按正投影法并用第一角画法绘制。投影时将形体放置在基本投影面之中，按观察者-形体-投影面的关系，从形体的前、后、左、右、上、下六个方向，向六个投影面投影，如图 4-1 所示，所得的视图见图 4-2。

① 正立面图：由前向后（A 向）作投影所得的视图。

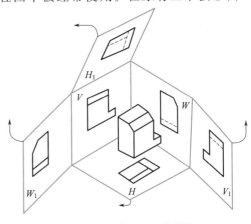

图 4-1 六个投影面的展开

② 平面图：由上向下（B 向）作投影所得的视图。

③ 左侧立面图：由左向右（C 向）作投影所得的视图。

④ 右侧立面图：由右向左（D 向）作投影所得的视图。

⑤ 底面图：由下向上（E 向）作投影所得的视图。

⑥ 背立面图：由后向前（F 向）作投影所得的视图。

以上六个视图称为基本视图。

除基本视图外，还有辅助视图，辅助视图主要有局部视图、展开视图。局部视图是指一些形体有了正立面图和平面图，物体形状的大部分已表示清楚，这时可不画出整个物体的侧立面图，只需画出没有表示清楚的那一部分。这种只将形体某一部分向基本投影面投影所得的视图称为局部视图。展开视图指的是有一些形体的各个面之间不全是互相垂直的，某些面与基本投影面成一个倾斜的角度。为了同时表达出倾斜面的形状和大小，可假想将倾斜部分展至或（旋转到）与某一选定的基本投影面平行后，再向该投影面作投影，这种经展开后向基本投影面投影所得到的视图称为展开视图。

4.1.2 视图的布置

4.1.2.1 基本视图的视图布置

如在同一张图纸上绘制若干个视图时，各视图的位置宜按图 4-2 所示的顺序进行布置。画图时，可根据物体的形状和结构特点，选用其中必要的几个基本视图。

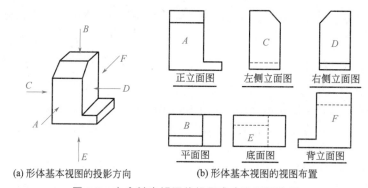

(a) 形体基本视图的投影方向　　(b) 形体基本视图的视图布置

图 4-2　六个基本视图的投影方向及视图布置

4.1.2.2 局部视图的视图布置

画局部视图时，要用带有大写字母的箭头指明投影部位和投影方向，并在相应的局部视图下方注上同样的大写字母，如"A""B"作为图名。

局部视图一般按投影关系配置，如图 4-3 中的 A 向视图。必要时也可布置在其他适当位置，如图 4-3 中的 B 向视图。局部视图的范围应以视图轮廓线和波浪线的组合表示，如图 4-3 中的 A 向视图所示；当所表示的局部结构形状完整，且轮廓线成封闭时，波浪线可省略，如图 4-3 中的 B 向视图所示。

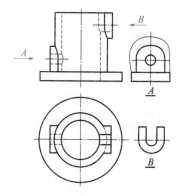

图 4-3　局部视图的视图方向及视图布置

4.1.2.3 展开视图的视图布置

如图 4-4 所示，中间部分的墙面平行于正立投影面，在正面上反映实形，而右侧面与正立投影面倾斜，其投影图不反映实形，为此，可假想将右侧墙面展至和中间墙面在同一平面上，这时再向正立投影面投影，则可以反映右侧墙面的实形。展开视图可以省略标注旋转方向及字母，但应在最后加上"展开"字样。

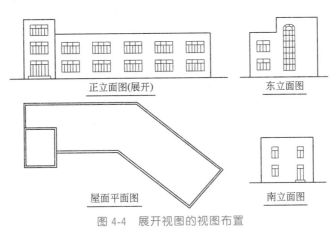

图 4-4　展开视图的视图布置

4.1.3　镜像投影法

当建筑形体在第一分角不易表达时，可用镜像投影法绘制。镜像投影是物体在镜面中的反射图形的正投影，该镜面应平行于相应的投影面，如图 4-5 所示。用镜像投影法绘制的平面图应在图名后注写"镜像"二字，以便读图时识别，如图 4-5(b) 所示。

镜像投影图可用于表示某些工程的构造，在装饰工程中应用较多，如吊顶平面图，是将地面看做一面镜子，得到吊顶的镜像平面图。

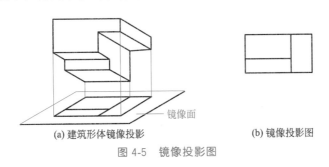

图 4-5　镜像投影图

4.2　剖面图

4.2.1　剖面图的形成

如图 4-6(a) 和图 4-7(a) 所示，假想用一个剖切平面将形体剖开，移去剖切平面与观者之间的部分形体，将剩下的部分形体向投影面投影，所得到的投影图称为剖面图，简称剖面，如图4-6（b）和图4-7（b）所示。

从剖面图的形成过程可以看出，形体被剖开并移去剖切平面与观者之间的部分形体以后，其内部构造即显露出来，使形体内部原本看不见的部分变成看得见的了，所以在剖面图中虚线变成了实线。

在绘制剖面图时，剖面图除应画出剖切面切到部分的图形外，还应画出沿投影方向看到的部分，被剖切面切到部分的轮廓线用粗实线绘制，剖切面没有切到但沿投影方向可以看到的部分用中实线绘制。被剖切面切到的部分在同一个平面内，称为断面。在剖面图中，规定在断面内画出建筑材料图例，以区分断面（剖到的）和非断面（看到的）部分。各种建筑材料图例必须遵照制图标准规定的画法，因此需要掌握常见的材料图例画法。如图4-6和图4-7的断面上所画的是混凝土图例。由于画出材料图例，所以在剖面图中还可以知道建筑构配件是用什么材料做成的。

作剖面图时，一般使剖切平面平行于基本投影面，从而使断面的投影反映实形。同时，要使剖切平面尽量通过形体上的孔、洞、槽等隐蔽形体的中心线，以将形体内部尽量表示清楚。剖面图中的不可见线一般不画。

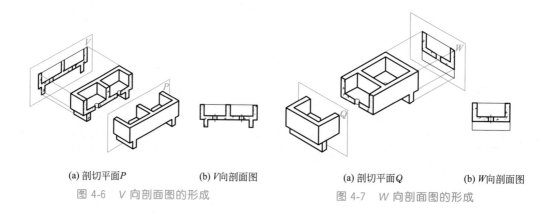

(a) 剖切平面P	(b) V向剖面图	(a) 剖切平面Q	(b) W向剖面图

图4-6　V向剖面图的形成　　　　　　　图4-7　W向剖面图的形成

4.2.2　剖面图的画法

4.2.2.1　剖面图的具体画法

（1）剖面图的剖切符号

根据《房屋建筑制图统一标准》（GB/T 50001—2017）对剖面图的规定，剖切符号由剖切位置线及剖视方向线组成，均以粗实线绘制。剖切位置线长度宜为6～10mm；剖视方向线应垂直于剖切位置线，长度宜为4～6mm。图4-8中的2—2剖面即表示剖视方向向右。剖切符号不应与其他图线相接触。剖切符号编号宜为阿拉伯数字，按剖切顺序由左至右、由下向上连续编排，并注写在剖视方向线的端部，如1—1、2—2等。在剖面图的下方应写上带有编号的图名，如"×—×剖面图"，如图4-8所示。

（2）剖面图中的线型

在剖面图中，被剖切面切到部分的轮廓线用粗实线绘制，剖切面没有切到、但沿投射方向可以看到部分的轮廓线用中实线绘制，一般不再画不可见轮廓线。

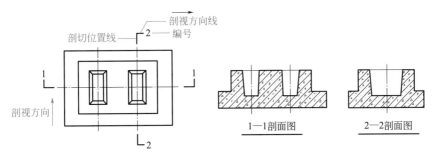

图 4-8　剖切符号标注

（3）剖面图中的材料图例

剖面图中被剖切处的截面部分，应按国家标准规定画出形体相应的材料图例。若图上没有注明形体是何种材料时，截面轮廓线范围内用等间距的 45°细实线表示。

4.2.2.2　绘制剖面图时应注意的问题

剖切面最好贯通平面图的全宽或全长，或者贯通某个空间的全宽或全长，即保证剖面图的两侧均有被剖的建筑形体，要避免剖切面从空间的中间起止。剖切面不要从柱子和墙体的中间穿过。因为，按这种剖切位置画出来的剖面图，不能反映柱、墙的装修做法，也不能反映柱面与墙面下的装饰与陈设。

剖切面转折时，按制图标准的规定，应在转折处画转折线，并最多转折一次。按此剖切位置画出来的剖面图，不要在剖切面转折处出现分界线。因为剖切面是假想的，而不是实际存在的。

当垂直界面中的某一部分不与剖切面平行时，即垂直界面为转折面或曲面时，如果仍按正投影原理画图，不与剖切面平行的部分，必然不能真实地反映界面的大小。在这种情况下，可将不与剖切面平行的部分，旋转到与剖切面平行的位置，再按正投影原理绘制剖面图，但必须在图名后面加注"展开"二字。

4.2.3　常用的剖面图

剖面图主要分为全剖面图、半剖面图、局部剖面图、阶梯剖面图、旋转剖面图。

扫码观看视频

常用的剖面图

4.2.3.1　全剖面图

如图 4-9 所示，沿剖切面把形体全部切开，移去遮挡视线的部分后，将剩余部分全部

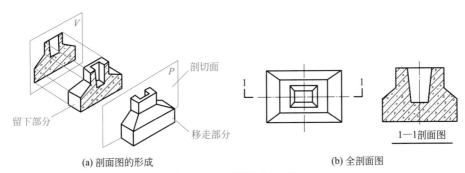

(a) 剖面图的形成　　　　　　　　　　(b) 全剖面图

图 4-9　杯形基础全剖面图

画出的剖面图之为全剖面图。全剖面图无法表达形体的外部形状特征，一般适合表达外形简单或外形已知而内部构造复杂的形体。根据剖切面的数量和剖切面的位置情况，全剖面图可分为用一个剖切面、用一组平行的剖切面及用两个相交剖切面剖切等多种类型。

① 一个剖切面情况：用一个剖切平面把形体完全切开后所画出的剖面图。

② 两个及两个以上平行剖切面的剖切情况：当几个剖切面相互平行时，为了减少剖切次数和画图的工作量，可以将剖切面垂直转折构成一组，即用一组带转折的平行剖切面将形体全部切开，就像用一个剖切面剖切的情况一样画出全剖面图。

4.2.3.2　半剖面图

当形体对称时，可以对称中心线为界，一半画成剖面图，另一半画成外形视图，这样组合而成的图形称为半剖面图，如图 4-10 所示的剖面图。

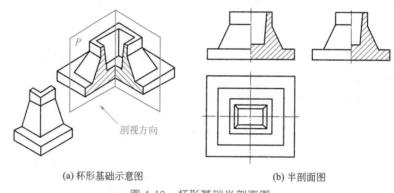

(a) 杯形基础示意图　　　　　　　　(b) 半剖面图

图 4-10　杯形基础半剖面图

画半剖面图时有以下几点需要注意。

① 在半剖面图中，规定使用建筑形体的对称线（细点划线）作为剖面图和视图的分界线。

② 在半剖面图中，半个剖面通常画在垂直对称线的右方或水平对称线的下方。

③ 由于剖面图一侧的图形已经将形体内部的现状表达清楚，因此在视图一侧不必再画表达内部的虚线。

4.2.3.3　局部剖面图

当建筑形体的外形比较复杂，完全剖开后就无法表示清楚它的外形时，可以保留原投影图的大部分，而只将局部地方画成剖面图。如图 4-11 所示，在不影响外形表达的情况下，将杯形基础水平投影的一个角落画成剖面图，表示基础内部钢筋的配置情况。这种剖面图，称为局部剖面图。需要注意的是，投影图与局部剖面图之间，要用徒手画的波浪线分界。

4.2.3.4　阶梯剖面图

如果要表示形体不同位置的内部构造，可采用两个（或两个以上）互相平行的剖切平面剖切形体，得到的剖面图称为阶梯剖面图。如图 4-12 所示的房屋，如果只用一个平行于 V 面的剖切平面，就不能同时剖开左墙的窗和右墙的窗，这时可将剖切平面转折一次，即使一个平面剖开左墙的窗，另一个与其平行的平面剖开右墙的窗，这样就满足了要求。所得的剖面图称为阶梯剖面图，如图 4-12 所示。

阶梯剖面图必须标注剖切位置线投射方向线和剖切编号。由于剖切是假想的，在作阶梯剖面图时不应画出两剖切面转折处的交线，并且要避免剖切面在图形轮廓线上转折，如图 4-12 所示。

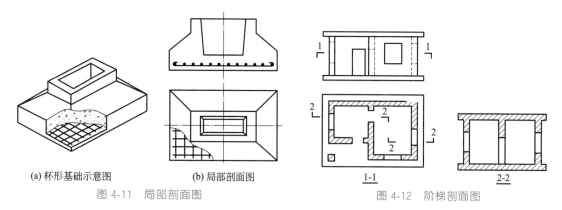

(a) 杯形基础示意图　　　(b) 局部剖面图

图 4-11　局部剖面图

1-1　　　　　2-2

图 4-12　阶梯剖面图

4.2.3.5　旋转剖面图

用两个相交的剖切平面（交线垂直于基本投影面）剖开物体，把两个平面剖切得到的图形，旋转到与投影面平行的位置，然后再进行投影，这样得到的剖面图称为旋转剖面图。

在绘制旋转剖面图时，常选其中一个剖切平面平行于投影面，另一个剖切平面必定与这个投影面倾斜，将倾斜于投影面的剖切平面整体绕剖切平面的交线（投影面垂直线）旋转到平行于投影面的位置，然后再向该投影面作投影。如图 4-13 所示的检查井，其两个水管的轴线是斜交的，为了表示检查井和两个水管的内部结构，采用了相交于检查

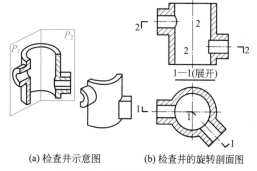

(a) 检查井示意图　　(b) 检查井的旋转剖面图

图 4-13　检查井旋转剖面图

井轴线的正平面和铅垂面作为剖切面，沿两个水管的轴线把检查井切开；再将右边铅垂剖切平面剖到的投影（断面及其相联系的部分），绕检查井铅垂轴线旋转到正平面位置，并与右侧用正平面剖切得到的图形一起向 V 面投影，便得到 1—1 旋转剖面图。

4.3　断面图

4.3.1　断面图的形成

对于某些单一杆件或需要表示构件某一部位的截面形状时，可以只画出形体与剖切平面相交的那部分图形。用一个假想的剖切平面剖开形体，仅画出剖切平面与形体接触部分，即断面的图形，称为断面图，简称断面。

从图 4-14 可以看到，在同一剖切位置处，断面图包含在剖面图之中，是剖面的部分，主要用于表达形体实体部分的形状和材料。断面图用粗实线表示剖到部分的形体轮廓线，断面上画材料图例或图例线。断面图的剖切符号只画剖切位置线，不画剖视方向线，而用剖面编号的注写位置表示投影方向。

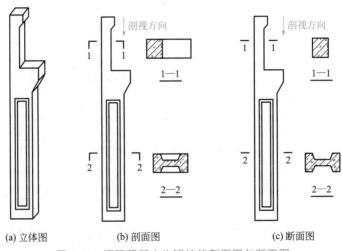

(a) 立体图　　　　(b) 剖面图　　　　(c) 断面图

图 4-14　钢筋混凝土牛腿柱的剖面图与断面图

4.3.2　断面图的标注

断面图的标注方法和原则与剖面图基本相同。一般应用剖切符号表示剖切位置，用标注的数字表示剖视方向；在断面图的下方正中位置用同样字母标注出相应的名称"×—×"。

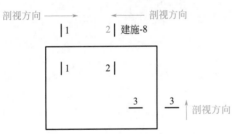

图 4-15　断面的剖切符号与编号

（1）剖切符号标注

断面图剖切符号只用剖切位置线表示，用粗实线绘制，长度为 6～10mm。断面图剖切符号的编号采用阿拉伯数字，按顺序连续编排，并应注写在剖切位置线的一侧，编号所在的一侧为该断面的剖视方向。断面图如与被剖切图样不在同一张图内，可在剖切位置线的另一侧注明其所在图纸的编号。

（2）标注断面图图名

在断面图下方，应标出与剖切符号编号相应的编号名称，在编号名称后面写上断面图字样，如"1—1断面图"，并在其下方画上一条与图名等长的粗实线。

（3）断面图的具体标注方法及原则

① 完全标注：不配置在剖切符号的延长线上的不对称移出断面或不按投影关系配置的不对称移出断面，必须按上述标注方法完全标注。

② 省略字母：配置在剖切符号延长线上的移出断面，可省略字母。

③ 省略箭头：对称的移出断面和按投影关系配置的移出断面，可省略投影方向的箭头。

④ 不必标注：配置在剖切符号的延长线的对称移出断面和配置在视图中断处的对称移出断面，均不必标注。

⑤ 重合断面时的画法：重合断面是直接画在视图内剖切位置处，因此，标注时可省略字母。不对称的重合断面，仍要画出剖切符号和投影方向箭头。对称的重合断面，可不必标注。

4.3.3 断面图的分类

扫码观看视频

断面图的分类

断面图有移出断面图、重合断面图和中断断面图三种。

4.3.3.1 移出断面图

画在视图外的断面，称为移出断面。移出断面的轮廓线用粗实线绘制，轮廓线内画图例符号。如图 4-16 所示，梁的断面图中画出了钢筋混凝土的材料图例。断面图应画在形体投影图的附近，以便于识读；此外，断面图也可以适当地放大比例，以利于标注尺寸和清晰地显示其内部构造。

当一个形体有多个断面图时，可以整齐地排列在视图的四周。如图 4-17 所示为梁、柱节点构件图，花篮梁的断面形状如 1—1 断面图所示，上方柱和下方柱分别用2—2、3—3 断面图表示。这种处理方式适用于断面变化较多的形体，并且往往用较大的比例画出。

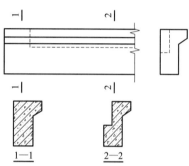

图 4-16 梁的移出断面

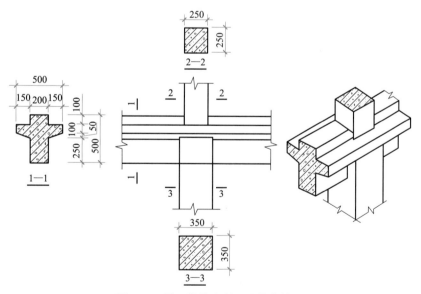

图 4-17 梁、柱节点断面图及构件图

4.3.3.2 重合断面图

画在视图内的断面称为重合断面。重合断面的图线与视图的图线应有所区别，当重合断面的图线为粗实线时，视图的图线应为细实线，反之则用粗实线。如图 4-18 所示为一槽钢和背靠背双角钢的重合断面图，断面图轮廓及材料图例画成细实线。

重合断面图不画剖切位置线，亦不编号，图名沿用原图名。重合断面图通常在整个构件的形状一致时使用，断面图形的比例与原投影图形比例应一致。其轮廓可能是闭合的（如图 4-18 所示），也可能是不闭合的（如图 4-19 所示）。当不封闭时，应于断面轮廓线的内侧加画图例符号。

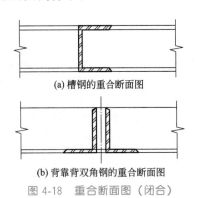

(a) 槽钢的重合断面图

(b) 背靠背双角钢的重合断面图

图 4-18　重合断面图（闭合）

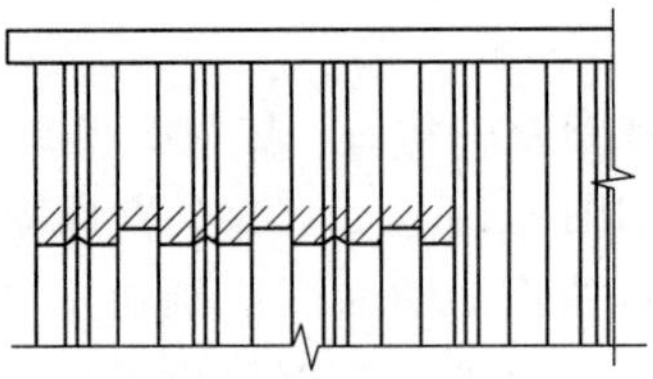

图 4-19　墙面的重合断面图（不闭合）

4.3.3.3　中断断面图

如形体较长且断面没有变化时，可以将断面图画在视图中断断开处，称为中断断面。如图 4-20 所示，在"T"形梁的断开处，画出梁的断面，以表示梁的断面形状，这样的断面图不需标注，也不需要画剖切符号。

中断断面的轮廓线用粗实线，断开位置线可为波浪线、折断线等，但必须为细线，图名沿用原投影图的名称。钢屋架的大样图常采用中断断面的形式表达其各杆件的形状，如图 4-21 所示。

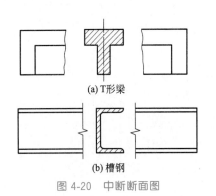

(a) T形梁

(b) 槽钢

图 4-20　中断断面图

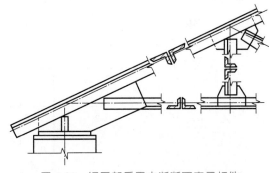

图 4-21　钢屋架采用中断断面表示杆件

4.4　简化画法

简化表示法分为简化画法和简化注法。简化必须保证不致引起误解和不会产生理解的多义性，读图与绘图均方便。在这些前提下，简化画法可保证制图简便。

4.4.1 对称图形的简化画法

（1）对称符号

由对称线和两端的两对平行线组成，对称线用细点划线绘制；平行线用细实线绘制，其长度宜为 6～10mm，每对间距宜为 2～3mm；对称线垂直平分于两对平行线，两端超出平行线宜为 2～3mm。

（2）对称图形的画法

构配件的对称图形，可以以对称中心线为界，只画出该图形的一半，并画上对称符号，如图 4-22（b）所示。如果图形不仅左右对称，而且上下对称，还可进一步简化，只画出该图形的 1/4，但此时要增加一条竖向对称线和相应的对称符号，如图 4-22（c）所示。对称图形也可稍超出对称线，此时不宜画对称符号，画在超出对称线部分画上折断线，如图 4-23 所示。对称图形需要画剖面图时，也可以用对称符号为界，一边画外形图，一边画剖面图，这时只需要加对称符号即可。

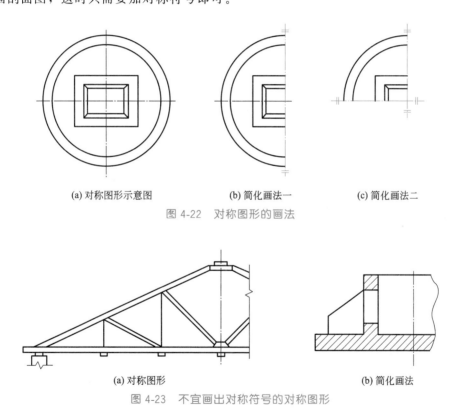

(a) 对称图形示意图　　　　(b) 简化画法一　　　　(c) 简化画法二

图 4-22　对称图形的画法

(a) 对称图形　　　　　　　　　　　　(b) 简化画法

图 4-23　不宜画出对称符号的对称图形

4.4.2 相同要素的简化画法

物体上多个完全相同且连续排列的形状要素，可在两端或其他适当位置画出其完整形状，其余以中心线或中心线交点表示其位置即可，如图 4-24 所示。但应注意，当纵横交叉的中心线网格交点处并不都有形状要素时，除了正常画出一两个外，其余要素的位置应用小黑点标明，如图 4-25 所示。

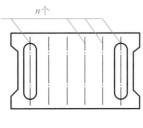

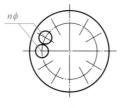

(a) 相同要素的形体   (b) 简化画法

图 4-24 相同要素简化画法（一）

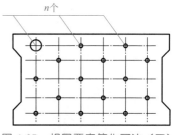

图 4-25 相同要素简化画法（二）

4.4.3 折断画法

对于较长的构件，如果沿长度方向的形状相同或按一定规律变化，可断开省略绘制，只画构件的两端，而将中间折断部分省略不画。在断开处，应以折断线表示。其尺寸应按折断前原长度标注，如图 4-26 所示。

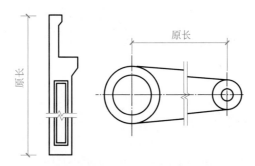

(a) 较长构件示意图   (b) 折断简化画法

图 4-26 较长构件的折断简化画法

第 5 章

轴测图

轴测图是轴测投影的简便画法，可以直观地表达建筑物的三维形象，同时可以在图上直接量取一定的尺寸。轴测图可以分为正轴测图和斜轴测图两大类，各有不同的特点，结合不同的表现类型，具有很强的表现力。

轴测图俗称立体图，与多面正投影图主要有以下区别。

① 多面正投影图能够准确地表达物体的真实形状和大小，作图简单，但直观性差，不容易想象出物体的形状，如图 5-1(a) 所示。

② 轴测图直观性较强，容易看懂，但不能反映物体真实形状和尺寸，常被作为辅助性的图样来应用，如图 5-1(b) 所示。

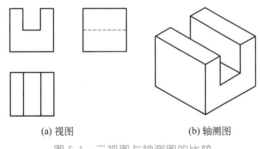

(a) 视图   (b) 轴测图

图 5-1　三视图与轴测图的比较

5.1　轴测图的基本知识

5.1.1　轴测图的形成

将物体和确定其空间位置的直角坐标系，按平行投影法一起投影在单一投影面上，使物体的长、宽、高三个方向的形状都表示出来，所得到的图形叫轴测图。轴测图是用平行投影原理绘制的一种单面投影图。这种图富有立体感，但作图较繁、度量性差，因此在生产中作为辅助图样，用于需要表达形体直观形象的场合。

5.1.2 轴间角和轴的伸缩系数

5.1.2.1 轴间角

轴测轴之间的夹角，称为轴间角。如 $\angle X_1O_1Y_1$、$\angle Y_1O_1Z_1$、$\angle Z_1O_1X_1$。

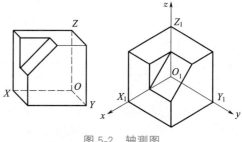

图 5-2 轴测图

5.1.2.2 轴向伸缩系数

物体上平行于直角坐标轴的直线段投影到轴测投影面上的长度与其相应的原长之比，称为轴向伸缩系数。

用 p、q、r 分别表示 OX、OY、OZ 轴的轴向伸缩系数：

$$p = \frac{O_1X_1}{OX} \tag{5-1}$$

$$q = \frac{O_1Y_1}{OY} \tag{5-2}$$

$$r = \frac{O_1Z_1}{OZ} \tag{5-3}$$

5.1.3 轴测图的分类

5.1.3.1 按投射方法分类

按投影方法不同将轴测图分为正轴测图和斜轴测图，它们的共同点是采用平行投影法，不同点为正轴测图物体对投影面倾斜，投射线与投影面垂直，斜轴测图物体对投影面正放，投射线与投影面倾斜。

5.1.3.2 按轴向伸缩系数不同分类

① 若 $p = q = r$ 称为正（或斜）等轴测图，简称正（或斜）等测，如图 5-3 所示。

② 若 $p = r \neq q$（或 $p = q \neq r$，$q = r \neq p$），称为正（或斜）二等轴测图，简称正（或斜）二测，如图 5-3 所示。

③ 若 $p \neq q \neq r$，称为正（或斜）三测轴测图，简称正（或斜）三测。

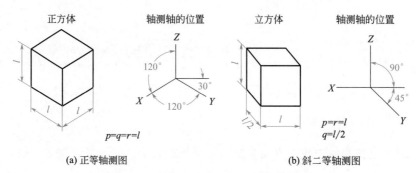

图 5-3 轴测图轴间角及轴向伸缩系数

推荐采用正等测、正二测、斜二测三种轴测图，工程中常用的是正等轴测图和斜二轴测图。绘制物体的轴测图时，应用粗实线画出物体的可见轮廓，通常不画物体的不可见轮廓。但在必要时，也可用虚线画出物体的不可见轮廓。

5.1.4 轴测图的基本性质

① 线性不变：直线或平面的轴测投影仍为直线或平面图形的类似形。

② 平行性不变：空间互相平行的线段的轴测投影仍互相平行，因此凡是与坐标轴行的线段，其轴测投影与相应的轴测轴平行。

③ 从属性不变：点在直线（或平面）上，则点的轴测投影必在直线（或平面）的轴测投影上。

④ 比例性不变：空间互相平行的线段的长度之比等于它们的轴测投影的长度之比。因此凡是与坐标轴平行的线段，它们的轴向变形系数相等。

⑤ 相切性不变：三视图中线与线相切，轴测图中仍然相切。

5.2 正等轴测图

5.2.1 正等轴测图的形成及参数

5.2.1.1 正等轴测图的形成

在多面正投影图中，其主视图只能看见物体前面的投影，如图 5-4（a）所示。为了表达其他两个面的形状，让物体作如下的转动：先将物体绕 OZ 轴旋转 45°，主视图上可以看见物体的前面和左侧面，如图 5-4（b）所示。

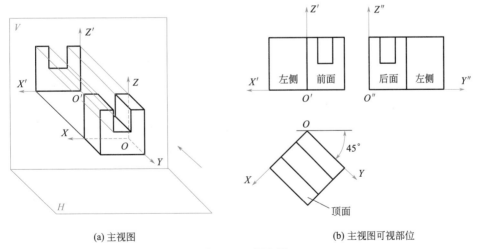

(a) 主视图   (b) 主视图可视部位

图 5-4　正投影图

将物体绕垂直于侧面的轴线旋转某一角度时，在主视图上就能看见物体两个或三个面的形状，如图 5-5 中所示。图 5-6 所示为轴测图的形成。

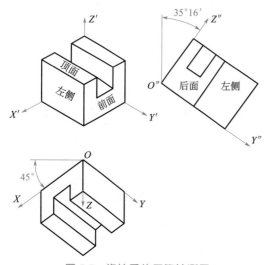

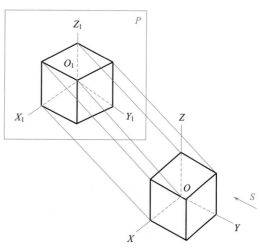

图 5-5　旋转后的正等轴测图　　　　　　　图 5-6　轴测图的形成

5.2.1.2　正等轴测图的参数

（1）轴间角

$\angle X_1O_1Y_1 = \angle Y_1O_1Z_1 = \angle Z_1O_1X_1 = 120°$，如图 5-7 所示。

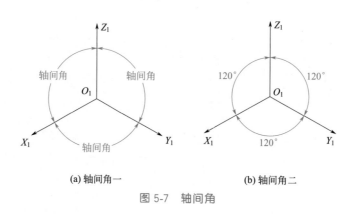

(a) 轴间角一　　　　　　　　　(b) 轴间角二

图 5-7　轴间角

（2）轴向伸缩系数

$p_1 = q_1 = r_1 \approx 0.82$，如图 5-8（a）所示。为了作图方便，用简化轴向伸缩系数 $p = q = r = 1$，即：直接从视图中量取相应的尺寸绘制正等轴测图，如图 5-8（b）所示。用简化系数画出的轴测图，比用轴向伸缩系数画出的轴测图放大了 1.22 倍（即 $1/0.82 \approx 1.22$）。但不影响物体的形状和立体感，因此画正等轴测图时，其尺寸可直接从三视图中用简化系数按 $1:1$ 量取。

5.2.2　正等轴测图的画法

5.2.2.1　平面立体正等轴测图的画法

常用的作图方法有坐标法、切割法、叠加法。

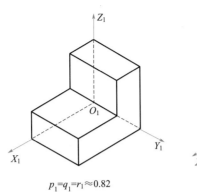
(a) 理论轴向伸缩系数的正等轴测图

$p_1=q_1=r_1\approx0.82$

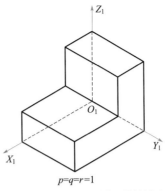
(b) 简化轴向伸缩系数的正等轴测图

$p=q=r=1$

图 5-8　正等轴测图轴向伸缩系数

（1）坐标法

根据物体的特点，建立合适的坐标轴，然后按坐标法画出物体上各顶点的轴测投影，再由点连成物体的轴测图。

三棱锥的正投影图如图 5-9 所示，画出其正等轴测图。

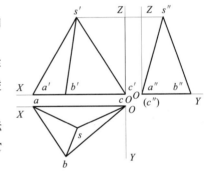

由于三棱锥是由各种位置的平面组成的，所以作图时可以先作锥顶和底面的轴测投影，然后连接各棱线即可。作图步骤如下。

① 在已知的正投影图中，定坐标原点，画坐标轴。考虑到作图方便，把坐标原点选在底面上点 C 处，并使 AC 与 OX 轴重合，如图 5-10 所示。

② 画出轴测轴 OX、OY、OZ。

图 5-9　三棱锥正投影图

③ 根据坐标关系画出底面各顶点和锥顶 S 在底面的投影 s。

④ 过 s 垂直于底面向上作 OZ 的平行线 sS，在线上量取三棱锥的高度 Z，得到锥顶 S，如图 5-10（a）所示。

⑤ 依次连接各顶点，擦去多余的图线并描深，即得到三棱锥的正等轴测图，如图 5-10（b）所示。

画物体的轴测图时，不可见的底面和侧面棱线不必画出。因此，先从顶面开始作图，可以减少不必要的作图线。为了便于作图，对于结构对称的物体，应将直角坐标原点设在反映物体对称面的对称中心线的交点上。

（2）切割法

画切割体的轴测图时，先画出其完整形体的轴测图，再按形体形成的过程逐一切去多余的部分而得到所求的轴测图，这种方法称为切割法。

某组合体的正投影图如图 5-11 所示，画出其正等轴测图。作图步骤如下。

① 确定三视图中的直角坐标系，如图 5-12（a）所示。

② 画轴测轴，画完整的长方体，如图 5-12（b）所示。

③ 量取 y_2 和 z_2，切割成 L 形，如图 5-12（c）所示。

④ 量取 x_2 和 z_2，切割左上方的三角形，如图 5-12（d）所示。

⑤ 量取 x_3 和 y_3，切割左前方的三角形，如图 5-12(e) 所示。

⑥ 整理、加深图线，虚线不画，如图 5-12(f) 所示。

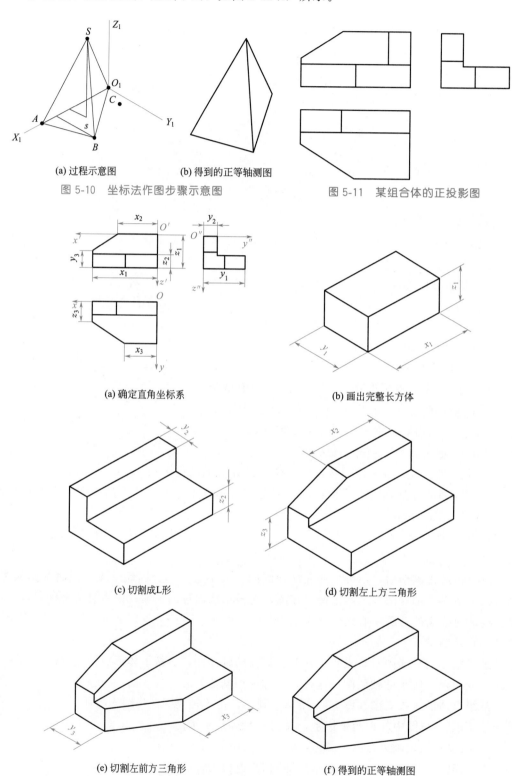

(a) 过程示意图　　　　　　(b) 得到的正等轴测图

图 5-10　坐标法作图步骤示意图　　　　　　图 5-11　某组合体的正投影图

(a) 确定直角坐标系　　　　　　　　　　(b) 画出完整长方体

(c) 切割成L形　　　　　　　　　　(d) 切割左上方三角形

(e) 切割左前方三角形　　　　　　　　(f) 得到的正等轴测图

图 5-12　切割法作图步骤示意图

画切割体的轴测图时，先完整后切割，从大切到小。对于非对称结构的物体，一般将坐标原点设在长方体顶面右上角的棱线交点上。

（3）叠加法

对于叠加形成的物体，运用形体分析法，将物体分成几个简单的形体，然后根据各形体之间的相对位置依次画出各部分的轴测图，即可得到该物体的轴测图。

某组合体的正投影图如图 5-13 所示，画出其正等轴测图。作图步骤如下。

将物体看作由Ⅰ、Ⅱ两部分叠加而成。

① 定原点，画轴测轴，画Ⅰ部分的正等测图，如图 5-14(a) 所示。

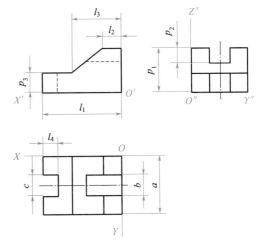

图 5-13　组合体的正投影图

② 在Ⅰ部分的正等轴测图的相应位置上画出Ⅱ部分的正等轴测图，如图 5-14（b）所示。

③ 在Ⅰ、Ⅱ部分分别开槽，然后整理，加深即得到这个物体的正等轴测图，如图 5-14(c) 所示。

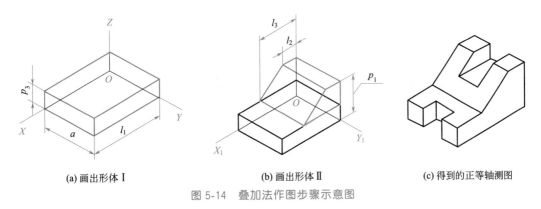

(a) 画出形体Ⅰ　　　　　　(b) 画出形体Ⅱ　　　　　　(c) 得到的正等轴测图

图 5-14　叠加法作图步骤示意图

5.2.2.2　曲面立体正等轴测图的画法

（1）平行于各坐标面的圆的正等轴测图画法

平行于各坐标面的圆，其正等轴测图一般是椭圆，为了作图方便，用简化轴向伸缩系数绘制正等轴测图，作图的方法有坐标法和四心椭圆法（又称菱形椭圆法）两种。

① 坐标法　在反映圆的视图上确定适当数量的点，过点作 OX 或 OY 轴的平行线，并将视图上各点画到相应的正等轴测轴上而获得的轴测图，称为坐标法，如图 5-15 所示。坐标法所画的椭圆比较精确，但作图繁琐。

② 四心椭圆法（近似画法）　先画出圆外接正方形的轴测投影即菱形，再找出椭圆的四个圆心，然后，用四段圆弧光滑地连接起来代替椭圆，这种画圆的轴测图的方法称为四心椭圆法。

水平圆的投影图如图 5-16 所示，试用四心近似椭圆法画轴测图。作图步骤如下。

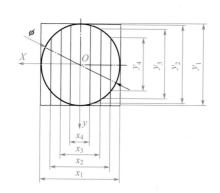

(a) 确定直角坐标点

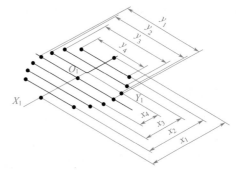

(b) 绘制相应的轴测轴各点

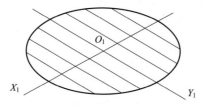

(c) 得到的正等轴测图

图 5-15　坐标法绘制圆的正等轴测图

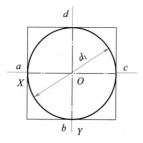

图 5-16　水平圆的投影图

a. 在投影图中定原点，画轴测轴。以圆心 O 为坐标原点，OX，OY 为坐标轴，在视图中画圆的外切正方形，a、b、c、d 为四个切点，如图 5-16 所示。

b. 在轴测轴 O_1X_1、O_1Y_1 轴上，按 $O_1A=O_1B=O_1C=O_1D=d_1/2$ 得到四点，并作圆外切正方形的正等轴测图——菱形，其长对角线为椭圆长轴方向，短对角线为椭圆短轴方向，如图 5-17(a) 所示。

c. 分别以短轴方向的 1、2 为圆心，$1D$、$2B$ 为半径作大圆弧，并以 O_1 为圆心作两大圆弧的内切圆交长轴于 3、4 两点，如图 5-17(b) 所示。

d. 连接 13、14、23、24 分别交两大圆弧于 H、G、E、F。以 3、4 为圆心，$3E$、$4G$ 为半径作小圆弧 EH、GF，即得到近似椭圆，如图 5-17(c) 所示。

(a) 圆外切正方形的正等轴测图　　　(b) 作大圆弧　　　(c) 得到的水平圆的正等轴测图

图 5-17　水平圆正等轴测图的四心近似椭圆画法

（2）圆柱、圆台的正等轴测图

① 圆柱的正等轴测图　作图步骤如下。

a. 在视图上确定直角坐标系，如图 5-18(a) 所示。

b. 画轴测轴，用四心椭圆法画出平行于 H 投影面上的椭圆。量取高度 h，用移心法画出底面的椭圆，如图 5-18(b) 所示。

c. 作出两椭圆的公切线，如图 5-18(c) 所示。

d. 整理、加深图线，虚线不画，如图 5-18(d) 所示。

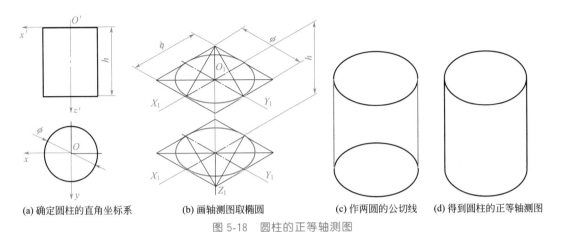

(a) 确定圆柱的直角坐标系　　(b) 画轴测图取椭圆　　(c) 作两圆的公切线　　(d) 得到圆柱的正等轴测图

图 5-18　圆柱的正等轴测图

移心法：画同轴相等的椭圆时，先根据四心椭圆法画出椭圆，然后将已知椭圆的四点圆心平移到所要求的位置，从而画出另一个椭圆的作图方法称为移心法。

明确圆所在的平面和哪一个坐标面平行，来确定椭圆的长短轴的方向。圆柱两边的轮廓线是上下两椭圆的公切线。

② 圆台的正等轴测图　作图步骤如下。

a. 在视图上确定直角坐标系，如图 5-19(a) 所示。

b. 画轴测图的坐标轴，按 h、d_2、d_1 分别作上、下底菱形，如图 5-19(b) 所示。

c. 用四心椭圆法画出上、下底椭圆，如图 5-19(c) 所示。

d. 作上、下底椭圆的公切线，擦去作图线，加深可见轮廓线，完成全图，如图 5-19(d) 所示。

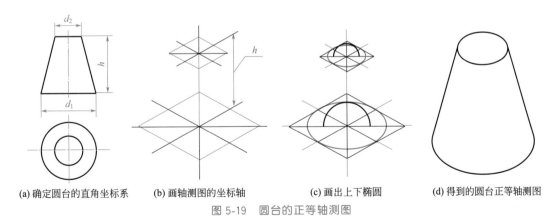

(a) 确定圆台的直角坐标系　　(b) 画轴测图的坐标轴　　(c) 画出上下椭圆　　(d) 得到的圆台正等轴测图

图 5-19　圆台的正等轴测图

(3) 回转切割体正等轴测图的画法

某回转切割体如图 5-20 所示，绘制该物体的正等轴测图作图步骤如下。

① 画完整圆柱的正等轴测图，如图 5-21(a) 所示。

② 按 s、h 画截交线（矩形和圆弧）的正等轴测图（平行四边形和椭圆弧），如图 5-21(b) 所示。

③ 擦去作图线，加深可见轮廓线，完成全图，如图 5-21(c) 所示。

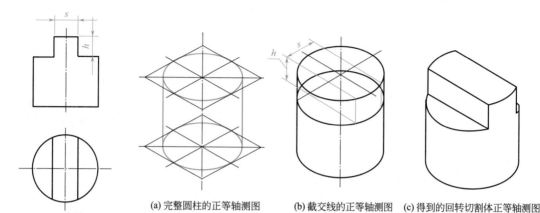

图 5-20　某回转切割体

(a) 完整圆柱的正等轴测图　　(b) 截交线的正等轴测图　(c) 得到的回转切割体正等轴测图

图 5-21　回转切割体正等轴测图的画法

回转切割体的轴测投影与平面切割体的轴测投影在作图时略有不同。平面切割体的正等轴测图一般是先画完整形体，然后再进行切割。而回转切割体正等轴测图则是由切割部分画到完整部分，这样可以减少不必要的作图线。

（4）圆角正等轴测图的画法

某圆角如图 5-22 所示，绘制该物体的正等轴测图。作图步骤如下。

① 画轴测轴和完整的长方体，如图 5-23(a) 所示。

② 画出顶面四个角的椭圆。

a. 确定圆弧的起、讫点。量取 r，画出长方体四个角圆弧的起、讫点。

b. 确定圆心。过起、讫点作相邻两边的垂线，垂线的交点就是圆弧的圆心（O_1、O_2、O_3、O_4）。

c. 画弧。分别以 R_1、R_2 为半径画弧，如图 5-23(b) 所示。

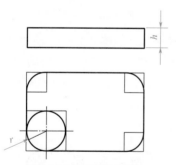

图 5-22　某圆角识图

d. 画出顶面四个角的椭圆。

③ 量取高度 h，用移心法画出底面上的椭圆，并作出两椭圆的公切线，如图 5-23(c) 所示。

④ 完成图形。整理、加深图线，虚线不画，如图 5-23(d) 所示。

组合体一般由若干基本立体组成。画组合体的轴测图，只要分别画出各基本立体的轴测图，并注意它们之间的相对位置即可。组合体的正投影图如图 5-24(a) 所示，画正等轴测图。作图步骤如下。

① 画轴测图的坐标轴，分别画出底板、立板和三角形肋板的正等轴测图，如图 5-24(b) 所示。

② 画出立板半圆柱和圆柱孔、底板圆角和小圆柱孔的正等轴测图，如图 5-24(c) 所示。

③ 擦去作图线，加深可见轮廓线，完成全图，如图 5-24(d) 所示。

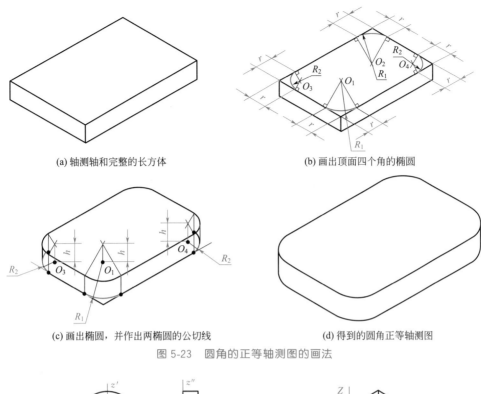

(a) 轴测轴和完整的长方体

(b) 画出顶面四个角的椭圆

(c) 画出椭圆，并作出两椭圆的公切线

(d) 得到的圆角正等轴测图

图 5-23　圆角的正等轴测图的画法

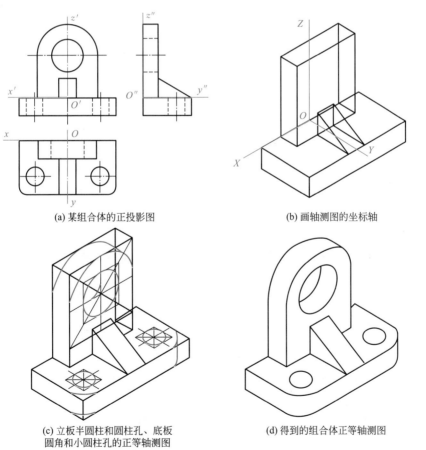

(a) 某组合体的正投影图

(b) 画轴测图的坐标轴

(c) 立板半圆柱和圆柱孔、底板
圆角和小圆柱孔的正等轴测图

(d) 得到的组合体正等轴测图

图 5-24　组合体的正等轴测图的画法

5.3 斜二等轴测图

5.3.1 斜二等轴测图的形成及参数

5.3.1.1 斜轴测图的形成

物体相对投影面正放，用斜投影法而获得的轴测图，如图5-25所示。

5.3.1.2 斜轴测图的参数

① 轴向伸缩系数：国标规定，轴向伸缩系数$p=r=1$，$q=0.5$，O_1Y_1轴的轴向伸缩系数与轴间角无关。

② 轴间角：轴间角$\angle X_1O_1Z_1=90°$，$\angle X_1O_1Y_1=\angle Z_1O_1Y_1=135°$，如图5-26所示。

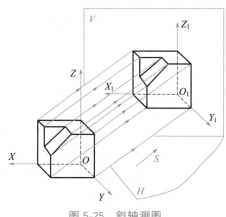

图5-25 斜轴测图

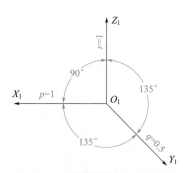

图5-26 斜轴测图轴向伸缩系数

5.3.2 斜二等轴测图的画法

斜二等轴测图与正等轴测图的画法基本相同，但要注意分层定出各顶点所在平面的位置。

以图5-27所示形体的斜二等轴测图画法为例说明。该形体由圆筒及支板两部分组成，前后端面均有平行于XOZ坐标面的圆及圆弧。因此先确定各端面圆的圆心位置。

作图步骤如下。

① 在正投影图中选定坐标原点和坐标轴，如图5-27（a）所示。

② 画轴测图的坐标轴，作主要轴线，确定各圆心Ⅰ、Ⅱ、Ⅲ、Ⅳ、Ⅴ的轴测投影位置，如图5-27（b）所示。

③ 按正投影图上不同半径，由前往后分别作各端面的圆或圆弧，如图5-27（c）所示。

④ 作各圆或圆弧的公切线，擦去多余作图线，加深可见轮廓线，完成全图，如图5-27（d）所示。

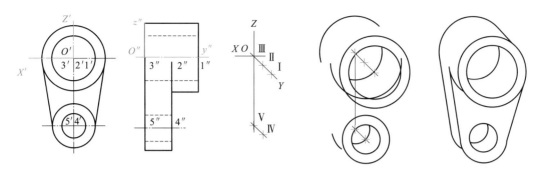

(a) 选定坐标原点和坐标轴　　　(b) 画轴测图的坐标轴　(c) 作各端面的圆或圆弧　(d) 得到的机件的斜二轴测图

图 5-27　机件的斜二轴测图画法

5.4　轴测图的选择

（1）形体表达完整、清楚

形体表达完整、清楚是图样表达效果好的一个方面。画形体的轴测图时，要根据形体的构造特征和表达需要选择轴测类型，使画出的图样能完整、全面地反映物体形状，并尽量减少图形之间的相互遮挡，尽可能多地表达形体构造特征或是使需要表达的部分最为清楚、明显。图 5-28、图 5-29 为两组同一形体不同轴测图表达效果的比较。在图 5-28 中，形体正等测图的表达效果比正面斜二测好；而在图 5-29 中，另一形体正面斜二测图的表达效果却比正等测好。

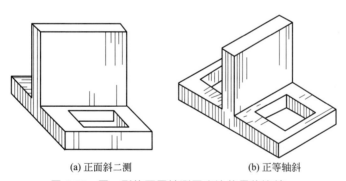

(a) 正面斜二测　　　　　　　　　(b) 正等轴斜

图 5-28　同一形体不同轴测图表达效果的比较一

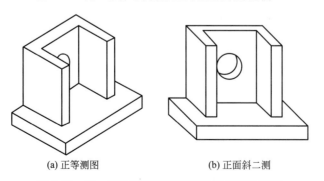

(a) 正等测图　　　　　　　　　(b) 正面斜二测

图 5-29　同一形体不同轴测图表达效果的比较二

（2）图样立体感强

图样的立体感强是表达效果好的另一重要方面。画图时要避免出现图线贯通及图形重叠的情况。若在三面正投影图中，形体的平面图和立面图均有 45°角时，画其轴测图时宜采用正二测，可避免转角交线的投影成直线和成左右对称的图形，影响图样的立体感。

（3）作图简便

作图简便也是轴测图类型选择的一个标准。斜轴测图、正等测图，可以直接利用三角板和圆规进行作图，方法简便，是常用的轴测类型。一般来说，对于曲线多、形状复杂的形体，常用斜轴测，而方正平直的形体常用正轴测。但对于有一个面形状复杂或圆弧较多的形体，采用平行于该面的平面为轴测投影面作其斜轴测图时，可以直接利用其反映实形的正投影进行作图，从而使作图简便。

如图 5-30 所示的不规则零件，画其水平斜轴测图比较简便；如图 5-31 所示的圆形零件，画其正面斜轴测图比较简便。

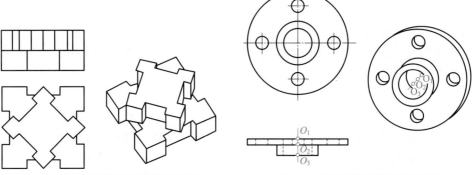

图 5-30　用水平斜轴测画不规则零件　　　图 5-31　用正面斜轴测画圆形零件

第 **6** 章

施工图图样

6.1 结构施工图图样

6.1.1 基础

6.1.1.1 基础类型

基础相关构造类型与编号，如表 6-1 所示。

表 6-1 基础相关构造类型与编号

构造类型	代号	序号	说明
基础联系梁①	JLL	××	用于独立基础、条形基础、桩基承台
后浇带	HJD	××	用于梁板、平板筏基础、条形基础等
上柱墩②	SZD	××	用于平板筏基础
下柱墩②	XZD	××	用于梁板、平板筏基础
基坑（沟）	JK	××	用于梁板、平板筏基础
窗井墙	CJQ	××	用于梁板、平板筏基础
防水板	FBPB	××	用于独基、条基、桩基加防水板

① 基础联系梁序号：（××）为端部无外伸或无悬挑，（××A）为一端有外伸或有悬挑，（××B）为两端有外伸或有悬挑。

② 上柱墩位于筏板顶部混凝土柱根部位，下柱墩位于筏板底部混凝土柱或钢柱柱根水平投影部位，均根据筏形基础受力与构造需要而设。

（1）基础连系梁

基础连系梁系指连接独立基础、条形基础或桩基承台的梁。基础连系梁的平法施工图设计，系在基础平面布置图上采用平面注写方式表达。

基础连系梁注写方式及内容除编号按表 6-1 规定外，其余均按《混凝土结构施工图平面整体表示方法制图规则和构造详图（现浇混凝土框架、剪力墙、梁、板）》（22G101-1）中非框架梁的制图规则执行。

（2）后浇带

后浇带引注图示如图 6-1 所示。

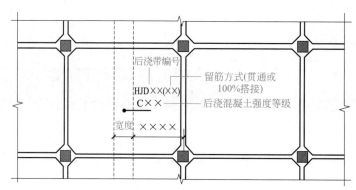

图 6-1　后浇带引注图

后浇带 HJD 直接引注，其平面形状及定位由平面布置图表达，后浇带留筋方式等由引注内容表达，具体如下。

① 后浇带编号及留筋方式代号。标准图集 22G101-3 留筋方式有两种，分别为：贯通留筋和 100％搭接留筋。

② 后浇混凝土的强度等级 C××，宜采用补偿收缩混凝土，设计应注明相关施工要求。

③ 后浇带区域内，留筋方式或后浇混凝土强度等级不一致时，设计者应在图中注明与图示不一致的部位及做法。

设计者应注明后浇带下附加防水层做法：当设置抗水压垫层时，尚应注明其厚度、材料与配筋；当采用后浇带超前止水构造时，设计者应注明其厚度与配筋。

贯通留筋的后浇带宽度通常取大于或等于 800mm；100％搭接留筋的后浇带宽度通常取 800mm 与（l_l＋60mm）的较大值。

（3）上柱墩

上柱墩 SZD，系根据平板式筏形基础受剪或受冲切承载力的需要，在板顶面以上混凝土柱的根部设置的混凝土墩。上柱墩直接引注的内容规定如下。

① 注写编号 SZD××，如表 6-1 所示。

② 注写几何尺寸。按"柱墩向上凸出基础平板高度 h_d/柱墩顶部出柱边缘宽度 c_1/柱墩底部出柱边缘宽度 c_2"的顺序注写，其表达形式为 $h_d/c_1/c_2$。当为棱柱形柱墩 $c_1 = c_2$ 时，c_2 不注，表达形式为 h_d/c_1。

③ 注写配筋。按"竖向（$c_1 = c_2$）或斜竖向（$c_1 \neq c_2$）纵筋的总根数、强度等级与直径/箍筋强度等级、直径、间距与肢数（X 向排列肢数 $m \times Y$ 向排列肢数 n）"的顺序注写（当分两行注写时，则可不用斜线"/"）。所注纵筋总根数环正方形柱截面均匀分布，环非正方形柱截面相对均匀分布（先放置柱角筋，其余按柱截面相对均匀分布），其表达形式为：××C××/A××@×××。

$c_1 \neq c_2$ 棱台形上柱墩引注图示如图 6-2 所示。$c_1 = c_2$ 棱台形上柱墩引注图示如图 6-3 所示。

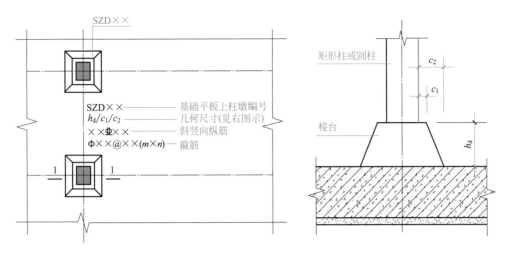

(a) 棱台形上柱墩示意图　　　　(b) 棱台形上柱墩1—1剖面图

图 6-2　$c_1 \neq c_2$ 棱台形上柱墩引注图

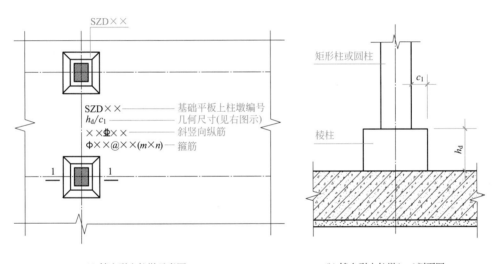

(a) 棱台形上柱墩示意图　　　　(b) 棱台形上柱墩1—1剖面图

图 6-3　$c_1 = c_2$ 棱台形上柱墩引注图

（4）下柱墩

下柱墩 XZD，系根据平板式筏形基础受剪或受冲切承载力的需要，在柱的所在位置、基础平板底面以下设置的混凝土墩。下柱墩直接引注的内容规定如下。

① 注写编号 XZD××，见表 6-1。

② 注写几何尺寸。按"柱墩向下凸出基础平板深度 h_d/柱墩顶部出柱投影宽度 c_1/柱墩底部出柱投影宽度 c_2"的顺序注写，其表达形式为 $h_d/c_1/c_2$。当为倒棱柱形柱墩 $c_1 = c_2$ 时，c_2 不注，表达形式为 h_d/c_1。

③ 注写配筋。倒棱柱下柱墩，按"X 方向底部纵筋/Y 方向底部纵筋/水平箍筋"的顺序注写（图面从左至右为 X 向，从下至上为 Y 向），其表达形式为：XC××@×××/YC××@×××/A××@×××；倒棱台下柱墩，其斜侧面由两向纵筋覆盖，不必配置水平箍筋，则其表达形式为：XC××@×××/YC××@×××。

$c_1 \neq c_2$ 倒棱台形下柱墩引注图示如图 6-4 所示。$c_1 = c_2$ 倒棱台形下柱墩引注图示如图 6-5 所示。

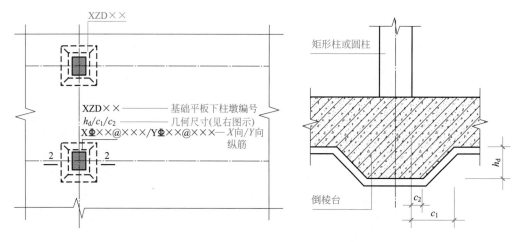

(a) 棱台形下柱墩示意图   (b) 棱台形下柱墩2—2剖面图

图 6-4　$c_1 \neq c_2$ 倒棱台形下柱墩引注图

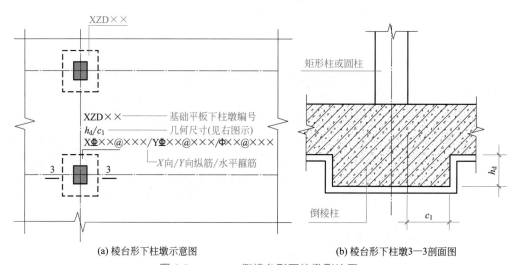

(a) 棱台形下柱墩示意图   (b) 棱台形下柱墩3—3剖面图

图 6-5　$c_1 = c_2$ 倒棱台形下柱墩引注图

(5) 基坑

基坑 JK 直接引注的内容规定如下。

① 注写编号 JK××，如表 6-1 所示。

② 注写几何尺寸。按"基坑深度 h_k/基坑平面尺寸 $x \times y$"的顺序注写，其表达形式为 $h_k/x \times y$。x 为 X 向基坑宽度，y 为 Y 向基坑宽度（图面从左至右为 X 向，从下至上为 Y 向）。在平面布置图上应标注基坑的平面定位尺寸。基坑引注图示如图 6-6 所示。

(6) 窗井墙

窗井墙注写方式及内容除编号按表 6-1 规定外，其余均按《混凝土结构施工图平面整体表示方法制图规则和构造详图（现浇混凝土框架、剪力墙、梁、板）》（22G101-1）中剪力墙及地下室外墙的制图规则执行。当窗井墙按深梁设计时由设计者另行处理。

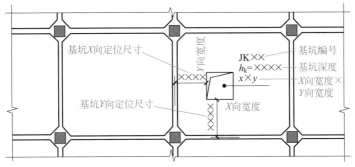

图 6-6　基坑引注图

（7）防水板

防水板 FBPB 平面注写集中标注。

① 注写编号 FBPB，如表 6-1 所示。

② 注写截面尺寸，注写 $h = \times\times\times$ 表示板厚。

③ 注写防水板的底部与顶部贯通纵筋。按板块的下部和上部分别注写，并以 B 代表下部，以 T 代表上部，B&T 代表下部与上部；X 向贯通纵筋以 X 打头，Y 向贯通纵筋以 Y 打头，两向贯通纵筋配置相同时则以 $X\&Y$ 打头。

④ 注写防水板底面标高，该项为选注值，当防水板底面标高与独基或条基底面标高一致时，可以不注。

6.1.1.2　基础平面图

扫码观看视频

基础平面图是表示建筑物地面以下基础部分的平面布置的图样，它是基础施工时定位放线、开挖基坑和编制施工组织设计及预算的依据。

基础平面布置图

基础平面图的内容和要求主要有以下几点。

① 图名、比例：基础平面图采用的比例与建筑平面图相同，图名要表示清楚。

② 纵、横向定位轴线及编号、轴线尺寸：基础平面图应注出与建筑平面图相一致的定位轴线及轴线编号和轴线尺寸。

基础平面图的尺寸标注分内部尺寸和外部尺寸两部分：外部尺寸只标注定位轴线的间距和总尺寸，内部尺寸应标注各道墙的厚度、柱的断面尺寸和基础底面的宽度等。

③ 基础墙、柱的平面布置以及基础底面形状、大小及其与轴线的关系：基础平面图中一般只画基础墙、柱以及基础底面轮廓线。基础的细部轮廓线（如大放脚）可省略不画。凡被剖切到的基础墙、柱轮廓线应画成中实线，基础底面的轮廓线应画成细实线。当基础墙上留有管洞时，应用虚线表示其位置，具体做法及尺寸另用详图表示。

④ 基础梁的位置、代号：当基础中设基础梁和地圈梁时，用粗单点长划线表示其中心线的位置，通常用 JL1、JL2 等表示。

⑤ 基础编号、基础详图的剖切位置线及其编号：基础编号通常用 J1、J2 等表示，在基础平面图的相应位置用粗短线表示剖切位置，用编号 1—1、2—2、3—3 等表示。

⑥ 施工说明：对基础平面图中图样未尽之处，可用文字说明，例如所用材料的强度等级、防潮层做法、设计依据以及施工注意事项等。

某基础平面图如图 6-7 所示。

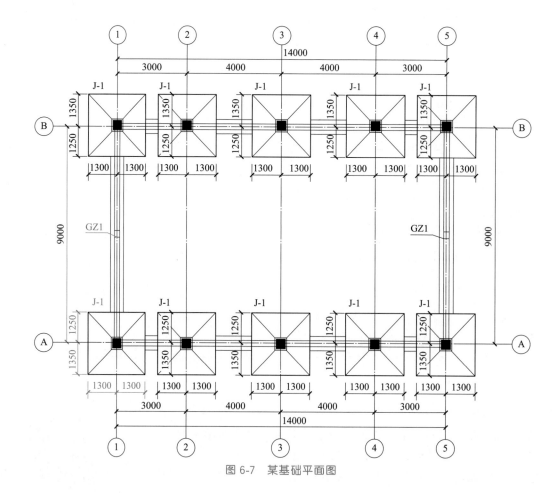

图 6-7　某基础平面图

该工程基础采用独立基础，共有 10 个独立基础，独立基础尺寸为 2600mm×2600mm，基础平面尺寸为 14000mm×9000mm，并设构造柱。

基础平面图的绘图步骤如下。

① 按比例画出与房屋建筑平面图相同的轴线及编号。

② 画出基础墙（柱）的断面轮廓线、基础底面轮廓线以及基础梁（或地圈梁）等。

③ 画出不同断面的剖切符号，并分别编号。

④ 标注尺寸，主要标注轴线距离、轴线到基础底边和墙边的距离以及基础墙厚等尺寸。

⑤ 注写必要的文字说明、图名和比例等。

⑥ 设备较复杂的房屋，在基础平面图上还要配合采暖通风图、给水排水管道图等，用虚线画出管沟、设备孔洞等位置，并注明其内径、宽、深尺寸及洞底标高。

基础平面图用来表达基础的平面布置，而基础的具体形状、大小、材料、构造及埋深则需要用基础详图来表达。

6.1.1.3　基础详图

基础详图的内容和要求主要有以下几点。

① 图名、比例：基础详图常用 1∶10、1∶20、1∶50 的比例绘制，不同位置截面基

础详图的图名要表达清楚。基础详图名称与基础平面图中剖切符号要保持一致，例如 1—1 详图、2—2 详图、3—3 详图。

② 轴线及其编号：表示基础各部分断面图中轴线及其编号（若为通用断面图，则轴线圆圈内不需编号）。

③ 基础断面形状、大小、材料以及配筋：根据基础平面图上不同剖切位置，按投影要求画出基础断面形状、大小、材料以及配筋。标示基础梁和基础圈梁的截面尺寸及配筋，标示基础底板与柱的具体连接做法。剖切的断面上画出钢筋时，为了突出表示基础钢筋的配置，基础轮廓线全部用细实线表示，不再画出钢筋混凝土的材料图例。

④ 基础断面的详细尺寸及室内外地面标高和基础底面的标高：基础详图上要详细标出断面的详细尺寸及室内外地面标高和基础底面的标高。

⑤ 防潮层的位置和做法：如果有防潮层，要标出防潮层的具体位置和做法。

⑥ 施工说明：对图样上未尽之处，可用文字说明，例如所用材料的强度等级、防潮层做法、设计依据以及施工注意事项等。

某基础详图如图 6-8 所示。

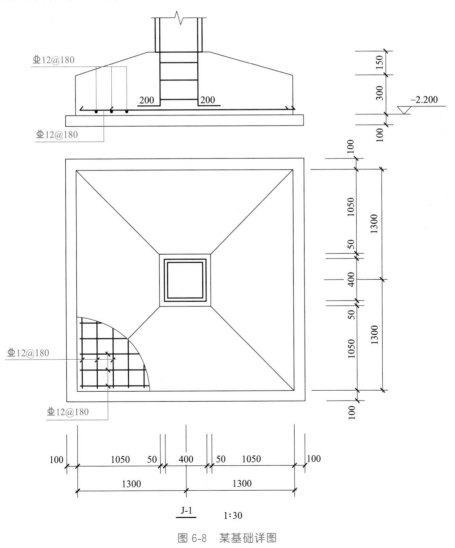

图 6-8　某基础详图

在图 6-8 中，上图为独立基础立面图，下图为独立基础平面图。

独立基础立面图中独立基础底标高为 -2.200m，独立基础垫层厚度为 100mm，独立基础 X 向、Y 向钢筋为 Φ12@180，柱下钢筋伸入基础 200mm。

独立基础平面图中可以看到石材用 1：30 的比例绘制而成，可以看到独立基础的详细尺寸，独立基础分布钢筋均为 Φ12@180。

基础详图的绘图步骤如下。

① 根据基础平面图上的剖切位置，按比例和投影要求画出基础断面形状、大小、材料以及配筋。

② 进行标注。标注定位轴线、轴线距离、基础细部以及基础墙厚等尺寸，标注钢筋以及基础断面不同位置的标高。

③ 注写必要的文字说明、图名和比例等。

6.1.2　楼层结构平面图

结构平面图是表示建筑物各层平面（包括屋顶平面）承重构件布置的图样。在楼层结构中，当底层地面直接做在地基上（无架空层）时，它的地面层次、做法和用料已在建筑图（如明沟、勒脚详图）中表明，无需再画底层结构平面图。

结构平面图是假想用一个水平的剖切平面沿建筑物楼板层将其剖开后向下做的楼层水平投影。它用来表示建筑物每层的梁、板、柱、墙等承重构件的平面布置，表达各构件在建筑中的位置、尺寸、配筋以及它们之间的构造关系等，是施工现场支模板、绑扎钢筋、浇筑混凝土和编制施工组织设计及预算的依据。

传统的结构平面图是把建筑物每层的梁、板、柱、墙等承重构件表达在同一张平面图上，然后把这些构件从结构平面图中索引出来，再逐个绘制配筋详图。这种表示方法繁琐，查阅起来也不方便，而且各地区表达方法也不尽相同。

随着钢筋混凝土结构平面整体表示法的采用，可以把结构构件的尺寸和配筋等，按照平面整体表示法制图规则，整体地直接表达在各类构件的结构平面布置图上，从而使结构设计方便，表达全面、准确，大大简化了绘图过程。

现在的结构平面图通常将各楼层梁、柱的平法图与板的结构平面图分开表达，其表示各有特点。下面重点介绍结构平面图中梁、柱的平法图和板的结构平面图。

6.1.3　框架柱、梁、板

6.1.3.1　柱

（1）柱编号

柱编号由类型代号和序号组成，如表 6-2 所示。

表 6-2　柱编号

柱类型	代号	序号
框架柱	KZ	××
转换柱	ZHZ	××
芯柱	XZ	××

柱类型	代号	序号
梁上柱	LZ	××
剪力墙上柱	QZ	××

编号时，当柱的总高、分段截面尺寸和配筋均对应相同，仅截面与轴线的关系不同时，仍可将其编为同一柱号，但应在图中注明截面与轴线的关系。

注写各段柱的起止标高，自柱根部往上以变截面位置或截面未变但配筋改变处为界分段注写。框架柱和转换柱的根部标高系指基础顶面标高；芯柱的根部标高系指根据结构实际需要而定的起始位置标高；梁上柱的根部标高系指梁顶面标高；剪力墙上柱的根部标高为墙顶面标高。

对剪力墙上柱，22G101-1图集提供了"柱纵筋锚固在墙顶部""柱与墙重叠一层"两种构造做法，设计人员应注明选用哪种做法。当选用"柱纵筋锚固在墙顶部"做法时，剪力墙平面外方向应设梁。

对于矩形柱，注写柱截面尺寸 $b×h$ 及与轴线关系的几何参数代号 b_1、b_2 和 h_1、h_2 的具体数值，需对应于各段柱分别注写。其中 $b=b_1+b_2$，$h=h_1+h_2$。当截面的某一边收缩变化至与轴线重合或偏到轴线的另一侧时，b_1、b_2、h_1、h_2 中的某项为零或为负值。

对于圆柱，表中 $b×h$ 一栏改用在圆柱直径数字前加 d 表示。为表达简单，圆柱截面与轴线的关系也用 b_1、b_2 和 h_1、h_2 表示，并使 $d=b_1+b_2$，$h=h_1+h_2$。

对于芯柱，根据结构需要，可以在某些框架柱的一定高度范围内，在其内部的中心位置设置（分别引注其柱编号）。芯柱中心应与柱中心重合，并标注其截面尺寸，按标准图集的标准构造详图施工；当设计者采用与标准构造详图不同的做法时，应另行注明。芯柱定位随框架柱，不需要注写其与轴线的几何关系。

（2）柱平面图

柱平面图的内容和要求主要有以下几点。

① 图名、比例：柱平法结构平面图中采用的比例与建筑平面图相同，通常为1：100。图名要表示清楚，常用标高表示，例如标高 19.470～37.470m 柱结构平面图。

② 纵、横向定位轴线及编号、轴线尺寸：梁平法结构平面图应注出与建筑平面图相一致的定位轴线及轴线编号和轴线尺寸。

③ 柱的平面布置：按投影要求绘出楼层柱的平面布置，剖切到的柱通常涂黑。将不同编号的柱选择一个在原位放大表示。

④ 柱的标注：按照柱的平法标注要求标注柱的编号，并将不同编号的在原位放大的柱的尺寸、配筋等标注在柱边。

⑤ 施工说明：对柱平法结构平面图中图样未尽之处，可用文字说明，例如所用材料的强度等级、施工注意事项等。

某柱平法施工图如图 6-9 所示。

如图 6-9 所示是标高 19.470～37.470m 柱平法施工图。我们可以看到框架柱的位置在⑤轴、⑥轴、⑦轴与Ⓑ轴、Ⓒ轴、Ⓓ轴、Ⓔ轴交汇处，编号为 KZ1、KZ2、KZ3，梁上柱在④轴与⑧轴处，编号为 LZ1，芯柱在⑤轴与Ⓑ轴交汇处，编号为 XZ1，且在这三种框架柱中把不同的柱子原位放大表示，并按照柱的平法标注要求进行标注。例如：KZ1，截

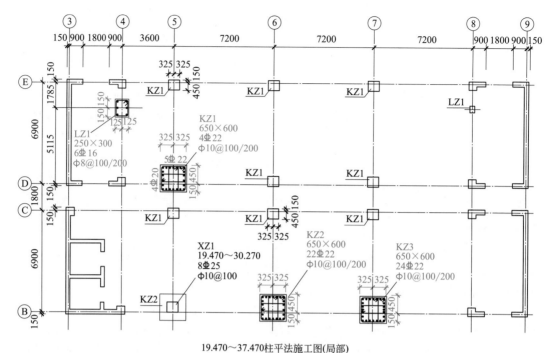

19.470~37.470柱平法施工图(局部)

图 6-9　某柱平法施工图

面尺寸为 650mm×600mm，角筋为 4⌀22，b 边中部筋 5⌀22，h 边中部筋 4⌀22，箍筋为 ⌀8@100/200；KZ2，截面尺寸为 650mm×600mm，角筋为 4⌀22，b 边中部筋 5⌀22，h 边中部筋 4⌀22，箍筋为 ⌀10@100/200；KZ3，截面尺寸为 650mm×600mm，角筋为 4⌀22，b 边中部筋 5⌀22，h 边中部筋 5⌀22，箍筋为 ⌀10@100/200；LZ1，截面尺寸为 250mm×300mm，角筋为 4⌀16，h 边中部筋 1⌀16，箍筋为 ⌀8@100/200；XZ1，标高为 19.470~30.270m，角筋为 8⌀25，箍筋为 ⌀10@100。

柱平法结构平面图的绘图步骤如下。

① 按比例画出柱所在位置的轴线及编号。

② 按比例和投影要求画出楼层柱的平面布置，剖切到的柱涂黑，并把不同编号的柱选择一个在原位放大表示。

③ 按照柱的平法标注要求对在原位放大的柱的编号、尺寸和配筋等进行标注。

④ 标注尺寸，主要标注轴线距离、总尺寸等。

⑤ 注写必要的文字说明、图名和比例等。

6.1.3.2 梁

(1) 梁编号

梁编号由梁类型代号、序号、跨数及有无悬挑代号几项组成，如表 6-3 所示。

表 6-3　梁编号

梁类型	代号	序号	跨数及是否带有悬挑
楼层框架梁	KL	××	(××)、(××A)或(××B)

梁类型	代号	序号	跨数及是否 带有悬挑
楼层框架扁梁	KBL	××	(××)、(××A)或(××B)
屋面框架梁	WKL	××	(××)、(××A)或(××B)
框支梁	KZL	××	(××)、(××A)或(××B)
托柱转换梁	TZL	××	(××)、(××A)或(××B)
非框架梁	L	××	(××)、(××A)或(××B)
悬挑梁	XL	××	(××)、(××A)或(××B)
井字梁	JZL	××	(××)、(××A)或(××B)

注: 1. (××A)为一端有悬挑,(××B)为两端有悬挑,悬挑不计入跨数。例 KL7 (5A) 表示第 7 号框架梁,5 跨,一端有悬挑;L9 (7B) 表示第 9 号非框架梁,7 跨,两端有悬挑。

2. 楼层框架扁梁节点核心区代号 KBH。

3. 标准图集中非框架梁 L、井字梁 JZL 表示端支座为铰接;当非框架梁 L、井字梁 JZL 端支座上部纵筋为充分利用钢筋的抗拉强度时,在梁代号后加 "g"。

例 Lg7 (5) 表示第 7 号非框架梁,5 跨,端支座上部纵筋为充分利用钢筋的抗拉强度。

(2) 梁注写方式

梁平法施工图系在梁平面布置图上采用平面注写方式或截面注写方式表达。

① 平面注写方式系在梁平面布置图上,分别在不同编号的梁中各选一根梁,在其上注写截面尺寸和配筋具体数值,以此方式来表达梁的平法施工图注写方式。

平面注写包括集中标注与原位标注,集中标注表达梁的通用数值,原位标注表达梁的特殊数值。

梁集中标注的内容,有五项必注值及一项选注值(集中标注可以从梁的任意一跨引出),规定如下。

a. 梁编号,见表 6-3,该项为必注值。

b. 梁截面尺寸,该项为必注值。当为等截面梁时,用 $b \times h$ 表示;当为竖向加腋梁时,用 "$b \times h \, Y c_1 \times c_2$" 表示,其中 c_1 为腋长,c_2 为腋高,如图 6-10 所示。当为水平加腋梁时,一侧加腋时用 "$b \times h \, P Y c_1 \times c_2$" 表示,其中 c_1 为腋长,c_2 为腋宽,加腋部位应在平面图中绘制,如图 6-11 所示。

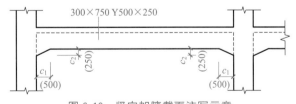

图 6-10 竖向加腋截面注写示意

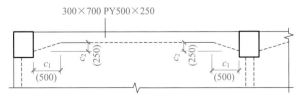

图 6-11 水平加腋截面注写示意

当有悬挑梁且根部和端部的高度不同时，用斜线分隔根部与端部的高度值，即为 $b\times h_1/h_2$，如图 6-12 所示。

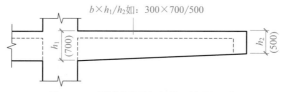

图 6-12　悬挑梁不等高截面注写示意

c. 梁箍筋，包括钢筋级别、直径、加密区与非加密区间距及肢数，该项为必注值。箍筋加密区与非加密区的不同间距及肢数需用斜线"/"分隔；当梁箍筋为同一种间距及肢数时，则不需用斜线；当加密区与非加密区的箍筋肢数相同时，则将肢数注写一次；箍筋肢数应写在括号内。加密区范围见相应抗震等级的标准构造详图。

例 Φ10@100/200(4)，表示箍筋为 HPB300 钢筋，直径为 10mm，加密区间距为 100mm，非加密区间距为 200mm，均为四肢箍。Φ8@100(4)/150(2)，表示箍筋为 HPB300 钢筋，直径为 8mm，加密区间距为 100mm，四肢箍；非加密区间距为 150mm，两肢箍。

非框架梁、悬挑梁、井字梁采用不同的箍筋间距及肢数时，也用斜线"/"将其分隔开来。注写时，先注写梁支座端部的箍筋（包括箍筋的箍数、钢筋级别、直径、间距与肢数），在斜线后注写梁跨中部分的箍筋间距及肢数。

例 13Φ10@150/200(4)，表示箍筋为 HPB300 钢筋，直径为 10mm；梁的两端各有 13 个四肢箍，间距为 150mm；梁跨中部分箍筋间距为 200mm，四肢箍。18Φ12@150(4)/200(2)，表示箍筋为 HPB300 钢筋，直径为 12mm；梁的两端各有 18 个四肢箍，间距为 150mm；梁跨中部分箍筋间距为 200mm，双肢箍。

d. 梁上部通长筋或架立筋。该项为必注值。所注规格与根数应根据结构受力要求及箍筋肢数等构造要求而定。当同排纵筋中既有通长筋又有架立筋时，应用加号"+"将通长筋和架立筋相连。注写时需将角部纵筋写在加号的前面，架立筋写在加号后面的括号内，以示不同直径及与通长筋的区别。当全部采用架立筋时，则将其写入括号内。

例如，2Φ22 用于双肢箍；2Φ22＋(4Φ12) 用于六肢箍，其中 2Φ22 为通长筋，4Φ12 为架立筋。

当梁的上部纵筋和下部纵筋为全跨相同，且多数跨配筋相同时，此项可加注下部纵筋的配筋值，用分号";"将上部与下部纵筋的配筋值分隔开来。

例如，3Φ22；3Φ20 表示梁的上部配置 3Φ22 的通长筋，梁的下部配置 3Φ20 的通长筋。

e. 梁侧面纵向构造钢筋或受扭钢筋。该项为必注值。当梁腹板高度 $h_w\geqslant450mm$ 时，需配置纵向构造钢筋，所注规格与根数应符合规范规定。此项注写值以大写字母 G 打头，接续注写设置在梁两个侧面的总配筋值，且对称配置。

例如，G4Φ12，表示梁的两个侧面共配置 4Φ12 的纵向构造钢筋，每侧各配置 2Φ12。

当梁侧面需配置受扭纵向钢筋时，此项注写值以大写字母 N 打头，接续注写配置在梁两个侧面的总配筋值，且对称配置。受扭纵向钢筋应满足梁侧面纵向构造钢筋的间距要求，且不再重复配置纵向构造钢筋。

例如，N6 ⨍ 22，表示梁的两个侧面共配置 6 ⨍ 22 的受扭纵向钢筋，每侧各配置 3 ⨍ 22。

当为梁侧面构造钢筋时，其搭接与锚固长度可取为 15d。

当为梁侧面受扭纵向钢筋时，其搭接长度为 l_l 或 l_{lE}，锚固长度为 l_a 或 l_{aE}；其锚固方式同框架梁下部纵筋。

f. 梁顶面标高高差。该项为选注值。梁顶面标高高差，系指相对于结构层楼面标高的高差值，对于位于结构夹层的梁，则指相对于结构夹层楼面标高的高差。有高差时，需将其写入括号内，无高差时不注。

当某梁的顶面高于所在结构层的楼面标高时，其标高高差为正值，反之为负值。

原位标注：当集中标注中的某项数值不适用于梁的某部位时，则将该项数值原位标注，施工时，原位标注取值优先，如图 6-13 所示。

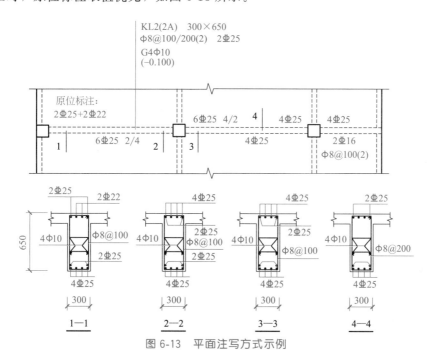

图 6-13　平面注写方式示例

图 6-13 中四个梁截面系采用传统表示方法绘制，用于对比按平面注写方式表达的同样内容。实际采用平面注写方式表达时，不需绘制梁截面配筋图和图 6-13 中的相应截面号。

② 梁原位标注的内容规定

a. 梁支座上部纵筋，该部位含通长筋在内的所有纵筋。

ⅰ. 当上部纵筋多于一排时，用斜线 "/" 将各排纵筋自上而下分开。

例梁支座上部纵筋注写为 6 ⨍ 25 4/2，则表示上一排纵筋为 4 ⨍ 25，下一排纵筋为 2 ⨍ 25。

ⅱ. 当同排纵筋有两种直径时，用加号 "＋" 将两种直径的纵筋相连，注写时将角部纵筋写在前面。

例梁支座上部有 4 根纵筋，2 ⨍ 25 放在角部，2 ⨍ 22 放在中部，在梁支座上部，应注写为 2 ⨍ 25＋2 ⨍ 22。

ⅲ. 当梁中间支座两边的上部纵筋不同时，须在支座两边分别标注；当梁中间支座两边的上部纵筋相同时，可仅在支座的一边标注配筋值，另一边省去不注，如图 6-14 所示。

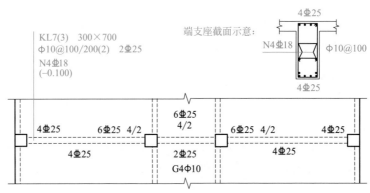

图 6-14　大小跨梁的注写示意

b. 梁下部纵筋标注规定如下。

ⅰ. 当下部纵筋多于一排时，用斜线"/"将各排纵筋自上而下分开。

例如，梁下部纵筋注写为 6 Φ 25 2/4，则表示上一排纵筋为 2 Φ 25，下一排纵筋为 4 Φ 25，全部伸入支座。

ⅱ. 当同排纵筋有两种直径时，用加号"＋"将两种直径的纵筋相连，注写时角筋写在前面。

ⅲ. 当梁下部纵筋不全部伸入支座时，将梁支座下部纵筋减少的数量写在括号内。

例如，梁下部纵筋注写为 6 Φ 25 2(−2)/4，则表示上排纵筋为 2 Φ 25，且不伸入支座；下一排纵筋为 4 Φ 25，全部伸入支座。

梁下部纵筋注写为 2 Φ 25＋3 Φ 22(−3)/5 Φ 25，表示，上排纵筋为 2 Φ 25 和 3 Φ 22，其中 3 Φ 22 不伸入支座；下一排纵筋为 5 Φ 25，全部伸入支座。

ⅳ. 当梁的集中标注中分别注写了梁上部和下部均为通长的纵筋值时，则不需在梁下部重复做原位标注。

ⅴ. 当梁设置竖向加腋时，加腋部位下部斜纵筋应在支座下部以 Y 打头注写在括号内，如图 6-15 所示，框架梁竖向加腋构造适用于加腋部位参与框架梁计算，其他情况设计者应另行给出构造。当梁设置水平加腋时，水平加腋内上、下部斜纵筋应在加腋支座上部以 Y 打头注写在括号内，上下部斜纵筋之间用"/"分隔，如图 6-16 所示。

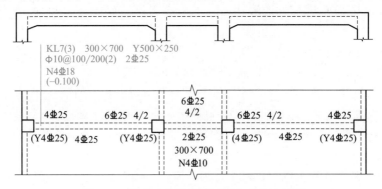

图 6-15　梁竖向加腋平面注写方式表达示例

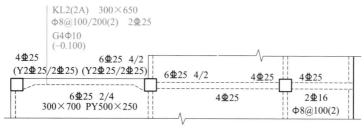

图 6-16 梁水平加腋平面注写方式表达示例

c. 当在梁上集中标注的内容（即梁截面尺寸、箍筋、上部通长筋或架立筋，梁侧面纵向构造钢筋或受扭纵向钢筋以及梁顶面标高高差中的某一项或几项数值）不适用于某跨或某悬挑部分时，则将其不同数值原位标注在该跨或该悬挑部位，施工时应按原位标注数值取用。

当在多跨梁的集中标注中已注明加腋，而该梁某跨的根部却不需要加腋时，则应在该跨原位标注等截面的 $b \times h$，以修正集中标注中的加腋信息。

d. 附加箍筋或吊筋，将其直接画在平面图中的主梁上，用线引注总配筋值，附加箍筋的肢数注在括号内，如图 6-17 所示。当多数附加箍筋或吊筋相同时，可在梁平法施工图上统一注明，少数与统一注明值不同时，再原位引注。

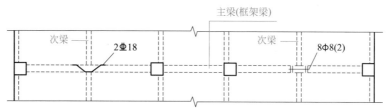

图 6-17 附加箍筋和吊筋的画法示例

③ 截面注写

a. 截面注写方式，系在标准层绘制的梁平面布置图上，分别在不同编号的梁中各选择一根梁用剖面号引出配筋图，并在其上注写截面尺寸和配筋具体数值的方式，以此来表达梁平法施工图。

b. 对所有梁按表 6-3 的规定进行编号，从相同编号的梁中选择一根梁，先将"单边截面号"画在该梁上，再将截面配筋详图画在本图或其他图上。当某梁的顶面标高与结构层的楼面标高不同时，尚应继其梁编号后注写梁顶面标高高差（注写规定与平面注写方式相同）。

c. 在截面配筋详图上注写截面尺寸 $b \times h$、上部筋、下部筋、侧面构造筋或受扭筋以及箍筋的具体数值时，其表达形式与平面注写方式相同。

d. 对于框架扁梁尚需在截面详图上注写未穿过柱截面的纵向受力筋根数。对于框架扁梁节点核心区附加钢筋，需采用平、剖面图表达节点核心区附加纵向钢筋、柱外核心区全部竖向拉筋以及端支座附加 U 形箍筋，注写其具体数值。

e. 截面注写方式既可以单独使用，也可与平面注写方式结合使用。

(3) 框架扁梁

框架扁梁注写规则同框架梁，对于上部纵筋和下部纵筋，尚需注明未穿过柱截面的纵向受力钢筋根数，如图 6-18 所示。

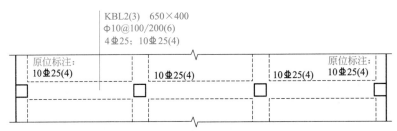

图 6-18　框架扁梁平面注写方式示例

框架扁梁节点核心区代号为 KBH，包括柱内核心区和柱外核心区两部分。框架扁梁节点核心区钢筋注写包括柱外核心区竖向拉筋及节点核心区附加纵向钢筋，端支座节点核心区尚需注写附加 U 形箍筋。

柱外核心区竖向拉筋，注写其钢筋级别与直径；端支座柱外核心区尚需注写附加 U 形箍筋的钢筋级别、直径及根数。框架扁梁节点核心区附加纵向钢筋以大写字母"F"打头，注写其设置方向（X 向或 Y 向）、层数、每层的钢筋根数、钢筋级别、直径及未穿过柱截面的纵向受力钢筋根数。

（4）井字梁

井字梁的端部支座和中间支座上部纵筋的伸出长度 a_0 值，应由设计者在原位加注具体数值予以注明。当采用平面注写方式时，则在原位标注的支座上部纵筋后面括号内加注具体伸出长度值，如图 6-19 所示。

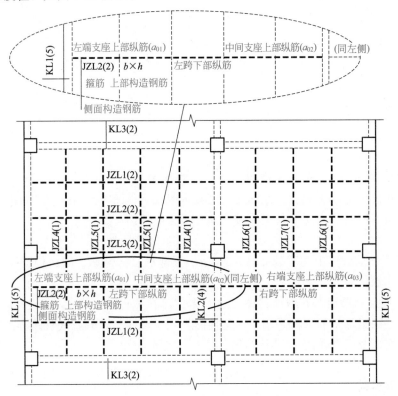

图 6-19　井字梁平面注写方式示例

图 6-19 仅示意井字梁的注写方法，未注明截面几何尺寸 $b \times h$、支座上部纵筋伸出长度 $a_{01} \sim a_{03}$ 以及纵筋与箍筋的具体数值。

当为截面注写方式时，则在梁端截面配筋图上注写的上部纵筋后面括号内加注具体伸出长度值，如图 6-20 所示。

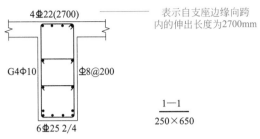

图 6-20　井字梁截面注写方式示例

(5) 梁平面图

① 梁平面图的内容和要求主要有以下几点。

a. 图名、比例：梁平法结构平面图采用的比例与建筑平面图相同，通常为 1：100。图名要表示清楚，常用标高表示，例如标高 9.970 梁结构平面图。

b. 纵、横向定位轴线及编号、轴线尺寸：梁平法结构平面图应注出与建筑平面图相一致的定位轴线及轴线编号和轴线尺寸。

c. 梁、柱、墙的平面布置：按投影要求绘出楼层墙体、柱、梁的平面布置，剖切到的柱涂黑，墙轮廓线用中粗线表示，梁轮廓线用虚线表示。

d. 梁的标注：按照梁的平法标注要求，把不同编号的梁的尺寸、配筋等标注在梁轮廓线处。

e. 施工说明：对梁平法结构平面图中图样未尽之处，可用文字说明，例如所用材料的强度等级、施工注意事项等。

某梁平法 15.870～26.670m 施工图如图 6-21 所示。

如图 6-21 所示，由于标高 15.870～26.670m 楼层梁的配筋是一致的，因此这四个楼层的梁平法结构平面图只需画出一个即可。在该结构平面图上，表达了梁和柱的平面位置及具体每根梁的尺寸、配筋情况，按照梁的平法标注要求进行了标注。例如 KL1，跨数为 4 跨，截面尺寸为 300mm×700mm；箍筋为 HPB300 钢筋，直径为 10mm，加密区间距为 100mm，非加密区间距为 200mm，两肢箍；跨中上部钢筋为 2 Φ 25，构造筋为 4 Φ 10；梁支座上部纵筋上一排为 4 Φ 25，下一排为 4 Φ 25；梁下部纵筋上一排为 3 Φ 25，下一排为 5 Φ 25，全部伸入支座。

② 梁平法结构平面图的绘图步骤如下。

a. 按比例画出与房屋建筑平面图相同的轴线及编号。

b. 按比例和投影要求画出楼层墙体、柱、梁的平面布置。剖切到的柱涂黑，墙轮廓线用中粗线表示，梁轮廓线用虚线表示。

c. 按照平法要求对梁的编号、尺寸和配筋等进行标注。

d. 标注尺寸，主要标注轴线距离、总尺寸等。

e. 注写必要的文字说明、图名和比例等。

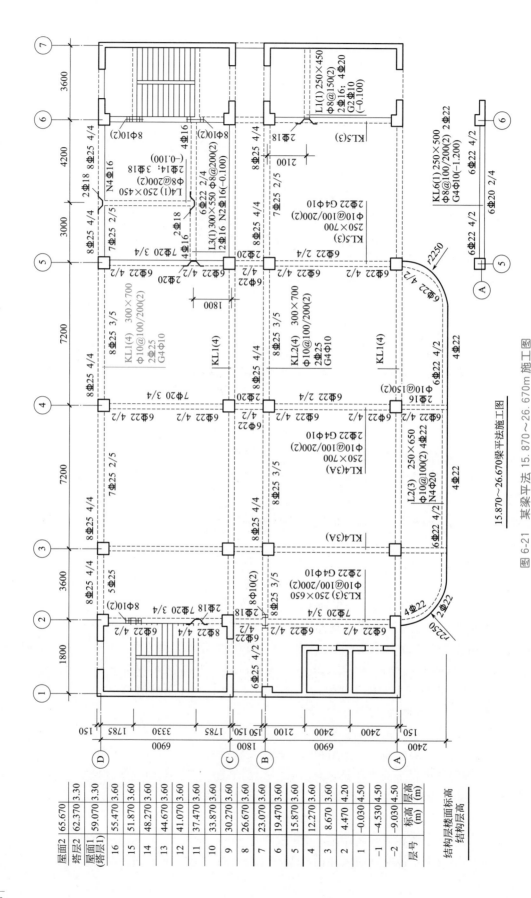

图 6-21 某梁平法 15.870~26.670m 施工图

15.870~26.670梁平法施工图

层号	标高(m)	层高(m)	
屋面2	65.670	3.30	
塔层2	62.370	3.30	
屋面1(塔层1)	59.070	3.60	
16	55.470	3.60	
15	51.870	3.60	
14	48.270	3.60	
13	44.670	3.60	
12	41.070	3.60	
11	37.470	3.60	
10	33.870	3.60	
9	30.270	3.60	
8	26.670	3.60	
7	23.070	3.60	
6	19.470	3.60	
5	15.870	3.60	
4	12.270	4.20	
3	8.670	3.60	
2	4.470	4.50	
1	-0.030	4.50	
-1	-4.530	4.50	
-2	-9.030	4.50	

结构层楼面标高
结构层高

6.1.3.3 板

（1）板编号

板编号见表 6-4。

表 6-4　板编号

板类型	代号	序号
楼面板	LB	××
屋面板	WB	××
悬挑板	XB	××

板厚注写为 $h=×××$（为垂直于板面的厚度）；当悬挑板的端部改变截面厚度时，用斜线分隔根部与端部的高度值，注写为 $h=×××/×××$；当设计已在图注中统一注明板厚时，此项可不注。

纵筋按板块的下部纵筋和上部贯通纵筋分别注写（当板块上部不设贯通纵筋时则不注），并以 B 代表下部纵筋，以 T 代表上部贯通纵筋，B&T 代表下部与上部；X 向纵筋以 X 打头，Y 向纵筋以 Y 打头，两向纵筋配置相同时则以 X&Y 打头。当为单向板时，分布筋可不必注写，而在图中统一注明。

当在某些板内（例如在悬挑板 XB 的下部）配置有构造钢筋时，则 X 向以 Xc、Y 向以 Yc 打头注写。当 Y 向采用放射配筋时（切向为 X 向，径向为 Y 向）设计者应注明配筋间距的定位尺寸。

当纵筋采用两种规格钢筋"隔一布一"方式时，表达为 $\Phi\,xx/yy@zzz$，表示直径为 xx 的钢筋和直径为 yy 的钢筋二者之间间距为 zzz，直径 xx 的钢筋的间距为 zzz 的 2 倍，直径 yy 的钢筋的间距为 zzz 的 2 倍。

（2）板平面图

① 板平面图的内容和要求主要有以下几点。

a. 图名、比例：板结构平面图采用的比例与建筑平面图相同，通常为 1∶100。图名要表示清楚，常用标高表示，例如标高 14.970 板结构平面图。

b. 纵、横向定位轴线及编号、轴线尺寸：板结构平面图应注出与建筑平面图相一致的定位轴线及轴线编号和轴线尺寸。

c. 梁、柱、墙的平面布置：按投影要求绘出楼层墙体、柱、梁的平面布置，剖切到的钢筋混凝土柱涂黑，梁轮廓线用虚线表示。

d. 板的标注：如果是现浇钢筋混凝土板，则将钢筋直接标注在板面上；如果是预制钢筋混凝土板，则将板的代号、数量直接标注在板面上。

e. 施工说明：对板结构平面图中图样未尽之处，可用文字说明，如所用材料的强度等级、施工注意事项等。

某板平法 15.870～26.670m 施工图如图 6-22 所示。

如图 6-22 所示，由于板为现浇板，故直接把配筋标注在板面上。由于标高 15.870～26.670m 楼层板的配筋是一致的，因此这四个楼层的板平法结构平面图只需画出一个即可。例 LB1，板厚 120mm，底板配筋采用双网双向布置，配筋为 Φ8@150，顶板配筋同样采取双网双向布置，配筋为 Φ8@150。图中未注明分布筋为 Φ8@250。

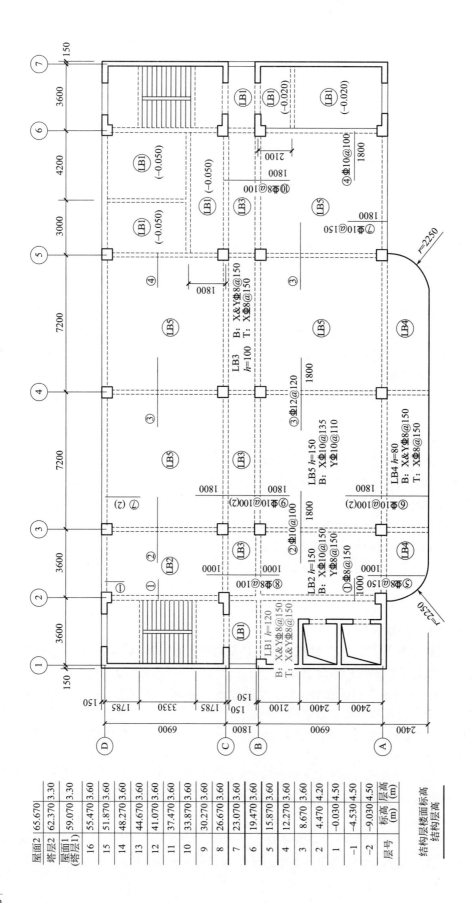

图 6-22 某板平法 15.870~26.670m 施工图

② 板结构平面图的绘图步骤如下。

a. 按比例画出与房屋建筑平面图相同的定位轴线。

b. 按比例和投影要求画出楼层梁、柱的平面布置，剖切到的柱涂黑，梁轮廓线用虚线表示。

c. 按照板的配筋标注要求直接在板面上进行配筋标注。

d. 标注尺寸，主要标注轴线距离、总尺寸等。

e. 注写必要的文字说明、图名和比例等。

6.1.4　钢结构

钢结构是由各种形状的型钢组合连接而成的结构物。由于钢结构承载力大，所以常用于包括高层和超高层建筑、大跨度单体建筑（如体育场馆、会展中心等）、工业厂房、大跨度桥梁等。钢结构与其他材料建造的结构相比，具有重量轻、强度高、可靠性高、抗震性能好以及有利于工厂化生产和可缩短建设工期等优点。

钢结构图包括构件的总体布置图和钢结构节点详图。总体布置图表示整个钢结构构件的布置情况，一般用单线条绘制并标注几何中心线尺寸；钢结构节点详图包括构件的断面尺寸、类型以及节点的连接方式等。

6.1.4.1　型钢的连接方法

在钢结构施工中，常用一些方法将型钢构件连接成整体结构来承受建筑的荷载，连接包括焊接、螺栓连接、铆接等方式。

焊接是较常见的型钢连接方法。在有焊接的钢结构图纸上，必须把焊缝的位置、形式和尺寸标注清楚。焊缝应按现行的国家标准《焊缝符号表示法》（GB/T 324—2008）中的规定标注。焊缝符号主要由图形符号、补充符号和引出线等部分组成，如图 6-23 所示。图形符号表示焊缝断面和基本形式，补充符号表示焊缝某些特征的辅助要求，引出线则表示焊缝的位置。

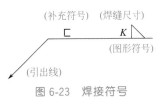

图 6-23　焊接符号

焊缝的标注应符合下列规定。

① 在同一图形上，当焊缝形式、断面尺寸和辅助要求均相同时，可只选择一处标注焊缝的符号和尺寸，并加注"相同焊缝符号"。相同焊缝符号为 3/4 圆弧，绘在引出线的转折处；当有数种相同的焊缝时，可将焊缝分类编号标注，在同一类焊缝中也可选择一处标注焊缝的符号和尺寸，分类编号采用大写的拉丁字母 A、B、C 等，注写在尾部符号内，如图 6-24 所示。

② 标注单面焊缝时，当箭头指向焊缝所在的一面时，应将图形符号和尺寸标注在横线的上方，如图 6-25（a）所示；当箭头指向焊缝所在另一面（相对的那面）时，应将图形符号和尺寸标注在横线的下方，如图 6-25（b）所示；表示环绕工作件周围的焊缝时，可按图 6-25（c）的方法标注。

图 6-24　相同焊缝符号的表示方法

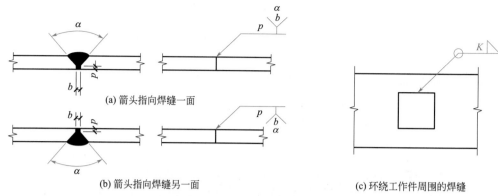

(a) 箭头指向焊缝一面

(b) 箭头指向焊缝另一面

(c) 环绕工作件周围的焊缝

图 6-25　单面焊缝的标注方法

p—钝边；α—坡口角度；b—根部间隙；K—焊脚高度

③ 标注双面焊缝时，应在横线的上、下都标注符号和尺寸。上方表示箭头一面的符号和尺寸，下方表示另一面的符号和尺寸，如图 6-26（a）所示；当两面的焊缝尺寸相同时，只需在横线上方标注焊缝的符号和尺寸，如图 6-26（b）～（d）所示。

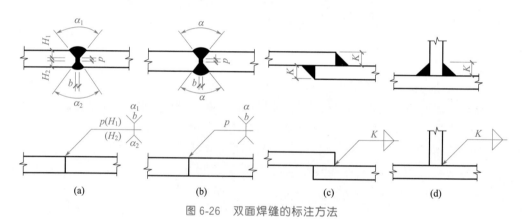

图 6-26　双面焊缝的标注方法

p—钝边；α—坡口角度；b—根部间隙；K—焊脚高度；H_1，H_2—坡口深度

④ 三个和三个以上的焊件相互焊接的焊缝，不得作为双面焊缝标注。其焊缝符号和尺寸应分别标注，如图 6-27 所示。

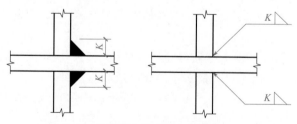

图 6-27　三个以上焊件的焊缝标注方法

K—焊脚高度

⑤ 相互焊接的两个焊件中，当只有一个焊件带坡口时，引出线箭头必须指向带坡口的焊件，如图 6-28（a）所示；当为单面带双边不对称坡口焊缝时，引出线箭头必须指向较

大坡口的焊件，如图 6-28(b) 所示。

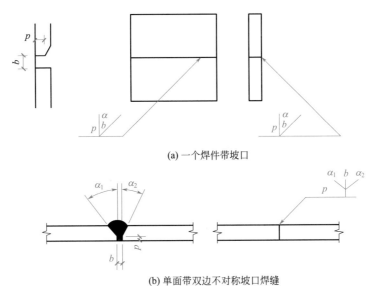

(a) 一个焊件带坡口

(b) 单面带双边不对称坡口焊缝

图 6-28　单坡口及不对称坡口焊缝的标注方法

p—钝边；α_1、α_2—坡口角度；b—根部间隙

⑥ 当焊缝分布不规则时，在标注焊缝符号的同时，宜在焊缝处加实线，如图 6-29(a) 所示（表示可见焊缝）；或加细栅线，如图 6-29(b) 所示（表示不可见焊缝）。

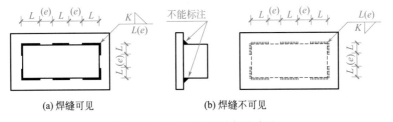

(a) 焊缝可见　　　　　　　　(b) 焊缝不可见

图 6-29　不规则焊缝的标注方法

L—焊缝长度；e—焊缝间隙

⑦ 熔透角焊缝的符号为涂黑的圆圈，绘在引出线的转折处，如图 6-30 所示。

⑧ 现场焊缝是指需要在施工现场进行焊接的焊件焊缝，应标注"现场焊缝"符号。现场焊缝符号为涂黑的三角形旗号，绘在引出线的转折处，如图 6-31 所示。

图 6-30　熔透角焊缝的标注方法

图 6-31　现场焊缝的表示方法

⑨ 图样中较长的角焊缝，可不用引出线标注，而直接在角焊缝旁标注焊缝尺寸 K，如图 6-32 所示。

⑩ 局部焊缝应按图 6-33 所示的方法标注。

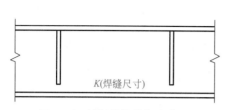

图 6-32　较长焊缝的标注方法

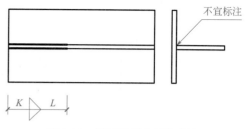

图 6-33　局部焊缝的标注方法
K—焊缝尺寸；L—焊缝长度

6.1.4.2　尺寸标注

① 当两构件有两条很近的重心线时，要在交汇处将其各自向外错开，如图 6-34 所示。

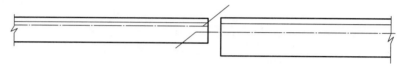

图 6-34　两构件重心不重合的表示方法

② 弯曲构件的尺寸标注沿其弧度的曲线要示注弧的轴线长度，如图 6-35 所示。

③ 切割的板材，应按图 6-36 的规定标注各线段的长度及位置。

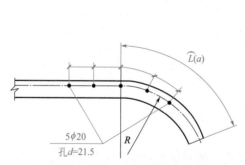

图 6-35　弯曲构件尺寸的标注方法

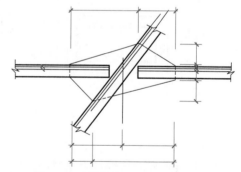

图 6-36　切割板材尺寸的标注方法

④ 不等边角钢的构件，应按图 6-37 所规定的标准标注出角钢一肢的尺寸。

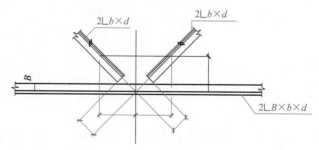

图 6-37　不等边角钢的标注方法

⑤ 节点尺寸，注明节点板的尺寸和各杆件螺栓孔中心或中心距以及杆件端部至几何中心线交点的距离，如图 6-38 所示。

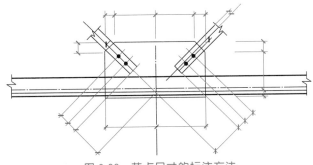

图 6-38　节点尺寸的标注方法

⑥ 双型钢组合截面的构件，应按图 6-39 的规定注明缀板的数量及尺寸。引出横线上方标注缀板的数量及缀板的宽度、厚度，引出横线下方标注缀板的长度尺寸。

⑦ 非焊接的节点板，应按图 6-40 的规定注明节点板的尺寸和螺栓孔中心与几何中心线交点的距离。

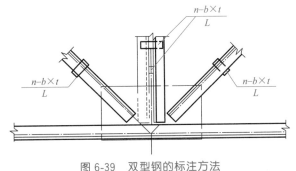

图 6-39　双型钢的标注方法

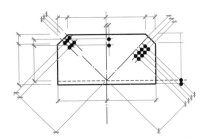

图 6-40　非焊接节点板尺寸的标注方法

6.1.4.3　钢屋架详图

钢屋架结构详图是表示钢屋架的形式、大小、型钢的规格、杆件的组合和连接情况的图样，其主要内容包括屋架简图、屋架详图、杆件详图、连接板详图、预埋件详图以及钢材用料表等。本节主要介绍屋架详图的内容和绘制。

图 6-41 中画出了用单线表示的钢屋架简图，用以表达屋架的结构形式，各杆件的计算长度，作为放样的一种依据。该梯形屋架由于左右对称，故可采用对称画法只画出一半多一点，用折断线断开。屋架简图的比例用 1：100 或 1：200。习惯上放在图纸的左上角或右上角。图中要注明屋架的跨度（24000mm）、高度（3190mm），以及节点之间杆件的长度尺寸等。

屋架详图是用较大的比例画出的屋架立面图，应与屋架简图相一致。本例只是为了说明钢屋架结构详图的内容和绘制，故只选取了左端一小部分。在同一钢屋架详图中，因杆件长度与断面尺寸相差较大，故绘图时经常采用两种比例。屋架轴线长度采用较小的比例，而杆件的断面则采用较大的比例。这样既可节省图纸，又能把细部表示清楚。

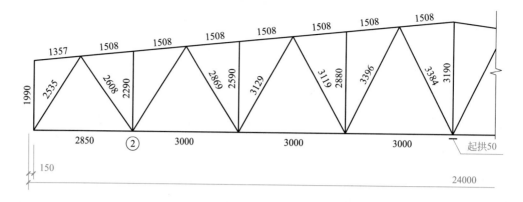

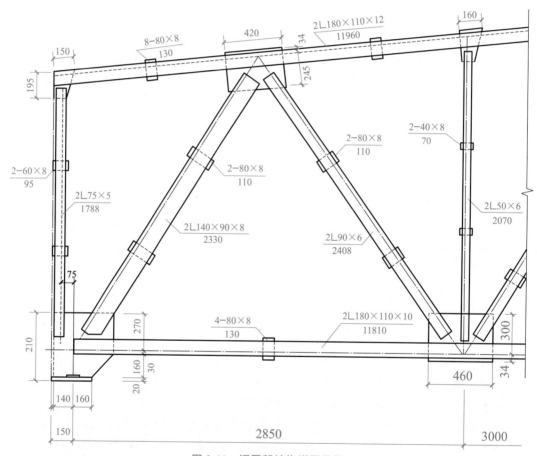

图 6-41　钢屋架结构详图示例

　　图 6-42 是屋架简图中编号为 2 的一个下弦节点的详图。这个节点是由两根斜腹杆和一根竖腹杆通过节点板和下弦杆焊接而形成的。两根斜腹杆都分别用两根等边角钢（90×6）组成；竖腹杆由两根等边角钢（50×6）组成；下弦杆由两根不等边角钢（180×110×10）组成，由于每根杆件都由两根角钢所组成，所以在两角钢间有连接板。图中画出了斜腹杆和竖腹杆的扁钢连接板，且注明了它们的宽度、厚度和长度尺寸。节点板的形状和大小，根据每个节点杆件的位置和计算焊缝的长度来确定，图中的节点板为一矩形板，注明了它的尺寸。图中应注明各型钢的长度尺寸（单位：mm），如 2408、2070、2550、

11800。除了连接板按图上所标明的块数沿杆件的长度均匀分布外，也应注明各杆件的定位尺寸（单位：mm），如105、190、165；节点板的定位尺寸（单位：mm），如250、210、34、300。图中还对各种杆件、节点板、连接板编绘了零件编号，标注了焊缝符号。

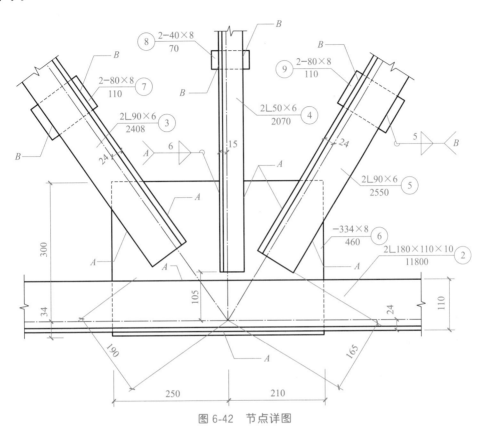

图 6-42　节点详图

6.1.5　楼梯结构图

楼梯结构详图包括楼梯结构平面图、楼梯剖面图和配筋图。

楼梯结构平面图表示了楼梯板和楼梯梁的平面布置、代号、尺寸及结构标高。一般包括地下层平面图、底层平面图、标准层平面图和顶层平面图，常用 1∶50 的比例绘制。楼梯结构平面图和楼层结构平面图一样，都是水平剖面图，只是水平剖切位置不同。通常把剖切位置选择在每层楼层平台的楼梯梁顶面，以表示平台、梯段和楼梯梁的结构布置。

楼梯结构平面图中对各承重构件，如楼梯梁（TL）、楼梯板（TB）、平台板（PB）等进行了标注，梯段的长度标注采用"踏面宽×（步级数－1）＝梯段长度"的方式。楼梯结构平面图的轴线编号应与建筑施工图一致，剖切符号一般只在底层楼梯结构平面图中表示。

图 6-43 所示的楼梯结构平面图共有 2 个，分别是标准层平面图和顶层平面图，比例为 1∶50。楼梯平台板、楼梯梁和楼梯板都采用现浇钢筋混凝土，图中画出了现浇楼梯平台板内的配筋，楼梯梁（TL）的配筋采用了"平法"中的平面注写方式，楼梯板另有详

图画出，故只注明其代号和编号。从图中序号可知（图 6-43 为部分图纸）：楼梯板共有 4 种（TB1、TB2、TB3、TB4），楼梯梁共有 4 种（TL1、TL2、TL3、TL4）。

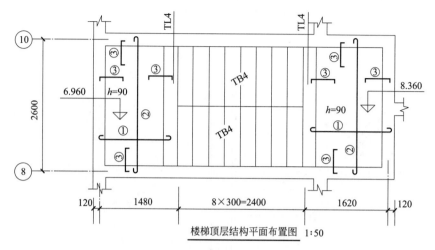

(a) 楼梯顶层结构平面图

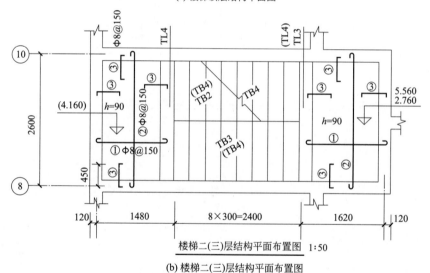

(b) 楼梯二(三)层结构平面布置图

图 6-43　楼梯结构平面图

6.2　给水排水施工图图样

6.2.1　给水排水施工图概述

6.2.1.1　给水排水施工图的产生

房屋给排水设备的安装需要设计和施工两个过程，而设计又分两个阶段，即初步设计和施工图设计。初步设计的目的是提出方案，而施工图设计是为了完善初步设计，以用于指导施工。下面简单介绍两个阶段的设计。

① 初步设计。主要有以下内容。

a. 接受设计任务，阅读有关设计规范和标准。

b. 了解附近建筑的室外给水管网的布向和供水情况，商定房屋引入管接点位置。

c. 了解附近建筑的室外排水管网的情况，商定出户管接点位置。

d. 走访和调查附近原有建筑的用户，了解给水、排水系统的使用效果。

e. 根据设计要求及收集到的资料，设计出既经济又符合设计规范的系统总方案图。

② 施工图设计包括设计计算和绘制施工图。将已获得上级有关部门批准的初步方案进行详细计算，并绘制出管道布置平面图和轴测图，标注尺寸和说明，这样即可用于指导施工。

6.2.1.2 给排水施工图的组成

（1）给排水施工图

给排水工程是市政建设的一项基础工程，由给水和排水两部分组成。给水系统包括水源取水、水源净化、净水输送和配水使用。排水系统包括污水（生活、粪便、生产等污水）排除、污水处理和污水排放。本节主要介绍单栋房屋室内给排水施工图，它是房屋建筑工程图的一个组成部分。

给排水施工图由管道布置平面图、管道布置轴测图、管道配件及局部大样详图、水处理工艺设备图组成。

① 管道布置平面图表示给排水管道的布置情况，利用投影原理，在建筑平面图的基础上加画各种管道，表达管道的平面布局。一栋建筑物内的用水房间（厨房、厕所、浴室、锅炉房等）的管道布置图称为室内给水、排水布置平面图，一个小区的管道布置图称为室外给水、排水布置平面图。

② 管道布置轴测图是为了表示室内给排水管道的空间布置情况。

③ 管道配件及局部大样详图，例如管道上的阀门井、水表井、管道穿墙等局部的构造详图，是为了详细说明某局部的安装情况以指导设计施工。

④ 水处理工艺设备图：例如给水厂、污水处理厂的各种水处理设备构筑物，如沉淀池、过滤池、消化池等图样。管道布置平面图的比例一般与建筑施工图的比例相同，管道及配件在平面图上用图例表示。

（2）管道与配件

管道与配件图主要有以下内容。

① 管道：这里主要对管道的分类以及常用管件进行讲解。

a. 管道的分类

ⅰ. 按管内介质，可分为给水管、排水管、循环水管、热水管等。给水管又可细分为生产给水管、生活给水管、消防给水管等；排水管又可细分为生产排水管、生活排水管、雨水管等。生活排水管还可进一步分为污水管、废水管等。

ⅱ. 按管内介质有无压力，可分为有压力管道和无压力管道（或称重力管道）。一般来说，给水管为压力管道，排水管为重力管道。

ⅲ. 按管道材料，可分为金属管和非金属管。

ⅳ. 按管道连接方式，可分为法兰连接、焊接、承插连接、螺纹连接。

b. 常用管件：管道是由管件装配组合而成的。管件起连接、改向、变径、分支、封堵等作用。常用的排水管件有弯头、三通、存水弯、检查口等。

② 配件：这里主要对控制配件、量测配件、升压设备进行讲解。

a. 控制配件：为了控制管道内介质的运动，在管道上设置有各种类型的阀门，起开启、关闭、逆止、调节、分配、安全、疏水等作用，如截止阀、闸阀、止回阀、疏水阀等，还有专供卫生器具放水用的各种水嘴。阀门是一种工业定型产品，种类繁多，其规格型号可参考有关资料。

b. 量测配件：常用的有压力表、文氏表（测流量）、水表（用户统计供水量）等。

c. 升压设备：将水升、加压常用的设备是离心式水泵，它的扬程高、体积小、结构简单，在房屋的给水工程中应用较广。

6.2.1.3 给排水施工图的有关规定

（1）管道表示法

用直线和代表管道类别的汉语拼音字母来表示管道。

（2）给排水施工图的图线

新设计的各种排水和其他重力流管线用粗实线（线宽为 b）绘制。

图线的宽度 b，应根据图纸的类型、比例和复杂程度，按现行国家标准《房屋建筑制图统一标准》（GB/T 50001—2017）的规定选用。线宽 b 宜为 0.7mm 或 1.0mm。

建筑给水排水专业制图常用的各种线型如表 6-5 所示。

表 6-5　给排水线型表

名称	线型	线宽	用途
粗实线		b	新设计的各种排水和其他重力流管线
粗虚线		b	新设计的各种排水和其他重力流管线的不可见轮廓线
中粗实线		$0.70b$	新设计的各种给水和其他压力流管线；原有各种排水和其他重力流管线
中粗虚线		$0.70b$	新设计的各种给水和其他压力流管线及原有各种排水和其他重力流管线的不可见轮廓线
中实线		$0.50b$	给水排水设备、零（附）件的可见轮廓线；总图中新建建筑物和构筑物的可见轮廓线；原有各种给水和其他压力流管线可见轮廓线
中虚线		$0.50b$	给水排水设备、零（附）件的不可见轮廓线；总图中新建建筑物和构筑物的不可见轮廓线；原有各种给水和其他压力流管线的不可见轮廓线
细实线		$0.25b$	建筑的可见轮廓线；总图中原有建筑物和构筑物的可见轮廓线；制图中的各种标注线
细虚线		$0.25b$	建筑的不可见轮廓线；总图中原有建筑物和构筑物的可见轮廓线；制图中的各种标注线
单点长划线		$0.25b$	中心线、定位轴线
折断线		$0.25b$	断开界线
波浪线		$0.25b$	平面图中水面线；局部构造层次范围线；保温范围示意线

(3) 管径

① 管径应以 "mm" 为单位。

② 管径的表达方式应符合下列规定。

a. 水煤气输送钢管（镀锌或非镀锌）、铸铁管等管材，管径宜以公称直径 DN 表示。

b. 无缝钢管、焊接钢管（直缝或螺旋缝）等管材，管径宜以外径×壁厚表示。

c. 铜管、薄壁不锈钢管等管材，管径宜以公称外径 Dw 表示。

d. 建筑给排水塑料管材，管径宜以公称外径 dn 表示。

e. 钢筋混凝土（或混凝土）管，管径宜以内径 d 表示。

f. 复合管等管材，管径应按产品标准的方法表示。

③ 管径的标注方法应符合下列规定：

a. 单个管道时，管径应按图 6-44(a) 所示的方式标注；

b. 多根管道时，管径应按图 6-44(b) 所示的方式标注。

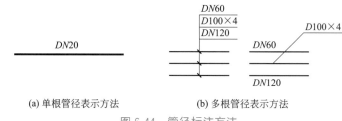

(a) 单根管径表示方法　　　　(b) 多根管径表示方法

图 6-44　管径标注方法

6.2.1.4　标高

① 室内工程应标注相对标高，室外工程宜标注绝对标高，当无绝对标高资料时，可标注相对标高，但应与总图一致。

② 压力流管道应标注管中心标高，重力流管道和沟渠宜标注管（沟）内底标高。标高单位以 "m" 计时，可注写到小数点后第二位。

③ 标高的标注方法应符合下列规定。

a. 平面图中管道标高应按图 6-45 所示的方式标注。

(a) 单管管道标高标注方法　　(b) 多管管道标高标注方法

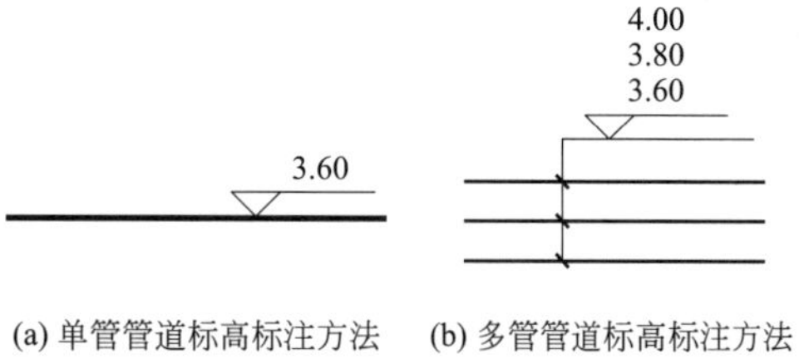

图 6-45　管径标注方法

b. 轴测图中，管道标高应按图 6-46、图 6-47 的方式标注。

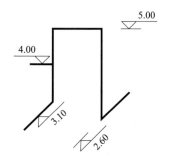

图 6-46　轴测图中多管道标高标注法

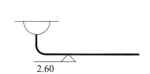

图 6-47　轴测图中管道标高标注法

c. 剖面图中管道及水位的标高应按图 6-48 的方式标注。

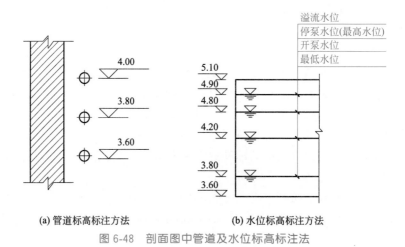

(a) 管道标高标注方法　　　　(b) 水位标高标注方法

图 6-48　剖面图中管道及水位标高标注法

④ 平面图中，沟渠标高应按图 6-49 的方式标注。

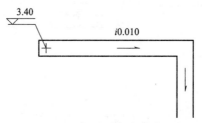

图 6-49　平面图中沟渠标高标注法

⑤ 总图管道布置图上标注管道标高时，检查井上、下游管道管径无变径，且无跌水时，宜按图 6-50 的方式标注。

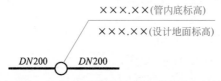

图 6-50　检查井上、下游管道管径无变径或无跌水时管道标高标注

总图管道布置图上标注管道标高时，检查井内上、下游管道管径有变化或有跌水时，宜按图 6-51 的方式标注。

图 6-51　检查井上、下游管道管径有变化或有跌水时管道标高标注

总图管道布置图上标注管道标高时，检查井内一侧有支管接入时，宜按图 6-52 中的方式标注。

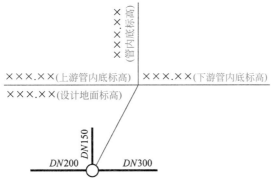

图 6-52　检查井内一侧有支管接入时管道标高标注

总图管道布置图上标注管道标高时，检查井内两侧有支管接入时，宜按图 6-53 中的方式标注。

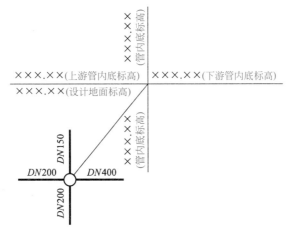

图 6-53　检查井内两侧有支管接入时管道标高标注

6.2.1.5　编号

① 当建筑物的给水引水管或排水排出管的数量超过一根时，宜进行编号，编号宜按图 6-54 的方法表示。

② 建筑物内穿越楼层的立管，其数量超过一根时宜进行编号，编号宜按图 6-55 的方法表示。

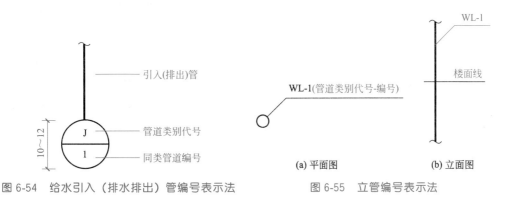

图 6-54　给水引入（排水排出）管编号表示法　　　　图 6-55　立管编号表示法

③ 在总平面图中，当同种给排水附属构筑物（闸门井、检查井、水表井、化粪池等）的数量超过 1 个时，应进行编号，并应符合下列规定。

a. 编号方法为应采用构筑物代号加编号表示，即构筑物代号-编号，其中构筑物代号为汉语拼音字头，编号为阿拉伯数字。

b. 给水构筑物的编号顺序宜为从水源到干管，再从干管到支管，最后到用户。

c. 排水构筑物的编号顺序宜为从上游到下游，先干管后支管。

6.2.1.6 比例

给排水施工图常用比例见表 6-6。

表 6-6 给排水施工图常用比例

名称		比例	备注
区域图	规划图	1∶50000、1∶25000、1∶10000	宜与总图专业一致
	位置图	1∶5000、1∶2000	
总平面图		1∶1000、1∶500、1∶300	宜与总图专业一致
管道纵断面	竖向	1∶200、1∶100、1∶50	—
	轴向	1∶1000、1∶500、1∶300	
水处理厂(站)平面图		1∶500、1∶200、1∶100	
水处理构筑物、设备间、卫生间、泵房平、剖面图		1∶100、1∶50、1∶40、1∶30	
建筑给排水平面图		1∶200、1∶150、1∶100	宜与总图专业一致
建筑给排水轴测图		1∶150、1∶100、1∶50	宜与总图专业一致
详图		1∶50、1∶30、1∶20、1∶10、1∶5、1∶2、1∶1、2∶1	—

6.2.2 各楼层给水排水及消防平面图

给水排水平面图是建筑给水排水工程图中最基本的图样，它主要反映卫生器具、管道及其附件相对于房屋的平面位置。

6.2.2.1 给水排水平面图的图示特点

（1）比例

给水排水平面图可采用与房屋建筑平面图相同的比例，一般为 1∶100，有时也可采用 1∶50、1∶200、1∶300。如果在卫生设备或管路布置较复杂的房间，用 1∶100 的比例不足以表达清楚时，可选择 1∶50 的比例来画。

（2）给水排水平面图的数量和表达范围

多层房屋的给水排水平面图原则上应分层绘制。底层给水排水平面图应单独绘制。若楼层平面的管道布置相同，可绘制一个标准层给水排水平面图，但在图中必须注明各楼层的层次及标高。当设有屋顶水箱及管路布置时，应单独画屋顶层给水排水平面图；但当管路布置不太复杂时，如有可能也可将屋面上的管道系统附画在顶层给水排水平面图中（用双点划线表示水箱的位置）。

（3）房屋平面图

在给水排水平面图中所画的房屋平面图，不是用于房屋的土建施工，而仅作为管道系统各组成部分的水平布局和定位基准，因此，仅需抄绘房屋的墙身、柱、门窗洞、楼梯和台阶等主要构配件，至于房屋的细部及门窗代号等均可省去。底层给水排水平面图要画全轴线，楼层给水排水平面图可仅画边界轴线。建筑物轮廓线、轴线号、房间名称和绘图比例等均应与建筑专业一致，并用细实线绘制。各类管道、用水器具及设备、消火栓、喷洒头、雨水斗、阀门、附件和立管位置等应按图例以正投影法绘制在平面图上，线型按规定执行。

（4）卫生器具平面图

室内的卫生设备一般已在房屋设计的建筑平面图上布置好，可以直接抄绘于相应的给水排水平面布置图上。常用的配水器具和卫生设备（如洗脸盆、大便器、污水池、淋浴器等）均有一定规格的工业定型产品，不必详细画出其形体；施工时可按给水排水国家标准图集来安装。而盥洗槽、大便槽和小便槽等是现场砌筑的，其详图由建筑设计人员绘制，在给水排水平面图中仅需画出其主要轮廓；屋面水箱可在屋顶平面图中按实际大小用一定比例绘出，如果未另画屋顶平面图，水箱亦可在顶层给水排水平面图上用双点划线画出，其具体结构由结构设计人员另画详图。所有的卫生器具图线都用细实线（0.25b）绘制；也可用中粗线（0.5b）按比例画出其平面图形的外轮廓，内轮廓则用细实线（0.25b）表示。

（5）尺寸和标高

房屋的水平方向尺寸，一般在底层给水排水平面图中只需注明其轴线间尺寸。至于标高，只需标注室外地面的整平标高和各层地面标高。

6.2.2.2　各楼层给水平面图

在建筑内部，凡需要用水的房间，均需要配以卫生设备和给水用具。某宿舍楼公共卫生间给水平面图如图6-56所示。

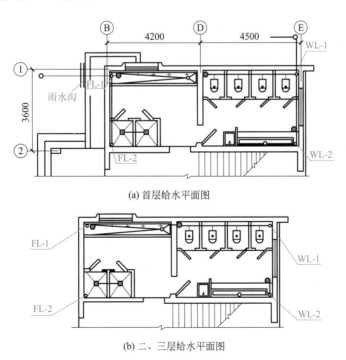

(a) 首层给水平面图

(b) 二、三层给水平面图

图6-56　某宿舍楼公共卫生间给水平面图

6.2.2.3　各楼层排水平面图

排水平面图主要表示排水管道的平面走向以及排出口的方向。某宿舍楼公共卫生间排水平面图如图6-57所示。

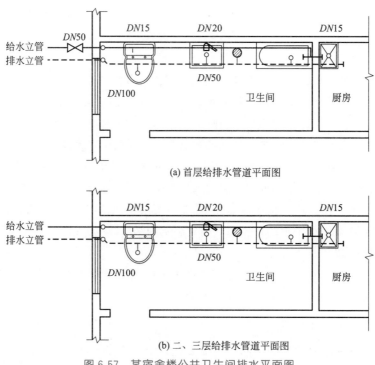

(a) 首层给排水管道平面图

(b) 二、三层给排水管道平面图

图 6-57　某宿舍楼公共卫生间排水平面图

6.2.2.4　消防平面图

消防平面图如图6-58所示。

在图6-58中，采用1：100的比例，各层平面图应包括设备及器件布点、连线、线路型号、规格及敷设要求。

6.2.3　给水排水系统图

在给排水设计中，同时能反映空间三个方向的管道和配件的图被称为给水排水系统图。给水排水系统图能反映各管道系统的管道空间走向和各种附件在管道上的位置。

6.2.3.1　给水排水系统图的图示特点和表达方法

给水排水平面图是绘制给水排水系统图的基础图样。通常，给水排水系统图采用与平面图相同的比例绘制，一般为1：100或1：200，当局部管道按比例不易表示清楚时，可以不按比例绘制。

给水和排水的系统图通常分开绘制，分别表现给水系统和排水系统的空间枝状结构，即系统图通常按独立的给水或排水系统来绘制，每一个系统图的编号应与底层给水排水平面图中的编号一致。

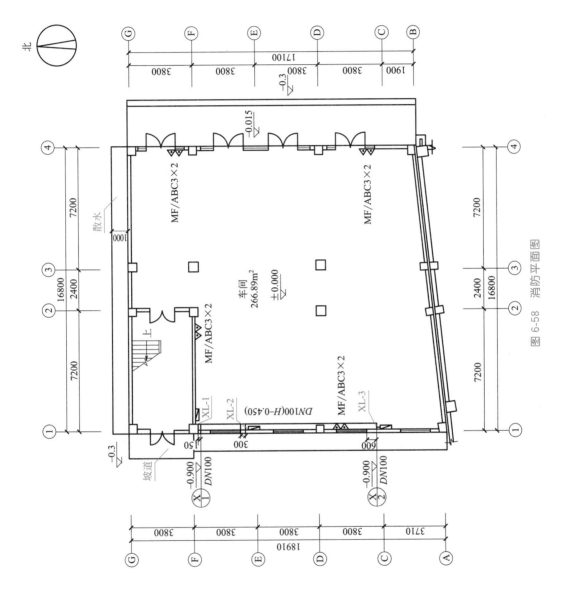

图 6-58 消防平面图

给水排水系统图中的管道依然用粗线型表示，其中给水管用粗实线表示，排水管用粗虚线表示。为了使系统图绘制简捷、阅读清晰，对于用水器具和管道布置完全相同的楼层，可以只画底层的所有管道，其他楼层省略，在省略处用 S 形折断符号表示，并注写"同底层"的字样。当管道的轴测投影相交时，位于上方或前方的管道连续绘制，位于下方或后方的管道则在交叉处断开。

6.2.3.2 给水排水系统轴测图

给水排水系统的平面图管道交错，读图时比较困难，而轴测图能够清楚、直观地表示出给水排水管的空间布置情况，立体感强，易于识别。在轴测图中能够清晰地标注出管道的空间走向、标高、管径、坡度及坡向以及用水设备的型号、位置。识读轴测图时，给水系统按照树状由干到支的顺序；排水系统按照由支到干的顺序逐层分析，也就是按照水流方向读图，再与平面图紧密结合，就可以清楚地了解到各层的给水排水系统情况。图 6-59 所示为某工程给水轴测图。

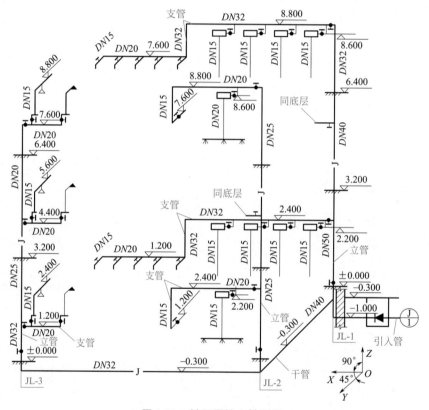

图 6-59　某工程给水轴测图

6.2.3.3 给水排水系统详图

给水排水系统的详图用于表示某些设备、构配件或管道上节点的详细构造与安装尺寸。如坐便器安装详图、地漏安装详图、洗脸盆安装详图等。详图表明了安装尺寸、加工尺寸以及制作要求，表明了选材及加强筋的设置等。地漏安装详图如图 6-60 所示。

在给水排水系统图中，应对所有的管段的直径、坡度和标高进行标注。管段的直径可以直接标注在管段的旁边或由引出线引出，管径尺寸应以毫米（mm）为单位。给水管和排水管均需标注"公称直径"，在管径数字前应加以代号"DN"，例如 $DN50$ 表示公称直径为 50mm 的

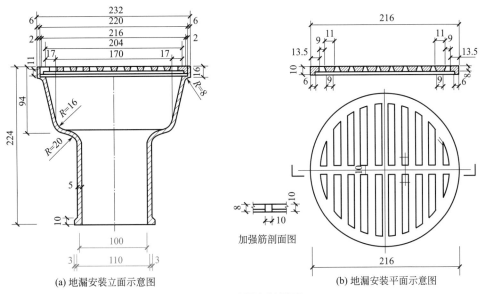

(a) 地漏安装立面示意图　　　　　(b) 地漏安装平面示意图

图 6-60　地漏安装详图

管道。给水管为压力管，不需要设置坡度；排水管为重力管，应在排水横管旁边标注坡度，如
"$i=0.02$"，箭头表示坡向，当排水横管采用标准坡度时，可省略坡度标注，在施工说明中写明
即可。系统图中的标高数字以米（m）为单位，保留小数点后三位。给水系统一般要求标注楼
（地）面、屋面、引入管、支管水平段、阀门、龙头和水箱等部位的标高，管道的标高以管中
心标高为准。排水系统一般要求标注楼（地）面、屋面、主要的排水横管、立管上的检查口及
通气帽、排出管的起点等部位的标高，管道的标高以管内底标高为准。

6.3　电气施工图图样

　　建筑电气施工图是应用非常广泛的电气图，用于说明建筑中电气工程的构成和功能，
描述电气装置的工作原理，提供安装技术数据和使用维护依据。根据一个建筑电气工程的
规模大小不同，其图纸的数量和种类也是不同的。

6.3.1　报警与消防联动系统及平面图

　　报警与消防联动控制系统分别在火灾发生之后的报警和救火两个阶段发挥着重要作
用。在火灾初期，必然会产生大量的烟雾和高温，火灾自动报警系统就是通过安装在
现场的火灾探测器以及手动报警按钮等设备向消防控制中心传递火情以及发生火灾的
具体位置，达到尽早发现火情、通报火情的目的。消防联动控制系统则是在感烟或者
感温探测器以及手动报警按钮发现火情后，通过接触器现场的控制模块以及消防控制
中心发出的指令，控制建筑物内的相关消防设备（如应急照明、消防电梯）以及相应
的灭火设备（如消防喷淋、消防风机），在最短时间内实现救人和灭火，以减少经济
损失。

　　报警与消防联动系统及平面图如图 6-61 所示。

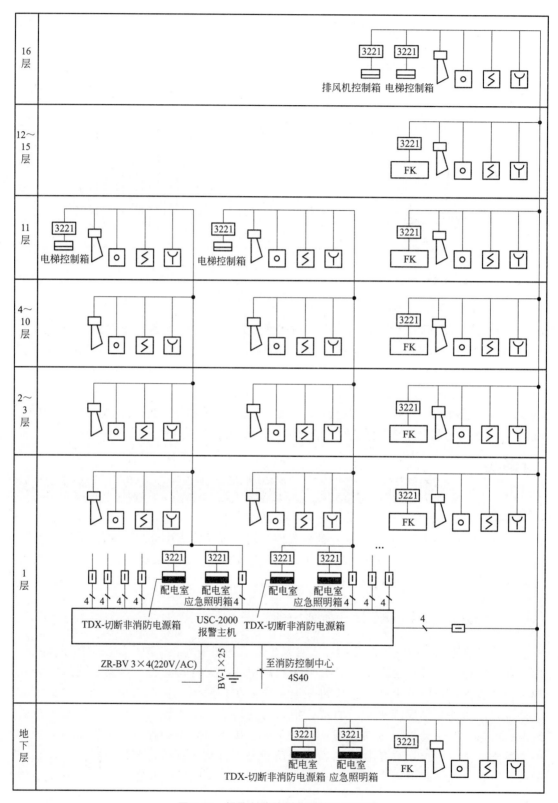

图 6-61　报警与消防联动系统及平面图

6.3.2　综合布线系统及平面图

所谓综合布线系统，就是一套用于建筑物内或建筑物群之间的、模块化的、灵活性极高的信息传输通道，是一个支持语音、图形、影像等各种信息传输的布线系统。它能够实现多产品的兼容，模块化更新、拓展和重组，既满足了用户对现代化系统的要求，又节约了维护成本。

综合布线一般采用高品质标准材料，统一进行规划设计，采用标准化的组合压接方式组成一套完整的布线系统，所以综合布线系统是现代化互联智能控制系统的重要组成部分，是互联网络的基础。

综合布线系统可划分成七个子系统：工作区子系统、水平区干线子系统、垂直干线子系统、管理间子系统、设备间子系统、建筑群子系统、光缆传输系统。

(1) 工作区子系统

工作区子系统主要负责完成各个信息点与设备终端的匹配与连接。

该系统主要包括机房内各服务器分布下来的面板及信息插座、连接信息插座和终端设备的跳线和适配器等非有源配件。其中，现代化的信息插座都应该支持多种多媒体设备，包括计算机、电话、数据终端和显示器等（为这些设备预留的相关物理接口可以统称成为信息点，有时具体来讲信息点可以指代计算机，语点可以指代电话机）。

双绞线可分为屏蔽双绞线与非屏蔽双绞线（UTP），大多数局域网采用非屏蔽双绞线作为局域网内传输介质来组网，网线则由一定距离长度的双绞线与 RJ45 头（俗称"水晶头"的一种，为塑料接头）组成。

机房一般用的是 6 类线，用 T568A/568B 通用接线方式。插座及面板一般选用由阻燃热塑材料制作，符合 UL 要求的产品。

(2) 水平区干线子系统

水平区干线子系统由配线间至工作区之间的水平电缆、楼层配线设备（配线架）和跳线（用作设备到综合布线网路的跳接线，一般两端都有连接插头）构成。水平区干线子系统是信息传输互联网络的重要组成部分，一般由四对非屏蔽双绞线构成星型拓扑结构。网络系统中如果有数据保密或避免磁场干扰需要时，可以采用屏蔽双绞线（STP），如果有大量数据传输需要，可用光缆进行连接。

水平区干线子系统内的数据点连接电缆应采用 6 类非屏蔽双绞线，可在一定通信距离上支持超过 1000Mbps 的传输速率（水平区的电缆长度一般应小于 90m），通用和标准配件的使用令水平区干线子系统具有很高的可靠性及通用性。

水平区干线子系统可以根据整个布线系统的需求，在交接间（或配线间）将相对应的跳线重新跳接，就可以很方便地管理所有信息点的输入和输出，综合布线系统的灵活性在系统功能变换方面得到了很好的体现。

(3) 垂直干线子系统

垂直干线子系统由连接主设备间（主配线架）和各楼层配线间（配线架）之间的电缆组成，垂直干线子系统在整个配线中起主干作用，也称为骨干子系统。

垂直干线子系统的电缆构成主要为多芯光纤和大对数双绞电缆。

其中室内光纤一般采用八芯多模光纤，单条的传输速度可达到 1Gbps，速度相当快。大对数双绞电缆一般采用三类以上的 25 对铜缆，并且可以根据实际网络需要选择不同对数。

垂直干线子系统作为网络连接的主要通道，应具有可靠性高、频带宽、带容大、误码率低、保障性强等优点。

（4）管理间子系统

管理间子系统一般由配线设备、交互联设备和输入输出设备（I/O）三部分组成，其主要设备是连接器、交换机、机柜、电源、配线架等。

管理间子系统为其他子系统互联提供手段，它是连接垂直干线子系统和水平区干线子系统的中转站。交互联设备允许将通信线路进行重新的连接和定位，这样就可以方便地管理不同区域子系统功能。管理间子系统的地位就像电话机系统中的每层配线箱和分线盒部分。

（5）设备间子系统

设备间子系统在有的地方也被称为弱电间子系统，是安装进出线设备、进行网路转换和系统维护的场所。

设备间子系统由电缆、连接器和配线设备等组成，主要用来把公共的多种不同设备连接起来。设备间应该避开强静电、强电磁场等各种干扰，对进出线应该分区和标色，并应该有空调和防火系统。整个布线的管理中心由设备间的语音数据子系统构成。

设备间子系统区别于管理间子系统，由设备间（主配线间）中的电缆、配线设备、路由器、交换机等组成，负责连接布线系统中的不同设备。

我们可以视设备间子系统为一个存放公共设备的场所，是放置进线设备，进行网络管理以及相关人员值班的地方。

设备间子系统主要由建筑物进线设备、计算机网络系统、数字程控交换机（SWITCH）、自动控制中心设备、服务器、语音电话设备、监控管理设备和保安配线设备等组成。

管理间子系统（配线间）是连接垂直干线子系统和水平干线子系统的设备，由设备间中的电缆、HUB、连接器和相关支撑硬件组成，它的作用是把公共系统中的各种不同设备互相连接起来。

该子系统将中继线交叉处和布线交叉处与公共服务系统设备（如用户程控交换机）连接起来，可以采用跳线方式将网络线路重新进行连接和定位，即使改动和变更终端设备时也能方便地进行线路变换，以便能迅速简洁地实现重新布线。

（6）建筑群子系统

建筑群子系统通常由线缆和相应的配线设备组成，它是将一个建筑物的线缆延伸到另一个建筑物的通信设备及装置。

建筑群子系统一般采用地下管道方式敷设，布设之前要详细地进行规划，科学布线。管道内双绞电缆或光纤的敷设应遵循入孔要求和电话管道等敷设的相关各项规定，建筑物距离超过100m时应选用光纤连接，在各个分室架设桥架，室外地下管道敷设，预留2个左右管孔，并安装电气保护装置。

（7）光缆传输系统

当综合布线系统需要在一个建筑群之间敷设较长距离的线路，或者在建筑物内信息系统要求组成高速率网络，或者与外界其他网络特别是与电力电缆网络一起敷设、有抗电磁干扰要求时，应采用光缆作为传输媒体。光缆传输系统应能满足建筑与建筑群环境对电话、数据、计算机、电视等的综合传输要求，当用于计算机局域网络时，宜采用多模光缆；作为远距离电信网的一部分时应采用单模光缆。

综合布线系统及平面图如图 6-62 所示。

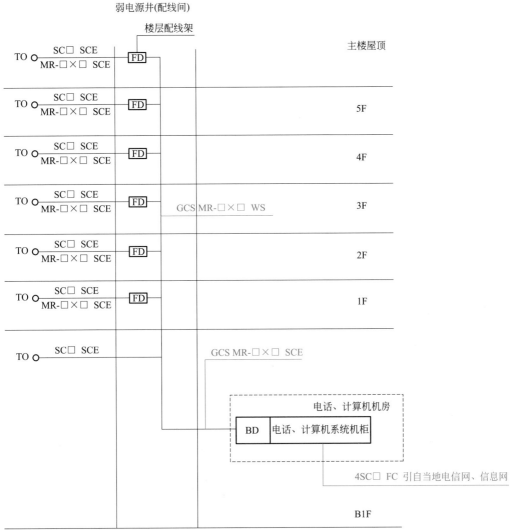

图 6-62　综合布线系统及平面图

GCS—综合布线系统线路；F—电话线路

电话线、信息网络线由室外引来，预留进出建筑物管孔。综合布线系统干线敷设在弱电竖井内，水平支线敷设在吊顶或楼板内。系统的性能指标、线路型号规格、设备选型及安装数量见系统承包方提供的深化设计图纸。设计人员应审核系统承包方提供的深化设计图纸。

6.3.3　视频监控系统及平面图

视频监控系统及平面图如图 6-63 所示。

在此案例中，根据甲方要求电梯轿厢内选用球型摄像机；一层主要入口处选用带云台

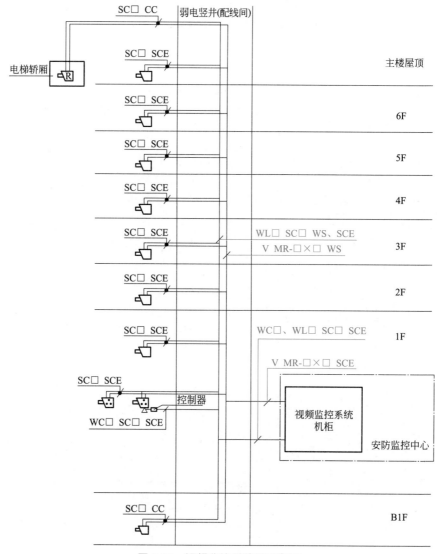

图 6-63　视频监控系统及平面图

V—视频线路；WL□—照明线路；WC□—控制线路；视频线路、照明线路不共管

彩色摄像机，次入口处选用彩色摄像机；其他处选用黑白摄像机。系统竖向缆线敷设在弱电竖井内，水平管线敷设在吊顶或楼板内。系统的线路型号规格、设备选型及现场安装数量见系统承包方提供的深化设计图纸。设计人员应审核系统承包方提供的深化设计图纸。

6.3.4　有线电视与电话系统及平面图

6.3.4.1　有线电视

有线电视系统及平面图如图 6-64 所示。

在本案例中，有线电视信号由室外引来，采用邻频传输系统，电视收看效果应满足现行国家、行业、地方标准。有线电视系统干线敷设在弱电竖井内，水平支线敷设在吊顶或楼板内。系统有源设备的电源由系统统一供给。系统的设备选型、数量及线路

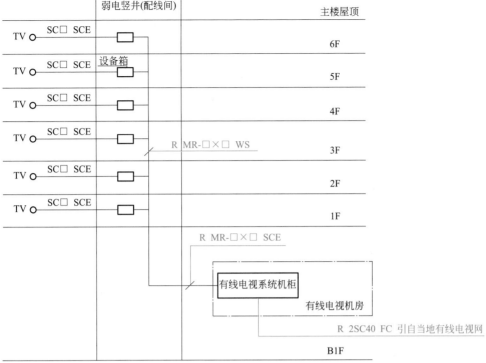

图 6-64　有线电视系统及平面图

R—射频线路

型号规格见系统承包方提供的深化设计图纸。设计人员应审核系统承包方提供的深化设计图纸。

6.3.4.2　电话系统

电话系统及平面图如图 6-65 所示。

电话插座的设置需根据当地电信部门的规定及建设单位的具体要求确定，电话箱尺寸以当地电信局规定为准，或由供货商提供。设计要满足相应的规范。

6.3.5　电气系统

电气系统是由低压供电组合部件构成的系统，也称为"低压配电系统"或"低压配电线路"。

进入 21 世纪以来，我国的社会主义市场经济持续繁荣，现代化技术也迅速发展起来。自动化技术是现代化技术的代表，将这一技术应用在发电厂的电气系统中，可以推动我国电力行业的发展，保障电气系统的正常运转。为了发挥自动化技术的应用价值，必须促进其与电气系统的结合，形成自动化管理系统，解决技术应用过程中的实际问题。

（1）内涵

所谓的电气系统自动化技术，就是对电气系统的自动化管理，包括对电气设备的监控、对系统故障的检查、对电气系统的保护等。在电气系统应用自动化技术的目的如下：第一，提高电气系统的运行效率和运行水平；第二，保障电气系统的安全性能；第三，实

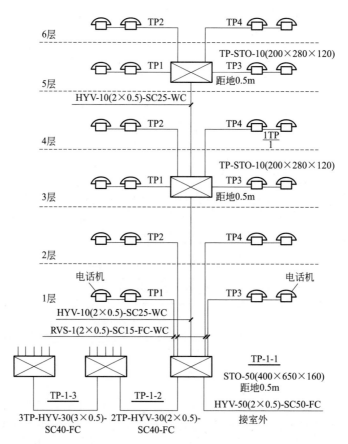

6层

TP2

TP4

5层

TP1

TP-STO-10(200×280×120)

TP3

距地0.5m

HYV-10(2×0.5)-SC25-WC

4层

TP2

TP4

1TP
1

3层

TP1

TP-STO-10(200×280×120)

TP3

距地0.5m

2层

TP2

TP4

电话机

电话机

1层

TP1

TP3

HYV-10(2×0.5)-SC25-WC

RVS-1(2×0.5)-SC15-FC-WC

TP-1-1

STO-50(400×650×160)
距地0.5m

HYV-50(2×0.5)-SC50-FC

接室外

TP-1-3

TP-1-2

3TP-HYV-30(3×0.5)-
SC40-FC

2TP-HYV-30(2×0.5)-
SC40-FC

图 6-65　电话系统图及平面图

现电力行业的现代化发展。

（2）结构

将自动化技术应用在电气系统中，可以形成自动化的电气控制系统。自动化电气控制系统可以包括三个层次：第一是隔断层次，第二是通信层次，第三是控制层次。就第一个层次来说，需要在隔断室放置电缆等，实现信号控制和线路测量。就第二个层次来说，需要安装各种通信设备，并促进分站和总站之间的联系，实现设备之间的数据共享。就第三个层次来说，需要形成网络控制系统，并对各个子系统进行单独管理。在上述三个层次的建构中，需要应用到交换机、中继器、UPS 等，这些可以提升电厂管理的效率，保障电气系统的正常运转。

（3）关联性

应用自动化技术的电气系统和应用自动化技术的热工系统具有一定的关联性。就热工系统来看，自动化的热工系统可以实现对数据信息的收集、储存、分析和管理，具有灵活性强、独立性好的优点。就电气系统来看，自动化的电气设备可以减少控制主体，及时处理系统故障，并进行紧急预警，提升风险防控的能力。与热工系统相比，电气系统的敏感程度更高，可靠性也更强，因此需要安装单独的电气控制仪器。无论是自动化的电气系统，还是自动化的热工系统，都是自动化技术的产物，将二者应用在电力行业中，可以促进电力行业的可持续发展。

电气系统图如图 6-66、图 6-67 所示。

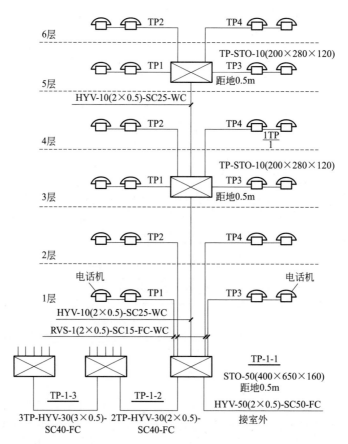

图 6-65　电话系统图及平面图

现电力行业的现代化发展。

（2）结构

将自动化技术应用在电气系统中，可以形成自动化的电气控制系统。自动化电气控制系统可以包括三个层次：第一是隔断层次，第二是通信层次，第三是控制层次。就第一个层次来说，需要在隔断室放置电缆等，实现信号控制和线路测量。就第二个层次来说，需要安装各种通信设备，并促进分站和总站之间的联系，实现设备之间的数据共享。就第三个层次来说，需要形成网络控制系统，并对各个子系统进行单独管理。在上述三个层次的建构中，需要应用到交换机、中继器、UPS 等，这些可以提升电厂管理的效率，保障电气系统的正常运转。

（3）关联性

应用自动化技术的电气系统和应用自动化技术的热工系统具有一定的关联性。就热工系统来看，自动化的热工系统可以实现对数据信息的收集、储存、分析和管理，具有灵活性强、独立性好的优点。就电气系统来看，自动化的电气设备可以减少控制主体，及时处理系统故障，并进行紧急预警，提升风险防控的能力。与热工系统相比，电气系统的敏感程度更高，可靠性也更强，因此需要安装单独的电气控制仪器。无论是自动化的电气系统，还是自动化的热工系统，都是自动化技术的产物，将二者应用在电力行业中，可以促进电力行业的可持续发展。

电气系统图如图 6-66、图 6-67 所示。

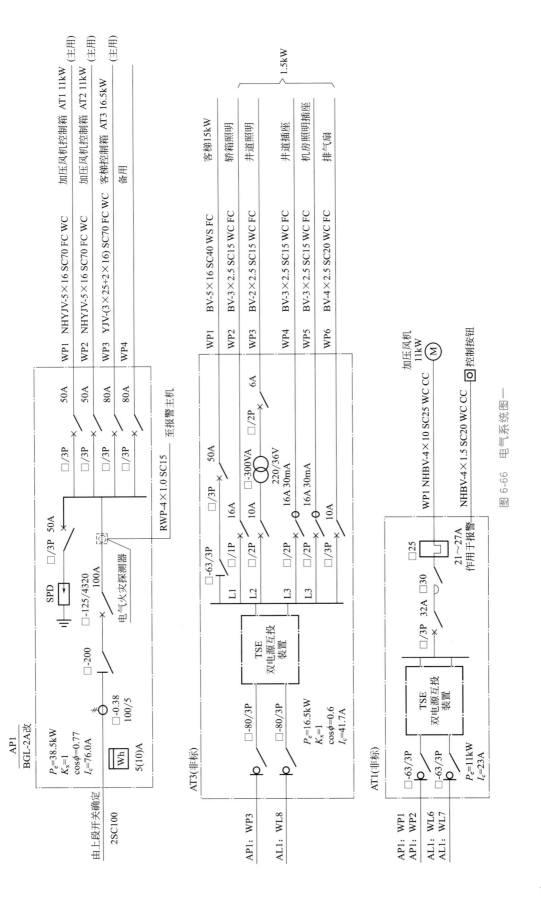

图 6-66 电气系统图一

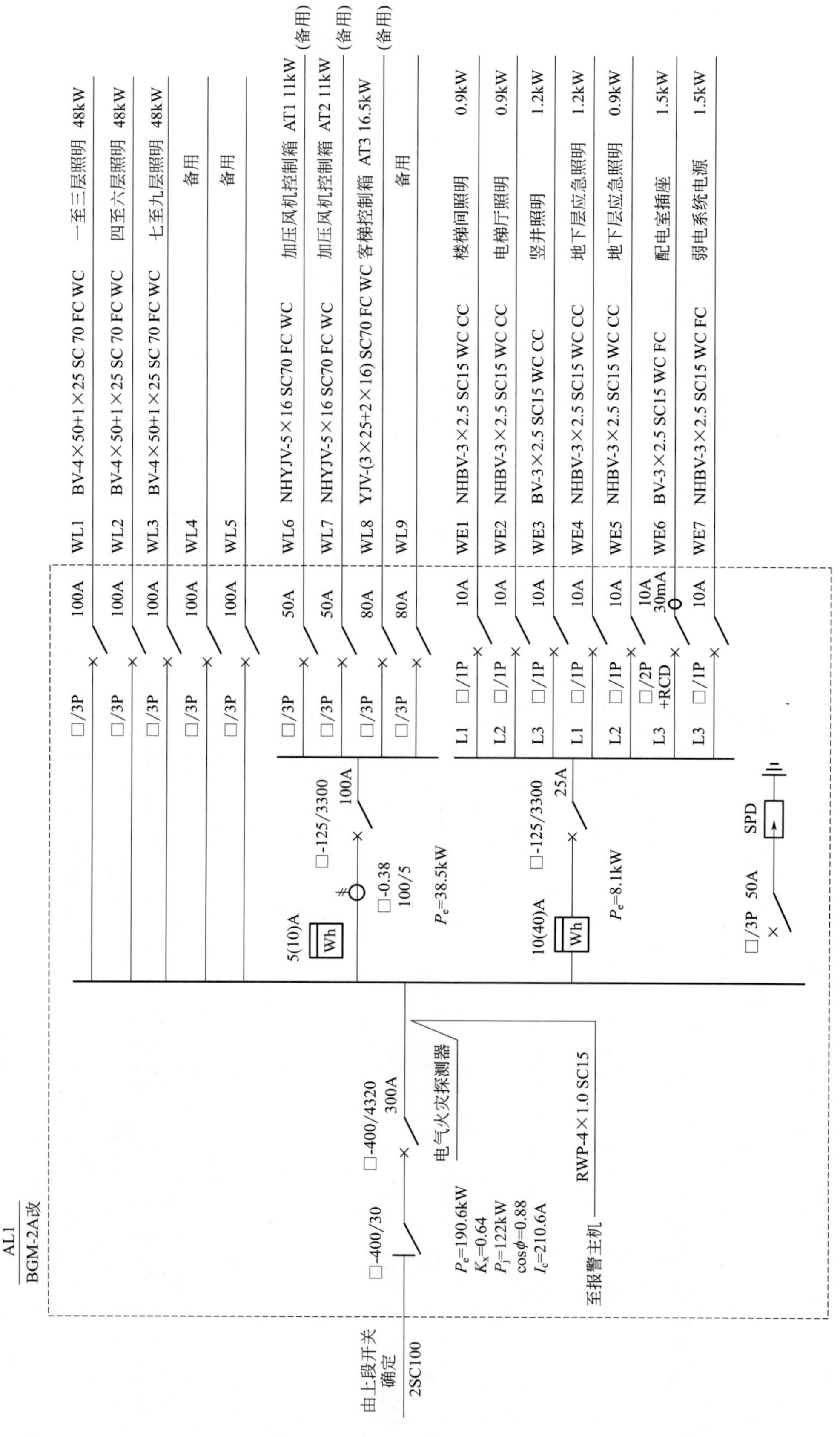

AL1
BGM-2A改

由上段开关确定
2SC100

□-400/30

□-400/4320 300A

电气火灾探测器

P_c=190.6kW
K_x=0.64
P_j=122kW
$\cos\phi$=0.88
I_c=210.6A

至报警主机 ── RWP-4×1.0 SC15

回路	开关	极数	电缆/导线	负荷	容量
WL1	100A	□/3P	BV-4×50+1×25 SC 70 FC WC	一至三层照明	48kW
WL2	100A	□/3P	BV-4×50+1×25 SC 70 FC WC	四至六层照明	48kW
WL3	100A	□/3P	BV-4×50+1×25 SC 70 FC WC	七至九层照明	48kW
WL4	100A	□/3P		备用	备用
WL5	100A	□/3P		备用	备用
WL6	50A	□/3P	NHYJV-5×16 SC70 FC WC	加压风机控制箱 AT1	11kW (备用)
WL7	50A	□/3P	NHYJV-5×16 SC70 FC WC	加压风机控制箱 AT2	11kW (备用)
WL8	80A	□/3P	YJV-(3×25+2×16) SC70 FC WC	客梯控制箱 AT3	16.5kW (备用)
WL9	80A	□/3P		备用	备用
WE1	10A	L1 □/1P	NHBV-3×2.5 SC15 WC CC	楼梯间照明	0.9kW
WE2	10A	L2 □/1P	NHBV-3×2.5 SC15 WC CC	电梯厅照明	0.9kW
WE3	10A	L3 □/1P	BV-3×2.5 SC15 WC CC	竖井照明	1.2kW
WE4	10A	L1 □/1P	NHBV-3×2.5 SC15 WC CC	地下层应急照明	1.2kW
WE5	10A	L2 □/1P	NHBV-3×2.5 SC15 WC CC	地下层应急照明	0.9kW
WE6	10A 30mA	L3 □/2P +RCD	BV-3×2.5 SC15 WC FC	配电室插座	1.5kW
WE7	10A	L3 □/1P	NHBV-3×2.5 SC15 WC FC	弱电系统电源	1.5kW

5(10)A Wh
□-125/3300 100A
□-0.38 100/5
P_c=38.5kW

10(40)A Wh
□-125/3300 25A
P_c=8.1kW

□/3P 50A
SPD

图 6-67 电气系统图二

第 7 章

建筑结构制图

7.1 一般规定

房屋建筑是由多种材料组成的结合体，目前房屋中采用较普遍的结构类型是混合结构和钢筋混凝土结构。由于房屋结构的基本构件很多，有时布置也很复杂，为了使图面清晰，并把不同的构件表示清楚，《建筑结构制图标准》（GB/T 50105—2010）对结构施工图的绘制有明确的规定，现将有关规定介绍如下。

（1）常用构件代号

房屋结构中的构件名称应用代号来表示，表示方法是用构件名称的汉语拼音字母中的第一个字母表示，见表7-1。构件代号后常用阿拉伯数字标注该构件的型号或编号，也可为构件的顺序号。构件的顺序号采用带角标的阿拉伯数字连续编排。预制钢筋混凝土构件、现浇钢筋混凝土构件、钢构件和木构件，一般可直接采用表中的构件代号。在绘图中，当需要区别上述构件的种类时，应在图纸中加以说明。如预应力钢筋混凝土构件代号，应在构件代号前加注"Y-"，即 Y-KB 表示预应力钢筋混凝土空心板。

表 7-1　常用构件代号

序号	构件名称	代号	序号	构件名称	代号	序号	构件名称	代号
1	板	B	15	吊车梁	DL	29	基础	J
2	屋面板	WB	16	圈梁	QL	30	设备基础	SJ
3	空心板	KB	17	过梁	GL	31	桩	ZH
4	槽形板	CB	18	连系梁	LL	32	柱间支撑	ZC
5	折板	ZB	19	基础梁	JL	33	水平支撑	SC
6	密肋板	MB	20	楼梯梁	TL	34	垂直支撑	CC
7	楼梯板	TB	21	檩条	LT	35	梯	T
8	盖板或沟盖板	GB	22	屋架	WJ	36	雨篷	YP
9	檐口板	YB	23	托架	TJ	37	阳台	YT
10	吊车安全走道板	DB	24	天窗架	CJ	38	梁垫	LD
11	墙板	QB	25	框架	KJ	39	预埋件	M
12	天沟板	TGB	26	刚架	GJ	40	天窗端壁	TD
13	梁	L	27	支架	ZJ	41	钢筋网	W
14	屋面梁	WL	28	柱	Z	42	钢筋骨架	G

（2）线型

图线宽度仍然分为粗、中、细三种，若以 b 表示粗线的宽度，则中线、细线的宽度分别为 $0.5b$ 和 $0.25b$，具体要求见表 7-2。

表 7-2　结构施工图中的线型要求

线型名称		线宽	适用范围
实线	粗	b	螺栓、钢筋线、结构平面图中的单线结构构件线、钢木支撑及系杆线，图名下横线、剖切线
	中粗	$0.7b$	结构平面图及详图中剖到或可见的墙身轮廓线、基础轮廓线、钢、木结构轮廓线、钢筋线
	中	$0.5b$	结构平面图及详图中剖到或可见的墙身轮廓线、基础轮廓线、可见的钢筋混凝土构件轮廓线、钢筋线
	细	$0.25b$	标注引出线、标高符号线、索引符号线、尺寸线
虚线	粗	b	不可见的钢筋线、螺栓线、结构平面图中不可见的单线结构构件线及钢、木支撑线
	中粗	$0.7b$	结构平面图中的不可见构件、墙身轮廓线及不可见钢、木结构构件线、不可见的钢筋线
	中	$0.5b$	结构平面图中的不可见构件、墙身轮廓线及不可见钢、木结构构件线、不可见的钢筋线
	细	$0.25b$	基础平面图中的管沟轮廓线、不可见的钢筋混凝土构件轮廓线
粗单点长划线		b	柱间支撑、垂直支撑、设备基础轴线图中的中心线
细单点长划线		$0.25b$	中心线、对称线、定位轴线
粗双点长划线		b	预应力钢筋线
细双点长划线		$0.25b$	原有结构轮廓线
折断线		$0.25b$	断开界线
波浪线		$0.25b$	断开界线

（3）比例

结构施工图的比例应根据图样的用途和被绘制对象的复杂程度，优先选用常用比例，在特殊情况下也可选用可用比例，常用的结构施工图比例见表 7-3。当构件的纵、横断面尺寸相差悬殊时，可在图中的纵横向选用不同的比例绘制，轴线尺寸与构件尺寸也可选用不同的比例绘制。

表 7-3　结构施工图比例

图名	常用比例	可用比例
结构平面布置图、基础平面图	1:100、1:150、1:200	1:60
配筋图、楼梯详图	1:10、1:20、1:50	1:25、1:30

（4）常用钢筋符号

钢筋按其强度和品种分成不同等级，并用不同的符号表示。常用的普通钢筋一般采用热轧钢筋，各等级钢筋的符号见表 7-4。

表 7-4　常用钢筋符号

种类	型号	强度等级	符号	强度标准值 $f_{yk}/(N/mm^2)$
热轧钢筋	HPB300	Ⅰ	Φ	300
	HRB400	Ⅲ	$\underline{\Phi}$	400
	RRB400	Ⅲ	$\underline{\Phi}^R$	400

（5）钢筋的名称和作用

配置在钢筋混凝土结构构件中的钢筋，按其作用一般可分为如图 7-1 所示的几种。

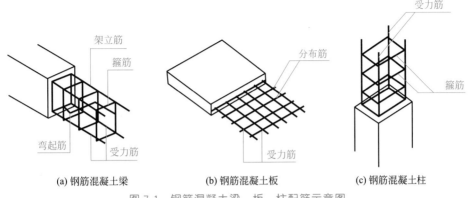

(a) 钢筋混凝土梁　　　　(b) 钢筋混凝土板　　　　(c) 钢筋混凝土柱

图 7-1　钢筋混凝土梁、板、柱配筋示意图

① 受力筋　承受构件内拉、压应力的钢筋，其配置根据受力通过计算确定，且应满足构造要求。

② 架立筋　一般设置在梁的受压区，与纵向受力筋平行，用于固定梁内钢筋的位置，并与受力筋形成钢筋骨架。架立筋是按构造配置的。

③ 箍筋　用于承受梁、柱中的剪力、扭矩，固定纵向受力钢筋的位置等。

④ 分布筋　用于单向板、剪力墙中。单向板中的分布筋与受力筋垂直。其作用是将承受的荷载均匀地传递给受力筋，并固定受力筋的位置以及抵抗热胀冷缩所引起的温度变形。

⑤ 构造筋　因构造要求及施工安装需要而配置的钢筋，如腰筋、吊筋和拉结筋等。

（6）钢筋的标注方法

钢筋标注应给出钢筋的数量、代号、直径、间距、编号及所在位置，如图 7-2 所示为钢筋的标注方法。编号时应先主筋后分布筋（架立筋），逐一顺序编号。编号采用阿拉伯数字，写在直径为 6mm 的细线圆中，用平行引出线从钢筋引向编号，并在相应编号引出线上对钢筋进行标注。

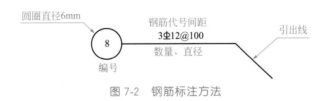

图 7-2　钢筋标注方法

7.2　混凝土结构

7.2.1　钢筋的一般表示方法

了解钢筋混凝土构件中钢筋的配置非常重要。在结构图中通常用粗实线表示钢筋。

7.2.2 钢筋的简化表示方法

(1) 对称构件的网片详图

当构件对称时，采用详图绘制构件中的钢筋网片可按图 7-3 的方法用一半或 1/4 表示。

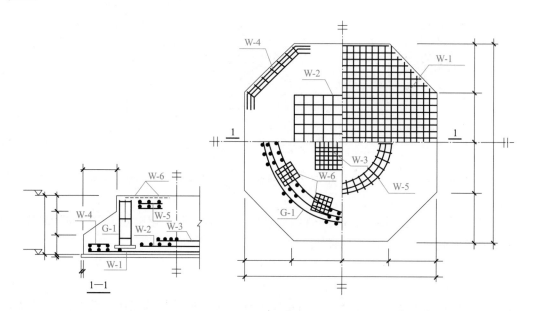

图 7-3　构件中钢筋简化表示方法

(2) 简单配筋图的绘制

钢筋混凝土构件配筋较简单时，宜按下列规定绘制配筋平面图。

① 独立基础宜按图 7-4(a) 的规定在平面模板图左下角，绘出波浪线，绘出钢筋并标注钢筋的直径、间距等。

② 其他构件宜按图 7-4(b) 的规定在某一部位绘出波浪线，绘出钢筋并标注钢筋的直径、间距等。

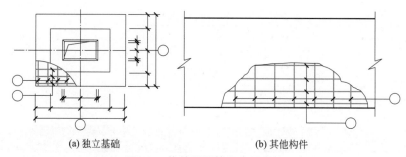

(a) 独立基础　　　　　　(b) 其他构件

图 7-4　构件配筋简化表示方法

(3) 对称混凝土构件的详图

对称的混凝土构件，宜按图 7-5 的规定在同一图样中一半表示模板，另一半表示配筋。

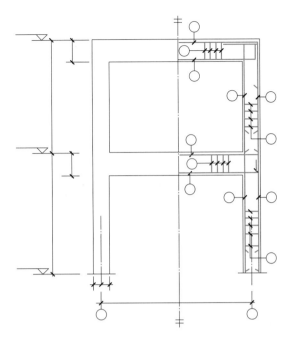

图 7-5　对称构件配筋简化表示方法

7.2.3　文字注写构件的表示方法

① 在现浇混凝土结构中，构件的截面和配筋等数值可采用文字注写方式表达。

② 按结构层绘制的平面布置图中，直接用文字表达各类构件的编号（编号中含有构件的类型代号和顺序号）、断面尺寸、配筋及有关数值。

③ 混凝土柱可采用列表注写和在平面布置图中截面注写方式，并应符合下列规定。

a. 列表注写应包括柱的编号、各段的起止标高、断面尺寸、配筋、断面形状和箍筋的类型等有关内容。

b. 截面注写可在平面布置图中，选择同一编号的柱截面，直接在截面中引出断面尺寸、配筋的具体数值等，并应绘制柱的起止高度表。

④ 混凝土剪力墙可采用列表和截面注写方式，并应符合下列规定。

a. 列表注写分别在剪力墙柱表、剪力墙身表及剪力墙梁表中，按编号绘制截面配筋图并注写断面尺寸和配筋等。

b. 截面注写可在平面布置图中按编号，直接在墙柱、墙身和墙梁上注写断面尺寸、配筋等具体数值的内容。

⑤ 混凝土梁可采用在平面布置图中的平面注写和截面注写方式，并应符合下列规定。

a. 平面注写可在梁平面布置图中，分别在不同编号的梁中选择一个，直接注写编号、断面尺寸、跨数、配筋的具体数值和相对高差（无高差可不注写）等内容。

b. 截面注写可在平面布置图中，分别在不同编号的梁中选择一个，用剖面号引出截面图形并在其上注写断面尺寸、配筋的具体数值等。

⑥ 重要构件或较复杂的构件，不宜采用文字注写方式表达构件的截面尺寸和配筋等

有关数值，宜采用绘制构件详图的表示方法。

⑦ 基础、楼梯、地下室结构等其他构件，当采用文字注写方式绘制图纸时，可采用在平面布置图上直接注写有关具体数值，也可采用列表注写的方式。

⑧ 采用文字注写构件的尺寸、配筋等数值的图样，应绘制相应的节点做法及标准构造详图。

7.2.4 预埋件、预留孔洞的表示方法

扫码观看视频

预埋件、预留孔洞的表示方法

① 在混凝土构件上设置预埋件时，可在平面图或立面图上表示。引出线指向预埋件，并标注预埋件的代号，如图 7-6 所示。

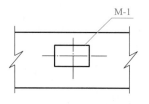
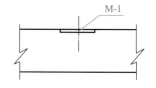

图 7-6 预埋件的表示方法

② 在混凝土构件的正、反面同一位置均设置相同的预埋件时，可按图 7-7 的规定引出线为一条实线和一条虚线并指向预埋件，同时在引出横线上标注预埋件的数量及代号。

③ 在混凝土构件的正、反面同一位置设置编号不同的预埋件时，可按图 7-8 的规定引一条实线和一条虚线并指向预埋件。引出横线上标注正面预埋件代号，引出横线下标注反面预埋件代号。

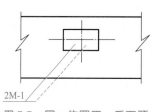
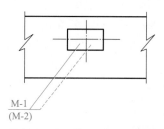

图 7-7 同一位置正、反面预
埋件相同的表示方法

图 7-8 同一位置正、反面预
埋件不相同的表示方法

④ 在构件上设置预留孔、洞或预埋套管时，可按图 7-9 的规定在平面或断面图中表示。引出线指向预留（埋）位置，引出横线上方标注预留孔、洞的尺寸，预埋套管的外径。横线下方标注孔、洞（套管）的中心标高或底标高。

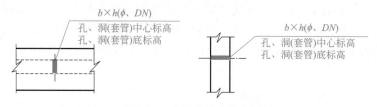

图 7-9 预留孔、洞及预埋套管的表示方法

7.3 钢结构

7.3.1 常用型钢的标注方法

钢结构的钢材是由轧钢厂按标准规格（型号）轧制而成的，通常称为型钢。钢结构系用各种型钢通过一定连接方式组合而成。常用的建筑型钢有角钢、工字钢、槽钢及钢板等。各种型钢的截面形式、符号及标注方法见表 7-5。

表 7-5 常用型钢的标注方法

序号	名称	截面	标注	说明
1	等边角钢		$b \times t$	b—肢宽； t—肢厚
2	不等边角钢		$B \times b \times t$	B—长肢宽； b—短肢宽； t—肢厚
3	工字钢		N $Q N$	轻型工字钢加注 Q 字
4	槽钢		N $Q N$	轻型槽钢加注 Q 字
5	方钢		b	—
6	扁钢		$b \times t$	—
7	钢板		$\dfrac{-b \times t}{L}$	$\dfrac{宽 \times 厚}{板长}$
8	圆钢		ϕd	—
9	钢管		$\phi d \times t$	d—外径； t—壁厚
10	薄壁方钢管		B $b \times t$	薄壁型钢加注 B 字； t—壁厚
11	薄壁等 肢角钢		B $b \times t$	
12	薄壁等肢 卷边角钢		B $b \times a \times t$	
13	薄壁槽钢		B $h \times b \times t$	
14	薄壁卷 边槽钢		B $h \times b \times a \times t$	
15	薄壁卷边 Z 型钢		B $h \times b \times a \times t$	

序号	名称	截面	标注	说明
16	T 型钢	T	TW×× TM×× TN××	TW—宽翼缘 T 型钢； TM—中翼缘 T 型钢； TN—窄翼缘 T 型钢
17	H 型钢	H	HW×× HM×× HN××	HW—宽翼缘 H 型钢； HM—中翼缘 H 型钢； HN—窄翼缘 H 型钢
18	起重机钢轨		QU××	详细说明产品规格型号
19	轻轨及钢轨		××kg/m钢轨	

7.3.2 螺栓、孔、电焊铆钉的表示方法

型钢的连接，有铆接、焊接和螺栓连接等方法。铆接是用铆钉把两块型钢或金属板连接起来，称为铆接。铆接分工厂连接和现场连接两种。铆接所用的铆钉形式有半圆头、单面埋头、双面埋头等。螺栓分普通螺栓和高强螺栓两种，螺栓连接可作为永久性的连接，也可作为安装构件时临时固定用。螺栓、孔、电焊和铆钉的表示方法如表 7-6 所示。

表 7-6　螺栓、孔、电焊铆钉的表示方法

序号	名称	表示方法	说明
1	永久螺栓		
2	高强螺栓		
3	安装螺栓		
4	膨胀螺栓		细"+"线表示定位线； M 表示螺栓型号； φ 表示螺栓孔直径； d 表示膨胀螺栓、电焊铆钉直径； 采用引出线标注螺栓时，横线上标注螺栓规格，横线下标注螺栓孔直径
5	圆形螺栓孔		
6	长圆形螺栓孔		
7	电焊铆钉		

7.4　木结构

7.4.1　常用木构件断面的表示方法

常用木构件断面的表示方法应符合表 7-7 的规定。

表 7-7　常用木构件断面的表示方法

序号	名称	表示方法	说明
1	圆木	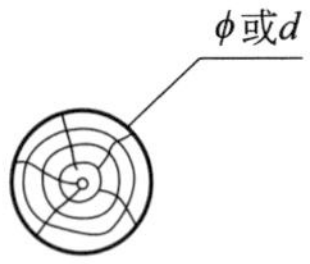 ϕ或d	
2	半圆木	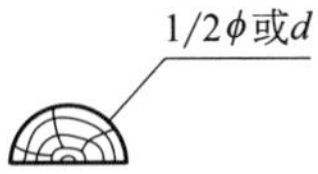 $1/2\phi$或d	木材的断面图均应画出横纹线或顺纹线。立面图一般不画木纹线,但木材的立面图均须绘出木纹线
3	方木	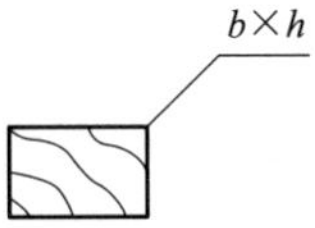 $b\times h$	
4	木板	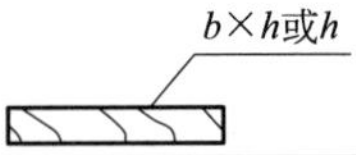 $b\times h$或h	

7.4.2　木构件连接的表示方法

常用木构件连接的表示方法应符合表 7-8 的规定。

表 7-8　木构件连接的表示方法

序号	名称	表示方法	说明
1	钉连接正面画法（看得见钉帽的）	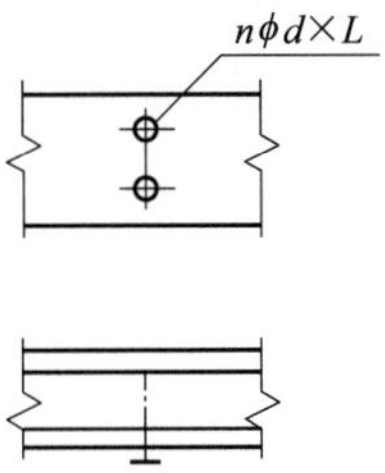 $n\phi d\times L$	—
2	钉连接背面画法（看不见钉帽的）	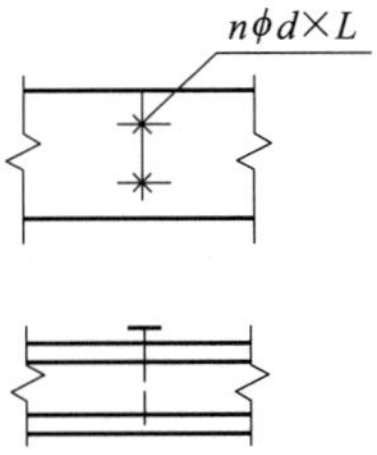 $n\phi d\times L$	—

序号	名称	表示方法	说明
3	木螺钉连接正面画法（看得见钉帽的）	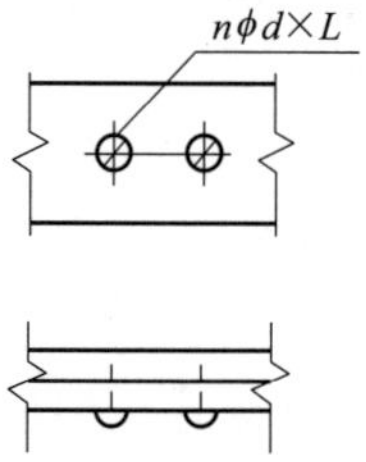	—
4	木螺钉连接背面画法（看不见钉帽的）	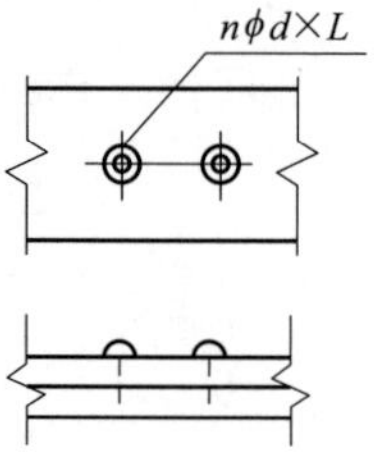	—
5	杆件连接		仅用于单线图中
6	螺栓连接	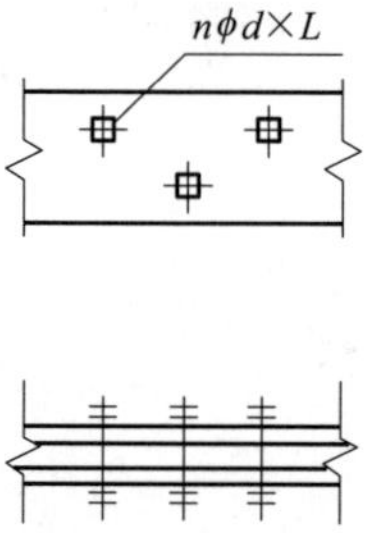	当采用双螺母时应加以注明；当采用钢夹板时，可不画垫板线
7	齿连接	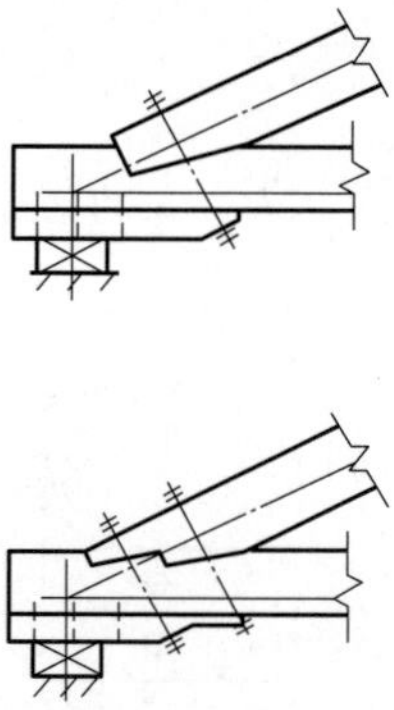	—

7.5 建筑施工图绘制基础知识

7.5.1 绘制建筑施工图的目的和要求

施工图是表示工程项目总体布局，建筑物、构筑物的外部形状、内部布置、结构构造、内外装修、材料做法以及设备、施工等要求的图样。设计图纸是工程技术界的通用语言，是有关工程技术人员进行信息传递的载体，是具有法律效力的正式文件，是建筑工程重要的技术档案。设计人员通过施工图，表达设计意图和设计要求；施工人员通过熟悉图纸，理解设计意图，并按图施工。因此除了需要掌握建筑施工图的内容、图示原理与方法，还必须学会绘制建筑施工图，才能把设计意图和内容正确地表达出来。

在画有等高线或坐标方格网的地形图上，加画上新设计的乃至将来拟建的房屋、道路、绿化（必要时还可画出各种设备管线布置以及地表水排放情况），标明建筑基地方位及风向的图样，便是总平面图。总平面图是用来表示整个建筑基地的总体布局，包括新建房屋的位置、朝向以及周围环境（如原有建筑物、交通道路、绿化、地形、风向等）的情况。总平面图是新建房屋定位、放线以及布置施工现场的依据。建筑总平面图是将拟建工程附近一定范围内的建筑物、构筑物及其自然状况，用水平投影法和相应的图例画出的图样，简称总平面图。它主要反映原有和新建房屋的平面形状、所在位置、朝向、标高、占地面积和邻界情况等内容。

在绘图过程中，要始终保持高度负责的工作态度和认真细致的工作作风。所绘制的施工图，要求技术合理、投影正确、表达清楚、尺寸齐全、字体工整以及图样布置紧凑、图面整洁等，以满足施工的需要。

7.5.2 绘制建筑施工图的步骤及方法

7.5.2.1 绘制建筑施工图的步骤

（1）先整体后局部

先画基本图，再画详图。基本图是全局性的图纸，应该先画。有了基本图，再由它引出各种详图。这种从整体到局部的方法，可以减少遗漏和差错。先画平面和剖面，再画立面。因为平面图和剖面图分别从平面和剖面表示了建筑物的尺寸，在画立面图时，尺寸就可取自平面图和剖面图。当三个图的位置安排符合长、宽、高的对应关系时，可以直接从平面图引垂直线，从剖面图引水平线，很快就能画出立面图。

（2）先骨架后细部

画平面图时应先画轴线网。画立面图时一般可先画房屋的轮廓和各层窗高的控制线，然后再画各个细部。画剖面图和墙身剖面时，也是先画轴线和砖墙、梁、板等结构部分，然后再画门窗、散水、台阶等细部。这种先骨架后细部的顺序，可以提高画图速度，避免返工。

（3）先底稿再加重

为了避免出错，任何图纸都应该先用较硬铅笔（如 H、2H）画出轻淡的底稿线，经过反复检查，并与有关工种综合核对，确认准确无误后，再按规定的线型加深。加深时可用针管笔或软铅笔（B、2B）。加深顺序为：先画上部、后画下部；先画左边，后画右边；先画水平线，后画垂直线或倾斜线；先画曲线，后画直线。

（4）先画图后写字

先注尺寸、图名、比例和各种符号，然后注写文字说明。注尺寸时先打好尺寸线，注文字时也要先打好上、下控制线，有时可打好长方格，以保证数字和文字的位置适当，大小一致。施工图上的数字是施工制作的主要依据，要特别注意写得准确、整齐、明确、清晰，以免施工时产生差错。最后填写标题栏和会签栏。

7.5.2.2 绘制建筑施工图的方法

(1) 确定绘制图样的数量

根据房屋的外形、平面布置和构造内容的复杂程度以及施工的具体要求，来决定绘制哪几种图样。对施工图的内容和数量要做全面的规划，防止重复和遗漏。在保证施工按时、按质顺利完成的前提下，图样的数量应尽量减少。

(2) 选择合适的比例

在保证图样能清晰表达其内容的情况下，根据不同图样的不同要求去选择不同的比例。

(3) 绘制图样

绘制建筑施工图的顺序，一般是按平立剖详图的顺序来进行的，但也可以在画完平面图后，先画剖面图（或侧立面图），然后根据"长对正""高平齐"的关系，再画立面图；为使图样画得准确与整洁，先用较硬的铅笔画出轻淡的底稿线。在画底稿线时，注意将同一方向或相等的尺寸一次量出，以提高画图的速度。底稿经检查无误后，按国标规定选用不同线型进行加深或上墨。画线时要注意粗细分明，以增强图面的效果。加深或上墨时，一般习惯的次序是：同一方向或同一线型的线条相继绘出；先画水平线（从上到下），后画铅直线或斜线（从左到右）；先画图，后注写尺寸和说明。

7.5.3 绘图中的习惯画法

① 相同方向、相同线型尽可能一次画完，以免三角板、丁字尺来回移动。上墨或描图时，同一粗细的线型一次画完，这样可使线型一致，并能减少换笔次数。

② 相等的尺寸尽可能一次量出，如平面图中同样宽度尺寸的门窗洞，立面图中同样高度尺寸的门窗洞、阳台、雨篷等，可以用分规一次量出。

③ 同一方向的尺寸一次量出。如画平面图时一次量出纵向尺寸和横向尺寸；画剖面图时，一次量出从地坪到檐口的垂直方向尺寸。

④ 铅笔加深或描图上墨时，一般顺序是：先画上部，后画下部；先画左边，后画右边；先画水平线，后画垂直线或倾斜线；先画曲线，后画直线。

绘图方式没有固定的模式，只要把以上几点有机地结合起来，就会获得满意的效果。

7.5.4 建筑施工图画法举例

7.5.4.1 平面图的画法举例

① 画定位轴线和墙、柱轮廓线，如图 7-10 所示。

② 定门窗洞的位置，画细部，如楼梯、台阶、卫生间、明沟、花池等，如图 7-11 所示。

③ 按前述绘图方法中的要求检查、加深图线。

④ 画剖切位置线、尺寸线、标高符号、门的开启线并标注定位轴线、尺寸、门窗编号，注写图名、比例及其他文字说明，如图 7-12 所示。

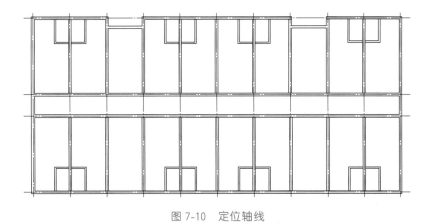

图 7-10　定位轴线

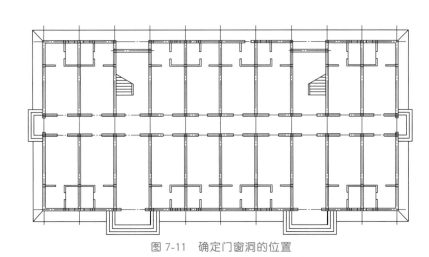

图 7-11　确定门窗洞的位置

7.5.4.2　剖面图的画法举例

① 画定位轴线、室内外地坪线、各层楼面线和顶棚线，并画墙身，如图 7-13 所示。

② 定门窗和楼梯位置，画细部。如门窗洞、楼梯、梁板、雨篷、檐口、屋面、台阶等，如图 7-14 所示。

③ 经检查无误后，擦去多余线条，按施工图要求加深图线。画材料图例，注写标高、尺寸、图名、比例及有关的文字说明，如图 7-15 所示。

7.5.4.3　立面图的画法举例

① 从平面图中引出立面的长度，从剖面图高平齐对应出立面的高度及各部位的相应位置。

② 画室外地坪、屋面线和外墙轮廓线，如图 7-16 所示。

③ 定门窗位置，画细部。如檐口、门窗洞、窗台、雨篷、阳台、花池、栏杆、台阶、雨水管等，如图 7-17 所示。

④ 检查后加深图线，画出少量门窗扇、装饰、墙面分格线、定位轴线，并注写标高、图名、比例及有关文字说明，如图 7-18 所示。

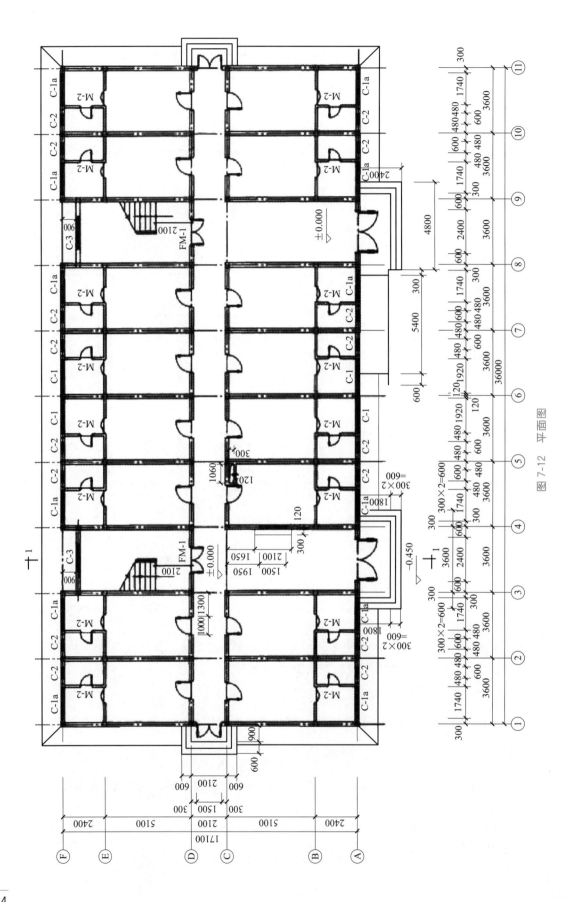

图 7-12 平面图

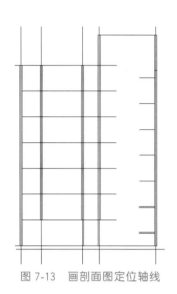

图 7-13 画剖面图定位轴线

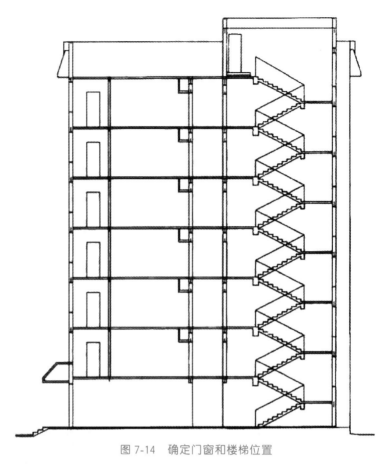

图 7-14 确定门窗和楼梯位置

7.5.4.4 楼梯详图的画法举例

（1）楼梯平面图画法步骤

先定轴线，根据楼梯开间和进深尺寸绘制纵横两根轴线，定梯段的长度和平台宽度、楼梯井的宽度，如图 7-19 所示。再定墙厚、踏面宽度、门窗洞口宽度，如图 7-20 所示。接着画细部，标注尺寸。绘制楼梯上的栏杆或栏板、楼梯的上下方向及踏步数、楼层标高和平台标高，标注平面图中的尺寸，如图 7-21 所示。最后经核对无误后，根据规定描深图线，注写标高、尺寸、图名、比例等。

（2）楼梯剖面图的画法

① 先定轴线、定楼面、定休息平台的位置。根据平面图中的轴线位置和编号画出对应的楼梯剖面图的定位轴线，根据标高定出楼层和平台的位置线，如图 7-22 所示。

② 定踏步。根据踏步数和楼层与平台的距离先画出梯段的坡度线，再根据直线等分的方法在坡度线上定出等分点，然后过等分点作水平线和垂直线，形成每一级踏步，如图 7-23 所示。

③ 定墙体、楼板和平台板的厚度。根据平面图中墙体厚度尺寸在剖面图中画出墙身线、楼板和平台板及梯段板的厚度线，如图 7-24 所示。

④ 画细部。画平台梁、窗过梁、门窗洞口和栏杆、扶手等。扶手的坡度应该与梯段的坡度一致。

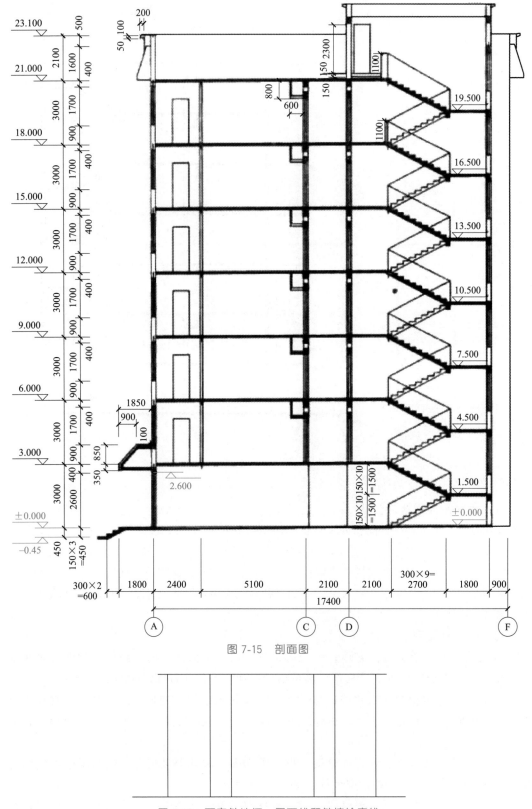

图 7-15 剖面图

图 7-16 画室外地坪、屋面线和外墙轮廓线

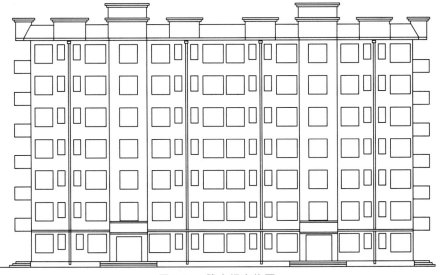

图 7-17　确定门窗位置

图 7-18　立面图

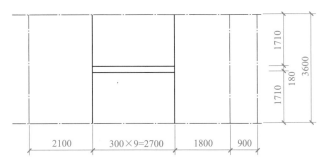

图 7-19　定轴线、梯段宽、平台宽及梯段长

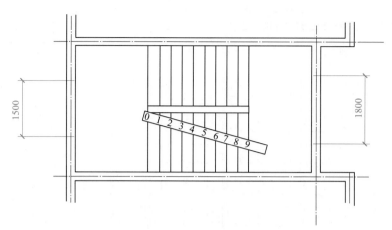

图 7-20　定墙厚及踏面宽

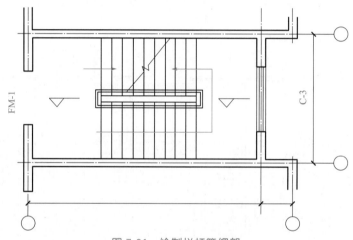

图 7-21　绘制栏杆等细部

⑤ 画尺寸线、材料图例、标高符号，如图 7-25 所示。

经检查无误后，根据规定加深、加粗图线，标注尺寸、标高，注写图名、比例和文字说明等，就完成楼梯剖面图。

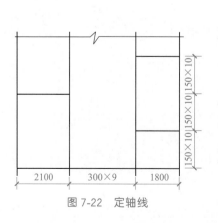

图 7-22　定轴线

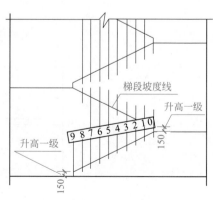

图 7-23　定楼梯坡度线及踏面宽线

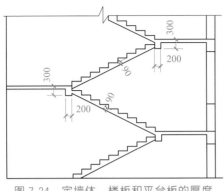

图 7-24　定墙体、楼板和平台板的厚度

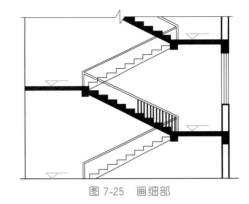

图 7-25　画细部

7.6　结构施工图绘制基础知识

7.6.1　绘制结构施工图的目的和要求

建筑物是由结构构件（如梁、板、墙、柱、基础等）和建筑配件（如门、窗、栏杆等）组成的，其中一些主要承重构件互相支承，连成整体构成建筑物的承重结构体系，该体系就称为建筑结构。在房屋设计中，除了进行建筑设计、画出建筑施工图外，还需进行结构设计，即根据建筑布置、机电安装等各方面的要求，进行结构选型和构件布置，再通过力学计算，确定建筑物各承重构件的形状、大小、材料、内部构造及其相互关系等，并将这些结果绘成图样，用以指导施工。这种图样称为结构施工图，简称"结施"。结构施工图主要用来作为施工放线、开挖基坑、支设模板、绑扎钢筋、设置预埋件、留置预留孔洞、浇筑混凝土、安装结构构件以及编制施工组织设计和施工预算的依据。

结构的类型不同，结构施工图的具体内容和编排方式也有所不同，但一般都包括以下三部分：结构设计总说明、结构平面布置图、结构构件详图。由于常见的结构类型有钢筋混凝土结构、钢结构、木结构等，其结构施工图具有各自的图示方法和绘制特点。施工图是工程师的"语言"，是设计者设计意图的体现，也是施工、监理、经济核算的重要依据。结构施工图在整个设计中占有举足轻重的作用，切不可草率从事。

对结构施工图的基本要求是：图面清楚整洁、标注齐全、构造合理、符合国家制图标准及行业规范，能很好地表达设计意图，并与计算书一致。通过结构施工图的绘制，应掌握各种结构构件工程图表的表达方法，会应用绘图工具手工绘图、修改（刮图）和校正，同时能运用常用软件通过计算机绘图和出图。

7.6.2　基础图绘制

基础是建筑物地面以下承受房屋全部荷载的构件，其形式取决于上部承重结构的形式和地基情况。在民用建筑中，常见的形式有条形基础（即墙基础）和独立基础（即柱基础）。基础图主要是表示建筑物在相对标高±0.000以下基础结构的图纸，一般包括基础平面图和基础详图。它是施工时在基地上放灰线、开挖基槽、砌筑基础的依据。

7.6.2.1 基础平面图

基础平面图是假想用一个水平面沿房屋底层室内地面附近将整幢建筑物剖开后，移去上层的房屋和基础周围的泥土向下投影所得到的水平剖面图。在基础平面图中，只画出基础墙、柱及基础底面的轮廓线，基础的细部轮廓（如大放脚）可省略不画。凡被剖切到的基础墙、柱轮廓线应画成中实线，基础底面的轮廓线应画成细实线。基础平面图中采用的比例及材料图例与建筑平面图相同。基础平面图应注出与建筑平面图相一致的定位轴线编号和轴线尺寸。当基础墙上留有管洞时，应用虚线表示其位置，具体做法及尺寸另用详图表示。当基础中设基础梁和地圈梁时，用粗单点长划线表示其中心线的位置。

基础平面图的绘制步骤及方法如下。

① 定位轴线：基础平面图应注写出与建筑平面图一致的定位轴线编号和轴线尺寸。

② 图线：在基础平面图中，只画基础墙、柱及基础底面的轮廓线，基础的细部轮廓线（如大放脚）一般省略不画。

凡被剖切到的墙、柱轮廓线，应画成中实线；基础底面的轮廓线，应画成细实线。

基础梁和地圈梁用粗点划线表示其中心线的位置。

基础墙上的预留管洞，应用虚线表示其位置，具体做法及尺寸另用详图表示。

③ 基础平面图中采用的比例及材料图例与建筑平面图相同。

④ 尺寸标注。基础平面图中必须注明基础的定型尺寸和定位尺寸。基础的定型尺寸即基础墙宽用文字加以说明或用基础代号 J1、J2 等形式标注。基础代号注写在基础剖切线的一侧，以便在相应的基础详图中查到基础底面的宽度。基础的定位尺寸也就是基础墙、柱的轴线尺寸，这里的定位轴线及其编号必须与建筑平面图一致。

7.6.2.2 基础详图

在基础的某一处用铅垂剖切平面切开，所得到的断面图称为基础详图。常用 1∶10、1∶20、1∶50 的比例绘制。基础详图表示了基础的断面形状、大小、材料、构造、埋深及主要部位的标高等。基础断面形状的细部构造按正投影法绘制，如垫层、砖基础的大放脚、钢筋混凝土基础的杯口等。基础断面除钢筋混凝土材料外，其他材料宜画出材料图例符号；钢筋混凝土独立基础除画出基础的断面图外，有时还要画出基础的平面图，并在平面图中采用局部剖面表达底板配筋；基础详图的轮廓线用中实线表示，钢筋符号用粗实线绘制，如图 7-26 所示。

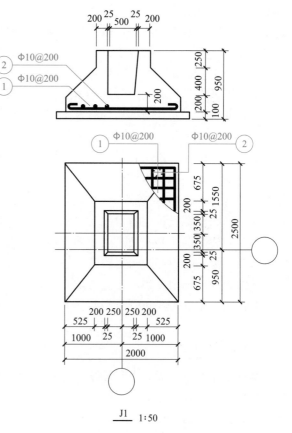

图 7-26　独立基础详图

基础详图的绘制步骤及方法如下。

① 定出基础的轴线位置。

② 用细实线画出基础、基础圈梁的轮廓线，用粗实线画出基础砖墙及钢筋。

③ 基础墙断面应画出砖的材料图例，钢筋混凝土基础为了明确地表示出钢筋的位置，不用画出材料图例，只用文字标明即可。

④ 详细标注出各部分的尺寸及室内外、基础底面的标高等，当图线与标注数字重叠时，应断开图线。

条形基础详图如图 7-27 所示。

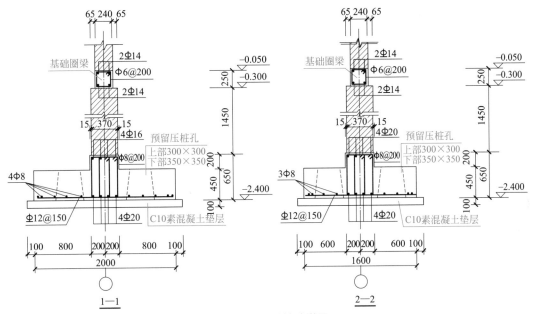

图 7-27　条形基础详图

7.6.3　结构平面图绘制

结构平面图是表示建筑物室外地面以上各层平面承重构件（如梁、板、柱、墙、门窗过量、圈梁等）布置的图样，一般包括楼层结构平面图和屋顶结构平面图。

7.6.3.1　楼层结构平面图

在砖混结构施工图中，由于楼面布置较为简单，梁、板、构造柱一般可在楼层结构平面布置图中统一表示，梁、构造柱、圈梁配筋通过详图表达；而在框架结构施工图中，目前多采用混凝土结构平面整体表示方法，梁、构造柱、板分别通过绘制施工图进行表达。楼层结构平面图绘制比例一般与建筑平面图相同，轴线关系应与建筑平面图完全一致。结构平面图中应标注各轴线间尺寸和轴线总尺寸，还应标注有关承重构件的平面尺寸及各种梁板构件的标高。楼梯间的结构布置一般在楼层结构平面图中不予表示，而用较大比例单独画出楼梯结构平面图。

楼层结构平面图的绘制步骤及方法如下。

① 画出与建筑平面图相一致的定位轴线。

② 画出平面外轮廓、楼板下的墙身线和门窗洞的位置线以及梁的平面位置。

③ 对于预制板部分，注明预制板的数量、代号和编号。在图上还应注出梁、柱的代号。

④ 对于现浇板部分，画出板的钢筋详图，并标注钢筋的编号、规格、直径等。

⑤ 标注轴线和各部分尺寸。

⑥ 书写文字说明。

7.6.3.2 屋顶结构平面图

屋顶结构平面图是表示屋面承重构件平面布置的图样，其图示内容和表达方法与楼层结构平面图基本相同。对于混合结构的房屋，根据抗震和整体刚度的需要，应在适当位置设置圈梁。圈梁一般设置在楼板及屋面板的底部，也有设置在门窗洞顶，用圈梁来代替过梁的。对于设置圈梁的房屋，在楼层结构平面图中又没有表达清楚时，可单独画出其圈梁布置平面图。圈梁用粗实线表示，并在适当位置画出断面的剖切符号，以便与圈梁断面图对照阅读。圈梁平面图的比例可小些（1∶200），图中要求注出定位轴线间的距离尺寸。

7.6.4 钢筋混凝土构件结构详图的绘制

钢筋混凝土结构详图主要用来表示钢筋混凝土构件的形状、大小、构造和连接情况等。下面具体介绍现浇钢筋混凝土梁详图的绘制步骤及方法。

① 确定图样数量，选择比例，布置图样。配筋立面图应布置在主要位置上，其比例一般为 1∶50、1∶30、1∶20。断面图可布置在任何位置上，但排列要整齐，其比例可与立面图相同，也可适当放大，如 1∶20、1∶10。钢筋详图一般在立面图的下（上）方。但箍筋的位置可灵活些。钢筋表一般布置在图纸的右下角。

② 画配筋立面图。定轴线，画构件轮廓，画钢筋，绘支座，用中粗虚线表示与梁有关的板及次梁（如为预制梁，后两部分可不画），标注剖切符号，如图 7-28 所示。

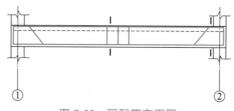

图 7-28　画配筋立面图

③ 画断面图。根据立面图的剖切符号，分别画出各断面图。先画轮廓，后画钢筋。在画钢筋的横断面时，黑圆点要圆、大小适当、位置要准确（要紧靠箍筋），如图 7-29 所示。

图 7-29　画断面图

④ 画钢筋详图。将各类不同的钢筋单独抽出，画在与立面图相对立的地方，而且钢

筋的排列顺序应与在立面图中的相一致，如图 7-30 所示。

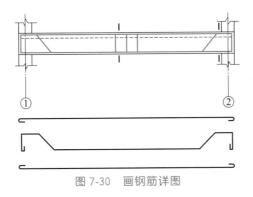

图 7-30　画钢筋详图

⑤ 标尺寸、注标高，如图 7-31 所示。立面图中应标注轴线间、支座宽、梁高及弯起筋起弯点到支座边等的尺寸。梁底或板面注出其结构标高。断面图只标注梁高及梁宽尺寸。保护层厚度一般不做标注。钢筋详图在沿各钢筋边标注各段设计长度及总的下料长度。

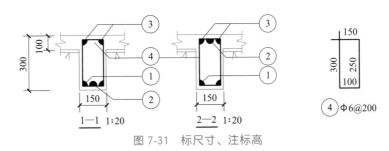

图 7-31　标尺寸、注标高

⑥ 标注钢筋的编号、数量（或间距）、类别和直径。这些内容一般标注在引出线的上方，或直接注在钢筋的上方，如图 7-32 所示。

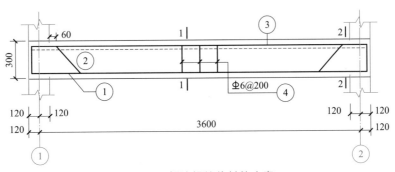

图 7-32　标注钢筋的其他内容

第 8 章
暖通空调制图

8.1 一般规定

① 各工程、各阶段的设计图样应满足相应的设计深度要求。

② 本专业设计图样编号应独立。

③ 在同一套工程设计图样中，图样线宽组、图例、符号等应一致。

④ 在工程设计中，宜依次表示图样目录、选用图集（样）目录、设计施工说明、图例、设备及主要材料表、总图、工艺图、系统图、平面图、剖面图、详图等，如单独成图时，其图样编号应按所述顺序排列。

⑤ 图样需用的文字说明，宜以"注:""附注:"或"说明:"的形式在图纸右下方、标题栏的上方书写，并应用"1、2、3…"进行编号。

⑥ 一张图幅内绘制平面、剖面等多种图样时，宜按平面图、剖面图、安装详图，从上至下、从左至右的顺序排列；当一张图幅绘有多层平面图时，宜按建筑层次由低至高、由下至上的顺序排列。

⑦ 图样中的设备或部件不便用文字标注时，可进行编号。图样中仅标注编号时，其名称宜以"注:""附注:"或"说明:"表示。如还需表明其型号（规格）、性能等内容时，宜用"明细栏"表示。

⑧ 初步设计和施工图设计的设备表至少应包括序号（或编号）、设备名称、技术要求、数量、备注栏；材料表至少应包括序号（或编号）、材料名称、规格或物理性能、数量、单位、备注栏。

8.1.1 图线

① 图线的基本宽度 b 和线宽组，应根据图样的比例、类别及使用方法确定。

② 基本宽度 b 宜选用 0.18mm、0.35mm、0.5mm、0.7mm、1.0mm。

③ 图样中仅使用两种线宽时，线宽组宜为 b 和 $0.25b$。三种线宽的线宽组宜为 b、$0.5b$ 和 $0.25b$，见表 8-1。

表 8-1　线宽组　　　　　　　　　　　　　　单位：mm

线宽比	线宽组			
b	1.4	1.0	0.7	0.5
$0.7b$	1.0	0.7	0.5	0.35
$0.5b$	0.7	0.5	0.35	0.25
$0.25b$	0.35	0.25	0.18	0.13

注：需要缩微的图纸，不宜采用 0.18mm 及更细的线宽。

④ 在同一张图纸内，各不同线宽组的细线，可统一采用最小线宽组的细线。

⑤ 暖通空调专业制图采用的线型及其含义，见表 8-2。

⑥ 图样中也可使用自定义图线及含义，但应明确说明，且其含义不应与《暖通空调制图标准》（GB/T 50114—2010）发生矛盾。

表 8-2　线型及其含义

名称		线型	线宽	一般用途
实线	粗		b	单线表示的供水管线
	中粗		$0.7b$	本专业设备轮廓、双线表示的管道轮廓
实线	中		$0.5b$	尺寸、标高、角度等标注线及引出线；建筑物轮廓
	细		$0.25b$	建筑布置的家具、绿化等；非本专业设备轮廓
虚线	粗		b	回水管线及单根表示的管道被遮挡的部分
	中粗		$0.7b$	本专业设备及双线表示的管道被遮挡的轮廓
	中		$0.5b$	地下管沟，改造前风管的轮廓线；示意性连线
	细		$0.25b$	非本专业虚线表示的设备轮廓等
波浪线	中		$0.5b$	单线表示的软管
	细		$0.25b$	断开界线
单点长划线			$0.25b$	轴线、中心线
双点长划线			$0.25b$	假想或工艺设备轮廓线
折断线			$0.25b$	断开界线

8.1.2　比例

暖通空调专业制图的总平面图、平面图的比例，宜与工程项目设计的主导专业一致，见表 8-3。

表 8-3　常用比例

图名	常用比例	可用比例
剖面图	1∶50、1∶100	1∶150、1∶200
局部放大图、管沟断面图	1∶20、1∶50、1∶100	1∶25、1∶30、1∶150、1∶200
索引图、详图	1∶1、1∶2、1∶5、1∶10、1∶20	1∶3、1∶4、1∶15

8.2　常用图例

8.2.1　水、汽管道

8.2.1.1　水、汽管道代号

水、汽管道可用线型区分，也可用代号区分。水、汽管道代号见表 8-4。

表 8-4　水、汽管道代号

序号	代号	管道名称	备注
1	RG	采暖热水供水管	可附加"1、2、3"等表示一个代号、不同参数的多种管道
2	RH	采暖热水回水管	可通过实线、虚线表示供、回关系，省略字母 G、H
3	LG	空调冷水供水管	—
4	LH	空调冷水回水管	—
5	KRG	空调热水供水管	—
6	KRH	空调热水回水管	—
7	LRG	空调冷、热水供水管	—
8	LRH	空调冷、热水回水管	—
9	LQG	冷却水供水管	—
10	LQH	冷却水回水管	—
11	n	空调冷凝水管	—
12	PZ	膨胀水管	—
13	BS	补水管	—
14	X	循环管	—
15	LM	冷媒管	—
16	YG	乙二醇供水管	—
17	YH	乙二醇回水管	—
18	BG	冰水供水管	—
19	BH	冰水回水管	—
20	ZG	过热蒸汽管	—
21	ZB	饱和蒸汽管	可附加"1、2、3"等表示一个代号、不同参数的多种管道

序号	代号	管道名称	备注
22	Z2	二次蒸汽管	—
23	N	凝结水管	—
24	J	给水管	—
25	SR	软化水管	—
26	CY	除氧水管	—
27	GC	锅炉进水管	—
28	JY	加药管	—
29	YS	盐溶液管	—
30	XI	连续排污管	—
31	XD	定期排污管	—
32	XS	泄水管	—
33	YS	溢水（油）管	—
34	R_1G	一次热水供水管	—
35	R_1H	一次热水回水管	—
36	F	放空管	—
37	FAQ	安全阀放空管	—
38	O1	柴油供油管	—
39	O2	柴油回油管	—
40	OZ1	重油供油管	—
41	OZ2	重油回油管	—
42	OP	排油管	—

注：自定义水、汽管道代号不应与本表的规定矛盾，并应在相应图面说明。

8.2.1.2 水、汽管道阀门和附件图例

水、汽管道阀门和附件的图例见表 8-5。

表 8-5　水、汽管道阀门和附件图例

序号	名称	图例	备注
1	截止阀	▷◁	—
2	闸阀	▷◁	—
3	球阀	▷◁	—
4	柱塞阀	▷◁	—
5	快开阀	▷◁	—
6	蝶阀		
7	旋塞阀		—
8	止回阀		

序号	名称	图例	备注
9	浮球阀		—
10	三通阀		—
11	平衡阀		—
12	定流量阀		—
13	定压差阀		—
14	自动排气阀		—
15	集气罐、放气阀		—
16	节流阀		—
17	调节止回关断阀		水泵出口用
18	膨胀阀		—
19	排入大气或室外		—
20	安全阀		—
21	角阀		可附加"1、2、3"等表示一个代号、不同参数的多种管道
22	底阀		—
23	漏斗		—
24	地漏		—
25	明沟排水		—
26	向上弯头		—
27	向下弯头		—
28	法兰封头或管封		—
29	上出三通		—
30	下出三通		—
31	变径管		—
32	活接头或法兰连接		—
33	固定支架		—
34	导向支架		—

序号	名称	图例	备注
35	活动支架		—
36	金属软管		—
37	可屈挠橡胶软接头		—
38	Y形过滤器		—
39	疏水器		—
40	减压阀		左高右低
41	直通型(或反冲型)除污器		—
42	除垢仪		—
43	补偿器		—
44	矩形补偿器		—
45	套管补偿器		—
46	波纹管补偿器		—
47	弧形补偿器		—
48	球形补偿器		—
49	伴热管		—
50	保护套管		—
51	爆破膜		—
52	阻火器		—
53	节流孔板、减压孔板		—
54	快速接头		—
55	介质流向	→　或　⇨	在管道断开处时,流向符号宜标注在管道中心线上,其余可同管径标注位置
56	坡度及坡向	$i=0.003$　或　$i=0.003$	坡度数值不宜与管道起、止点标高同时标注。标注位置同管径标注位置

8.2.2 风道

8.2.2.1 风道代号

风道代号见表8-6。

表 8-6　风道代号

序号	代号	管道名称	备注
1	SF	送风管	—

序号	代号	管道名称	备注
2	HF	回风管	一、二次回风可附加"1、2"区别
3	PF	排风管	—
4	XF	新风管	—
5	PY	消防排烟风管	—
6	ZY	加压送风管	—
7	P(Y)	排风排烟兼用风管	—
8	XB	消防补风管	—
9	S(B)	送风兼消防补风管	—

注：自定义风道代号不应与本表的规定矛盾，并应在相应图面说明。

8.2.2.2　风道、阀门及附件图例

风道、阀门及附件的图例见表 8-7。

表 8-7　风道、阀门及附件图例

序号	名称	图例	备注
1	矩形风管	***×***	宽×高
2	圆形风管	φ***	φ 直径
3	风管向上		—
4	风管向下		—
5	风管上升摇手弯		—
6	风管下降摇手弯		—
7	天圆地方		左接矩形风管，右接圆形风管
8	软风管		—
9	圆弧形弯头		—
10	带导流片的矩形弯头		—
11	消声器		—
12	消声弯头		—
13	消声静压箱		—
14	风管软接头		—
15	对开多叶调节风阀		—
16	蝶阀		—

建筑制图与识图从入门到精通

序号	名称	图例	备注
17	插板阀		水泵出口用
18	止回风阀		—
19	余压阀	DPV DPV	—
20	三通调节阀		—
21	防烟、防火阀	*** ***	＊＊＊表示防烟、防火阀名称代号
22	方形风口		—
23	条缝形风口		—
24	矩形风口		—
25	圆形风口		—
26	侧面风口		—
27	防雨百叶		—
28	检修门	J J	—
29	气流方向		左为通用表示法,中表示送风,右表示回风
30	远程手控盒	B	防排烟用
31	防雨罩	↑	—

8.2.2.3 风口和附件代号图例

风口和附件代号图例见表8-8。

表 8-8 风口和附件代号图例

序号	代号	图例	备注
1	AV	单层格栅风口,叶片垂直	—
2	AH	单层格栅风口,叶片水平	—
3	BV	双层格栅风口,前组叶片垂直	—
4	BH	双层格栅风口,前组叶片水平	—
5	C＊	矩形散流器,＊为出风面数量	—
6	DF	圆形平面散流器	—
7	DS	圆形凸面散流器	—
8	DP	圆盘型散流器	—
9	DX＊	圆形斜片散流器,＊为出风面数量	—

第 **8** 章　暖通空调制图

序号	代号	图例	备注
10	DH	圆环形散流器	—
11	E *	条缝形风口，* 为条缝数	—
12	F *	细叶形斜出风散流器，* 为出风面数量	—
13	FH	门铰形细叶回风口	—
14	G	扁叶形直出风散流器	—
15	H	百叶回风口	—
16	HH	门铰形百叶回风口	—
17	J	喷口	—
18	SD	旋流风口	—
19	K	蛋格形风口	—
20	KH	门铰形蛋格式回风口	—
21	L	花板回风口	—
22	CB	自垂百叶	—
23	N	防结露送风口	冠于所用类型风口代号前
24	T	低温送风口	冠于所用类型风口代号前
25	W	防雨百叶	—
26	B	带风口风箱	—
27	D	带风阀	—
28	F	带过滤网	—

8.2.3 暖通空调设备

暖通空调设备的图例见表 8-9。

表 8-9 暖通空调设备图例

序号	名称	图例	备注
1	散热器及手动放气阀		左边平面图画法，中为剖面图画法，右为系统图(Y 轴测)画法
2	散热器及温控阀		—
3	轴流风机		—
4	轴(混)流式管道风机		—
5	离心式管道风机		—
6	吊顶式排风扇		—
7	水泵		—

序号	名称	图例	备注
8	手摇泵		—
9	变风量末端		—
10	空调机组加热、冷却盘管		从左到右分别为加热、冷却及双功能盘管
11	空气过滤器		从左至右分别为粗效、中效及高效
12	挡水板		—
13	加湿器		—
14	电加热器		—
15	板式换热器		—
16	立式明装风机盘管		—
17	立式暗装风机盘管		—
18	卧式明装风机盘管		—
19	卧式暗装风机盘管		—
20	窗式空调器		—
21	风体空调器	室内机 室外机	—
22	射流诱导风机		—
23	减振器		左为平面图画法,右为剖面图画法

8.2.4 调控装置及仪表

调控装置及仪表的图例见表 8-10。

表 8-10 调控装置及仪表图例

序号	名称	图例
1	温度传感器	T
2	湿度传感器	H

序号	名称	图例
3	压力传感器	P
4	压差传感器	ΔP
5	流量传感器	F
6	烟感器	S
7	流量开关	FS
8	控制器	C
9	吸顶式温度感应器	T
10	温度计	
11	压力表	
12	流量计	F.M
13	能量计	E.M
14	弹簧执行机构	
15	重力执行机构	
16	记录仪	
17	电磁（双位）执行机构	
18	电动（双位）执行机构	
19	电动（调节）执行机构	
20	气动执行机构	
21	浮力执行机构	
22	数字输入量	DI
23	数字输出量	DO
24	模拟输入量	AI
25	模拟输出量	AO

注：各种执行机构可与风阀、水阀组合表示相应功能的控制阀门。

8.3 图样画法

8.3.1 管道和设备布置平面图、剖面图及详图

8.3.1.1 采暖平面图

采暖平面图是在建筑平面图中表达采暖管道及散热设备的平面布置的图纸。如图 8-1 所示。

（1）平面图的内容

① 散热器的平面位置、规格及数量。

② 采暖管道系统的干管、立管、支管的平面位置、走向及立管编号等。

③ 采暖干管上的阀门、固定支架、补偿器等的平面布置。

④ 采暖系统的有关设备，如膨胀水箱、自动排气阀（热水采暖）、疏水器（蒸汽采暖）的平面位置、规格、型号以及设备连接管的平面布置。

（2）图示方法

① 绘图比例：采暖平面图是在房屋建筑平面图的基础上绘制的，所以一般采用与建筑平面图相同的比例。

② 绘图数量：应分层绘制采暖平面图。一般应画出房屋底层、标准层及顶层采暖平面图。当各层的建筑结构和管道布置不相同时，应分层绘制。

③ 图线画法：采暖平面图中的建筑部分只是作为管道及设备的布置和定位的基准，因此只需用细线画出房屋主要构配件（墙、柱、楼梯、门窗洞等）的轮廓和轴线，其余细部可以省略。

④ 剖切位置：各层采暖平面图是在各层管道系统之上水平剖切后向下投影所绘制的水平投影图。

⑤ 尺寸标注：采暖管道和设备一般是沿墙靠柱设置的，通常不必标注其定位尺寸，必要时可以墙面或轴线为定位基准标注。管道的管径、坡度和标高等均注在采暖系统图

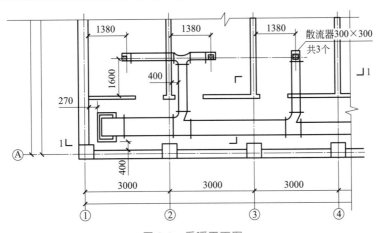

图 8-1　采暖平面图

中，平面图可不标注。管道的长度一般也不标注，而以安装时的实测尺寸为准，具体安装要求详见有关施工规范。

在采暖平面图中一般还需注出房屋定位轴线的编号和尺寸以及各楼地面的标高等。

8.3.1.2 采暖剖面图

① 剖面图应以直接正投影法绘制。

② 用于暖通空调系统设计的剖面图，应用细实线绘出建筑轮廓线和与暖通空调系统有关的门、窗、梁、柱、平台等建筑构配件，并应标明相应定位轴线编号、房间名称、平面标高。

③ 管道和设备布置的垂直剖面图应在平面图中标明剖切符号，剖视的剖切符号应由剖切位置线、投射方向线及编号组成，剖切位置线和投射方向线均应以粗实线绘制。剖切位置线的长度宜为 6～10mm；投射方向线长度应短于剖切位置线，宜为 4～6mm；剖切位置线和投射方向线不应与其他图线相接触；编号宜用阿拉伯数字，并宜标在投射方向线的端部；转折的剖切位置线，宜在转角的外顶角处加注相应编号。

④ 剖面图如图 8-2 所示。应在平面图上选择反映系统全貌的部位垂直剖切后绘制。当剖切的投射方向为向下和向右，且不致引起误解时，可省略剖切方向线。

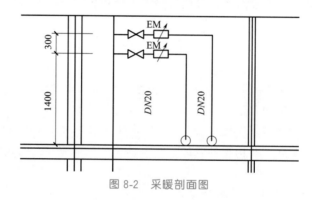

图 8-2　采暖剖面图

8.3.1.3 采暖详图

① 管道和设备布置需另绘详图时，应在平、剖面图上标注索引符号。索引符号的画法如图 8-3 所示。

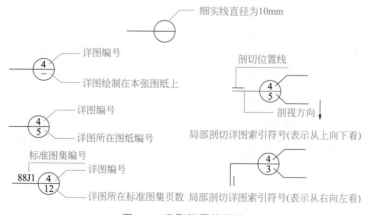

图 8-3　索引符号的画法

② 当表示局部位置的相互关系时，在平面图上应标注内视符号，如图 8-4 所示。

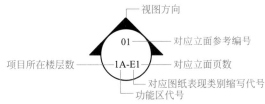

图 8-4　内视符号的画法

8.3.1.4　通风空调平面图

① 表达内容：通风空调平面图主要反映通风空调设备、管道的平面布置情况。

② 绘图比例：通风空调平面图的比例一般应与建筑平面图的比例一致，为了把风管的布置表达得更清楚，也可采用更大的比例。

③ 图线画法：通常用细实线画出建筑平面图中墙身、门窗洞、柱、楼梯等构件的主要轮廓；主要的设备一般只用中实线画出轮廓形状；风管用双线表示并按比例绘制，用中实线表示风管的两条外轮廓线；其他部件和附件用图例表示。

④ 尺寸标注：通风空调平面图中应标注风管的断面尺寸，并应以定位轴线为基准标注风管和设备的定位尺寸。风管宜标注其中心线与轴线间的距离；此外，还要注出设备和部件的名称或编号。

⑤ 剖切位置：通风空调平面图是从本层平顶处水平剖切后向下投影所画出的水平投影图，应能反映该层通风空调系统的全貌，如图 8-5 所示。

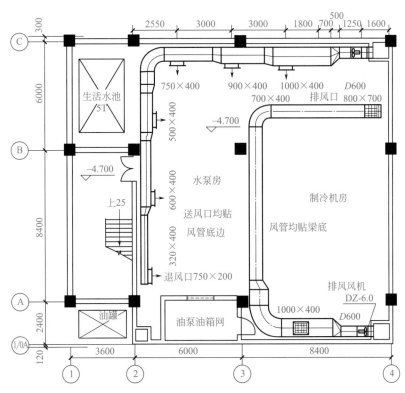

图 8-5　机房通风空调平面图

8.3.1.5 通风空调剖面图

① 表达内容：通风空调剖面图主要反映通风设备、管道及其部件在竖直方向上的空间位置与连接情况以及通风空调系统与建筑结构的相互位置及高度方向的尺寸关系等。比较复杂的通风空调系统一般还需要绘制剖面图。

② 绘图比例：与通风空调平面图的比例一致。

③ 图线画法：通风空调剖面图的线型与通风空调平面图基本相同。用细实线画出建筑平面图中墙身、门窗洞、柱和楼梯等构件的主要轮廓，主要的设备一般只用中实线画出轮廓形状，风管用双线表示并按比例绘制。

④ 尺寸标注：通风空调剖面图应标注设备、管道中心或管底的标高，还需注出这些部位距该层楼面或地面的高度尺寸。一般还需注出房屋的屋面、楼面和地面等处的标高。

⑤ 剖切位置：剖切位置的选择应使剖面图能反映整个通风空调系统的全貌。剖切符号应标注在通风空调平面图中。如图 8-6 所示为某配电间通风剖面图，由图可知风管之间的相互位置、与建筑结构的定位关系及管井的连接等。

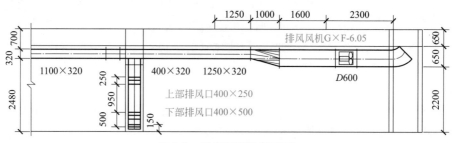

图 8-6　配电间通风剖面图

8.3.1.6 通风空调详图

通风系统详图主要有设备、管道的安装节点详图，设备、管道的加工详图，设备、部件基础的结构详图。部分详图有标准图可用。如图 8-7 所示是某风机盘管的安装详图，由图可知风机盘管采取吊装方式，与新风管、供回水管凝结水管的接管方式，相互之间的定位关系及与建筑结构的定位关系等。

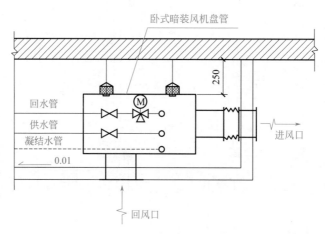

图 8-7　某风机盘管安装详图

8.3.2 管道系统图、原理图

8.3.2.1 采暖系统图

① 轴测类型：按《暖通空调制图标准》（GB/T 50114—2010）的规定，采暖系统图一般按 45°的正面斜等测绘制。通常在 OZ 轴上竖放表达管道高度方向的尺寸，OX 轴与房屋横向一致，OY 轴作为房屋纵向并画成 45°斜线方向。

② 表达内容：采暖系统图主要表明采暖系统中管道及其设备的空间布置与走向。

③ 绘图比例：采暖系统图常采用与采暖平面图相同的比例绘制，特殊情况下可以放大比例或不按比例绘制。当局部管道被遮挡、管线重叠时，可采用断开画法，断开处宜用小写拉丁字母连接表示，也可用双点划线连接示意。

④ 图线画法：采暖系统图中供热干管用粗实线绘制，回水干管用粗虚线绘制，散热设备、管道阀门等图例用中实线绘制。

⑤ 尺寸标注：应在采暖系统图中标注管道直径、标高、坡度，散热器规格和数量，立管编号，标注各楼层地面标高以及有关设备附件的高度尺寸等。

采暖系统图如图 8-8 所示。

8.3.2.2 采暖原理图

① 原理图可不按比例和投影规则绘制。

② 原理图基本要素应与平面图、剖视图及管道系统图相对应，如图 8-9 所示。

8.3.2.3 通风空调系统图

① 轴测类型：通风空调系统图一般按 45°的正面斜等测绘制。通常将 OZ 轴竖放，表达管道高度方向的尺寸；将 OX 轴与房屋横向一致；OY 轴作为房屋纵向并画成 45°斜线方向。

② 表达内容：通风空调系统图主要表明通风空调系统中管道及其设备的空间布置与走向。

③ 绘图比例：通风空调系统图常采用与通风空调平面图相同的比例绘制。

④ 图线画法：一般情况下，通风空调系统图中的风管采用单线画法，用粗实线表示管道的空间布置和走向。设备和部件用中实线或细实线绘制，设备只需按外形轮廓绘制，部件画出图例。

⑤ 尺寸标注：应在通风空调系统图中标注风管各段的断面尺寸、主要部位的标高、设备标高和各楼层地面标高。设备和部件的名称和编号也需注出。

通风空调系统图如图 8-10 所示。

8.3.2.4 通风空调原理图

① 系统中所有设备及相连的管道，注明各设备名称（可用符号表示）或编号，各空气状态参数（温湿度等）视具体要求标注。

② 绘出并标注各空调房间的编号，设计参数（冬夏季温湿度、房间静压、洁净度等），可以在相应的风管附近标注系统和各房间的送风、回风、新风与排风量等参数。

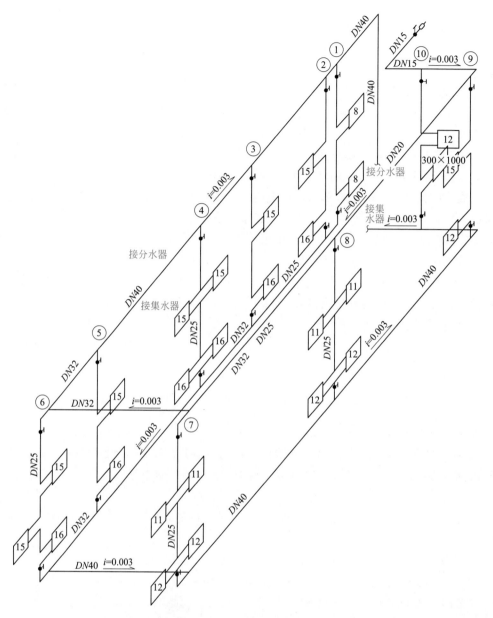

图 8-8　采暖系统图

③ 绘出并标注系统中各空气处理设备，有时需要绘出空调机组内各处理过程所需的功能段，各技术参数视具体要求标注。

④ 绘出冷热源机房冷冻水、冷却水、蒸汽、热水等各循环系统的流程（包括全部设备和管道、系统配件、仪表等），并宜根据相应的设备标注各主要技术参数，如水温、冷量等。

⑤ 明确测量元件（压力、温度、湿度、流量等测试元件）与调节元件之间的关系、相对位置。

通风空调原理图如图 8-11 所示。

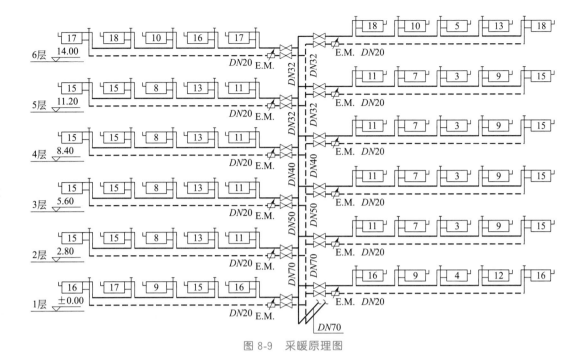

图 8-9　采暖原理图

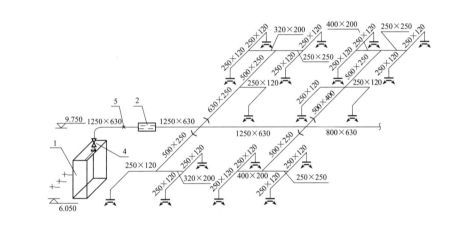

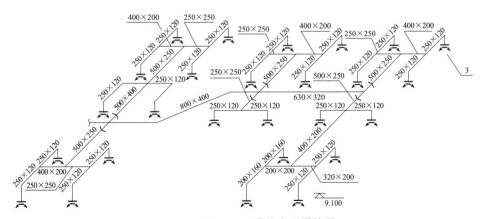

图 8-10　通风空调系统图

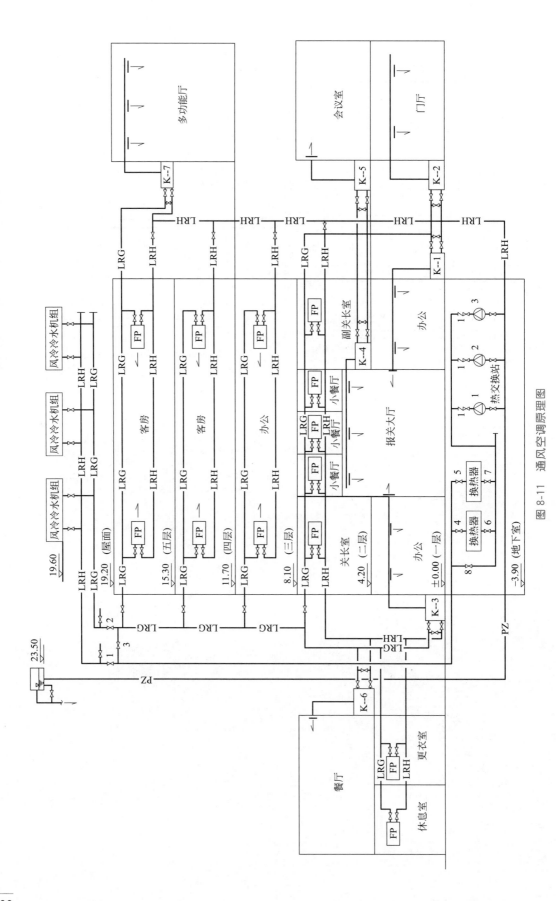

图 8-11 通风空调原理图

8.3.3 系统编号

① 一个工程设计中同时有供暖、通风、空调等两个及以上的不同系统时，应进行系统编号。

② 暖通空调系统编号、入口编号，应由系统代号和顺序号组成。

③ 系统代号由大写拉丁字母表示，见表 8-11。

④ 系统编号宜标注在系统总管处。

表 8-11　暖通空调系统编号

序号	字母代号	系统名称	序号	字母代号	系统名称
1	N	(室内)供暖系统	9	X	新风系统
2	L	制冷系统	10	H	回风系统
3	R	热力系统	11	P	排风系统
4	K	空调系统	12	JS	加压送风系统
5	T	通风系统	13	PY	排烟系统
6	J	净化系统	14	P(Y)	排风兼排烟系统
7	C	除尘系统	15	RS	人防送风系统
8	S	送风系统	16	RP	人防排风系统

⑤ 当建筑物的热水引入管或回水管的数量超过一根时，应进行编号，如图 8-12 所示。

⑥ 建筑物内穿越楼层的立管，其数量超过一根时，应进行编号，如图 8-13 所示。

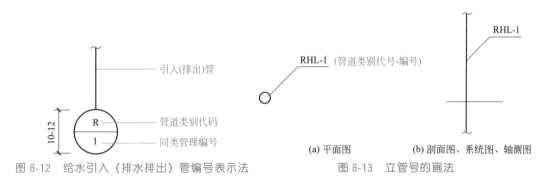

图 8-12　给水引入（排水排出）管编号表示法　　　图 8-13　立管号的画法

⑦ 在总图中，当同种暖通附属构筑物的数量超过一个时，应进行编号，并应符合下列规定。

a. 编号方法应采用构筑物代号加编号表示。

b. 给水构筑物的编号顺序宜为从引入管到干管，再从干管到支管，最后到用户。

c. 回水构筑物的编号顺序宜为从上游到下游，先干管后支管。

d. 当建筑给水排水工程、暖通工程的机电设备数量超过一台时，宜进行编号，并应有设备编号与设备名称对照表。

8.3.4 管道标高、管径（压力）、尺寸标注

① 在不宜标注垂直尺寸的图样中，应标注标高。标高以米（m）为单位，精确到厘米（cm）或毫米（mm）。

② 水、汽管道所注标高未予说明时，表示管中心标高。

③ 水、汽管道标注管外底或顶标高时，应在数字前加"底"或"顶"字样。

④ 矩形风管所注标高未予说明时，表示管底标高；圆形风管所注标高未予说明时，表示管中心标高。

⑤ 低压流体输送用焊接管道规格应标注公称直径或压力。公称直径的标记由字母"DN"后跟一个以毫米表示的数值组成，如 DN15、DN32；公称压力的代号为"PN"。

⑥ 输送流体用无缝钢管、螺旋缝或直缝焊接钢管、铜管、不锈钢管，当需要注明外径和壁厚时，用"D（或Φ）外径×厚"表示，如"D108×4""Φ108×4"。在不致引起误解时，也可采用公称直径表示。

⑦ 金属或塑料管用"d"表示，如"d10"。

⑧ 圆形风管的截面定型尺寸应以直径符号"Φ"后跟以毫米（mm）为单位的数值表示。

⑨ 矩形风管（风道）的截面定型尺寸应以"A×B"表示。"A"为该视图投影面的边长尺寸，"B"为另一边尺寸。A、B 的单位均为毫米（mm）。

⑩ 平面图中无坡度要求的管道标高可以标注在管道截面尺寸后的括号内，如"DN32（2.50）""200×200（3.10）"。必要时，应在标高数字前加"底"或"顶"的字样。

⑪ 水平管道的规格宜标注在管道的上方，竖向管道的规格宜标在管道的左侧，双线表示的管道的规格可标注在管道轮廓线内，如图 8-14 所示。

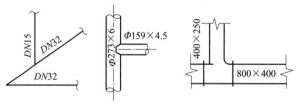

图 8-14　管道截面尺寸的画法

⑫ 单根管道时，管径应按图 8-15 的方式标注。

DN20

图 8-15　单根管径表示法

⑬ 多条管线规格的标注方式如图 8-16 所示，其中短斜线也可统一用圆点表示。

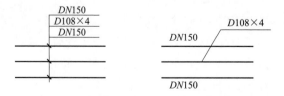

图 8-16　多条管线规格的标注方式

⑭ 风口、散流器的规格、数量及风量的表示方法如图 8-17 所示。

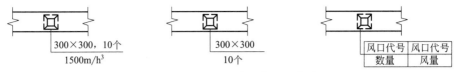

图 8-17 风口、散流器的表示方法

⑮ 当斜管道不在图 8-18 所示 30°范围内时，其管径（压力）、尺寸应平行标在管道的斜上方。不用图 8-18 的方法标注时，可用引出线标注。

⑯ 图样中尺寸标注应按现行国家标准的有关规定执行。

⑰ 平面图、剖面图上如需标注连续排列的设备或管道的定位尺寸和标高时，应至少有一个误差自由段，如图 8-19 所示。

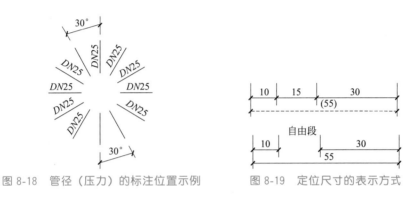

图 8-18 管径（压力）的标注位置示例　　　图 8-19 定位尺寸的表示方式

⑱ 挂墙安装的散热器应说明安装高度。

⑲ 设备加工（制造）图的尺寸标注应按《机械制图尺寸注法》（GB/T 4458.4—2003）的有关规定执行。焊缝应按《技术制图焊缝符号的尺寸、比例及简化表示法》（GB/T 12212—2012）的有关规定执行。

⑳ 标高符号应以直角等腰三角形表示。当标准层较多时，可只标注与本层楼（地）板面的相对标高，如图 8-20 所示。

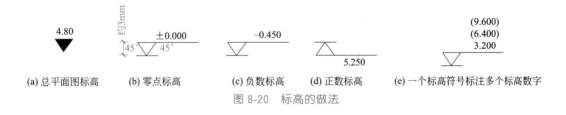

图 8-20 标高的做法

8.3.5 管道转向、分支、重叠及密集处的画法

① 单线管道转向的画法如图 8-21 所示。
② 双线管道转向的画法如图 8-22 所示。
③ 单线管道分支的画法如图 8-23 所示。
④ 双线管道分支的画法如图 8-24 所示。

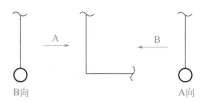

图 8-21 单线管道转向的画法

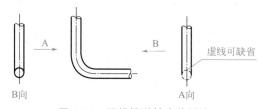

图 8-22 双线管道转向的画法

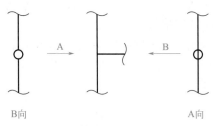

图 8-23 单线管道分支的画法

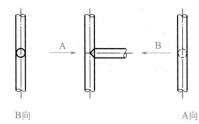

图 8-24 双线管道分支的画法

⑤ 送风管转向的画法如图 8-25 所示。

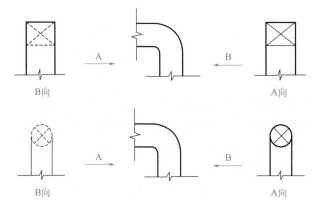

图 8-25 送风管转向的画法

⑥ 回风管转向的画法如图 8-26 所示。

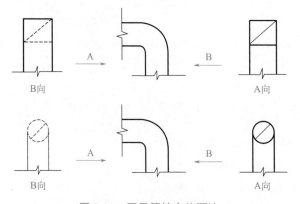

图 8-26 回风管转向的画法

⑦ 平面图、剖面图中管道因重叠、密集需断开时，应采用断开画法，如图 8-27 所示。

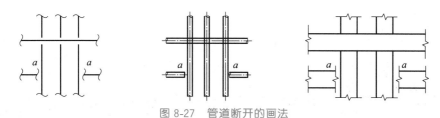

图 8-27　管道断开的画法

⑧ 管道在本图中断，转至其他图面表示（或由其他图面引来）时，应注明转至（或来自）的图纸编号，如图 8-28 所示。

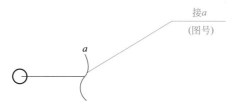

图 8-28　管道在本图中断的画法

⑨ 管道交叉的画法如图 8-29 所示。

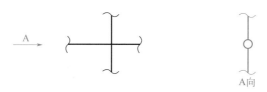

图 8-29　管道交叉的画法

⑩ 管道跨越的画法如图 8-30 所示。

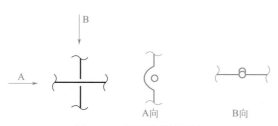

图 8-30　管道跨越的画法

第9章

给水排水制图

9.1 一般规定

9.1.1 标高

标高应以米（m）为单位，一般书写到小数点后第三位。在总平面图及相应的厂区（小区）给水排水施工图中可书写到小数点后第二位。

9.1.1.1 标高标注方法应符合的规定

① 总图中标注的标高应为绝对标高。

② 建筑物标注室内±0.000处的绝对标高时，应按国家标准规定的方法标注。

建筑物内的管道也可按本层建筑地面的标高加管道安装高度的方式标注管道标高，标注方法为 $H+×.××$，H 表示本层建筑地面标高。

9.1.1.2 在下列部位应标注标高

① 沟渠和重力流管道的标注方法如下。

a. 建筑物内应标注起点、变径（尺寸）点、变坡点、穿外墙及剪力墙处。

b. 需控制标高处。

c. 小区内管道按本书6.2.1.4中⑤的方法或采用管道纵断面图、管道高程表标注标高；但采用管道纵断面图时，绘制与管道相交叉管道的标高宜按下列规定标注：

ⅰ. 交叉管道位于该管道上面时，宜标注交叉管的管底标高；

ⅱ. 交叉管道位于该管道下面时，宜标注交叉管的管顶或管底标高。

② 压力流管道中的标高控制点。

③ 管道穿外墙、剪力墙和构筑物的壁及底板等处。

④ 不同水位线处。

⑤ 建（构）筑物中土建部分的相关标高。

9.1.2 系统编号

给排水工程设计中同时有给水、排水、消防、热水等两个以上不同系统时，应进行系统编号。系统编号中，系统代号表达意义如表 9-1 所示。

系统编号由系统代号和顺序号组成，系统代号由大写拉丁字母表示，顺序号由阿拉伯数字表示。

表 9-1　系统代号

序号	字母代号	系统名称	序号	字母代号	系统名称
1	J	给水系统	5	P	排水系统
2	R	热水系统	6	F	废水系统
3	Z	中水系统	7	Y	雨水系统
4	W	污水系统	8	X	消防系统

9.2　图例

在同一个项目的设计图纸中，图例、术语、绘图表示方法应一致。给水排水系统中的一些构筑物、附件等需按比例绘制在图纸上，对一些构筑物、附件等细部往往不能如实画出，因此在给水施工图中的管件、阀门、仪器仪表、设备等常采用规定的图例表示。图例是用简单的图样表示复杂的设备、附件，使工程制图简化便于识读。给水排水工程系统中常用的图例有：管道类别图例、管道附件图例、管道连接图例、管件图例、阀门图例、给水配件图例、卫生设备及水池图例、小型给水排水构筑物图例、给水排水设备图例、给水排水专业所用仪表图例。

（1）管道类别图例

管道类别图例如表 9-2 所示。

表 9-2　管道类别图例

序号	名称	图例	说明
1	生活给水管	——— J ———	—
2	热水给水管	——— RJ ———	—
3	热水回水管	——— RH ———	—
4	中水给水管	——— ZJ ———	—
5	循环冷却给水管	——— XJ ———	—
6	循环回水管	——— XH ———	—
7	热媒给水管	——— RM ———	—
8	热媒回水管	——— RMH ———	—
9	蒸汽管	——— Z ———	—
10	凝结水管	——— N ———	—
11	废水管	——— F ———	—
12	压力废水管	——— YF ———	—

序号	名称	图例	说明
13	通气管	—— T ——	—
14	污水管	—— W ——	—
15	压力污水管	——YW——	—
16	雨水管	—— Y ——	—
17	压力雨水管	——YY——	—
18	虹吸雨水管	——HY——	—
19	膨胀管	——PZ——	—
20	保温管	～～～	—
21	伴热管	―――――	—
22	多孔管	―✳―✳―✳―	—
23	地沟管	┉┉┉┉	—
24	防护套管	―[====]―	—
25	管道立管	XL-1 平面　XL-1 系统	X 为管道类别、L 为立管、1 为编号
26	空调凝结水管	——KN——	—
27	排水明沟	坡向 ——▶	—
28	排水暗沟	坡向 ――▶	—

（2）管道附件图例

管道附件的图例如表 9-3 所示。

表 9-3　管道附件图例

序号	名称	图例	说明
1	套管伸缩器	—[====]—	—
2	方形伸缩器	┤￢_「￢├	—
3	刚性防水套管	╫	—
4	柔性防水套管	╫	—
5	波纹管	—◇—	—
6	可曲挠橡胶接头	—│○│—	—

序号	名称	图例	说明
7	管道固定支架		—
8	管道滑动支架		—
9	立管检查口		—
10	清扫口	平面　系统	—
11	通气帽	成品　铅丝球	—
12	雨水斗	YD- 平面　YD- 系统	—
13	排水漏斗	平面　系统	—
14	圆形地漏		通用，如为无水封，地漏应加存水弯
15	方形地漏		—
16	自动冲洗水箱		—
17	挡墩		—
18	减压孔板		—
19	Y形除污器		—
20	毛发聚集器	平面　系统	—
21	防回流污染止回阀		—
22	吸气阀		—

(3) 管道连接图例

管道连接的图例如表 9-4 所示。

表 9-4　管道连接图例

序号	名称	图例	说明
1	法兰连接	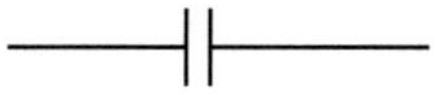	—
2	承插连接	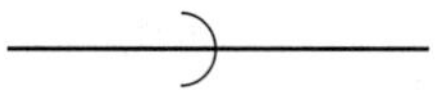	—
3	活接头		—
4	管堵		—
5	法兰堵盖	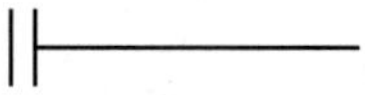	—
6	弯折管	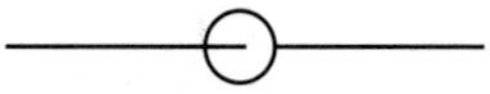	表示管道向后及 向下弯转90°
7	三通连接	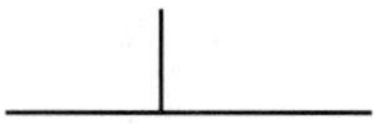	—
8	四通连接	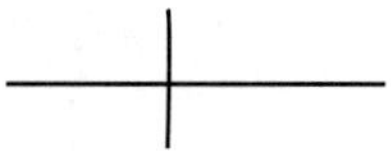	—
9	盲板	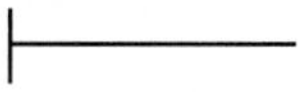	—
10	管道丁字上接	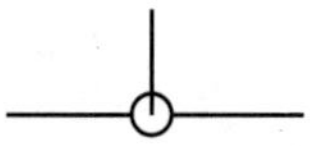	—
11	管道丁字下接	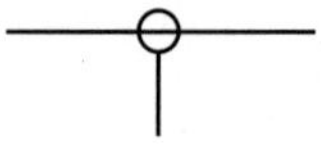	—
12	管道交叉	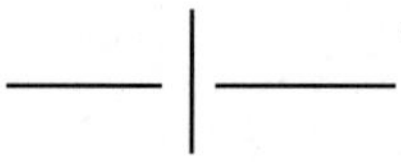	在下方和后面 的管道应断开

（4）管件图例

常见的管件图例如表 9-5 所示。

表 9-5　给水排水管件图例

序号	名称	图例
1	偏心异径管	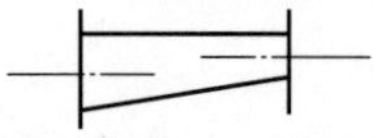
2	同心异径管	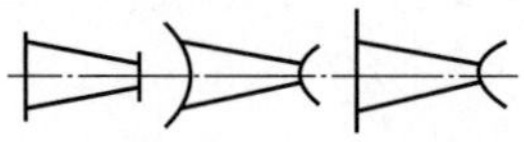
3	异径管	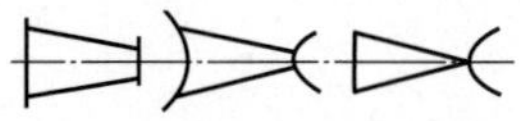
4	乙字管	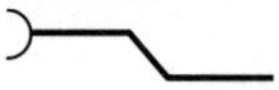
5	喇叭口	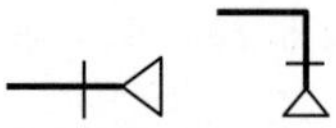

序号	名称	图例
6	转动接头	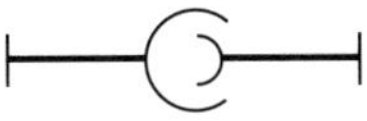
7	S形存水弯	
8	P形存水弯	
9	存水弯	
10	90°弯头	
11	弯头	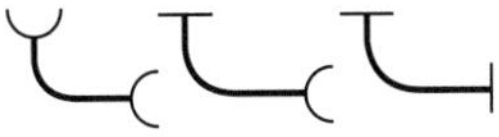
12	正三通	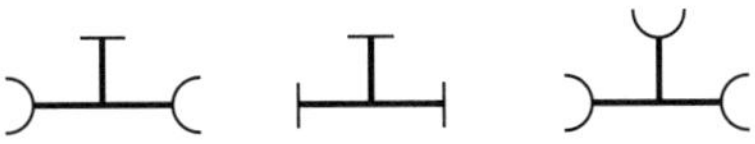
13	TY三通	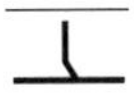
14	斜三通	
15	正四通	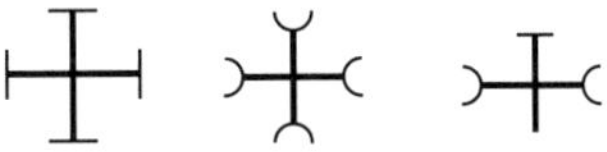
16	斜四通	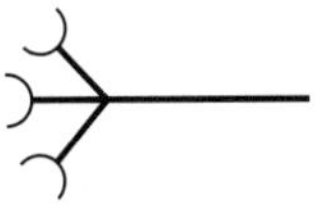
17	浴盆排水管	
18	短管	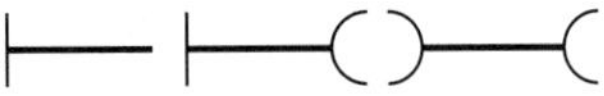

（5）阀门图例

常用阀门图例如表 9-6 所示。

表 9-6　阀门图例

序号	名称	图例	说明
1	闸阀		—
2	角阀		—
3	三通阀		—

序号	名称	图例	说明
4	四通阀		—
5	截止阀	$DN\geqslant50$ $DN<50$	—
6	电动阀		—
7	液动阀		—
8	气动阀		—
9	减压阀		左侧为高压端
10	旋塞阀	平面 系统	—
11	底阀	平面 系统	—
12	球阀		—
13	隔膜阀		—
14	气开隔膜阀		—
15	气闭隔膜阀		—
16	温度调节阀		—
17	压力调节阀		—
18	电磁阀		—
19	止回阀		—
20	消声止回阀		—
21	蝶阀		—
22	弹簧安全阀		左为通用

序号	名称	图例	说明
23	平衡锤安全阀	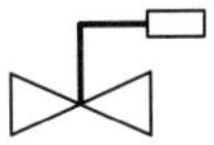	—
24	自动排气阀	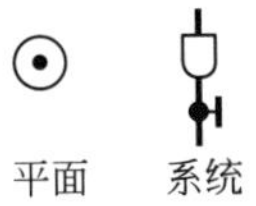 平面　　　系统	—
25	浮球阀	 平面　　　　系统	—
26	延时自闭冲洗阀		—
27	吸水喇叭口	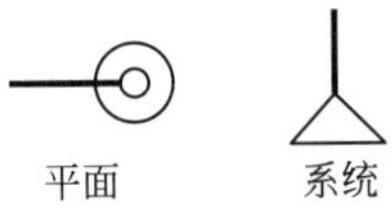 平面　　　系统	—
28	疏水器		—

（6）给水配件图例

给水配件的图例如表 9-7 所示。

表 9-7　给水配件图例

序号	名称	图例	
1	水嘴	 平面	系统
2	皮带水嘴	 平面	系统
3	洒水（栓）水嘴		
4	化验水嘴		
5	肘式水嘴		
6	脚踏开关水嘴		
7	混合水嘴		

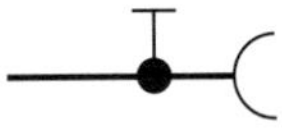

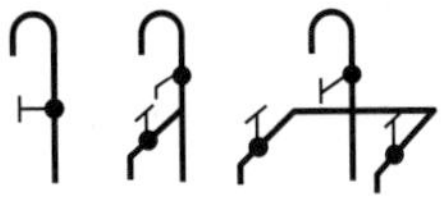

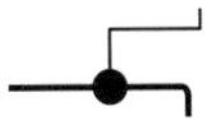

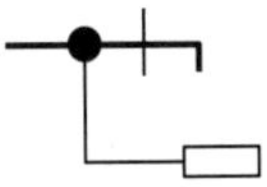

序号	名称	图例
8	旋转水嘴	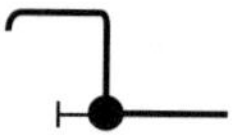
9	混合水嘴	
10	浴盆带喷头混合水嘴	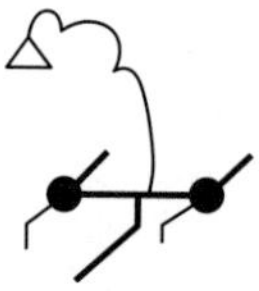
11	蹲便器脚踏开关	

（7）卫生设备及水池图例

卫生设备及水池的图例如表 9-8 所示。

表 9-8　卫生设备及水池图例

序号	名称	图例
1	立式洗脸盆	
2	台式洗脸盆	
3	挂式洗脸盆	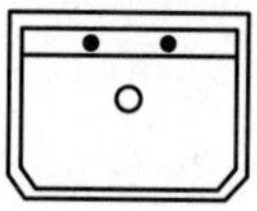
4	浴盆	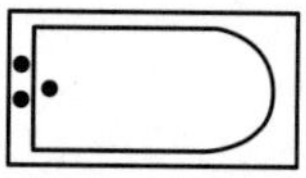
5	化验盆、洗涤盆	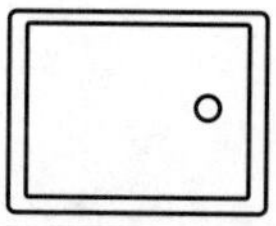
6	厨房洗涤盆①	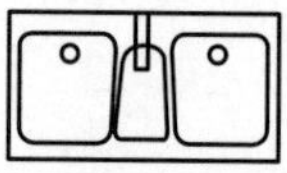
7	带沥水板洗涤盆	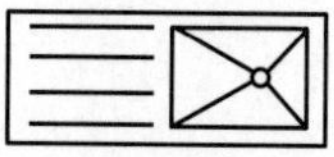
8	盥洗槽	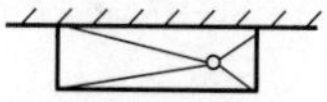
9	污水池	

建筑制图与识图从入门到精通

序号	名称	图例
10	妇女净身盆	
11	立式小便器	
12	壁挂式小便器	
13	蹲式大便器	
14	坐式大便器	
15	小便槽	
16	淋浴喷头	

① 不锈钢制品。

(8) 小型给水排水构筑物图例

小型给水排水构筑物的图例如表 9-9 所示。

表 9-9　小型给水排水构筑物图例

序号	名称	图例
1	矩形化粪池	HC
2	隔油池	YC
3	沉淀池	CC
4	降温池	JC
5	中和池	ZC
6	雨水口（单算）	

序号	名称	图例
7	雨水口（双箅）	
8	阀门井及检查井	J-×× J-×× W-×× W-×× Y-×× Y-××
9	水封井	
10	跌水井	
11	水表井	

（9）给水排水设备图例

给水排水设备的图例如表 9-10 所示。

表 9-10　给水排水设备图例

序号	名称	图例
1	卧式水泵	平面　系统　或
2	立式水泵	平面　系统
3	潜水泵	
4	定量泵	
5	管道泵	
6	卧式容积热交换器	
7	立式容积热交换器	
8	快速管式热交换器	
9	板式热交换器	

序号	名称	图例
10	开水器	
11	喷射器①	
12	除垢器	
13	水锤消除器	
14	搅拌器	
15	紫外线消毒器	ZWX

① 小三角为进水箱。

(10) 给水排水专业所用仪表图例

给水排水专业所用仪表图例如表 9-11 所示。

表 9-11　给水排水专业所用仪表图例

序号	名称	图例
1	温度计	
2	压力表	
3	自动记录压力表	
4	压力控制器	
5	水表	
6	自动记录流量表	
7	转子流量计	平面　　系统

序号	名称	图例
8	真空表	
9	温度传感器	----[T]----
10	压力传感器	----[P]----
11	pH 传感器	----[pH]----
12	酸传感器	----[H]----
13	碱传感器	----[Na]----
14	余氯传感器	----[Cl]----

9.3 图样画法

9.3.1 一般规定

① 设计应以图样表示，不得以文字代替绘图。如必须对某部分进行说明时，说明文字应通俗易懂、简明清晰。有关全工程项目的问题应在首页说明，局部问题应注写在本张图纸内。

② 工程设计中，本专业的图纸应单独绘制。

③ 在同一个工程项目的设计图纸中，图例、术语、绘图表示方法应一致。

④ 在同一个工程子项的设计图纸中，图纸规格应一致。如有困难时，不宜超过 2 种规格。

⑤ 图纸编号应遵守下列规定。

a. 规划设计采用水规-××。

b. 初步设计采用水初-××，水扩初-××。

c. 施工图采用水施-××。

⑥ 图纸的排列应符合下列要求。

a. 初步设计的图纸目录应以工程项目为单位进行编写；施工图的图纸目录应以工程单体项目为单位进行编写。

b. 工程项目的图纸目录、使用标准图目录、图例、主要设备器材表、设计说明等，如一张图纸幅面不够使用时，可采用 2 张图纸编排。

c. 图纸图号应按下列规定编排：系统原理图在前，平面图、剖面图、放大图、轴测图、详图依次在后；平面图中应地下各层在前，地上各层依次在后；水净化（处理）流程图在前，平面图、剖面图、放大图、详图依次在后；总平面图在前，管道节点图、阀门井示意图、管道纵断面图或管道高程表、详图依次在后。

9.3.2　图样画法

9.3.2.1　总平面图的画法规定

① 建筑物、构筑物、道路的形状、编号、坐标、标高等应与总图专业图纸相一致。

② 给水、排水、雨水、热水、消防和中水等管道宜绘制在一张图纸上。如管道种类较多、地形复杂，在同一张图纸上表示不清楚时，可按不同管道种类分别绘制。

③ 应按规定的图例绘制各类管道、阀门井、消火栓井、洒水栓井、检查井、跌水井、水封井、雨水口、化粪池、隔油池、降温池、水表井等，并按规定进行编号。

④ 绘出城市同类管道及连接点的位置、连接点井号、管径、标高、坐标及流水方向。

⑤ 绘出各建筑物、构筑物的引入管、排出管，并标注出位置尺寸。

⑥ 图上应注明各类管道的管径、坐标或定位尺寸。

a. 用坐标时，标注管道弯转点等处坐标，构筑物标注中心或两对角处坐标。

b. 用控制尺寸时，以建筑物外墙或轴线、道路中心线为定位起始基线。

⑦ 仅有本专业管道的单体建筑物局部总平面图，可从阀门井、检查井绘引出线，线上标注井盖面标高；线下标注管底或管中心标高。

⑧ 图面的右上角应绘制风玫瑰图，如无污染源时可绘制指北针。

9.3.2.2　设计图纸的排列

① 图纸目录、使用标准图目录、使用统一详图目录、主要设备器材表、图例和设计施工说明宜在前，设计图样宜在后。

② 图纸目录、使用标准图目录、使用统一详图目录、主要设备器材表、图例和设计施工说明在一张图纸内排列不完时，应按所述内容顺序单独成图和编号。

③ 设计图样宜按下列规定进行排列。

a. 管道系统图在前，平面图、放大图、剖面图、轴测图、详图依次在后编排。

b. 管道展开系统图应按生活给水、生活热水、直饮水、中水、污水、废水、雨水、消防给水等依次编排。

c. 平面图中应按地面下各层依次在前，地面上各层由低向高依次编排。

d. 水净化（处理）工艺流程断面图在前，水净化（处理）机房（构筑物）平面图、剖面图、放大图、详图依次在后编排。

e. 总平面图应按管道布置图在前，管道节点图、阀门井剖面示意图、管道纵断面图或管道高程表、详图依次在后编排。

9.3.2.3　给水管道节点图的绘制

① 管道节点位置、编号应与总平面图一致，但可不按比例示意绘制。

② 管道应注明管径、管长。

③ 节点应绘制所包括的平面形状和大小、阀门、管件、连接方式、管径及定位尺寸。

④ 必要时，阀门井节点应绘制剖面示意图。

9.3.2.4　管道断面图的绘制

① 压力流管道用单粗实线绘制。

② 重力流管道用双中粗实线绘制，但对应平面示意图用单中粗实线绘制。

③ 设计地面线、阀门井或检查井、竖向定位线用细实线绘制，自然地面线用细虚线绘制。

④ 绘制与本管道相交的道路、铁路、河谷及其他专业管道、管沟及电缆等的水平距离和标高。

9.3.2.5 取水、水净化厂（站）绘制高程图

① 构筑物之间的管道以中粗实线绘制。

② 各种构筑物必要时按形状以单细实线绘制。

③ 各种构筑物的水面、管道、构筑物的底和顶应注明标高。

④ 构筑物下方应注明构筑物名称。

9.3.2.6 各种净水和水处理系统绘制水净化系统流程图

① 水净化流程图可不按比例绘制。

② 水净化设备及附加设备按设备形状以细实线绘制。

③ 水净化系统设备之间的管道以中粗实线绘制，辅助设备的管道以中实线绘制。

④ 各种设备用编号表示，并附设备编号与名称对照说明。

⑤ 初步设计说明中可用方框图表示水的净化流程图。

9.3.2.7 建筑给水排水平面图的绘制

① 建筑物轮廓线、轴线号、房间名称、绘图比例等均应与建筑专业一致，并用细实线绘制。

② 各类管道、用水器具及设备、消火栓、喷洒头、雨水斗、阀门、附件、立管位置等应按图例以正投影法绘制在平面图上。

③ 安装在下层空间或埋设在地面下而为本层使用的管道，可绘制于本层平面图上；如有地下层，排出管、引入管、汇集横干管可绘于地下层内。

④ 各类管道应标注管径。生活热水管要示出伸缩装置及固定支架位置；立管应按管道类别和代号自左至右分别进行编号，且各楼层相一致；消火栓可按需要分层按顺序编号。

⑤ 引入管、排出管应注明与建筑轴线的定位尺寸、穿建筑外墙标高、防水套管形式。

⑥ ±0.000 标高层平面图应在右上方绘制指北针。

9.3.2.8 屋面雨水平面图的绘制

① 屋面形状、伸缩缝位置、轴线号等应与建筑专业一致，不同层或标高的屋面应注明屋面标高。

② 绘制出雨水斗位置、汇水天沟或屋面坡向、每个雨水斗汇水范围、分水线位置等。

③ 对雨水斗进行编号，并宜注明每个雨水斗的汇水面积。

④ 雨水管应注明管径、坡度，无剖面图时应在平面图上注明起始及终止点管道标高。

9.3.2.9 系统原理图的绘制

① 多层建筑、中高层建筑和高层建筑的管道以立管为主要表示对象，按管道类别分别绘制立管系统原理图。如绘制立管在某层偏置设置，该层偏置立管宜另行编号。

② 以平面图左端立管为起点，顺时针自左向右按编号依次顺序均匀排列，不必按比例绘制。

③ 横管以首根立管为起点，按平面图的连接顺序，水平方向在所在层与立管相接，如水平呈环状管网，绘两条平行线并于两端封闭。

④ 立管上的引出管在该层水平绘出。

⑤ 楼地面线、层高相同时应等距离绘制，夹层、跃层、同层升降部分应以楼层线反映，在图纸的左端注明楼层层数和建筑标高。

⑥ 管道阀门及附件（过滤器、除垢器、水泵接合器、检查口、通气帽、波纹管、固定支架等）、各种设备及构筑物（水池、水箱、增压水泵、气压罐、消毒器、冷却塔、水加热器、仪表等）均应示意绘出。

⑦ 系统的引入管、排水管绘出穿墙轴线号。

⑧ 立管、横管均应标注管径，排水立管上的检查口及通气帽注明距楼地面或屋面的高度。

9.3.2.10 平面放大图的绘制

① 管道类型较多，正常比例表示不清时，可绘制放大图。

② 比例大于等于1∶30时，设备和器具按原形用细实线绘制，管道用双线以中实线绘制。

③ 比例小于1∶30时，可按图例绘制。

④ 应注明管径和设备、器具附件、预留管口的定位尺寸。

9.3.2.11 剖面图的绘制

① 设备、构筑物布置复杂，管道交叉多，轴测图不能表示清楚时，宜辅以剖面图，管道线型应符合相关规定。

② 表示清楚设备、构筑物、管道、阀门及附件位置、形式和相互关系。

③ 注明管径、标高、设备及构筑物有关定位尺寸。

④ 建筑、结构的轮廓线应与建筑及结构专业相一致。本专业有特殊要求时，应加注附注予以说明，线型用细实线。

⑤ 比例大于等于1∶30时，管道宜采用双线绘制。

9.3.2.12 轴测图的绘制

① 卫生间放大图应绘制管道轴测图。

② 轴测图宜按45°正面斜轴测投影法绘制。

③ 管道布图方向应与平面图一致，并按比例绘制。局部管道按比例不易表示清楚时，该处可不按比例绘制。

④ 楼地面线、管道上的阀门和附件应予以表示，管径、立管编号与平面一致。

⑤ 管道应注明管径、标高（亦可标注距楼地面尺寸），接出或接入管道上的设备、器具宜编号或注字表示。

⑥ 重力流管道宜按坡度方向绘制。

9.3.2.13 详图的绘制

① 无标准设计图可供选用的设备、器具安装图及非标准设备制造图，宜绘制详图。

② 安装或制造总装图上，应对零部件进行编号。

③ 零部件应按实际形状绘制，并标注各部尺寸、加工精度、材质要求和制造数量，编号应与总装图一致。

第10章 电气制图

10.1 一般规定

10.1.1 比例

① 电气总平面图、电气平面图的制图比例，宜与工程项目设计的主导专业一致，采用的比例宜符合表 10-1 的规定，并应优先采用常用比例。

表 10-1 电气总平面图、电气平面图的制图比例

基本线型	常用比例	可用比例
电气总平面图、规划图	1：500、1：1000、1：2000	1：300、1：5000
电气平面图	1：50、1：100、1：150	1：200
电气竖井、设备间、电信间、变配电室等平、剖面图	1：20、1：50、1：100	1：25、1：150
电气详图、电气大样图	10：1、5：1、2：1、1：1、1：2、1：5、1：10、1：20	4：1、1：25、1：50

② 电气总平面图、电气平面图应按比例制图，并应在图样中标注制图比例。

③ 一个图样宜选用一种比例绘制。选用两种比例绘制时，应做说明。

10.1.2 标注

（1）电气设备标注的规定

① 宜在用电设备的图形符号附近标注其额定功率、参照代号。

② 对于电气箱（柜、屏），应在其图形符号附近标注参照代号，并宜标注设备安装容量。

③ 对于照明灯具，宜在其图形符号附近标注灯具的数量、光源数量、光源安装容量、安装高度、安装方式。

（2）电气线路标注的规定

① 应标注电气线路的回路编号或参照代号、线缆型号及规格、根数、敷设方式、敷

设部位等信息。

② 对于弱电线路，宜在线路上标注本系统的线型符号。

③ 对于封闭母线、电缆梯架、托盘和槽盒。宜标注其规格及安装高度。

10.2 常用符号

10.2.1 电线、电缆

电线、电缆的表示方法见表 10-2［摘自《电气简图用图形符号》（GB/T 4728.1—2018）］，用于电路图、平面图、系统图，这些符号基本上全部被《建筑电气制图标准》（GB/T 50786—2012）采用。

表 10-2　电线、电缆的表示

序号	图形符号	说明
1		导线、导线组、电线、电缆、电路、传输通路（如微波技术）、线路、母线（总线）一般符号。
2		注：当用单线表示一组导线时,若需示出导线数可加小短斜线或画一条短斜线加数字表示。
3	3	示例：3 根导线
4	== 110V 2×120mm²Al	更多情况可按下列方法表示。在横线上面注出:电流种类、配电系统、频率和电压等;在横线下面注出:电路的导线数乘以每根导线的截面积,若导线的截面不同时,应用加号将其分开,导线材料可用其化学元素符号表示。 示例：直流电路,110V,两根铝导线,导线截面积为 120mm²。
5	3N～50Hz380V 3×120mm²+1×50mm²	示例：三相交流电,50Hz,380V,三根导线截面积均为 120mm²,中性线截面积为 50mm²
6		柔软导线
7		屏蔽导线
8		绞合导线
9		所示电缆中的导线为 3 根
10		5 根导线,其中箭头所指的两根位于同一电缆中
11		向上配线
12		向下配线
13		垂直通过配线
14		中性线

序号	图形符号	说明
15		保护线
16		保护和中性共用线
17		具有保护线和中性线的三相配线
18	$\dfrac{a\text{-}b\text{-}c\text{-}d}{e\text{-}f}$	电缆与其他设施交叉点 a—保护管根数;b—保护管直径(mm);c—管长(m);d—地面标高(m);e—保护管埋设深度(m);f—交叉点坐标
19	$\dfrac{3\times16\text{mm}^2\times3\times10\text{mm}^2}{-\times\phi2\frac{1}{2}\text{in}}$	导线型号规格或敷设方式的改变 ①$3\times16\text{mm}^2$ 改为 $3\times10\text{mm}^2$;②无穿管敷设改为导线穿管($\phi2\frac{1}{2}$in)敷设
20	V	电压损失
21	-220V	直流电压 220V
22	$m\sim fV$ $3N\sim50\text{Hz},380\text{V}$	交流电 m—相数;f—频率(Hz);V—电压(V)示出交流,三相带中性线
23	L_1 L_2 L_3 U V W	交流系统电源第一相;交流系统电源第二相;交流系统电源第三相;交流系统设备端第一相;交流系统设备端第二相;交流系统设备端第三相
24	N	中性线
25	PE	保护线
26	PEN	保护和中性共用线

10.2.2 触点

触点的图形符号见表 10-3 [摘自《电气简图用图形符号》（GB/T 4728.1—2018）]，用于电路图、接线图，其中大部分符号亦列入《建筑电气制图标准》（GB/T 50786—2012）中。

表 10-3 触点的图形符号

序号	图形符号	说明
1		动合(常开)触点,一般符号开关,一般符号
2		动断(常闭)触点
3		先断后合的转换触点

序号	图形符号	说明
4		中间断开的转换触点
5		延时闭合的动合触点
6		延时断开的动合触点
7		延时断开的动断触点
8		延时闭合的动断触点
9		延时动合触点
10		手动操作开关，一般符号
11		自动复位的手动按钮
12		自动复位的手动拉拔开关
13		无自动复位的手动旋转开关
14		带动合触点的位置开关
15		带动断触点的位置开关

10.2.3　信号装置

信号装置的图形符号见表 10-4［摘自于《电气简图用图形符号》（GB/T 4728.1—2018）］，用于电路图、接线图、平面图、系统图，其中部分符号被《建筑电气制图标准》（GB/T 50786—2012）收录。

表 10-4　信号装置的图形符号

序号	图形符号	说明
1	Wh	电度表（瓦时计）
2		音响信号装置，一般符号（电喇叭、电铃、单击电铃、电动汽笛）

序号	图形符号	说明
3	△	报警器
4	优选形 🔔	蜂鸣器
5	⊗	信号灯,一般符号 注:1. 如要求指示颜色,则在靠近符号处标出下列代码:RD 红;BU 蓝;YE 黄;WH 白;GN 绿; 2. 如要求指示灯的类型,则在靠近符号处标出下列代码:Ne 氖;EL 电发光;Xe 氙;ARC 弧光;Na 钠气;FL 荧光;Hg 汞;IR 红外线;I 碘;UV 紫外线

10.2.4 插座、开关、配电箱、接触器

插座、开关、配电箱、接触器的图形符号见表 10-5［摘自于《电气简图用图形符号》(GB/T 4728.1—2018)］,用于平面图,其中大部分符号亦列于《建筑电气制图标准》(GB/T 50786—2012)中。

表 10-5　插座、开关、配电箱、接触器的图形符号

序号	图形符号	说明
1	⌒	电源插座、插孔,一般符号(用于不带保护极的电源插座)
2	⌒	带保护极的电源插座
3	⌒³	多个(电源)插座(示出 3 个)
4	⌒	
5	⌒	带滑动防护板的(电源)插座
6	⌒	带单极开关的(电源)插座
7	✗	开关,一般符号(单联单控开关)
8	✗	双联单控开关
9	✗	三联单控开关
10	✗	双极开关
11	✗	双控单极开关
12	⊗	带指示灯的开关
13	▭	物件,一般符号
14	⌐	隔离开关
15	⊥∣⊥	双向隔离开关;双向隔离器

序号	图形符号	说明
16		负荷隔离开关
17		带自动释放功能的负荷隔离开关
18		带有闭锁器件的隔离开关
19	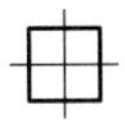	自由脱扣机构 虚线表示联接系统的各个部分将用如下方式定位： 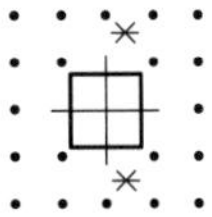 从断开或闭合的操作机构到相关联的主触点和辅助触点； ＊操作机构有一个主要的断开功能，两种可供选择的位置示于上图
20		电动机起动器，一般符号
21		熔断器，一般符号
22	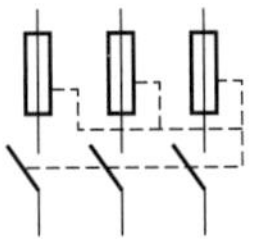	带撞击式熔断器的三极开关
23		熔断器开关
24		熔断器式隔离开关；熔断器式隔离器
25		熔断器负荷开关组合电器
26	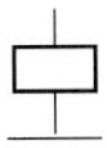	驱动器件，一般符号；继电器线圈，一般符号
27	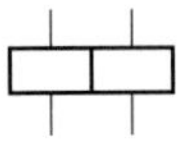	驱动器件；继电器线圈（组合表示法）
28	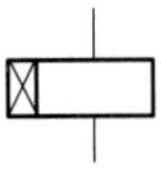	缓慢吸合继电器线圈

序号	图形符号	说明
29		延时继电器线圈
30		接触器的主动合触点(在非动作位置触点断开)
31		带自动释放功能的接触器
32		接触器的主动断触点(在非动作位置触点闭合)
33		断路器

10.2.5 照明灯具

照明灯具的图形符号见表 10-6［摘自《电气简图用图形符号》（GB/T 4728.1—2018）］，用于平面图，其中大部分符号亦列于《建筑电气制图标准》（GB/T 50786—2012）中。

表 10-6 照明灯具的图形符号

序号	图形符号	说明
1		灯
2		一般符号；光源，荧光灯
3		多管荧光灯
4		多管荧光灯
5		专用电路上的应急照明灯
6		自带电源的应急照明灯

10.2.6 电机

电机的图形符号见表 10-7［摘自《电气简图用图形符号 第 2 部分：符号要素、限定符号和其他常用符号》（GB/T 4728.2—2018）］，用于电路图、接线图、平面图、系统图，其中部分符号被《建筑电气制图标准》（GB/T 50786—2012）收录。

表 10-7 电机的图形符号

序号	图形符号	说明
1		电机，一般符号。 符号内的星号必须用下述字母代替：C 同步变流机；G 发电机；GS 同步发电机；M 电动机；MG 能作为发电机或电动机使用的电机；MS 同步电动机

序号	图形符号	说明
2	(M 3~)	三相笼式感应电动机
3	(M 1~)	单相笼式感应电动机

10.3 图样画法

10.3.1 电路框图与程序流程图

10.3.1.1 电路框图

电路框图又称方框图，是一个方框，方框内有说明电路功能的文字，一个方框代表一个基本单元电路或者集成电路中一个功能单元电路等。电气设备中任何复杂的电路都可以用相互关联的方框图形象地表述出来。

电路框图是电气设备的核心和灵魂。通过电路框图能比较轻松地从整体上把握各种电气设备的基本结构，进而对设备整机电路和信号的走向有一个框架式的认识。根据这个"框架"去分析设备原理图，框出它的各单元电路，了解各单元电路在原理图中的位置、相互关系及其功能，就能很好地把握该设备的电路工作原理。

图 10-1 所示为某无线表决系统主控制装置的电路框图。无线表决系统用于完成表决信息的采集、处理和显示，主要由主控制装置、表决器和 PC 机三部分组成。

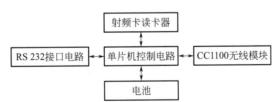

图 10-1　无线表决系统主控制装置的电路框图

从图 10-1 可知主控制装置由单片机控制电路、无线模块、射频卡读卡器和 RS232 接口电路等组成。主控制装置通过 RS232 接口与 PC 机连接。

主控制装置通过单片机控制电路接收 PC 机的指令以及射频卡读卡器读取的信息，通过 CC1100 无线模块向表决器发送指令和接收表决器的表决信息；当表决器执行相应的指令之后，主控制装置再负责将收集到的表决器状态或表决结果上传给 PC，对表决信息进行统计，至此完成整个表决过程。

10.3.1.2 程序流程图

程序流程图是根据硬件电路的工作原理，用软件编程的方法编写的执行指令组，按照顺序执行，如正常则以"Y"表示，继续执行下一条指令；否则，以"N"表示，程序不能继续执行，返回前边某一环节，检查修改后，再次执行，直至程序结束。

程序流程图符号如下。

→ 流程线，表示程序处理流程的方向。

⬭ 终端框，表示程序处理流程的开始。

▭ 执行框，表示各种程序处理功能。

◇ 判断框，根据条件在两个可供选择的程序处理流程中做出判断，选择其中的一条程序处理流程。

◯ 连接点，与程序流程图的其他部分相连接的入口或出口。

如图 10-2 所示为医疗无线输液监控系统的程序流程图，包括接收端软件流程图和数据采集端软件流程图。

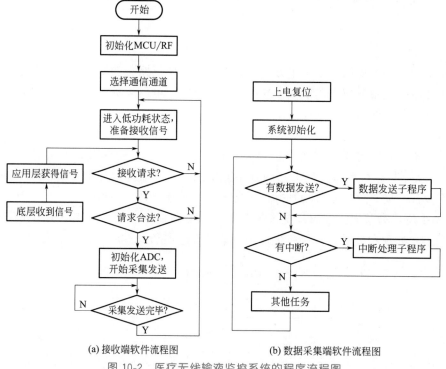

(a) 接收端软件流程图   (b) 数据采集端软件流程图

图 10-2　医疗无线输液监控系统的程序流程图

10.3.2　电气原理图

电路原理图是用图形、文字符号按照一定规则表示的所有元器件的展开图，确切表明了电路中各元器件间的相互关系和工作原理，也是设计、生产、编制接线图和研究产品时的原始资料，在安装、接线、检查、试验、调整和维修设备时和接线图一起使用，是绘制安装接线图的基本依据。

电路原理图只表示电流从电源到负载间的传送情况和元器件的动作原理，不表示元器件的结构尺寸、安装位置和实际配线方法，可在电路原理图上详细标注各元器件的位置符号、规格、型号和参数等。一些辅助元件，如紧固件、接线柱、焊片、支架等组成部分在原理图中都不画出来。如图 10-3 所示为电动机起动控制电路原理图。

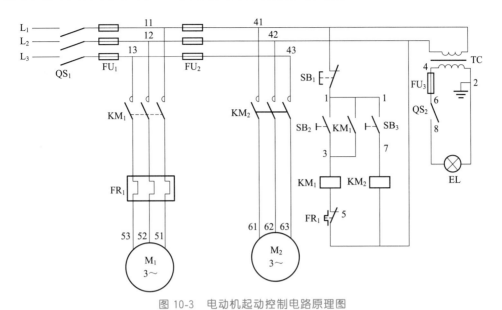

图 10-3　电动机起动控制电路原理图

10.3.3　电气安装接线图

电路接线图是电路原理图具体实现的表现形式，它表示电气设备、电气元件和线路的安装位置、配线方式、接线方法、配线场所的特征，也包括印制电路板的装配图和整机接线图。在产品装配、调试、故障查找、检修时需要接线图，而不用明确表示电路的原理和元器件间的作用关系。

接线图一般用于批量生产。比较复杂的电工电子产品的用户资料中含有接线图，便于指导用户的安装、接线和查找。图 10-4 为图 10-3 所示电动机起动控制原理图的电路接线图。

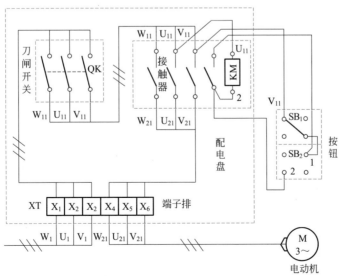

图 10-4　电路接线图

10.3.3.1 绘制电气接线图的方法

（1）电气接线图画法

① 电气接线图必须保证电气原理图中各电气设备和控制元件动作原理的实现。

② 电气接线图只标明电气设备和控制元件之间的相互连接线路而不标明电气设备和控制元件的动作原理。

③ 电气接线图中的控制元件位置要依据它所在实际位置绘制。

④ 电气接线图中各电气设备和控制元件要按照国家标准规定的电气图形符号绘制。

⑤ 电气接线图中的各电气设备和控制元件，其具体型号可标在每个控制元件图形旁边，或用表格说明。

⑥ 实际电气设备和控制元件结构都很复杂，画接线图时，只画出接线部件的电气图形符号。

（2）控制元件板面位置图画法

① 控制元件板面位置图，就是控制元件在配电板（盘）上的实际位置。

② 准确标明各控制元件之间的尺寸。

③ 图中各控制元件严格按照国家有关标准绘制。

④ 对于大型电气设备的安装位置图，只画出机座固定螺栓的位置、尺寸。

（3）直接式接线图

直接式接线图（图 10-5）可直接在图上看到每条线的来龙去脉，且有用线短和易于检查线路等优点，所以在设计工作中非常有用，但一般用于不太复杂的电路中。绘制直接式接线图的步骤如下。

① 按照各元器件在设备中的位置，画出元器件的外形图和端点接头，如图 10-5 所示。

② 将各元器件文字符号及编号数字标注在外形图及接头上。

③ 根据电路原理图中各元器件间的关系进行连线。

④ 编写线号。

⑤ 编制接线表，完成全图。

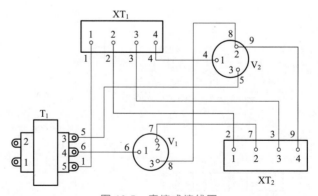

图 10-5　直接式接线图

（4）基线式接线图

将图上各端点引出的导线，全部连接在扎成一条的称为"基线"的直线上，表示这种接线方式的图，称为基线图。基线一般画在各元器件的中间。

用基线式接线的产品，其内部排列整齐，固定方便、牢固，防振，但从图上不能直接看出各端点的连线关系，用线多。

绘制基线式接线图和绘制直接式接线图不同的是，先在图中央适当位置画一条水平"基准"线，将元器件分别画在基线两侧，各端点导线垂直画在基线上，并将基线加粗，其他与直接式画法一致。基线式接线图如图 10-6 所示。

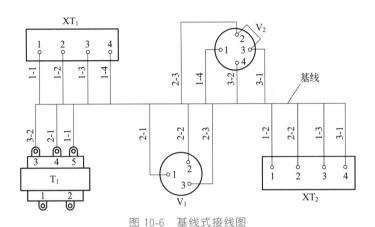

图 10-6　基线式接线图

(5) 干线式接线图

分别将走向相同的元器件导线扎成一束的接线图，称为干线图。干线图的优点同基线图，能近似反映出设备内部电路的连线情况，比基线图直观易读。干线图的绘制方法与前两种的不同之处是，将走向相同的元器件导线成束画出，与端点连接处画圆弧或弯成 45°线表示导线的走向，加粗走向线，完成全图。干线式接线图如图 10-7 所示。

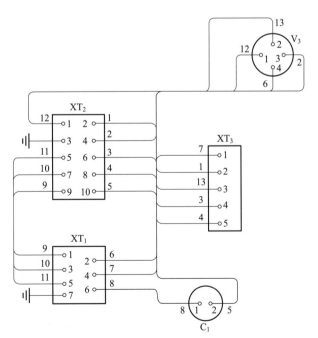

图 10-7　干线式接线图

（6）表格式接线图

用表格的形式表示导线的连接通路称为表格式接线图，简称表格图，在图上只需画出元器件的外形和端点，无需画出导线。表格图最大的优点是省去全部连线，对于比较复杂的图显得特别有用。表格图如图 10-8 所示。

10.3.3.2 绘制接线图的原则

电路的接线工作，一般是在设备的内部或背面进行，应按以下要求进行。

① 接线图按图例结构方式绘制，焊接元件以图形符号表示，导线和电缆线用单线绘制。

② 接线图上的元器件，应按照它们在设备中的真实位置，画出它们的外形图和接头。

③ 图上各元件的接头和管脚，必须进行编号，编号方法是从设备背面看按顺时针方向进行。

④ 与接线无关的元器件，一律省略不予画出。

⑤ 对于复杂产品的接线图，导线的走线位置和连接关系不一定在图中全部画出，可以采用接线表列出导线的来处去向，以及导线牌号、截面积（或直径）、颜色和预定长度等。

⑥ 为了便于焊接和检修，必须对图中每一条导线进行编号，编号方法常用顺序法按接线的先后次序进行编号，每一根导线两端共用一个编号，分别注写在两端接头管上，如图 10-9 所示。

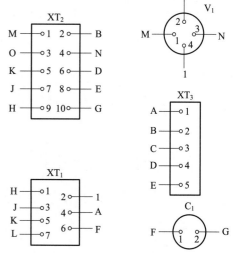

图 10-8 表格图

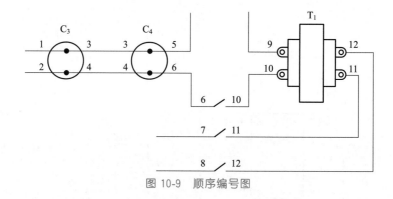

图 10-9 顺序编号图

⑦ 如图中采用多芯电缆时，应标出电缆型号、芯线数量、面积、实用芯线数和电缆编号以及每根芯线的编号、名称、来处和去向等。

⑧ 被遮蔽的元件或导线，绘制时应以虚线表示。

⑨ 在接线面上，某些导线、元件或元件的接线处被彼此遮盖时，可移动或适当延长被遮盖导线、元件或元件接线处，使其在图中能明显表示出来。

⑩ 在一个接线面上，有个别元件的接线关系不能清楚表达时，可采用辅助视图（如剖视图、局部视图、按箭头方向视图）来说明，并在视图旁加以说明。

10.3.4 逻辑电路图

采用逻辑符号表达电路各部分之间逻辑关系的工作原理图称为逻辑电路图。它广泛应用于数字电路中，用以表示各种具有逻辑功能的单元电路。由于大规模集成电路的迅速发展，在绘制数字电路图时，不必考虑元器件的内部结构组成情况，而由逻辑电路图取代。

在数字电子电路中，用各种图形符号表示门、触发器和各种逻辑部件，用线条按逻辑关系连接起来，用来说明各个逻辑单元之间的逻辑关系和整机的逻辑功能的电路图，叫做逻辑电路图，简称逻辑图。

逻辑电路包括与门、或门、非门、与非门、或非门、与或非门、异或门、同或门，还有这些门电路的逻辑函数、逻辑功能及真值表。表 10-8 所示为基本逻辑门电路的图形符号。

表 10-8　基本逻辑门电路的图形符号

序号	名称	GB/T 4728.12—2008 收录符号		逻辑函数	逻辑功能
		限定符号	国标图形符号		
1	与门	&.	&符号	$Y = A \cdot B = AB$	有 0 出 0，全 1 出 1
2	或门	≥ 1	≥ 1符号	$Y = A + B$	有 1 出 1，全 0 出 0
3	非门	逻辑非入和出	1符号	$Y = \overline{A}$	0 出 1，1 出 0
4	与非门		&符号	$Y = \overline{A \cdot B} = \overline{AB}$	有 0 出 1，全 1 出 0
5	或非门		≥ 1符号	$Y = \overline{A + B}$	有 1 出 0，全 0 出 1
6	与或非门		& ≥ 1符号	$Y = \overline{AB + CD}$	
7	异或门		$=1$符号	$Y = A \oplus B = A\overline{B} + \overline{A}B$	同出 0，异出 1
8	同或门		$=$ $=1$符号	$Y = A \odot B = AB + \overline{A}\overline{B}$	同出 1，异出 0

10.3.5 实物布局图

实物布局图是以元器件的形状和尺寸以及元器件间的相对位置为基础，画出产品的装配关系。这种图直观明了，对了解元件结构、产品实验制作非常有用。

10.3.6　有线电视系统图

有线电视系统图由前端装置、传输分配、用户终端等部分组成，如图 10-10 所示。

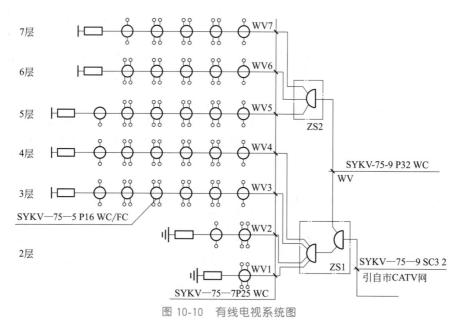

图 10-10　有线电视系统图

10.3.6.1　前端装置

系统前端部分的主要任务是对送入前端的各种信号进行技术处理，将其变成符合系统传输要求的高频电视信号，最后各种电视信号混合成一路，馈送给系统的干线传输部分。

根据前端的任务性质，其使用的主要设备和部件有：放大微弱高频电视信号的天线放大器（有时该放大器装在天线杆上），衰减强信号用的衰减器，滤除带外成分的滤波器，将信号放大的频道放大器和宽带功率放大器；将视、音频信号变成高频电视信号的调制器；对卫星处理器以及将多路高频电视信号混合成一路的混合器。前端部分是系统使用设备品种最多的一个部分。

10.3.6.2　传输分配网络

（1）系统的干线传输部分

系统干线传输部分的主要任务是，将系统前端部分所提供的高频电视信号通过传输媒体不失真地传送到系统所属的分配网络输入端口，且其信号电平需满足系统分配网络的要求。

（2）系统分配网络

系统分配网络将由前端提供的、经系统干线传输过来的全部高频电视信号通过电缆分配到每个用户终端，而且要保证每个用户终端得到的电平值符合系统的要求，使用户终端的电视机处于最佳状态。

为了实现上述要求，系统分配网络要使用大量各种规格的分配器、分支器、分支串接单元用户终端等无源部件。在分配过程中，信号的电平会下降，因此还需要采用各种规格和型号的放大器，对信号电平再次进行放大，以满足继续分配的需要。

10.3.6.3　用户终端

有线电视系统的用户终端为供给电视机信号的接线盒，称为电视插座板，有单孔和双孔板之分。单孔插座板仅输出电视信号；双孔插座板既有电视信号，又有调频广播信号。

10.3.7　计算机网络图

计算机上网已经成为人们的一种时尚，在电脑进入百姓家的同时，家庭计算机网络连接已成为一门技术。

10.3.7.1　家庭网络布线方式

现以三居室为例介绍网络布线，使用 5 类或超 5 类非屏蔽双绞线（UTP）进行布线，线路如图 10-11 所示。

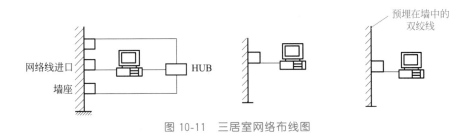

图 10-11　三居室网络布线图

首先要选定 HUB 的位置，才可布线。如果网络进口线不在所选 HUB 的位置，则要把网络进线引到该位置。

布线所需材料主要有双绞线和双绞线专用墙座，当线路安装在墙中时，还需要线缆管套。安装时，双绞线封装在安装管套内并埋入墙中，墙座固定在墙壁上，与固定电源线墙座或电话线墙座时的方法相同。

10.3.7.2　两台计算机直连方式

两台计算机直连方案，就是利用双绞线将两台计算机的网卡直接连接在硬件设备的 3 块网卡上，两条双绞线（一条直通线、一条交叉线）。

本方案只适用于以下情况：网络内仅有两台计算机；无需集线设备；计算机之间的传输速率只取决于网卡的性能，不受集线设备影响；网卡之间直接进行通信，计算机之间的传输是独享带宽，计算机之间进行多媒体文件的传输。该方案最大的缺点是没有扩展余地。

该方案网络内拥有的两台计算机，无论是何种类型的计算机均可。在提供互联网共享服务的计算机（代理服务器）上安装两块网卡，其中一块网卡用于连接第 2 台计算机，另外网卡则用于连接至小区宽带的信息插座：Cable MODEM（采用 HFC 接入方式时）或者 ADSL MODEM（采用 A 输入方式时）。两台计算机联网的结构图如图 10-12 所示。

图 10-12　两台计算机联网的结构图

10.3.7.3　集线器/交换机方式

当家庭局域网拥有 3 台或 3 台以上的计算机时，可利用集线设备实现彼此之间的连接和通信。

集线设备大致分为两种：一是集线器，二是交换机。相比较而言，集线器虽然价格便宜，但端口速率低，传输效率不高。由于所有端口共享带宽，因此仅适用于计算机较少的小型网络。与之相反，交换机价格虽然较高，但每个端口都完全独享带宽，计算机之间可以同时进行数据传输而不受任何影响。所以说交换机除可用于搭建高效率的小型网络外，更能适用于有较多数量计算机的大中型网络。如图 10-13 所示。

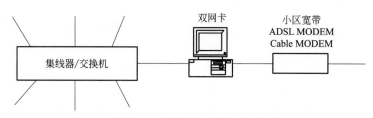

图 10-13　集线器/交换机方式

10.3.7.4　宽带路由器方式

宽带路由器的工作原理与上面的代理服务器类似，是实现多台计算机共享上网的网络设备。当局域网内有了宽带路由器后，就可以省去设置代理服务器，而且能够省掉一台计算机。

目前市场上的宽带路由器品牌很多，不过多数宽带路由器都有一共同特性，就是在代理计算机上网的同时，还集成了 4 台 10/100Mbit/s 的集线器或交换机功能，当网络内的计算机少于 4 台时，可以直接将计算机连接在宽带路由器的以太网端口，从而无需另行购置集线器，如图 10-14 所示。

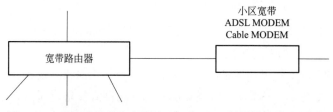

图 10-14　单独用宽带路由器连接 4 台以下计算机的网络结构图

用宽带路由器和集线器扩展的网络结构如图 10-15 所示，可用于连接更多的计算机。

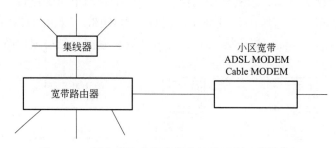

图 10-15　用宽带路由器和集线器扩展的网络结构图

10.3.8 电话系统图

电话通信系统是各类建筑物必须设置的系统，它为智能建筑内部各类办公人员提供快捷便利的通信服务。

10.3.8.1 电话通信系统组成

电话通信系统主要包括用户交换设备、通信线路网络及用户终端设备 3 大部分。

智能建筑中独立电话通信系统用户交换设备一般采用程控数字用户交换机（Private Auto-matic Branch Exchange，PABE）或虚拟交换机（Centrex），其通信线路网络采用结构化综合布线系统（Structured Cabling System，SCS）或常规线路传输系统，用户终端设备包括电话机、传真机等，用户终端设备通过接入 PABE 的市话中继线连成全国乃至全球电话网络。

10.3.8.2 电话通信线路的组成

电话通信线路从进户管线一直到用户出线盒，一般由以下几部分组成。

① 引入（进户）电缆管路：引入（进户）电缆管路可以分为地下进户和外墙进户两种方式。

② 交接设备或总配线设备：它是引入电缆进屋后的终端设备，有设置与不设置用户交换机两种情况，如设置用户交换机，采用总配线箱或总配线架；如不设用户交换机，常用交换箱或交接间。交接设备宜装在建筑的一层、二层，如有地下室，且较干燥、通风，可考虑设置在地下室。

③ 上升电缆管路：它有上升管路、上升房和竖井 3 种建筑类型。

④ 楼层电缆管路。

⑤ 配线设备：如电缆接头箱、过路箱、分线盒、用户出线盒，是通信线路分支中间检查的终端用设备，如图 10-16 所示。

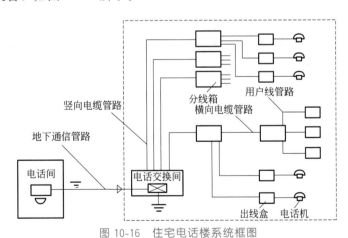

图 10-16　住宅电话楼系统框图

住宅电话工程系统图如图 10-17 所示。

10.3.8.3 配线方式

建筑物的电话线路包括主干电缆（或干线电缆）、分支电缆（或配线电缆）和用户线

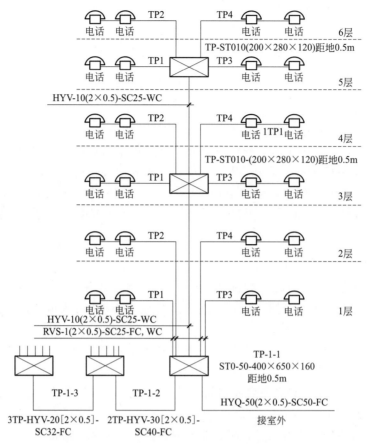

图 10-17 住宅电话工程系统图

路等几大部分，其配线方式应根据建筑物的结构及用户的需要，选用技术上先进、经济上合理的方案，做到便于施工和维护管理、安全可靠。干线电缆的配线方式有单独式、复接式、递减式、交接式和合用式。

① 单独式。采用这种配线方式时，各个楼层的电缆采取分别独立的直接供线，因此各个楼层的电话电缆线对之间毫无连接关系。各个楼层所需的电缆对数根据需要来定，可以相同或不同。

② 复接式。采用这种配线方式时，各个楼层之间的电缆线对部分复接或全部复接，复接的线对根据各层需要来决定。每对线的复接次数一般不得超过两次。各个楼层的电话电缆由同一条电缆接出，不是单独供线。

③ 递减式。采用这种配线方式时，各个楼层线对互相不复接，各个楼层之间的电缆线对引出使用后，上升电缆逐段递减。

④ 交接式。这种配线方式将整个高层建筑的电缆线路网分为几个交接配线区域，除离总交接箱或配线架较近的楼层采用单独式供线外，其他各层电缆均分别经过有关交接箱与总交接箱（或配线架）连接。

⑤ 合用式。这种方式是将上述几种不同配线方式混合应用而成，因而适用场合较多，尤其适用于规模较大的公共建筑等。

第11章 建筑施工图的识读

11.1 概述

11.1.1 房屋建筑工程图的产生

建筑工程图是建筑设计人员按照设计的要求以及国家标准的规定，用正投影的方式详细准确地将房屋的构造用图形表达出来的一套图纸，它是建造房屋的依据。房屋的建造一般需经过设计和施工两个过程，设计时需要把想象的房屋用图形表达出来，这种图形统称为建筑工程图，简称为房屋建筑图。而设计工作一般又分为两个阶段，即初步设计阶段和施工图设计阶段。

① 初步设计阶段。初步设计的主要任务是根据建设单位提出的设计任务和要求，进行调查研究、搜集资料，提出设计方案，其内容包括：简略的总平面布置图及房屋的平、立、剖面图；设计方案的技术经济指标；设计概算和设计说明等。初步设计的工程图和有关文件只是在提供研究方案和报上级审批时用，不能作为施工的依据，所以初步设计图也称为方案图。

② 施工图设计阶段。施工图设计的主要任务是满足工程施工各项具体技术要求，提供一切准确可靠的施工依据，其内容包括：指导工程施工的所有专业施工图、详图、说明书、计算书及整个工程的施工预算书等。全套施工图将为施工安装、编制预算、安排材料、设备和非标准构配件的制作提供完整、准确的图纸依据。对于大型的、技术复杂的工程项目，也有采用三个设计阶段的，即在初步设计的基础上，增加一个技术设计阶段，以初步统一协调建筑、结构、设备和各工种间的主要技术问题，为施工图设计提供更为详细的资料。

11.1.2 房屋建筑工程图的分类

一套房屋建筑工程图，根据其内容和作用的不同，一般分为以下四类。
① 施工首页图（简称首页图）：包括图纸目录和设计总说明。

② 建筑施工图（简称建施）：建筑施工图主要表达建筑物的外部形状、内部布置、装饰构造、施工要求等。这类基本图有：首页图、建筑总平面图、平面图、立面图、剖面图以及墙身、楼梯、门、窗详图等。

③ 结构施工图（简称结施）：结构施工图主要表达承重结构的构件类型、布置情况以及构造做法等。这类基本图有：基础平面图、基础详图、楼层及屋盖结构平面图、楼梯结构图和各构件（梁、柱、板）的结构详图等。

④ 设备施工图（简称设施）：设备施工图主要表达房屋各专用管线和设备布置及构造等情况。这类基本图有：给水排水、采暖通风、电气照明等设备的平面布置图、系统图和施工详图。

11.2 房屋建筑工程图的基本知识

11.2.1 准备工作

施工图的绘制是前述投影理论、图示方法和有关专业知识的综合应用。因此，要看懂施工图纸的内容，必须做好下面一些准备工作。

① 应掌握正投影原理，熟悉房屋建筑的组成和基本构造。

② 掌握各专业施工图的用途、图示内容和表达方法。

③ 熟识施工图中常用的图例、符号、线型、尺寸和比例的意义。

④ 学会查阅建筑构、配件标准图的方法。

11.2.2 阅读房屋施工图步骤

一套房屋施工图纸，少则几张，多则几十张甚至几百张。建筑工程施工图是用投影原理和各种图示方法综合应用绘制的。因此，在识读施工图时，必须具备一定的投影知识，掌握形体的各种图示方法，并且要具有房屋构造的有关知识以及掌握正确的识读方法和步骤。在识读整套图纸时，应按照"总体了解、顺序识读、前后对照、重点细读"的读图方法进行有效识读。

① 总体了解。拿到房屋施工图后一般是先看目录、总平面图和施工设计总说明，大致了解工程的概况，如工程设计单位、建设单位、新建房屋的位置、周围环境、施工技术要求等。对照目录检查图纸是否齐全，采用哪些标准图集并准备齐这些标准图集。然后看建筑平面、立面、剖面图，大体上想象一下建筑物的立体形状及内部布置。

② 顺序识读。在总体了解建筑物的情况以后，根据施工的先后顺序，从基础、墙体（或柱）、结构平面布置到各专业的相互联系和制约、建筑构造及装修的顺序等都要仔细识读有关图纸。

③ 前后对照。在看房屋施工图时，要注意平面图和剖面图对照着看，建筑施工图和结构施工图对照着看，土建施工图与设备施工图对照着看。做到对整个工程施工情况及技术要求心中有数。

④ 重点细读。根据专业不同，识读的重点也就不同，在对整个工程情况了解之后，

再针对专业有重点地细读，并将遇到的问题记录下来，及时向设计部门反映；必要时可形成文件发给设计部门。图 11-1 是一个设计部门接到有关部门发来的函对原图纸进行了改动后，返回的设计通知。

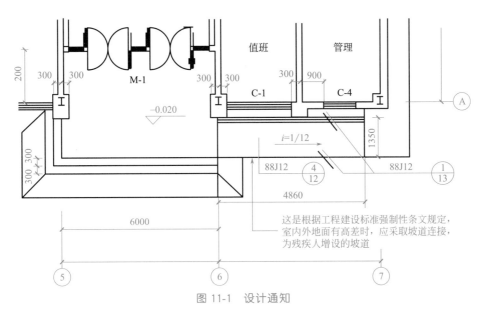

图 11-1　设计通知

识读一张图纸时，应按由外向里看、由大到小看、由粗至细看、图样与说明交替看、有关图纸对照看的方法，重点看轴线及各种尺寸关系。

11.3　建筑总平面图

11.3.1　建筑总平面图的形成及作用

总平面图是假设在建设区的上空向下投影所得的水平投影图。总平面图是描绘新建房屋所在的建设地段或建设小区的地理位置以及周围环境的水平投影图，是新建房屋定位、布置施工总平面图的依据，也是室外水、暖、电等设备管线布置的依据。

总平面图是将新建工程四周一定范围内的新建、拟建、原有和拆除的建筑物、构筑物连同其周围的地形、地物状况用水平投影方法和相应的图例所画出的图纸。总平面图主要表示新建房屋的位置、朝向，与原有建筑物的关系，以及周围道路、绿化和给水、排水、供电条件等方面的情况，作为新建房屋施工定位，土方施工，设备管网平面布置，安排在施工时进入现场的材料和构件、配件堆放场地，构件预制的场地以及运输道路的依据。

11.3.2　总平面图的识读

11.3.2.1　总平面图的识读方法

① 先查看总平面图的图名、比例及有关文字说明。由于总平面图包括的区域较大，所以绘制时都用较小的比例，常用的比例有 1∶500、1∶1000、1∶2000 等。总平面图中

的尺寸（如标高、距离、坐标等）宜以米（m）为单位，并应至少取至小数点后两位，不足时以"0"补齐。

② 了解新建工程的性质和总体布局，如各种建筑物及构筑物的位置、道路和绿化的布置等。由于总平面图的比例较小，各种有关物体均不能按照投影关系如实反映出来，只能用图例的形式进行绘制。要读懂总平面图，必须熟悉总平面图中常用的各种图例。

在总平面图中，为了说明房屋的用途，在房屋的图例内应标注名称。当图样比例小或图面无足够位置时，也可编号列表标注在图内。在图形过小时，可标注在图形外侧附近。同时，还要在图形的右上角标注房屋的层数符号，一般以数字表示，如 14 表示该房屋为 14 层，当层数不多时，也可用小圆点数量来表示，如"∷"表示为 4 层。

③ 看新建房屋的定位尺寸。新建房屋的定位方式基本上有两种：一种是以周围其他建筑物或构筑物为参照物。实际绘图时，标明新建房屋与其相邻的原有建筑物或道路中心线的相对位置尺寸；另一种是以坐标表示新建筑物或构筑物的位置。

当新建建筑区域所在地形较为复杂时，为了保证施工放线的准确，常用坐标定位。坐标定位分为测量坐标和建筑坐标两种，如图 11-2、图 11-3 所示。在地形图上用细实线画成交叉十字线的坐标网，南北方向的轴线为 X，东西方向的轴线为 Y，这样的坐标为测量坐标。坐标网常采用 100m×100m 或 50m×50m 的方格网。一般建筑物的定位宜注写其三个角的坐标，如建筑物与坐标轴平行，可注写其对角坐标，如图 11-2 所示。

建筑坐标就是将建设地区的某一点定为"0"，采用 100m×100m 或 50m×50m 的方格网，沿建筑物主轴方向用细实线画成方格网通线，垂直方向为 A 轴，水平方向为 B 轴，适用于房屋朝向与测量坐标方向不一致的情况。其标注形式如图 11-3 所示。

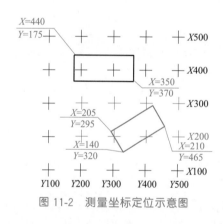

图 11-2　测量坐标定位示意图

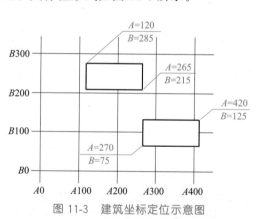

图 11-3　建筑坐标定位示意图

④ 通过周围建筑概况了解新建建筑对已建建筑造成的影响，以及距相邻原有建筑物、拆除建筑物的位置或范围。

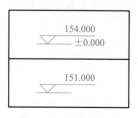

图 11-4　标高注写法

⑤ 了解新建建筑附近的室外地面标高，明确室内外高差。总平面图中的标高均为绝对标高，如标注相对标高，则应注明相对标高与绝对标高的换算关系。建筑物室内地坪，标准建筑图中±0.000 处的标高，对不同高度的地坪，分别标注其标高，如图 11-4 所示。

⑥ 了解周围环境，包括建筑附近的地形、地物等，如道路、河流、水沟、池塘、土坡等，并应指明道路的起点、变坡、转

折点、终点以及道路中心线的标高和坡向等。

⑦ 查看总平面图中的指北针或风向频率玫瑰图，风玫瑰图示例如图 11-5 所示。指北针主要表明了建筑物的朝向，用细实线绘制，指针的头部应注明"北"或"N"字样。风玫瑰是根据当年平均统计的各个方向吹风次数的百分数按一定比例绘制的。明确风向有助于建筑构造的选用及选择材料的堆场，如有粉尘污染的材料应堆放在下风位，可明确新建房屋、构筑物的朝向和该地区的常年风向频率和风速。

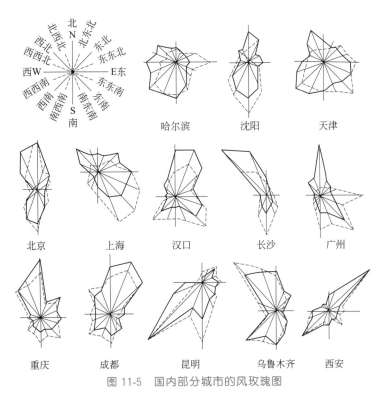

图 11-5　国内部分城市的风玫瑰图

11.3.2.2　总平面图的识读要点

① 必须阅读文字说明，熟悉图例和了解图的比例。

② 了解总体布置、地形、地貌、道路、地上构筑物、地下各种管网布置走向和水、暖、电等管线在新建建筑的引入方向。

③ 新建建筑确定位置和标高的依据。

④ 有时总平面图合并在建筑专业图内编号。

11.4　建筑平面图

11.4.1　建筑平面图的形成及作用

建筑平面图是假想用一水平剖切平面从建筑窗台上一点剖切建筑，移去上面的部分，向下所作的正投影图。建筑平面图简称平面图。图 11-6 为建筑平面图的形成。建筑平面图实质上是房屋各层的水平剖面图。平面图虽然是房屋的水平剖面图，但按习惯不必标注其剖切位置。

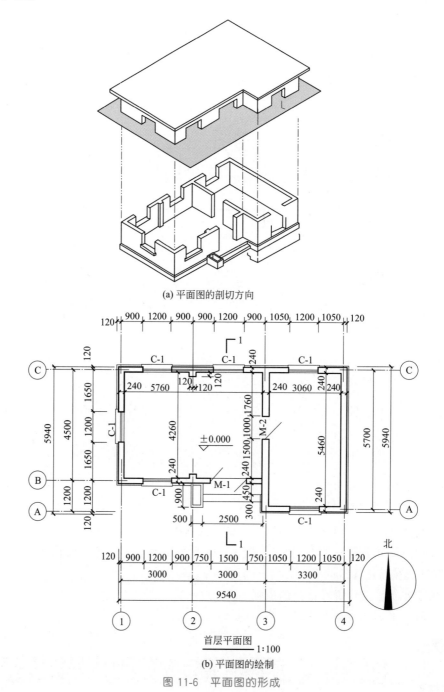

(a) 平面图的剖切方向

首层平面图
1:100

北

(b) 平面图的绘制

图 11-6　平面图的形成

　　一般房屋有几层，就应有几个平面图。当房屋除了首层之外，其余均为相同的标准层时，一般房屋只需画出首层平面图、标准层平面图、顶层平面图即可，在平面图下方应注明相应的图名及采用的比例。因平面图是剖面图，因此应按剖面图的图示方法绘制，即被剖切平面剖切到的墙、柱等轮廓用粗实线表示，未被剖切到的部分如室外台阶、散水、楼梯、阳台、雨篷以及尺寸线等用细实线表示，门的开启线用中粗实线表示。

建筑平面图的方向宜与总平面图的方向一致，平面图的长边宜与横式幅面图纸的长边一致。建筑平面图反映建筑物的平面形状和大小，内部布置，墙的位置、厚度和材料，门窗的位置和类型以及交通等情况，可作为建筑施工定位、放线、砌墙、安装门窗、室内装修、编制预算的依据。

11.4.2 建筑平面图的识读

11.4.2.1 建筑平面图的识读方法

(1) 首层平面图的识读方法及步骤

① 了解平面图的图名、比例及文字说明。

② 了解建筑的朝向、纵横定位轴线及编号。

③ 了解建筑的结构形式。

④ 了解建筑的平面布置、作用及交通联系。

⑤ 了解建筑平面图上的尺寸、平面形状和总尺寸。

⑥ 了解建筑中各组成部分的标高情况。

⑦ 了解房屋的开间、进深、细部尺寸。

⑧ 了解门窗的位置、编号、数量及型号。

⑨ 了解建筑剖面图的剖切位置、索引标志。

⑩ 了解各专业设备的布置情况。

(2) 其他楼层平面图的识读

其他楼层平面图包括标准层平面图和顶层平面图，其形成与首层平面图的形成相同。在标准层平面图上，为了简化作图，已在首层平面图上表示过的内容不再表示。识读标准层平面图时，重点应与首层平面图对照异同。

(3) 屋顶平面图的识读

屋顶平面图主要反映屋面上天窗、水箱、铁爬梯、通风道、女儿墙、变形缝等的位置以及采用标准图集的代号，屋面排水分区、排水方向、排水坡度，雨水口的位置、尺寸等内容。在屋顶平面图上，各种构件只用图例画出，用索引符号表示出详图的位置，用尺寸具体表示构件在屋顶上的位置。

11.4.2.2 建筑平面图的识读要点

① 多层房屋的各层平面图，原则上从最下层平面图开始（有地下室时从地下室平面图开始，无地下室时从首层平面图开始）逐层读到顶层平面图，且不能忽视任何文字说明。

② 每层平面图先从轴线间距尺寸开始，记住开间、进深尺寸，再看墙厚和柱的尺寸以及它们与轴线的关系，门窗尺寸和位置宜按先大后小、先粗后细、先主体后装修的步骤阅读，最后可按不同的房间，逐个掌握图纸上表达的内容。

③ 认真校核各处的尺寸和标高有无注错或遗漏的地方。

④ 细心核对门窗型号和数量。掌握内装修的各处做法。统计各层所需过梁型号、数量。

⑤ 将各层的做法综合起来考虑，了解上、下各层之间有无矛盾，以便从各层平面图中逐步树立起建筑物的整体概念，并为进一步阅读建筑专业的立面图、剖面图和详图以及结构专业图打下基础。

11.5 建筑立面图

11.5.1 立面图的形成及作用

在与建筑立面平行的垂直投影面上所作的正投影图称为建筑立面图，简称立面图，如图 11-7 所示。

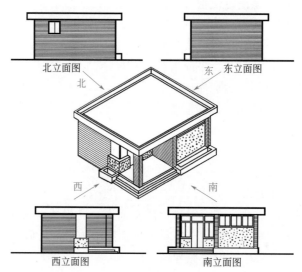

图 11-7 立面图的形成

立面图的命名方式有以下三种。

① 用朝向命名：建筑物的某个立面面向哪个方向，就称为哪个方向的立面图。

② 按外貌特征命名：将建筑物反映主要出入口或显著地反映外貌特征的那一面称为正立面图，其余立面图依次为背立面图、左立面图和右立面图。

③ 用建筑平面图中的首尾轴线命名：按照观察者面向建筑物从左到右的轴线顺序命名。如图 11-7 所示标出了建筑立面图的投影方向和名称。

建筑立面图主要反映房屋的体形和外貌、门窗的形式和位置、墙面的材料和装修做法等，是施工的重要依据。标明建筑的外形及门窗、阳台、雨篷、台阶、花台、门头、勒脚、檐口、雨水管、烟囱、通风道和外楼梯等的形式和位置。标明并用文字注明外墙各处外装修的材料与做法，并注明局部或外墙详图的索引。

11.5.2 建筑立面图的识读

以图 11-8 为例，简单介绍建筑立面图的识读方法。

① 看图名和比例。了解是房屋哪一立面的投影，绘图比例是多少，以便与平面图对

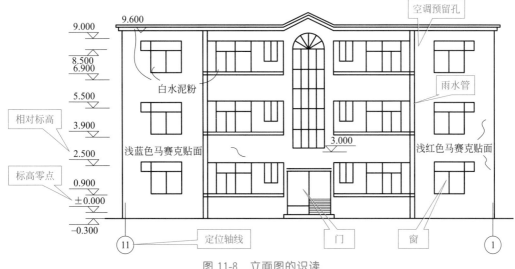

图 11-8 立面图的识读

照阅读。

② 看房屋立面的外形以及门窗、屋檐、台阶、阳台、烟囱、雨水管等的形状、位置。

③ 看立面图中的标高尺寸。通常立面图中注有室外地坪、出入口地面、勒脚、窗口、大门口及檐口等处的标高。

④ 看立面图两端的定位轴线及其编号。立面图两端的轴线及其编号应与平面图上的相对应。

⑤ 看房屋外墙表面装修的做法和分格形式等。通常用指引线和文字来说明粉刷材料的类型、配合比和颜色等。

⑥ 看立面图中的索引符号、详图的出处、选用的图集等。

建筑立面图的识读要点。首先应根据图名及轴线编号对照平面图,明确各立面图所表示的内容是否正确。在明确各立面图表明的做法的基础上,进一步校核各立面图之间有无不交叉的地方,从而通过阅读立面图建立起房屋外形和外装修的全貌。

11.6 建筑剖面图

11.6.1 建筑剖面图的形成及作用

假想用一个或多个垂直于外墙轴线的铅垂剖切平面将房屋剖开,移去靠近观察者的部分,对留下部分所作的正投影图称为建筑剖面图,如图 11-9 所示。

建筑剖面图是整幢建筑物的垂直剖面图。剖面图的图名应与底层平面图上标注的剖切符号编号一致,剖切符号可用阿拉伯数字、罗马数字或拉丁字母编号,如"1—1 剖面图"。

建筑剖面图用以表示建筑物内部的结构构造、垂直方向的分层情况、各层楼地面、屋顶的构造、简要的结构形式、构造方式及相关尺寸、标高等。它与建筑平面图、立面图相

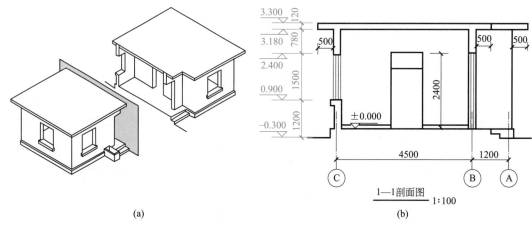

图 11-9 剖面图的形成

配合，是建筑施工中不可缺少的重要图纸之一。

　　剖面图的剖切位置应根据图纸的用途或设计深度，在剖面图上选择能反映建筑全貌、构造特征以及有代表性的部位剖切，如楼梯间等，并应尽量使剖切平面通过门窗洞口。

11.6.2　建筑剖面图的识读

　　下面以图 11-10 为例，简要说明剖面图的识读方法。

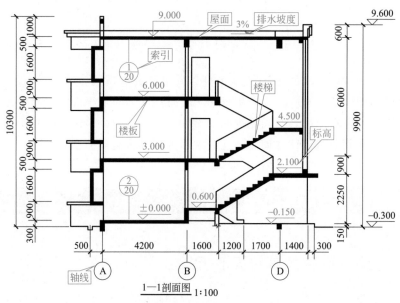

图 11-10　剖面图的识读

　　① 了解图名、比例。

　　② 了解剖面图与平面图的对应关系。

　　③ 了解被剖切到的墙体、楼板、楼梯和屋顶。

　　④ 了解屋面、楼面、地面的构造层次及做法。

　　⑤ 了解屋面的排水方式。

⑥ 了解可见的部分。

⑦ 了解剖面图上的尺寸标注。

⑧ 了解详图索引符号的位置和编号。

剖面图的识读要点。按照平面图中标明的剖切位置和剖视方向，校核剖面图所标明的轴线号、剖切的部位和内容与平面图是否一致。校对尺寸、标高是否与平面图、立面图相一致；校对剖面图中内装修做法与材料做法表是否一致。在校对尺寸、标高和材料做法中，加深对房屋内部各处做法的整体印象。

11.7 建筑详图

11.7.1 建筑详图的形成及作用

由于画平、立、剖面图时所用的比例较小，房屋上许多细部的构造无法表示清楚，为了满足施工的需要，必须分别将这些部位的形状、尺寸、材料、做法等用较大的比例详细绘制出来，这种图样称为建筑详图，简称详图。建筑详图比例较大（≤1：100，如1：60、1：50、1：20等），图示内容详尽清楚，尺寸标注齐全，文字说明详细。建筑详图是建筑细部的施工图，是对建筑平、立、剖面图等基本图样的深化和补充，是建筑工程细部施工、建筑构配件制作及编制预算的依据。

建筑详图可分为节点构造详图和构配件详图两类。凡表达房屋某一局部构造做法和材料组成的详图称为节点构造详图，如檐口、窗台、勒脚、明沟等；凡表明构配件本身构造的详图称为构件详图或配件详图（如门、窗、楼梯、雨水管等）。对于套用标准图或通用图的建筑构配件和节点，只需注明所套用图集的名称、型号或页次（索引符号），可不必另画详图。对于节点构造详图，应在基本图样中的有关部位标注索引符号，还应注出详图符号或名称，以便对照查阅。而对于构配件详图，可不注索引符号，只在详图上写明该构配件的名称或型号即可。

（1）外墙剖面详图

外墙详图也叫外墙大样图，是建筑剖面图上外墙体的放大图纸，表达外墙与地面、楼面、屋面的构造连接情况以及檐口、门窗顶、窗台、勒脚、防潮层、散水、明沟的尺寸、材料、做法等构造情况，它是砌墙、室内外装修、门窗安装、编制施工预算以及材料估算等的重要依据。在多层房屋中，各层构造情况基本相同，可只画墙脚、檐口和中间部分三个节点。门窗一般采用标准图集，为了简化作图，通常采用省略画法，即门窗在洞口处断开。

（2）楼梯详图

楼梯由梯段（包括踏步和斜梁）、平台（包括平台板和平台梁）和栏板（或栏杆）等部分组成。楼梯详图一般包括楼梯平面图，剖面图及踏步、栏杆、扶手等节点详图。楼梯的构造比较复杂，一般需另画详图，以表示楼梯的类型、结构形式、各部位尺寸及装修做法，它是楼梯施工详图的主要依据。

① 楼梯平面图：除顶层外，楼梯平面图通常是从该层上行第一梯段（尽量剖切到楼梯间的门窗）水平剖切得到的投影图。通常楼梯平面图应绘制三张，即一层平面图、中间

层（或标准层）平面图和顶层平面图。一层平面图的剖切位置在第一跑楼梯段上，因此在一层平面图中只绘制半个梯段，梯段断开处画45°折断线。中间层平面图的剖切位置在某楼层向上的楼梯段上，所以在中间层平面图上既有向上的梯段又有向下的梯段，在向上梯段断开处画45°折断线。顶层平面图的剖切位置在顶层楼面一定高度处，没有剖切到楼梯段，因此在顶层平面图中只有向下的梯段，其平面图中没有折断线。

②楼梯剖面图：楼梯剖面图是指用一个竖直剖切平面通过各层的一个梯段和门窗洞口垂直剖切，向另一个未剖到的梯段方向投影所得到的剖面图。

③楼梯节点详图：楼梯节点详图一般包括踏步、扶手、栏杆详图和梯段与平台处的节点构造详图。依据所画内容的不同，详图可采用不同的比例，以反映它们的断面形式、细部尺寸、所用材料、构件连接及面层装修做法等。

（3）门窗详图

门窗详图由门窗的立面图、节点详图、断面图、门窗五金表及文字说明等组成。门窗立面图表明门窗的组合形式、开启方式、门窗各构件轮廓线、长度和高度尺寸（三道）及节点索引标志。门窗的开启方式由开启线决定，开启线有实线与虚线之分。实线表示外开，虚线表示内开，开启线相交的一侧表示安装铰链处。门窗节点详图表示门窗各构件的剖面图、详图符号、尺寸等。门窗断面图表示某节点中各部件的用料和断面形状，还表示各部件的尺寸及其相互间的位置关系。门窗五金表表示每一樘门窗上所需用的五金件的名称、规格、数量、要求等。

门一般由门框、门扇、亮子、五金零件及附件构成，如图11-11所示。窗一般由窗框、窗扇和五金零件三部分组成，如图11-12所示。门窗详图是用来表示门窗的外形尺寸、开启方式和方向、各个节点构造、安装位置、用料等情况的图纸。若采用标准图时，只需在门窗统计表中注明该详图所在标准图集中的编号，不必另画详图。如果没有标准图，或采用非标准门窗时，则要画出门窗详图。

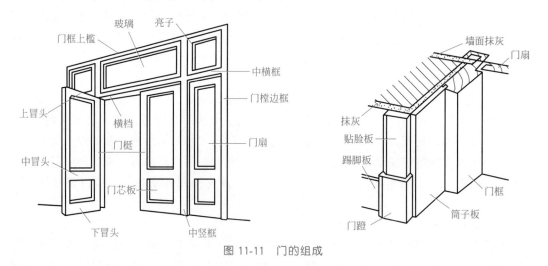

图 11-11　门的组成

门窗是建筑物中用量很多的构件，有时在一栋建筑中就有几十种甚至上百种形状和大小不同的门窗，为了便于统计和加工，一般在施工图上对门窗进行编号，并附有详细的门窗统计表。各种材料和规格的门窗编号尚无统一的国家标准，各施工图中采用的编号所代表的含义并不一定相同，需要查看详细的门窗表。常见门窗的代号及类型见表11-1。

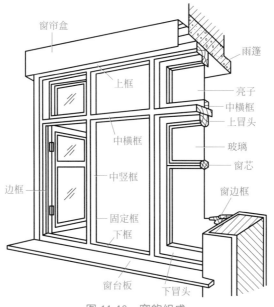

图 11-12　窗的组成

表 11-1　常见门窗的代号及类型

门的代号	门的类型	窗的代号	窗的类型
M	木门	TC	推拉窗
GM	钢框木门	WC	外开窗
TM	推拉木门	NC	内开下悬翻转窗
JM	夹板装饰门	DC	内开叠合窗
SM	实木装饰门	H	异形固定窗
BM	实木玻璃装饰门	WH	异形外开窗
XM	实木镶板装饰门	Y	外开窗外开门连窗
FM	木质防火门	TY	推拉窗外开门连窗

11.7.2　建筑详图的识读

11.7.2.1　建筑详图的识读方法

(1) 外墙详图的识读方法

图 11-13 是比例为 1∶20、处于ⓒ轴线的外墙墙身剖面图,即外墙墙身详图。因为此图仅为示例,故省略了剖切符号的编号。从图中可以看出,被剖到的墙、楼板等轮廓线用粗实线表示,断面轮廓线内还画上了材料图例。

从檐口节点可以看出屋面承重结构为钢筋混凝土现浇板,形成 20°的坡度,板上搁置有泡沫材料保温层,屋面搁置的是挂瓦,挑出墙面 400mm,檐高 350mm。檐沟内附加一道镀锌铁皮。檐沟外部装饰及滴水的详细做法见图 11-13 中的详图①。

从中间(阳台)节点可以看出,阳台为钢筋混凝土现浇板,挑出墙面 1800mm,阳台外端底部及滴水槽的详图做法见图 11-13 中的详图②。阳台坡向外部,坡度为 0.5%,楼面做法编号为楼 6。

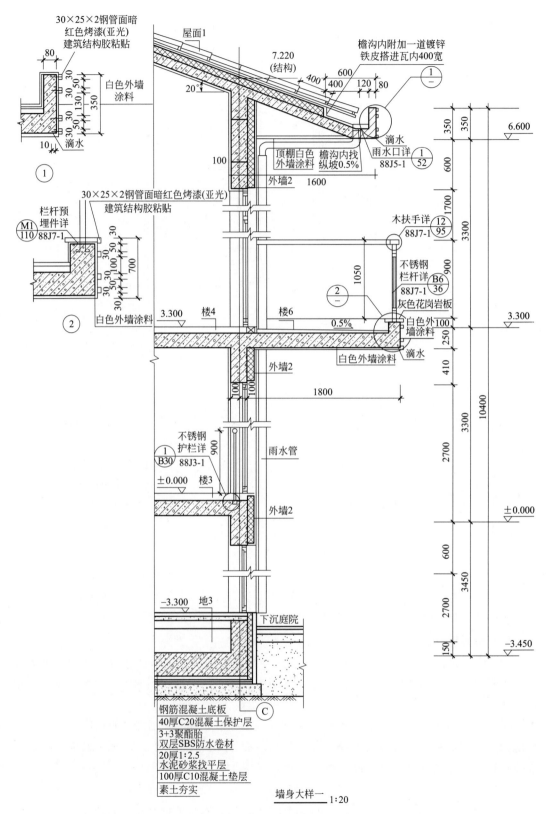

图 11-13　墙身详图

在外墙详图中，室内外地面，各层楼面、屋面、檐口、窗台等处均标注标高，如标高注写两个以上的数字时，括号内的数字依次表示高一层的标高。同时，还应标注墙身、散水、勒脚、踢脚、窗台、檐口、雨篷等部位的高度尺寸和细部尺寸。从图中还可以看到，室内外装修用楼4、外墙2等文字注明，具体做法需参见施工总说明或各做法编号对应的详图。

（2）楼梯详图的识读方法

① 以图11-14为例，楼梯平面详图的识读方法及步骤如下。

a. 核查楼梯间在建筑中的位置与定位轴线的关系，应与建筑平面图上的一致。

b. 了解楼梯段、休息平台的平面形式和尺寸，楼梯踏面的宽度和踏步级数以及栏杆扶手的设置情况。

c. 看上下行方向，用细实箭头线表示，箭头表示"上下"方向，箭尾标注"上或下"字样和级数。

d. 了解楼梯间开间、进深情况以及墙、窗的平面位置和尺寸。

e. 了解室内外地面、楼面、休息平台的标高。

f. 底层楼梯平面图还应标明剖切位置。

g. 最后看楼梯一层平面图中楼梯剖切符号。

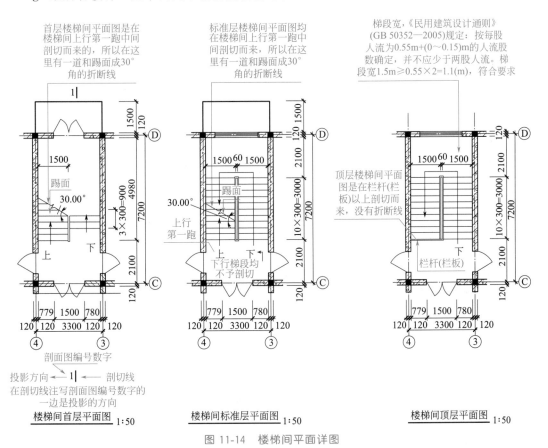

图 11-14　楼梯间平面详图

② 以图11-15为例，楼梯剖面详图的识读方法及步骤如下。

a. 先了解楼梯的构造形式。

247

b. 在楼梯剖面图中，应注明各层楼地面、平台、楼梯间窗洞的标高；与建施平面图核查楼梯间墙身定位轴线编号和轴线间尺寸。

c. 每个梯段踢面的高度、踏步的数量以及栏杆的高度。

d. 查看楼梯竖向尺寸、进深方向尺寸和有关标高，并与建施图核实。

e. 查看踏步、栏杆、扶手等细部详图的索引符号等。

如果各层楼梯都为等跑楼梯，中间各层楼梯构造又相同，则剖面图可只画出底层、顶层剖面，中间部分可用折断线省略。

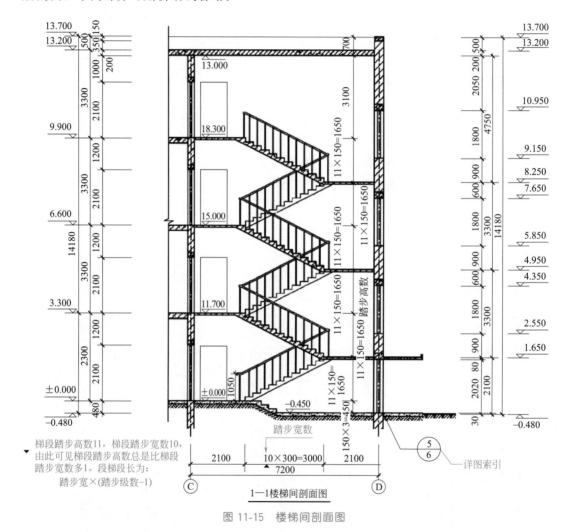

图 11-15　楼梯间剖面图

③ 以图 11-16 为例，楼梯节点详图的识读方法与步骤如下。

a. 明确楼梯详图在建筑平面图中的位置、轴线编号与平面尺寸。

b. 掌握楼梯平面布置形式，明确梯段宽度、梯井宽度、踏步宽度等平面尺寸；查清标准图集代号和页码。

c. 从剖面图中可明确掌握楼梯的结构形式、各层梯段板、梯梁、平台板的连接位置与方法、踏步高度与踏步级数、栏杆扶手高度。

无论是楼梯平面图或剖面图都要注意底层和顶层的阅读，其底层楼梯往往要照顾进出门门洞的净高而设计成长短跑楼梯段，顶层尽端安全栏杆的高度与底层、中层也不同。

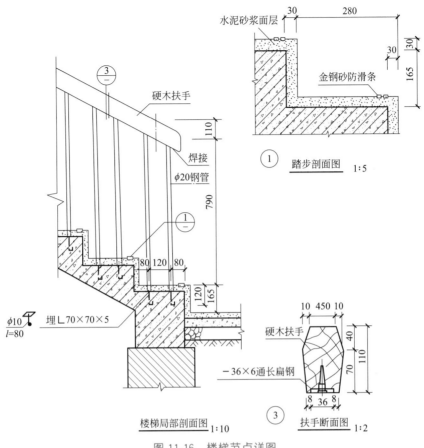

图 11-16　楼梯节点详图

（3）门窗详图的识读方法

以图 11-17 为例，简要介绍门窗详图的识读方法。

从窗的立面图上了解窗的组合形式及开启方式。本例为三扇外开平开窗，上部设亮子。该窗的制作尺寸为 1480mm×1480mm，洞口尺寸为 1500mm×1500mm。从木窗详图中可看出，本窗共有 6 个节点详图，每个详图的剖切位置和剖视方向可从窗立面图中看到。

从窗的节点详图中还可了解到各节点窗框、窗扇的组合情况及各木料的用料断面尺寸和形状。以②节点为例，节点中有三根木料：一根为窗框的中槛，其用料断面尺寸为55mm×103mm，一根为亮子的下冒头，另一根为窗扇的上冒头，其用料断面尺寸均为40mm×55mm，它们之间的组合如节点剖面详图所示。再以节点④为例，此节点共有两根木料，一根为窗框的边框，其用料断面尺寸为 83mm×53mm，另一根为窗扇的边梃，其用料断面尺寸同上冒头，组合形式如图 11-17 所示。

11.7.2.2　建筑详图的识读要点

（1）外墙详图的识读要点

① 由于外墙详图能比较明确、清楚地表明每项工程绝大部分主体与装修的做法，所

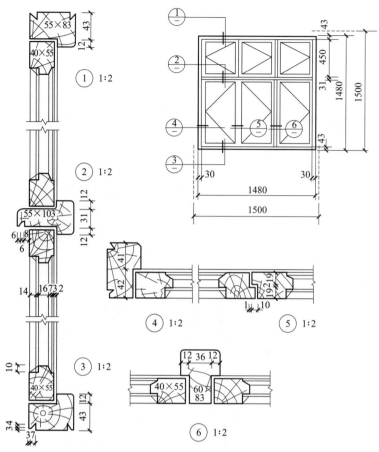

图 11-17　木窗详图

以除读懂图面所表达的全部内容外，还应较认真、仔细地与其他图纸联系阅读，如勒脚以下基础墙做法要与结构专业的基础平面和剖面图联系阅读，楼层与檐口、阳台、雨篷等也应和结构专业的各层顶板结构平面和部位节点图对照阅读，这样就能加深理解，并从中发现各图纸相互间出现的矛盾问题。外墙详图示例如图 11-18 所示。

②　应反复校核各图中尺寸、标高是否一致，并应与本专业其他图纸或结构专业的图纸反复校核。往往由于设计人员的疏忽或经验不足，致使本专业图纸之间或与其他专业图纸之间在尺寸、标高甚至做法上出现不统一的地方，将会给施工带来很多困难。

③　除认真阅读详图中被剖切部分的做法外，对图面表达的未剖切到的可见轮廓线也不可忽视，因为一条可见轮廓线可能代表一种材料和做法。

（2）楼梯详图的识读要点

根据轴线编号查清楼梯详图和建筑平、立、剖面图的关系。楼梯间门窗洞口及圈梁的位置和标高，要与建筑平、立、剖面图和结构图对照阅读。当楼梯间地面标高低于首层地面标高时，应注意楼梯间墙身防潮层的做法。当楼梯详图建筑、结构两专业分别绘制时，阅读楼梯建筑详图应对照结构图，校核楼梯梁、板的尺寸和标高是否与建筑装修相吻合。

（3）门窗详图的识读要点

从窗的立面图上了解窗的组合形式及开启方式。从窗的节点详图中还可了解到各节点窗框、窗扇的组合情况及各木料的用料断面尺寸和形状。门窗的开启方式由开启线决定，

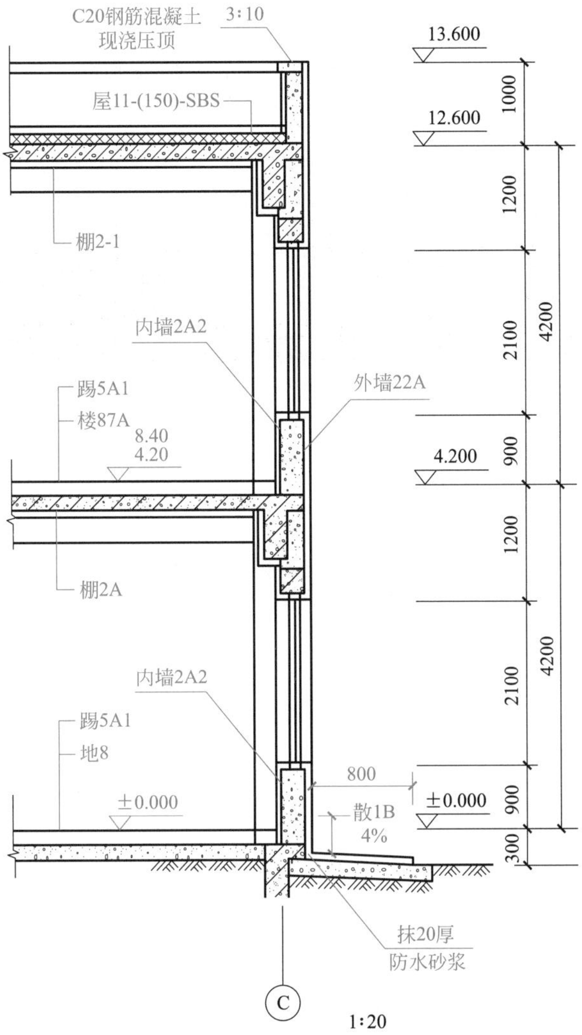

C20钢筋混凝土 现浇压顶 3:10

屋11-(150)-SBS

棚2-1

内墙2A2

踢5A1
楼87A 8.40
4.20

外墙22A

棚2A

内墙2A2

踢5A1
地8

±0.000

散1B
4%

±0.000

抹20厚 防水砂浆

13.600

12.600

4.200

1000

1200

4200

2100

900

1200

4200

2100

900

300

800

C

1:20

图 11-18　外墙详图示例

开启线有实线和虚线两种。目前设计时常选用标准图集中的门窗，一般使用文字代号等说明所选用的型号，而省去门窗详图。此时，必须找到相应的标准图集，才能完整地识读该图。

第12章

结构施工图的识读

12.1　概述

建筑结构是指在房屋建筑中，由各种构件（屋架、梁、板、柱等）组成的能够承受各种作用的体系。所谓作用是指能够引起体系产生内力和变形的各种因素，如荷载、地震、温度变化以及基础沉降等因素。

在建筑物中，建筑结构的任务主要是：服务于空间应用和美观要求；抵御自然界或人为荷载的作用；充分发挥建筑材料的作用。

按所用材料不同，建筑结构可分为混凝土结构、钢结构、砌体结构和木结构等。按照承重体系分类，建筑结构可分为墙承重结构、排架结构、框架结构、剪力墙结构、框架-剪力墙结构、筒体结构、大跨度空间结构等。

为了建筑物的使用与安全，除了要满足使用功能、美观、防火等要求外，还应按照建筑各方面的要求进行力学与结构计算，决定建筑承重构件（如基础、梁、板、柱等）的布置、形状、尺寸和详细设计的构造要求，并将其结果绘制成图样，用以指导施工，这样的图样被称为结构施工图。

房屋承重构件的质量好坏直接影响房屋的质量和使用寿命，在阅读结构施工图时必须认真仔细地看清记牢图样上的尺寸、混凝土的强度等级等。如出现建筑施工图与结构施工图相矛盾时，一般要以结构施工图为准修改建筑施工图。

12.1.1　结构施工图的分类及内容

12.1.1.1　结构施工图的分类

结构施工图的图形表示方法分为两类：传统表示方法和平面整体表示方法（简称"平法"）。现在平法设计已经广泛用于施工设计中，故本书中结构施工图的民用部分均以平法方式给出。

12.1.1.2 结构施工图的内容

结构施工图一般由基础结构图上部结构布置图和结构详图组成。不同类型的结构，其结构施工图的具体内容与表达也各有不同，对于民用建筑的混合结构，结构施工图主要包括墙体、楼板梁和圈梁、门窗过梁、柱子、楼梯基础等。对于工业厂房，结构施工图主要包括柱子、墙梁、吊车梁、屋架、屋面结构、基础等。结构施工图一般包括下列三个方面的内容。

（1）结构设计说明

① 本工程结构设计的主要依据。

② 设计标高所对应的绝对标高值。

③ 建筑结构的安全等级和设计使用年限。

④ 建筑场地的地震基本烈度、场地类别、地基土的液化等级、建筑抗震设防类别、抗震设防烈度和混凝土结构的抗震等级。

⑤ 所选用结构材料的品种、规格、型号、性能、强度等级、受力钢筋保护层厚度、钢筋的锚固长度、搭接长度及接长方法。

⑥ 所采用的通用做法的标准图图集。

⑦ 施工应遵循的施工规范和注意事项。

（2）结构平面布置图

① 基础平面图，采用桩基础时还应包括桩位平面图，工业建筑还包括设备基础布置图。

② 楼层结构平面布置图，工业建筑还包括柱网、吊车梁、柱间支撑、连系梁布置等。

③ 屋顶结构布置图，工业建筑还应包括屋面板、天沟板、屋架、天窗架及支撑系统布置等。

（3）构件详图

① 梁、板、柱及基础结构详图。

② 楼梯、电梯结构详图。

③ 屋架结构详图。

④ 其他详图，如支撑、预埋件、连接件等的详图。

12.1.2 钢筋混凝土结构图的图示方法

12.1.2.1 钢筋的一般表示方法

表示钢筋混凝土构件中钢筋配置情况的图样叫配筋图，通常由构件的立面图和断面图组成。为了表示钢筋混凝土构件中钢筋的配置情况，假想混凝土为透明体，图内不画材料图例，构件的外轮廓线用细实线画出，钢筋用粗实线画出，断面图中被剖切到的钢筋用黑圆点表示，未被剖切到的钢筋仍用粗实线表示。

普通钢筋的一般表示方法应符合表 12-1 的规定。预应力钢筋的表示方法应符合表 12-2 的规定。钢筋网片的表示方法应符合表 12-3 的规定。钢筋的焊接接头的表示方法应符合表 12-4 的规定。

表 12-1　普通钢筋

序号	名称	图例	说明
1	钢筋横断面	●	—
2	无弯钩的钢筋端部	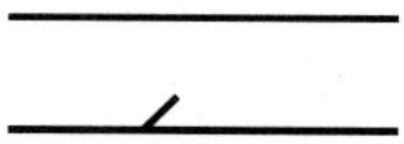	下图表示长、短钢筋投影重叠时，短钢筋的端部用45°斜划线表示
3	带半圆形弯钩的钢筋端部		—
4	带直钩的钢筋端部		—
5	带螺纹的钢筋端部		—
6	无弯钩的钢筋搭接		—
7	带半圆弯钩的钢筋搭接		—
8	带直钩的钢筋搭接		—
9	花篮螺丝钢筋接头	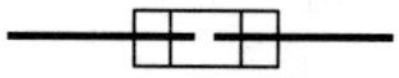	—
10	机械连接的钢筋接头		用文字说明机械连接的方式（如冷挤压或直螺纹等）

表 12-2　预应力钢筋

序号	名称	图例
1	预应力钢筋或钢绞线	
2	后张法预应力钢筋断面 无黏结预应力钢筋断面	
3	预应力钢筋断面	+
4	张拉端锚具	
5	固定端锚具	
6	锚具的端视图	
7	可动连接件	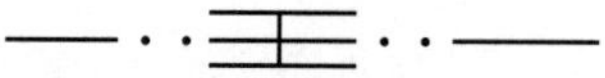
8	固定连接件	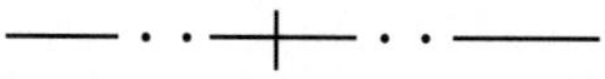

表 12-3　钢筋网片

序号	名称	图例
1	一片钢筋网平面图	 W-1
2	一行相同的钢筋网平面图	 3W-1

注：用文字注明焊接网或绑扎网片。

表 12-4　钢筋的焊接接头

序号	名称	接头形式	标注方法
1	单面焊接的钢筋接头	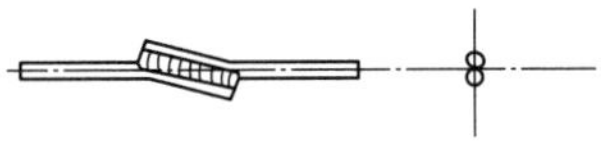	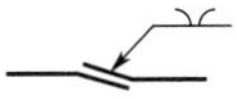
2	双面焊接的钢筋接头		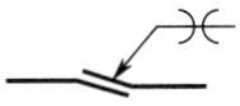
3	用帮条单面焊接的钢筋接头		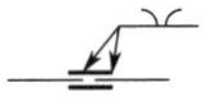
4	用帮条双面焊接的钢筋接头		
5	接触对焊的钢筋接头 （闪光焊、压力焊）		
6	坡口平焊的钢筋接头	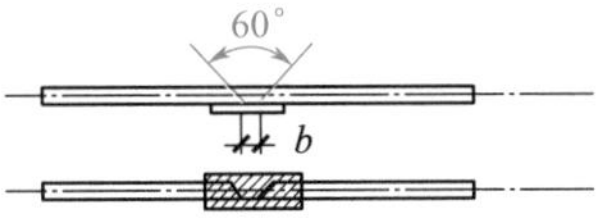	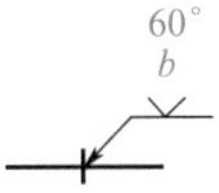
7	坡口立焊的钢筋接头	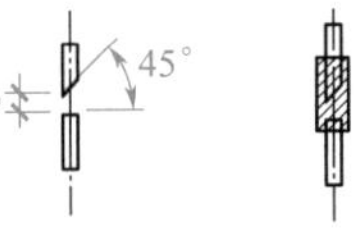	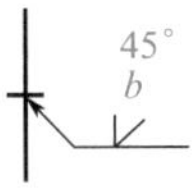
8	用角钢或扁钢做连接板焊接的钢筋接头	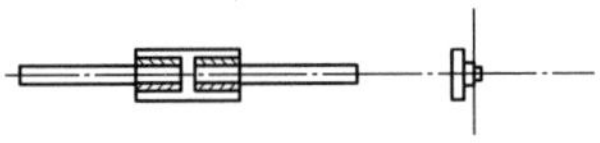	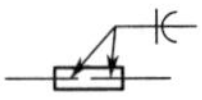
9	钢筋或螺（锚）栓与钢板穿孔塞焊的接头	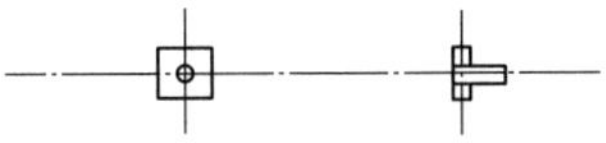	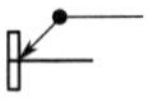

12.1.2.2　钢筋的画法及标注

（1）钢筋的画法

钢筋的画法应符合表 12-5 的规定。

表 12-5　钢筋画法

序号	说明	图例
1	在结构楼板中配置双层钢筋时，底层钢筋的弯钩应向上或向左，顶层钢筋的弯钩则向下或向右	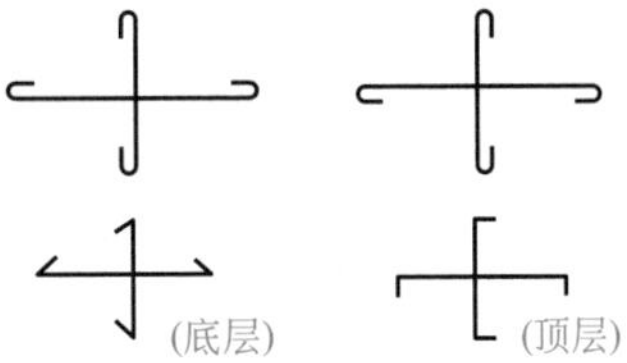 （底层）　　（顶层）
2	钢筋混凝土墙体配双层钢筋时，在配筋立面图中，远面钢筋的弯钩应向上或向左而近面钢筋的弯钩向下或向右（JM 近面，YM 远面）	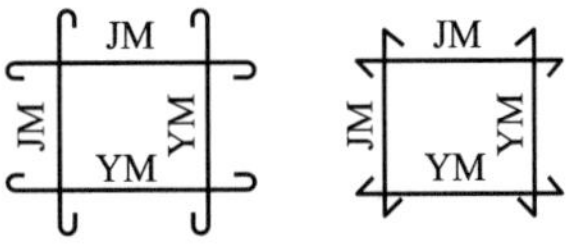 JM　JM　YM　YM

序号	说明	图例
3	若在断面图中不能表达清楚的钢筋布置，应在断面图外增加钢筋大样图（如：钢筋混凝土墙、楼梯等）	
4	图中所表示的箍筋、环筋等若布置复杂时，可加画钢筋大样及说明	
5	每组相同的钢筋、箍筋或环筋，可用一根粗实线表示，同时用一两端带斜短划线的横穿细线，表示其钢筋及起止范围	

（2）钢筋、钢丝束及钢筋网片的标注规定

① 钢筋、钢丝束的说明应给出钢筋的代号、直径、数量、间距、编号及所在位置，其说明应沿钢筋的长度标注或标注在相关钢筋的引出线上。

② 钢筋网片的编号应标注在对角线上。网片的数量应与网片的编号标注在一起。

③ 钢筋、杆件等编号的直径宜采用 5～6mm 的细实线圆表示，其编号应采用阿拉伯数字按顺序编写。简单的构件、钢筋种类较少可不编号。

（3）钢筋的表示方法

钢筋在平面、立面、剖（断）面中的表示方法应符合下列规定。

① 钢筋在平面图中的配置应按图 12-1 所示的方法表示。当钢筋标注的位置不够时，可采用引出线标注。引出线标注钢筋的斜短划线应为中实线或细实线。

② 当构件布置较简单时，结构平面布置图可与板配筋平面图合并绘制。

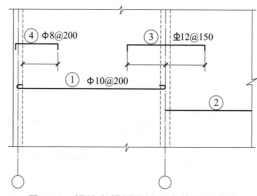

图 12-1　钢筋在楼板配筋图中的表示方法

③ 平面图中的钢筋配置较复杂时，可按表 12-5 中序号 5 及图 12-2 的方法绘制。

④ 钢筋在梁纵、横断面图中的配置，应按图 12-3 所示的方法表示。

（4）配筋图中钢筋的尺寸

构件配筋图中箍筋的长度尺寸，应指箍筋的里皮尺寸。

弯起钢筋的高度尺寸应指钢筋的外皮尺寸，如图 12-4 所示。

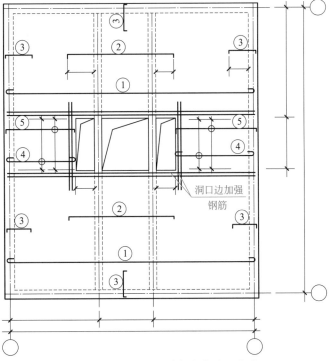

洞口边加强钢筋

图 12-2　楼板配筋较复杂的表示方法

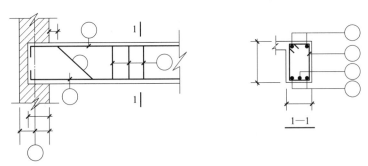

图 12-3　梁纵、横断面图中钢筋表示方法

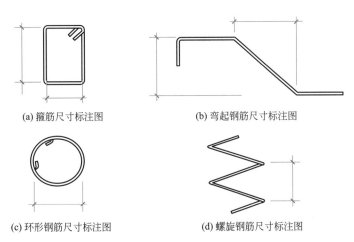

(a) 箍筋尺寸标注图　　(b) 弯起钢筋尺寸标注图

(c) 环形钢筋尺寸标注图　　(d) 螺旋钢筋尺寸标注图

图 12-4　钢箍尺寸标注法

12.2 钢筋混凝土结构基本知识

12.2.1 钢筋混凝土简介

钢筋混凝土构件是由配置受力的普通钢筋、钢筋网或钢筋骨架和混凝土制成的结构构件。它由钢筋和混凝土两种材料组合而成。混凝土由水泥、砂、石子和水按一定比例搅拌经凝结硬化而成。混凝土具有较高的抗压强度，但混凝土的抗拉强度却很低，一般仅为抗压强度的 1/20～1/10，在受拉时容易发生断裂。钢筋不但具有较高的抗拉强度，而且与混凝土有良好的黏合力。因此，为提高混凝土构件的抗拉能力，常在构件受拉区域内加一定数量的钢筋，使两者结合，组成钢筋混凝土构件，这种配有钢筋的混凝土称为钢筋混凝土。图 12-5 所示为支承在两端砖墙上的钢筋混凝土简支梁，将必要数量的纵向钢筋均匀放置在梁的底部与混凝土浇筑结合在一起，梁在均布荷载的作用下产生弯曲变形，上部为受压区，由混凝土承受压力，下部为受拉区，由钢筋承受拉力。

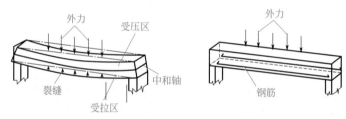

图 12-5　钢筋混凝土梁受力示意图

常见的钢筋混凝土构件有梁、板、柱、基础、楼梯等。为了提高构件的抗拉和抗裂性能，还可制成预应力钢筋混凝土构件。钢筋混凝土构件有现浇和预制两种。现浇指在建筑工地现场浇制；预制指在预制品工厂先浇制好，然后运到工地进行吊装，有的预制构件（如厂房的柱或梁）也可以在工地上浇制，然后吊装。

12.2.2 混凝土的等级和钢筋的品种与代号

（1）混凝土的等级

混凝土按其立方体抗压强度划分等级，常用普通混凝土分 C20、C25、C30、C35、C40、C45、C50、C55、C60、C65、C70、C75 及 C80 等强度等级。数字越大，表示混凝土的抗压强度越高。

（2）钢筋的品种与代号

普通混凝土结构及预应力混凝土结构的钢筋：纵向受力普通钢筋采用 HRB400、HRB500、HRBF400、HRBF500 钢筋，也可采用 HRB335、HRBF335、HPB300、RRB400 钢筋（但 RRB400 钢筋不应作为重要部位受力钢筋）；箍筋宜采用 HRB400、HRBF400、HPB300、HRB500、HRBF500 钢筋，也可采用 HRB335、HRBF335 钢筋。预应力钢筋宜采用预应力钢丝、钢绞线和预应力螺纹钢筋。钢筋代号及强度标准值见表 12-6。

表 12-6 钢筋代号及强度标准值

牌号	符号	公称直径 d/mm	屈服强度标准值/(N/mm²)	极限强度标准值/(N/mm²)
HPB300	Φ	6～22	300	420
HRB335	Φ	6～50	335	455
HRBF335	Φ^F			
HRB400	Φ	6～50	400	540
HRBF400	Φ^F			
RRB400	Φ^R			
HRB500	Φ	6～50	500	630
HRBF500	Φ^F			

12.2.3 钢筋的分类和作用

按作用不同，构件中的钢筋分为受力筋、架立筋、箍筋、分布筋、构造筋等，如图 12-6 所示。

扫码观看视频

钢筋的分类和作用

12.2.3.1 受力筋

主钢筋又称纵向受力钢筋，可分受拉钢筋和受压钢筋两类。

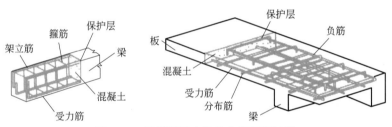

图 12-6 钢筋混凝土构件中的钢筋种类

受拉钢筋配置在受弯构件的受拉区和受拉构件中承受拉力；受压钢筋配置在受弯构件的受压区和受压构件中，与混凝土共同承受压力。

一般在受弯构件受压区配置主钢筋是不经济的，只有在受压区混凝土不足以承受压力时，才在受压区配置受压主钢筋以补强。

受拉钢筋在构件中的位置如图 12-7 所示。

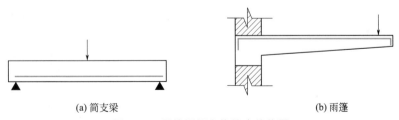

(a) 简支梁   (b) 雨篷

图 12-7 受拉钢筋在构件中的位置

受压钢筋一般配置在受压构件中。虽然混凝土的抗压强度较大，但钢筋的抗压强度远大于混凝土的抗压强度，在构件的受压区配置受压钢筋，帮助混凝土承受压力，就可以减小受压构件或受压区的截面尺寸。

受压钢筋在构件中的位置如图 12-8 所示。

12.2.3.2　弯起钢筋

弯起钢筋是受拉钢筋的一种变化形式。在简支梁中，为抵抗支座附近由于受弯和受剪而产生的斜向拉力，就将受拉钢筋的两端弯起来，承受这部分斜拉力，称为弯起钢筋。但在连续梁和连续板中，经实验证明受拉区是变化的：跨中受拉区在连续梁、板的下部；到接近支座的部位时，受拉区主要移到梁、板的上部。为了适应这种受力情况，受拉钢筋到一定位置就须弯起。

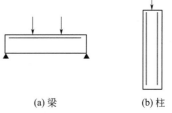

图 12-8　受压钢筋在构件中的位置

弯起钢筋在构件中的位置如图 12-9 所示。

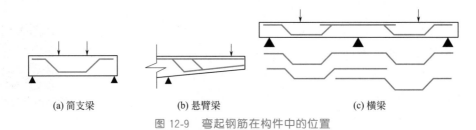

(a) 简支梁　　　　　　(b) 悬臂梁　　　　　　　(c) 横梁

图 12-9　弯起钢筋在构件中的位置

斜钢筋一般由主钢筋弯起，当主钢筋长度不够弯起时，也可采用吊筋，如图 12-10 所示，但不得采用浮筋。

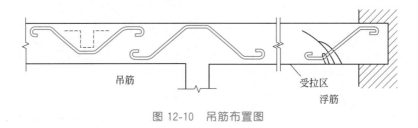

图 12-10　吊筋布置图

12.2.3.3　架立钢筋

架立钢筋能够固定箍筋，并与主筋等一起连成钢筋骨架，保证受力钢筋的设计位置，使其在浇筑混凝土过程中不发生移动。

架立钢筋的作用是使受力钢筋和箍筋保持正确位置，以形成骨架。但当梁的高度小于 150mm 时，可不设箍筋，在这种情况下，梁内也不设架立钢筋。

架立钢筋的直径一般为 8～12mm。架立钢筋在钢筋骨架中的位置如图 12-11 所示。

12.2.3.4　箍筋

箍筋除了可以满足斜截面抗剪强度外，还有使连接的受拉主钢筋和受压区的混凝土共同工作

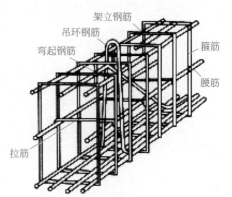

图 12-11　架立钢筋、腰筋在钢筋骨架中的位置

的作用。此外，亦可用于固定主钢筋的位置而使梁内各种钢筋构成钢筋骨架。

箍筋的主要作用是固定受力钢筋在构件中的位置，并使钢筋形成坚固的骨架，同时箍筋还可以承担部分拉力和剪力等。

箍筋的形式主要有开口式和闭口式两种。闭口式箍筋有三角形、圆形和矩形等多种形式。单个矩形闭口式箍筋也称双肢箍；两个双肢箍拼在一起称为四肢箍。在截面较小的梁中可使用单肢箍；在圆形或有些矩形的长条构件中也有使用螺旋形箍筋的。

箍筋的构造形式如图 12-12 所示。

图 12-12　箍筋的构造形式

12.2.3.5　腰筋与拉筋

腰筋的作用是防止梁太高时，由于混凝土收缩和温度变化导致梁变形而产生的竖向裂缝，同时亦可加强钢筋骨架的刚度。腰筋用拉筋联系，如图 12-13 所示。

当梁的截面高度超过 700mm 时，为了保证受力钢筋与箍筋整体骨架的稳定，以及承受构件中部混凝土收缩或温度变化所产生的拉力，在梁的两侧面沿高度每隔 300～400mm 设置一根直径不小于 10mm 的纵向构造钢筋，称为腰筋。腰筋要用拉筋联系，拉筋直径采用 6～8mm。由于安装钢筋混凝土构件的需要，在预制构件中，根据构件体形和质量，在一定位置设置有吊环钢筋。在构件和墙体连接处，部分还预埋有锚固筋等。

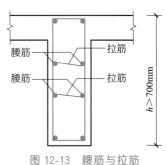

图 12-13　腰筋与拉筋

12.2.3.6　分布筋

分布筋用于单向板、剪力墙中。单向板中的分布筋与受力筋垂直。其作用是将承受的荷载均匀地传递给受力筋，并固定受力筋的位置以及抵抗热胀冷缩所引起的温度变形。标注方法同板中受力筋。

在剪力墙中布置的水平和竖向分布筋，除上述作用外，还可参与承受外荷载，其标注方法同板中受力筋。分布筋在构件中的位置如图 12-14 所示。

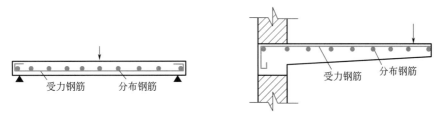

图 12-14　分布筋在构件中的位置

12.2.3.7　构造筋

构造筋为因构造要求及施工安装需要而配置的钢筋，如腰筋、吊筋、拉结筋等，其标注方法同板中受力筋。

12.2.3.8　其他钢筋

其他钢筋包括因构造或施工需要而设置在混凝土中的钢筋，如锚固钢筋、腰筋构造筋、吊钩等，如图 12-15 所示。

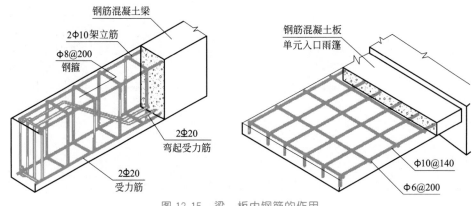

图 12-15　梁、板内钢筋的作用

12.2.4　钢筋的弯钩和保护层

12.2.4.1　钢筋的弯钩

为了加强光圆钢筋与混凝土之间的握裹力，表面光圆的受拉钢筋两端应做 180°弯钩，常见的几种弯钩形式如图 12-16 所示，弯钩的角度有 45°、90°、180°。受拉钢筋的锚固长度还要乘以相应的修正系数，见《混凝土结构设计规范》（GB 50010—2010）。

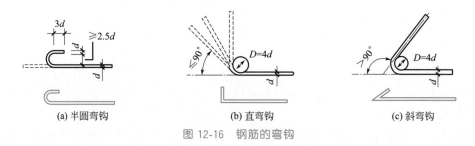

(a) 半圆弯钩　　　　　　(b) 直弯钩　　　　　　(c) 斜弯钩

图 12-16　钢筋的弯钩

如果受力筋用光圆钢筋，则两端要有弯钩，以加强钢筋与混凝土的黏结力，避免钢筋在受拉时滑动。带肋钢筋与混凝土黏结力强，两端不必有弯钩。箍筋的弯钩如图 12-17

图 12-17　箍筋的弯钩

所示。

12.2.4.2 钢筋的保护层

为了防止钢筋混凝土构件的受力钢筋锈蚀，加强钢筋与混凝土的握裹力，构件都应具有足够的混凝土保护层。混凝土的保护层是指结构构件中钢筋外边缘至构件表面范围用于保护钢筋的混凝土，简称保护层。

钢筋的保护层是为了防止钢筋在空气中锈蚀，并使钢筋与混凝土有足够的黏结力。钢筋外边缘和混凝土构件外表面应有一定的厚度，这个厚度的混凝土层叫做保护层。保护层的厚度与钢筋的作用及其位置有关，混凝土保护层最小厚度见表 12-7。

表 12-7　混凝土保护层最小厚度　　　　　　　　单位：mm

钢筋	构件种类		保护层厚度
受力筋	板	断面厚度≤100	10
		断面厚度＞100	15
	梁和柱		25
	基础	有垫层	35
		无垫层	70
箍筋	梁和柱		15
分布筋	板		10

12.2.5　钢筋的一般表示方法

用钢筋混凝土制成的梁、板、柱、基础等构件，称为钢筋混凝土构件。

钢筋混凝土构件详图是钢筋混凝土构件施工的依据，一般包括模板图、配筋图、钢筋表和文字说明。

(1) 模板图

模板图是表明构件的外形、预埋件、预留插筋、预留空洞的位置及各部尺寸，有关标高以及构件与定位轴线的位置关系等的图纸。一般在构件较复杂或有预埋件时才画模板图，模板图用细实线绘制。

模板图通常由构件的立面图和剖面图组成。模板图是模板制作和安装的主要依据。

(2) 配筋图

配筋图着重表达构件内部钢筋的配置情况，需标记钢筋的规格、级别数量、形状大小。配筋图是钢筋下料以及绑轧钢筋骨架的依据，是构件详图的主要图样。

配筋图通常由构件立面图、断面图和钢筋详图组成。

图示特点：为了突出构件中钢筋配置情况，规定构件的外形轮廓用细实线绘制，而构件中配置的钢筋用单根粗实线绘制，钢筋的断面用黑圆点表示，且在构件的断面图中，不绘制钢筋混凝土材料图例。钢筋的级别数量和尺寸大小，需加注规定标注。

(3) 钢筋表

为了便于钢筋下料、制作和方便预算，通常在每张图纸中都有钢筋表。钢筋表的内容包括钢筋名称、钢筋简图、钢筋规格、长度、数量和重量等。

12.3 钢筋混凝土结构施工图识读

12.3.1 先看结构总说明

12.3.1.1 结构总说明的作用

结构总说明主要用来说明该图样的设计依据和施工要求，成为整套施工图的首页，放在所有施工图的最前面。

12.3.1.2 结构总说明的内容

结构总说明的主要内容有：设计使用年限、结构安全等级、地基基础设计等级、建筑抗震设防分类、设防烈度、抗震等级等。

（1）设计使用年限

结构的设计使用年限有四类：分别为 100 年（纪念性建筑和特别重要的建筑结构）、50 年（普通房屋和构筑物）、25 年（易于替换的结构构件）和 5 年（临时性结构）。设计者应准确选择结构的设计使用年限。

（2）结构安全等级

根据结构破坏可能产生的后果（危及人的生命、造成经济损失、产生社会影响等的严重性），建筑结构设计时采用不同的安全等级。安全等级分为一级（重要房屋，破坏后果很严重）、二级（一般房屋，破坏后果严重）和二级（次要房屋，破坏后果不严重）。

设计者应在设计前确定建筑结构的安全等级，并在计算中取用不同的结构重要性系数。

（3）地基基础设计等级

根据建筑物的规模、功能要求，地基复杂程度以及由于地基基础问题可能造成建筑物破坏或影响正常使用的程度和对环境影响的程度，地基基础分为甲级、乙级、丙级三个设计等级，设计时应根据具体情况选用并在总说明中说明。

设计等级为甲级的是：重要的工业与民用建筑物；30 层以上的高层建筑；体形复杂，层数相差超过 10 层的高低层连成一体建筑物；大面积的多层地下建筑物（如地下车库、商场、运动场等）；对地基变形有特殊要求的建筑物；复杂地质条件下的坡上建筑物（包括高边坡）；对原有工程影响较大的新建建筑物；场地和地基条件复杂的一般建筑物；位于复杂地质条件及软土地区的二层及二层以上地下室的基坑工程；开挖深度大于 15m 的基坑工程；周边环境条件复杂、环境保护要求高的基坑工程。

设计等级为乙级的是：除甲级、丙级以外的工业与民用建筑物；除甲级、丙级以外的基坑工程。

设计等级为丙级的是：场地和地基条件简单、荷载分布均匀的七层及七层以下民用建筑及一般工业建筑，次要的轻型建筑物；非软土地区且场地地质条件简单、基坑周边环境条件简单、环境保护要求不高且开挖深度小于 5.0m 的基坑工程。

当改造加固的地基基础工作量大、工艺复杂时，乙、丙级建筑物宜提高设计等级。

（4）建筑抗震设防分类和抗震设防烈度

我国《建筑抗震设计规范》（GB 50011—2010）规定：抗震设防烈度为 6 度及以上地区的建筑，必须进行抗震设计。

抗震设计应该是毕业设计中的一个重要内容。在结构设计总说明中，应当指出建筑抗震设防分类和抗震设防烈度。

建筑应根据其使用功能的重要性分为甲类、乙类、丙类、丁类四个抗震设防类别。甲类应属于重大建筑工程和地震时可能发生严重次生灾害的建筑；乙类应属于地震时使用功能不能中断或需尽快恢复的建筑；丙类是除甲、乙、丁类以外的一般建筑；丁类则属于抗震次要建筑。

抗震设防烈度必须按国家规定的权限审批、颁发的文件（图件）确定。

对于钢筋混凝土房屋，还应根据烈度、结构类型和房屋高度确定其抗震等级；抗震等级分为一、二、三、四共 4 级。

12.3.2　基础图

基础图是表示建筑物基础的平面布置和详细构造的图样。

12.3.2.1　基础平面图

（1）基础平面图的产生和作用

① 假设用一水平剖切面，沿建筑物底层室内地面把整栋建筑物剖开，移去截面以上的建筑物和基础回填土后，作水平投影，就得到基础平面图。

② 基础平面图主要表示基础的平面布置以及墙、柱与轴线的关系，为施工放线、开挖基槽或基坑和砌筑基础提供依据。

（2）基础平面图的图示内容与图示方法

① 图名、比例、轴线。比例、定位轴线及编号，应与建筑平面图一致，并标注轴线和房屋总长、总宽尺寸。

② 基础平面布置、基础墙厚度及与轴线的位置关系，基础底面宽度及与轴线的位置关系。在基础平面图中，主要表达基础位置而非基础的具体形状。例如在条形基础平面图中，只画出基础墙与基础底部轮廓的投影，中间大放脚细部的投影在基础平面图中不予表示；独立基础的平面图中，主要表示每个独立基础的位置和大小及基础底板的配筋。

③ 基础墙上留洞的位置及洞的尺寸和洞底标高，以及基础梁位置及基础梁代号和编号。

④ 桩基的桩位平面布置桩承台的平面尺寸及承台底标高。

⑤ 标注相关尺寸；基础详图的剖切位置及编号。

（3）基础平面图的特点

① 在基础平面图中，只画出基础墙（或柱）及基础底面的轮廓线，其他细部轮廓线都省略，这些细部的形状和尺寸在基础详图中表示。

② 由于基础平面图实际上是水平剖面图，故剖到的基础墙、柱的边线用粗实线画出；基底用细实线画出；在基础内留有孔、洞及管沟位置用细虚线画出。

③ 凡基础截面形状、尺寸不同时，即基础宽度、墙体厚度、大放脚、基底标高及管沟做法不同，均应标有不同编号的断面剖切符号，表示画有不同的基础详图。根据断面剖

切符号的编号可以查阅基础详图。

④ 不同类型的基础、柱分别用代号 J1、J2，…和 Z1、Z2…表示。

(4) 基础平面图的识读

① 看图名、比例和定位轴线及编号。了解基础类型、布置，基础间定位轴线尺寸。一般里面一道为轴线间距离，外面一侧为轴线总长。

② 了解基础与定位轴线的平面位置、相互关系以及轴线间的尺寸。注意轴线位置的中分或偏分。

③ 了解基础墙（或柱）、垫层、基础梁等的平面布置、形状、尺寸型号等内容。

④ 了解基础断面图的剖切位置及其编号，了解基础断面图的种类、数量及其分布位置。

⑤ 通过文字说明了解基础的用料、施工注意事项等内容。

⑥ 注意与其他有关图纸的对照识图，如注意和建筑平面图的定位轴线与编号是否一致。

12.3.2.2 基础详图

(1) 基础详图的产生和作用

基础详图实为基础断面图，是在基础某处用铅垂剖切平面，沿垂直于定位轴线方向切开基础所得的断面图。基础详图表达了基础的形状、大小、材料、配筋、构造做法及埋置深度等，是基础施工的重要依据。

(2) 基础详图的图示方法与内容

① 基础断面图绘图参照一般断面图的画法，断面内画出材料图例；但对钢筋混凝土基础，则重点突出钢筋的位置、形状、数量和规格，钢筋用粗实线（或黑点），基础轮廓用细实线，不画材料图例。

② 基础详图常采用 1∶10、1∶20 等比例绘制，尽可能与基础平面图画在同一张图纸上。

③ 凡基坑宽、基础墙（柱）尺寸、基础底标高、大放脚等做法不相同时，均应绘制基础详图，且基础详图的编号应与基础平面图上标注的剖切编号一致。

④ 表示基础断面的形状、大小、材料、配筋，圈梁、防潮层、基础垫层、基础梁的断面尺寸和配筋等。

⑤ 标注基础断面的详细尺寸、标高及轴线关系等。

⑥ 对桩基础，绘出承台梁或承台板的钢筋混凝土结构，绘制出桩插入承台的构造等。

(3) 基础详图的特点

① 不同构造的基础应分别画出其详图，当基础构造相同，而仅部分尺寸不同时，也可用一个详图表示，但需标出不同部分的尺寸。基础断面图的边线一般用粗实线画出，断面内应画材料图例；若是钢筋混凝土基础，则只画出配筋情况，不画出材料图例。

② 图名与比例。

③ 轴线及其编号。

④ 基础的详细尺寸，基础墙的厚度，基础的宽、高，垫层的厚度等。

⑤ 室内外地面标高及基础底面标高。

⑥ 基础及垫层的材料、强度等级、配筋规格及布置。

⑦ 防潮层、圈梁的做法和位置。

⑧ 施工说明等。

（4）基础详图的识读

① 了解图名与比例，因基础的种类往往比较多，读图时，将基础详图的图名与基础平面图的剖切符号、定位轴线对照，了解该基础在建筑中的位置，并注意与建筑施工图的对照识图。

② 了解基础的形状、大小与材料。

③ 了解基础各部位的标高，计算基础的埋置深度。

④ 了解基础的配筋情况。

⑤ 了解垫层的厚度尺寸与材料；了解管线穿越洞口的详细做法。

12.3.3 配筋图

配筋图就是钢筋混凝土构件（结构）中的钢筋配置图，主要表示构件内部所配置钢筋的形状、大小、数量、级别和排放位置。配筋图又分为立面图、断面图和钢筋详图。

（1）立面图

立面图是假定构件为一透明体而画出的纵向正投影图，主要表示构件中钢筋的立面形状和上下排列位置。通常构件外形轮廓用细实线表示，钢筋用粗实线表示，如图 12-18(a) 示。当钢筋的类型、直径、间距均相同时，可只画出其中的一部分，其余省略不画。

（2）断面图

断面图是构件的横向剖切投影图。它主要表示钢筋的上下和前后的排列、箍筋的形状等内容。凡构件的断面形状及钢筋的数量、位置有变化之处，均应画出其断面图。断面图的轮廓为细实线，钢筋横断面用黑点表示，如图 12-18(b) 所示。

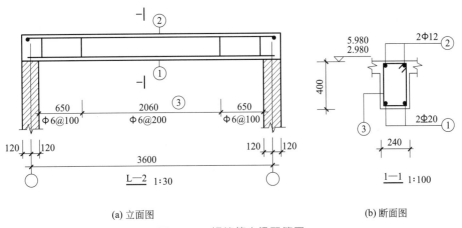

(a) 立面图   (b) 断面图

图 12-18　钢筋简支梁配筋图

（3）钢筋详图

钢筋详图是按规定的图例画出的一种示意图。它主要表示钢筋的形状，以便于钢筋下料和加工成型。同一编号的钢筋只画一根，并注出钢筋的编号、数量（或间距）、等级、直径及各段的长度和总尺寸。

第13章

装饰装修施工图的识读

13.1 概述

13.1.1 装饰装修施工图的产生

装饰装修工程施工图是用来表达建筑室内外装饰形式和构造的图，其图示原理与房屋建筑工程施工图的图示原理相同，是用正投影方法绘制的用于指导施工的图样，制图应遵守《房屋建筑制图统一标准》（GB/T 50001—2017）的要求。装饰工程施工图反映的内容多、形体尺度变化大，通常选用一定的比例并采用相应的图例符号和标注尺寸、标高等加以表达，必要时绘制透视图、轴测图等辅助表达，以利识读。

装饰设计经历方案设计和施工图设计两个阶段。方案设计阶段是根据业主要求、现场情况以及有关规范、设计标准等，以透视效果图、平面布置图、室内立面图、楼（地）面平面图尺寸、文字说明等形式，将设计方案表达出来。经修改补充，取得合理方案后，报业主或有关主管部门审批，再进入施工图设计阶段。施工图设计是装饰设计的主要程序。

13.1.2 装饰装修施工图的分类

13.1.2.1 室内装饰图

室内装饰施工图包括设计说明、室内装饰平面图、装饰立面图、装饰剖面图、装饰构配件详图和装饰节点详图。

13.1.2.2 室外装饰图

室外装饰施工图包括室外装饰立面图（装饰立面图、骨架立面图）、装饰造型平面图、雨篷吊顶图、灯箱详图、装饰图案制作图及相应节点详图。

由于设计深度的不同、构造做法的细化，以及为满足使用功能和视觉效果而选用材料的多样性等，在制图和识图上装饰工程施工图有其自身的规律，如图样的组成、施工工艺及细部做法的表达等都与建筑工程施工图有所不同。

13.2　装饰装修施工图的基本知识

13.2.1　准备工作

看图纸必须学会看图方法，首先弄清是什么图纸，根据图纸的特点来看，应做到"从上往下看，从左向右看，由外向里看，由大到小看，由粗到细看，图样与说明对照看，建筑与结施（结构施工）结合看"。必要时，还应把设备图拿来参照看，这样看图才能够收到较好的效果。

13.2.2　阅读装饰装修施工图步骤

13.2.2.1　看图样目录

装饰装修施工图有自己的目录，包括图别、图号及图样内容。一套完整的装饰工程图样数量较多，为了方便阅读、查找、归档，应编制相应的图样目录，它是设计图样的汇总表。图样目录一般以表格的形式表示。

规模较大的建筑装饰装修工程设计，图样数量一般较大，需要分册装订，通常为了便于施工作业，以楼层或功能分区为单位进行编制，但是每个编制分册都应包括图样总目录。图纸齐全后便可以按图纸顺序看图了。

13.2.2.2　看设计说明

看图顺序是首先看设计总说明，了解建筑概况及技术要求等，然后看图。一般按照目录的排列往下逐张看图，如先看建筑总平面图，了解建筑物的地理位置、坐标、高程、朝向，以及与建筑有关的一些情况。

设计说明主要包括工程概况、设计依据、施工图设计说明及施工说明等。具体内容如下。

① 工程名称、工程地点与建设单位。

② 工程的原始情况、建筑面积、装饰等级、设计范围与主要目的。

③ 施工图设计依据。

④ 施工图设计说明应表明装饰装修设计在结构与设备等技术方面对原有建筑进行改动的情况，应包括建筑装饰装修的类别，防火等级，防火设备、防火分区、防火门等设施的消防设计说明，以及对工程可能涉及的声、电、光、防尘、防潮、防腐蚀、防辐射等设施的消防设计说明。

⑤ 对设计中所采用的新技术、新工艺、新设备与新材料情况进行说明。

13.3　内视符号识读

内视符号标注在平面图中，用于表示室内立面图的位置及编号，建立平面图和室内立面图之间的联系，内视符号的形式如图 13-1 所示。图中立面图编号可用英文字母或阿拉伯数字表示，黑色的箭头指向表示立面的方向，A、B、C、D 按照顺时针标注。

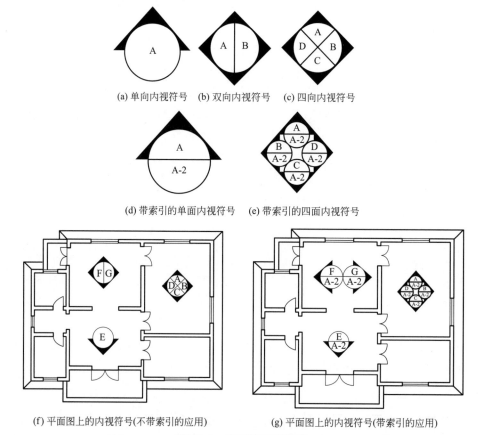

(a) 单向内视符号　(b) 双向内视符号　(c) 四向内视符号

(d) 带索引的单面内视符号　(e) 带索引的四面内视符号

(f) 平面图上的内视符号(不带索引的应用)　(g) 平面图上的内视符号(带索引的应用)

图 13-1　内视符号的形式

13.4　建筑装饰施工平面图

13.4.1　装饰施工平面图的形成

建筑装饰装修平面图是装饰施工图的主要图样，其主要用于表示空间布局、空间关系、家具布置、人流动线，让客户了解平面构思意图。绘制时力求清晰地反映各空间与家具等的功能关系，图中符号、标注不能过分随意，尤其是图例应恰当、美观。

装饰平面图的形成与建筑平面图的形成方法相同，即假设一个水平剖切平面沿着略高于窗台的位置对建筑进行剖切，将上面部分挪走，按剖面图画法作剩余部分的水平投影图：用粗实线绘制被剖切的墙体、柱等建筑结构的轮廓；用细实线绘制在各房间内的家具、设备的平面形状，并用尺寸标注和文字说明的形式表达家具、设备的位置关系和各表面的饰面材料及工艺要求等内容。根据装饰平面图，可进行家具、设备购置单的编制工作；结合尺寸标注和文字说明，可制作材料计划和施工安排计划等。

13.4.2 建筑装饰施工平面图的作用

建筑装饰施工平面图主要用来说明房间内各种家具、家电、陈设及各种绿化、水体等物体的大小、形状和相互关系，同时它还能体现出装修后房间可否满足使用要求及其建筑功能的优劣。另外平面图也是集建筑艺术、建筑技术与建筑经济于一体的具体表现，是整个室内装饰设计的关键。

13.4.3 建筑装饰施工平面图的识读

扫码观看视频

建筑装饰施工
平面图的识读

建筑装饰施工平面图包括装饰装修平面布置图和天棚平面图。

装饰装修平面布置图是假想用一个水平的剖切平面，在窗台上方位置，将经过内外装饰的房屋整个剖开，移去以上部分向下所作的水平投影图。它的作用主要是用来表明建筑室内外种种装饰布置的平面形状、位置、大小和所用材料；表明这些布置与建筑主体结构之间以及这些布置与布置之间的相互关系等。

天棚平面图有两种形成方法：一种是假想房屋水平剖开后，移去下面部分向上作直接正投影而成；另一种是采用镜像投影法，将地面视为镜面，对镜中天棚的形象作正投影而成。天棚平面图一般都采用镜像投影法绘制。天棚平面图的作用主要是用来表明天棚装饰的平面形式、尺寸和材料以及灯具和其他各种室内顶部设施的位置和大小等。

装饰装修平面布置图和天棚平面图都是建筑装饰装修施工放样、制作安装、预算和备料以及绘制室内有关设备施工图的重要依据。

上述两种平面图，其中以平面布置图的内容尤其繁杂，加上它控制了水平向纵横两轴的尺寸数据，其他视图又多由它引出，因此是识读建筑装饰装修施工图的基础和重点。

(1) 装饰装修平面布置图的主要内容和表示方法

① 建筑平面基本结构和尺寸。在装饰装修平面布置图中图示的建筑平面图的有关内容，包括建筑平面图上由剖切引起的墙柱断面和门窗洞口，定位轴线及其编号，建筑平面结构的各部尺寸，室外台阶、雨篷、花台、阳台及室内楼梯和其他细部布置等内容。上述内容，在无特殊要求的情况下，均应按照原建筑平面图套用，具体表示方法与建筑平面图相同。

当然，装饰装修平面布置图应突出装饰结构与布置，对建筑平面图上的内容也不是丝毫不漏地完全照搬。

② 装饰结构的平面形式和位置。装饰装修平面布置图需要表明楼地面、门窗和门窗套、护壁板或墙裙、隔断、装饰柱等装饰结构的平面形式和位置。

③ 室内外配套装饰设置的平面形状和位置。装饰装修平面布置图还要标明室内家具、陈设、绿化、配套产品和室外水池、装饰小品等配套设置的平面形状、数量和位置。这些布置当然不能将实物原形画在平面布置图上，只能借助一些简单、明确的图例来表示。

(2) 装饰装修平面布置图的阅读要点

① 看装饰装修平面布置图要先看图名、比例、标题栏，认定该图是什么平面图；再看建筑平面基本结构及其尺寸，把各房间名称、面积以及门窗、走廊、楼梯等的主要位置和尺寸了解清楚；然后看建筑平面结构内的装饰结构和装饰设置的平面布置等内容。

② 通过对各房间和其他空间主要功能的了解，明确为满足功能要求所设置的设备与设施的种类、规格和数量，以便制订相关的购买计划。

③ 通过图中对装饰面的文字说明，了解各装饰面对材料规格、品种、色彩和工艺制作的要求，明确各装饰面的结构材料与饰面材料的衔接关系与固定方式，并结合面积制订材料计划和施工安排计划。

④ 面对繁多的尺寸，要注意区分建筑尺寸和装饰尺寸。在装饰尺寸中，又要能分清其中的定位尺寸、外形尺寸和结构尺寸。定位尺寸是确定装饰面或装饰物在平面布置图上位置的尺寸。在平面图上需两个定位尺寸才能确定一个装饰物的平面位置，其基准往往是建筑结构面。

外形尺寸是装饰面或装饰物的外轮廓尺寸，由此可确定装饰面或装饰物的平面形状与大小。结构尺寸是表示组成装饰面和装饰物的各构件及其相互关系的尺寸，由此可确定各种装饰材料的规格以及材料之间、材料与主体结构之间的连接固定方法。

平面布置图上为了避免重复，同样的尺寸往往只代表性地标注一个，读图时要注意将相同的构件或部件归类。

⑤ 通过平面布置图上的投影符号，明确投影面编号和投影方向，并进一步查出各投影方向的立面图。

⑥ 通过平面布置图上的剖切符号，明确剖切位置及其剖视方向，进一步查阅相应的剖面图。

⑦ 通过平面布置图上的索引符号，明确被索引部位及详图所在位置。

（3）装饰平面布置图的识读

装饰平面布置图如图 13-2 所示，该图为首层餐厅包间平面图，比例为 1∶50，表现两张八人台餐桌布置、绿化布置图、备餐台布置等情况。地面为灰白色相间防滑地砖，暖气罩为白色人造石台面。从图中可以看到门的开启方向，详图索引符号等；图中 EQ 表示两边均分。

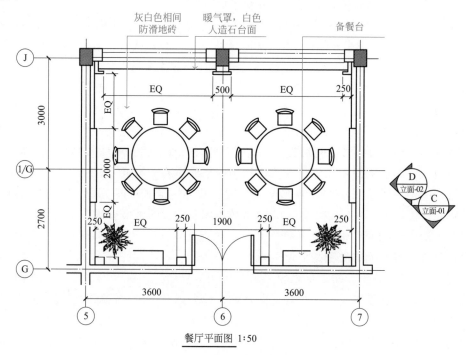

餐厅平面图 1:50

图 13-2　装饰平面布置图

13.5 建筑装饰施工立面图

13.5.1 建筑装饰施工立面图的内容

建筑装饰施工立面图包括室外装饰施工立面图和室内装饰施工立面图，其基本内容和表示方法如下。

① 图名、比例和立面图两端的定位轴线及其编号。

② 采用相对标高，以室内地坪为基准，进而表明装修立面有关部位的标高尺寸。

③ 表示出室内外立面装饰的造型和式样，并用文字说明其饰面材料的品名、规格、色彩和工艺要求等。

④ 表明装修吊顶高度以及跌级造型的构造和尺寸关系。

⑤ 表示出各种装饰面的衔接收口形式。

⑥ 表示出室内外立面上各种装饰品（如壁画、壁挂、金属字等）的式样、位置和大小尺寸。

⑦ 表示出门窗、花格、装饰隔断等设施的高度尺寸和安装尺寸。

⑧ 表明与装修立面有关的装饰组景及其他艺术造型的高低错落位置尺寸。

⑨ 表示出室内外立面上所用的设备及其位置尺寸和规格尺寸。

⑩ 表示出详图所示部位及详图所在位置。作为基本图的剖面装饰图，其剖切符号一般不应在立面图上标注。

13.5.2 建筑装饰施工立面图的作用

室外装饰立面图是将建筑物经装饰后的外观形象，向铅直投影面所作的正投影图。它主要表明屋顶、檐头、外墙面、门头与门面等部位的装饰造型、装饰尺寸和饰面处理以及室外水池、雕塑等建筑装饰小品布置等内容。

室内立面装饰图主要表明建筑内部某一装饰空间的立面形式、尺寸及室内配套布置等内容。能将室内各墙面的装饰效果连贯地展示在人们眼前，以便人们研究各墙面之间的统一与反差及相互衔接关系，对室内装饰设计与施工有着重要作用。

室内立面装饰图，还要表明家具和室内配套产品的安放位置和尺寸。

建筑立面装饰图的线型使用基本同建筑立面图。唯有细部描绘应注意力求概括，不得喧宾夺主，所有为增加效果的细节描绘均应以细淡线表示。

13.5.3 建筑装饰施工立面图的识读

13.5.3.1 建筑装饰施工立面图的识读要点

① 首先明确建筑装饰立面图上与该工程有关的各部尺寸和标高。

② 通过图中不同线型的含义，搞清楚立面上各种装饰造型的凹凸起伏变化和转折关系。

③ 弄清楚每个立面上有几种不同的装饰面以及这些装饰面所选用的材料与施工工艺要求。

④ 立面上各装饰面之间的衔接收口较多，这些内容在立面图上显得比较概括，多在节点详图中详细表明。要注意找出这些详图，明确它们的收口方式、工艺和所用材料。

⑤ 明确装饰结构之间以及装饰结构与建筑结构之间的连接固定方式，以便提前准备预埋件和紧固件等。

⑥ 要注意设施的安装位置，电源插头、插座的安装位置和安装方式，以便在施工中留位。

⑦ 识读室内装饰立面图时，要结合平面布置图、顶棚平面图和该室内其他立面图对照阅读，明确该室内的整体做法与要求。识读室外装饰立面图时，要结合平面布置图和该部位的装饰剖面图综合阅读，全面弄清楚它的构造关系。

13.5.3.2 建筑装饰施工立面图的识读

现有一酒店室内墙面的装饰立面图，所示比例为 1:100。如图 13-3 所示。

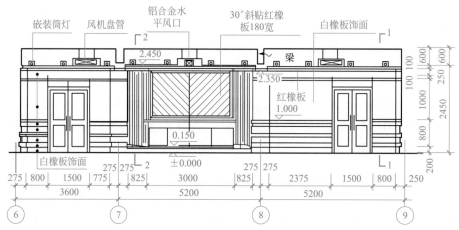

图 13-3　酒店室内墙面的装饰立面图

① 在图中用相对于本层地面的标高，标注地台、踏步等的位置尺寸。如图中的地台标有 0.150 标高，即表示地台高 0.15m。

② 天棚面的距地标高及其跌级（凸出或凹进）造型的相关尺寸。如图中天棚面在大梁处有凸出（即下落），凸出为 0.1m；天棚距地最低为 2.35m，最高为 2.45m。

③ 墙面造型的样式及饰面的处理。图中墙面用轻钢龙骨做骨架，然后钉以 8mm 厚密度板，再在板面上用万能胶粘贴各种饰面板，如墙面为白橡板，踢脚为红橡板（高为 200mm）。图中上方为水平铝合金送风口。

④ 墙面与天棚面相交处的收边做法。图中用 100mm×3mm 断面的木质顶角线收边。

⑤ 门窗的位置、形式及墙面、天棚面上的灯具及其他设备。图中大门为镶板式装饰门，天棚上装有吸顶灯和筒灯，天棚内部（闷顶）装有风机盘管设备。

⑥ 固定家具在墙面中的位置、立面形式和主要尺寸。

⑦ 墙面装饰的长度及范围以及相应的定位轴线符号、剖切符号等。

⑧ 建筑结构的主要轮廓及材料图例。

13.6　楼地面装修图

13.6.1　楼地面装修图的形成及楼地面饰面的分类和功能

13.6.1.1　楼地面平面图的形成

楼地面平面图同平面布置图的形成一样，所不同的是地面布置图不画活动家具及绿化等布置，只画出地面的装饰分格，标注地面材质、尺寸和颜色、地面标高等。地面平面图的常用比例为 1∶50、1∶100、1∶150。

当地面的分格设计比较简单时可与平面布置图合并画出，并加以说明即可。

特别注意：楼地面平面图是用于反映建筑楼地面的装饰分格，标注楼地面材质、尺寸和颜色、地面标高等内容的图样，是确定楼地面装饰平面尺度及装饰形体定位的主要依据。

13.6.1.2　楼地面布置图的形成

装饰地面布置图是在室内布置可移动的装饰要素（如家具、设备、盆栽等）的理想状况下，假想用一个水平的剖切平面，在略高于窗台的位置，将经过内外装修的房屋整个剖开，移去以上部分向下所作的水平投影图。

13.6.1.3　楼地面饰面的分类

楼地面的种类很多，可从面层材料、构造方法和施工工艺等不同角度来分类。

① 根据饰面材料的不同，可分为水泥砂浆地面、水磨石地面、大理石（花岗石）地面、地砖地面、木地板地面及地毯地面等。花岗岩大理石的楼地面构造如图 13-4 所示。水磨石楼地面的构造如图 13-5 所示。木楼地板的构造如图 13-6 所示。

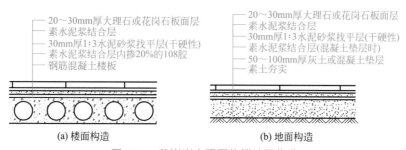

图 13-4　花岗岩大理石的楼地面构造

② 根据构造方法和施工工艺不同，可分为整体类地面、块材类地面、木地面及人造软制品地面等。

13.6.1.4　楼地面饰面的功能

① 保护作用。保护楼板和地坪是楼地面饰面的基本要求。建筑结构构件的使用寿命与使用条件和使用环境有很大的关系。楼地面的饰面层是覆盖在结构构件表面之上的，在一定程度上缓解了外力对结构构件的直接作用，可以起到耐磨、防碰撞破坏及防止渗透而

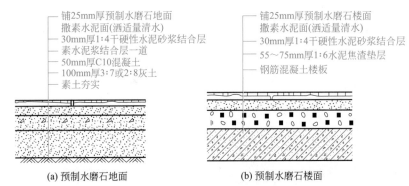

铺25mm厚预制水磨石地面
撒素水泥面(洒适量清水)
30mm厚1:4干硬性水泥砂浆结合层
素水泥浆结合层一道
50mm厚C10混凝土
100mm厚3:7或2:8灰土
素土夯实

铺25mm厚预制水磨石楼面
撒素水泥面(洒适量清水)
30mm厚1:4干硬性水泥砂浆结合层
55~75mm厚1:6水泥焦渣垫层
钢筋混凝土楼板

(a) 预制水磨石地面　　(b) 预制水磨石楼面

图 13-5　水磨石楼地面的构造

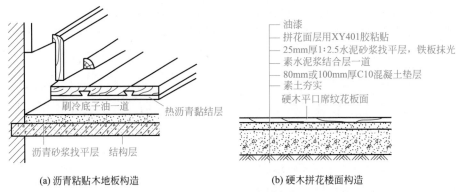

油漆
拼花面层用XY401胶粘贴
25mm厚1:2.5水泥砂浆找平层，铁板抹光
素水泥浆结合层一道
80mm或100mm厚C10混凝土垫层
素土夯实
硬木平口席纹花板面

刷冷底子油一道　　热沥青黏结层

沥青砂浆找平层　结构层

(a) 沥青粘贴木地板构造　　(b) 硬木拼花楼面构造

图 13-6　木楼地板的构造

引起的楼板内钢筋锈蚀等作用，从而提高了结构构件的使用耐久性。

② 隔声。隔声主要是对于楼面而言的。居住建筑有隔声的必要，尤其是某些大型建筑。

③ 吸声。在标准较高、室内音质控制要求严格以及使用人数较多的公共建筑中，合理地选择与布置地面材料，对于有效地控制室内噪声具有十分积极的作用。一般来说，表面致密光滑、刚性较大的地面，如大理石地面，对于声波的反射能力较强，吸声能力较差。而各种软质地面，可起到较大的吸声作用。

④ 保温。从材料特性的角度考虑，水磨石地面与大理石地面等均属于热传导性较高的材料，而木地板与塑料地面等则属于热传导性较低的地面。从人的感受角度加以考虑，需要注意，人常以对某种地面材料的导热性能的认识来评价整个建筑空间的保温特性。因此，对于地面保温性能的要求，宜结合材料的导热性能、暖气负载和冷气负载的相对份额的大小、人的感受以及人在这一空间活动的特性等因素加以综合考虑。

⑤ 弹性要求。弹性材料的变形具有吸收冲击能力的性能，冲力很大的物体接触到弹性物体，其所受到的反冲力比原先要小得多。因此，人在具有一定弹性的地面上行走，感觉会比较舒适。对于一些装修标准较高的建筑室内地面，应尽可能采用有一定弹性的材料作为地面的装修面层。

⑥ 满足装饰方面的要求。楼地面的装饰是整个工程的重要组成部分，对整个室内的装饰效果有很大影响。它与顶棚共同构成了室内空间的上、下水平要素，同时通过二者的巧妙

组合，可使室内产生优美的空间序列感。楼地面的装饰与空间的实用技能也有紧密的联系。

13.6.2 楼地面构造层次及其作用

楼地面构造基本上可以分为基层和面层两个主要部分。为满足找平、结合、防水、防潮、弹性、保温隔热及管线敷设等功能上的要求，往往还要在基层与面层之间增加相应功能的附加构造层，亦称为中间层。

① 基层。底层地面的基层是指素土夯实层。对于较好的填土如砂质黏土，夯实即可满足要求。碰到土质较差时，可掺碎砖和石子等骨料夯实。夯填分层进行，层厚一般为300mm。

② 垫层。垫层是指承受并均匀传布荷载给基层的构造层，分刚性垫层和柔性垫层两种。

a. 刚性垫层有足够的整体刚度，受力后变形很小。常采用C10～C15的低强度素混凝土，厚度一般为50～100mm。

b. 柔性垫层整体刚度较小，受力后易产生塑性变形。常用灰土、三合土、砂、炉渣、矿渣及碎（卵）石等松散材料，厚度为50～150mm。

c. 三合土垫层为熟化石灰、砂和碎砖的拌合物，拌合物的体积比宜为1∶3∶6（或1∶2∶4），或按设计要求配料。炉渣垫层有三种：一是单用炉渣；二是炉渣中掺有一定比例的水泥；三是水泥、石灰与炉渣的拌合物，既可用于垫层，也可用于填充层。

③ 找平层。找平层是起找平作用的构造层。通常设置于粗糙的基层表面，用水泥砂浆（约20mm厚）弥补取平，以利于铺设防水层或较薄的面层材料。

④ 隔离层。隔离层用于卫生间、厨房、浴室、盥洗室和洗衣间等地面的构造层，起防渗漏的作用，对底层地面又起防潮作用。

⑤ 填充层。填充层是起隔声、保温、找坡或敷设暗管线等作用的构造层。填充层的材料可用松散材料、整体材料或板块材料，如水泥石灰炉渣、加气混凝土及膨胀珍珠岩块等。

⑥ 结合层与黏结层：结合层是促使上、下两层之间结合牢固的媒介层，如在混凝土找坡层上抹水泥砂浆找平层，其结合层的材料为素水泥浆；在水泥砂浆找平层上涂刷热沥青防水层，其结合层的材料为冷底子油。

黏结层是把一种材料粘贴于基层时所使用的胶结材料，是在上、下层间起黏结作用的构造层，如粘贴陶瓷地砖于找平层上所用的水泥砂浆黏结层。

⑦ 面层。面层主要是指人们进行各种活动与其接触的地面表面层，它直接承受摩擦与洗刷等各种物理与化学的作用。根据不同的使用要求，面层的构造也各不相同。

楼地面的主要构造层次如图13-7和图13-8所示。

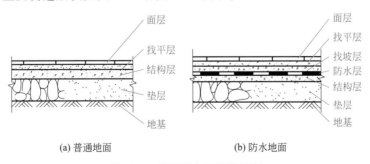

(a) 普通地面　　　　　　　　(b) 防水地面

图13-7　地面的主要构造层次

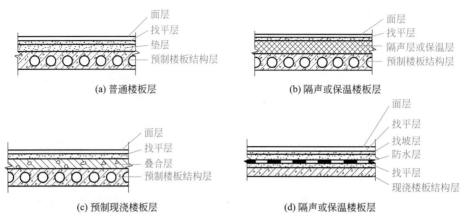

(a) 普通楼板层

(b) 隔声或保温楼板层

(c) 预制现浇楼板层

(d) 隔声或保温楼板层

图 13-8　楼面的主要构造层次

13.6.3　楼地面装修图的识读

13.6.3.1　地面装饰施工图的识读

(1) 阅读地面布置图的注意事项

① 地面布置图主要以反映地面装饰分格及材料选用为主，识读时首先要了解建筑平面图的基本内容。

② 通过阅读地面布置图，明确室内楼地面材料选用、颜色与分格尺寸及地面标高等内容。

③ 通过阅读地面布置图，明确楼地面拼花造型。

④ 阅读地面布置图时，注意索引符号、图名及必要的说明。

下面通过实例讲解怎样看地面布置图。某工程地面布置图如图 13-9 所示。

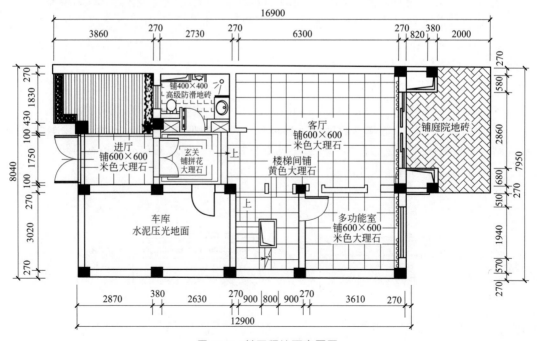

图 13-9　某工程地面布置图

从图 13-9 中可以看出以下内容：进厅地面采用 600mm×600mm 的米色大理石。玄关地面铺拼花大理石。多功能厅铺设 600mm×600mm 的米色大理石。客厅地面铺设 600mm×600mm 的米色大理石。卫生间铺 400mm×400mm 防滑地砖。楼梯间铺设黄色大理石。车库地面用水泥压光地面。庭院铺庭院地砖。

（2）阅读地面铺贴图应注意的要点

① 阅读地面铺贴图时，应注意不同地面装饰材料的形式及规格，还要仔细阅读带有地面装饰材料的铺装方式、色彩、种类以及施工工艺要求的文字说明。

② 明确不同地面装饰材料的分格线以及必要的尺寸标注，注意剖切符号、详图索引符号等。

③ 如果地面材料的种类、规格等较为简单，地面铺贴图可合并到平面布置图中绘制。识读时，注意理解它们之间的关系。

④ 当平面中各个房间画满相关内容显得比较繁乱时，可在同一房间内地面材质相对比较统一情况下采用折断符号来省略表示一部分地面铺贴材料。识读时，需要注意这一点。

⑤ 地面铺贴图中标高的标注均是以当前楼层室内主体地面为 ±0.000 进行标注的。

⑥ 地面铺装图的识读、绘制步骤与平面布置图的识读比较近似，在读图时应注意不同房间地面材质的种类和规格差异、注意不同界面的高差变化情况。

图 13-10 为别墅一层地面装饰铺贴图，由图可以看出，客厅和过道地面采用 800mm×800mm 的金线米黄大理石铺贴，过道和客厅连接处采用加州金麻大理石铺贴，餐厅地面采用 600mm×600mm 的抛光砖铺贴，厨房则采用 300mm×300mm 的抛光砖铺贴，卫生间地面为了防滑，采用小块防滑地砖铺贴。

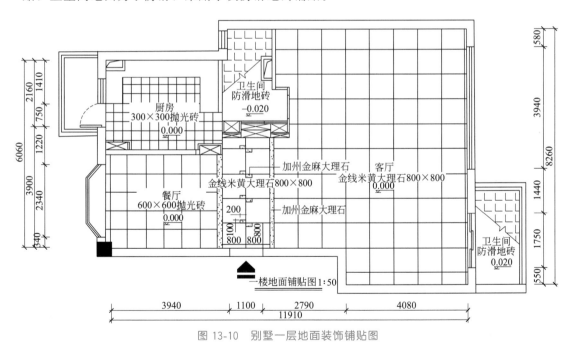

图 13-10　别墅一层地面装饰铺贴图

13.6.3.2　楼面装饰施工图的识读

楼面装饰图阅读的注意事项与地面装饰施工图的阅读相同。

楼面装饰施工图的识读实例如图 13-11 所示。

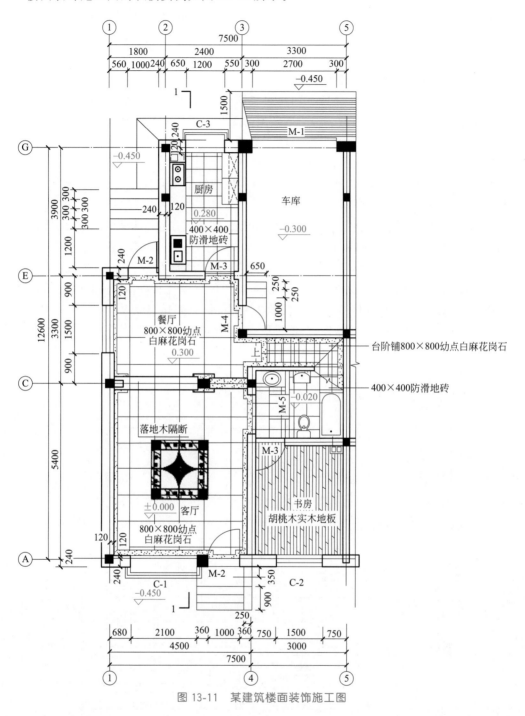

图 13-11　某建筑楼面装饰施工图

从图中可以看出以下内容：除了书房的地面为胡桃木实木地板外，其他主要房间如客厅、餐厅以及楼梯等为幼点白麻花岗石地面。客厅和餐厅为 800mm×800mm 幼点白麻花岗石铺贴。厨房与卫生间铺贴 400mm×400mm 防滑地砖，楼梯台阶也是幼点白麻花岗石铺设。石材地面均设 120mm 宽黑金砂花岗石走边。客厅中央地面做拼花造型。

13.7 顶棚装修图

13.7.1 顶棚装修图的内容及顶棚构造组成

13.7.1.1 顶棚装修平面图内容

为了便于与平面布置图对应，顶棚平面图通常是采用"镜像"投影作图。顶棚的装修施工图除顶棚平面图外，还要画出顶棚的剖面详图（或称节点详图），并在顶棚平面图中注出剖面符号或详图索引符号。顶棚平面图的比例一般与平面布置图一致。顶棚平面图应包括所有楼层的顶棚总平面图、顶棚布置图等。所有顶棚平面图应共同包括以下内容。

① 应与平面图一致，标明柱网和承重墙、主要轴线和编号、轴线间尺寸和总尺寸。

② 标明装饰设计调整过后的所有室内外墙体、管井、电梯和自动扶梯、楼梯和疏散楼梯、雨篷和天窗等的位置，注全名称。

③ 标注顶棚设计标高。

④ 标注索引符号和编号、图样名称和制图比例。

13.7.1.2 顶棚装修总平面图内容

① 规模较小的装饰设计可省略顶棚总平面图，如需要绘制，一般应能反映全部各楼层顶棚总体情况，包括顶棚造型、顶棚装饰灯具布置、消防设施及其他设备布置等内容。

② 在图样中可以对一些情况做出文字说明。

13.7.1.3 顶棚造型布置图内容

应标明顶棚（天花）造型、天窗、构件、装饰垂挂物及其他装饰配置和部品的位置，注明定位尺寸、材料和做法。

① 顶棚灯具及设施布置图。应标注所有明装和暗藏的灯具（包括火灾和事故照明）、发光顶棚、空调风口、喷头、探测器、扬声器、挡烟垂壁、防火卷帘、防火挑檐、疏散和指示标志牌等的位置，标明定位尺寸、材料、产品型号和编号及做法。

② 如果楼层顶棚较大，可就一些房间和部位的顶棚布置单独绘制局部放大图，同样也应符合以上规定。

13.7.1.4 顶棚的构造组成

（1）金属板吊顶

① 金属方形吊顶板安装构造。金属方形吊顶板的常规做法有搁置式和嵌入式两种构造形式。其中搁置式的内容是将方形板带翼搁置于 T 形龙骨下部的翼板上。嵌入式是用与板材相配套的带夹簧的特制三角夹嵌龙骨，夹住方形配套板边凸起的卡口。

② 金属条形板安装构造。金属条形板的板条与龙骨均为配套产品，使用时依据设计要求从众多产品类型中选择。但不论选择何种类型与型号，其构造方式一般为嵌卡式和钉固式。

③ 金属格栅吊顶构造。金属格栅的品种主要分为空腹式格栅和挂板吊顶，其单体连

接构造影响着单体构造的组合方式，通常采用插接、挂接或榫接的方法将预拼安装的单体构件连接成片。悬吊时一般采用配套吊件或自制连接件。

（2）木质吊顶

① 木质吊顶属于典型的传统建筑装修工艺。这种吊顶做法，在现代轻金属吊顶体系出现前，一直是室内吊顶的主要形式。

② 所谓木质吊顶，其传统做法是借用房屋的脊檩、檩条和椽子等为支承骨架（代替主龙骨），再用次龙骨钉成间距不同的方格状，并用直方木或铅丝吊挂在支承骨架上。现代高层建筑的出现，对防火的要求越来越高。轻质、新型、防火的轻金属材料，基本取代了以往的木质吊顶材料。木质吊顶，只在某些必需的或特定的环境使用，或作为大面积金属龙骨吊顶的辅助手段，如吊顶灯槽、藻井及各吊顶孔洞的固定连接。

③ 木质吊顶主要由三部分组成：吊杆（或吊筋）、木龙骨和面层。悬吊支撑部分，悬挂于屋顶或上层楼面的承重结构上。一般在垂直于桁架方向设置主龙骨，间距为 1.5m 左右。在主龙骨上设吊筋，吊筋一般为钢筋或木吊筋。吊筋与主龙骨的结合，根据材料的不同可分别采用螺栓固结、钉固及挂钩等方式。如果是在传统的脊顶式建筑内做木质吊顶，吊杆应采用木直方（40mm×40mm），吊杆的上端用两根圆钉与木檩条钉牢，下端与主龙骨用钉连接，主龙骨与次龙骨既可以用木方钉连接，也可将次龙骨直接钉在主龙骨上。若是吊顶层承重较轻时，也可以直接以檩条代替主龙骨，而将次龙骨用吊筋悬吊在檩条下方。次龙骨（平顶筋）用木方制成间距相等的方格，其布置方式及间距要根据面层所用材料而定，一般次龙骨的间距不大于 60cm。

13.7.2 顶棚的作用及分类

13.7.2.1 顶棚的作用

（1）装饰室内空间

顶棚是室内装饰的一个重要部分，是除墙面与地面之外，用以围合成室内空间的另一大面。

不同功能的建筑与建筑空间对顶棚装饰的要求并不相同，因而装置构造的处理手法也有所区别。顶棚选用不同的处理方法，能够取得不同的空间效果。有的可以延伸与扩大空间感，对人的视觉起到导向作用；有的可使人感到亲切、温暖，以满足人们生理与心理的需要。

室内装饰的风格和效果，与顶棚的造型、装饰构造方法以及材料的选用之间有十分密切的关系。因此，顶棚的装饰处理对室内景观的完整统一以及装饰效果有着很大的影响。

（2）改善室内环境，满足使用要求

顶棚的处理不仅应考虑室内装饰效果与艺术风格的要求，而且还应考虑室内使用功能对建筑技术的要求。照明、通风、保暖、隔热、吸声或者反声、音响及防火等技术性能，将直接影响室内的环境和使用。如剧场的顶棚，要综合考虑光学与声学设计方面的诸多问题。在表演区，多为集中照明、面光、耳光、追光、顶光甚至脚光等一并采用。剧场的顶棚则应当以声学为主，结合光学的要求，做成不同形式的造型，以满足声音反射、漫反射、吸收以及混响等方面的需要。

因此，顶棚装饰是技术要求相对比较复杂、难度较大的装饰工程项目，必须结合建内部的体量、装饰效果的要求、经济条件、设备安装情况、技术要求以及安全问题等各方面来综合考虑。

13.7.2.2 顶棚的分类

根据饰面层与主体结构相对关系的不同，顶棚可分为直接式顶棚和悬吊式顶棚两大类。

（1）直接式顶棚

直接式顶棚指在结构层底部表面上直接作饰面处理的顶棚。这种顶棚做法简便、经济可靠，而且基本不占空间高度，多用于装修要求一般的普通住宅、办公楼及其他民用建筑，特别适于空间高度受限的建筑顶棚装修。

（2）悬吊式顶棚

悬吊式顶棚又称为"吊顶"，它离开结构底部表面有一定的距离，通过吊杆将悬挂物与主体结构连接在一起。这类顶棚构造复杂，一般用于装修档次要求较高或者有较多功能要求的建筑中。

悬吊式顶棚的类型较多，从不同的角度可以分以下几类。

① 按顶棚外观的不同分类：有平滑式顶棚、悬浮式顶棚和分层式顶棚等。

② 按顶棚结构层或构造层显露状况的不同分类：有隐蔽式顶棚和敞开式顶棚等。

③ 按龙骨所用材料的不同分类：有木龙骨吊顶、轻钢龙骨吊顶和铝合金龙骨吊顶等。

④ 按饰面层与龙骨的关系不同分类：有活动装配式顶棚和固定式顶棚等。

⑤ 按饰面层所用材料的不同分类：有木质顶棚、石膏板顶棚、金属薄板顶棚和玻璃镜面顶棚等。

⑥ 按顶棚承受荷载能力大小的不同分类：有上人顶棚和不上人顶棚等。

顶棚的分类如图 13-12 所示。

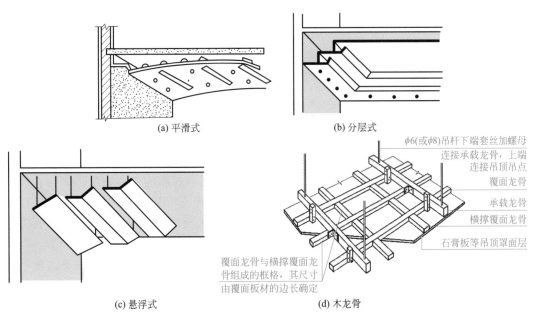

(a) 平滑式　　(b) 分层式　　(c) 悬浮式　　(d) 木龙骨

图 13-12

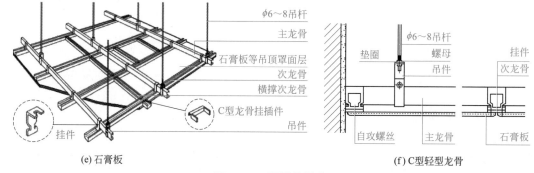

图 13-12　顶棚的形式

13.7.3　顶棚装修图的识读

13.7.3.1　顶棚平面图的识读

（1）顶棚平面图的识读内容

顶棚平面图的比例一般与平面布置图一致（常用比例为 1：50、1：100.1：150）。顶棚平面图应包括所有楼层的顶棚总平面图、顶棚布置图等。所有顶棚平面图应共同包括以下内容。

① 建筑平面及门窗洞口，门画出门洞边线即可，不画门扇及开启线。

② 顶棚的造型、尺寸、做法和说明。

③ 标明柱网和承重墙、主要轴线和编号、轴线间尺寸和总尺寸。

④ 顶棚灯具符号及具体位置（灯具的规格、型号、安装方法由电气施工图反映）。

⑤ 标明装饰设计调整过后的所有室内外墙体、管井、电梯和自动扶梯、楼梯和疏散楼梯、雨篷和天窗等的位置，标注全名称。

⑥ 与棚顶相接的家具、设备的位置及尺寸。

⑦ 标注顶棚（天花板）设计标高。

⑧ 窗帘及窗帘盒、窗帘帷幕板等。

⑨ 空调送风、回风口位置、消防自动报警系统及与吊顶有关的音频设施的平面布置形式及安装位置。

⑩ 图外标注开间、进深、总长、总宽等尺寸。

⑪ 标注索引符号和编号、图样名称和制图比例。

（2）顶棚平面图的识读要点

① 在识读顶棚平面图前，应了解该图所在房间平面布置图的基本情况。因为在装饰设计中，平面布置图的功能划分及其尺寸等与顶棚的形式、底面标高、选材等有着密切的关系。只有充分了解平面布置，才能读懂顶棚平面图。弄清楚顶棚平面图与平面布置图各部分的对应关系后，核对顶棚平面图与平面布置图在基本结构和尺寸上是否相符。

② 对于某些有跌级变化的顶棚，要分清它的标高尺寸和线型尺寸，并结合造型平面分区线，在平面上建立起三维空间的尺度概念。

③ 通过顶棚平面图，了解顶部灯具和设备设施的规格、品种与数量。

④ 通过顶棚平面图上的文字标注，了解顶棚所用材料的规格、品种及其施工要求。

⑤ 通过顶棚平面图上的索引符号，找出详图对照着阅读，弄清楚顶棚的详细构造。

顶棚平面图的识读如图 13-13 所示。

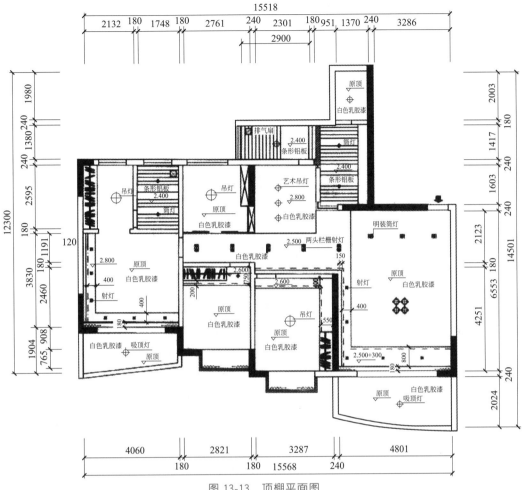

图 13-13　顶棚平面图

图 13-13 是某顶棚平面图，比例为 1∶50。客厅顶棚为原顶棚，不做任何额外的装饰，入口处为 3 个明装筒灯，顶棚刷白色乳胶漆，四周做假顶棚装饰，内装射灯，厨房顶棚采用条形铝板吊顶，餐厅顶棚刷白色乳胶漆，装艺术吊灯。主卧中间为原顶棚刷白色乳胶漆，四周做假吊顶装饰，内嵌射灯，主卫顶棚采用条形铝板装饰，南侧两个阳台均采用白色乳胶漆刷顶。

13.7.3.2　顶棚布置图的识读

顶棚布置图的识读如下。

① 在识读顶棚平面图之前，应首先了解顶棚所在房间平面布置图的基本情况。因为在装饰设计中，平面布置图的功能分区、交通流线以及尺度等与顶棚的形式、底面标高、选材等有着十分密切的关系。只有了解平面如何布置，才能读懂顶棚布置图。

② 明确顶棚造型、灯具布置及其底面标高。顶棚造型是顶棚设计中的非常重要的内容。为了便于施工和识读的直观，习惯上把顶棚底面标高（其他装饰体标高也如此）均按所在楼层地面的完成面为起点进行标注。

③ 明确顶棚尺寸及做法。

④ 注意图中各窗口有无窗帘以及窗帘盒做法，明确其尺寸。

⑤ 识读图中有无与顶棚相接的吊柜、壁柜等家具。

⑥ 识读顶棚平面图中有无顶角线做法。顶角线是顶棚与墙面相交处的收口做法，有此做法时图中都会标出。

⑦ 注意室外阳台、雨篷等处的吊顶做法与标高。室内吊顶有时会随功能流线延伸到室外，如阳台、雨篷等，一般还需画出它们的顶棚图。

顶棚布置图的识图如图 13-14 所示。

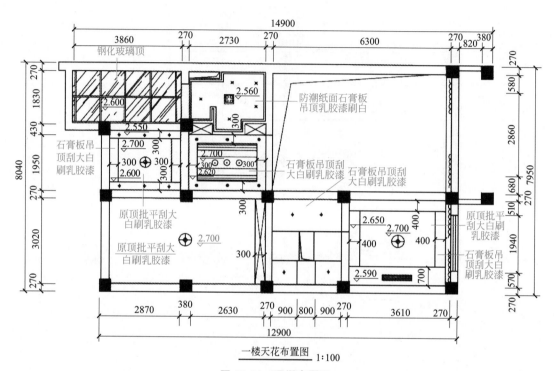

图 13-14　顶棚布置图

从图 13-14 中可以看出，进厅天花板的原建筑顶棚高度是 2.700m，四周局部二次跌级吊顶，跌级吊顶高度分别是 2.600m 与 2.550m。玄关天花板的原建筑顶棚高度是 2.700m，四周局部吊顶，局部吊顶高度是 2.620m。多功能室的原建筑天花高度是 2.700m，四周局部二次跌级吊顶高度分别为 2.650m 与 2.590m，在跌级吊顶的一侧安装了空调口，使用材料是石膏板上刮大白再刷乳胶漆。卫生间天花板为吊平顶，高度是 2.560m。绿化房天花板为钢化玻璃顶，高度为 2.600m。车库的原建筑天花板上刮大白刷乳胶漆。

13.7.3.3　顶棚详图的识读

（1）顶棚详图的识读内容

① 看顶棚详图符号，结合顶棚平面图、顶棚立面图、顶棚剖面图，了解详图来自何部位。

② 对于复杂的顶棚详图，可以将其分为几块，分别进行识读。

③ 找出各块的主体，以便进行重点识读。

④ 注意观察主体和饰面之间采用何种形式连接。

（2）顶棚详图识读案例

图 13-15 为某建筑项目客厅的吊顶详图，该吊顶采用的是吊杆是 ϕ8 钢筋，其下端有螺纹，用螺母固定大龙骨垂直吊挂件，垂直吊挂件钩住高度 50mm 的大龙骨，再用中龙骨垂直吊挂件钩住中龙骨（高度为 19mm），在中龙骨底面固定 9.5mm 厚纸面石膏板，然后在板面批腻刮白、罩白色的乳胶漆。

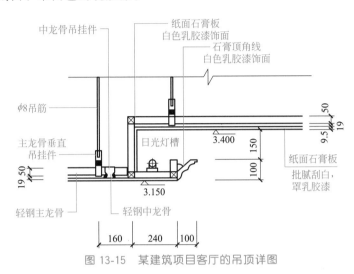

图 13-15　某建筑项目客厅的吊顶详图

图中有日光灯槽的做法，灯的右侧是石膏顶角线白色乳胶漆饰面，用母螺钉固定于三角形木龙骨上，三角形木龙骨又固定于左侧的木龙骨架上，日光灯左侧有灯槽板做法，灯槽板为木龙骨架、纸面石膏板。

13.8　剖面图与节点装修详图

13.8.1　剖面图与节点装修详图的形成

13.8.1.1　剖面图的形成

与建筑剖面图形成相似，它也是用一剖切平面将整个房间切开，画出切开房间内部空间物体的投影，然后对于构成房间周围的墙体及楼地面的具体构造却可省略。剖面图就是剖视图，形成剖面图的剖切平面的名称、位置及投射方向应在平面布置图中表明。

13.8.1.2　节点装修详图的形成

由于平面布置图、地面平面图、室内立面图、顶棚平面图等的比例一般较小，很多装饰造型、构造做法、材料选用、细部尺寸等无法反映或反映不清晰，满足不了装饰施工、制作的需要，故需放大比例画出详细图样，形成装饰详图。装饰详图一般采用 1∶10 到 1∶20 的比例绘制。

在装饰详图中剖切到的装饰体轮廓用粗实线，未剖到但能看到的投影内容用细实线表示。

13.8.2 剖面图与节点装修详图的分类与作用

13.8.2.1 装饰装修剖面图的分类及作用

（1）整体剖面图

整体剖面图应剖在层高和层数不同、地面标高和室内外空间比较复杂的部位，应符合以下要求。

① 标注轴线、轴线编号、轴线间尺寸和外包尺寸。

② 剖切部位的楼板、梁、墙体等结构部分应按照原有建筑条件或者实际情况绘制清楚，标注各楼层地面标高、顶棚（天花板）标高、顶棚净高、各层层高、建筑总高等尺寸，标注室外地面、室内首层地面以及建筑最高处的标高。

③ 剖面图中可视的墙柱面应按照其立面图内容绘制，标注立面的定位尺寸和其他相关尺寸，注明装饰材料和做法。

④ 应绘制顶棚（天花板）、天窗等剖切部分的位置和关系，标注定位尺寸和其他相关尺寸，注明装饰材料和做法。

⑤ 应绘制出地面高差处的位置，标注定位尺寸和其他相关尺寸，标明标高。

⑥ 标注索引符号和编号、图纸名称和制图比例。

整体剖面图的作用与立面布置图的作用相似，但它表现的不只是某一墙面装修后的布置状况，而是表现出整个房间装修后室内空间的布置状况与装修后的效果，因而它具有感染力。整体剖面图可作为立体效果图的深入与补充，一般情况下使用不多，但是当拟用剖面图来代替立面图和布置图表明墙面布置状况，并需表明顶棚构造及墙体装修构造时，则最好使用剖面图，但在这种情况下剖立面图中的尺寸、结构和材料等内容应完整齐全，要能满足工程施工要求。

（2）局部装修剖面图

局部剖面图应能绘制出平面图、顶棚（天花板）平面图和立面图中未能清楚表达的一些复杂和需要特殊说明的部位，应表明剖切部位装饰结构各组成部分以及这些组成部分与建筑结构之间的关系，标注详细尺寸、标高、材料、连接方式和做法。

① 墙（柱）面装饰剖面图：主要用于表达室内立面的构造，着重反映墙（柱）面在分层做法、选材、色彩上的要求。

② 顶棚详图：主要用于反映吊顶构造、做法的剖面图或断面图。

13.8.2.2 装饰装修详图的分类及作用

装饰装修详图包括装饰局部大样图和剖面节点详图等。详图是室内视图和剖视图的补充，其作用是满足装修细部施工的需要。

（1）局部大样图

局部大样图是将平面图、顶棚（天花板）平面图、立面图和剖面图中某些需要更加清楚说明的部位，单独抽取出来进行大比例绘制的图纸，应能反映更详细的内容。

（2）节点详图

节点详图应以大比例绘制，剖切在需要详细说明的部位，通常应包括以下内容：表示节点处内部的结构形式，绘制原有建筑结构、面层装饰材料、隐蔽装饰材料、支撑和连接材料及构件、配件以及它们之间的相互关系，标注所有材料、构件、配件等的详细尺寸、产品型号、做法和施工要求；表示装饰面上的设备和设施安装方式及固定方法，确定收口和收边方式，标注详细尺寸和做法；标注索引符和编号、节点名称和制图比例。

常见的装饰详图有以下几种。

① 装饰造型详图：独立的或依附于墙柱的装饰造型，表现装饰的艺术氛围和情趣的构造体，如影视墙、花台、屏风、壁龛、栏杆造型等的平面图、立面图、剖面图及线脚详图。

② 家具详图：主要指需要现场制作、加工、油漆的固定式家具，如衣柜、书柜、储藏柜等。有时也包括可移动家具，如床、书桌、展示台等。

③ 装饰门窗及门窗套详图：门窗是装饰工程中的主要施工内容之一。其形式多种多样，在室内起着分割空间、烘托装饰效果的作用，它的样式、选材和工艺做法在装饰图中有特殊的地位。其图样有门窗及门窗套立面图、剖面图和节点详图。

④ 楼地面详图：反映地面的艺术造型及细部做法等内容。

⑤ 小品及饰物详图：小品、饰物详图包括雕塑、水景、指示牌、织物等的制作图。

13.8.3　剖面图与节点装修详图的识读

13.8.3.1　剖面图的识读

（1）剖面图的内容

① 表示出建筑的剖面基本结构和剖切空间的基本形状，并注出所需的建筑主体结构的有关尺寸和标高。

② 表示出结构装饰的剖面形状、构造形式、材料组成及固定与支承构件的相互关系。

③ 表示出结构装饰与建筑主体结构之间的衔接尺寸与连接方式。

④ 表示出剖切空间内可见实物的形状、大小与位置。

⑤ 表示出结构装饰和装饰面上的设备安装方式或固定方法。

⑥ 表示出某些装饰构件、配件的尺寸，工艺做法与施工要求，另有详图的可概括表明。

⑦ 表示出节点详图和构配件详图的所示部位与详图所在位置。如果是建筑内部某一装饰空间的剖面图，还要表明剖切空间内与剖切平面平行的墙面装饰形式、装饰尺寸、饰面材料与工艺要求等。

⑧ 表示出图名、比例和被剖切墙体的定位轴线及其编号，以便与平面布置图和顶棚平面图对照阅读。

（2）剖面图的识读要点

① 阅读建筑装饰剖面图时，首先要对照平面布置图，看清楚剖切面的编号是否相同，了解该剖面的剖切位置和剖视方向。

② 分清哪些是建筑主体结构的图像和尺寸，哪些是装饰结构的图像和尺寸。当装饰结构与建筑结构所用材料相同时，它们的剖断面表示方法是一致的。现代某些大型建筑的室内外装饰，并非是贴墙面、铺地面、吊顶而已，因此要注意区分，以便了解它们之间的衔接关系、方式和尺寸。

③ 通过对剖面图中所示内容的阅读研究，明确装饰工程各部位的构造方法、构造尺寸以及材料要求与工艺要求。

④ 建筑装饰形式变化多，程式化的做法少。作为基本图的装饰剖面图只能表明原则性的技术构成问题，具体细节还需要详图来补充说明。因此，在阅读建筑装饰剖面图时，还要注意按图中索引符号所示方向，找出各部位节点详图来仔细阅读，不断对照。弄清楚各连接点或装饰面之间的衔接方式以及包边、盖缝、收口等细部的材料、尺寸和详细做法等。

特别注意：阅读建筑剖面装饰图要结合平面布置图和顶棚平面图进行，某些室外装饰剖面图还要结合装饰立面图来综合阅读，才能全方位地了解剖面图示内容。

（3）剖面图的识读案例

现有某一建筑客厅的电视墙的装修剖面图如图 13-16 所示，试按上述识读要点分析图示中的内容。

从图 13-16 中可以看出放置电视机的大理石台面板出挑 500mm，高于地面 420mm，厚度是 40mm，下设可放置杂物的抽屉，抽屉的饰面也采用了紫罗红大理石质地的饰面板，总高 150mm。电视机背景墙主体采用 10mm 厚背漆磨砂玻璃装饰并且以广告钉固定装饰至墙面上，凸出于背漆玻璃装饰面的是高约 700mm 且带有 9 厘板（9mm 厚的板）基层的装饰铝塑板，其厚度是 160mm，并且内暗藏灯带。悬挂式吊顶顶棚空间设有暗藏灯带与射灯，石膏板吊顶有 220mm 高。

13.8.3.2　详图的识读

（1）装修详图的图示内容

① 表明装饰面和装饰造型的结构形式、饰面材料与支撑构件的相互关系。

② 表明重要部位的装饰构件、配件的详细尺寸、工艺做法和施工要求。

③ 表明装修结构与建筑主体结构之间的连接方式及衔接尺寸。

④ 表明装饰面板之间拼接方式及封边、盖缝、收口和嵌条等处理的详细尺寸和做法。

⑤ 表明装饰面上的设施安装方式或固定方法以及设施与装饰面的收口收边方式。

（2）建筑装修详图的识读要点

① 看详图符号，结合装修平面图、装修立面图和装修剖面图，了解详图来自哪个部位。

② 对于复杂的详图，可将其分成几块，分别进行识读。

③ 找出各块的主体，进行重点识读。

④ 注意看主体和饰面之间采用哪种形式连接。

（3）装修详图的识读案例

某一建筑的内墙剖面详图如图 13-17 所示。

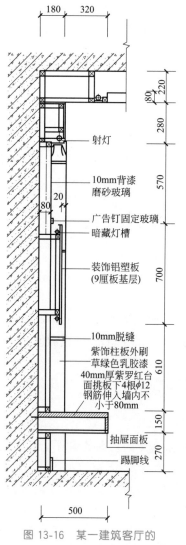

图 13-16　某一建筑客厅的
电视墙的装修剖面图

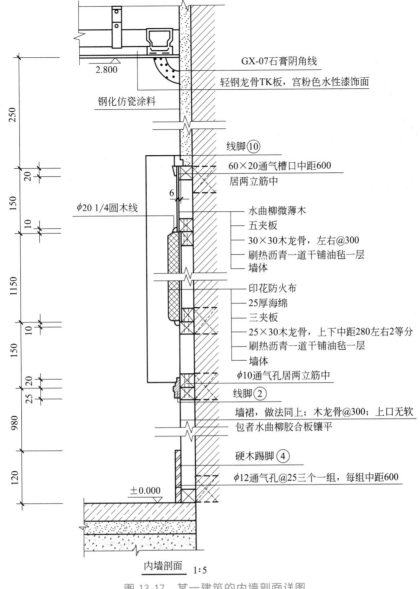

图 13-17　某一建筑的内墙剖面详图

① 最上面是轻钢龙骨吊顶、TK 板面层、宫粉色水性漆饰面。顶棚与墙面相交处用 GX-07 石膏阴角线收口，护壁板上口墙面用钢化仿瓷涂料饰面。

② 墙面中段是护壁板，护壁板面中部凹进 5mm，凹进部分嵌装 25mm 厚海绵，并用印花防火布包面。护壁板面无软包处贴水曲柳微薄木，清水涂饰工艺。薄木与防火布两种不同饰面材料之间用直径为 20mm 的 1/4 圆木线收口，护壁上下用线脚⑩压边。

③ 墙面下段是墙裙，与护壁板连在一起，做法基本相同，通过线脚②区分开来。

④ 木护壁内防潮处理措施及其他内容。护壁内墙面刷热沥青一道，干铺油毡一层。所有水平向龙骨均设有通气孔，护壁上口和踢脚板上也设有通气孔或槽，使护壁板内保持通风干燥。图中还注出了各部尺寸和标高、木龙骨的规格和通气孔的大小和间距，其他材料的规格及品种等内容。

第 14 章
设备施工图的识读

14. 1. 1　室内给水排水施工图的特点

① 给水排水施工图中所表示的设备装置和管道一般均采用统一图例，在绘制和识读给水排水施工图前，应查阅和掌握与图纸有关的图例及其所代表的内容。

② 给水排水管道的布置往往纵横交叉，给水排水施工图中一般采用轴测投影法画出管道系统的直观图。

③ 给水排水施工图中管道设备安装应与土建施工图相互配合，尤其是留洞、预埋件、管沟等方面对土建的要求，必须在图纸说明上表示和注明。

14. 1. 2　室内给水排水施工图的内容

室内给水排水施工图主要包括设计说明、主要材料统计表、平面图、系统图和详图等。

（1）设计说明

设计说明用于反映设计人员的设计思路及用图无法表示的部分，同时也反映设计者对施工的具体要求，主要包括设计范围、工程概况、管材的选用、管道的连接方式、卫生洁具的安装、标准图集的代号等。

（2）主要材料统计表

主要材料统计表是设计者为使图纸能顺利实施而规定的主要材料的规格型号。小型施工图可省略此表。

（3）平面图

室内给排水平面图是室内给排水工程图的重要组成部分，是绘制和识读其他室内给排水工程图的基础。就中小型工程而言，由于其给水、排水情况不是十分复杂，可以把给水平面图和排水平面图画在一起，即一张平面图纸中既绘制给水平面内容，又绘制排水平面内容。为防止混淆，有关管道、设备的图例应区分标准。对于高层建筑及其他较复杂的工程，其给水平面图和排水平面图应分开绘制，可以分别绘制生活给水平面图、生产给水平面图、消防喷淋给水平面图、污水排水平面图、雨水排水平面图等。仅就给排水平面图自身而言，根据不同的楼层位置，又可以分为不同的平面图。可以分别绘制底层给排水平面图、标准层给排水平面图（若干楼层的给排水布置完全相同，可以只画一个标准层示意）、楼层给排水平面图（凡是楼层给排水布置方式不同，均应单独绘制出给排水平面图）、屋顶给排水平面图、屋顶雨水排水平面图（有些设计将这一部分放在建筑施工图中绘制）、给排水平面大样图等几个部分。

房屋平面图在给排水施工图上，主要反映管道系统各组成部分的平面位置，因此房屋的轮廓线应与建筑施工图一致。一般只抄绘房屋的墙身、柱、门窗洞、楼梯等主要构配件，房屋的细部、门窗代号均可略去。给排水平面图表示建筑物内给排水管道及卫生设备的平面布置情况，它包括如下内容。

① 房屋建筑的平面形式。室内给排水设施寓于房屋建筑中，知道房屋建筑的平面形式，是识读给排水施工图的起码条件。

② 有关给排水设施在房屋平面中处在什么位置。这是给排水设施定位的重要依据。

③ 卫生设备、立管等的平面布置位置、尺寸关系。通过平面图，可以知道卫生设备，立管等的前后、左右关系，相距尺寸。

④ 给排水管道的平面走向。管材的名称、规格、型号、尺寸、管道支架的平面位置。

⑤ 给水及排水立管的编号。

⑥ 管道的敷设方式、连接方式、坡度及坡向。

⑦ 管道剖面图的剖切符号、投影方向。

⑧ 与室内给水相关的室外引入管、水表节点、加压设备等的平面位置。

⑨ 与室内排水相关的室外检查井、化粪池、排出管等的平面位置。

⑩ 屋面雨水排水管道的平面位置、雨水排水口的平面布置、水流的组织、管道安装敷设方式。

⑪ 如有屋顶水箱，屋顶给排水平面图还应反映水箱的平面位置、进出水箱的各种管道的平面位置、管道支架、保温等内容。

（4）系统图

所谓系统图，就是采用轴测投影原理绘制的能够反映管道、设备的三维空间关系的图纸。系统图也称轴测图，俗称透视图。由于采用了轴测投影的原理。因而整个图纸具有生动形象、立体感强、直观等特点。

室内给水系统图和排水系统图通常要分开绘制，分别表示给水系统和排水系统的空间关系。图形的绘制基础是各层给排水平面图。在绘制给排水系统图时，可把平面图中标出的不同的给排水系统拿出来，单独绘制系统图。通常，一个系统图能反映该系统从下至上全方位的关系。

给排水平面图与给排水系统图相辅相成，互相说明又互为补充，反映的内容是一致的。给排水系统图侧重于反映下列内容。

① 系统编号：该系统编号与给排水平面图中的编号一致。

② 管径：在给排水平面图中，水平投影不具有积聚性的管道，可以表示出其管径的变化，而就立管而言，因其投影具有积聚性，故不便于表示出管径的变化。在系统图中要

标注出管道的管径。

③ 标高：这里所说的标高包括建筑标高、给水排水管道的标高、卫生设备的标高、管件的标高、管径变化处的标高、管道的埋深等内容。管道埋地深度，可以用负标高加于标注。

④ 管道及设备与建筑的关系：比如管道穿墙、穿地下室、穿水箱、穿基础的位置，卫生设备与管道接口的位置等。

⑤ 管道的坡向及坡度：管道的坡度值无特殊要求时可参见说明中的有关规定，若有特殊要求则应在图中用箭头注明。管道的坡向应在系统图中注明。

⑥ 重要管件的位置：在平面图无法示意的重要管件，如给水管道中的阀门、污水管道中的检查口等，应在系统图中明确标注，以防遗漏。

⑦ 与管道相关的有关给排水设施的空间位置：如屋顶水箱、室外储水池、水泵、加压设备、室外例如阀门井等与给水相关的设施的空间位置，以及室外排水检查井、管道等与排水相关的设施的空间位置等内容。

⑧ 分区供水、分质供水情况：对采用分区供水的建筑物，系统图要反映分区供水区域；对采用分质供水的建筑，应按不同水质，独立绘制各系统的供水系统图。

⑨ 雨水排水情况：雨水排水系统图要反映管道走向，水落口、雨水斗等内容，雨水排至地下以后，若采用有组织排水，还应反映排出管与室外雨水井之间的空间关系。

（5）详图

详图又称大样图，它表明某些给排水设备或管道节点的详细构造与安装要求。当平面图不能反映清楚某一节点图形时，需有放大和细化的详图才能清楚地表示某一部位的详细结构及尺寸。

14.1.3 室内给水排水施工图的识读

14.1.3.1 室内给水排水施工图的识读方法

施工图多由平面图、轴测图组成，识读时应先粗看后细看、反复对应看，查管道、查设备、查组成，算管材、算设备。

（1）自来水供应系统

① 先看封面、设计说明、目录，再粗看图样编号、名称，了解其工程和图样概况。

② 再把平面图和轴测图对应看，按"进户管→水表节点→建筑内干管、立管、支管→用水龙头"的顺序依次来看，掌握水的流向、管径大小、管上安装的阀门。

③ 若有储水加压装置的系统，看水池、水箱、水泵的位置型号。

④ 最后反复细看给水管道的安装位置、规格型号，阀门、水池、水箱、水泵的安装位置、型号及与管的连接。

（2）消防给水系统

先区分是消火栓给水系统还是自动喷洒系统。

① 识读消火栓给水系统图的要点如下。

a. 在各层平面图看消火栓布置的位置和消防干管、立管的位置，看水箱间内的水箱位置、水箱型号、有无稳压装置，看储水池处水池位置型号、消防水泵的布置台数。

b. 把消火栓轴测图与平面图一一对应看，看轴测图上的消火栓、阀门、水池、水泵、水箱稳压装置的位置型号、数量，特别是看消火栓管道的走向、管径。

c. 在看消火栓给水系统图时，一定要看说明、目录，且依水流方向一一对应地识读平面图和轴测图，其结果应能达到计算出不同管径的管长、阀门数量与型号及其他设备的型号与台数。

② 识读自动喷洒系统图的要点如下。

a. 在各层平面图上看喷头布置的位置和干管、立管、支管的位置，看水箱间内水箱的位置型号，有无稳压装置，看储水池的水池位置型号、消防水泵的布置和台数。

b. 在轴测图上看喷头、阀门、管道、水池、水泵、水箱、稳压装置，如其型号、规格、数量，平面图与轴测图一一对应看，依水流方向或管径大小识读，分开管道和设备，计算出不同型号、不同规格设备的数量。

（3）直饮水系统

① 在各层平面图上看各用水点位置，在净水处理间内看净水处理设备的位置、型号以及水泵的位置和型号。

② 在轴测图上看管道、用水龙头、净水处理设备、水泵的连接情况。

③ 在平面图和轴测图上一一对应看供水水源的位置及管径大小。

④ 可依水流方向的顺序分开管道和设备，计算出不同型号、不同设备的规格数量，识读掌握安装用材料、安装方法和要求。

（4）热水供应系统

① 热水供应系统由热源、换热设备、用水设备、管道等组成。

② 在平面图上看热源、换热设备、用水设备、管道的布置位置、型号、规格、数量，在轴测图上看以上设备、管道的相互位置和连接情况。

③ 平面图与轴测图一一对应看，可依热源→热水管道→用水设备流向或依管径大小识读。

④ 看识读说明，掌握施工用材料、施工方法和质量要求。

⑤ 看图的目的是能掌握施工安装技术和能计算出管材、管件和设备的有关数量。

（5）室内排水系统

① 室内排水系统由卫生设备、排水管道、通气管、检查口、清扫口（有些排水系统有局部提升和局部处理装置）组成。

② 看平面图上的卫生间内各种卫生设备的平面布置，与卫生设备连接的横支管、立管的走向和管径。

③ 把排水轴测图与平面图一一对应看，看卫生设备连接的立管、横支管、主立管、通气室内排水系统管、排出管及各管上的检查口、清扫口。

④ 识读掌握管材种类、连接方法、安装质量要求及卫生设备的材质、型号及安装要求。

⑤ 依卫生设备→横支管→立管→排出管的排水流向看，了解管道的布置位置、管径、坡度坡向、卫生设备布置尺寸、通气管。

⑥ 在有局部处理和提升的排水系统中，先看平面图，后看轴测图，反复对照看，查局部处理设备的型号、规格尺寸及与管道连接的管径、坡度、坡向，最终能计算出管材管件、清扫口、检查口、通气帽等所用材料和设备的型号、数量。

14.1.3.2 室内给水排水施工图的识读

给水施工图与排水施工图多绘制在一张图纸上，下面以给水为例讲解给排水识图。

（1）自来水供应系统图示识读

先看封面、设计说明、目录，再粗看图样编号、名称，了解其工程和图样概况。再把平面图和轴测图对应看，按"进户管水表节点→建筑内干管→立管→支管→用水龙头处"的顺序依次看，掌握水的流向、管径大小、管上安装的阀门。若有储水加压装置的系统，看水池、水箱、水泵的位置、型号。最后反复看给水管道的安装位置、规格型号以及阀门、水池、水箱、水泵的安装位置、型号及与管道的链接。

① 直接给水图示的识读如图 14-1 所示。直接给水系统是在外网水压能够满足建筑内给水所需水压时设置的，它不需其他储水和加压装置。从图示上看，进户管与建筑外管网连接，在进户管上安装有水表装置，再与建筑内给水管网的干管连接，在干管上分出立管，立管上有阀门和配水龙头，立管多布置在有用水设备的房间内。看直接给水图示的路线是先看进户管、水表节点，再看建筑内的干管和立支管，最后看阀门和配水龙头，主要分清管材、不同管径的长度及各配件的型号和数量。

② 单设水箱给水图示识读如图 14-2 所示。单设水箱给水系统是在外网水压周期性不足时采用的。在外网水压足时由储水箱储水和对管网供水，在外网水压不足时由水箱供水，另外高位储水箱可起稳压的作用。这种给水系统较简单。从图示上看，进户管与建筑外管网连接，在进户管上安装有水表装置，再与储水箱连接进水，水箱出水管与建筑内水平干管连接，水平干管再与各立管连接。看单设水箱给水图示的路线是先看进户管、水表节点及水箱，再看建筑内的干管和立支管，最后看阀门和配水龙头。主要分清管材、不同管径的长度、各配件的型号和数量及水箱的型号和安装位置。

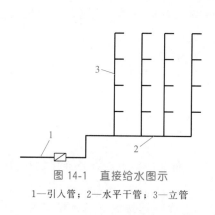

图 14-1 直接给水图示

1—引入管；2—水平干管；3—立管

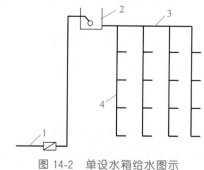

图 14-2 单设水箱给水图示

1—引入管；2—水箱；3—水平干管；4—立管

③ 水池、水泵、水箱给水图示识读如图 14-3 所示。水池、水泵、水箱给水系统是在外网水压经常不能够满足建筑内给水所需水压时设置的。外网管道内水经过进户管进入水池，由水泵抽取加压送至高位水箱，再由高位水箱向建筑内给水管网供水。看水池、水泵、水箱给水图示的路线是先看进户管、水表节点、水池、水泵及水箱，再看建筑内的干管和立支管，最后看阀门和配水龙头。主要分清管材，不同管径的长度，各配件的型号和数量和水池、水泵、水箱的型号和安装位置。

④ 气压给水图示识读如图 14-4 所示。气压给水系统是在外网水压经常不能够满足建筑内给水所需水压时设置的。外网管道内水经过进户管进入水池，由气压给水设备向建筑

内给水管网供水。看气压给水图示的路线是先看进户管、水表节点、水池、气压给水设备，再看建筑内的干管和立支管，最后看阀门和配水龙头，主要分清管材，不同管径的长度，各配件的型号和数量及水池、气压给水设备的型号和安装位置。

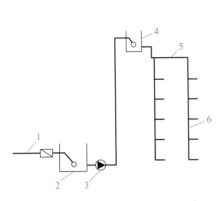

图 14-3　水池、水泵、水箱给水示意图

1—引入管；2—水池；3—水泵；

4—水箱；5—水平干管；6—立管

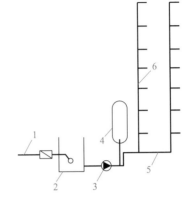

图 14-4　气压给水图示

1—引入管；2—水池；3—水泵；4—气

压水罐；5—水平干管；6—立管

⑤ 变频调速给水图示识读如图 14-5 所示。变频调速给水系统是在外网水压经常不能够满足建筑内给水所需水压时设置的。外网管道内水经过进户管进入水池，由变频调速水泵向建筑内给水管网供水。看变频调速给水图示的路线是先看进户管、水表节点、水池、变频调速水泵，再看建筑内的干管和立支管，最后看阀门和配水龙头。主要分清管材、不同管径的长度、各配件的型号和数量及变频调速水泵的型号和安装位置。

⑥ 分区给水图示识读如图 14-6 所示。分区给水系统是为充分利用外网资源水头而设计的。外网水压能够满足建筑低层水压时采用直接给水，上层采用加压给水。看分区给水图示分两种系统看：先看直接给水系统，依"进户管→水表节点→建筑内水平管、立管"识读；再看加压给水系统，依"水池→加压装置→管网"识读。

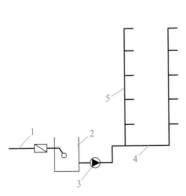

图 14-5　变频调速给水图示

1—引入管；2—水池；3—变频水泵；

4—水平干管；5—立管

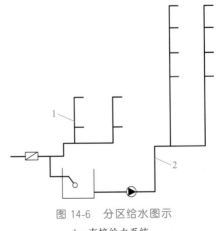

图 14-6　分区给水图示

1—直接给水系统；

2—加压给水系统

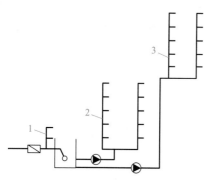

图 14-7　高层建筑给水图示
1—直接给水系统；2—下区加压给水
系统；3—上区加压给水系统

⑦ 高层建筑给水图示识读如图 14-7 所示。高层建筑给水系统常为分区加压给水，依"直接给水系统→下区加压给水系统→上区加压给水系统"的路线看。直接给水系统要清楚进户管、水表节点和管道，加压系统要清楚进户管、水表、水池加压设备和管道等。

（2）消防给水系统图示识读

识读消防给水系统图应先区分是消火栓给水系统还是自动喷洒系统。

① 识读消火栓给水系统图。在各层平面图看消火栓布置的位置和消防干管、立管的位置，看水箱间内的水箱位置、水箱型号、有无稳压装置，看储水池处水池位置型号、消防水泵的布置台数。

看水池、水泵、水箱、稳压装置的位置型号、数量，特别是看消火栓管道的走向、管径。在看消火栓给水系统图时，一定要看说明、目录，且依水流方向一一对应地识读平面图和轴测图，其结果应能达到计算出不同管径的管长、阀门数量与型号、其他设备的型号与台数。

a. 常高压消火栓系统是在外网水压能够经常满足建筑内消火栓系统水压的条件下设置的，不需加压设施。看图时，依"进户管→水表节点→建筑内消火栓管道→消火栓箱"的方向识读。

b. 临时高压消火栓系统是在外网水压不能够满足建筑内消火栓系统水压的条件下设置的，需水池、水泵、水箱等加压设施。看图时，依"进户管→水表节点→水池、水泵→建筑内消火栓管道→消火栓箱→水箱"的方向识读。

c. 稳高压消火栓系统设置的条件同临时高压消火栓系统，由于水箱设置高度不够，采用了稳压装置。看图时，依"进户管→水表节点→水池、水泵→建筑内消火栓管道→消火栓箱"的方向识读。

d. 高层建筑消火栓给水管道系统并联式，各区成为一独立的消防系统，分别有自己的水泵、水箱，储水池共用。看图时，按各区系统分别看，依"水池、水泵→消防管道→消火栓箱"的方向看，看清各组成部分。

e. 高层建筑消火栓给水管道系统串联式各区的消防系统分别有自己的水泵、水箱，但下区的高位水箱为上区系统的水池，最下面的储水池为总水源。看图时，从下区系统开始逐次往上看各区系统，然后又对各区系统分别看。依"水池、水泵→水池管道→水箱→消火栓"的方向看，看清各组成部分。

② 识读自动喷洒系统图。在各层平面图上看喷头布置的位置和干管、立管、支管的位置，看水箱间内水箱的位置型号，有无稳压装置，看储水池位置型号，看消防水泵的布置、台数。

在轴测图上看喷头、阀门、管道、水池水泵、水箱、稳压装置，如其型号、规格、数量。平面图与轴测图一一对应看，依水流方向或管径大小识读，分开管道和设备，能计算出不同型号、不同规格设备的数量。

a. 常高压建筑内自动喷水给水管道系统是在外网水压能够经常满足建筑内自动喷水

给水管道系统水压的条件下设置的，不需加压设施。看图时，依"进户管→水表节点→建筑内管道→喷头"的方向识读。

b. 临时高压建筑内自动喷水给水管道系统是在外网水压不能够满足自动喷水给水管道系统水压的条件下设置的，需加压设施。看图时，依"进户管→水表节点→水池、水泵、水箱稳压设备→水力报警阀→建筑内自动喷水管道→喷头"的方向识读。

c. 稳高压建筑内自动喷水给水管道系统是在外网水压不能够满足自动喷水给水管道系统水压的条件下设置的，需加压设施。它与临时高压建筑内自动喷水给水管道系统不同的是水箱安装高度不够而另设有稳压设备。看图时，依"进户管→水表节点→水池、水泵、水箱→水力报警阀→建筑内自动喷水管道→喷头"的方向识读。

d. 由管道系统和水幕喷头组成水幕消防用水系统，常用于防火分区。看建筑内水幕消防给水管道系统工程图时，依"水源管道→系统管道→水幕喷头"的方向识读。

（3）直饮水系统图示识读

在各层平面图上看各用水器具的位置，在净水处理间内看净水处理设备的位置、型号以及水泵的位置和型号。

在轴测图上看管道、用水龙头、净水处理设备、水泵的连接情况。

在平面图和轴测图上一一对应看供水水源的位置及管径大小。

可依水流方向的顺序分开管道和设备，能计算出不同型号、不同规格设备的数量。识读掌握安装用材料、安装方法和要求。

① 下行上给式建筑内饮水供应管道系统水平干管在下面，供水立管在上面，看图时依"水平干管→立管→横支管→用水器具"的方向看。看清各不同管道的管径和用水器具。

② 上行下给式建筑内饮水供应管道系统水平干管在上面，供水立管在下面，看图时依"水平干管→立管→横支管→用水器具"的方向看。看清各不同管道的管径和用水器具。

（4）室内给水系统管道工程图识读举例

① 室内给水系统采用直接给水方式，其给水系统轴测图如图 14-8 所示。

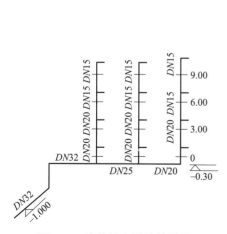

图 14-8 直接给水系统轴测图

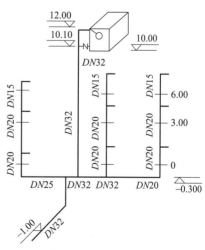

图 14-9 单设水箱给水系统轴测图

从轴测图上看，引入管从左下引入，管径 $DN32$，埋深 $-1.00m$，经过一 $DN32$ 弯头往右成一水平管，变至 $DN25$、$DN20$ 的管，在该水平管上分出三根立管。该水平管埋深 $-0.30m$。每根立管的管径从下至上，管径由 $DN20$、$DN20$、$DN15$、$DN15$ 变化。共 4 层，层高为 $3.00m$，每根横支管离地面 $1.00m$。

② 室内给水系统采用单设水箱给水，其给水系统轴测图如图 14-9 所示。

从轴测图上看，引入管从左下引入，管径 $DN32$，埋深 $-1.00m$，经过一 $DN32$ 的弯头至上，再由一 $DN32$ 三通往左右成水平管，左变至 $DN25$，右变至 $DN32$、$DN20$ 的管。

在这水平管上分出三根立管，水平管埋深 $-0.30m$。每根立管从下至上，管径由 $DN20$、$DN20$、$DN15$ 变化。共 3 层，层高为 $3.00m$，每根横支管离地面 $1.00m$。在水平管上连接有一根 $DN32$ 至水箱的管。水箱底标高 $10.00m$，进水管上安装有浮球阀，进水管标高 $12.00m$，出水管上安装有出流的止回阀，出水管的标高为 $10.10m$。

14.2 室内采暖施工图

14.2.1 采暖施工图的组成

室内采暖施工图包括设计总说明、采暖工程平面图、采暖系统轴测图、采暖详图、设备及主要材料表等几部分。

（1）设计总说明

设计总说明是用文字对在施工图样上无法表示出来而又必须要施工人员知道的内容予以说明，如建筑物的采暖面积、热源种类、热媒参数、系统总热负荷、系统形式、进出口压力差、散热器形式和安装方式、管道敷设方式以及防腐、保温、水压试验的做法及要求等。此外，还应说明需要参看的有关专业的施工图号（或采用的标准图号）以及设计上对施工的特殊要求等。

（2）采暖工程平面图

采暖工程平面图主要表明建筑物内采暖管道及采暖设备的平面布置情况，其主要内容如下所述。

① 采暖总管入口和回水总管出口的位置、管径和坡度。

② 各立管的位置和编号。

③ 地沟的位置、主要尺寸及管道支架部分的位置等。

④ 散热设备的安装位置及安装方式。

⑤ 热水供暖时，膨胀水箱、集气罐的位置及连接管的规格。

⑥ 蒸汽供暖时，管线间及末端的疏水装置、安装方法及规格。

⑦ 地热辐射供暖时，分配器的规格、数量，分配器与热辐射管件之间的连接和管件的布置方法及规格。

（3）采暖系统轴测图

采暖系统轴测图表明整个供暖系统的组成及设备、管道、附件等的空间布置关系，表明各立管编号，各管段的直径、标高、坡度，散热器的型号与数量（片数），膨胀水箱和集气罐及阀件的位置、型号规格等。

（4）采暖详图

采暖详图包括标准图和非标准图，采暖设备的安装都要采用标准图，个别的还要绘制详图。标准图包括散热器的连接安装、膨胀水箱的制作和安装、集气罐的制作和连接、补偿器和疏水器的安装、入口装置等；非标准图是指供暖施工平面图及轴测图中表示不清而又无标准图的节点图、零件图。

（5）设备、材料表

设备、材料表用表格的形式反映采暖工程所需的主要设备、各类管道、管件、阀门以及其他材料的名称、规格、型号和数量。

14.2.2 室内采暖施工图的内容

（1）管道平面图

室内采暖管道平面图表明管道、附件及散热器在建筑物内的平面位置及相互关系。可分为底层平面图、楼层平面图及顶层平面图。其主要内容如下。

① 散热器或热风机的平面位置、散热器种类、片数及安装方式，即散热器是明装、暗装或半暗装。

② 立管的位置及编号，立管与支管和散热器的连接方式。

③ 蒸汽采暖系统表明疏水器的类型、规格及平面布置。

④ 顶层平面图表明上分式系统干管位置、管径、坡度、阀门位置、固定支架及其他构件的位置。热水采暖系统还要表明膨胀水箱集气罐等设备的位置及其接管的布置和规格。

⑤ 底层平面图要表明热力入口的位置及管道布置。

（2）管道系统图

系统图是表示采暖系统空间布置情况和散热器连接形式的立体轴测图，反映系统的空间形式。其主要内容如下。

① 从热力入口至系统出口的管道总立管、供水（汽）干管、立管、散热器支管、回（凝结）水干管之间的连接方式、管径，水平管道的标高、坡度及坡向。

② 散热器、膨胀水箱、集气罐等设备的位置、规格、型号及接管的管径、阀门的设置。

③ 与管道安装相关的建筑物的尺寸，如各楼层的标高、地沟位置及标高等也要表示出来。

（3）详图

采暖平面图和系统图难以表达清楚而又无法用文字加以说明的问题，可以用详图表示。详图包括有关标准图和绘制的节点详图。

① 标准图。在设计中，有的设备、器具的制作和安装，某些节点的结构做法和施工要求是通用的、标准的，因此，设计时直接选用国家和地区的标准图集和设计院的重复使用图集，不再绘制这些详细图样，只在设计图纸上注出选用的图号，即通常使用的标准图。有些图是施工中通用的，但非标准图集中使用的，所以，习惯上人们把这些图与标准图集中的图一并称为重复使用图。

② 节点详图。用放大的比例尺，画出复杂节点的详细结构，一般包括用户入口、设

备安装、分支管大样、过门地沟等。

③ 安装详图。图 14-10 所示是一组散热器的安装详图，图中表明散热器支管与散热器和立管之间的连接形式，散热器与地面、墙面之间的安装尺寸结合方式及结合件本身的构造等。

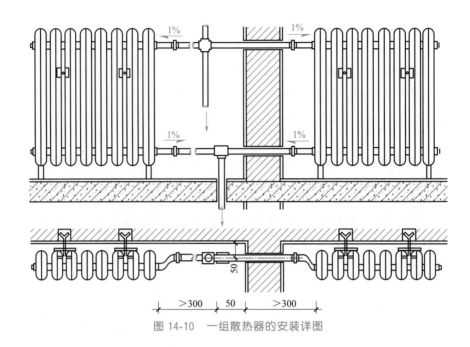

图 14-10　一组散热器的安装详图

14.2.3　室内采暖施工图的识读

14.2.3.1　室内采暖施工图的识读方法

识读室内采暖工程图需先熟悉图纸目录，了解设计说明，了解主要的建筑图（总平面图及平、立、剖面图）及有关的结构图，在此基础上将采暖平面图和系统图联系对照识读，同时再辅以有关详图配合识读。

（1）图纸目录的设计说明的识读

① 熟悉图纸目录。从图纸目录中可知工程图纸的种类和数量，包括所选用的标准图或其他工程图纸，从而可粗略得知工程的概貌。

② 了解设计和施工说明，它一般包括如下内容。

a. 设计所使用的有关气象资料、卫生标准、热负荷量、热指标等基本数据。

b. 采暖系统的形式、划分及编号。

c. 统一图例和自用图例符号的含义。

d. 图中未加表明或不够明确而需特别说明的一些内容。

e. 统一做法的说明和技术要求。

（2）平面图识读方法

① 查找采暖总管入口和回水总管出口的位置、管径、坡度及一些附件。引入管一般设在建筑物中间或两端或单元入口处。总管入口处一般由减压阀、混水器、疏水器、分水

器、分汽缸、除污器、控制阀门等组成。如果平面图上注明有入口节点图的，阅读时则要按平面图所注节点图的编号查找入口详图进行识读。

② 了解干管的布置方式，干管的管径，干管上的阀门、固定支架、补偿器等的平面位置和型号等。读图时要查看干管敷设在最顶层、中间层，还是最底层。干管敷设在最顶层说明是上供式系统，干管敷设在中间层说明是中供式系统，干管敷设在最底层说明是下供式系统。在底层平面图中会出现回水干管，一般用粗虚线表示。如果干管最高处设有集气罐，则说明为热水供暖系统；如果散热器出口处和底层干管上出现有疏水器，则说明干管（虚线）为凝结水管，从而表明该系统为蒸汽供暖系统。

读图时还应弄清补偿器与固定支架的平面位置及其种类。为了防止供热管道升温时，由于热伸长或温度应力而引起管道变形或破坏，需要在管道上设置补偿器。供暖系统中的补偿器常用的有方形补偿器和自然补偿器。

③ 查找立管的数量和布置位置。复杂的系统有立管编号，简单的系统有的不进行编号。

④ 查找建筑物内散热设备（散热器、辐射板、暖风机）的平面位置、种类、数量（片数）以及散热器的安装方式。散热器一般布置在房间外窗内侧窗台下（也有沿内墙布置的）。散热器的种类较多，常用的散热器有翼形散热器、柱形散热器、钢串片散热器、板型散热器、扁管型散热器、辐射板、暖风机等。散热器的安装方式有明装、半暗装、暗装。一般情况下散热器以明装较多。结合图纸说明确定散热器的种类和安装方式及要求。

⑤ 对热水供暖系统，查找膨胀水箱、集气罐等设备的平面位置、规格尺寸及与其连接的管道情况。热水供暖系统的集气罐一般装在系统最宜集气的地方，装在立管顶端的为立式集气罐，装在供水干管末端的为卧式集气罐。

（3）系统图识读方法

① 按热媒的流向确认采暖管道系统的形式及其连接情况，各管段的管径、坡度、坡向，水平管道和设备的标高以及立管编号等。采暖管道系统图完整地表达了采暖系统的布置形式，清楚地表明了干管与立管以及立管、支管与散热器之间的连接方式。散热器支管有一定的坡度，其中，供水支管坡向散热器，回水支管则坡向回水立管。

② 了解散热器的规格及数量。当采用柱形或翼形散热器时，要弄清散热器的规格与片数（以及带脚片数）。当为光滑管型散热器时，要弄清其型号、管径、排数及长度。当采用其他采暖设备时，应弄清设备的构造和标高（底部或顶部）。

③ 注意查清其他附件与设备在管道系统中的位置、规格及尺寸，并与平面图和材料表等加以核对。

④ 查明采暖入口的设备、附件、仪表之间的关系，热媒来源、流向、坡向、标高、管径等。如有节点详图，则要查明详图编号，以便查阅。

14.2.3.2 室内采暖施工图的识读案例

图14-11～图14-13所示为某办公室采暖平面图与采暖系统图，以该图纸为例进行采暖施工图的识读。

图14-11～图14-13为某办公楼采暖工程施工图，它包括平面图（首层、二层）和系统图。该工程的热媒为热水（70～95℃），由锅炉房通过埋地管道集中供热。

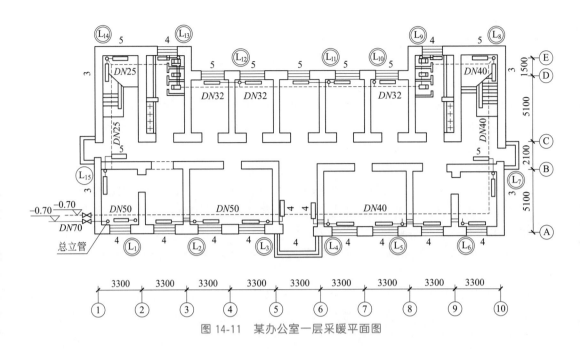

图 14-11 某办公室一层采暖平面图

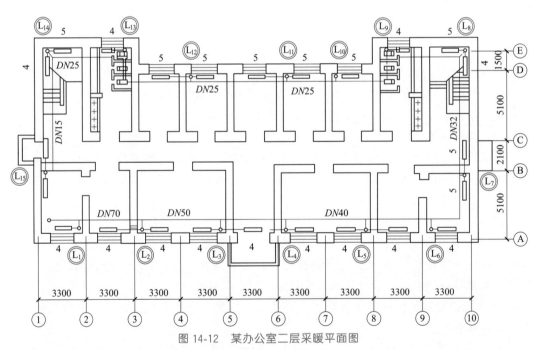

图 14-12 某办公室二层采暖平面图

　　管道系统的布置方式采用上行下给单管同程式系统。供热干管敷设在顶层顶棚下，回水干管敷设在底层地面之上（跨门部分敷设在地下管沟内）。散热器采用四柱 813 型，均明装在窗台之下。

　　供热干管从办公楼西南角埋地进入室内，在①和Ⓐ的墙角处抬头，穿越楼层直通顶层顶棚下标高 6.500m 处，由竖直而折向水平，向东环绕外墙内侧布置，后折向北再折向西形成上行水平干管，然后通过各立管将热水供给各层房间的散热器。所有立管均设在各房

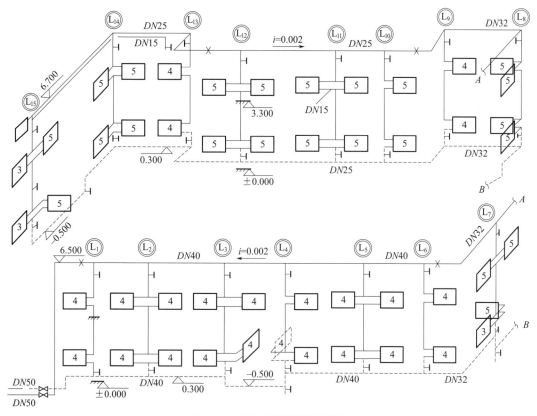

图 14-13　某办公室采暖系统图

间的外墙角处，通过支管与散热器相连通，经散热器散热后的回水，由敷设在地面之上沿外墙布置的回水干管自办公楼底层西南角处排出室外，通过室外埋地管道送回锅炉房。

　　采暖平面图表达了首层、二层散热器的布置状况及各组散热器的片数。二层平面图表示出供热干管与各立管的连接关系；底层平面图表示了供热干管及回水干管的进出口位置、回水干管的布置及其与各立管的连接。从采暖系统图可清晰地看到整个采暖系统的形式和管道连接的全貌，而且表达了管道系统各管段的直径，每段立管两端均设有控制阀门，立管与散热器为双侧连接，散热器连接支管一律采用 $DN15$ 钢管。供热干管和回水干管在进出口处各设有总控制阀门，供热干管末端设有集气罐，集气罐的排气管下端设一阀门，供热干管采用 0.002 的坡度，坡向散热器，回水干管采用水平布置，跨门部分的沟内管道做法另见详图（图中未包含）。

14.3　建筑电气施工图

14.3.1　概述

（1）室内电气系统的组成

① 照明电器及用电器。电光源与灯具的组合称为电气照明器；其他设备如开关、插

座、电铃、排气扇、空调等称为用电器。

② 开关和插座。开关和插座是电路的重要设备，直接关系到安全用电和供电。开关是接通或断开照明灯具电源的器件，用来控制灯具等设备。插座是为移动式电器和设备提供电源的设备。

③ 电力设备。工业企业及民用建筑中使用的以电动机为原动力的设备及其控制装置和附属设备统称为电力设备。

④ 配电箱。配电箱按电气接线要求将开关设备、测量仪表、保护电器和辅助设备组装在封闭或半封闭金属柜中或屏幅上。

⑤ 配电线路。从降压变电站把电力送到配电变压器或将配电变压器的电力送到用电单位的线路称为配电线路。配电线路电压为 3.6～405kV 的，称为高压配电线路；配电电压不超过 1kV、频率不超过 1000Hz、电压不超过 1500V 的，称为低压配电线路。

室内电气系统的配电方式，由室外低压配电线路（引入线）引到建筑物内总配电箱，从总配电箱分出若干组干线，每组干线接分配电箱，最后从分配电箱引出若干组支线（回路）接至各用电设备，如图 14-14 所示。

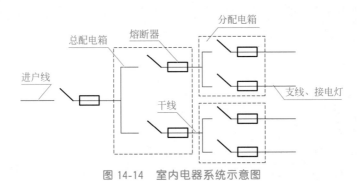

图 14-14　室内电器系统示意图

（2）建筑电气工程施工图的组成

建筑电气工程施工图主要用来表达建筑中电气工程的构成、布置和功能，描述电气装置的工作原理，提供安装技术数据和使用维护依据。

建筑电气工程施工图的种类很多，主要包括照明工程施工图、变电所工程施工图、动力系统施工图、电气设备控制电路图、防雷与接地工程施工图等。

（3）建筑电气工程施工图的主要内容

成套的建筑电气工程施工图的内容随工程大小及复杂程度的不同有所差异，其主要内容一般应包括以下几个部分。

① 封面。封面上面主要有工程项目名称、分部工程名称、设计单位等内容。

② 图纸目录。图纸目录是图纸内容的索引，主要有序号、图纸名称、图号、张数、张次等。便于有目的、有针对性地查找、阅读图纸。

③ 设计说明。设计说明主要阐述设计者应该集中说明的问题。诸如：设计依据、建筑工程特点、等级、设计参数、安装要求和方法、图中所用非标准图形符号及文字符号等。设计说明帮助读图者了解设计者的设计意图和对整个工程施工的要求，提高读图效率。

④ 主要设备材料表。设计说明以表格的形式给出该工程设计所使用的设备及主要材

料，主要包括序号、设备材料名称、规格型号、单位、数量等主要内容，为编写工程概预算及设备、材料的订货提供依据。

⑤ 系统图是用图形符号概略表示系统或分系统的基本组成、相互关系及其主要特征的一种简图。系统图上标有整个建筑物内的配电系统和容量分配情况，配电装置，导线型号、截面、敷设方式及管径等。

⑥ 平面图是在建筑平面图的基础上，用图形符号和文字符号绘出电气设备、装置、灯具、配电线路、通信线路等的安装位置、敷设方法和部位的图纸，属于位置简图，是安装施工和编制工程预算的主要依据。一般包括动力平面图、照明平面图、综合布线系统平面图、火灾自动报警系统施工平面图等。因这类图纸是用图形符号绘制的，所以不能反映设备的外形大小和安装方法，施工时必须根据设计要求选择与其相对应的标准图集进行。

建筑电气工程中变配电室平面图与其他平面图不同，它是严格依设备外形，按照一定比例和投影关系绘制出的，用来表示设备安装位置的图纸。为了表示出设备的空间位置，这类平面图必须配有按三视图原理绘制出的立面图或剖面图。这类图一般称为位置图，而不能称为位置简图。

⑦ 电路图是用图形符号并按工作顺序排列，详细表示电路、设备或成套装置的全部基本组成和连接关系，而不考虑其实际位置的一种简图。这种图又习惯称为电气原理图或原理接线图，便于详细理解其作用原理，分析和计算电路特性，是建筑电气工程中不可缺少的图种之一，主要用于设备的安装接线和调试。电路图大多是采用功能布局法绘制的，能够看清整个系统的动作顺序，便于电气设备安装施工过程中的校线和调试。

⑧ 安装接线图。安装接线图表示成套装置、设备或装置的连接关系，是用以进行接线和检查的一种简图。这种图不能反映各元件间的功能关系及动作顺序，但在进行系统校线时配合电路图能很快查出元件接点位置及错误。

⑨ 详图。详图（大样图、国家标准图）是用来表示电气工程中某一设备、装置等的具体安装方法的图纸。在我国各设计院一般都不设计详图，而只给出参照标准图集实施的要求即可。

（4）建筑电气工程施工图的特点

阅读建筑电气工程施工图必须熟悉电气图基本知识和电气工程施工图的特点，同时掌握一定的阅读方法，才能比较迅速全面地读懂图纸，以完全实现读图的意图和目的。了解建筑电气工程施工图的主要特点，可以帮助我们提高识图效率，改善识图效果，尽快完成识图目的。

建筑电气工程施工图的特点有如下几点。

① 建筑电气工程施工图是采用标准的图形符号及文字符号绘制出来的，属简图之列。所以，要阅读建筑电气工程施工图，首先就必须认识和熟悉这些图形符号所代表的内容和含义以及它们之间的相互关系。

② 电路是电流、信号的传输通道，任何电路都必须构成其闭合回路。只有构成闭合回路，电流才能流通，电气设备才能正常工作，这是判断电路图正误的首要条件。一个电路的组成包括四个基本要素：电源、用电设备、导线、控制设备。

当然要真正读懂图纸，还必须了解设备的基本结构、工作原理、工作程序、主要性能和用途等。

③ 电路中的电气设备、元件等，彼此之间都是通过导线将其连接起来构成一个整体

的。导线可长可短，能够比较方便地跨越较远的空间距离，所以电气工程图有时就不像机械工程图或建筑工程图那样比较集中，比较直观。有时电气设备安装位置在 A 处，而控制设备的信号装置、操作开关则可能在很远的 B 处，而两者又不在同一张图纸上。了解这一特点，就可将各有关的图纸联系起来，对照阅读，能很快实现读图目的。一般而言，应通过系统图、电路图找联系；通过布置图、接线图找位置；交错阅读，这样读图效率可以提高。

④ 建筑电气工程涉及专业技术较多，要读懂施工图不能只要求认识图形符号，而且要求具备一定的相关技术的基础知识。

⑤ 建筑电气工程施工平面图都是在建筑平面图的基础上绘制的，这就要求看图者应具有一定的建筑图阅读能力。建筑电气与智能建筑工程的施工是与建筑主体工程及其他安装工程（给排水、通风空调、设备安装等工程）施工相互配合进行的，所以，建筑电气工程施工图不能与建筑结构图及其他安装工程施工图发生冲突。例如，各种线路（线管、线槽等）的走向与建筑结构的梁、柱、门窗、楼板的位置、走向有关，还与各种管道的规格、用途、走向有关；安装方法与墙体结构、楼板材料有关。特别是一些暗敷线路、电气设备基础及各种电气预埋件更与土建工程密切相关。因此，阅读建筑电气工程施工图时应对应阅读与之有关的土建工程图、管道工程图，以了解相互之间的配合关系。

⑥ 建筑电气工程施工图对于所属设备的安装方法、技术要求等，往往不能完全反映出来。而且也没有必要一一标注清楚，因为这些技术要求在相应的标准图集和规范、规程中有明确规定。因此，设计人员为保持图面清晰，都采用在设计说明中给出"参照××规范"或"参照××标准图集"的方法。所以，在阅读图纸时，有关安装方法、技术要求等问题，要注意阅读有关标准图集和有关规范并参照执行，完全可以满足估算造价和安装施工的要求。

(5) 阅读建筑电气工程施工图的一般程序

阅读建筑电气工程施工图的方法没有统一规定。但当拿到一套施工图时，面对一大摞图纸，一般多按以下顺序阅读（浏览），而后再重点阅读。

① 看标题栏及图纸目录，了解工程名称、项目内容、设计日期及图纸数量和内容等。每一张图纸都有标题栏，虽然标题栏的内容很简单，但很重要。必须引起读图者的重视。因为首先要根据标题栏来确定这张图是否是所需要阅读的图纸。有时遇到设计变更，改过的新图纸标题栏内容比原设计图纸标题栏内容只多出一个"改"字和设计时间的不同，如不注意，就会出错。

② 看总说明，了解工程总体概况及设计依据，了解图纸中未能表达清楚的各有关事项。如供电电源的来源、电压等级、线路敷设方法、设备安装高度及安装方式、补充使用的非国标图形符号、施工时应注意的事项等。有些分项局部问题是分项工程的图纸上说明的，看分项工程图纸时，也要先看设计说明。

③ 看系统图，各子分部、分项工程的图纸中都包含有系统图。如变配电工程的配电系统图、电力工程的电力系统图、照明工程的照明系统图以及火灾自动报警系统图、建筑设备监控系统图、综合布线系统图、有线电视系统图等。看系统图的目的是了解系统的基本组成，主要电气设备、元件等连接关系及它们的规格、型号、参数等，掌握该系统的组成概况。

④ 看平面图。平面图是工程施工的主要依据，也是用来编制工程预算和施工方案的

主要依据。往往是需要反复阅读的。如变配电所电气设备安装平面图（还应有剖面图），电力平面图，照明平面图，防雷、接地平面图，火灾自动报警系统平面图，综合布线系统平面图，防盗报警系统平面图等。这些平面图都是用来表示设备安装位置、线路敷设部位、敷设方法及所用导线型号、规格、数量、管径大小的。在通过阅读系统图，了解了系统组成概况之后，就可依据平面图编制工程预算和施工方案具体组织施工了，所以对平面图必须熟读。阅读建筑电气工程施工平面图的一般顺序是：进线→总配电箱→干线→支干线→分配电箱→用电设备。

⑤ 看电路图，了解系统中用电设备的电气自动控制原理，用来指导设备的电气装置安装和控制系统的调试工作。因电路图多是采用功能布局法绘制的，看图时应依据功能关系从上至下或从左至右一个回路一个回路地阅读。熟悉电路中各电器的性能和特点，对读懂图纸有极大的帮助。

⑥ 看安装接线图，了解设备或电器的布置与接线，与电路图对应阅读，进行控制系统的配线和调校工作。

⑦ 看安装大样图。安装大样图是用来详细表示设备安装方法的图纸，是依据施工平面图，进行安装施工和编制工程材料计划时的重要参考图纸。特别是对于初学安装的人更显得重要，甚至可以说是不可缺少的。安装大样图多采用全国通用电气装置标准图集，其选用的依据是设计说明或施工平面图内容。

⑧ 看设备材料表。设备材料表提供了该工程所使用的设备、材料的型号、规格和数量，是编制购置设备、材料计划的重要依据之一。还可以根据设备材料表提供的规格、型号，查阅设备手册，从而了解该设备的性能特点及安装尺寸，配合施工做好预留、预埋工作。

14.3.2 室内电气照明施工图识读

14.3.2.1 室内电气照明施工图识读方法

(1) 识读室内电气施工图的一般方法

① 应按阅读建筑电气工程图的一般顺序进行阅读。首先应阅读相对应的室内电气系统图，了解整个系统的基本组成、相互关系，做到心中有数。

② 阅读设计说明。平面图常附有设计或施工说明，以表达图中无法表示或不易表示，但又与施工有关的问题。有时还给出设计所采用的非标准图形符号。了解这些内容对进一步读图是十分必要的。

③ 了解建筑物的基本情况，如房屋结构、房间分布与功能等。因电气管线敷设及设备安装与房屋的结构直接有关。

④ 熟悉电气设备、灯具等在建筑物内的分布及安装位置，同时要了解它们的型号、规格、性能、特点和对安装的技术要求。对于设备的性能、特点及安装技术要求，往往要通过阅读相关技术资料及施工验收规范来了解。如在照明平面图中，当照明开关的安装高度没有明确规定时，可按《建筑电气工程施工质量验收规范》（GB 50303—2015）的有关规定执行，即：开关安装的位置应便于操作，开关边缘距门框的横向距离宜为 0.15～0.2m；开关距地面高度宜为 1.3m；拉线开关距地面高度宜为 2～3m，且拉线出口应垂直向下。

⑤ 了解各支路的负荷分配情况和连接情况。在了解了电气设备的分布之后，就要进一步明确它是属于哪条支路的负荷，从而弄清它们之间的连接关系，这是最重要的。一般从进线开始，经过配电箱后，一条支路一条支路地阅读。如果这个问题解决不好，就无法进行实际配线施工。

由于动力负荷多是三相负荷，所以主接线连接关系比较清楚。然而照明负荷都是单相负荷，而且照明灯具的控制方式多种多样，加上施工配线方式的不同，对相线、零线、保护线的连接各有要求，所以其连接关系较复杂。如相线必须经开关后再接灯座，而零线则可直接进灯座，保护线则直接与灯具金属外壳相连接。这样就会在灯具之间、灯具与开关之间出现导线根数的变化。其变化规律要通过熟悉照明基本线路和配线基本要求才能掌握。

⑥ 室内电气平面图是施工单位用来指导施工的依据，也是施工单位用来编制施工方案和编制工程预算的依据。而常用设备、灯具的具体安装图却很少给出，这只能通过阅读安装大样图（国家标准图）来解决。所以阅读平面图和阅读安装大样图应相互结合起来。

⑦ 室内电气平面图只表示设备和线路的平面位置而很少反映空间高度。但是在阅读平面图时，必须建立起空间概念。这对预算技术人员特别重要，可以防止在编制工程预算时，造成垂直敷设管线的漏算。

⑧ 相互对照、综合看图。为避免建筑电气设备及电气线路与其他建筑设备及管路在安装时发生位置冲突，在阅读室内电气平面图时要对照阅读其他建筑设备安装工程施工图，同时还要了解规范要求。

（2）室内电气照明工程系统图的识读

读懂系统图，对整个电气工程就有了一个总体的认识。

电气照明工程系统图是表明照明的供电方式、配电线路的分布和相互联系情况的示意图，图上标有进户线型号、芯数、截面积以及敷设方法和所需保护管的尺寸，总电表箱和分电表箱的型号和供电线路的编号、敷设方法、容量和管线的型号规格。

（3）室内电气照明工程平面图的识读方法

根据平面图标示的内容，识读平面图要沿着电源、引入线、配电箱、引出线、用电器具这样沿"线"来读。在识读过程中，要注意了解导线根数、敷设方式，灯具型号、数量、安装方式及高度，插座和开关安装方式、安装高度等内容。

14.3.2.2　室内电气照明施工图识读案例

（1）室内电气照明平面图识读案例

某幼儿园一层照明平面布置图如图 14-15 所示。

图 14-15 所示为某幼儿园一层照明平面布置图。图中有一个照明配电箱 AL1，由配电箱 AL1 引出 WL1 至 WL11 共 11 路配电线。其中，WL1 照明支路共有 4 盏双眼应急灯和 3 盏疏散指示灯。4 盏双眼应急灯分别位于：轴线⑧的下方，连接到③轴线右侧传达室附近 1 盏；轴线⑧的下方，连接到③轴线楼梯的下方和⑦轴线左侧消毒室附近各 1 盏；轴线⑧的下方，连接到①轴线右侧厨房附近 1 盏。3 盏疏散指示灯分别位于：轴线Ⓐ的上方，连接到③～⑤轴线之间的门厅 2 盏；轴线Ⓓ～Ⓔ之间，连接到⑫轴线右侧的楼道附近 1 盏。

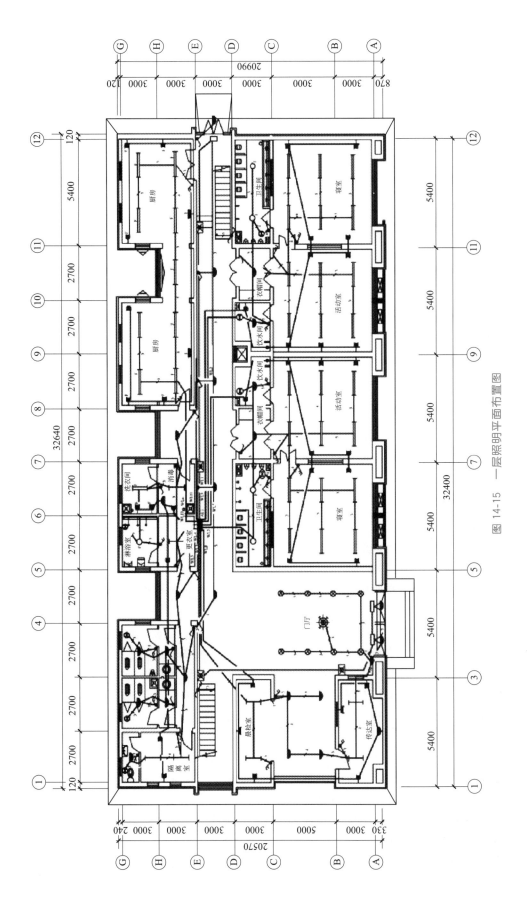

图 14-15　一层照明平面布置图

WL2 照明支路共有防水吸顶灯 2 盏、吸顶灯 2 盏、双管荧光灯 12 盏、排风扇 2 个、暗装三极开关 3 个、暗装两极开关 2 个、暗装单极开关 1 个。位于轴线ⓒ～Ⓓ之间，连接到⑤～⑦轴线之间的卫生间里安装 2 盏防水吸顶灯、1 个排风扇和 1 个暗装三极开关；位于轴线ⓒ～Ⓓ之间，连接到⑦～⑧轴线之间的衣帽间里安装 1 盏吸顶灯和 1 个暗装单极开关；位于轴线ⓒ～Ⓓ之间，连接到⑧～⑨轴线之间的饮水间里安装 1 盏吸顶灯、1 个排风扇和 1 个暗装两极开关；位于轴线Ⓐ～ⓒ之间，连接到⑤～⑦轴线之间的寝室里安装 6 盏双管荧光灯和 1 个暗装三极开关；位于轴线Ⓐ～ⓒ之间，连接到⑦～⑨轴线之间的活动室里安装 6 盏双管荧光灯和 1 个暗装三极开关。

WL3 照明支路共有防水吸顶灯 2 盏、吸顶灯 2 盏、双管荧光灯 12 盏、排风扇 2 个、暗装三极开关 3 个、暗装两极开关 2 个、暗装单极开关 1 个。位于轴线ⓒ～Ⓓ之间，连接到⑪～⑫轴线之间的卫生间里安装 2 盏防水吸顶灯、1 个排风扇和 1 个暗装三极开关；位于轴线ⓒ～Ⓓ之间，连接到⑩～⑪轴线之间的衣帽间里安装 1 盏吸顶灯和 1 个暗装单极开关；位于轴线ⓒ～Ⓓ之间，连接到⑨～⑩轴线之间的饮水间里安装 1 盏吸顶灯、1 个排风扇和 1 个暗装两极开关；位于轴线Ⓐ～ⓒ之间，连接到⑪～⑫轴线之间的寝室里安装 6 盏双管荧光灯和 1 个暗装三极开关；位于轴线Ⓐ～ⓒ之间，连接到⑨～①轴线之间的活动室里安装 6 盏双管荧光灯和 1 个暗装三极开关。

WL4 照明支路共有防水吸顶灯 1 盏、吸顶灯 12 盏、双管荧光灯 1 盏、单管荧光灯 4 盏、排风扇 4 个、暗装两极开关 5 个和暗装单级开关 11 个。位于轴线Ⓖ下方，连接到①～②轴线之间的卫生间里安装 1 盏吸顶灯、1 个排风扇和 1 个暗装两极开关；位于轴线Ⓗ～Ⓖ之间，连接到②～③轴线之间的卫生间里安装 1 盏吸顶灯、1 个排风扇和 1 个暗装两极开关；位于轴线Ⓗ～Ⓖ之间，连接到③～④轴线之间的卫生间里安装 1 盏吸顶灯、1 个排风扇和 1 个暗装两极开关；位于轴线Ⓗ～Ⓖ之间，连接到⑤～⑥轴线之间的淋浴室里安装 1 盏防水吸顶灯和 1 个排风扇；位于轴线Ⓗ～Ⓖ之间，连接到⑥～⑦轴线之间的洗衣间里安装 1 盏双管荧光灯；位于轴线Ⓔ～Ⓗ之间，连接到⑥～⑦轴线之间的消毒间里安装 1 盏单管荧光灯和 2 个暗装单极开关（其中 1 个暗装单极开关是控制洗衣间 1 盏双管荧光灯的）；位于轴线Ⓔ～Ⓗ之间，连接到⑤～⑥轴线之间的更衣室里安装 1 盏单管荧光灯、1 个暗装单极开关和 1 个暗装两极开关（其中 1 个暗装两极开关是用来控制淋浴室的防水吸顶灯和排风扇的）；位于轴线Ⓔ～Ⓗ之间，连接到④～⑤轴线之间的位置安装 1 盏吸顶灯和 1 个暗装单极开关；位于轴线Ⓗ下方，连接到③～④轴线之间的洗手间里安装 1 盏吸顶灯和 1 个暗装单极开关；位于轴线Ⓗ下方，连接到②～③轴线之间的洗手间里安装 1 盏吸顶灯和 1 个暗装单极开关；位于轴线Ⓔ～Ⓗ之间，连接到③轴线位置安装 1 盏吸顶灯；位于轴线Ⓔ上方，连接到④轴线左侧位置安装 1 个暗装单极开关；位于轴线Ⓔ～Ⓗ之间和Ⓗ上方，连接到①～②轴线之间的中间位置各安装 1 个单管荧光灯；在轴线Ⓔ～Ⓗ之间，连接到②轴线左侧位置安装 1 个暗装两极开关；在轴线Ⓔ的下方，连接到④轴线位置安装 1 个暗装单极开关；在轴线Ⓓ～Ⓔ之间，连接到④～⑤轴线之间的中间位置安装 1 盏吸顶灯；在轴线Ⓓ～Ⓔ之间，连接到⑥～⑦轴线之间的中间位置安装 1 盏吸顶灯；在轴线Ⓔ的下方，连接到④～⑤轴线之间的中间位置安装 1 个暗装单极开关；在轴线Ⓓ～Ⓔ之间，连接到⑩～⑪轴线之间的中间位置安装 1 盏吸顶灯；在轴线Ⓔ的下方，连接到⑩～⑪轴线之间的中间位置安装 1 个暗装单极开关；在轴线Ⓓ～Ⓔ之间，连接到⑫轴线右侧的位置安装 1 盏吸顶灯；在轴线Ⓔ的下方，连接到⑫轴线的位置安装 1 个暗装单极开关。

WL5 照明支路共有吸顶灯 6 盏、单管荧光灯 4 盏、筒灯 8 盏、水晶吊灯 1 盏、暗装三极开关 1 个、暗装两极开关 3 个和暗装单极开关 1 个。位于轴线Ⓒ～Ⓓ之间，连接到①～③轴线之间的晨检室里安装 2 盏单管荧光灯和 1 个暗装两极开关；位于轴线Ⓑ～Ⓒ之间，连接到①～③轴线之间的位置安装 4 盏吸顶灯和 1 个暗装两极开关；位于轴线Ⓐ～Ⓑ之间，连接到①～③轴线之间的传达室里安装 2 盏单管荧光灯和 1 个暗装两极开关；位于轴线Ⓐ～Ⓒ之间，连接到③～⑤轴线之间的门厅里安装 8 盏筒灯、1 盏水晶吊灯、1 个暗装三极开关和 1 个暗装单极开关；位于轴线Ⓐ下方，连接到③～⑤轴线之间的位置安装 2 盏吸顶灯。

WL6 照明支路共有防水双管荧光灯 9 盏、暗装两极开关 2 个。位于轴线Ⓔ～Ⓖ之间，连接到⑧～⑫轴线之间的厨房里安装 9 盏防水双管荧光灯和 2 个暗装两极开关。

WL7 插座支路共有单相二孔、三孔插座 10 个。位于轴线Ⓐ～Ⓒ之间，连接到⑤～⑦轴线之间的寝室里安装单相二孔、三孔插座 4 个；位于轴线Ⓐ～Ⓒ之间，连接到⑦～⑨轴线之间的活动室里安装单相二孔、三孔插座 5 个；位于轴线Ⓒ～Ⓓ之间，连接到⑧轴线右侧的饮水间里安装单相二孔、三孔插座 1 个。

WL8 插座支路共有单相二、三孔插座 7 个。位于轴线Ⓒ～Ⓓ之间，连接到①～③轴线之间的晨检室里安装单相二孔、三孔插座 3 个；位于轴线④～⑧之间，连接到①～③轴线之间的传达室里安装单相二孔、三孔插座 4 个。

WL9 插座支路共有单相二孔、三孔插座 10 个。位于轴线Ⓒ～Ⓓ之间，连接到⑨～⑩轴线之间的饮水间里安装单相二孔、三孔插座 1 个；位于轴线Ⓐ～Ⓒ之间，连接到⑨～⑪轴线之间的活动室里安装单相二孔、三孔插座 5 个；位于轴线Ⓐ～Ⓒ之间，连接到⑪～⑫轴线之间的寝室里安装单相二孔、三孔插座 4 个。

WL10 插座支路共有单相二孔、三孔插座 5 个，单相二孔、三孔防水插座 2 个。在轴线Ⓔ～Ⓗ之间，连接到⑥～⑦轴线之间的消毒室里安装单相二孔、三孔插座 2 个；位于轴线Ⓗ～Ⓖ之间，连接到⑥～⑦轴线之间的洗衣间里安装单相二孔、三孔防水插座 2 个；位于轴线Ⓔ～Ⓗ之间，连接到⑤轴线右侧更衣室里安装单相二孔、三孔插座 1 个；位于轴线Ⓔ～Ⓗ之间，连接到①～②轴线之间的隔离室里安装单相二孔、三孔插座 2 个。

WL11 插座支路，共有单相二孔、三孔防水插座 8 个。位于轴线Ⓔ～Ⓖ之间，连接到⑧～⑫轴线之间的厨房里安装单相二孔、三孔防水插座 8 个。

（2）室内电气照明系统图识读案例

建筑电气照明系统图是用来表示照明系统网络关系的图纸，系统图应表示出系统的各个组成部分之间的相互关系、连接方式以及各组成部分的电气元件和设备及其特性参数。读懂系统图，对整个电气工程就有了一个总体的认识。

在照明系统图中，可以清楚地看出照明系统的接线方式以及进线类型与规格、总开关型号、分开关型号、导线型号规格、管径及敷设方式、分支回路编号、分支回路设备类型、数量及计算总功率等基本设计参数。

某综合大楼为三层砖混结构，识读图 14-16 所示某照明系统图。

从图中可以看出，进线标注为 VV22-4X16-SC50-FC，说明本楼使用全塑铜芯铠装电缆，规格为 4 芯，截面积 $16mm^2$，穿直径 $50mm$ 焊接钢管，沿地下暗敷设进入建筑物的首层配电箱。三个楼层的配电箱均为 PXT 型通用配电箱，一层的 AL-1 箱尺寸为 $700mm×650mm×200mm$，配电箱内装一只总开关，使用 C45N-2 型单极组合断路器，

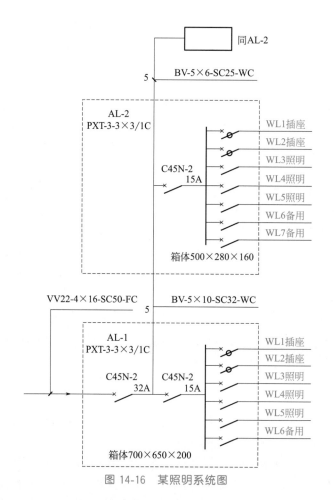

图 14-16 某照明系统图

容量 32A。总开关后接本层开关，也使用 C45N-2 型单极组合断路器，容量 15A。另外的一条线路穿管引上二楼。本层开关后共有 6 个输出回路，分别为 WL1～WL6。其中：WL1、WL2 为插座支路，开关使用 C45N-2 型单极组合断路器：WL3、WL4、WL5 为照明支路，使用 C45N-2 型单极组合断路器：WL6 为备用支路。

一层到二层的线路使用 5 根截面积为 10mm^2 的 BV 型塑料绝缘铜导线连接，穿直径 32mm 焊接钢管，沿墙内暗敷设。二层配电箱 AL-2 与三层配电箱 AL-3 相同，为 PXT 型通用配电箱，尺寸为 $500\text{mm} \times 280\text{mm} \times 160\text{mm}$。箱内主开关为 C45N-2 型 15A 单极组合断路器，在开关前分出一条线路接往三楼。主开关后为 7 条输出回路，其中，WL1、WL2 为插座支路，使用带漏电保护断路器：WL3、WL4、WL5 为照明支路：WL6、WL7 两条为备用支路。

从二层到三层使用 5 根截面面积为 6mm^2 的塑料绝缘铜线连接，穿直径 25mm 焊接钢管，沿墙内暗敷设。

（3）识读电气动力平面图

某车间电气动力平面图如图 14-17 所示。

图 14-17 所示为某车间电气动力平面图，车间里设有 4 台动力配电箱 AL1～AL4。其中 AL3 $\dfrac{\text{XL-20}}{4.8}$ 表示配电箱的编号为 ALI，其型号为 XL-20，配电箱的容量为 4.8kW。由

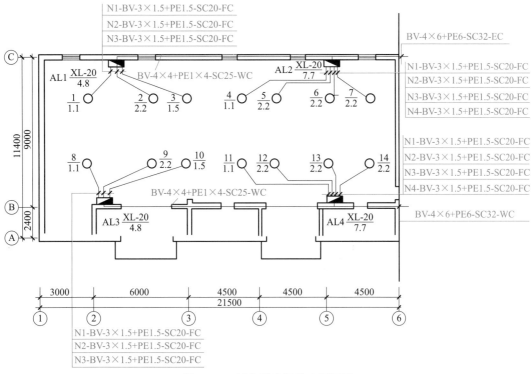

图 14-17 某车间电气动力平面图

AL1 箱引出三个回路，均为 BV-3X15＋PE15-SC20-FC，表示 3 根相线截面为 15mm²、PE 线截面为 15mm²、铜芯塑料绝缘导线、穿直径为 20mm 的焊接钢管、沿地暗敷设。配电箱引出回路给各自的设备供电，其中一表示设备编号为 1，设备容量为 11kW。

14.3.3 建筑防雷与接地识读

14.3.3.1 建筑防雷与接地识图方法

建筑防雷接地工程图常见的有防雷系统工程平面图和接地系统工程平面图以及配电系统图。在读图时有时要参考弱电系统图和平面图分析。

① 在识读建筑防雷接地工程图前，需要做以下工作。

a. 明确和熟悉图纸的图形符号代表的含义。

b. 对所要识读的图纸表示的系统有一个初步的了解，分析、明确建筑物的雷击类型、防雷等级及采取的措施。

c. 注意设备和组件分离下的阅读，需要将图纸的各个部分联系起来，对照阅读，通过系统图或其他图纸交错阅读，才能更好地了解系统的设计思想和原理。

d. 在识读防雷接地系统图时，常需与一些相关的图纸配合阅读。

e. 阅读并熟悉电气工程设计图的相关规范，这样在读防雷接地工程图时，才能读懂、读通，还能审查工程图纸是否满足相关技术要求。

② 建筑防雷接地系统工程图的阅读步骤如下。

a. 首先阅读标题栏和图纸目录，了解工程名称、项目内容及设计日期。

b. 阅读图纸的总说明及电气设计说明，了解工程的总概况及设计依据，对工程总体进行概要性的了解。

c. 阅读系统图，了解建筑物及建筑物群系统的组成、主要的电气设备。

d. 阅读防雷系统平面图，分析采取的防雷措施、防雷方式、所用的设备。在防雷系统采用的控制方式确定后，分析建筑物接闪器等装置的安装方式，引下线的路径及末端连接方式等，避雷装置采取的材料、尺寸及型号。阅读接地系统图，了解设计原理、采取的方法、使用的设备及元部件。

e. 配合阅读，如了解土建施工图、确定接地体等。

③ 识读电气接地工程图时应注意以下几点。

a. 接地体顶面埋设深度。

b. 接地体引出线的垂直部分、接地装置焊接部位的防腐处理方式；接地线在穿过墙壁、楼板和地坪处加装钢管或其他坚固的保护套时，是否需要做防腐处理。

c. 垂直接地体和水平接地体的间距图，上有无标注，当无设计规定时不宜小于5m。

d. 自然接地体与接地干线或接地网相连的位置，接地干线与接地网相连的位置。

e. 支持管件间水平直线部分、垂直部分、转弯部分的距离。

f. 接地线水平或垂直敷设的角度。

g. 接地线沿建筑物墙壁水平敷设时，离地面的距离以及与建筑物墙壁间的间隙。

h. 在接地线跨越建筑物伸缩缝、沉降缝处时怎么处理。

i. 对接地电阻值的要求。

14.3.3.2 建筑防雷与接地识图案例

（1）屋面防雷电气工程图

图14-18为某大楼屋面防雷电气工程图，从图中可以识读出以下内容。

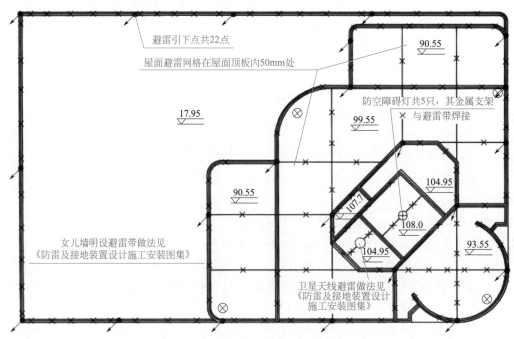

图 14-18　某大楼屋面防雷电气工程图

① 图中建筑物为一级防雷保护，在屋顶水箱及女儿墙上敷设避雷带（25mm×4mm镀锌扁钢），局部加设避雷网格以防止直击雷。图中不同的标高说明不同的屋面有高差存在，在不同标高处用25mm×4mm镀锌扁钢与避雷带相连。图中避雷带上的交叉符号表示的是避雷带与女儿墙间的安装支柱位置。在建筑施工图上，通常不标注安装支架的具体位置尺寸，只在相关的设计说明中标出安装支柱的间距。安装支柱距离一般为1m，转角处的安装支柱距离为0.5m。

② 屋面上所有金属构件都要与接地体可靠连接，5个航空障碍灯及卫星天线的金属支架都要可靠接地。屋面避雷网格在屋面顶板内50mm处安装。

③ 大楼避雷引下线共有22条，图中一般以带方向为斜下方的箭头及实圆点来表示。实际工程是利用柱子中的两根主筋作为避雷引下线，作为引下线的主筋应可靠焊接。

④ 大楼每三层要沿建筑物四周在结构圈梁内敷设一条25mm×4mm的镀锌扁钢或利用结构内的主筋焊接构成均压环。所有引下线都与建筑物内的均压环相连。30m以上所有的金属栏杆、金属门窗都要与防雷系统可靠连接，以防侧击雷的破坏。

（2）屋面防雷平面图

图14-19为某住宅楼屋面防雷平面图的一部分，从图中可以识读到以下内容。

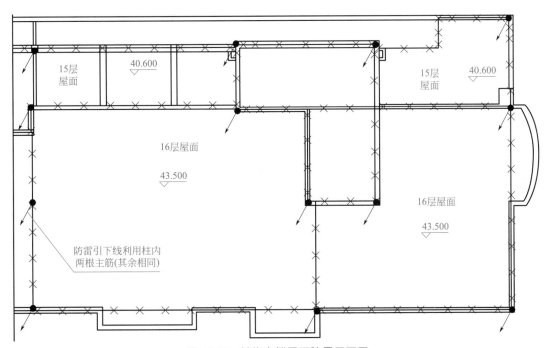

图14-19　某住宅楼屋面防雷平面图

① 在不同标高的女儿墙及电梯机房的屋檐等易受雷击部位，均设置了避雷带。

② 两根主筋作为避雷引下线，避雷引下线应进行可靠焊接。

14.3.4　弱电工程施工图识读

建筑及建筑群用电一般指交流220V、50Hz及以上的强电。强电主要向人们提供电力能源，如空调用电、照明用电、动力用电等；弱电一般是指直流电路或音频、视频线路、网络线路、电话线路，家用电器中的电话、电脑、电视机的信号输入（有线电视线路）、音响设备（输出端线路）等用电器均为弱电电气设备。狭义上的建筑弱电主要是指：安防（监控、周界报警、停车场）、消防（电气部分）、楼控以及网络综合布线和音频系统等。

14.3.4.1 火灾自动报警和消防控制系统

在智能建筑中，火灾报警及消防联动控制系统是建筑物自动化系统（BAS）中非常重要的一个子系统，其原因一方面是因为现代高层建筑的建筑面积大、人员密集、设备材料多，建筑上竖向孔洞多（电梯井、电缆井、空调及通风管等），使得引发火灾的可能性增大；另一方面是由于智能建筑比传统的建筑投资了较多技术先进、价格昂贵的设备和系统，一旦发生火灾事故，除了造成人员伤亡外，各种设备及建筑物因遭受损害而造成的损失也比一般建筑物严重得多。由此不难了解到，在火灾报警及消防联动控制系统中，火灾报警系统的重要性更加突出，火灾的发生在其初期阶段往往只是规模甚小而又易于扑灭的，但是由于火灾的初期阶段人们不易发觉或疏于防范，使火灾蔓延，酿成灾难，这就对于系统的安全可靠性、技术先进性及网络结构、系统联网等方面提出了更新、更高的要求。

消防系统施工图是消防工程施工的依据，对于工程施工技术人员来说，只有先读懂施工图，才能进行施工任务的安排，这是工程施工的前提基础。对于系统的操作或维护人员来说，读懂了图纸，才能更全面地理解系统的整个布局和结构，才能更有针对性地对系统进行操作，维护工作才能具体分析，确定故障所在位置与线路。

一套完整的消防报警及联动控制系统施工图，主要由图纸目录、设计说明、系统图、平面图和相关设备的控制电路图等组成，所有这些图都是用图形符号加文字标注及必要的说明绘制出来的，均属于简图之列。

(1) 消防联动控制系统工程图的主要内容及阅读方法

消防报警及联动系统工程图的阅读从安装施工角度来说，并不是太困难，也并不复杂。阅读的一般方法有以下几种。

① 应按阅读建筑电气工程图的一般顺序进行阅读。首先应阅读系统图。

② 阅读说明。施工说明，表达图中不易表示但又与施工有关的问题。了解这些内容对进一步读图是十分必要的。

③ 了解建筑物的基本情况，房间分布与功能等。因管线的敷设及设备安装与房屋的结构直接有关。

④ 熟悉火灾探测器、手动报警按钮、消防电话、消防广播、报警控制器及消防联动设备等在建筑物内的分布及安装位置，同时要了解它们的型号、规格、性能、特点和对安装技术的要求。

⑤ 了解线路的走线及连接情况。在了解了设备的分布后，就要进一步明确线路的走线，从而弄清它们之间的连接关系，这是最重要的。一般从进线开始，一条一条地阅读。

⑥ 平面图是施工单位用来指导施工的依据，也是施工单位用来编制施工方案和编制工程预算的依据。而设备的具体安装图却很少给出，所以阅读平面图和阅读安装大样图应相互结合起来。

⑦ 平面图只表示设备和线路的平面位置而很少反映空间高度。但是在阅读平面图时，必须建立起空间概念。这对预算技术人员特别重要，可以防止在编制工程预算时，造成垂直敷设管线的漏算。

⑧ 相互对照、综合看图。为了避免消防报警及联动系统设备及其线路与其他建筑设备及管路在安装时发生位置冲突，在阅读消防报警及联动系统平面图时要对照阅读其他建筑设备安装工程施工图，同时还要了解规范的要求。

（2）消防报警及联动系统图的识读方法

消防报警及联动系统图主要反映系统的组成和功能以及组成系统的各设备之间的连接关系等。系统的组成随被保护对象的分级不同，所选用的报警设备不同，基本形式也有所不同。

图 14-20 为由 JB-QG（T）-1501 火灾报警控制器和 HJ-1811 联动控制器构成的消防报警及联动系统图。

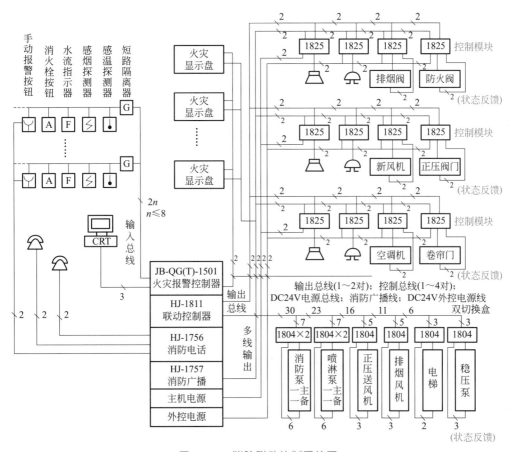

图 14-20 消防联动控制系统图

该系统由 JB-QBDF1501 型火灾报警控制器和 HJ-1811 型联动控制器构成。通过 RS232 通信接口（三线）将报警信号送入联动控制器，以实现对建筑内消防设备的自动、手动控制。通过另一组 RS 232 通信接口与计算机连机，实现对建筑的平面图、着火部位等的 CRT 彩色显示。每层设置一台火灾显示盘，可作为区域报警控制器，显示盘可进行自检，内装有 4 个输出中间继电器，每个继电器有输出触点 4 对，可控制消防联动设备。火灾显示盘为集中供电，由主机电源引来 DC24V。

联动控制系统中一对（最多有 4 对）输出控制总线（即二总线制），可控制 32 台火灾显示屏（或远程控制器）内的继电器来达到每层消防联动设备的控制。二总线返回信号，可接 256 个返回信号模块：设有 128 个手动开关，用于手动控制火灾显示屏（或远程控制箱）内的继电器。

中央外控设备有喷淋泵、消防泵、电梯及排烟、送风机等，可以利用联动控制器内 16 对手动控制按钮，去控制机器内的中间继电器，用于手动和自动控制上述集中设备（如消防泵、排烟风机等）。

图 14-20 中的消防电话和消防广播装置是系统的配套产品。HJ-1756 消防电话共有 4 种规格：20 门、40 门、60 门和二直线电话。二直线电话一般设置于手动报警按钮旁，只需将手提式电话机的插头插入电话插孔即可与总机（消防中心）通话。多门消防电话，分机可向总机报警，总机也可呼叫分机通话。

HJ-1757 型消防广播装置有联动控制器实施着火层及其上、下层三层的紧急广播的联动控制。当有背景音乐（与火灾事故广播兼用）的场所火警时，由联动控制器通过其执行件（控制模块或继电器盒）实现强制切换到火灾事故广播的状态。

消防报警及联动系统的平面图主要反映报警设备及联动设备的平面布置、线路的敷设等。图 14-21 就是某大楼使用 JB-QB-DF1501 火灾报警控制器和 HJ-1811 联动控制器构成的火灾报警及联动控制系统楼层平面布置图。

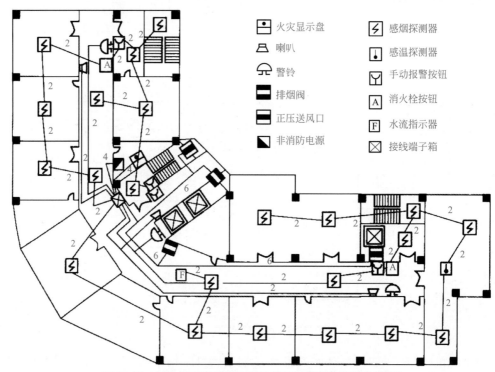

图 14-21　某大楼火灾报警及联动控制系统楼层平面布置图

图 14-21 显示出了火灾探测器、火灾显示盘、警铃、喇叭、非消防电源箱、水流指示器、送风、排烟、消火栓按钮等的平面位置。安装配线比较方便。更重要的是，读图者在熟悉系统图和平面图的基础上，还要全面熟悉联动设备的控制。

14.3.4.2　安全防范系统

安全防范系统是以维护社会公共安全为目的，运用安全防范产品和其他相关产品所构成的入侵报警系统、视频安防监控系统、出入口控制系统、防爆安全检查系统等，或由这些系统为子系统组合或集成的电子系统或网络。

（1）门禁控制系统实例及识读

建筑物的出入口是安防系统中最重要的监控对象。出入口控制系统也叫门禁控制系统，属公共安全管理系统范畴，系统采用计算机多重任务的处理，既可控制人员的出入，也可控制人员在楼内及其相关区域的行动，它代替了保安人员、门锁和围墙的作用。这样系统可以将每天进入人员的身份、时间及活动记录下来，以备事后分析，而且不需门卫值班人员，只需很少的人在控制中心就可以控制整个建筑物内的所有出入口，节省了人员，提高了效率，也增强了保安效果。因此，适应一些银行、金融贸易楼和综合办公楼的公共安全管理。

目前，通常使用的出入口控制系统有两种类型：一种是简单的独立系统，即用一个读卡识别器（或人体特征识别器）、一个电控锁及 IC 卡组成。IC 卡密码的充值（或修改）以及出入的记录均由识别器本身完成，需将记录输出时，连上打印机或通过计算机边上打印机即可将记录打印出来。另一种则是将各识别器通过通信总线与一台计算机联网构成一个系统，卡的充值修改、记录、打印、管理等均由计算机及其有关的辅件完成。

图 14-22 是某大楼各室的出入口控制系统的设备平面布置图。该系统使用 IC 卡结合监控电视摄像机进行出入个人身份鉴别和管理。

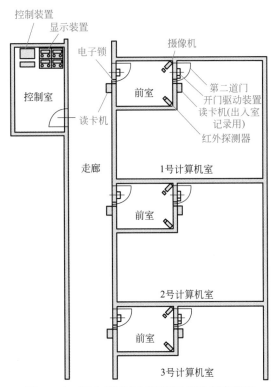

图 14-22　某大楼出入口控制系统设备布置图

（2）楼宇对讲系统实例及识读

图 14-23、图 14-24 所示是根据实物绘制的厦门某公司生产的楼宇对讲系统的电路图，

该系统为直按式对讲系统，由主机电路、电源盒、电控锁、住户分机（每户一个分机，图中只画出一个分机电路）、连接系统构成。主机内部由呼叫电路、对讲电路、开锁电路和面板照明电路 4 部分组成。

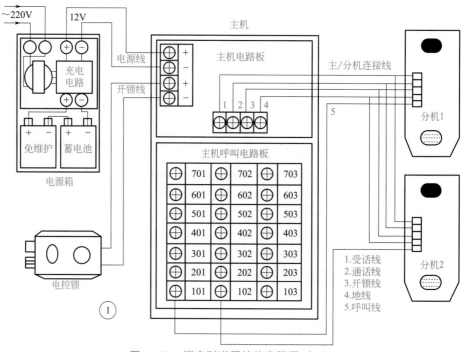

图 14-23　楼宇对讲系统的电路图（一）

① 呼叫电路。呼叫电路由呼叫电源控制电路、呼叫振铃产生电路、振铃信号控制放大电路构成。呼叫电源控制电路由 Q10（C9015）及其外围元件构成。不按主机面板上的呼叫键时，Q10 的基极为高电位，PNP 管 Q10 截止，不向呼叫电路供电，呼叫振铃产生电路 U2（TC4069）各脚电压和振铃信号控制电路 Q3（C9015）各极电压均为 0V，振铃信号放大电路 Q4（C9013）也处于截止状态，呼叫电路均停止工作。当按下主机面板上的呼叫键时，Q10 的基极降低，Q10 导通，通过 R_{30}、C_{22} 滤波向呼叫振铃产生电路 U2 提供电源，同时 Q3、Q4 也获电导通，进入工作状态。

呼叫振铃产生电路由 U2、Q5（C9014）及其外围元件构成。U2 内部由 6 反相器构成，第 1、2 两个反相器与外围元件 C21、R15、R16 构成音频振荡电路，产生鸣叫声的基准频率，调整 C21 可改变振荡频率的高低，改变鸣叫音调：U2 内部的第 4、5 两个反相器与外围元件 R19、R20、C19、C20 组成超低频振荡电路，改变 C19、C20 可改变其振荡频率，振荡后的超低频信号经第 6 反相器放大倒相后通过 Q5 送到第 1、2 反相器振荡电路，对第 1、2 反相器产生的连续音频信号进行调制，使之变为间断的振铃声。

呼叫振荡电路产生的振铃信号，经 U2 内部第 3 反相器放大倒相后，从⑧脚输出，经过振铃信号控制电路 Q3，将振铃信号送到放大电路 Q4 的基极，并为 Q4 提供偏置电压。振铃信号经 Q4 放大后，经主机面板上的被按下的按键和连接系统的呼叫线送到该按键对应的住户分机，使分机内部的喇叭产生振铃声，完成呼叫过程。

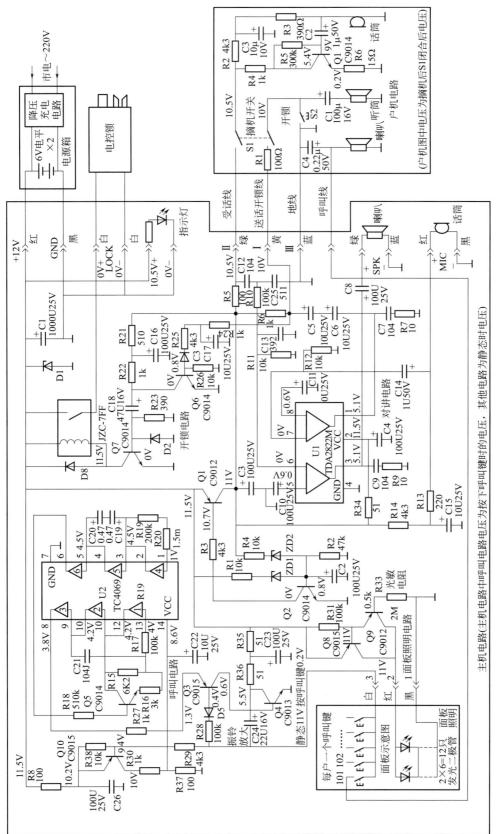

图 14-24 楼宇对讲系统电路图（二）

主机电路(主机电路中呼叫电路电压为按下呼叫键时的电压，其他电路为静态时电压)

② 对讲电路。对讲电路由对讲电源控制电路 Q1 和对讲放大电路两部分构成。对讲电源控制电路由 Q1（C9012）、Q2（C9014）和其外围元件构成。Q1 为电源开关控制管，Q2 为电源电压检测管。当电源盒提供的 12V 电压正常时，将 Q2 基极的稳压管 ZD1 击穿，通过 R1 向 Q2 提供偏置电压，Q2 饱和导通，将 Q1 的基极电位拉低，使 PNP 开关管 Q1 导通，其集电极向对讲电路提供 11V 的电源，一方面通过 R34 加到主机对讲电路 U1（TDA2822M）的②脚，另一方面通过 R34 向住户分机提供电源。同时 Q1 的集电极电压还通过 R4 将 ZD2 击穿，补充 Q2 的偏置电压，使 Q2 进一步饱和，Q1 可靠地导通。当电源盒发生故障，提供的电压过低时，无法击穿 ZD1 和 ZD2，Q2 截止，Q1 也截止，将对讲电路的电源切断。

对讲放大电路由主机和分机两部分构成。主机内部的 U1 是对讲电路的核心，U1 内部由两个独立的放大电路构成，其中⑦、⑧、①脚内部的放大器为送话放大电路，⑥、⑤、③脚内部的放大器为受话放大电路。用户听到呼叫振铃声后，摘下分机，使分机内部的挂机开关 S1 的两个开关由挂机的断开状态变为接通状态，将受话线和送话/开锁线与分机接通。其中受话线上的 10.5V 电压加到 Q1（C9014）话筒放大电路并进入工作状态，住户通过话筒受话询问来人信息，受话信号经 Q1 放大后通过受话线送到主机。受话信号在主机内部通过 C2、R10 送到 U1 的⑥脚，经内部受话放大电路放大后，从③脚输出，经 C8 送到主机内的喇叭，发出询问声音。

来人听到询问声音后，回答住户的询问，通过主机内部的话筒变为音频信号电压，经 C14 送到 U1 的⑦脚，经内部送话放大器放大后，从①脚输出，通过 C5、C6 加到送话/开锁线上，送到住户分机的听筒上，完成通话对讲过程。

③ 开锁电路。开锁电路由 Q7（C9014）、Q6（C9014）和继电器 JZC-7FF 构成。待机状态下，Q6 基极为高电平 0.7V 而饱和导通，集电极为低电平 0V，Q7 基极无偏置电压而截止，继电器触点释放断开，电控锁两端无电压。当住户通过对讲系统确认来人的身份后，确定可以打开防盗门时，按下分机的开锁键 S2，将送话/开锁线分机的一端对地短路，由于此时为摘机状态，S1 的两个开关闭合，使主机上接送话/开锁线的一端变为低电平，该低电平通过 R24、R25、D3 将 Q6 的基极电压拉低，使 Q6 由原来的饱和导通变为截止，其集电极电压由原来的低电平 0V 变为高电平 12V，并向耦合电容 C18 充电，C18 的充电电流向 Q7 的基极提供偏置电压，Q7 瞬间导通，继电器动作，触点吸合导通，通过开锁线将高电平加到电控锁上，打开门锁。

④ 面板照明电路。该电路由 Q8（C9015）、Q9（C9012）和光敏电阻 R33、偏置电阻 R31 构成，自动控制主机按键面板照明。白天有光照时光敏电阻 R33 的阻值较大，Q9、Q8 均截止，不向面板上的发光二极管提供电压；夜间无光照时，光敏电阻 R33 的阻值变小，为 Q9 的基极提供偏置电流，Q9 和 Q8 均导通，为面板上的发光二极管提供电压，12 只发光二极管发光，向面板提供夜间照明，便于来人操作。

14.3.4.3 室内通信系统

(1) 有线电视系统识读

某住宅楼共用天线电视系统图如图 14-25 所示，该楼标准层弱电平面图如图 14-26 所示。

以某住宅楼共用天线电视、电话系统图及平面图为例，从图 14-25 中可以看出，电话

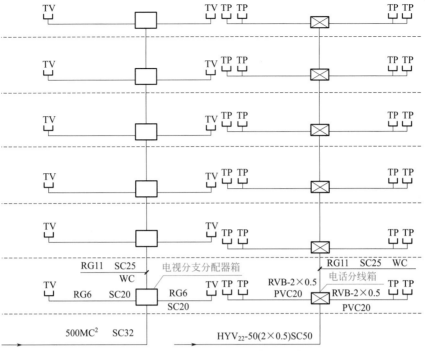

图 14-25　某住宅楼共用天线电视系统图

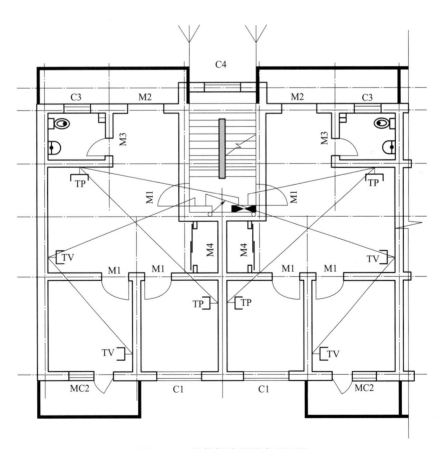

图 14-26　该楼标准层弱电平面图

及有线电视均采用电缆埋地引入后在地下层明敷再穿管引至各单元的电话组线箱和电视分配器箱。而电视及电话设备的安装一般由电视台及电信部门的专业人员来完成。从图14-26可看出在楼梯间设了主线箱及分配器箱，客厅和主卧室各设一个电视插座，电话系统采用传统布线方式，每户考虑两对线。

（2）广播音响系统图实例识读

从图14-27可知：广播音响系统有3套节目源，走廊、大厅及咖啡厅设背景音乐。客房节目功放400W，背景音乐功放50W。地下车库用15W号筒扬声器，其余公共场所用3W嵌顶音箱或壁挂音箱（无吊顶处）；广播控制室与消防控制室合用，设备选型由用户定。大餐厅独立设置扩声系统，功放设备置于迎宾台；地下车库15W号筒扬声器距顶0.4m挂墙或柱安装，其余公共场所扬声器嵌顶安装，客房扬声器置于床头柜内。楼层广播接线箱竖井内距地1.5m挂墙安装，广播音量控制开关距地1.4m；广播线路为ZR-RVS-2×1.5，竖向干线在竖井内用金属线槽敷设，水平线路在吊顶内用金属线槽敷设，引向客房段的WS1～3共穿SC20暗敷。

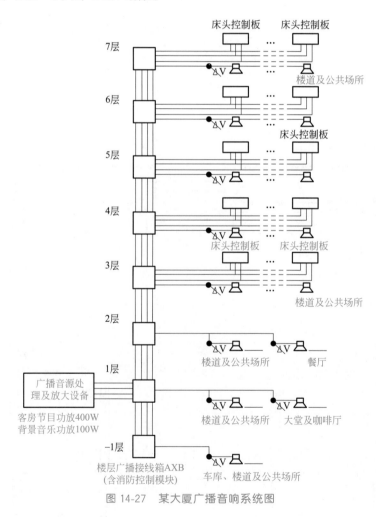

图14-27 某大厦广播音响系统图

第15章

建筑施工图识读的应用

15.1 建筑施工图图纸目录、施工设计总说明、门窗表

（1）建筑施工图图纸目录

图纸目录是建筑施工图中的说明性文件。图纸目录用来组织和索引图纸，主要说明各专业图纸的名称、张数和顺序，其作用类似于书目，使施工人员对整套施工图纸的数量、图纸大小、名称等有一个整体的认识，通常要置于全套施工图的首页。看图前首先要检查整套施工图与图纸目录是否相符，防止由于缺页给识图和施工造成不必要的麻烦。各专业施工图应按照图样的主次关系、逻辑关系有序排列，其编排的原则是，全局性的图纸在前、局部性的图纸在后；先施工的图纸在前、后施工的图纸在后。如基本图在前，详图在后；布置图在前，构件图在后等。

如图15-1所示为某建筑工程建筑施工图纸目录。从图中可知，本套施工图共有10张样，比例为1∶100，设计单位为"××××工程研究设计院"。

（2）施工设计总说明

施工设计说明是对施工图的必要补充，对图中未能详细表达或不易用图形表达的内容做进一步详细说明，主要内容包括工程设计依据（如工程地质、水文、气象资料）、设计标准（建筑标准、结构荷载等级、抗震要求、耐火等级、防水等级）、工程概况（占地面积、建筑面积）、施工要求、工程做法（墙体、地面、楼面、屋面等的做法）和材料要求及注意事项。设计说明不仅包括建筑设计的内容，还包括其他专业设计的内容。

建筑设计总说明是对拟建工程所涉及的各个构件或系统所做的一个详细的说明，尤其是对主要项目及工艺要求中无法直接用图形所表达的部分所做的说明。其识读的主要内容如下（包含具体数据者为举例说明）。

① 设计依据

a. 工程计划投资立项批准文件（编号：××××××）；

b. 经规划部门审查同意的规划设计方案；

c. 建设单位关于工程的设计任务书；

序号	图纸名称	档案号	复用图号	规格	附注
	综合楼建施				
1	图纸目录	0726-494T-10-00		4#	A版
2	建筑设计总说明	0726-494T-10-01		2#	A版
3	建筑构造用料做法	0726-494T-10-02		2#	A版
4	首层平面图	0726-494T-10-03		2#	A版
5	二层平面图	0726-494T-10-04		2#	A版
6	屋顶平面图	0726-494T-10-05		2#	A版
7	立面图	0726-494T-10-06		2#	A版
8	门窗表门窗立面分格示意1—1剖面图	0726-494T-10-07		2#	A版
9	大样图	0726-494T-10-08		2#	A版
10	建筑节能设计说明专篇	0726-494T-10-09		2#	A版

××××工程研究设计院 ×××× Research & Design Institute		图纸目录	××××项目工程
审定		设计			综合楼工程
审核		计算			
校核		复核			档案号：0726-494T-10-00
项目负责		专业负责		比例 1:100	日期 2008.12	设计阶段 施工图	版次 A

图 15-1　某建筑工程建筑施工图纸目录

　　d. 建设单位委托设计合同；

　　e. 国家及地方现行的有关规范及标准。

　　② 工程概况。本工程名称为×××住宅小区第××号楼，建设单位是×××科技有限公司，该工程等级为×类，设计使用年限为××年，建筑面积为×××××××m²，共×层，屋面防水为×级，抗震设防烈度为×度。主要结构类型为混合结构，楼板为钢筋混凝土现浇板；屋顶为不上人平屋顶，屋面排水采用有组织排水。

　　③ 标高。本工程相对标高±0.000 相当于绝对标高 36.60m，室外地坪绝对标高为 36.150m。

　　④ 屋面防水工程。不上人保温屋面防水工程做法（自上而下）：

　　a. 30mm 厚 C20 细石混凝土；

　　b. 20mm 厚 1：3 水泥砂浆找平层；

　　c. 防水卷材（见×××规范××××××）；

d. 结合层（见×××规范××××××）；

e. 保温层（见×××规范××××××）；

f. 冷底子油二道隔气层；

g. 20mm 厚 1：3 水泥砂浆找平层；

h. 现浇钢筋混凝土板；

i. 粉刷层。

⑤ 墙体与地面防潮：砖墙墙身在室内地坪±0.000 以下 60mm 处，设 20mm 厚 1：2 水泥砂浆掺 5％防水剂防潮层；厨房、卫生间、浴室等地面防水采用×××规范×××××。

⑥ 门窗工程：住宅户门为成品保温防盗门，单元入口门为可视保温防盗门，住宅内门为木门，均为平开门；窗子采用优质白色塑钢窗，外窗均带纱扇。具体门窗类型、规格、数量见门窗明细表。

⑦ 室外工程主要包括散水、明沟、台阶等，具体格式如下。

a. 散水宽×××mm，做法见×××规范××××××。

b. 明沟做法见×××规范××××××。

c. 台阶做法见×××规范××××××。

⑧ 安装工程：单元公用楼梯及阳台栏杆均采用不锈钢垂直杆件，杆件之间距离不大于 110mm，扶手为木质，用清水漆涂刷表面。预留所有穿板、穿墙钢套管。

⑨ 装修工程主要包括地面装修、外墙面装修及内墙面装修。

a. 地面：水泥砂浆地面的做法见×××规范××××××。厨房、卫生间、浴室的地面采用防滑地砖，其他地面为复合实木地板。

b. 外墙面：外墙设保温层，面层用面砖，见×××规范××××××，颜色见立面图。

c. 内墙面：厨房、卫生间、浴室的内墙面用面砖，其他内墙面采用白色乳胶漆。

通过对设计总说明的识读，可以对拟建建筑或系统有一个整体的认识，可以了解工程的整体要求以及在各细部制作中应特别注意的问题，进而带着问题去识读其他的图纸，从而充分全面了解设计者的意图，发现其中的疏忽与不足，保证工程安全顺利地进行。识读时应注意先了解拟建工程的设计的依据。通过对工程项目概况的阅读，掌握工程建设的基本情况。了解建筑中相对标高与绝对标高的关系。通过对门窗表的识读，了解工程中所使用门窗的种类以及各种门窗的数量。了解工程中无法用图形表达的一些部位的特殊做法及选用的材料。

（3）门窗表

门窗表是对建筑物上所有不同类型门窗的统计表格，见表 15-1。作为施工及预算的依据，门窗表应反映门窗的编号、类型、尺寸、数量、选用的标准图集编号等。

表 15-1 门窗表（部分）

类别	编号	名称	洞口尺寸/mm		数量	说明
			洞宽	洞高		
门	BLM1	玻璃门	2400	2700	4	
	M1	木门	1000	2300	20	

类别	编号	名称	洞口尺寸/mm		数量	说明
			洞宽	洞高		
门	TLM1	推拉门	1500	2600	3	铝合金
	FM1	防火门	1500	2400	8	乙级
	FM2	防火门	1200	2000	3	乙级
窗	C1	塑钢窗	1800	2000	24	由甲方认可的专业单位提供
	C2	塑钢窗	1200	2000	10	
	C3	塑钢窗	800	2100	8	
	TPC	塑钢窗	5400	2200	4	
	TC	推拉窗	1800	2600	2	

由表 15-1 的门窗表可知，门的类型有玻璃门、木门、推拉门、防火门，以推拉门为例识读的内容为：推拉门的数量为 3，材质为铝合金，所留的洞口尺寸为洞宽 1500mm、洞高 2600mm。窗的类型有塑钢窗、推拉窗，以推拉窗为例识读的内容为：推拉窗的数量为 2，所留的洞口尺寸为洞宽 1800mm、洞高 2600mm，该窗由甲方认可的专业单位提供。

15.2 总平面图

下面以某栋建筑的建筑总平面图（图 15-2）为例，进行总平面图的识读。

① 先看图名、比例和图例及有关文字说明。总平面图由于包括的区域范围大，所以绘制时选用较小的比例，常用的比例有 1∶500、1∶1000、1∶2000 等。总平面图中标注的尺寸一律以"m"为单位。从图 15-2 中可以看出，该图为某小区住宅总平面图，比例为 1∶500。由图下方的文字可知，（A）为六层两梯型住宅，（B）为三层一梯型住宅。

② 了解工程性质、周围环境情况及地势高低。拟建房屋为右侧粗实线绘制的编号为（B）的两栋三层建筑，其南面有一栋拆除的建筑，北面有两栋计划扩建的建筑，西面编号为（A）的四栋 6 层建筑为原有建筑，小区周围有围墙围护。由图中等高线可知，该地势西高东低。

③ 了解拟建建筑的平面位置和定位依据。拟建建筑的定位方法有两种：一种是相对尺寸定位，即标注拟建建筑与原有建筑或道路中心线的距离；另一种是坐标定位，即标注房屋墙角的坐标。由图可知，拟建建筑采用相对尺寸定位，距原有道路中心线 7m。

④ 了解拟建房屋的朝向和主导风向。总平面图中一般要画出指北针或风向频率玫瑰图，以表示建筑物的朝向及当地的常年风向频率。由该图的风向频率玫瑰图可知，该小区建筑为南北朝向，当地常年主导风向为北风。

⑤ 了解新建房屋的室内外标高。拟建建筑的首层室内地面的绝对标高为 46.28m，室外地面绝对标高为 45.98m。

⑥ 了解道路交通及绿化布置情况。图中房屋之间有原有道路，北面有一条计划扩建

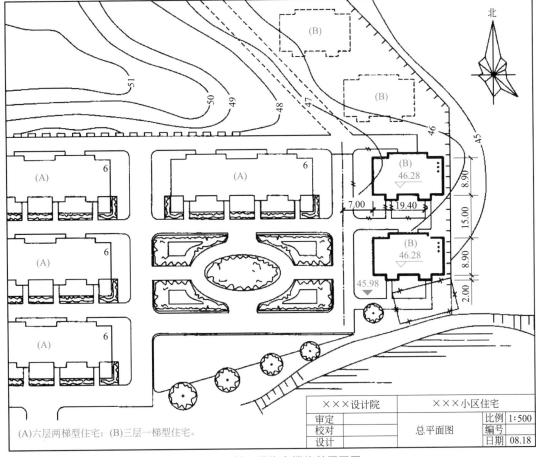

×××设计院		×××小区住宅	
审定			比例	1:500
校对		总平面图	编号	
设计			日期	08.18

(A)六层两梯型住宅；(B)三层一梯型住宅。

图 15-2　某小区住宅楼的总平面图

的道路，小区中央有花坛和草坪。

15.3　平面图

　　下面以某建筑的平面图为例，进行建筑平面图的识读，该建筑的平面图主要包括底层平面图（如图 15-3 所示）、二层平面图（如图 15-4 所示）、屋面平面图（如图 15-5 所示）。

　　(1) 识读底层平面图

　　① 查看图名，了解该建筑的功能。从图 15-3 的图名可知，该建筑为某住宅，该图为某住宅的底层平面图。

　　② 墙、柱的定位轴线编号及墙、柱的位置。横向编号从左至右为①～⑤，其中轴线③为梁的定位轴线，轴线②后面有一根附加轴线⑴/⑵，轴线③后面有一根附加轴线⑴/⑶，纵向编号从下至上为Ⓐ～Ⓕ。

　　③ 比例及建筑材料。该图比例为 1∶100。根据比例及前面介绍的材料图例符号，由图可知该建筑墙体所用建筑材料为普通砖（涂红，本书中未表现），构造柱用钢筋混凝土（涂黑）。

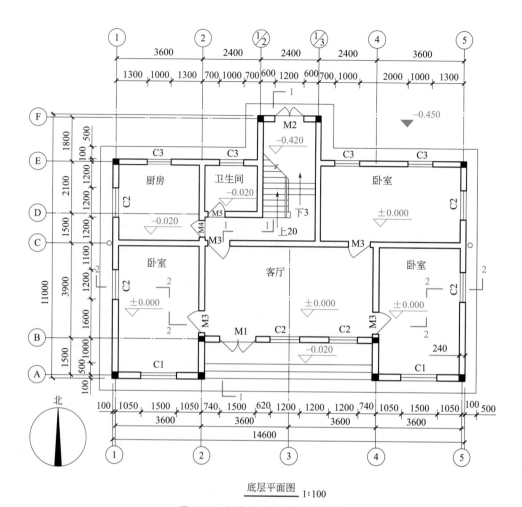

底层平面图 1:100

图 15-3 某住宅建筑底层平面图

④ 该建筑为坐北朝南，即大门 M1 向南。

⑤ 根据总体尺寸的尺寸标注可以知道该建筑的面积，墙体厚度为 200mm。

⑥ 了解平面图形状及平面图布局，房间名称及位置。该住宅底层平面图的形状为凸字形；底层平面图布局为三室一厅，一厨一卫，一户住家。

⑦ 了解各房间及门、窗的位置。门用图例表示，且画出了开启方向，M 为门的代号，M1、M2、M3、M4、M5 分别表示不同规格的门；C 为窗的代号，C1、C2、C3 分别表示不同规格的窗。门、窗的具体尺寸可结合建筑立面图及剖面图来读图。

⑧ 了解入口门厅、台阶、散水、雨水管位置及室内外标高。入口门厅在建筑的南面，上 3 个台阶到达大门 M1；室内主要房间地面标高为 ±0.000，厨房、卫生间地面标高是 −0.020m；南面入口处台阶踏面标高是 −0.020m，南面室内外地面高差为 20mm，室外地坪标高为 −0.450m；散水宽度为 500mm，房屋的东西侧面有雨水管。

⑨ 了解楼梯的位置，楼梯上下的方向。从一楼到二楼要上 20 个踏步，从一楼地面到北门入口要下 3 个踏步，北门入口处室内地面标高为 −0.420m，北面室内、外地面高差为 30mm。

⑩ 了解建筑剖面图的剖切位置及编号。该图中表示有两个平行剖切面的剖切位置，

即 1—1 剖面图、2—2 剖面图的剖切位置。

⑪ 建筑平面图的图线。被剖切到的墙体用粗实线绘制，门及尺寸起止符用中实线绘制，其他图线为细实线。

（2）识读二层平面图

在房屋的二层窗口处，用一个假想的水平面将房屋剖开，将水平面以上的部分移去，将其余部分向下投射，得到二层平面图，如图 15-4 所示。读图步骤与方法同底层平面图。与底层平面图表达的内容相比，又有一些不同之处，识读内容如下。

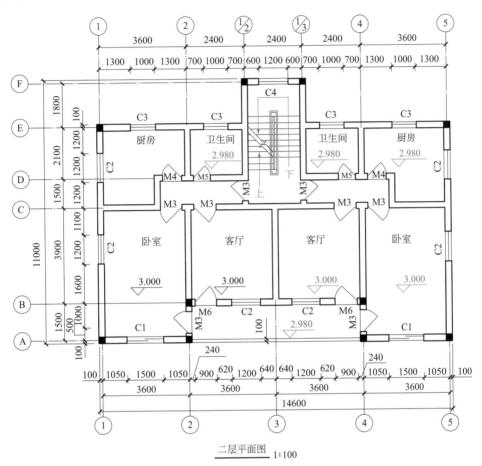

二层平面图 1:100

图 15-4　某住宅建筑二层平面图

① 二层平面图布局为两户住家，各户一室一厅，一厨一卫。

② 表达阳台的位置，室内地面标高为 3.000m，阳台地面标高为 2.980m，室内外高差为 20mm。

③ 楼梯图例符号的上、下方向，标注"上"的部位，表示从二楼到三楼的梯段，标注"下"的部位，表示从二楼到一楼的梯段。

④ 阳台栏板厚为 100mm。如三层、四层的平面布置与二层相同，但楼梯的图例符号有所区别，该部分的表达见楼梯详图。

⑤ 各房间及门、窗的位置。门有 M3、M4、M5、M6，窗有 C1、C2、C3、C4，门、窗的具体尺寸可根据建筑立面图及剖面图确定。

（3）识读屋面平面图

在屋面的上方向下投射得到屋面平面图，屋面平面图是正投影图，如图 15-5 所示。该图表达的内容有女儿墙、内檐沟、雨水口、屋面、分水线、上人孔等。屋面坡度为 2%，屋面标高为 12.200～12.280m。上人孔水平投影为正方形，边长为 500mm，可以结合 1—1 剖面图识读其孔的高度。在屋面平面图中，雨水口处标注了剖面详图的索引符号，该部位的具体构造可以从详图获得。

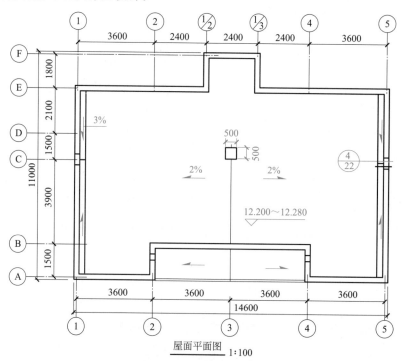

图 15-5　某建筑屋面平面图

15.4　立面图

扫码观看视频

立面图的识读

下面以某栋建筑的建筑立面图（图 15-6）为例，进行建筑立面图的识读。

① 了解图名和比例。该图的图名为："①～⑦立面图"，两端的定位轴线为①和⑦，比例是 1∶100。

② 了解房屋的立面造型。从图 15-6 中可以看出，该住宅为五层（其中五楼为复式楼）坡屋顶左右对称式立面造型。每层都设有阳台，阳台的中间部分为弧形，设置栏杆围护，其余部分为栏板墙围护，每层两户用分户墙分隔阳台，一层阳台有开口和台阶通向室外地面；该立面的窗户共有 C-1 和 C-2 两种类型；在二楼楼面高度处有一道腰线装饰外墙；五层的阳台角落处设有两根带柱帽的小圆柱；坡屋顶上有五层阁楼的两个老虎窗和通往露台的两个塑钢门 SGM-1。

③ 外墙面的装修做法。勒脚部分为剁斧石饰面，窗台及窗沿、阳台扶手、腰线和檐

外墙装饰材料说明：
外墙-1　剁斧石
外墙-2　淡黄色涂料
外墙-3　蓝色涂料

①～⑦立面图 1:100

图 15-6　①～⑦立面图

口线脚均涂浅蓝色涂料，其余墙面均涂淡黄色涂料。

④ 从图中所注标高可知，该住宅室外地面标高为－0.550m，一层室内地面标高为±0.000，各层楼面标高分别为 3.000m、6.000m、9.000m、12.000m、15.000m，16.500m 是轴线①和⑦正上方屋面的标高，18.920m 为屋脊处标高。

⑤ 了解尺寸标注。该立面图左侧沿高度方向标注了两道尺寸线，里面一道是细部尺寸，室内外地面的高差为 0.55m，凸窗 C-1 的窗台高 0.45m，窗洞高 1.95m，窗洞顶至上一层楼面的距离为 0.6m；外面一道是房屋层高，每层层高为 3m。

⑥ 了解详图索引符号位置。该立面图在腰线和勒脚处各有一个详图索引符号。

15.5　剖面图

扫码观看视频

剖面图的识读

阅读建筑剖面图时，应以建筑平面图、建筑立面图为依据，反复对照以形成对房屋的整体认识。下面以某建筑的剖面图（图 15-7）为例，进行建筑剖面图的识读。

① 查看图名及绘图比例。该图图名为：A—A 剖面图。将图名与底层平面图的剖切符号相对照，可知 A—A 剖面图的绘图比例为 1:100。该图剖到了门楼、出入口大门、

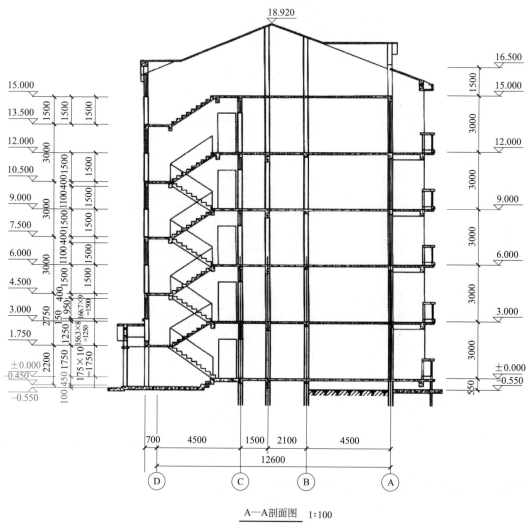

A—A剖面图 1:100

图 15-7 某栋建筑剖面图

楼梯间、两个卫生间、卧室以及阳台。要注意的是比例要与建筑平面图和立面图保持一致。

②了解建筑内部构造。由图 15-7 可知，被剖切到的钢筋混凝土构件均涂黑，有坡屋面、檐沟、各层楼板及框架梁、楼梯段、休息平台、平台梁、门楼顶面及梁等。楼梯为双跑平行楼梯，结构形式为板式，底层为不等跑梯段，其余各层为等跑梯段。室外地面到门楼地面有一级台阶，门楼地面到一层地面有三级台阶。楼梯间处的门为入户门 M-1。轴线Ⓑ到Ⓒ之间为两个卫生间，用隔墙分隔。轴线Ⓑ到Ⓐ之间为卧室，Ⓐ外侧为阳台。

③了解建筑标高。在 A—A 剖面图中，左侧和右侧沿高度方向标注房屋主要部位的标高，室外地坪标高－0.550m，门楼地面标高－0.450m，首层室内主要地面标高±0.000，各层楼面标高 3.000～15.000m，楼梯各层休息平台标高 1.750m、4.500m、7.500m、10.500m、13.500m，轴线Ⓐ、Ⓑ正上方屋面处标高 16.500m，屋脊处标高 18.920m。

④了解尺寸标注。在 A—A 剖面图中，左侧和右侧沿高度方向标注了尺寸。右侧有

一道尺寸，室内外地面高差为 0.55m，房屋层高为 3m。左侧有三道尺寸线，里面一道标注了每个梯段的踏步高、级数和梯段的垂直投影高，如第一梯段每个踏步高为 175mm，有 10 级，垂直投影高为 1750mm，第二个梯段踏步高为 156.3mm，有 8 级，垂直投影高为 1250mm，其余各梯段踏步高均为 166.7mm，级数 9 级，垂直投影高为 1500mm；中间一道尺寸最下方的 100mm 为室外地面与门楼地面的高，550mm 为室内外地面高差，1750mm、1250mm、1500mm 分别为各梯段垂直投影高；最外面一道尺寸 2200mm 为楼梯一层休息平台面到一层楼梯间地面的距离，2750mm、3000mm 分别为楼梯休息平台面之间的垂直距离。

⑤ 了解屋面、楼面、地面、墙面的构造层次及做法。参照该套图纸的设计说明，了解楼面、地面、屋面、墙面的构造层次及做法，该建筑全部选用标准图集。

15.6 建筑详图

（1）外墙剖面详图的识读应用

某建筑的外墙剖面详图如图 15-8 所示，以该图为例进行某建筑外墙剖面详图的识读。

① 了解详图的图名、比例。图名为墙身节点详图，比例为 1∶20。

② 了解墙身的轴线编号、墙身与定位轴线的关系。墙身轴线编号为Ⓐ，墙厚为 240mm，轴线居中。

③ 了解屋面、楼面、地面的构造层次和做法。屋面为材料找坡，坡度为 3%，柔性防水。屋面、楼面、地面的构造做法均在图中用多层构造引出线及文字表达。

④ 了解檐口构造。钢筋混凝土挑檐沟与屋顶圈梁、屋面板一起整浇，檐沟壁高 400mm、厚 60mm，外挑 600mm。

⑤ 了解各层梁、板、窗台的位置及其与墙身的关系。楼层圈梁外挑 120mm 形成窗楣，厚度为 100mm，与现浇钢筋混凝土楼板一起整浇；窗台为钢筋混凝土材料，外挑 120mm、厚度 100mm，形成悬挑窗台。地圈梁上表面位于室内地面以下 60mm 处，宽 240mm、高 200mm。

⑥ 了解勒脚、散水、明沟、防潮层的做法。该图明沟的构造做法用多层构造引出线及文字表达。地圈梁兼做防潮层。

⑦ 了解内、外墙的装修做法。该图中内、外墙的装修做法用多层构造引出线及文字表达。踢脚为 25mm 厚 1∶2.5 水泥砂浆，高 150mm。

⑧ 了解各部位的标高、高度方向的尺寸和墙身细部尺寸。该图共有四层。室外地面标高为 -0.300m。首层室内地面标高为 ±0.000，一层窗台标高为 0.900m，层窗顶标高为 2.700m，二、三层窗顶标高分别为 5.700m、8.700m，二～四层楼面标高分别为 3.000m、6.000m、9.000m，二～四层窗台标高分别为 3.900m、6.900m、9.900m，四层窗顶标高为 11.700m，屋面标高为 12.000m，檐沟顶面标高为 12.290m。

（2）楼梯详图

楼梯详图一般包括楼梯平面图、剖面图及踏步、栏杆、扶手等节点详图。

① 某栋建筑室内楼梯平面图如图 15-9 所示，从中识读出的内容有以下几个方面。

a. 了解图名与比例。图名为一层楼梯平面图，比例为 1∶50。

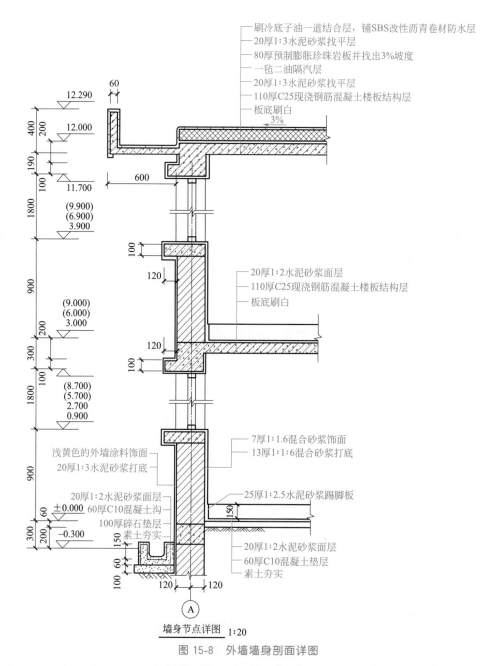

刷冷底子油一道结合层，铺SBS改性沥青卷材防水层
20厚1:3水泥砂浆找平层
80厚预制膨胀珍珠岩板并找出3%坡度
一毡二油隔汽层
20厚1:3水泥砂浆找平层
110厚C25现浇钢筋混凝土楼板结构层
板底刷白

20厚1:2水泥砂浆面层
110厚C25现浇钢筋混凝土楼板结构层
板底刷白

7厚1:1.6混合砂浆饰面
13厚1:1.6混合砂浆打底

浅黄色的外墙涂料饰面
20厚1:3水泥砂浆打底

25厚1:2.5水泥砂浆踢脚板

20厚1:2水泥砂浆面层
60厚C10混凝土沟
100厚碎石垫层
素土夯实

20厚1:2水泥砂浆面层
60厚C10混凝土垫层
素土夯实

墙身节点详图　1:20

图 15-8　外墙墙身剖面详图

b. 识读轴线编号、开间及进深尺寸。该楼梯平面形式为双跑平行楼梯，位于横向轴线③～⑤、纵向轴线Ⓒ～Ⓓ之间，其开间为 2600mm，进深为 5100mm（轴线Ⓒ外侧的墙为 200mm 厚，进深为 5200mm－100mm＝5100mm）。

c. 了解楼地面及休息平台标高。室外地面标高为－0.550m，门楼地面标高为－0.450m，室内地面标高为±0.000。

d. 楼梯段宽度为 1.150m，第一楼梯段水平投影长度为 2.34m，踏面宽 0.260m，有 10 级，第一级踏步边缘到轴线Ⓒ的距离为 1.410m，最上面一级踏步边缘到Ⓓ墙面外缘的距离为 1.450m，Ⓓ墙面外缘到门楼小圆柱中心的距离为 1.200m。

e. 了解楼梯走向。被折断的梯段用 45°的折断线表示，并用长箭头加注"上"或"下"表示楼梯走向。在±0.000 地面处，下三级台阶到楼梯地面−0.450m，向上到一层休息平台。

f. 查看楼梯剖面图的剖切符号。剖切符号标注在楼梯底层平面图中。一层平面图中有两组剖切符号，A—A 为楼梯剖面图，1—1 为门楼剖面图。

② 图 15-10 所示为某栋建筑的室内楼梯的剖面图，涂黑的部分为剖切到的钢筋混凝土梁、休息平台、楼梯段、楼板，未剖切到的可见部分有入户门、楼梯栏板等。从图中识读到的内容有以下几个方面。

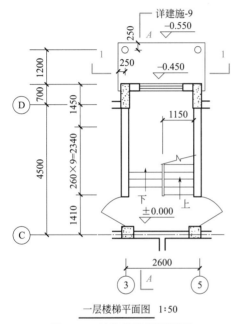

图 15-9　某建筑楼梯平面图

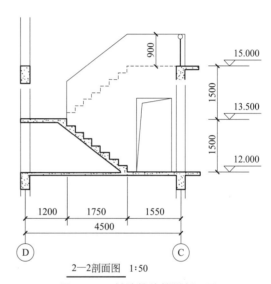

图 15-10　某建筑的楼梯剖面图

a. 了解图名与比例。图名为 2—2 剖面图，比例为 1∶50。

b. 了解轴线编号与进深尺寸。轴线编号为Ⓒ、Ⓓ，进深尺寸为 4.5m。

c. 查看楼梯的结构形式。该楼梯结构形式为钢筋混凝土板式楼梯。

d. 了解楼地面休息平台等处标高。五楼楼面标高为 12.000m，楼梯休息平台标高为 13.500m，阁楼楼面标高为 15.000m。

e. 识读尺寸标注。水平尺寸有两道，里面一道分别为细部尺寸，楼层平台宽 1.550m，楼梯段水平投影长 1.750m，踏面宽 0.250m，有 7 个踏面（踏面数＝级数−1），休息平台宽 1.200m，外面一道轴线尺寸为楼梯的进深 4.5m。竖直尺寸有一道，反映楼梯段的垂直投影高。每个梯段都是 8 级，踢面高 187.5mm，垂直投影高为 1.5m。

③ 图 15-11 所示的为某栋建筑楼梯节点详图，下面以该图为例，进行楼梯节点详图的识读。

如图 15-11 所示，图中①号节点详图是楼梯踏步详图主要是表明楼梯踏步的截面形状、大小、材料、面层的做法以及防滑条的位置。由楼梯踏步详图可知，楼梯踏步的尺寸为：踏面宽 280mm、踢面高 160mm，防滑条的材质为金刚砂。图中②号节点详图是栏板

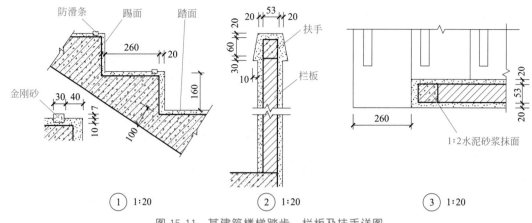

图 15-11　某建筑楼梯踏步、栏板及扶手详图

及扶手详图。由栏板及扶手详图可知：栏板厚度为 53mm、栏板的面层厚度为 20mm；扶手的厚度为 53mm、扶手的高为 60mm、扶手上梯形压顶的两个宽为 93mm 和 113mm。

（3）门窗详图

下面以图 15-12 为例，进行门窗详图的识读。

图 15-12 主要介绍不同部位的局部剖面节点详图，以表示门框和门扇的断面形状、尺寸、材料及其相互间的构造关系，还表示门框和四周的构造关系。该例图竖向和横向都有两个剖面详图。其中，门上槛 55mm×125mm、面压条 15mm×35mm、边框 52mm×

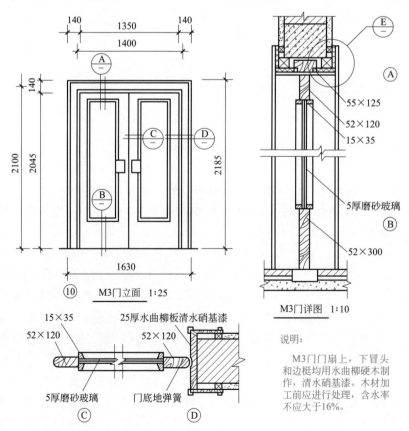

说明：

　　M3门门扇上，下冒头和边梃均用水曲柳硬木制作，清水硝基漆。木材加工前应进行处理，含水率不应大于16%。

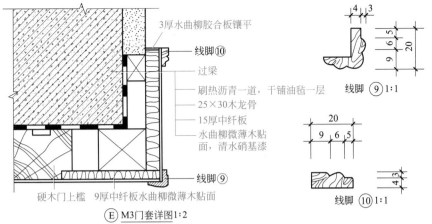

图 15-12　装饰门详图

120mm，都表示它们的矩形断面外围尺寸。门芯是 5mm 厚磨砂玻璃，门洞口两侧墙面和过梁底面用木龙骨和中纤板、胶合板等材料包钉。由剖面详图右上角的索引符号表明，还有比该详图比例更大的剖面图表示门套装饰的详细做法。

15.7　实训与提升

15.7.1　基础实训

建筑识读技能的训练对于提升初学者的识图能力具有极其重要的作用，有利于初学者掌握一定的工作技巧，为以后的工作打下一个良好的基础。下面就以幸福花园别墅的建筑工程施工图为例，进行建筑工程施工图的识读基础实训练习。

15.7.1.1　幸福花园别墅的建筑施工图首页图识读

（1）建筑施工图图纸目录

图 15-13 所示为幸福花园别墅建筑工程图样目录。从图中可知，本套施工图共有 20 张图样，其中建筑施工图 10 张，结构施工图 5 张，给水排水施工图 3 张，电气施工图 2 张。看图前应首先检查整套施工图图样与目录是否一致，防止缺页给后面的识图和施工造成不必要的麻烦。

（2）施工设计说明

施工设计说明识读内容如下。

① 工程概况

a. 建筑名称：幸福花园别墅。

b. 建筑地点：位于××省的××市。

② 设计依据

a. 建设单位提供的设计条件。

b. 有关部门审定的建筑设计方案。

c. 国家现行建筑设计规范。

序号	图样名称	图样编号	备注	序号	图样名称	图样编号	备注
1	设计说明	建施1		11	结构设计说明	结施1	
2	总平面图	建施2		12	基础图	结施2	
3	一层平面图	建施3		13	楼层结构平面图	结施3	
4	二层平面图	建施4		14	屋顶结构平面图	结施4	
5	三层平面图	建施5		15	楼梯结构图	结施5	
6	屋顶平面图	建施6		16	给排水设计说明	水施1	
7	南立面图	建施7		17	楼层给水平面图、系统图	水施2	
8	北立面图	建施8		18	楼层给排水平面图、系统图	水施3	
9	侧立面图、剖面图	建施9		19	楼层照明平面图	电施1	
10	楼梯详图	建施10		20	供电系统图	电施2	

图 15-13　幸福花园别墅建筑工程图样目录

Ⅰ.《房屋建筑制图统一标准》(GB/T 50001—2017)。

Ⅱ.《民用建筑设计统一标准》(GB 50352—2019)。

Ⅲ.《住宅设计规范》(GB 50096—2011)。

Ⅳ.《建筑设计防火规范（2018 年版）》(GB 50016—2014)。

③ 工程概况

a. 建设规模：三层。总建筑面积为 1131.47m^2。

b. 结构形式：砖混结构。

c. 抗震设计：抗震设防等级烈度为 6 度。

d. 耐火等级：二级。

e. 使用年限：房屋合理使用年限为 50 年。

f. 本工程±0.000 相当于绝对标高 43.200m。

④ 砌体工程

a. ±0.000 以下采用 C15 素混凝土浇筑。

b. ±0.000 以上墙体采用 240mm 厚 MU10 承重多孔黏土砖，M5 混合砂浆砌筑。

⑤ 装饰工程

a. 外装饰：外墙面粉 1∶3 水泥砂浆 20mm 厚，面层材料可以见立面图。

b. 内装饰：详见室内装修表。

⑥ 屋面工程：详见屋顶平面图。

⑦ 油漆工程

a. 木门漆中等乳黄色调和漆三遍。

b. 楼梯铁栏杆，外露铁件红丹打底，防锈漆二遍，面油银粉漆二遍。

c. 预埋构件凡伸入墙内与墙体接触面的木材须涂柏油防腐，铁件刷樟丹防锈漆。

⑧ 土建施工时注意水电等各工种密切配合，做好各种管线、洞口的预留及穿过楼面的管道防水处理。

⑨ 其他未规定的事项按现行规范执行。

(3) 门窗表

门窗表中的所有窗均由专业厂家定制，定制的门窗要求在设计时严格进行抗风压计算，满足安全使用。图中尺寸均指门窗洞口尺寸，门窗洞口经实际测量后进行制作安装。见表 15-2 所示。由门窗表可知该栋建筑所有门窗的尺寸、材质及数量。

表 15-2　幸福花园别墅门窗表

门窗编号	洞口尺寸 （宽×高）/mm	数量	备注
M-1	1000×2000	24	木质镶板门
C-1	1500×1800	36	白铝白玻窗
C-2	1800×1510	2	白铝白玻窗
GC	1000×600	12	钢窗

由该门窗表可知，门的类型为木质镶板门，门的数量为 24 樘，所留的洞口尺寸为：洞宽 1000mm、洞高 2000mm。窗的类型为白铝白玻窗、钢窗，白铝白玻窗的数量一共为 38，钢窗的数量为 12。白铝白玻窗因洞口尺寸不同分为两种尺寸类型。C-1 的尺寸为 1500mm×1800mm，C-2 的尺寸为 1800mm×1510mm，钢窗的尺寸为 1000mm×600mm。

15.7.1.2　幸福花园别墅的建筑总平面图识读

图 15-14 所示为幸福花园别墅的建筑总平面图。在总平面图识读出了以下内容：该小区主要是高层住宅以及别墅，以及少量商铺。该建筑占地面积为 16097.74m²。

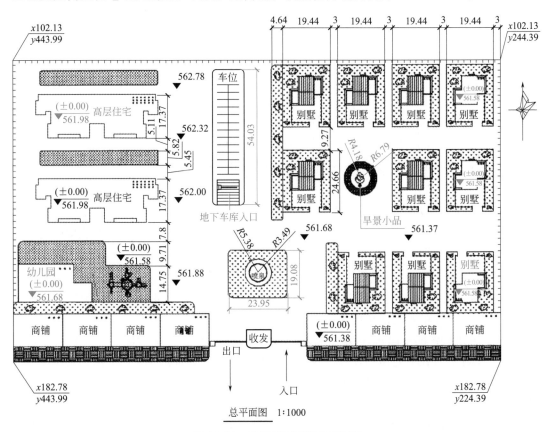

图 15-14　幸福花园别墅总平面图

（1）一层平面图（底层平面图）

别墅的一层平面图如图 15-15 所示，从图中识读的内容如下。

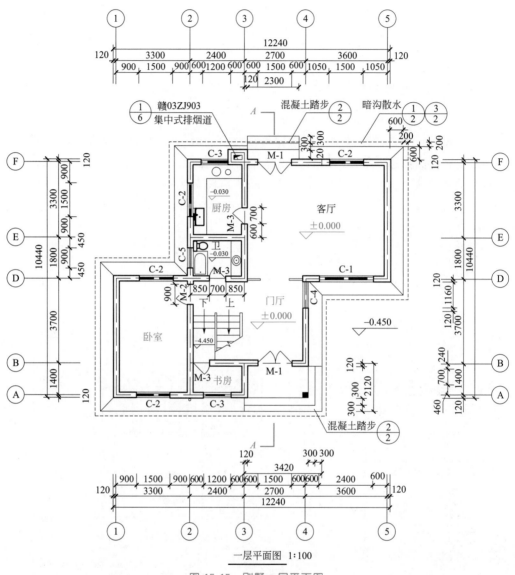

一层平面图 1:100

图 15-15 别墅一层平面图

① 了解图名、比例及文字说明。从图中可知该图为底层平面图，比例为 1:100。文字说明了地面标高中厨卫低于楼地面 30mm，阳台低于楼面 50mm。

② 了解建筑物的平面布置以及内部房间的功能关系等。该别墅楼的平面基本形状为矩形。一幢独户，在南北向均设有出入口，主出入口面朝南向、次出入口在北向；在南向设有门厅、楼梯间、工具间和一间卧室；在北向设有客厅、厨房及卫生间；设有一室内楼梯。

③ 了解纵横定位轴线及其编号，主要房间的开间、进深尺寸（相邻定位轴线之间的距

离，横向的称为开间，纵向的称为进深），墙（或柱）的平面布置。从定位轴线可以看出墙（或柱）的布置情况。该别墅楼有五道纵墙，纵向轴线编号为Ⓐ~Ⓕ，五道横墙，横向轴线编号为①~⑤。

客厅的开间 6.30m，进深 5.10m；书房开间 2.40m，进深 1.40m；卧室开间 3.30m，进深 5.30m；厨房开间 2.40m，进深 3.30m；卫生间开间 2.40m，进深 1.80m。该别墅所有内外墙厚均为 240mm，定位轴线均为中轴线（轴线居中，外 120mm，内 120mm）。

④ 了解平面图上各部分的尺寸。平面图尺寸以 mm 为单位，但标高以 m 为单位。

外部尺寸：最外一道是外包尺寸，表示房屋外轮廓的总尺寸，即从一端的外墙边到另一端的外墙边总长和总宽的尺寸。如图中别墅总长 12.24m，总宽 10.44m。中间一道是轴线间的尺寸，表示各房间的开间和进深的大小。如该别墅楼客厅开间 6.30m，进深 5.10m；最里面的一道是细部尺寸，它表示门窗洞口和窗间墙等水平方向的定形和定位尺寸。如Ⓐ轴上 C-2 的洞宽 1500mm，Ⓐ轴上 C-2 与 C-3 之间的距离为 900mm＋600mm＝1500mm。

内部尺寸：内部尺寸应注明内墙门窗洞的位置及洞口宽度、墙体厚度、设备的大小和定位尺寸。内部尺寸应就近标注，如③轴内墙上 M-3 洞口宽度为 700mm、内墙厚度均为 240mm。

此外，建筑平面图中的标高，除特殊说明外，通常都采用相对标高，并将底层室内主要房间地面定为±0.000。在该建筑底层平面图中，客厅、门厅、卧室地坪定为标高零点（±0.000），餐厅、厨房及卫生间地面标高为－0.300m，书房室内地坪标高为－0.450m，室外地坪标高为－0.450m。

⑤ 了解门窗的布置、数量及型号。建筑平面图中，只能反映出门窗的位置和宽度尺寸，而它们的高度尺寸、窗的开启形式和构造等情况是无法表达出来的。为了便于识读，在图中采用专门的代号标注门窗，其中门的代号为 M，窗的代号为 C，代号后面用数字表示它们的编号，如 M-1、…，C-1、…。一般每个工程的门窗规格、型号、数量都由门窗表说明。

⑥ 了解建筑物室内设备配备等情况。如该别墅楼卫生间设有盥洗台、坐便器等。

⑦ 了解建筑物外部的设施，如散水、雨水管、台阶等的位置及尺寸。底层平面图中还应标出室外台阶、花台、散水等尺寸。如该别墅北向（即Ⓕ轴）的室外台阶宽度为23mm，散水宽 600mm。

（2）二层与三层平面图

二层平面图如图 15-16 所示，三层平面图（顶层平面图）如图 15-17 所示，从图中可以识读出以下内容。

二层平面图和顶层平面图的形成与底层平面图的形成相同。为了简化作图，已在底层平面图上表达过的内容在二层平面图和顶层平面图上不再表达，如散水、明沟、室外台阶等。顶层平面图上不再画二层平面图上表达过的雨篷等。如该别墅二层和三层平面图中散水、暗沟、室外台阶都不再表达，在三层平面图中布置有楼梯间、库房和活动室及 2 个晒台，晒台的排水坡度为 2％。

（3）屋顶平面图

如图 15-18 所示，该别墅屋顶在Ⓐ~Ⓓ轴、Ⓓ~Ⓕ轴之间有两个有组织的单坡挑檐排水屋顶，水从屋面向檐沟成品水槽汇集到雨水管排出。雨水管设在Ⓐ、Ⓕ轴线墙上②、⑤

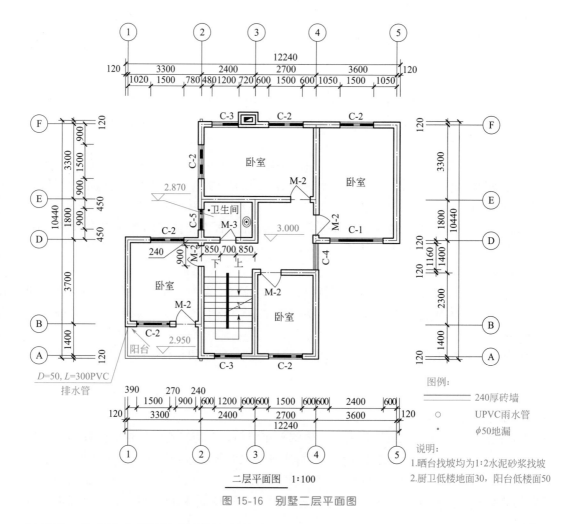

图 15-16 别墅二层平面图

轴线处，构造做法采用标准图集里的做法。

15.7.1.4 幸福花园别墅的建筑立面图识读

该别墅的立面图如图 15-19 所示，可以从图中识读出以下内容。

① 了解图名、比例及文字说明。首先，从图名或轴线的编号了解图名，看表示的是建筑物哪个方向的立面图；再看比例，如该别墅各个立面图的比例均与平面图一样（1∶100），该图图名为正立面图，文字说明主要是说明外墙形式的。

② 从正立面图上了解该建筑的整个外貌形状，对照平面图，了解屋顶、台阶、雨篷、阳台、花池及勒脚等细部的形式和位置。

如图 15-19 所示，该别墅为 3 层，正门朝南，有一 3 步台阶与之相连、正门上方有一花格窗。二层有阳台，三层有露台。屋顶为单坡挑檐屋顶，南端坡屋顶上有一老虎窗，北端坡屋顶高出南端坡屋顶 1500mm。2 个单坡屋顶高差部分可见，顶层有一长度 4860mm 的窗。

③ 了解该建筑的高度。从图 15-19 中所标注的标高可知，此房屋最低处（室外地坪）比室内±0.000 低 450mm，最高处北向坡屋顶顶面为 10.759m，所以房屋的外墙总高度为 11.209m。南向单坡屋顶的标高为 9.295m，南北向坡屋顶顶面高差为 1.5m。

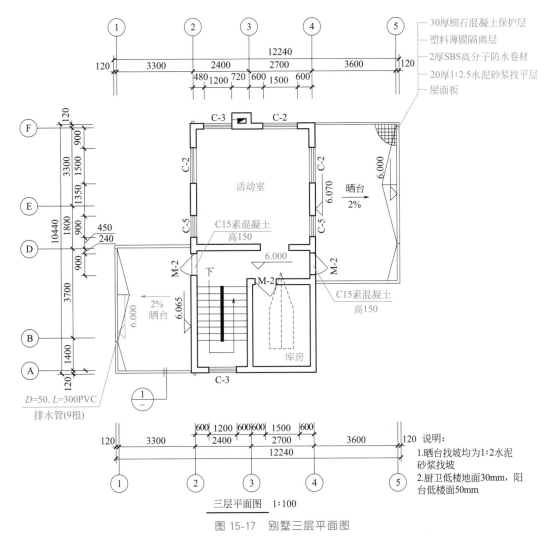

图 15-17 别墅三层平面图

一般标高注在图形外，并做到符号排列整齐、大小一致。若房屋左右对称，一般注在左侧；不对称时，左右两侧均应标注。必要时为了更清楚起见，可标注在图内（如正门出入口上方的底面标高 2.600m）。

④ 对照平面图及门窗表，综合分析外墙上门窗的种类、形式、数量、位置。

⑤ 阅读立面图上的文字说明和索引符号。了解外装修材料和做法，了解索引符号的标注及其部位，以便配合相应的详图阅读。

如正立面外墙为乳白色外墙涂料粉面及 15mm 宽黑色塑料条嵌分格缝。勒脚用灰色三色砖贴面、二层阳台和三层露台栏杆为土黄色金属栏杆。坡屋顶采用青色波形瓦，门廊柱、窗间墙及女儿墙采用水刷石粉面，窗台、窗顶等采用白水泥粉面。

⑥ 了解其他立面图，对照平面图，应形成该建筑物的整体三维空间形状概念，包括形状、高度、装饰材质、颜色。

15.7.1.5 幸福花园别墅的建筑剖面图识读

该别墅的剖面图如图 15-20 所示，可以从图中识读出以下内容。

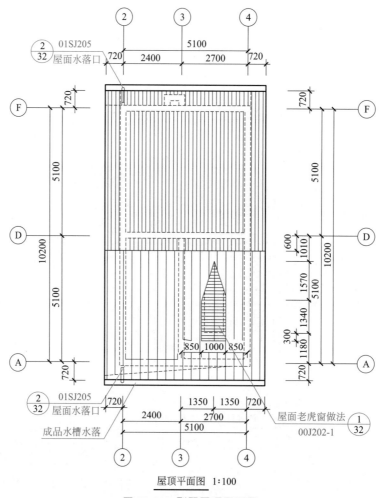

屋顶平面图 1:100

图 15-18 别墅屋顶平面图

① 先了解剖面图的剖切位置与编号，从底层平面图上可以看到 A—A 剖面图的剖切位置在③～④轴线之间，断开位置从门厅到客厅，切断了底层门厅、客厅的前后两个出入口 M-1 和两个出入口处的台阶。

② 了解被剖切到的墙体、楼板和屋顶，从 A—A 剖面图中看到，被剖切到的有Ⓑ、Ⓕ轴线上的两个 M-1 以及屋面两个单坡挑檐坡屋顶。如图 15-20 所示，Ⓐ～Ⓒ轴间的单坡挑檐坡屋顶高差为层高 3000mm－1544mm＝1456mm，其上还有一老虎窗，窗高 400mm－160mm＋240mm＝480mm；Ⓓ～Ⓕ轴间的单坡挑檐坡屋顶高差 1500mm。

③ 了解 A—A 剖面图中的可见部分，底层是厨房和卧室的门；二层是①轴、②～Ⓐ轴、Ⓓ轴卧室的门和②轴、④～Ⓔ轴、Ⓕ轴的窗；三层是①轴、②～Ⓐ轴、Ⓓ轴卧室的门，②轴、④～Ⓓ轴、Ⓕ轴的 2 个窗，门高 2100mm，门宽在平面图上表示，为 900mm。

④ 了解剖面图上的尺寸标注。从左侧的标高可知住出入口门洞的高度为 2600mm，从右侧的标高可知次出入口门的为 2400mm。窗洞高度均为 1700mm。建筑物层高底层和二层均为 3000mm，建筑物朝北后半部分的三层层高为 3000mm，建筑物朝南后半部分的层高为 4500mm。

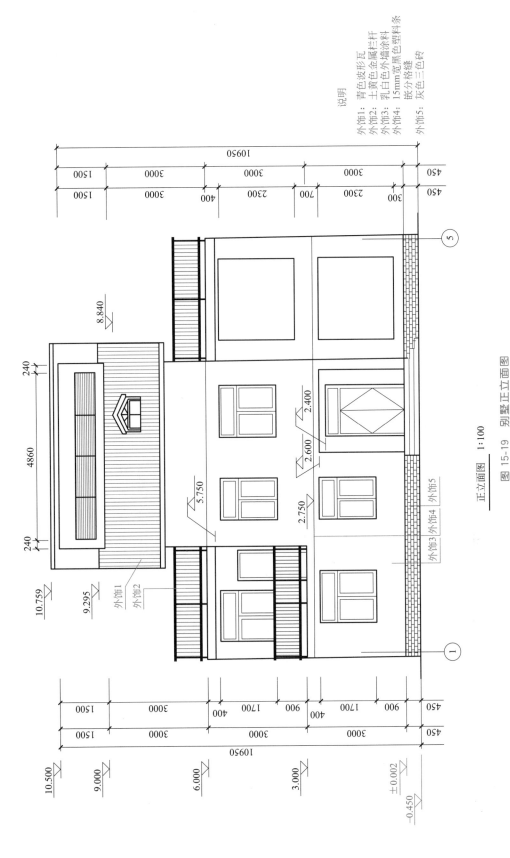

说明
外饰1: 菁色波形瓦
外饰2: 土黄色金属栏杆
外饰3: 乳白色外墙涂料
外饰4: 15mm宽黑色塑料条嵌分格缝
外饰5: 灰色三色砖

正立面图 1:100

图 15-19 别墅正立面图

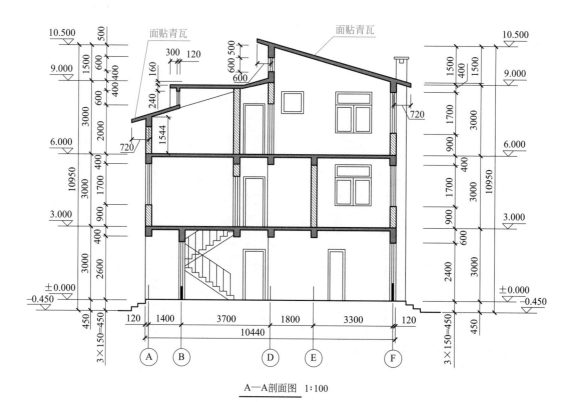

A—A剖面图 1:100

图 15-20 别墅 A—A 剖面图

15.7.1.6 幸福花园别墅的建筑详图识读

（1）外墙身详图的识读

该别墅的墙身大样图如图 15-21 所示，可以从图中识读出以下内容。

① 了解墙身详图的图名和比例。该图为某别墅Ⓕ轴线的墙身大样图，比例为 1:20。

② 了解墙脚部分构造。从图中看到，Ⓕ轴墙脚处为一个三步台阶，台阶下有一暗沟，在墙身大样图中一般不再表示散水面、楼板的做法，而是将这部分做法放在工程做法表或节点详图中具体反映。

③ 了解中间节点。可知窗台高 900mm；楼板与过梁浇筑成整体，楼板标高 3.000m、6.000m、9.000m。

④ 了解坡屋顶檐口部位。从图中可知该别墅挑檐的形状及尺寸，其屋面构造做法比较简单，直接贴青瓦形成防水层。

（2）楼梯平面图的识读

该别墅的楼梯平面图如图 15-22 所示，主要包括一层楼梯平面图和二层楼梯平面图，可以从图中识读出以下内容。

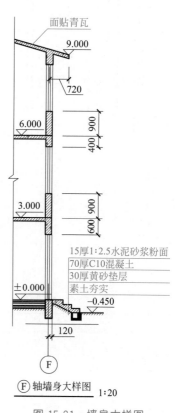

Ⓕ轴墙身大样图 1:20

图 15-21 墙身大样图

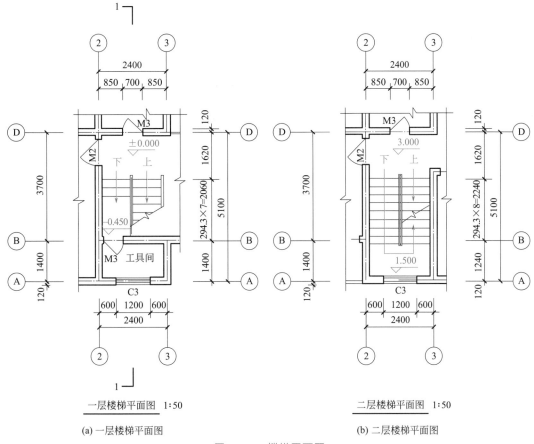

图 15-22　楼梯平面图

（a）一层楼梯平面图　　　　（b）二层楼梯平面图

① 了解楼梯间在建筑物中的位置。如图 15-22 所示，可知该别墅内部有一部楼梯，位于②～③轴线和③～⑤轴线与Ⓐ～Ⓓ轴线的范围内。

② 了解楼梯间的开间、进深、墙体的厚度、门窗的位置。如图 15-22 所示，该楼梯间开间为 2400mm，进深为 5100mm。墙体的厚度：内外墙均为 240mm。门窗居外墙中，洞宽都为 1200mm。

③ 了解楼梯段、楼梯井和休息平台的平面形式、位置以及踏步的宽度与数量、楼梯的走向。该楼梯为双跑式，梯段的宽度为 1035mm，梯井宽度 90mm，平台的宽度为 1620mm－120mm＝1500mm。底层楼梯段第一跑有 7 个踏步，踏步宽 294.3mm，整段楼梯水平投影长度为 2060mm，底层从室内地面通往工具间有 3 个踏步，踏步宽同第一跑楼梯，为 294.3mm；楼梯的第二、三、四跑楼梯均为 8 个踏步，踏步宽 294.3mm，其楼梯水平投影长度均为 2060mm，二层休息平台的宽度为 1240mm－120mm＝1120mm，二层的楼层平台的宽度同底层平台宽度，为 1620mm－120mm＝1500mm。

④ 了解楼梯的走向。该楼梯走向如图 15-22 中箭头所示，在一层楼梯平面图上，底层楼梯段第一跑向上，底层从室内地面通往工具间有 3 个踏步行走方向向下。

⑤ 了解楼梯段各层平台的标高。图中入口处地面标高为±0.000m，工具间地面标高为－0.450m，其余中间平台标高分别为 1.500m、4.500m；其余楼层平台标高分别为 3.000m、6.000m。

⑥ 在底层平面图中了解楼梯剖面图的剖切位置及剖视方向。

（3）楼梯剖面图的识读

该别墅的楼梯剖面图如图 15-23 所示，可以从图中识读出以下内容。

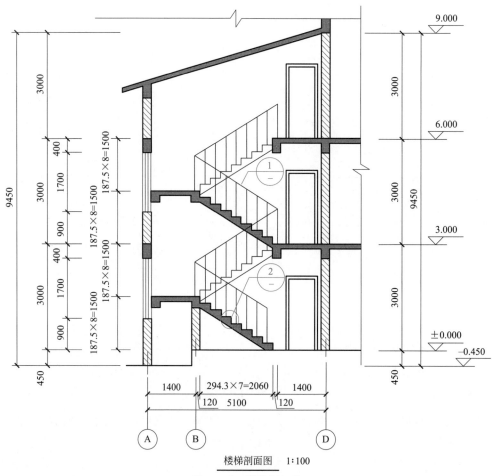

图 15-23 楼梯剖面图

① 了解楼梯的构造形式，从图中可知该楼梯的结构形式为板式双跑楼梯。

② 了解楼梯的水平和竖向的有关尺寸。该别墅的楼梯进深为 5100mm，层高为 3000mm。

③ 了解楼梯段、平台、栏杆、扶手等的构造和用料说明。踏步和扶手的构造可以详见索引的详图。

④ 被剖切梯段的踏步级数，如图 15-23 所示，可知"187.5mm×8＝1500mm"表示从底层上到中间平台处共需上 8 个踏步，每步台阶的垂直高度为 187.5mm，每跑楼梯的垂直高度为 1500mm。

⑤ 了解图中的索引符号，对照可知楼梯的细部构造做法。

15.7.2 提升实训

经过上面幸福花园别墅的建筑施工图的识读，下面进行多层住宅的建筑施工图的识读，进一步提升建筑施工图的识读能力。

15.7.2.1　某多层住宅的建筑施工图首页图识读

（1）图纸目录

如图 15-24 所示，可以从该目录中看出本套建筑施工图共有 21 张图样。看图前首先要检查各施工图的数量、图样内容等与图样目录是否一致，防止缺页、缺项。

序号	编号或图号	名称	张数	备注
	×设计研究院	图纸目录	编号：第1页　共1页	
1	91437-341-11-0/1	图纸目录	1	
2	91437-341-11-1	建筑设计总说明一	1	
3	91437-341-11-2	建筑设计总说明二、门窗表	1	
4	91437-341-11-3	建筑设计总说明三、住宅经济技术指标、建筑节能指标	1	
5	91437-341-11-4	半地下室平面图	1	
6	91437-341-11-5	一层平面图	1	
7	91437-341-11-6	二层平面图	1	
8	91437-341-11-7	三～五层平面图	1	
9	91437-341-11-8	六层平面图	1	
10	91437-341-11-9	阁楼层平面图	1	
11	91437-341-11-10	屋顶平面图	1	
12	91437-341-11-11	①～㉗立面图	1	
13	91437-341-11-12	㉗～①立面图	1	
14	91437-341-11-13	Ⓐ～Ⓙ立面图、Ⓙ～Ⓐ立面图、1—1剖面图	1	
15	91437-341-11-14	1#楼梯放大图	1	
16	91437-341-11-15	2#楼梯放大图	1	
17	91437-341-11-16	详图一	1	
18	91437-341-11-17	详图二	1	
		采用标准图集		
1	05YJ1～05YJ3-7	05系列建筑标准设计图集　建筑专业修订本(一)	1	河南省工程建设标准设计
2	05YJ4-1～05YJ8	05系列建筑标准设计图集　建筑专业修订本(二)	1	河南省工程建设标准设计
3	05YJ9-1～05YJ13	05系列建筑标准设计图集　建筑专业修订本(三)	1	河南省工程建设标准设计
审核		设计		年　月　日

图 15-24　图纸目录及采用的标准图集

① 设计单位：某设计研究院（甲级资质）。

② 建设单位：某建设单位。

③ 建筑名称：某多层住宅剪力墙结构工程。

④ 工程编号：工程编号是设计单位为便于存档和查阅而采取的一种管理方法。

⑤ 图纸编号和名称：每一项工程会有许多张图纸，在同一张图纸上往往画有若干个图形。因此，设计人员为了表达清楚，便于使用时查阅，就必须针对每张图纸所表示的建

筑物的部位，给图纸起一个名称，另外再用数字编号，确定图纸的顺序。

⑥ 图纸目录各列、各行表示的意义：图纸目录第 2 列为编号或图号，填有"91437-341-11-1"字样，其中，"-1"表示图纸张次为第 1 张；第 3 列为图纸名称，填有建筑设计总说明、半地下室平面图、一层平面图……字样，表示每张图纸具体的名称；第 4 列为张数，本套图纸张数均为 1 张；第 5 列为备注，直接空白或者填有甲方的要求或者设计方的一些解释说明。

(2) 建筑设计总说明

拟建房屋的施工要求和总体布局，由施工总说明和建筑总平面图表示出来。一般中小型房屋建筑施工图首页（即是施工图的第一页）就包含了这些内容。对整个工程的统一要求（如材料、质量要求）、具体做法及该工程的有关情况都可在施工总说明中做具体的文字说明。该工程的建筑设计总说明具体包括以下几个主要部分。

① 建筑工程概况主要包括建筑名称、地点、建设单位、建筑面积、设计使用年限、建筑层数和高度、抗震等级、耐火等级等重要的工程建设信息。该高层住宅的工程概况如下。

a. 建筑名称：某多层住宅剪力墙结构工程。

b. 建筑地点：某多层住宅剪力墙结构工程位于×市，东临 H 路、西临 S 路、南临 L 路、北临 J 路。总平面位置详见总平面布置图。

c. 建设单位：××置业有限公司。

d. 建筑面积地下室建筑面积 411.4m²，地上建筑面积 2840.7m²（包括阁楼层 246.3m²），占地面积 432.4m²，总建筑面积：3252.1m²（含阳台一半面积）。

e. 该工程为六层多层住宅。一到六层为普通住宅，利用坡屋面阁楼层做杂物间。建筑高度 19.300m（室外设计地面到坡屋面檐口的高度），地上建筑层高 3.000m，地下室层高 2.500m。

f. 建筑分类：多层民用建筑单元式多层住宅，建筑分类为二类，耐火等级为二级，地下室耐火等级为一级，屋面防水等级为Ⅱ级；地下室防水等级为二级；工程等级为二级。

g. 建筑功能：地下室为储藏间，地上为单元式住宅。

h. 主要结构类型：钢筋混凝土剪力墙结构。

i. 主体结构使用年限：50 年。抗震设防烈度：8 度。

j. 经济技术指标：户型套型及经济技术指标见附表（本书中未列）。

② 墙体工程：图中凡钢筋混凝土剪力墙，尺寸及定位详见结构施工图；钢筋混凝土剪力墙、加气混凝土墙上留洞详见结构施工图和水、电气专业施工图。图中除特殊注明者外，轴线均居墙中，地下室室内填充墙、隔墙均为加气混凝土砌块墙，填充墙墙厚、隔墙厚均为 200mm，填充墙与钢筋混凝土柱、构造柱、剪力墙拉结做法详见结构施工图。地下室顶板至±0.000 段所有外墙均采用钢筋混凝土。楼梯间地下室与地上分隔墙为加气混凝土砌块墙，墙厚为 100mm，砌筑在梯板上。±0.000 标高以上填充墙、隔墙、女儿墙均为加气混凝土砌块墙，填充墙墙厚同相应部位钢筋混凝土墙；除注明外，隔墙 200mm 厚，轴线均居墙中，厨房、卫生间等有水房间加气混凝土砌块隔墙根部采用 300mm 高 C20 混凝土墙坎，混凝土墙坎厚度同墙厚；卫生间隔墙内通高设一道 1.5mm 厚水泥基结晶型防水涂料。±0.000 标高以下非地下室内墙体材料及基础部分墙体材料见结构施工

图。所有住宅部分的外墙面均做外保温，保温材料采用 30mm 厚挤塑聚苯板，具体做法见装修做法表。

③ 楼、地面工程：本工程设计文件中所注楼面标高均为建筑标高，屋顶标高为屋面结构板标高；所有建筑构、配件尺寸均不含粉刷厚度。所有卫生间楼、地面标高比同层楼地面标高低 20mm，均向地漏做 1‰ 排水坡。无障碍门厅入口 15mm 高差以斜坡过渡，卫生间及阳台均做防水设计。本工程楼面结构降板高度详见结构施工圈。一般楼、地面做法详见构造做法表。凡选用面砖材料者，其规格、颜色建设单位现场自定。除通风井道外，设备管道井内每层均有楼板，并与各层楼板同时浇注，管道井楼板留洞必须预留，待设备管道安装完毕后，用防火填料进行封堵。

④ 门窗工程：除注明外，所有户内门与开启方向向墙内皮平齐，其余门窗均居墙中，凡属卫生间门扇底离地面完成面 30mm。各种混凝土的预留、预埋件均应在土建施工中预留预埋。水泥砂浆室内窗台，10mm 厚 1∶2 水泥砂浆底层，10mm 厚 1∶2 水泥砂浆面层。门窗所注尺寸为洞口尺寸，门窗加工及安装单位对实际门窗洞口尺寸及数量须对照门窗表到现场核验、校准无误后，方可下料制作及安装。尤其飘窗和转角窗。所有门窗五金选用优质材料，均按其相应标准图配套选用，门窗锁及把手安装前应由甲方根据实际情况确定式样及规格。所有单元门采用可视电子对讲门，应采用专业生产厂家生产的产品。

⑤ 防水工程：本工程的屋面防水等级为 II 级，防水层合理使用年限为 15 年，屋面防水：采用两层 3mm 厚 SBS 改性沥青防水卷材。卫生间采用 1.5mm 厚聚氨酯防水涂料；厨房采用 1.5mm 厚水泥基渗透结晶型防水涂料。楼地面防水层四周沿墙上翻 300mm 高，卫生间地面找坡 1‰ 坡向地漏或排水口；埋套管高出地面 50mm；预留洞边做混凝土坎边，宽 100mm，高 120mm；厨房、卫生间墙根部采用 300mm 高同墙宽 C20 混凝土墙坎。防水层侧墙保护层采用 50mm 厚聚苯乙烯泡沫塑料板（用聚醋酸乙烯胶黏剂粘贴）。

⑥ 消防设计：本工程为多层民用住宅建筑，单元式多层住宅，建筑分类为二类；建筑高度 19.300m；地上六层耐火等级二级，地下一层耐火等级一级。管道井门为丙级防火门，每层均采用与楼面耐火极限相同的钢筋混凝土楼板分隔。

(3) 门窗表

该多层住宅的门窗表见表 15-3。

表 15-3　某多层住宅的门窗表

类型	设计编号	洞口尺寸/mm	数量	名称	备注
门	FMB0818	800×1800	16	丙级防火门	所有门窗均由专业厂家定制，定制门窗时要求在设计时严格进行抗风压计算，满足安全使用要求。图中尺寸均指门窗洞口尺寸，门窗洞口经实际测量后制作安装
	FMB0918	900×1800	16	乙级防火门	
	FM0921	900×2100	2	丙级防火门	
	M0920	900×2000	24	平开夹板门	
	M0821	800×2100	44	平开夹板门	
	M0921	900×2100	87	平开夹板门	
	M1021	1000×2100	26	保温防盗门	
	DJM1524	1500×2400	2	电子对讲门	
	TLM1521	1500×2100	12	塑钢中空玻璃推拉门	
	TLM2725	2700×2500	24	塑钢中空玻璃推拉门	

类型	设计编号	洞口尺寸/mm	数量	名称	备注
窗	C0903	900×300	17	塑钢中空玻璃平开窗	所有门窗均由专业厂家定制,定制门窗时要求在设计时严格进行抗风压计算,满足安全使用要求。图中尺寸均指门窗洞口尺寸,门窗洞口经实际测量后制作安装
	C1203	1200×300	2	塑钢中空玻璃推拉窗	
	C1503	1500×300	6	塑钢中空玻璃推拉窗	
	C2703	2700×300	4	塑钢中空玻璃推拉窗	
	C0916	900×1600	56	塑钢中空玻璃平开窗	
	C1216	1200×1600	12	塑钢中空玻璃推拉窗	
	C1516	1500×1600	36	塑钢中空玻璃推拉窗	
	C1210	1200×1000	8	塑钢中空玻璃推拉窗	
	C1211	1200×1100	2	塑钢中空玻璃推拉窗	

由该门窗表可知,该项工程中门的类型有防火门、平开夹板门、保温防盗门、电子对讲门、塑钢中空玻璃推拉门,防火门因防火级别不同又分为甲级、乙级、丙级。窗的类型有塑钢中空玻璃平开窗、塑钢中空玻璃推拉窗。不同位置的门窗又有不同的尺寸,在识读施工图时可以结合这个门窗表进行识读。该建筑中的所有门窗均由专业厂家定制,定制门窗时要求在设计时严格进行抗风压计算,满足安全使用要求。

15.7.2.2 某多层住宅平面图识读

(1) 一层平面图

某多层住宅剪力墙项目一层平面图如图 15-25 所示,可以从图中识读出以下内容。

① 了解平面图的图名、比例:该图图名为一层平面图,比例 1:100。

② 本层建筑面积为 432.4m²,阳台面积按一半计算。

③ 可以准确地看到指北针的位置以及该建筑的南北方位。

④ 了解建筑的结构形式:钢筋混凝土剪力墙结构。另外,一层平面图中除注明外,涂黑墙体为钢筋混凝土墙,其余均为加气混凝土砌块墙,除注明墙厚外,填充墙厚度均为 200mm,钢筋混凝土墙详见结施;除注明外,轴线均居墙中。□ 表示的是嵌墙明装,底边距地 1.8m,留洞 450mm×550mm×150mm;▣ 表示的是嵌墙暗装,底边距地 0.5m,留洞 300mm×250mm×115mm。

⑤ 识读剖面图的剖切符号。剖面图 1—1 的剖切位置在 ⑱～⑲ 轴之间。图中 ⑥～⑩ 轴和 Ⓕ 轴交汇处 1# 楼梯放大图的索引符号。

⑥ 了解建筑基本构造。该住宅平面为两梯 4 户的住宅楼,其总长 39.00m,总宽为 13.80m。四户的入口分别设在 ⑥～⑩ 轴线墙和 ⑲～㉓ 轴线墙的 Ⓔ 轴线上。36-A 户型每户有一个主卧、两个次卧、两个卫生间、一个客厅、一个餐厅和一个厨房,共两户;36-B 每户有一个主卧、一个次卧、一个卫生间、一个客厅、一个餐厅和一个厨房,共两户。建筑入口处标高比入口室内楼地面标高低 15mm,以斜坡过渡。

⑦ 该住宅的底层室内地坪标高为±0.000m,室外地坪标高为 -1.1m,即室内外高差为 1100mm。细部做法在平面图中标注索引符号的,如图中住户配电箱(暗装距地 1.8m)、智能多媒体箱嵌墙暗装(底边距地 300mm 以及留洞:宽 600mm×高 600mm×深 150mm)、2U 弱电机柜嵌墙暗装(底边距地 1.4m 以及留洞:宽 600mm×高 600mm×深 150mm)、电表箱 AW1(宽×高×深:1200mm×1100mm×150mm,底距地 1.1m)

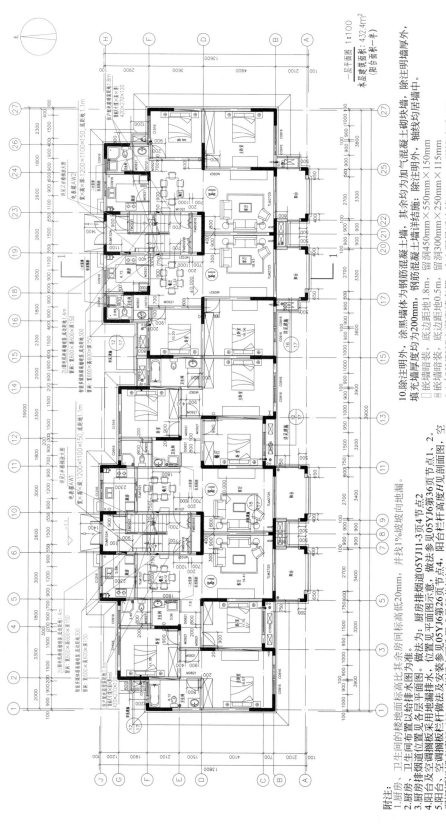

一层平面图 1:100

本层建筑面积：432.4m²
(附含面积的一半)

图 15-25　一层平面图

10.除注明外、涂黑墙体为钢筋混凝土墙，其余均为加气混凝土砌块墙，
填充墙厚度均为200mm。

钢筋混凝土墙详图结施：除注明外、轴线均居墙中。

□ 铁纱窗暗装，　底边距地1.8m，　留洞450mm×550mm×150mm
■ 铁纱窗暗装，　底边距地0.5m，　留洞300mm×250mm×115mm
A φ80UPVC空调穿墙套管，距楼地面2100mm，中心距最近边150mm，距楼地面150mm
B φ80UPVC空调穿墙套管，距楼地面150mm，中心距最近边150mm，距楼地面150mm

附注：
1.厨房、卫生间的楼地面标高比其余房间标高低20mm，并找1%坡向地漏。
2.厨房、卫生间布置以给排水图为准。
3.厨房排烟道位置见各层平面图。
4.阳台及空调板用地漏排水。做法为：厨房平面图。位置见05YJ16第26页节点1、2。
5.阳台、空调板栏杆做法及安装参见05YJ16第44页节点1。栏杆也可选用成品铁艺栏杆。空调板栏杆高度H=600mm；栏杆高度H=600mm；未安装空调器时用聚苯乙烯泡沫塑料封严。
6.空调穿墙套管见05YJ16第44页节点1，未安装空调器时用苯乙烯泡沫塑料封严。
7.建筑入口处标高比入口室内楼地面标高低15mm，以斜坡过渡。
8.建筑四周设900mm宽散水，做法详05YJ9-1第51页节3。
9.厨房排烟道选用05YJ11-3第4项CPB，排烟道尺寸300mm×260mm，排烟道预留孔洞尺寸350mm×310mm；排烟道出屋面风帽做法见05YJ11-3第12页。

以及二次装修轻质隔断等的索引符号。

⑧ 识读厨房与卫生间：厨房、卫生间集中布置在靠山墙一端，以方便集中布置管线。厨房、卫生间的楼地面标高比其余房间标高低 20mm，并找 1‰ 坡坡向地漏。另外，厨房、卫生间的布置以给排水图为准。⑤～⑧轴客厅的开间尺寸为 4300mm，⑤～⑥轴餐厅的开间尺寸为 3000mm，餐厅和客厅的进深总计为 9200mm。㉑～㉕轴客厅的开间尺寸为 4200mm，㉓～㉖轴之间餐厅的开间尺寸为 3500mm，餐厅和客厅的进深总计为 8400mm。

⑨ 通过一层平面图还可以看到所有的门窗都有编号，如⑥～⑩轴之间和Ⓔ轴交汇处入户门编号为 M1021，其含义为门洞口的宽度为 1000mm，高度为 2100mm；⑤～⑥之间厨房窗的编号为 C1216，其含义为窗洞口的宽度为 1200mm，高度为 1600mm；门窗洞口的宽度也可以从平面图标注的外部尺寸中读出。

⑩ 从图中还可以看到多个窗洞都设有窗套，以丰富立面线条。一层平面图中还可看到有 FMB0918（乙级防火门）、FMB0818（丙级防火门）、TLM1521（塑料中空玻璃推拉门）、TLM2725（塑料中空玻璃推拉门）、M1021（保温防盗门）、M0921（平开夹板门）和 M0821（平开夹板门）等。窗有 C1516（塑料中空玻璃推拉窗）、C0916（塑料中空玻璃平开窗）和 C1216（塑料中空玻璃推拉窗）等。

⑪ 一层平面图中住宅使用面积见表 15-4。

表 15-4　一层平面图中住宅使用面积

户型名称	单位	房间面积
36-A 户型	客厅	m²	19.41
	主卧室	m²	19.57
	卧室	m²	11.70
	卧室	m²	11.78
	厨房	m²	5.88
	餐厅	m²	8.12
	主卧卫生间	m²	6.12
	卫生间	m²	6.46
36-B 户型	客厅	m²	18.93
	主卧室	m²	16.56
	卧室	m²	10.20
	厨房	m²	6.72
	餐厅	m²	11.22
	卫生间	m²	4.49

(2) 六层平面图

如图 15-26 所示为某多层住宅剪力墙项目六层平面图，六层平面图的图示内容和方法与一层平面图基本相同，它们的不同之处如下所述。

① 六层是本建筑的顶层住宅，楼面标高为 15.000m。

② 该层布置为：36-A1 户型每户有一个主卧、一个次卧、一个书房、两个卫生间、一个客厅、一个餐厅和一个厨房，36-A2 户型与其一样；36-B1 每户有一个主卧、一个次卧、一个卫生间、一个客厅、一个餐厅和一个厨房，36-B2 户型与其一样。

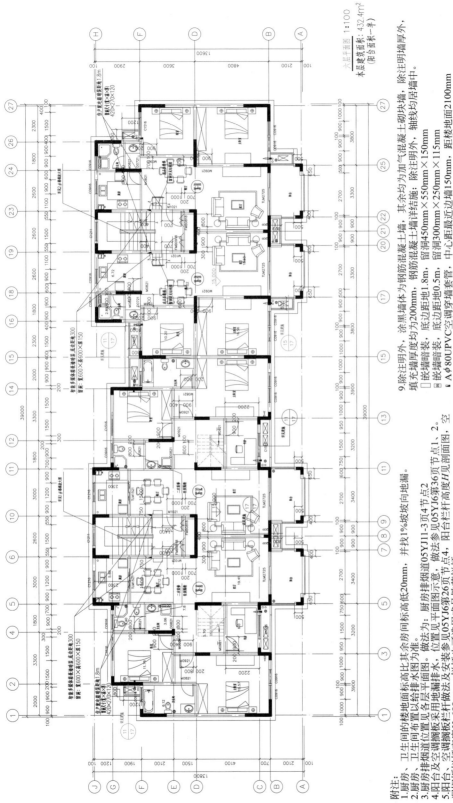

六层平面图 1:100

本层建筑面积：432.4m²
（阳台面积一半）

9.除注明外，涂黑墙体均为钢筋混凝土墙，其余均为加气混凝土砌块墙。钢筋混凝土墙土墙土墙均居墙中，除注明墙厚外，轴线均为居墙中。填充墙厚度均为200mm。除注明外，轴线均居墙中。
☐ 敞墙暗装，底边距地1.8m，留洞450mm×550mm×150mm
☐ 敞墙暗装，底边距地0.5m，留洞300mm×250mm×115mm
☑ A φ80UPVC空调穿墙套管，中心距最近边墙150mm，距楼地面2100mm，
☑ B φ80UPVC空调穿墙套管，中心距最近边墙150mm，距楼地面150mm。

附注：
1.厨房、卫生间的楼地面标高比其余房间标高低20mm，并找1%坡向地漏。
2.厨房、卫生间布置以给排水图为准。
3.厨房排烟道位置见各层平面图。
4.阳台及空调搁板采用地漏排水，位置见平面图。做法为：厨房排烟道05YJ11-3页4节5，2。
5.阳台、空调搁板栏杆做法及安装参见05YJ6第26页节4，做法参见05YJ6第36页节节1，2。空调板栏杆高度H-600mm，栏杆也可选用成品铁艺栏杆。栏杆可选用成品铁艺栏杆。空调搁板栏杆高度H-600mm，栏杆也可选用成品铁艺栏杆。
6.空调穿墙套管做法见05YJ6第44页节1，未安装空调器时用聚苯乙烯泡沫塑料堵严。
7.建筑四周设900mm宽散水，做法详05YJ19-1第51页节3。
8.厨房排烟道选用05YJ11-3第4页CPB，排烟道尺寸300×260，排烟道楼板预留孔洞尺寸350mm×310mm；排烟口高度为2.4m；排烟道出屋面风帽做法见05YJ11-3第12页。

图 15-26　六层平面图

③ 36-A1 和 36-A2 户型书房平面图的上方设有楼梯，此楼梯通向阁楼房间。

④ 楼梯、住户配电箱等处有标准详图索引，另外，在②轴线与⑥～⑥轴之间的 $\frac{11}{17}$ 是指此处的空调板详图在第 17 张图纸的⑪详图，同理，$\frac{15}{17}$ 和 $\frac{17}{17}$ 是指此处的空调板详图在第 17 张图纸的⑮和⑰详图。

（3）阁楼层平面图

如图 15-27 所示为某多层住宅剪力墙项目阁楼层平面图，从图中可以识读出以下内容。

① 本层是该建筑物的阁楼层平面图，楼面标高为 18.000m。

② 该层布置有起居室上空、杂物间、楼梯预留洞和四间卫生间以及暖、水的布置走向。

③ 管道井出屋面处有标准详图索引，楼梯放大图索引。

④ 识读标高及标注。卫生间的楼地面标高比其余房间标高低 20mm，并找 1% 坡坡向地漏；卫生间布置以给排水图为准；除注明外，涂黑墙体为钢筋混凝土墙，其余均为加气混凝土砌块墙，除注明墙厚外，填充墙厚度均为 200mm，钢筋混凝土墙详结施；除注明外，轴线均居墙中。□ 表示的是嵌墙暗装，底边距地 1.8m，留洞 450mm×550mm×150mm。

（4）屋顶平面图

如图 15-28 所示为某多层住宅剪力墙项目屋顶平面图，从图中可以识读出以下内容。

① 本建筑屋顶为坡屋顶。

② 在屋顶平面图中，可以看出屋面的排水方向（用箭头表示）是由⑥轴坡向①轴，坡度为 30%。在屋顶平面图的四周设置有成品檐沟，将屋面上的雨水全都汇集在檐沟之内。在檐沟内的一定位置处，设有不同方向的且坡度为 1% 的坡。在①～②轴之间、⑭～⑮轴之间⑳～㉗轴之间与⑭～⑥轴线的交汇处以及在㉕轴和⑧轴附近，各设有一雨水管。天沟内聚集的雨水将会顺雨水管流向地面。而且在㉗轴与⑧～⑭轴之间，设有斜天沟，索引符号标明了斜天沟的出处位于图集 05YJ2-2，正脊和斜脊部分也是要参考图集 05YJ2-2。

③ 在图的⑥～⑩轴、⑲～㉓轴之间与⑭～⑥轴线的交汇处附件设有屋面上人孔。

④ 在⑧轴、㉑轴与⑩轴交汇处设有管道井出屋面，具体坡度详见管道井出屋面图。另外，屋顶面标高为 21.300m，管道井出屋面标高为 21.600m。

⑤ 在图的⑬～⑰轴和⑧轴线的交汇处，设有老虎窗。索引符号标明了老虎窗的具体尺寸和标高，其详图位于图纸的第 16 张图纸的①号老虎窗详图。

⑥ 该层阳台均采用成品卡普隆仿木构架，二次装修确定。

15.7.2.3 某多层住宅建筑立面图识读

如图 15-29～图 15-31 所示，分别为某多层住宅剪力墙项目①～㉗立面图、㉗～①立面图、①～④立面图和④～①立面图，从图中可以识读到以下内容。

① 看图名、轴线和比例尺，了解表现的是哪个立面。该建筑的立面图比例尺均为 1：100。

② 立面①～㉗轴间投影尺寸为 38.8m，④～①轴间投影尺寸为 13.8m；看室外地坪标高，了解室内外高差，即室内外高差为 1100mm；最高点标高为 24.050m。

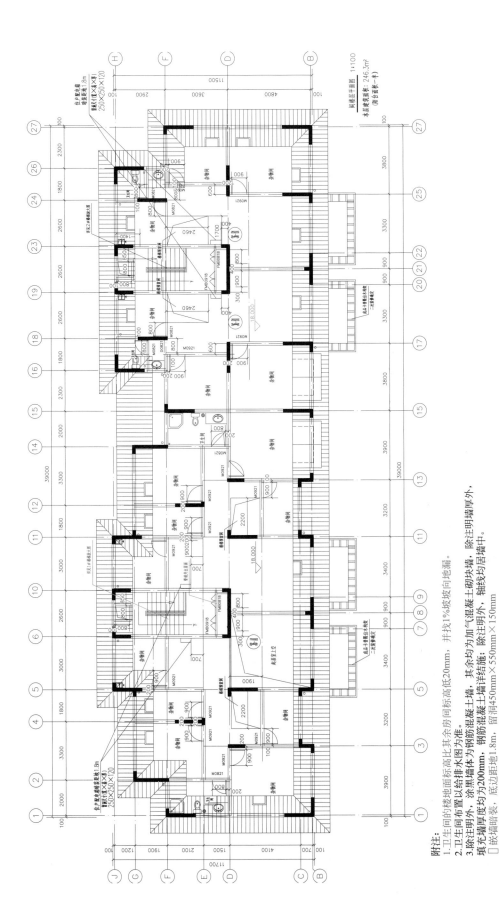

图 15-27 阁楼层平面图

附注：
1. 卫生间的楼地面标高比其余房间标高低20mm，并找1%坡向地漏。
2. 卫生间布置以给排水图为准。
3. 除注明外，涂黑墙体为钢筋混凝土墙，其余均为加气混凝土砌块墙，除注明墙厚外，填充墙厚度均为200mm。钢筋混凝土墙详见结施；除注明外，轴线均居墙中。
□ 嵌墙暗装，底边距地1.8m，留洞450mm×550mm×150mm

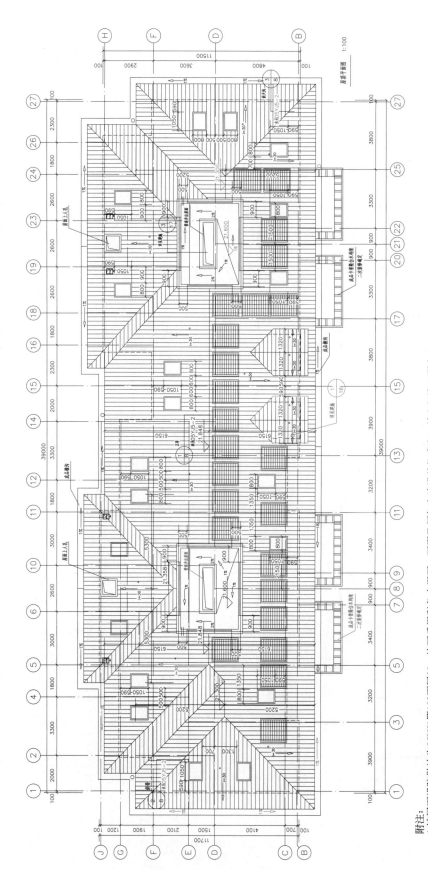

图 15-28 屋顶平面图

附注：
1.坡屋面设防水做法为05YJ1第103页屋23。块瓦采用彩色水泥瓦，瓦型及颜色由建设单位确定，并应与施工配合。
2.坡屋面详细构造做法见05YJ5-2《坡屋面》有关节点：
檐口做法见05YJ5-2第2页节点2A，成品檐沟的材料及形式由建设单位确定；正脊、斜脊及天沟做法见05YJ5-2
第8页；管井等出坡屋面泛水做法见05YJ5-2第29页节点2；管井等出平屋面泛水做法见05YJ5-2第14页节点1；
斜天窗做法见05YJ5-2第20页；老虎窗屋面做法参05YJ5-2第23页及本设计有关节点详图；屋面上人孔做法见05YJ5-2
第27页节点1；管道出屋面构造做法参05YJ11-3第12~14页。
3.排气风帽出屋面构造节点做法见05YJ5-1第28页28节点5。
4.平屋面过水孔大小500×200(宽×高)，做法参05YJ5-1第28页28节点5。

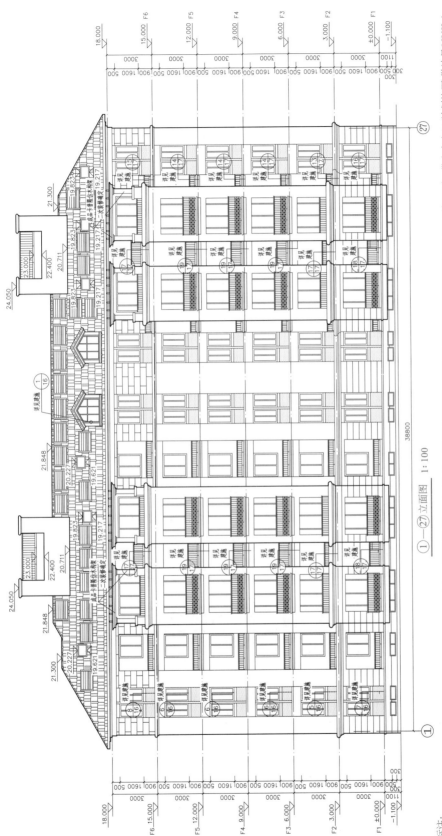

图 15-29 ①-㉗立面图

标注：
1. 外墙外保温材料为50厚聚苯乙烯保温隔热板，外保温构造参见索引标准图05Y13-1第D1～D27页有关节点。不带窗套窗口(涂料饰面)做法见05Y13-1第D7页，带窗套窗口(涂料饰面)做法见05Y13-1第D7页，勒脚外保温(涂料饰面)做法见05Y13-1第D10页节点3、4；外露楼板(面砖饰面)保温做法见05Y13-1第D22页节点3、4；不带窗套窗口(面砖饰面)做法见05Y13-1第D24页节点3、4；空调机搁板外保温(面砖饰面)做法见05Y13-1第H6页；室内保温板(面砖饰面)做法见05Y13-1第D19页，带窗套窗口(面砖饰面)做法见05Y13-1第D23页节点3、4；室内机安装做法见05Y13-1第H5页；室内雨水管支架安装做法见05Y13-1第H6页；外墙面一层、二层保温层涂料外墙面做法见05Y13-1第D17页，外墙面一层涂料层做法见05Y13-1第D20页，勒脚外保温(面砖饰面)做法见05Y11第49页外墙16；空调室外机安装做法见05Y13-1第D5页，涂料为彩色砂浆涂料；有保温层涂料外墙面做法见05Y13-1第D17页，二～五层外墙涂料层涂料为米黄色外墙面涂料，六层外涂红色面砖，规格及贴法见空调机搁板做法05Y11第49页外墙16；空调台及空调搁板做法05Y13-1第D5页，涂料为彩色砂浆涂料；
2. 无保温层涂料外墙面(阳台及空调搁板部位)做法为05Y11第49页外墙16；有保温层涂料外墙面做法05Y13-1第D17页，二～五层均为米黄色外墙面涂料，六层外涂红色面砖，规格及贴法为仿清水砖墙。所有外墙划缝及窗套均为窗套为深灰色。
为仿毛石涂黄色面砖，二～五层均为米黄色外墙面涂料，六层外涂红色面砖，规格及贴法为仿清水砖墙。

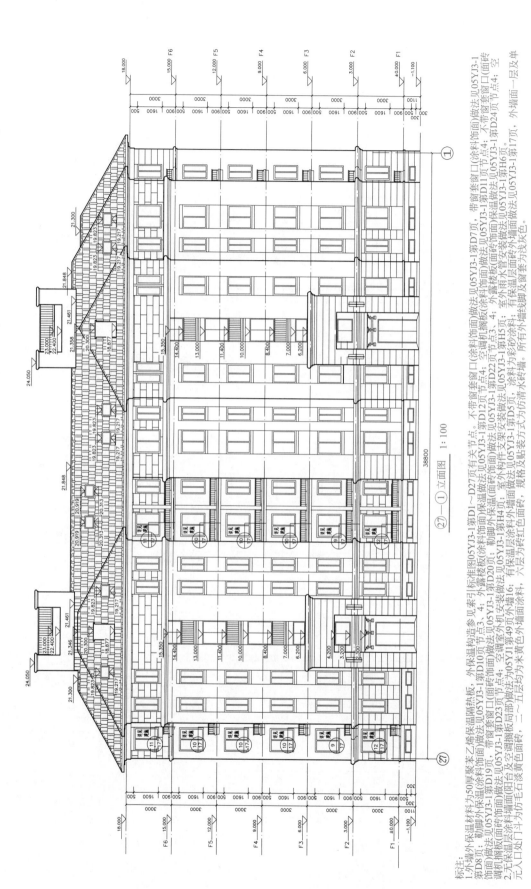

图 15-30　②~①立面图

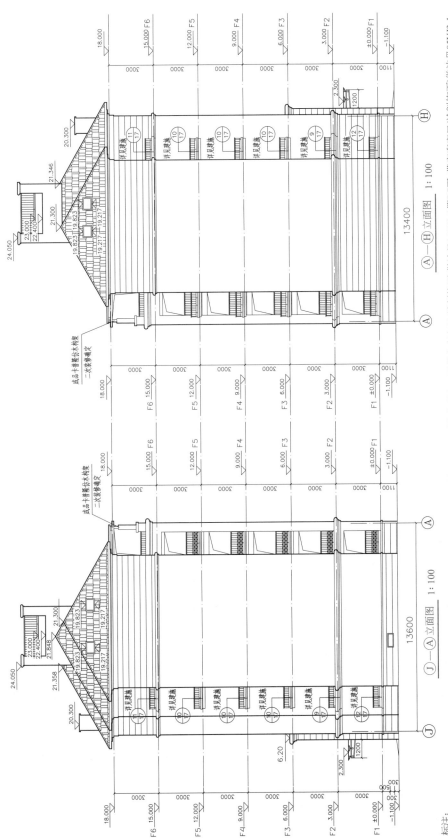

图 15-31 立面图

标注：
1. 外墙外保温材料为50厚聚苯乙烯保温板，外保温构造参见乙标引标准图05YJ3-1第D1~D27页有关节点。不带窗套窗口(涂料饰面)做法见05YJ3-1第D7页，带窗套窗口(涂料饰面)做法见05YJ3-1第D8页；勒脚外保温(涂料饰面)做法见05YJ3-1第D12页节点3、4；外保温饰面(面砖饰面)做法见05YJ3-1第D11页节点4；不带窗套窗口(面砖饰面)做法见05YJ3-1第D24页节点4；砖(饰面)做法见05YJ3-1第D19页，带窗套窗口(面砖饰面)做法见05YJ3-1第D22页节点3、4；外靠楼板(面砖饰面)保温做法见05YJ3-1第H5页；勒脚外保温(面砖饰面)做法见05YJ3-1第D23页节点4；空调至外机安装做法见05YJ3-1第H4页；室外构件支架安装做法见05YJ3-1第H6页；
2. 无保温机械(饰面)做法见05YJ3-1第H5页；空调至外机安装做法见05YJ1第49页外墙16；有保温层饰面外墙面外墙面做法见05YJ3-1第17页，外墙面砖(饰面)涂料外墙面(阳台及空调隔板局部)做法为05YJ1第49页外墙16；有保温层饰面外墙面砖做法见05YJ3-1第17页，外墙面一层保温层涂料外墙做法为05YJ1第49页外墙16；有保温层涂料外墙面砖，规格贴脚外面砖，六层及贴脚外墙面涂料。涂料为水砂涂料；一层为仿毛石淡黄色面砖，二~五层黄色外墙面涂料，所有外墙线脚及窗套均为浅灰色。一层外墙线脚、勒脚及窗套均为浅灰色。六层及勒脚贴红砖，外墙面一层保温层做法为水黄色面砖，一层为仿毛石淡黄色面砖，二~五层黄色外墙面涂料。所有外墙线脚及窗套均为浅灰色。

③ 从图上可以看出同层高的标准层共有 6 层，为六层多层住宅。一到六层为普通住宅，利用坡屋面阁楼层做杂物间。建筑高度 19.300m（室外设计地面到坡屋面檐口的高度），地上建筑层高 3.000m，地下室层高 2.500m。

④ $\frac{5}{16}$、$\frac{6}{16}$、$\frac{7}{16}$、$\frac{8}{16}$ 和 $\frac{17}{17}$ 等在图①～㉗立面图中多处设置的索引符号，如在图 $\frac{1}{16}$ 处设有老虎窗，索引符号标明了老虎窗的具体尺寸和标高，并说明其详图位于图纸的第 16 张图纸的①号老虎窗详图。

⑤ 从①～㉗、㉗～①、Ⓙ～Ⓐ和Ⓐ～Ⓙ立面图左下角的标注中可以看出墙面的做法如下。

a. 外墙外保温材料为 50mm 厚聚苯乙烯保温隔热板，外保温构造参见索引标准图 05YJ3-1 第 D1～D27 页有关节点。不带窗套窗口（涂料饰面）做法见 05YJ3-1 第 D7 页，带窗套窗口（涂料饰面）做法见 05YJ3-1 第 D8 页；勒脚外保温（涂料饰面）做法见 05YJ3-1 第 D10 页节点 3、4；外露楼板（涂料饰面）保温做法见 05YJ3-1 第 D12 页节点 4；空调机搁板（涂料饰面）做法见 05YJ3-1 第 D11 页节点 4；不带窗套窗口（面砖饰面）做法见 05YJ3-1 第 D19 页，带窗套窗口（面砖饰面）做法见 05YJ3-1 第 D20 页；勒脚外保温（面砖饰面）做法见 05YJ3-1 第 D22 页节点 3、4；外露楼板（面砖饰面）保温做法见 05YJ3-1 第 D24 页节点 4；空调机搁板（面砖饰面）做法 05YJ3-1 第 D23 页节点 4；空调室外机安装做法见 05YJ3-1 第 H4 页；室外构件支架安装做法见 05YJ3-1 第 H5 页；室外雨水管安装做法见 05YJ3-1 第 H6 页。

b. 无保温层涂料墙面（阳台及空调搁板局部）做法为 05YJ1 第 49 页外墙 16；有保温层涂料外墙面做法见 05YJ3-1 第 D5 页，涂料为彩砂涂料，有保温层面砖外墙面做法 05YJ3-1 第 D17 页，外墙面一层及单元入户口处门斗为仿毛石淡黄色面砖，二到五层均为米黄色外墙面涂料，六层为砖红色面砖，规格及贴装方式为仿清水砖墙。所有外墙线脚及窗套为浅灰色。

15.7.2.4　某多层住宅建筑剖面图识读

如图 15-32 所示为某多层住宅剪力墙项目一层平面图中⑱～⑲轴之间的 1—1 剖面图，从图中可以识读到以下内容。

① 从剖面图上可以看竖向被剖到的墙、窗、门以及阳台位置的情形以及横向的板、梁的位置。

② 从图左侧可以看到：地下室层高为 2.5m、地下室储藏间平开夹板门高度为 2000mm，室内外高差为 1100mm，一到六层的层高均为 3.0m。

③ 可以看到一到六层厨房的窗口高度为 1600mm，窗台下墙高为 900mm，窗口上墙体为 500mm，餐厅和厨房之间的平开夹板门高度为 2100mm，客厅通向阳台的塑料中空玻璃推拉门的高度为 2500mm。

④ 一层单元入户口处门斗的顶标高为 2.300m，二层单元入口处墙面装饰顶标高为 6.20m。

⑤ 六层上部是阁楼层，阁楼的顶部标高为 21.848m。

⑥ 本建筑的顶标高为 24.050m。

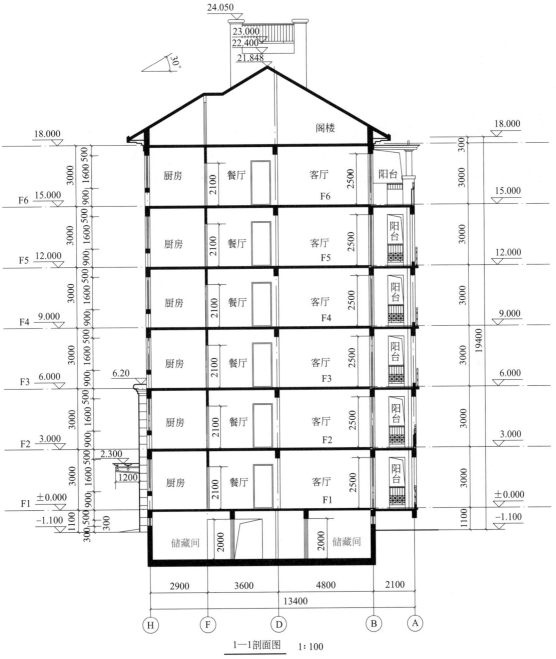

1—1剖面图　1:100

图 15-32　多层住宅剖面图

第16章

结构施工图识读的应用

16.1 结构施工图图纸目录、结构设计总说明

(1) 结构施工图图纸目录

① 表达内容。图纸目录是了解建筑设计的整体情况的文件，从目录中我们可以明确图纸数量、出图大小、工程号，还有建筑单位及整个建筑物的主要功能。

结构施工（可简称结施）图排在建筑施工图之后，看过建筑施工图，脑海中形成建筑物的立体空间模型后，看结构施工图的时候，能更好地理解其结构体系。结构施工图是根据结构设计的结果绘制而成的图样。它是构件制作、安装和指导施工的重要依据。除了建筑施工图外，结构施工图是一整套施工图中的第二部分，它主要表达的是建筑物的承重构件（如基础、承重墙、柱、梁、板、屋架、屋面板等）的布置、形状、尺寸大小、数量、材料、构造及其相互关系。

在结构施工图中一般包括：结构设计总说明，基础平面图和基础详图，结构平面图，梁、柱配筋图，楼梯配筋图。

施工图纸的编排顺序一般是全局性图纸在前，局部的图纸在后；重要的在前，次要的在后；先施工的在前，后施工的在后。

当拿到一套结施图后，首先看到的第一张图便是图纸目录（见表16-1）。图纸目录可以帮识读者了解图纸的专业类别、总张数、每张图纸的图名、工程名称、建设单位和设计单位等内容。

表16-1 ××小区住宅楼的结构专业图纸目录

××小区住宅楼结构专业图纸目录

设计单位：××工程设计有限公司

建设单位：××建筑公司

序号	图号	图纸名称	规格
1	结施-01	结构设计总说明(一)	A2
2	结施-02	结构设计总说明(二)	A2

序号	图号	图纸名称	规格
3	结施-03	结构设计总说明(三)	A2
4	结施-04	基础板配筋图	A2
5	结施-05	基础模板图及基础详图	A2
6	结施-06	地下室柱定位图及一～三层柱配筋平面图	A2+1/4
7	结施-07	四～八层柱配筋图及详图	A2+1/4
8	结施-08	顶层柱配筋图及详图	A2
9	结施-09	标高-0.020m、4.180m梁配筋图	A2
10	结施-010	标高8.080m、11.980m梁配筋图	A2
11	结施-011	标高15.180～27.980m梁配筋图	A2
12	结施-012	标高-0.020m、4.180m、8.080m结构平面图	A2
13	结施-013	标高1.980～27.980m结构平面图	A2
14	结施-014	坡屋顶结构平面图、屋顶梁配筋图	A2
15	结施-015	1#楼梯详图(一)	A2+1/4
16	结施-016	1#楼梯详图(二)	A2+1/4
17	结施-017	2#楼梯详图	A2+1/4

从图纸目录中可以了解到下列资料。

工程名称：××小区住宅楼。

图纸专业类别：结构专业。

设计单位：××工程设计有限公司。

建设单位：××建筑公司。

图纸编号和名称是为了方便查阅，针对每张图纸所表达建筑物的主要内容，给图纸起一个名称，再用数字编号，用来确定图纸的次序。如这套图纸目录所在的图纸图名为××封面，图号为"结施-00"，在图纸目录编号项的第一行，可以看到图纸编号"结施-00"。其中，"结"字表示图纸种类为结构施工图，"01"表示为结构施工图的第一张；在图名相应的行中，可以看到"结构设计总说明（一）"，也就是图纸表达的内容，为结构总说明的第一部分；在图幅号相应的行中，看到"A2"，它表示该张图纸是A2幅面。在图纸目录编号项的最后一行，可以看到图幅号为"A2+1/4"，它表达的意思是在A2幅面的基础上增加A2幅面的1/4长（图框尺寸为420mm×594mm+420mm×148.5mm）。

图纸目录的形式由设计单位自己规定，没有统一的格式，但大体应包括上述内容。

② 标题的作用。每张图纸上都必须画出标题栏。标题栏位于图纸的右下角，其具体的格式由绘图单位确定，如表16-2所示。

表16-2 标题栏

××工程设计有限公司		乙级	工程名称		××住宅楼		
		×××	项目		住宅楼		
审定	××	专业负责人	××		结构总说明(一)	设计号	××
审核	××					图别	结构
项目负责人		××	校对	××		图号	结施-01
			设计	××		日期	××

表 16-2 为××住宅楼的标题栏。从表中可以了解到下列资料。

当需要找结构总说明的图纸时，应首先看图纸的标题栏，该标题栏上显示图号"结施-01"，图名"结构总说明（一）"，这与目录上相应的内容相符合，确认这就是所要找的结构总说明图纸。"乙级"表示该设计公司的设计水平为乙级。设计号是该设计公司的注册编号，是唯一的。另外，如有需要，工程图样还可以画会签栏。

（2）结构设计总说明

结构设计总说明是结构施工图的总说明，主要是文字性的内容。结构施工图中未表示清楚的内容都反映在结构设计说明中。结构设计总说明通常放在图样目录后面或建筑总平面图后面，它的内容根据建筑物的复杂程度有多有少，但一般应包括工程概况、设计依据、工程做法等内容。

① 工程概况。本工程为××工程，结构形式为框架结构，地下室层高 2.5m，标准层层高为 3.0m。

② 设计依据

a. 国家颁布的现行规范、规程及标准。

b.《××工程详细勘察报告》。

c.《建筑结构荷载规范》（GB 50009—2012）

d.《建筑抗震设计规范》（GB 50011—2010）

e.《建筑地基基础设计规范》（DB33/T 1136—2017）

f.《混凝土结构设计规范》（GB 50010—2010）

g.《砌体结构设计规范》（GB 50003—2011）

h.《混凝土异形柱结构技术规程》（JGJ 149—2017）

i. 中国建筑科学研究院 PKPMCAD 工程部提供结构计算软件及绘图软件。

③ 一般说明

a. 本工程结构的安全等级为二级，结构重要性系数取 1.0，在确保说明要求的材料性能、荷载取值、施工质量及正常使用与维修控制条件下，本工程的结构设计年限为 50 年。

b. 本工程图中尺寸除注明者外，均以 mm 为单位，标高以 m 为单位。

c. 本工程以±0.000 为室内地面标高，相对于绝对标高见结施图。

d. 根据《建筑抗震设计规范》（GB 50011—2010）附录 A，本工程抗震设防烈度小于 6 度，设计地震分组为第一组（基本地震加速度 0.5g），场地类别为三类，无液化土层。考虑到承重墙体对结构整体刚度的影响，周期折减系数取 0.85。

e. 本工程为丙类建筑，其地震作用及抗震措施均按六度考虑，框架的抗震等级为：框架三级，剪力墙三级。

f. 建筑物耐久性环境，地上结构为一类，地下为二类。露天环境和厨房、卫生间的环境类别为二类。

④ 可变荷载：基本风压值 0.4kN/m²，基本雪压 0.45kN/m²，阳台、楼梯间 2.5kN/m²，卧室、餐厅 2.0kN/m²，书房 2.0kN/m²，厨房、卫生间 2.0kN/m²，不上人屋面 0.7kN/m²，上人屋面 2.0kN/m²，客厅、起居室 2.0kN/m²。

⑤ 地基与基础

a. 本工程采用地下筏形基础，基础持力层位于第 2 层粉质黏土层上，地基承载力特征值为 160kPa。

b. 基坑开挖时应根据现场场地情况由施工方确定基坑支护方案。

c. 施工时应采用必要的降水措施，确保水位降至基底下 500mm 处，降水作业应持续至基础施工完成。

⑥ 材料（图中注明者除外）

混凝土强度等级见表 16-3。

表 16-3　混凝土强度等级

结构部位	强度等级	备注
基础垫层	C15	抗渗等级 P6
地下室墙、基础板	C15	
柱标高 15.180m 以下	C15	
柱标高 15.180m 以上	C15	
所有现浇板、框架梁	C15	

⑦ 构造要求

a. 混凝土保护层厚度：纵向受力钢筋的混凝土保护层厚度除符合表 16-4 的规定外，还不应小于钢筋的公称直径。

b. 纵向受拉钢筋的锚固长度 l_{aE}，纵向受压钢筋锚固长度应乘以修正系数 0.7，且应大于或等于 250mm。

表 16-4　混凝土保护层厚度　　　　　　　单位：mm

结构部位	保护层厚度
地下室外墙外侧	30
地下室外墙内侧	20
基础底板、梁下部	40
基础底板、梁下部	30
框架梁	30
楼面梁	25
楼板、楼梯板混凝土墙	15

注：梁板预埋管的混凝土保护层厚度大于或等于 30mm，板墙中分布钢筋保护层厚度大于或等于 10mm，柱、梁中箍筋和构造钢筋的保护层厚度不应小于 15mm。

c. 钢筋的最小搭接长度 l_{lE} 应满足国家有关规定的要求。

⑧ 门窗、楼梯、栏杆等预埋件详见结施图。

⑨ 施工要求：本工程施工时，除应遵守本说明及各设计图纸说明外，尚应严格执行国家规范《混凝土结构工程施工质量验收规范》（GB 50204—2015）。

⑩ 应结合各专业图纸预留孔洞，沿口尺寸及位置需由各专业工种核对无误后方可浇筑混凝土。沉降观测：本工程应在施工及使用过程中进行沉降观测，观测点的位置、埋设、保护，请施工与使用单位配合。

⑪ 采用标准图集：混凝土结构施工图平面整体表示方法制图规则和构造详图（22G101-1）。

16.2 基础施工图

（1）基础平面图

① 下面以某栋结构的独立基础平面图（图 16-1）为例，进行独立基础平面图的识读。

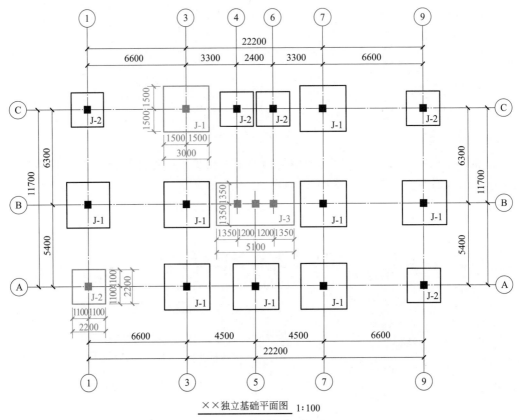

××独立基础平面图 1:100

图 16-1 独立基础平面图

图 16-1 为独立基础平面图，从图中可以了解以下内容。

a. 该图的绘制比例为 1：100。

b. 从图中可看出该建筑基础采用的是柱下独立基础，图中涂黑的方块表示剖切到的钢筋混凝土柱，柱周围的细线方框表示柱下独立基础轮廓。定位轴网及轴间尺寸都已在图中标出。

c. 从图中可以看出，独立基础共有 J-1、J-2、J-3 三种编号，每种基础的平面尺寸及与定位轴线的相对位置尺寸都已标出，如 J-1 的平面尺寸为 3000mm×3000mm，两方向定位轴线居中。

② 下面以某栋结构的条形基础平面图（图 16-2）为例，进行条形基础平面图的识读。

图 16-2 为条形基础平面布置图，从图中可以了解以下内容。

a. 在基础平面布置图的说明中可以看出基础采用的材料、基础持力层的名称、承载

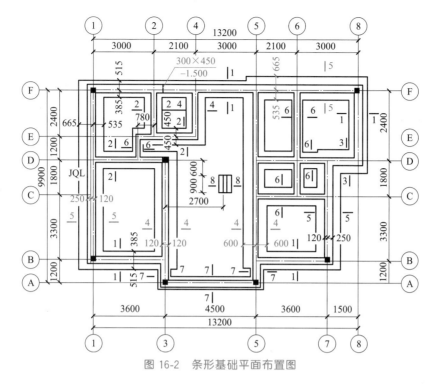

图 16-2　条形基础平面布置图

力特征值 f_{ak} 和基础施工时的一些注意事项等。

　　b. 在②轴靠近⑨轴位置墙上的 $\dfrac{300 \times 450}{-1.500}$，粗实线表示了预留洞口的位置，它表示这

个洞口宽×高为 300mm×450mm，洞口的底标高为−1.500m。

　　c. 标注 4—4 剖面处，基础宽度 1200mm，墙体厚度 240mm，墙体轴线居中，基础两
边线到定位轴线均为 600mm；标注 5—5 剖面处，基础宽度 1200mm，墙体厚度 370mm，
墙体偏心 65mm，基础两边线到定位轴线分别为 665mm 和 535mm。

　　③ 下面以某栋结构的柱下条形基础平面图（图 16-3）为例，进行柱下条形基础平面
图的识读。

　　图 16-3 为柱下条形基础平面图，从图中可以了解以下内容。

　　a. 基础中心位置和定位轴线是相互重合的，基础轴线间的距离都是 6m。

　　b. 基础全长为 17.6m，地梁长度是 15.6m，基础两端为了承托上部墙体（砖墙或者
是轻质砌块墙）而设置有基础梁，编号为 JL-3，每根基础梁上都设有三根柱子（图中黑
色矩形部分），柱子间的柱距为 6m，跨度是 7.8m。由 JL-3 的设置可知，这个方向不必再
另外挖土方做砖墙基础。

　　c. 地梁底部扩大的面是基础底板，基础的宽度是 2m。

　　d. 从图中的编号中可以看出①轴和⑧轴的基础是相同的，都是 JL-1，其余的各轴线
间基础相同，都是 JL-2。

　　④ 下面以某栋结构的筏形基础平面图（图 16-4）为例，进行筏形基础平面图的识读。

　　图 16-4 为筏形基础平面图，从图中可以了解以下内容。

　　a. 该图的绘制比例为 1∶100。

　　b. 从图中可看出该建筑基础采用筏形基础。最外围一圈细实线表示整个筏形基础的

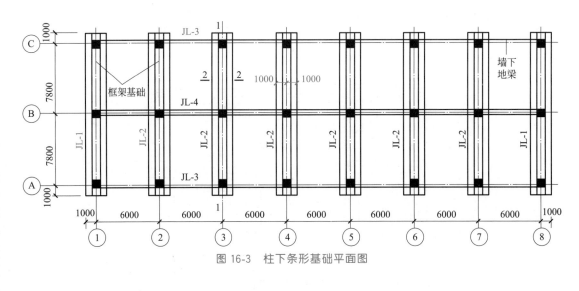

图 16-3　柱下条形基础平面图

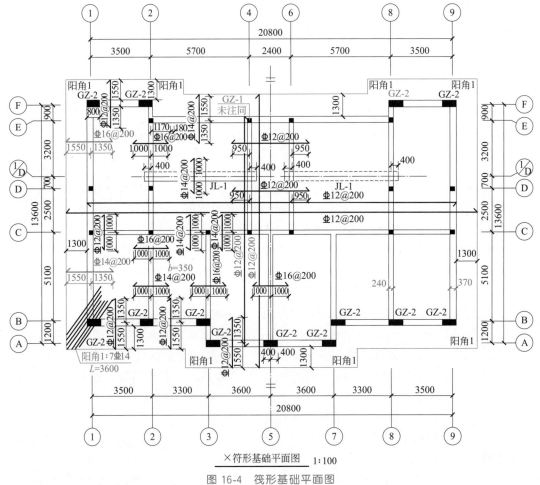

×符形基础平面图　1:100

图 16-4　筏形基础平面图

底板轮廓，轴线两侧的中实线表示剖切到的基础墙，外墙厚度为 370mm，内墙厚度为 240mm。

c. 墙体中涂黑的部分表示钢筋混凝土构造柱，共有 GZ-1、GZ-2 两种编号。在②、④轴线之间，⑥、⑧轴线之间的细虚线表示编号 JL-1 的基础梁。

d. 整个筏形基础底板的厚度为 350mm。基础底板配筋一般双层双向配置贯通筋，并且底部沿梁或墙的方向需增加与梁或墙垂直的非贯通筋。该底板配筋左右对称，顶部横纵方向均配置直径为 12mm 的 HRB335 级钢筋，钢筋间距 200mm，钢筋伸至外墙边缘；底部横纵方向配置的钢筋与顶部相同，钢筋伸至基础底板边缘；另外板底都配置了附加非贯通钢筋。如①轴线墙上配有直径为 16mm 和 14mm 的 HRB335 级钢筋，两种钢筋的间距都为 200mm，两侧伸出轴线的长度分别为 1550mm 和 1350mm。另外在每个阳角部位还配有 7 根直径为 14mm 的 HRB335 级钢筋，每根长度为 3600mm。

（2）基础详图

① 下面以某栋结构的独立基础详图（图 16-5）为例，进行独立基础详图的识读。

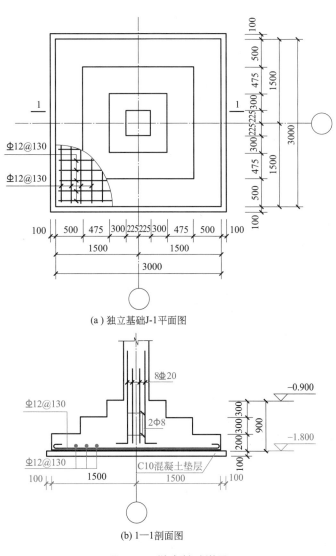

（a）独立基础J-1平面图

（b）1—1剖面图

图 16-5 独立基础详图

图 16-5 为独立基础详图，从图中可以了解以下内容。

a. 图 16-5 为基础 J-1 的基础详图，由平面图和 1—1 剖面图组成。

b. 从图中可以看出基础为阶梯形独立基础，基础上部柱的断面尺寸为 450mm×450mm，阶梯部分的平面尺寸与竖向尺寸图中都已标出，基础底面的标高为－1.800m。基础垫层为 100mm 厚 C10 混凝土，每侧宽出基础 100mm。

c. J-1 的底板配筋两个方向都是直径为 12mm 的 HRB335 级钢筋，分布间距 130mm。基础中放 8 根直径为 20mm 的 HRB400 级钢筋，为了与柱内的纵筋搭接，在基础范围内还设置了两道箍筋 2Φ8。

② 下面以某栋结构的条形基础详图（图 16-6）为例，进行条形基础详图的识读。

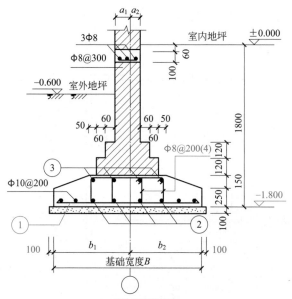

基础细部数据表

基础剖面	a_1	a_2	b_1	b_2	B	钢筋①	钢筋②	钢筋③
1—1	250	120	515	38	900	Φ10@200	—	—
4—4	120	120	600	600	1200	Φ12@200	—	—
5—5	250	120	665	535	1200	Φ12@200	4Φ14	4Φ14

图 16-6　条形基础详图

图 16-6 为条形基础详图，从图中可以了解以下内容。

a. 为保护基础的钢筋，也为施工时敷设钢筋弹线方便，基础下面设置了素混凝土垫层 100mm 厚，每侧超出基础底面各 100mm，一般情况下垫层混凝土等级常采用 C10。

b. 该条形基础内配置了①号钢筋，为 HRB335 或 HRB400 级钢，具体数值可以通过"基础细部数据表"中查得，受力钢筋按普通梁的构造要求配置，上下各为 4Φ14，箍筋为 4 肢箍Φ8@200。

c. 墙身中粗线之间填充了图例符号，表示墙体材料是砖，墙下有放脚，由于受刚性角的限制，故分两层放出，每层 120mm，每边放出 60mm。

d. 基础底面即垫层顶面标高为－1.800m，说明该基础埋深 1.8m，在基础开挖时必须要挖到这个深度。

③ 下面以某栋结构的条形基础纵向剖面图（图16-7）为例，进行柱下条形基础纵向剖面图的识读。

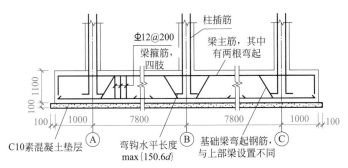

图16-7 柱下条形基础纵向剖面图

图16-7为柱下条形基础纵向剖面图，从图中可以了解以下内容。

a. 从该剖面图中可以看到基础梁沿长向的构造，首先可以看出基础梁的两端有一部分挑出长度为1000mm，由力学知识可以知道，这是为了更好地平衡梁在框架柱处的支座弯矩。

b. 基础梁的高度是1100mm，基础梁的长度为17600mm，即跨距7800mm×2加上柱轴线到梁边的1000mm，故总长为7800mm×2+1000mm×2=17600mm。

c. 弄清楚梁的几何尺寸之后，主要是看懂梁内钢筋的配置。从图中可以看到，竖向有三根柱子的插筋，长向有梁的上部主筋和下部的受力主筋，根据力学的基本知识可以知道，基础梁承受的是地基土向上的反力，它的受力就好比是一个翻转180°的上部结构的梁，因此跨中上部钢筋配置得少而支座处下部钢筋配置得多，而且最明显的是如果设弯起钢筋时，弯起钢筋在柱边支座处斜的方向和上部结构的梁的弯起钢筋斜向相反。这些在看图时和施工绑扎钢筋时必须弄清楚，否则就会造成错误，如果检查忽略而浇注了混凝土那就会成为质量事故。此外，上下的受力钢筋用钢箍绑扎成梁，图中注明了箍筋采用Φ12，并且是四肢箍的箍筋。

④ 下面以某栋结构的条形基础横向剖面图（图16-8）为例，进行柱下条形基础横向剖面图的识读。

图16-8为柱下条形基础横向剖面图，从图中可以了解以下内容。

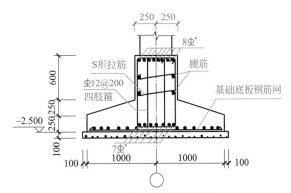

图16-8 柱下条形基础横向剖面图

a. 从该剖面图中可以看到基础梁沿短向的构造，从图中可以看到，基础宽度为2.00m，基础底有100mm厚的素混凝土垫层，底板边缘厚为250mm，斜坡高亦为250mm，梁高与纵剖面一样为1100mm。

b. 从基础的横剖面图上还可以看出的是地基梁的宽度为500mm。

c. 在横剖面图上应该看梁及底板的钢筋配置情况，从图中可以看出底板在宽度方向上是主要受力钢筋，它摆放在底下，断面上一个一个的黑点表示长向钢筋，一般是分布筋。板钢筋上面是梁的配筋，可以看出上部主筋有 8 根，下部配置有 7 根。

d. 柱下条形基础纵向剖面图提到的四肢箍就是由两个长方形的钢箍组成的，上下钢筋由四肢钢筋连结在一起，这种形式的箍筋称为四肢箍。另外，由于梁高较大，在梁的两侧一般设置侧向钢筋加强，俗称腰筋，并采用 S 形拉结筋勾住以形成整体。

⑤ 下面以某栋结构的筏形基础详图（图 16-9）为例，进行筏形基础详图的识读。

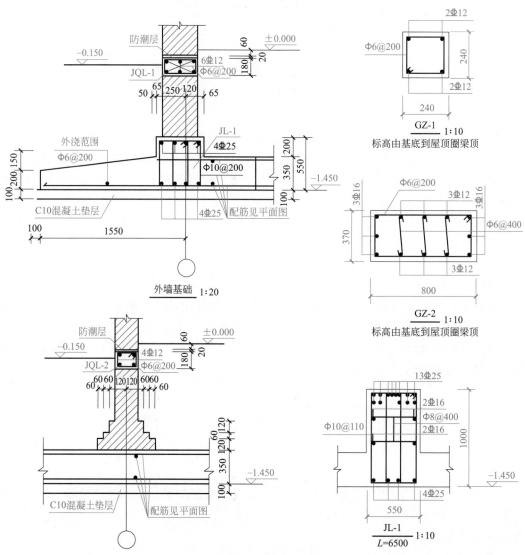

图 16-9 筏形基础详图

图 16-9 为筏形基础详图，从图中可以了解以下内容。

a. 图 16-9 是筏形基础的详图，图中给出了外墙和内墙部位的基础断面图和 GZ-1、GZ-2、JL-1 的配筋断面图。

b. 以外墙基础详图为例进行识读。从图中可看出基础底板上方外墙厚 370mm，墙中有防潮层和基础圈梁 JQL-1，JQL-1 的截面尺寸为 370mm×180mm，底部、顶部分别配置 3 根直径为 16mm 的 HRB335 级钢筋，箍筋为直径 6mm、间距 200mm 的 HPB300 级钢筋。墙下为编号 JL-1 的基础梁，基础梁底部与顶部各配置 4 根直径为 25mm 的

HRB335 级钢筋，箍筋为直径 10mm、间距 200mm 的 HPB300 级钢筋，基础梁底部与基础底板底部一平，"一平"是指在同一个平面上。图中外挑部位为坡形，底部配置直径为 6mm 的 HPB300 级分布筋。由于底板的配筋在平面图中已表示清楚，故在断面图中并未标注。基础各部位的尺寸、标高图中都已标出。

16.3　结构平面布置图

16.3.1　基础平面布置图

下面以某栋结构的桩位平面布置图（图 16-10）为例，进行桩位平面布置图的识读。

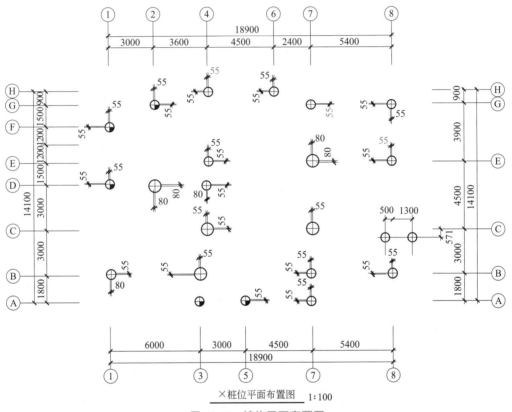

×桩位平面布置图　1:100

图 16-10　桩位平面布置图

图 16-10 为桩位平面布置图，从图中可以了解以下内容。

① 图名为桩位布置平面图，比例为 1:100。定位轴线为①～⑧和Ⓐ～Ⓗ。

② 定位轴线⑧和Ⓔ交叉点附近的桩身，两个尺寸数字"55"分别表示桩的中线位置线距定位轴线⑧和Ⓔ的距离均为 55mm。又如定位轴线⑦和Ⓖ交叉处的桩身，从图中可以看出，⑦号定位轴线穿过桩身中心，Ⓖ号定位轴线偏离桩身中心线距离为 55mm。

③ 本工程采用泥浆护壁机械钻孔灌注桩，总桩数为 23 根。

16.3.2　基础梁平面布置图

下面以某栋结构的基础主梁平面布置图（图 16-11）为例，进行基础
主梁平面布置图的识读。

图 16-11 为某基础梁平面布置图，从图中可以了解以下内容。

基础梁平面布置图

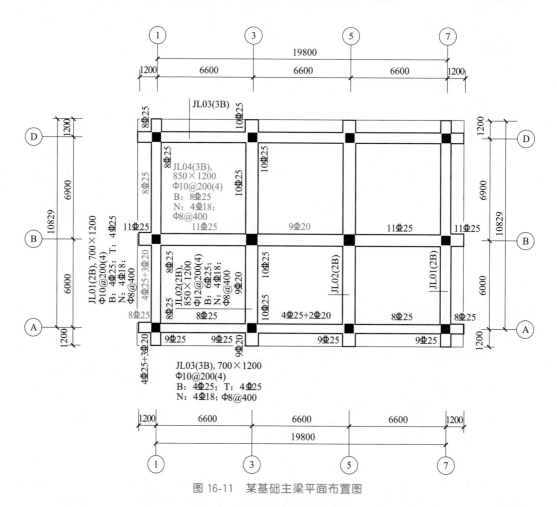

图 16-11　某基础主梁平面布置图

① 该基础的基础主梁有四种编号，分别为 JL01、JL02、JL03、JL04。

② 识读 JL01。JL01 共有两根，①轴位置的 JL01 进行了详细标注，⑦轴位置的 JL01
只标注了编号。

先识读集中标注。从集中标注中可看出，该梁为两跨，两端有外伸，截面尺寸为
700mm×1200mm。箍筋为直径 10mm 的 HPB300 级钢筋，间距 200mm，四肢箍。梁的
底部和顶部均配置了 4 根直径为 25mm 的 HRB400 级贯通纵筋。梁的侧面共配置了 4 根
直径为 18mm 的 HRB400 级抗扭钢筋，每侧配置 2 根，抗扭钢筋的拉筋为直径 8mm、间
距 400mm 的 HPB300 级钢筋。

再识读原位标注。从原位标注中可看出，在Ⓐ、Ⓑ轴线之间的第一跨及外伸部位，标
注了顶部贯通纵筋修正值，梁顶部共配置了 7 根贯通纵筋，有 4 根为集中标注的 4⚌25，

建筑制图与识图从入门到精通

另外 3 根为 3 ⚍ 20，梁底部支座两侧（包括外伸部位）均配置 8 根直径为 25mm 的 HRB400 级钢筋，其中 4 根为集中标注注写的贯通纵筋，另外 4 根为非贯通纵筋。在Ⓑ、Ⓓ轴线之间的第二跨及外伸部位，梁顶部通长配置了 8 根直径 25mm 的 HRB400 级钢筋（包括集中标注中注写的 4 根贯通纵筋），梁底部支座处配筋同一跨。

③ 识读 JL04。从集中标注中可看出，基础梁 JL04 为 3 跨两端有外伸，截面尺寸为 850mm×1200mm。箍筋为直径 10mm 的 HPB300 级钢筋，间距 200mm，四肢箍。梁底部配置了 8 根直径为 25mm 的 HRB400 级贯通纵筋，顶部无贯通纵筋。梁的侧面共配置了 4 根直径 18mm 的 HRB400 级抗扭钢筋，每侧配置 2 根，抗扭钢筋的拉筋为直径 8mm、间距 400mm 的 HPB300 级钢筋。

从原位标注中可知，梁各跨底部支座处均未设置非贯通纵筋。对于梁顶部的纵筋，第一跨、第三跨及两端外伸部位顶部配置了 11 ⚍ 25，第二跨顶部配置了 9 ⚍ 20。

16.3.3 柱平面布置图

扫码观看视频

柱平面布置图

下面以某栋结构的柱平面布置图（图 16-12）为例，进行柱平面布置图的识读。

图 16-12 为柱平面布置图，从图中可以了解以下内容。

框架柱共有两种：KZ1 和 KZ2，而且 KZ1 和 KZ2 的纵筋相同，仅箍筋不同。它们的纵筋均分为三段，第一段从基础顶到标高 −0.050m，纵筋直径均为 12 ⚍ 20；第二段为标高 −0.050～3.550m，即第一层的框架柱，纵筋为角筋 4 ⚍ 20，每边中部 2 ⚍ 18；第三段为标高 3.550～10.800m，即二、三层框架柱，纵筋为 12 ⚍ 18。它们的箍筋不同，KZ1 箍筋为：标高 3.550m 以下为 Φ10@100，标高 3.550m 以上为 Φ8@100。KZ2 箍筋为：标高 3.550m 以下为 Φ10@100/200，标高 3.550m 以上为 Φ8@100/200。它们的箍筋形式均为类型 1，箍筋肢数为 4×4。

16.3.4 板平面布置图

下面以某栋结构的板平面布置图（图 16-13）为例，进行板平面布置图的识读。

图 16-13 为板平面布置图，从图中可以了解以下内容。

该层楼板共有三个编号，第一个为 LB1，板厚 $h=120$mm。板下部钢筋为 B：$X\&Y$ Φ10@200，表示板下部钢筋两个方向均为 Φ10@200。第二个为 LB2，板厚 $h=100$mm，板下部钢筋为 B：X Φ8@200，Y Φ8@150。表示板下部钢筋 X 方向为 Φ8@200，Y 方向为 Φ8@150，LB1 和 LB2 板没有配上部贯通钢筋。板支座负筋采用原位标注，并给出编号，同一编号的钢筋，仅详细注写一个，其余只注写编号。第三个为 LB3，板厚 $h=100$mm。集中标注钢筋为 $B\&T$：$X\&Y$ Φ8@200，表示该楼板上部下部两个方向均配 Φ8@200 的贯通钢筋，即双层双向均为 Φ8@200。板集中标注下面括号内的数字（−0.080）表示该楼板比楼层结构标高低 80mm。因为该房间为卫生间，卫生间的地面要比普通房间的地面低。

另外，在楼房主入口处设有雨篷，雨篷应在二层结构平面图中表示，雨篷为纯悬挑板，所以编号为 XB1，板厚 $h=130$mm/100mm，表示板根部厚度为 130mm，板端部厚度为 100mm。悬挑板的下部不配钢筋，上部 X 方向贯通筋为 Φ8@200，悬挑板受力钢筋采用原位标注，即⑥号钢筋 Φ10@150。

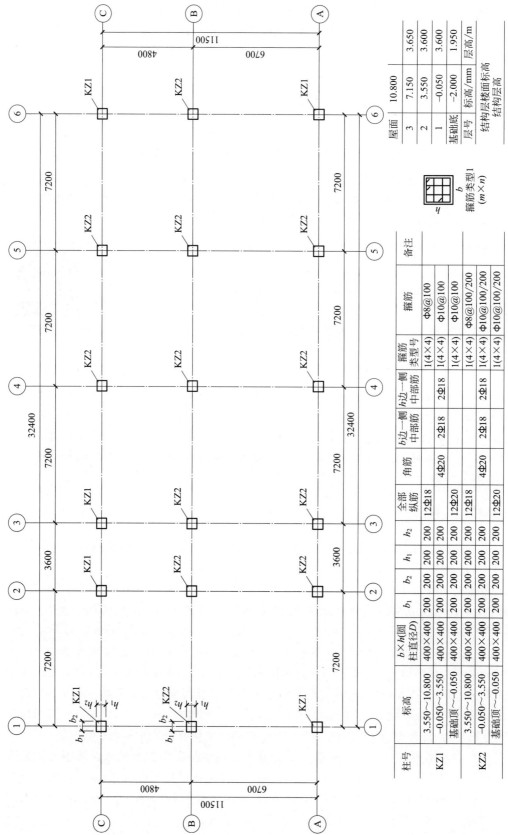

图 16-12　柱平面布置图

柱号	标高	$b\times h$(圆柱直径D)	b_1	b_2	h_1	h_2	全部纵筋	角筋	b边一侧中部筋	h边一侧中部筋	箍筋类型号	箍筋	备注
KZ1	3.550~10.800	400×400	200	200	200	200	12Φ18				1(4×4)	Φ8@100	
	−0.050~3.550	400×400	200	200	200	200		4Φ20	2Φ18	2Φ18	1(4×4)	Φ10@100	
	基础顶~−0.050	400×400	200	200	200	200	12Φ20				1(4×4)	Φ10@100	
KZ2	3.550~10.800	400×400	200	200	200	200	12Φ18				1(4×4)	Φ8@100/200	
	−0.050~3.550	400×400	200	200	200	200		4Φ20	2Φ18	2Φ18	1(4×4)	Φ10@100/200	
	基础顶~−0.050	400×400	200	200	200	200	12Φ20				1(4×4)	Φ10@100/200	

箍筋类型1
$(m\times n)$

屋面	10.800		
3	7.150		3.650
2	3.550		3.600
1	−0.050		3.600
基础底	−2.000		1.950
层号	标高/mm		层高/m

结构层楼面标高
结构层高

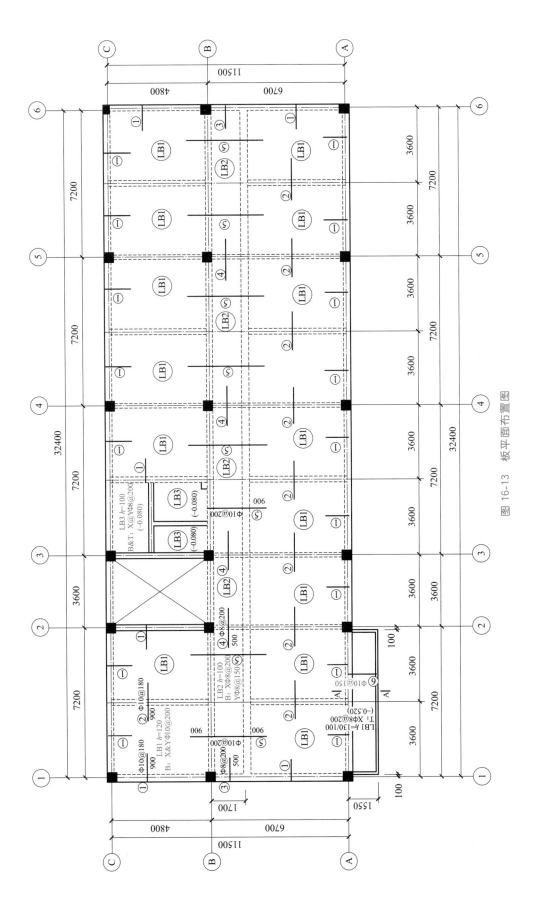

图 16-13 板平面布置图

16.4 楼梯施工图

(1) 楼梯平面图

下面以某栋结构的楼梯平面图（图16-14）为例，进行楼梯平面图的识读。

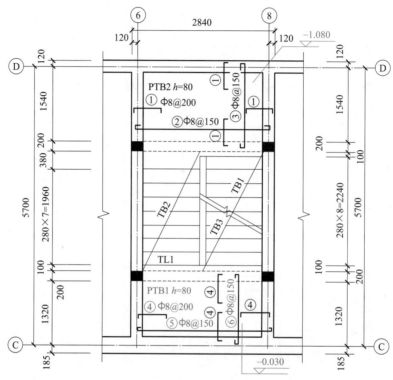

图 16-14　楼梯平面图

图 16-14 为楼梯平面图，从图中可以了解以下内容。

① 图中，"280×7＝1960"表示楼梯踏面宽度为 280mm，踏步数为 7，楼梯梯板净跨度为 1960mm。

② 图中"PTB1 h＝80"表示编号为 1 的平台板，平台板厚度为 80mm。"④Φ8@200"表示 1 号平台板中编号为④的负筋（工地施工人员通常称之为爬筋或扣筋），钢筋直径为 8mm，钢筋强度等级为 HPB300 级，钢筋间距为 200mm。

③ 图中"⑤Φ8@150"表示 1 号平台板中编号为⑤的板底正筋（工地施工人员通常称之为底筋），钢筋长度为板的跨度值，钢筋强度等级为 HPB300 级，钢筋直径为 8mm，钢筋间距为 150mm。

④ 图中" $\overline{\underline{\quad}}^{-0.030}$ "表示 1 号平台板顶面结构标高值为 -0.030m（相对建筑标高为 ± 0.000）。

⑤ 图中"⑥Φ8@150"表示 1 号平台板短向跨度板底编号为⑥的钢筋。钢筋强度等级为 HPB300 级，钢筋直径为 8mm，钢筋间距为 150mm，沿板长跨方向均匀布置。

(2) 楼梯剖面图

下面以某栋结构的楼梯剖面图（图16-15）为例，进行楼梯剖面图的识读。

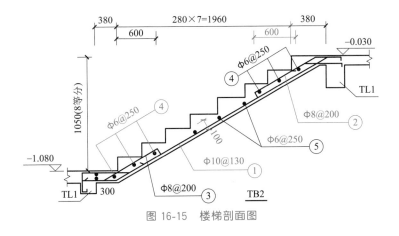

图 16-15　楼梯剖面图

图 16-15 为楼梯剖面图，从图中可以了解以下内容。

① 图中"280×7＝1960"表示楼梯梯段踏步宽度为 280mm，踏步数为 7 踏，楼梯段净跨值为 1960mm。

② 图中楼梯段梯板板底筋"Φ10@130"表示钢筋强度等级为 HPB300 级，钢筋直径为 10mm，钢筋间距为 130mm，钢筋编号为①。

③ 图中楼梯段梯板分布钢筋"Φ6@250"表示梯板板底筋沿板跨方向全跨均匀布置，分布钢筋直径为 6mm，钢筋强度等级为 HPB300 级，钢筋间距为 250mm，钢筋编号为④。

④ 楼梯板顶部支座处钢筋：编号为②，钢筋直径为 8mm，钢筋强度等级为 HPB300 级，钢筋间距为 200mm。伸入楼梯板净跨的水平长度为 600mm。

⑤ 楼梯板中部注写值"100"表示楼梯板最小厚度值。

16.5　平法图集

16.5.1　平法的概念

平法，即"建筑结构施工图平面整体表示方法"，是将结构构件尺寸、配筋（凡是有配筋绝对是结构施工图）等，按照平面整体表示方法的制图规则，整体直接表达在各类构件的结构平面布置图上，再与标准构造详图相配合，构成一套完整的结构施工图的方法。设计师可以用较少的元素，准确地表达丰富的设计意图。平法简化了配筋详图的绘制，把钢筋直接表示在结构平面图上，并附以各种节点构造详图，是一种科学合理、简洁高效的结构设计方法，具体体现在：图纸数量少、层次清晰；识图、记忆、查找、校对、审核、验收较方便；图纸与施工顺序一致；对结构易形成整体概念。

16.5.2　平法图集的类型及内容

22G101 图集是现浇混凝土板式楼梯施工图采用建筑结构施工图平面整体表示方法的国家建筑标准设计图集。

平法的表达形式，概括来讲是把结构构件的尺寸和配筋等，按照平面整体表示方法制图规则，整体直接表达在各类构件的结构平面布置图上，再与标准构造详图相结合，即构成一套完整的结构设计。

16.5.2.1　22G101-1 图集相关内容

① 22G101-1 图集包括基础顶面以上的现浇混凝土柱、剪力墙、梁、板（包括有梁楼盖和无梁楼盖）等构件的平法制图规则和标准构造详图两大部分内容。

② 22G101-1 图集适用于抗震设防烈度为 6～9 度地区的现浇混凝土框架、剪力墙、框架-剪力墙和部分框支剪力墙等主体结构施工图的设计。

③ 22G101-1 图集的制图规则，既是设计者完成平法施工图的依据，也是施工、监理人员准确理解和实施平法施工图的依据。

④ 当具体工程设计中需要对 22G101-1 图集的标准构造详图做某些变更，设计者应提供相应的变更内容。

⑤ 22G101-1 图集中未包括的构造详图以及其他未尽事项，应在具体设计中由设计者另行设计。

⑥ 22G101-1 图集中，符号"ϕ"代表钢筋直径，符号"Φ"代表 HPB300 钢筋，符号"Φ"代表 HRB400 钢筋。

⑦ 22G101-1 图集标准构造详图中钢筋采用 90°弯折锚固时，"平直段长度"及"弯折段长度"均指包括弯弧在内的投影长度。

⑧ 22G101-1 图集构造节点详图中的钢筋，部分采用红色线条表示。

⑨ 22G101-1 图集的尺寸以毫米（mm）为单位，标高以米（m）为单位。

16.5.2.2　22G101-2 图集相关内容

① 22G101-2 图集包括现浇混凝土板式楼梯制图规则和标准构造详图两大部分内容。

② 22G101-2 图集适用于抗震设防烈度为 6～9 度地区的现浇钢筋混凝土板式楼梯结构施工图设计。

③ 22G101-2 图集的制图规则，既是设计者完成楼梯平法施工图的依据，也是施工、监理等人员准确理解和实施楼梯平法施工图的依据。

④ 当具体工程设计中需要对 22G101-2 图集的标准构造详图做某些变更时，设计者应提供相应的变更内容。

⑤ 22G101-2 图集中未包括的构造详图以及其他未尽事项，应在具体工程中由设计者另行设计。

⑥ 22G101-2 图集中，符号"ϕ"代表钢筋直径，符号"Φ"代表 HPB300 钢筋，符号"Φ"代表 HRB400 钢筋。

⑦ 22G101-2 图集标准构造详图中钢筋采用 90°弯折锚固时，"平直段长度"及"弯折段长度"均指包括弯弧在内的投影长度。

⑧ 22G101-2 图集的尺寸以毫米（mm）为单位，标高以米（m）为单位。

⑨ 22G101-2 图集的构件代号如下：

a. 梯板：AT～GT、ATa、ATb、ATc、BTb、CTa、CTb、DTb。

b. 平台板：PTB。

c. 梯梁：TL。

d. 梯柱：TZ。

⑩ 为表达统一，22G101-2 图集楼梯均为逆时针上，其制图规则与构造对于顺时针上与逆时针上的楼梯均适用。

16.5.2.3 22G101-3 图集相关内容

① 22G101-3 图集包括常用的现浇混凝土独立基础、条形基础、筏形基础（分为梁板式和平板式）、桩基础的平法制图规则和标准构造详图两部分内容。

② 22G101-3 图集适用于现浇混凝土独立基础、条形基础、筏形基础（分为梁板式和平板式）及桩基础施工图设计。

③ 22G101-3 图集的制图规则，既是设计者完成平法施工图的依据，也是施工、监理人员准确理解和实施平法施工图的依据。

④ 当具体工程设计中需要对本图集的标准构造详图做某些变更时，设计者应提供相应的变更内容。

⑤ 22G101-3 图集中未包括的构造详图以及其他未尽事项，应由设计者另行设计。

⑥ 22G101-3 图集中，符号"ϕ"代表钢筋直径，符号"Φ"代表 HPB300 钢筋，符号"Φ"代表 HRB400 钢筋。

⑦ 22G101-3 图集标准构造详图中钢筋采用 90°弯折锚固时，"平直段长度"及"弯折段长度"均指包括弯弧在内的投影长度。

⑧ 22G101-3 图集构造节点详图中钢筋，部分采用红色线条表示。

⑨ 22G101-3 图集的尺寸以毫米（mm）为单位，标高以米（m）为单位。

16.5.3 平法图集的表示方法

用平法绘制结构施工图时，应将所有柱、剪力墙、梁、板、基础、楼梯等构件进行编号，编号中含有类型代号和序号。其中，类型代号的主要作用是指明所选用的标准构造详图。在标准构造详图上，已经按其所属构件类型注明代号，以明确该详图与平法施工图中该类型构件的一一对应关系，使两者结合，构成完整的结构施工图。

《建筑结构制图标准》（GB/T 50105—2010）中规定，对于现浇混凝土结构中的构件，可按照平法采用文字注写方式表达，在按结构层绘制的平面布置图中，直接用文字表达各类构件的编号、断面尺寸、配筋及有关数值。文字注写方式分平面注写方式、列表注写方式和截面注写方式。例如，混凝土柱、混凝土剪力墙可采用列表注写方式和截面注写方式，混凝土梁可采用平面注写方式和截面注写方式，混凝土楼面板采用平面注写方式等。

采用文字注写表达方式时，应绘制相应的节点构造做法和构造详图，也可以选用标准构造详图中的相应做法。

特别注意，当用平法表示时，需在结构施工图中写明以下几项内容。

① 应写明所选用平法标准图的图集号，以免图集升版后在施工中用错版本。

② 当有抗震设防时，应写明抗震设防烈度及框架的抗震等级，以明确选用相应抗震等级的标准构造详图；当无抗震设防时也应写明，以明确选用非抗震的标准构造详图。

③ 对钢筋的混凝土保护层厚度、钢筋搭接和锚固长度，除在结构施工图中另有注明者外，均需按标准构造详图中的有关构造规定执行。

④ 当标准构造详图有多种可选择的构造做法时，应写明在何部位选用何种构造做法。

⑤ 写明结构不同部位所处的环境类别。

16.5.4 平法表示方法与传统表示方法

平法施工图改变了传统的那种将构件（柱、剪力墙、梁）从结构平面设计图中所索引出来，再逐个绘制模板详图和配筋详图的烦琐办法，适用的结构构件为柱、剪力墙、梁。表示方法分平面注写方式、列表注写方式和截面注写方式三种，可以表达结构尺寸、标高、构造、配筋等内容。

① 框架图中的梁和柱，在"平法制图"中的钢筋图示方法，施工图中只绘制梁、柱平面图，不绘制梁、柱中配置钢筋的立面图（梁不画截面图，而柱在其平面图上，只按编号不同各取一个在原位放大画出带有钢筋配置的柱截面图）。

② 传统框架图中的梁和柱，既绘制梁、柱平面图，同时也绘制梁、柱中配置钢筋的立面图及其截面图。但在"平法制图"中的钢筋配置，省略不画这些图，而是去查阅《混凝土结构施工图平面整体表示方法制图规则和构造详图》（22G101-1、22G101-2、22G101-3）。

③ 传统的混凝土结构施工图，可以直接从其绘制的详图中读取钢筋配置尺寸，而"平法制图"则需要查找相应的详图——《混凝土结构施工图平面整体表示方法制图规则和构造详图》中相应的详图。而且，钢筋的大小尺寸和配置尺寸均以"相关尺寸"（跨度钢筋直径、搭接长度、锚固长度等）为变量的函数来表达，而不是具体数字，借此用来实现其标准图的通用性。概括地说，"平法制图"使混凝土结构施工图的内容简化了。

④ 柱与剪力墙的"平法制图"，均以施工图列表注写方式表达其相关规格与尺寸。

⑤ "平法制图"的突出特点，表现在梁的"原位标注"和"集中标注"上。"原位标注"分两种：标注在柱子附近处且在梁上方的是承受负弯矩的箍筋直径和根数，其钢筋布置在梁的上部；标注在梁中间且在梁下方的钢筋，是承受正弯矩的，其钢筋布置在梁的下部。"集中标注"是从梁平面图的梁处引铅垂线至图的上方，注写梁的编号、挑梁类型、跨数、截面尺寸、箍筋直径、箍筋肢数。箍筋间距、梁侧面纵向构造钢筋或受扭钢筋的直径和根数、通长筋的直径和根数等。如果"集中标注"中有通长筋时，则"原位标注"中的负筋数应包含通长筋的根数。

⑥ 在传统混凝土结构施工图中，计算斜截面的抗剪强度等级时，梁中配置45°或60°的弯起钢筋。而在"平法制图"中，梁不配置这种弯起钢筋，而是由加密的箍筋来承受其斜截面的抗剪强度。

16.6 实训与提升

16.6.1 基础实训

建筑结构施工图的基础实训识图具有较强的专业性，需要对相关工程原理形成深入的认识。下面以某别墅住宅结构施工图识图为例说明结构施工图的识读方法。

16.6.1.1 某别墅住宅结构施工图识图

（1）图纸目录

下面以某栋别墅的结构的图纸目录（图16-16）为例，进行图纸目录的识读。

序号	图纸名称	图号	规格	附注
1	图纸目录	GS-00	A3	
2	结构设计总说明(一)	GS-01	A1	
3	结构设计总说明(二)	GS-02	A1	
4	基础及地梁布置图	GS-03	A1	
5	柱定位及配筋图	GS-04	A1	
6	二层梁板配筋图	GS-05	A1	
7	屋顶层梁板配筋图	GS-06	A1	
8	楼梯详图	GS-07	A2	

图 16-16 图纸目录

图 16-16 为图纸目录，从图中可以了解以下内容。

本套结构施工图共有 8 张图纸。图纸目录放在首页，用 A3 图纸画出。看图前首先要检查各施工图的数量、图样内容等与图样目录是否一致，防止缺页、缺项，查核是否齐全等。

读图时，首先要查看图纸目录。图纸目录又称为"标题页"，是设计图纸的汇总说明表，也是为了便于阅图者对整套图样有一个概略了解和方便查找图样。图纸目录若处理成表格的形式，则更加简明清晰。其内容应包括图纸编号、图纸名称、图幅大小、专业类别、图纸张数等项目。

从图纸中可以看出名称，本套图包括结构设计说明、基础及地梁布置图、柱定位及配筋图、二层梁板配筋图……图纸名称表示每张图纸的具体名称；规格代表具体的张数，还有图号。

(2) 结构设计说明

① 设计依据

a. 本工程位于 A 省 H 市，建筑物为多层住宅。

b. 建筑物±0.000 相当于绝对标高（黄海高程）详建筑施工图。

c. 本工程建筑结构的安全等级为二级，结构设计使用年限为 50 年，为钢筋混凝土结构，设防烈度为不设防。

d. 本工程混凝土构件使用环境类别为：卫生间、地下室与土体接触构件、露天构件、水箱为二 a 类，其余为一类。本说明不适合四类环境。

e. 本工程采用的现行国家、行业及地区的规范和规程及图集主要有：

《砌体结构设计规范》（GB 50003—2011）；

《建筑结构可靠性设计统一标准》（GB 50068—2018）；

《建筑地基基础设计规范》（GB 50007—2011）；

《钢筋机械连接技术规程》（JGJ 107—2016）；

《建筑结构荷载规范》（GB 50009—2012）；

《混凝土结构设计规范》（GB 50010—2010）；

《钢结构设计标准（附条文说明［另册］）》（GB 50017—2017）；

《混凝土结构施工图平面整体表示方法制图规则和构造详图》（16G101-1）；

《混凝土小型空心砌块填充墙建筑、结构构造》（14J102-2 14G614）；

《混凝土异形柱结构技术规程》（JGJ149—2017）。

② 主要结构材料与耐久性要求

a. 钢材：采用 Q235B 钢板、Q235B 热轧普通型钢，钢材的抗拉强度实测值与屈服强度实测值的比值不应小于 1.25，钢材应有明显的屈服台阶，且伸长率应大于 20%。钢材应有良好的可焊性和合理的冲击韧性。

b. 焊条：当钢筋连接采用搭接焊及帮条焊时，HPB235 级、HRB335 级钢筋自焊及互焊采用 43 系列焊条；HRB400 级钢筋采用 E50 系列焊条。当钢筋连接采用熔槽帮条焊时，HRB335 级、BRB400 级钢筋自焊及互焊采用 E50 系列焊条，HRB335 级、HRB400 级钢筋与钢板搭接焊及预埋件 T 形焊均采用 E43 系列焊条。穿孔塞焊采用 E50 系列焊条。

c. 在楼板上直接砌筑隔墙时，砌块的自重不应大 7.5kN/m³。

d. 混凝土的耐久性要求：环境类别为一、二 a（b）、三类，最大水灰比为 0.35、0.60（0.55）、0.50，最小水泥用量为 225kg/m³、250（275）kg/m³、300kg/m³，最大氯离子含量为 1.0%、0.3%（0.2%）、0.1%，最大碱含量为不限制、3.0%、3.0%。

e. 混凝土强度等级：基础为 C25、基础梁为 C25、基础垫层为 C10、过梁构造柱为 C20。

③ 基础及地下工程

a. 拟建场地基坑的开挖支护应委托专业公司设计与施工。在地下工程施工期间，回填土工作未结束时，应确保基坑边坡稳定和周围建筑物及道路安全。

b. 本工程基础设计及施工要求详见基础设计施工图纸。

c. 地下结构施工完毕后不得长期外露，应及时回填回填土按规定分层压实，压实系数不小于 0.94。

d. 对于地下室结构，应采取以下措施防止结构裂缝的产生。

ⅰ. 严格控制水泥用量，采用低水化热的水泥配置混凝土，并加入掺量合理的优质粉煤灰。

ⅱ. 采用级配碎石骨料配置混凝土，严格控制砂石的含泥量。

ⅲ. 严格控制混凝土的入模温度。

ⅳ. 建议地下室底板、外墙以及有覆土的顶板采用低碱性的微膨胀外加剂。外加剂供应方应提供详细的实验数据，实验数据应符合国家及当地政府对外加剂的要求。供应方还应提供详细的施工方案和施工要求以保证外加剂的正确使用。不同外加剂复合使用时，应注意其相容性及对混凝土性能的影响，经试验满足要求后方可使用。

ⅴ. 侧墙应专人养护，底板及顶板有条件时应蓄水养护。

ⅵ. 基施工中，若发现地质实际情况与设计要求不符，须通知设计及勘探单位共同研究处理。

ⅶ. 底层内隔墙（高度＜4m）直接砌筑在混凝土地面上时，按图 16-17 所示方法施工。

ⅷ. 条形基础埋置深度有变化时，应做成 1:2 跌级连接条基（图 16-18）。除特殊情况外。

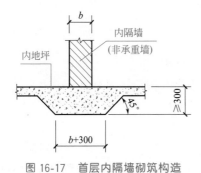

图 16-17　首层内隔墙砌筑构造

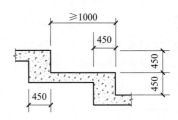

图 16-18　条形基础跌级示意图

④ 钢筋的锚固连接与保护层

a. 纵向受拉钢筋最小抗震锚固长度 L_{aE}，受拉钢筋最小锚固长度 L_a 及钢筋绑扎搭接接长度，受力钢筋的混凝土保护层厚度等均见 16G101 标准图集的规定。

b. 钢筋连接要求：当连接钢筋直径 $d>28\text{mm}$ 时，采用机械连接接头；当连接钢筋直径 d 在 $20\text{mm}<d<25\text{mm}$ 范围时，采用焊接接头。当连接钢筋直径 $d<18\text{mm}$ 时，采用绑扎接头，各种构件的接头要求详见 16G101 标准图集的内容，机械连接接头等级为 Ⅱ级。

c. 防水混凝土构件、基础纵向受力钢筋的混凝土保护层厚度为：承台上 50mm、下 100mm，地下室底板为上 20mm、下 50mm，地下室梁为上 25mm、下 50mm，地下室外墙为内 20mm、外 50mm，地下室外墙柱为内 30mm、外 50mm，水箱水池为内 50mm、外 20mm，灌注桩为 50mm。

⑤ 钢筋混凝土板

a. 双向板（或异型板）之底筋，配筋大者放在下层相同配筋时短向筋放在下层。单向板底的分布筋及单向板、双向板支座的分布筋，除结构平面图中注明者外，屋面及外露结构楼板等用Φ6@200。

b. 对于跨度大于 4m 的梁板应根据模板材料及支撑方法不同确定模板安装起拱数值，起拱数值以保证楼面板平整为准。建议按跨度的 0.3% 或 0.6%（用于悬臂板）。

c. 开洞楼板除图纸注明者外，当洞宽<300mm 时不设附加筋，板筋可绕过洞边，不需切断；当板上预留圆形孔直径 D 或方孔宽度>300mm 而≤700mm 时，洞边应设附加筋短筋，每边伸出 450mm，如图 16-19 所示。

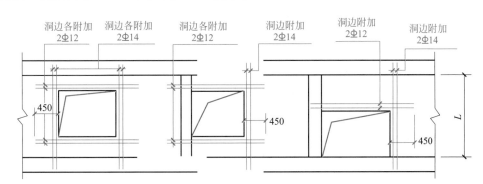

图 16-19　板开洞附加筋构造

d. 普通楼板底钢筋的锚固长度为 $5d$ 且不小于 100mm，地下室顶板、转换层楼板、屋面板的板底钢筋按受拉锚固。楼板面钢筋的弯折段长度一般至板底以上 20mm，面筋锚入梁内按受拉锚固长度 l_a。

e. 局部屋面板未设置通长面钢筋时，应设置Φ6@150 的温度收缩钢筋（搭接长度 250mm）。

f. 处于二类环境的悬臂板，其混凝土强度等级不应小于 C30。

⑥ 梁、柱、剪力墙

a. 梁、柱、剪力墙及连梁的连接与构造要求见国家标准《混凝土结构施工图平面整体表示方法制图规则和构造详图》(16G101-1) 及本工程的附加详图，并以附加详图为准。

b. 箍筋肢数：未表示箍筋肢数时，当梁宽 b 小于 350mm 时，为双肢箍，其余为四肢箍。

c. 关于标高：原则上，梁面同其两侧楼板的较高标高者相桐。只有与较高楼板标高不同时才需标注。标注方法是直接注写"梁顶标高××"。

d. 关于架立筋：除注明者外，框架梁（KL、WKL）的架立筋均为 2ϕ12；次梁架立筋均为 2ϕ10。此时架立筋与支座负筋的搭接长度见 16G101-1，图纸中可不予示出。大于此两直径的架立筋应与负筋作受拉搭接。

e. 主次梁吊筋的表示方法：主次梁相交处主梁附加钢筋采用在主梁上用一短粗线表示，在短粗线旁加注字母，不同的字母表示不同的吊筋，未加短粗线者表示不加吊筋。所有主次梁、井式梁交接处均按 16G101-1 的构造在次梁两边每边设与梁箍筋相同的三道附加箍筋。

f. 若某跨的支座与跨中的上部纵筋全部或部分拉通，且其配筋值与集中标注值不同时，其拉通部分在该跨跨中标注，必要时可对其以"（T）"加以表示。

g. 若梁的某些支座的上部纵筋（面筋）仅有通长筋时，该支座的上部纵筋可不标。

h. 非抗震框架梁及次梁的箍筋若有加密区，其加密区长度若梁高不大于 500mm 时为 500mm，若梁高大于 500mm 时为 H（H 为梁截面高度）。

i. 连梁的混凝土强度等级同相邻剪力墙。剪力墙内有水平分布钢筋时，其侧面筋即为水平分布筋；当剪力墙内无水平分布钢筋时，其侧面筋为由所连墙肢厚度确定的水平分布钢筋，该分布筋锚入墙肢或柱内 L_{aE} 或 L_a（且不小于 600mm）。

（3）识读内容

从设计说明中可以识读到以下内容。

① 设计依据里包括工程的位置、绝对标高、安全等级、使用年限、规范和图集。

② 主要结构材料与耐久性要求包括钢材、焊条、砌块的自重、混凝土的耐久性、混凝土的强度等级。

③ 基础及地下工程包括拟建场地基坑的开挖支护、地下结构施工。

④ 钢筋的锚固连接与保护层包括纵向受拉钢筋最小抗震锚固长度及钢筋绑扎搭接长度、钢筋连接要求、防水混凝土构件。

⑤ 钢筋混凝土板包括双向板底筋、普通楼板底钢筋的锚固长度。

16.6.1.2 基础施工图

（1）基础平面布置图

下面以某栋结构的基础平面布置图（图 16-20）为例，进行基础平面布置图的识读。

以图 16-20 为例，进行基础平面布置图的识读。

① 图名和比例：基础平面布置图；绘制比例为 1:100。

② 定位轴线和轴线间尺寸。基础平面图中的定位轴线和轴线间尺寸应与建筑平面图中的相一致。

③ J-1 是基础的代号。从图中可知 J-1 基础平面尺寸 A 边为 1500mm，B 边为 1500mm，基础高度 H 是 300mm，h_1 是 300mm；基础底板配筋①为 Y 向底板配筋，为直径为 12mm 的二级钢筋，加密区间距为 200mm；基础底板配筋②X 向底板配筋为直径为 12mm 的二级钢筋，加密区间距为 200mm；J-2 基础平面尺寸 A 边为 1100mm，B 边

基础编号	柱截面图	基础平面尺寸/mm					基础底宽度/mm				底板配筋		柱板配筋	
基础编号 类型	柱截面图	A	A_1	B	B_1 图D	H	h_1	h_2	h_3	①	②	①a	②a
J-1	I	1500	1500			300	300			Φ12@200	Φ12@200	Φ12@200	
J-2	I	1100	1000			300	300			Φ12@200	Φ12@200	Φ12@200	
J-3	I	1600	1300			300	300			Φ12@200	Φ12@200	Φ12@200	
J-4	I	1400	1700			300	300			Φ12@200	Φ12@200	Φ12@200	
J-5	I	1300	1700			300	300			Φ12@200	Φ12@200	Φ12@200	
J-6	I	1800	1200			300	300			Φ12@200	Φ12@200	Φ12@200	
J-7	I	1900	1600			300	300			Φ12@200	Φ12@200	Φ12@200	
J-8	I	1000	700			300	300			Φ12@200	Φ12@200	Φ12@200	
J-9	I	1200	2000			300	300			Φ12@200	Φ12@200	Φ12@200	
J-10	I	900	900			300	300			Φ12@200	Φ12@200	Φ12@200	

见柱定位及配筋图

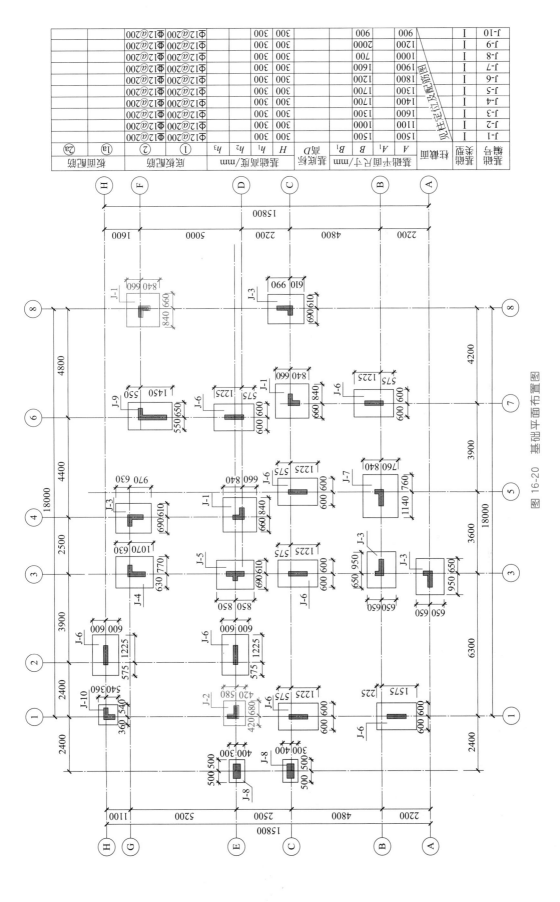

图 16-20 基础平面布置图

为 1000mm，基础高度 H 是 300mm，h_1 是 300mm；基础底板配筋①为 Y 向底板配筋，为直径为 12mm 的二级钢筋，加密区间距为 200mm；基础底板配筋② X 向底板配筋，为直径为 12mm 的二级钢筋，加密区间距为 200mm；J-3、J-4……和 J-1 大致相同，不做介绍。

④ 未标明的基础顶标高均为−1.500m。

（2）基础详图

下面以某栋结构的基础详图（图 16-21）为例，进行基础详图的识读。

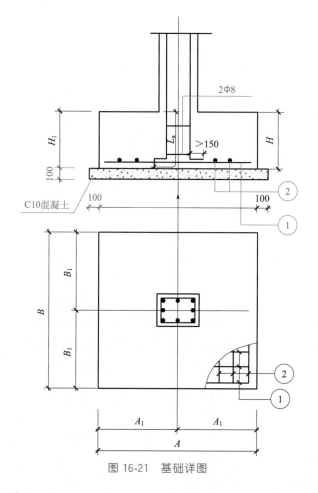

图 16-21　基础详图

① 图名：基础详图。

② 该图基础底部为 $A \times B$ 的矩形，基础高为 H，在基础底部配置了 2 根直径为 8mm 的二级钢筋，基础下面用了 C10 混凝土做为垫层，垫层厚为 100mm，而且每边宽出了基础 100mm。

（3）梁平法施工图

下面以某栋结构的梁平法施工图（图 16-22）为例，进行梁平法施工图的识读。

① 图名和比例：梁平法施工图；绘制比例为 1∶100。

② 图中梁分为主梁和次梁。

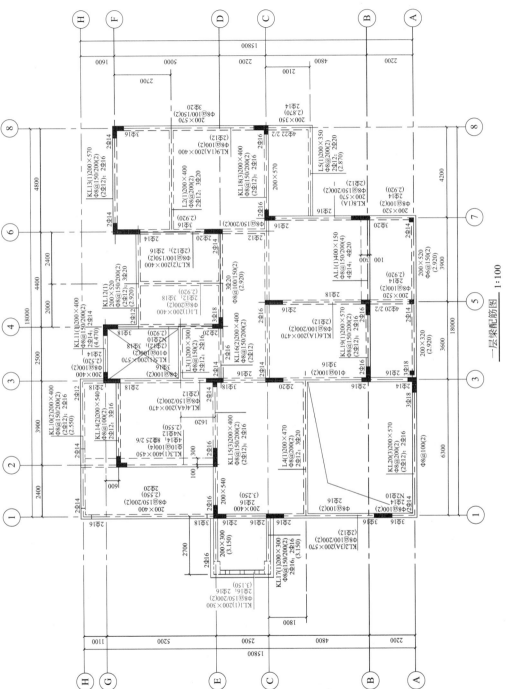

一层梁配筋图   1:100

图 16-22   一层梁平法施工图

③ 识读 KL1。从集中标注中可以看出，该梁有 1 跨，截面尺寸为 200mm×300mm。箍筋是直径为 8mm 的一级钢，加密区间距为 150mm，非加密区间距为 200mm，均为两肢箍。上、下部通长筋为 2 根直径为 16mm 的二级钢筋。梁顶标高是 3.150m。KL2～KL20 配筋图的识读方法同 KL1 配筋图，不再一一介绍。

④ 识读 L1。从集中标注中可以看出，该梁有 1 跨，截面尺寸为 200mm×400mm。箍筋是直径为 8mm 的一级钢，分布间距为 200mm，均为两肢箍。上部通长筋为 2 根直径为 14mm 的二级钢筋，下部通长筋为 3 根直径为 18mm 的二级钢筋。梁顶标高是 2.920m。L2～L6 和 L1 配筋图识读方法同 L1 配筋图，不再一一介绍。

(4) 柱平法施工图

下面以某栋结构的柱平法施工图（图 16-23）为例，进行柱平法施工图的识读。

① 图名和比例：图名为柱配筋图；绘制比例为 1∶100。

② 该板分为标高 2.970m 以下柱定位图和标高 2.970m 以上柱定位图。

③ KZ1 在标高 2.970m 以下柱定位图和标高 2.970m 以上柱定位图中有 8 个，KZ1 表示编号为 1 的框架柱，截面尺寸为 500mm×500mm，箍筋是直径为 8mm 的一级钢，加密区间距为 150mm，非加密区间距为 200mm，纵筋配置 8 根直径为 16mm 的二级钢。柱顶标高为 2.520mm。KZ2～KZ9 配筋图识读方法同 KZ1 配筋图，不再一一介绍。

④ LZ1 在标高 2.970m 以上柱定位图中，LZ1 表示编号为 1 的梁上柱，截面尺寸为 500mm×500mm，箍筋是直径为 8mm 的一级钢，加密区间距为 150mm，非加密区间距为 200mm，纵筋配置 8 根直径为 16mm 的二级钢。柱顶标高为 6.070m。

(5) 板配筋图

下面以某栋结构的板配筋图（图 16-24）为例，进行板配筋图的识读。

① 图名和比例：一层板配筋图；绘制比例为 1∶100。

② 在该块板中，板的厚度有 120mm、150mm 和 100mm。以板厚②～③轴之间板厚 120mm 为例，板的下部配置了双向钢筋，底筋和面筋均为直径为 8mm 的一级钢筋，分布间距为 150mm。

16.6.1.3 楼梯施工图

(1) 楼梯平面图

下面以某栋结构的楼梯平面施工图（图 16-25）为例，进行楼梯平面施工图的识读。

① 图名和比例：楼梯平面图；绘制比例为 1∶50。

② 从图中可以看出，楼梯结构平面图共有 2 个，分别是一层楼梯平面图、二层楼梯平面图。

③ 从图中可以看出，一层楼梯平面图既画出了被剖切的往上走的梯段，还画出该层往下走的完整的梯段、楼梯平台以及平台往下的梯段，并且在梯口处有一个注有"上"字的长箭头，但是没有注明结构标高，

④ 二层楼梯平面图注明了结构标高，并标出了楼层和休息平台的结构标高，休息平台结构标高为 1.470m、楼层面结构标高为 2.970m 等。并且在平面图上画出的梯段上，每一分格表示梯段的一级踏面，在梯口处只有一个注有"下"字的长箭头。

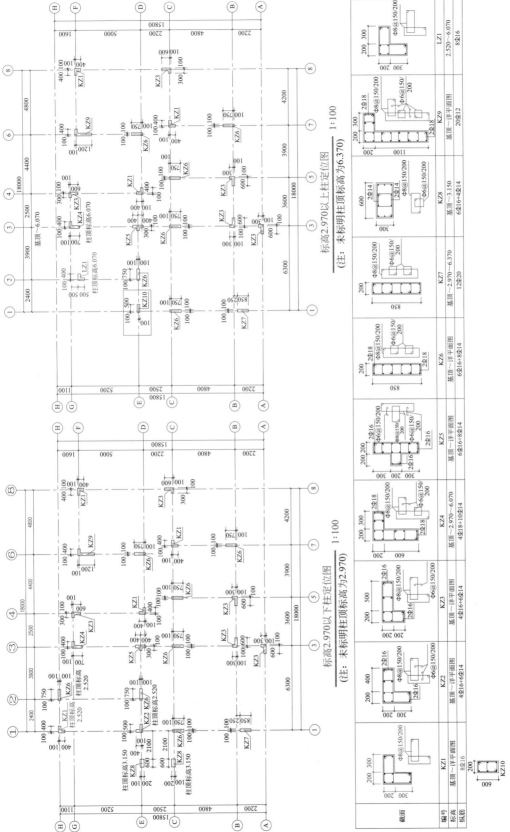

图 16-23 柱平法施工图

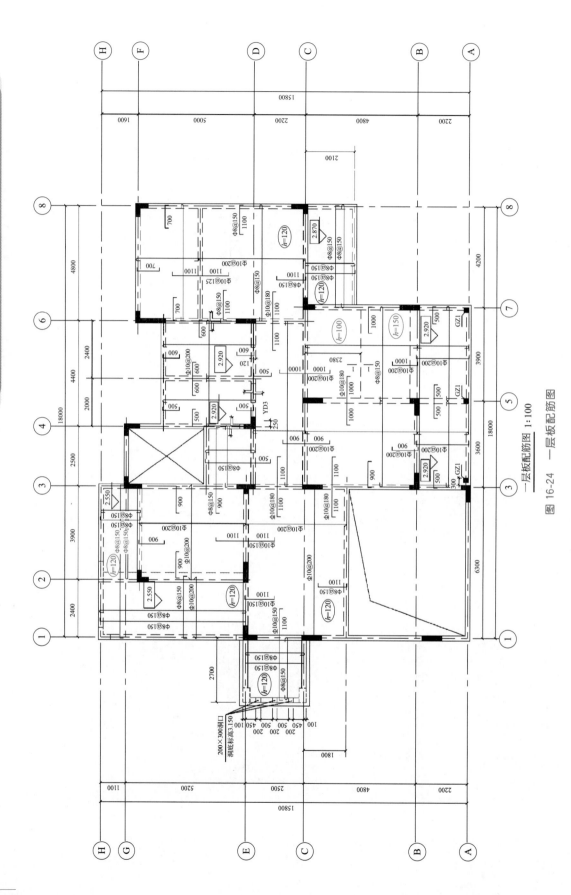

图 16-24　一层板配筋图

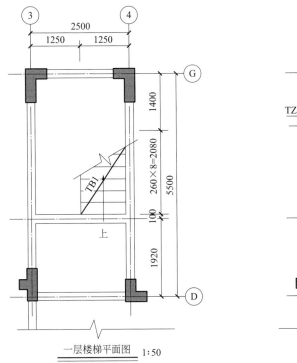
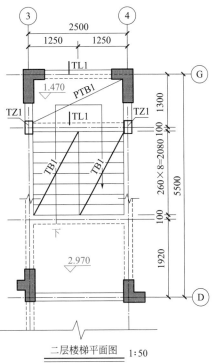

一层楼梯平面图 1:50　　　　二层楼梯平面图 1:50

图 16-25　楼梯平面图

⑤ 在二层楼梯结构平面图中标注楼梯结构的折断符号。

（2）楼梯剖面图

下面以某栋结构的楼梯剖面图（图 16-26）为例，进行楼梯剖面图的识读。

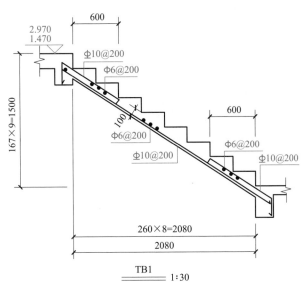

TB1 1:30

图 16-26　楼梯剖面图

以图 16-26 为例，进行楼梯剖面图的识读。

① 图名和比例：TB1；绘制比例为 1：30。

② 图中 TB1 板厚 100mm，梯板中的纵向受力筋为直径 10mm、间距 200mm 的二级钢筋，布置在板底；直径为 6mm、间距 200mm 一级钢筋作为分布筋横向布置在受力筋上面，直径为 10mm、间距 200mm 的二级钢筋作为构造筋布置在板两端的上方，两端伸入平台梁中。

16.6.2 提升实训

下面以某栋多层住宅楼结构施工图为例说明平面图的识读方法。

16.6.2.1 某多层住宅结构施工图识图

（1）图纸目录

某栋多层住宅楼结构的图纸目录如图 16-27 所示。

序号	编号或图号	名称	幅面	张数	备注
		结构图纸目录		编号：	
				第 页 共 页	
1	91437-341-12-0/1	图纸目录		1	
2	91437-341-12-1	结构设计总说明		1	
3	91437-341-12-2	基础平面布置图		1	
4	91437-341-12-3	基础顶~-0.090剪力墙平法施工图（一）		1	
5	91437-341-12-4	基础顶~-0.090剪力墙平法施工图（二）		1	
6	91437-341-12-5	-0.090~5.910剪力墙平法施工图（一）		1	
7	91437-341-12-6	-0.090~5.910剪力墙平法施工图（二）		1	
8	91437-341-12-7	5.910~14.910剪力墙平法施工图（一）		1	
9	91437-341-12-8	5.910~14.910剪力墙平法施工图（二）		1	
10	91437-341-12-9	14.910~屋面剪力墙平法施工图（一）		1	
11	91437-341-12-10	14.910~屋面剪力墙平法施工图（二）		1	
12	91437-341-12-11	一层梁平法施工图		1	
13	91437-341-12-12	一层板配筋图		1	
14	91437-341-12-13	二、三层梁平法施工图		1	
15	91437-341-12-14	四、五层梁平法施工图		1	
16	91437-341-12-15	二~五层板配筋图		1	
17	91437-341-12-16	六层梁平法施工图		1	
18	91437-341-12-17	六层板配筋图		1	
19	91437-341-12-18	阁楼层梁平法施工图		1	
20	91437-341-12-19	阁楼层板配筋图		1	
21	91437-341-12-20	坡屋面梁平法施工图		1	
22	91437-341-12-21	坡屋面板配筋图		1	
23	91437-341-12-22	1#楼梯详图		1	
24	91437-341-12-23	2#楼梯详图		1	
25	91437-341-12-24	节点详图		1	

图 16-27 图纸目录

某栋多层住宅楼结构的标准图集如图 16-28 所示。

序号	编号或图号	采用的标准图集名称	幅面	张数	备注
		结构图纸目录	编号： 第　页　共　页		
1	06G101-6	混凝土结构施工图平面整体表示方法 制图规则和构造详图(独立基础、条 形基础、桩基承台)		1册	甲方自购
2	03G101-2	混凝土结构施工图平面整体表示方法制图 规则和构造详图(现浇混凝土板式楼梯)		1册	甲方自购
3	03G101-1	混凝土结构施工图平面整体表示方法 制图规则和构造详图		1册	甲方自购
4	04G101-3	混凝土结构施工图平面整体表示方法 制图规则和构造详图(筏形基础)		1册	甲方自购
5	02YG301	钢筋混凝土过梁		1册	甲方自购
6	02YG001-2	钢筋混凝土结构抗震构造详图		1册	甲方自购

图 16-28　结构采用的标准图集

图 16-27、图 16-28 为图纸目录，从图中可以了解以下内容。

本套结构施工图共有 25 张图纸。图纸目录放在首页，用 A4 图纸画出。看图前首先要检查各施工图的数量、图样内容等与图样目录是否一致，防止缺页、缺项，核验是否齐全等。

读图时，首先要查看图纸目录。图纸目录有时也称为"首页图"，意思是第一张图纸。因为图纸目录可以帮助了解该套图纸有几类，各类图纸有几张，每张图纸的图号、图名、图幅大小；如采用标准图，还会写出所使用标准图的名称、所在标准图集的图号和页次。图纸目录常用表格表示。

从图纸目录中可以看出图纸名称，分别包括基础平面布置图、剪力墙施工图、梁施工图、板配筋图……，表示每张图纸的具体名称；张数代表具体的张数，还有编号或者图号和采用的标准图集等。

(2) 结构设计说明

① 一般说明

a. 本设计尺寸单位除注明者外，标高为 m，其余均为 mm。

b. 图中±0.000 标高所对应的绝对标高详见总图。

c. 本工程建筑结构的安全等级为二级，结构设计使用年限为 50 年。

d. 本建筑抗震设防类别为丙类，本建筑物设计计算抗震烈度为 8 度（0.20g），设计地震第一组，结构形式为剪力墙结构。剪力墙抗震等级为二级，框架抗震等级为二级。剪力墙构造措施的抗震等级为二级，框架抗震等级为二级。

e. 本建筑物的耐火等级为：地下一级；地上二级。

f. 本设计除图中注明外，其他有关注意事项均按本说明执行，未尽事宜应严格按有关国家现行规范处理。

g. 本建筑结构计算采用 PKPM 工程系列 PMCAD、SAT-8、JCCAD 软件进行结构分析及计算。

h. 本建筑结构采用以下规范为设计依据：

《建筑工程抗震设防分类标准》《GB 50223—2008》；

《建筑结构荷载规范》《GB 50009—2012》；

《混凝土结构设计规范》《GB 50010—2010》；

《建筑抗震设计规范》《GB 50011—2010》；

《建筑地基基础设计规范》《GB 50007—2011》；

《高层建筑混凝土结构技术规程》《SJG 98—2021》。

i. 本设计采用的《岩土工程勘察报告》由××省×建筑设计研究院有限公司提供。

j. 未经技术鉴定或设计许可，不得擅自改变结构的用途和使用环境。

k. 本图必须经政府有关部门审核通过后方可用于施工。

② 地基基础

a. 本建筑物基础设计等级为丙级。建筑场地类别为 B 类。地面粗糙度为 B 类。本工程地基采用天然地基，基础采用筏板基础及柱下独立基础。说明详见基础说明。

b. 基础施工完成并验收后基坑应及时回填。回填前应清除基坑中的杂物，回填时应在相对的两侧或四周同时均匀进行并分层夯实，要求压实系数不小于 0.94，回填土应采用素土每层需虚铺厚度不大于 250mm。严禁回填垃圾杂物等。地下室外墙待顶板达到设计强度后方可拆除支撑。

c. 利用机械开挖基坑时，应保留 500mm 保护土层由人工挖除。施工时严格控制标高不允许超挖，更不允许超挖后自行回填。基坑验槽后应立即进行垫层和基础施工，防止太阳曝晒和雨水浸刷破坏基土原状结构。

d. 电气上对基础钢筋的搭接要求及防雷接地做法详见电施图，筏板顶部及底部外围钢筋各 2 根钢筋环周焊接。

③ 结构材料

a. 混凝土强度等级（图中注明者除外）：基础为 C30；柱、墙、梁、板为 C30（标高：基础～8.910m）、C25（标高：8.910m 至坡屋面）；垫层为 C15；构造柱、圈梁的混凝土等级均为 C20，楼梯的混凝土标号均同楼层梁板。

b. 钢筋：HRB335 级、$f_y = 300\text{N/mm}^2$；

HRB400 级、$f_y = 360\text{N/mm}^2$。

c. 混凝土结构的环境类别为：±0.000 以下二 b 类；±0.000 以上，卫生间混凝土构件为二（a）类环境，雨篷等外露构件为二（b）类环境；其他混凝土构件为一类环境。除基础外，混凝土构件的纵向受力钢筋的保护层厚度按 03G101-1 的规定选取。基础的纵向受力钢筋的保护层厚度规定如下：基础筏板底 50mm、地下室外墙外侧面为 50mm，筏板顶为 20mm。

d. 钢筋的连接：受力钢筋的接头位置应设在受力较小处，接头应相互错开，当采用非焊接的搭接接头时，从任一接头中心至 1.3 倍搭接长度的区段范围内，或当采用焊接接头时，在任一焊接接头中的 35 倍且不小于 500mm 的区段范围内。有接头的受力钢筋截面面积占受力钢筋总截面面积的百分比见表 16-5。

表 16-5　受力钢筋截面面积的百分比

接头形式	受拉区	受压区
绑扎搭接接头	≤25%	≤50%
机械或焊接接头	≤50%	不限

受拉钢筋最小搭接长度：接头面积百分比≤25%时为 $1.2l_{aE}$，接头面积百分比≤50%时为 $1.4l_{aE}$，在任何情况下，纵向受拉钢筋绑扎搭接接头的搭接长度均不应小于 300mm。

④ 砌体部分

a. 砌体填充材料：±0.000 以下室外采用 MU10 蒸压粉煤灰砖，M7.5 水泥砂浆；地下室内及±0.000 以上采用 A3.5 加气混凝土砌块，M5 混合砂浆。

b. 填充墙砌筑时，顶部一律要求斜砌并与梁或板底顶紧，加气混凝土砌体按该省 05YJ3-4 的要求施工，砌体施工质量控制等级 B 级。

c. 门窗及大于 500mm 砖墙洞口过梁选用标准图集《钢筋混凝土过梁》（02YG301），按洞口跨度选用 QGLA，选用时荷载等级为二级，梁宽改为同墙厚，配筋不变。

d. 当过梁与构造柱连接时，可同时浇筑或留插筋，过梁支承长度为 250mm。

e. 当门窗洞顶离结构梁底尺寸小于等于钢筋混凝土过梁的高度时，应将结构梁底局部向下加至洞顶，其下加部分梁宽与墙厚相同，如图 16-29 所示。

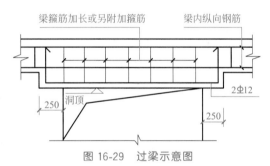

图 16-29　过梁示意图

f. 在悬墙端部、女儿墙及通窗窗台墙每隔 3m 及转角处、墙长超过 5m 时中部及转角处、小于 1000mm 的窗间墙中部均设构造柱。构造柱未注明者断面采用 200×墙厚，4Φ12 纵筋，Φ6@200 箍筋。施工时应先砌墙后浇柱，构造柱纵筋锚入梁、柱或压顶内 35d。上人屋面的女儿墙顶压梁为墙厚×200，梁纵筋为 4Φ12，箍筋为Φ6@200。

g. 当填充墙高度超过 4m 时，应在墙中高处适宜位置（避开洞口）设置与柱墙连接的通长钢筋混凝土水平系梁，系梁断面采用 200×墙厚，4Φ12 纵筋，Φ6@200 箍筋。

⑤ 钢筋混凝土墙、柱、梁

a. 钢筋混凝土墙、柱、梁平面整体表示方法制图规则和构造详图选用标准图集 16G101-1（国标）。框架顶层端节点配筋构造的做法，施工单位可根据情况按图集任选一种施工。

b. 节点区混凝土强度等级应同柱强度等级，箍筋间距同柱加密区。

c. 柱、梁贯通筋须采用机械连接或焊接。当钢筋直径≥22mm 应优先采用机械连接，接头须采用Ⅱ级。

d. 仅有一端与框架柱或剪力墙（非垂直）相连的梁，该梁仅相连处端部按相应楼层的抗震等级锚固和箍筋加密配置。

e. 当柱纵筋的搭接长度范围超出箍筋加密区长度时，其超出部分的箍筋间距宜加密 100mm。

f. 主次梁梁高相同时，次梁下部钢筋应置于主梁下部主筋之上，附加横向钢筋施工。

g. 墙（暗柱、端柱、小墙肢）竖向钢筋搭接长度范围内的箍筋间距亦加密为100mm。

h. 洞边加筋照常分布，暗梁、连梁范围内墙体水平、竖向钢筋照常分布，在暗柱范围内墙体水平筋照常分布。

i. 钢筋混凝土墙、柱（包括构造柱）与砌体的连接应沿钢筋混凝土墙、柱高度每隔500mm预埋，拉筋伸入墙内的长度应全长贯通。

j. 施工缝的接面应清除杂物，用压力水冲净，做好接浆后浇筑混凝土。管道穿过梁时，其洞口应预埋套管，所有预留套管在施工时应与钢筋焊牢，以免浇注时产生位移。

k. 当挑梁长度大于1.5m时，按照挑梁根部增加弯起筋。

⑥ 现浇板

a. 板中支座负筋的分布筋，凡图中未注明者均为φ6@200。

b. 双向板的底筋，短向筋放在底层，长向筋放在短向筋之上。

c. 图中未表示的不大于300mm×300mm（φ300）的洞口位置，施工中应预留。板内的钢筋绕过洞口，不许切断。

d. 楼板上直接放置轻质隔墙时，应在板底沿墙通长布置3Φ14，并伸入支座。

e. 楼板配筋图中，支座负筋的长度按图纸中的附表设置。

f. 现浇悬臂挑檐、雨罩等外露构件每隔12m设一道伸缩缝，伸缩缝隙宽度不小于20mm，缝隙宜用油膏或其他防渗漏措施处理。

（3）识读内容

从设计说明中可以识读到以下内容。

① 一般说明里包括标高、安全等级、使用年限、设防烈度和抗震等级、耐火等级、规范和图集。

② 地基基础包括设计等级、场地类别和地面粗糙度。

③ 结构材料包括混凝土强度等级、钢筋、混凝土结构的环境类别、钢筋的连接和受拉钢筋最小搭接长度。

④ 砌体部分包括砌体填充材料、门窗采用的图集。

⑤ 钢筋混凝土墙、柱、梁包括选用的标准图集，柱、梁的长度。

⑥ 现浇板包括分布筋的配筋、现浇悬臂挑檐、雨罩的宽度。

16.6.2.2 基础施工图

（1）基础平面布置图

下面以某栋结构的基础平面布置图（图16-30）为例，进行基础平面布置图的识读。

从图16-30可以看出以下信息。

① 图名和比例：图名为基础平面布置图；绘制比例为1:100。

② 定位轴线和轴线间尺寸。基础平面图中的定位轴线和轴线间尺寸应与建筑平面图中的相一致。

③ J-1是基础的代号，JL-1是基础梁的代号。图中出现的代号J-1、JL-1表示几种类型的基础或基础梁。⑤～⑪、⑰～㉕代表的是独立基础平面布置图。

④ 未标明的筏形基础底板厚度为400mm。基础底板配筋为双层双向Φ14@180配置贯通筋，图中所示钢筋为附加钢筋。

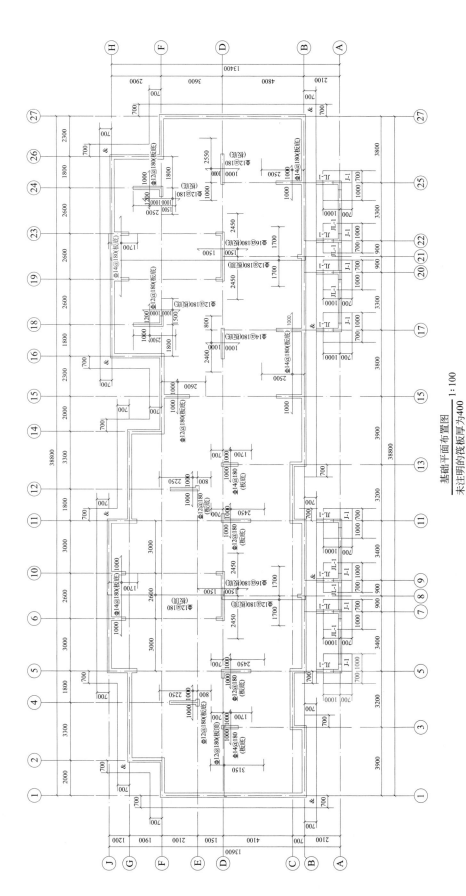

基础平面布置图 1:100
未注明的筏板厚为400

图 16-30 基础平面布置图

（2）基础详图

下面以某栋结构的基础详图（图 16-31）为例，进行基础详图的识读。

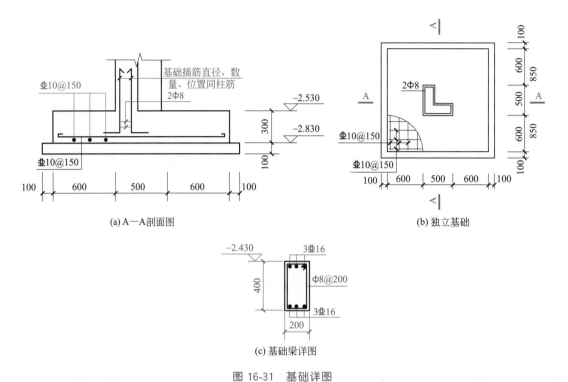

(a) A—A剖面图

(b) 独立基础

(c) 基础梁详图

图 16-31　基础详图

以图 16-31 为例，进行基础详图的识读。

① 图名：基础详图。

② 该图分两部分。

a. 第一部分是独立基础在平面布置图中的具体位置，且独立基础配筋为双层双向$\oplus$10 @150 布置，异形柱的尺寸为 500mm，配筋为 2Φ8，且图中有剖切符号 A—A。

b. 第二部分是基础梁详图的布置，尺寸为 200mm×400mm，标高为－2.430m，箍筋尺寸为$\oplus$8@200，上、下部贯通筋为 3Φ16。

（3）梁平法施工图

下面以某栋结构的梁平法施工图（图 16-32）为例，进行梁平法施工图的识读。

① 图名和比例：梁平法施工图；绘制比例为 1∶100。

② 该梁分为主梁和次梁之分。

③ 识读 KL1。

a. KL1 共有 2 根，分别位于第③道轴线和第⑬道轴线。③道轴线进行了详细的标注，⑬道轴线只标注了编号。

b. 识读集中标注。从集中标注中可以看出，该梁有 1 跨，截面尺寸为 200mm× 400mm。箍筋直径为 8mm，加密区间距 100mm，非加密区间距为 200mm，均为两肢箍。上、下部通长筋为 2 根 16mm 的钢筋。

④ 识读 L1。

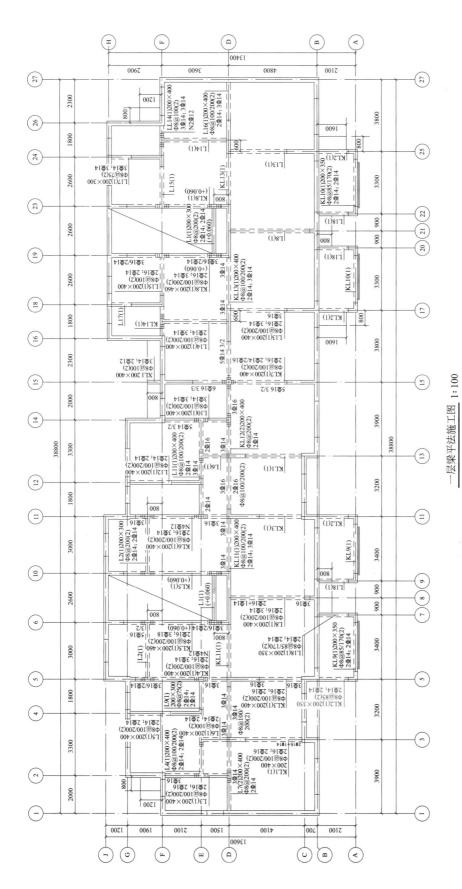

一层梁平法施工图 1:100

图 16-32　一层梁平法施工图

a. L1 共有 2 根，分别位于第⑥～⑩道轴线和⑲～㉓道轴线。⑲～㉓道轴线进行了详细的标注，⑥～⑩道轴线只标注了编号。

b. 识读集中标注。从集中标注中可以看出，该梁有 1 跨，截面尺寸为 200mm×300mm。箍筋直径为 8mm，间距 200mm，均为两肢箍。上、下部通长筋为 2 根直径为 14mm 的钢筋。

（4）板配筋图

下面以某栋结构的板配筋图（图 16-33）为例，进行板配筋图的识读。

① 图名和比例：图名为一层板配筋图；绘制比例为 1∶100。

② 在该块板中，①号𝚽8@100 钢筋是面筋（板负筋），表示的是三级钢筋，直径为 8mm，间距为 100mm，两端直弯钩向下，配置在板顶层。

③ 在该块板中，②号𝚽10@200 钢筋是面筋，表示的是三级钢筋，直径 10mm，间距 200mm，两端直弯钩向下，配置在板顶层。

④ 在该块板中，③号𝚽8@100 钢筋是面筋，表示的是三级钢筋，直径为 8mm，间距为 180mm，两端直弯钩向右或向下，配置在板顶层。

（5）剪力墙平法施工图

① 下面以某栋结构的剪力墙平法施工图（一）（图 16-34）为例，进行剪力墙平法施工图的识读。

a. 图名和比例：图名为剪力墙平法施工图；绘制比例为 1∶100。

b. 图 16-34 所示中的⑤轴、⑨轴、⑰轴、㉒轴与Ⓐ轴交汇处的 KZ1。读图 16-34 可知纵筋为 12𝚽16，表示的是纵筋为 12 根直径为 16mm 的三级钢筋；箍筋为Φ8@100/150，表示的是箍筋为一级钢筋，直径为 10mm，加密区间距 100mm、非加密区间距 150mm。X 向截面定位尺寸，自轴线向右 400mm。凸出墙部位：X 向截面定位尺寸，自轴线向两侧各 100mm；Y 向截面定位尺寸，自轴线向上 100mm，向下 100mm。

c. ⑦轴、⑪轴、⑳轴、㉕轴与Ⓐ轴交汇处的 KZ2 识读同 KZ1。

② 下面以某栋结构的剪力墙平法施工图（二）（图 16-35）为例，进行剪力墙平法施工图的识读。

a. 图名：－0.090～5.910m 剪力墙平法施工图。

b. 连梁 1(LL1)。2 层连梁截面宽为 200mm，高为 470mm，梁顶低于 1 层结构层标高 0.890m；3 层连梁截面宽为 200mm，高为 470mm，梁顶低于 3 层结构层标高 1.240m；箍筋是𝚽8@100（2），三级钢筋，直径为 8mm，间距为 100mm（2 肢箍）。另外，连梁 LL1 洞口宽度均为 1500mm；上部、下部纵筋均使用 3 根三级钢筋，直径 14mm；侧面纵筋布置均同墙水平分布筋。

c. 剪力墙 1 号（Q1）（设置 2 排钢筋）。墙身厚度 200mm；水平分布筋Φ8@200，表示的是用一级钢筋，直径 8mm，间距 200mm；竖直分布筋Φ8@200，表示的是用一级钢筋，直径 8mm，间距 200mm；墙身拉筋Φ6@600×600，表示的是用一级钢筋，直径 6mm，间距 600mm（图纸说明中会注明布置方式）。

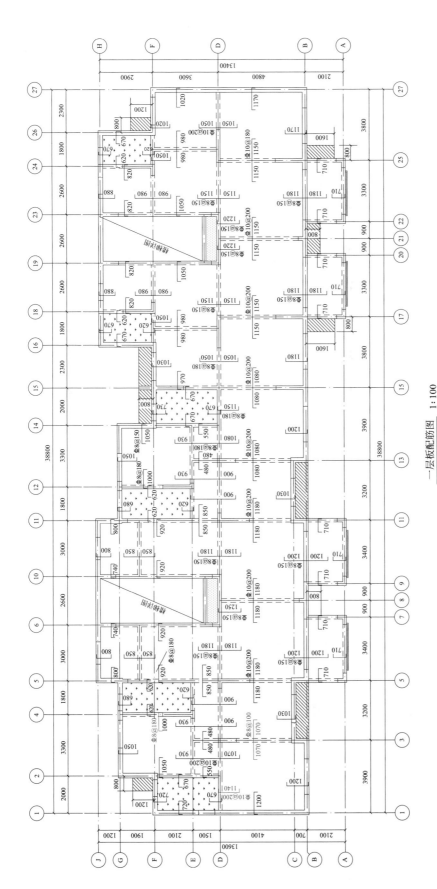

一层板配筋图 1:100

图 16-33 一层板配筋图

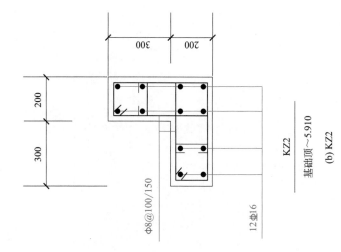

(a) KZ1

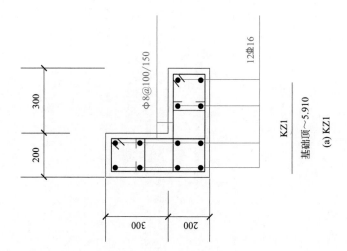

(b) KZ2

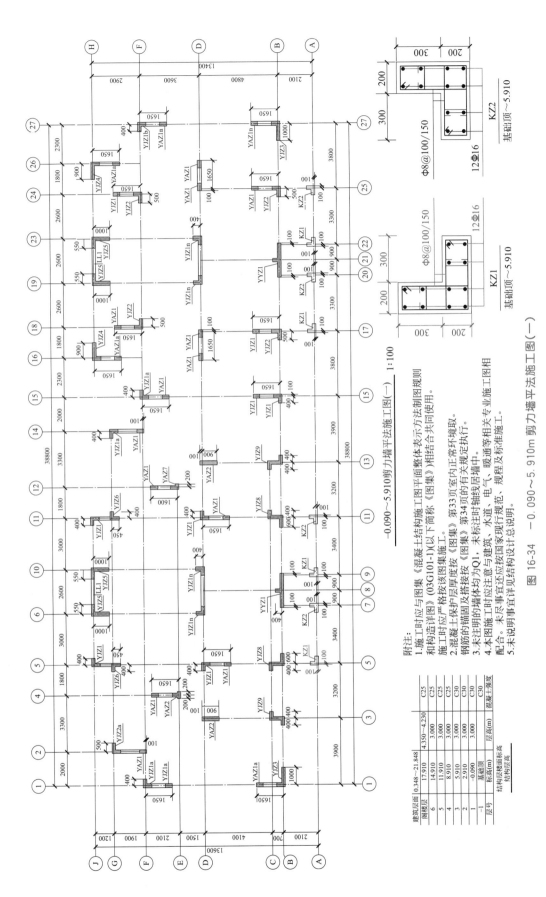

−0.090~5.910剪力墙平法施工图（一） 1:100

图 16-34 −0.090~5.910m 剪力墙平法施工图（一）

附注：
1. 施工时应与图集《混凝土结构施工图平面整体表示方法制图规则和构造详图》(03G101-1)(以下简称《图集》)相结合共同使用。施工时应严格按该图集施工。
2. 混凝土保护层厚度按《图集》第33页至内正常环境取，钢筋的锚固及搭接按《图集》第34页的有关规定执行。
3. 未注明的墙体均为Q1，未标注时轴线居墙中。
4. 本图施工时应注意与建筑、水道、电气、暖通等相关专业施工图相配合。未尽事宜还应按现行国家标准施工。
5. 未说明事宜详见结构设计总说明。

建筑层面	0.348~21.848	4.350~4.230			混凝土强度
图顶楼层			层高(m)	标高(m)	
6	17.910	3.000			C25
5	14.910	3.000			C25
4	11.910	3.000			C25
3	8.910	3.000			C30
2	5.910	3.000			C30
1	2.910	3.000			C30
−1	−0.090				C30
	基础顶	层高(m)	标高(m)	混凝土强度	
层号					

结构层楼面标高
结构层高

411

剪力墙柱表

编号	标高	纵筋	箍(拉)筋
YAZ1	-0.090～5.910	6Φ14	Φ8@140
YAZ1a	-0.090～5.910	4Φ16+4Φ14	Φ8@140
YAZ2	-0.090～5.910	8Φ14+6Φ12	Φ8@140
YJZ1	-0.090～5.910	8Φ14+4Φ12	Φ8@140
YJZ1a	-0.090～5.910	8Φ16+4Φ14	Φ8@140
YJZ1b	-0.090～5.910	12Φ18	Φ8@140
YJZ2	-0.090～5.910	8Φ14+4Φ12	Φ8@130
YJZ2a	-0.090～5.910	4Φ18+8Φ16	Φ8@130
YJZ3	-0.090～5.910	10Φ16+10Φ14	Φ8@140

编号	标高	纵筋	箍(拉)筋
YJZ4	-0.090～5.910	20Φ18	Φ8@140
YJZ5	-0.090～5.910	6Φ14+16Φ12	Φ8@140
YJZ6	-0.090～5.910	8Φ14+4Φ12	Φ8@130
YJZ7	-0.090～5.910	4Φ12+6Φ14	Φ8@140
YJZ8	-0.090～5.910	22Φ14	Φ8@140
YJZ9	-0.090～5.910	20Φ14	Φ8@140
YYZ1	-0.090～5.910	8Φ14+24Φ12	Φ8@140
YYZ2	-0.090～5.910	8Φ14+4Φ12	Φ8@140

附注：
1. 施工时应与图集《混凝土结构施工图平面整体表示方法制图规则和构造详图》(03G101-1)(以下简称《图集》)相结合共同使用。施工时应严格按该图集施工。
2. 混凝土保护层厚度按《图集》第33页的有关规定取。钢筋的锚固及搭接按《图集》第34页内正常环境居中。
3. 未注明的墙体均为Q1，未标注时轴线居中。
4. 本图施工时应与建筑、水道、电气、暖通等相关专业施工图相配合。未尽事宜还应按国家现行规范、规程及标准施工。
5. 未说明事宜详见结构设计总说明。

剪力墙身表

编号	标高	墙厚	水平分布筋	竖直分布筋	拉筋
Q1(2排)	-0.090～5.910	200	Φ8@200	Φ8@200	Φ6@600×600

剪力墙连梁表

编号	所在楼层号	梁顶相对标高高差	梁截面b×h	洞口宽度	上部纵筋	下部纵筋	箍筋	侧面纵筋	备注
LL1	2	-0.890	200×470	1500	3Φ14	3Φ14	Φ8@100(2)		同墙水平分布筋
	3	-1.240	200×470	1500	3Φ14	3Φ14	Φ8@100(2)		同墙水平分布筋

图16-35 -0.090～5.910m剪力墙平法施工图(二)

16.6.2.3 楼梯施工图

(1) 楼梯平面图

下面以某栋结构的楼梯平面施工图（图 16-36）为例，进行楼梯平面施工图的识读。

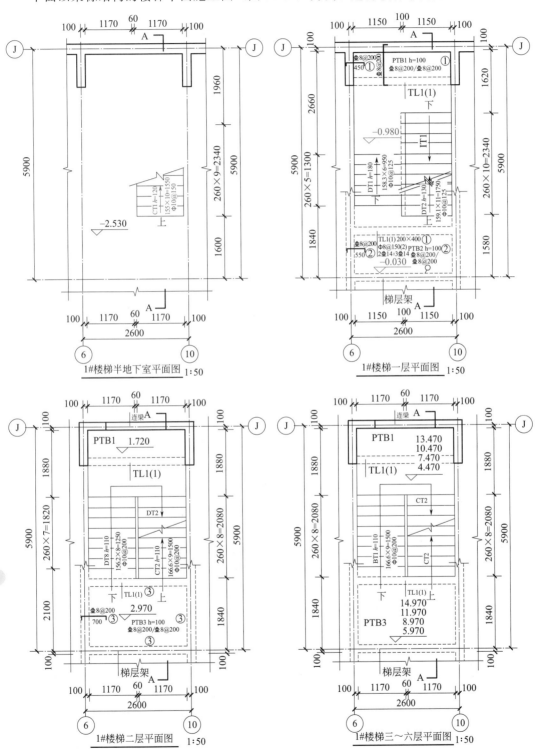

图 16-36

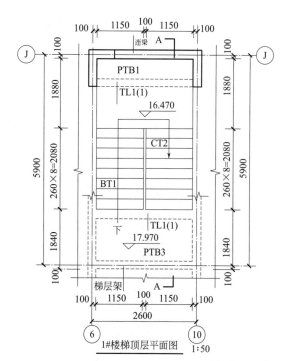

说明:
1.材料:混凝土等级随楼层,钢筋HPB235(φ),HRB335(Φ),HRB400(Φ)。
2.混凝土保护层厚度:梯柱25mm,梁25mm,板15mm。
3.梁及楼梯配筋注写规则及配筋构造分别详见标准图集《混凝土结构施工图平面整体表示方法制图规则和构造详图》(03G101-1)和(03G101-2),施工时应按照该标准图的要求和构造进行施工。
4.梯柱与楼面梁内边缘齐,梯梁或平台梁对于梯柱居中或与梯柱边缘对齐。
5.图中未注明主次梁相交处或有梯柱集中力处,在主梁上设6根附加箍筋,箍筋直径、肢教同主梁内箍筋。长于2.4m的梯段,施工时起拱3/1000。
6.图中未注明长度的梯柱,长度均为梯梁底标高至下层框架梁或墙。
7.各构件搭接处,钢筋须满足锚固要求。未标注的梯板分布筋为φ8@200。
8.本图应与建施图、结构平面图密切配合,确保无误后方可施工。
9.楼梯栏杆及楼梯间隔墙详见建施其他未尽事宜详见结构设计总说明。

图 16-36　楼梯平面图

① 图名和比例:图名为楼梯平面图;绘制比例为 1:50。

② 从图中可以看出,楼梯结构平面图共有 5 个,分别是 1♯楼梯半地下室平面图、1♯楼梯一层平面图、1♯楼梯二层平面图、1♯楼梯三~六层平面图、1♯楼梯顶层平面图。

③ 从图中可以看出,每个楼面的结构标高均注明,并标注了现浇板的厚度,1♯楼梯半地下室平面图厚度为 120mm,1♯楼梯一层平面图厚度为 130mm,1♯楼梯二~六层平面图厚度为 110mm。

④ 图中标出了楼层和休息平台的结构标高,如 1♯楼梯一层平面图中的休息平台顶面结构标高−0.980m、楼层面结构标高−0.030m 等。

⑤ 与楼梯板两端相连接的楼层平台和休息平台板均采用现浇板,有 PTB-1、PTB-3 两种编号,板的配筋情况直接表达在楼梯标准层结构平面图中。图中画出了现浇板内的配筋,梯段板和楼梯梁另有详图画出,因此在平面图上只注明代号和编号。

⑥ 在底层楼梯结构平面图中还需标注楼梯结构剖面图的剖切符号。

(2) 楼梯剖面图

下面以某栋结构的楼梯剖面图（图 16-37）为例,进行楼梯剖面图的识读。

① 图名和比例:A—A 剖面图;绘制比例为 1:100。

② 图中所示 A—A 剖面图的剖切符号表示在底层楼梯结构平面图中。表示了剖到的梯段板、楼梯平台、楼梯梁和未剖到的可见梯段板的形状以及连接情况。

③ 图线与建筑剖面图相同,剖到的梯段板不再涂黑表示。

④ 在图中还标注出梯段外形尺寸、楼层高度（3000mm）、楼体平台结构标高（−2.530m、−0.030m、2.970m、5.970m 等）。

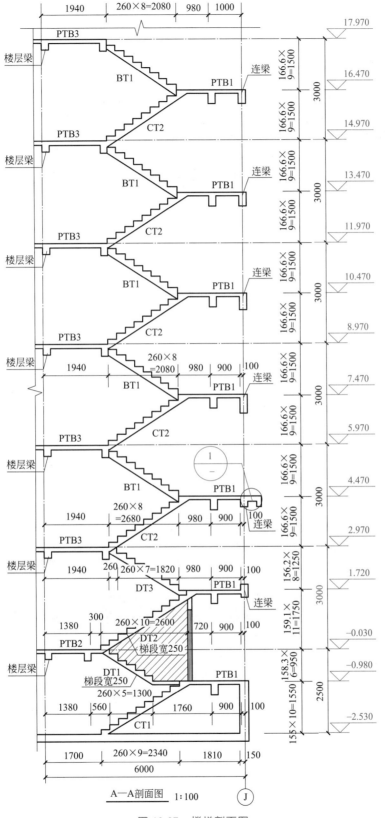

图 16-37　楼梯剖面图

第17章

装饰装修施工图识读的应用

17.1 建筑装饰施工平面图

(1) 住宅楼装饰装修平面图

某住宅楼装饰装修平面图如图 17-1 所示。

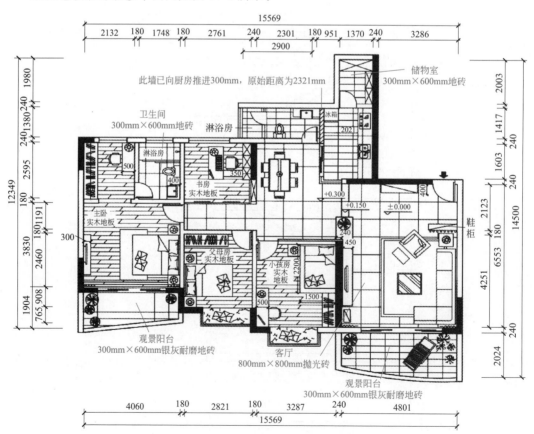

图 17-1 某住宅楼装饰装修平面图

识读内容如下。

① 从图中可知，该平面图总长为 15569mm，总宽为 14500mm，各个分区标注很明显，功能为动静分离。

② 入口在右侧图中，入口处设置了玄关，客厅地面采用 800mm×800mm 的抛光砖装饰，观景阳台用 300mm×600mm 的银灰耐磨地砖，并配有绿色植物。

③ 在休息区，包括主卧、书房、父母房和小孩房，地面均用实木地板装饰。

（2）某公寓楼装饰装修平面图

某公寓楼装饰装修平面图如图 17-2 所示。

识读内容如下。

① 从图名可知该图是首层的平面图，该图的比例是 1∶100。

② 从图中指北针可知，房屋坐北朝南。

③ 从平面图的总长、总宽尺寸，可计算出房屋的用地面积。

④ 从图中墙的分隔情况和房间的名称，可了解到房屋内部各房间的配置、用途、数量及其相互关系情况。

⑤ 从图中定位轴线的编号及其间距，可了解到各承重构件的位置及房间的大小。此房屋是剪力墙结构，图中轴线上涂黑的矩形部分是剪力墙。

⑥ 图中注有外部和内部尺寸。从各道尺寸的标注，可了解到各房间的开间、进深、外墙与门窗及室内设备的大小和位置。

a. 外部尺寸：第一道尺寸，表示外轮廓的总尺寸，即指从一端外墙边到另一端外墙边的总长和总宽尺寸；第二道尺寸，表示轴线间的距离，用以说明房间的开间及进深的尺寸。图中房间的开间有 3.30m、2.80m 和 4.20m，南面房间的进深是 4.20m，北面房间的进深是 3.00m；第三道尺寸，表示各细部的位置及大小，如门窗洞宽和位置、墙柱的大小和位置等，标注这道尺寸时，应与轴线联系起来，如①～②轴和⑩～⑪轴房间的窗 C1，宽度为 1.50m，窗边距离轴线为 0.90m。另外，台阶（或坡道）、花池及散水等细部的尺寸，可单独标注。三道尺寸线之间应留有适当距离（一般为 7～10mm，但第三道尺寸线应离图形最外轮廓线 10～15mm），以便注写尺寸数字。如果房屋前后或左右不对称时，则平面图上四边都应注写尺寸。如有部分相同，另一些不相同，可只注写不同的部分。如有些相同的尺寸太多，可省略不注出，而在图形外用文字说明，如各墙厚尺寸均为 200mm。

b. 内部尺寸：为了说明房间的净空大小和室内的门窗洞、孔洞、墙厚和固定设施（例如厕所、盥洗间、工作台、搁板等）的大小与位置，以及室内楼地面的高度，在平面图上应清楚地注写出有关的内部尺寸和楼地板面标高。楼地面标高标明各房间的楼地面对标高零点（注写为 ±0.000）的相对高度。标高符号与总平面图中的室内地坪标高相同。本例首层地面定为标高零点，而厨房和卫生间地面标高是 −0.020m，即表示该处地面比客厅和房间地面低 20mm。

⑦ 从图中还可了解其他细部（如楼梯、搁板、墙洞和各种承重设备等）的配置和位置情况。

（3）某别墅装饰装修平面图

某别墅装饰装修平面图如图 17-3 所示。

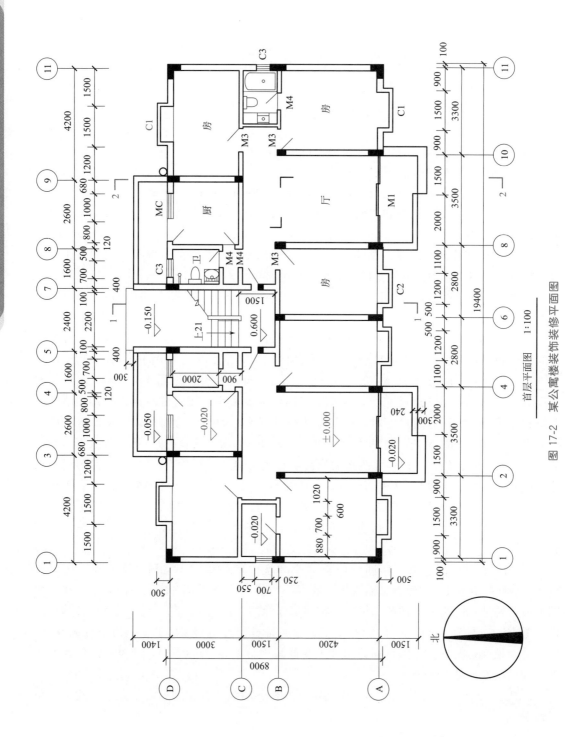

首层平面图　1:100

图 17-2　某公寓楼装饰装修平面图

识读内容如下。

① 从图中可知，该别墅为双拼别墅，总共有三层。

② 尺寸上，进深为15700mm，面宽为6800mm。

③ 一层平面图中，主要设置客厅、餐厅和厨房，客厅和餐厅均用实木地板装饰，而厨房和卫生间地面用防滑地板装饰。

④ 二层平面图中，主要设置为主卧、书房和儿童房，主卧开间为5100mm，进深为4900mm，儿童房开间为3800mm，进深为2800mm，书房开间为4200mm，进深为3600mm。

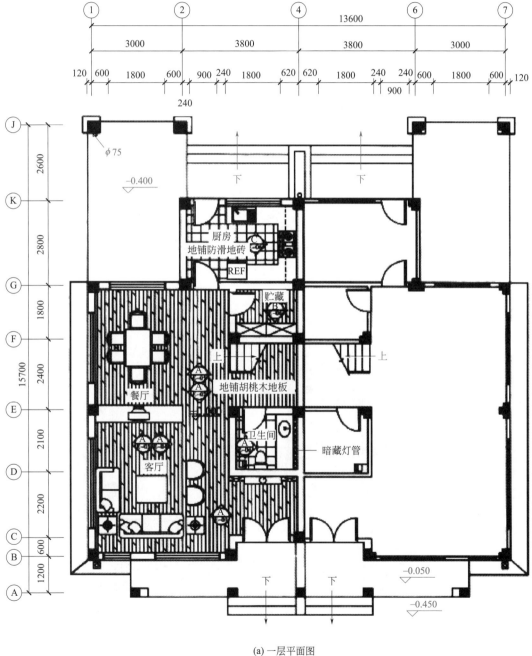

(a) 一层平面图

图 17-3

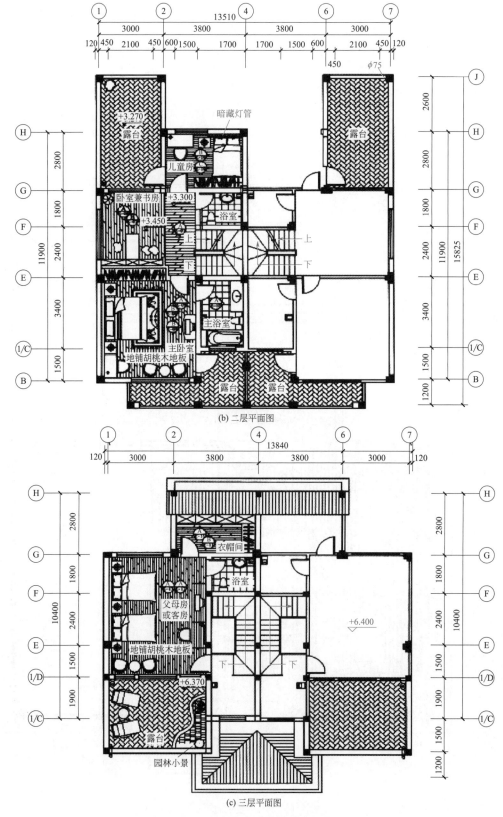

(b) 二层平面图

(c) 三层平面图

图 17-3 某别墅装饰装修平面图

⑤ 三层平面图中，主要为父母休息空间，父母房开间是 5700mm，采用实木地板装饰，下面为观景露台，标高为＋3.207m。

⑥ 卧室地面均采用实木地板，书房门为推拉门设计，减少空间的占用。

17.2 建筑装饰施工立面图

（1）某住宅楼室外装饰装修立面图

某住宅楼室外装饰装修立面图如图 17-4 所示。

①～⑪ 立面图 1:100

图 17-4 某住宅楼室外装饰装修立面图

识读内容如下。

① 从图名或轴线的编号可知该图是房屋北向的立面图，比例为 1∶100。

② 从图 17-4 上可看到该房屋一个立面的外貌形状，也可了解该房屋的屋顶、门窗、雨篷、阳台、台阶、勒脚等细部的形式和位置。如主入口在中间，其上方有一连通窗（用简化画法表示）。各层均有阳台，在两边的窗洞左（右），上方有一小洞，为放置空调器的预留孔。

③ 从图中所标注的高度可知，此房屋室外地面比室内±0.000 低 300mm，女儿墙顶面处为 9.60m，因此房屋外墙总高度为 9.90m。

④ 标高一般注在图形外，并做到符号排列整齐、大小一致。

⑤ 因该房屋立面左右对称，则只需标注左侧。若不对称时，则左右两侧均应标注。必要时为了更清楚，可标注在图内（如楼梯间的窗台面标高）。

⑥ 从图上的文字说明了解到房屋外墙面装修的做法，如东、西端外墙为浅红色陶瓷锦砖贴面，中间阳台和梯间外墙面用浅蓝色陶瓷锦砖贴面，窗洞周边、檐口及阳台栏板边等为白水泥粉面（装修说明也可在首页图中列表详述）。

⑦ 图中靠阳台边，上设有雨水管。

（2）某别墅的室外装修立面图

某别墅的室外装修立面图如图 17-5 所示。

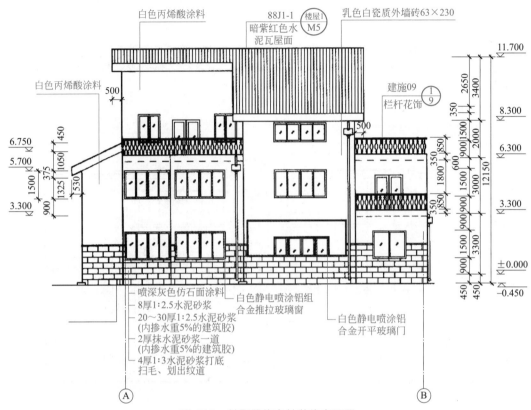

图 17-5　某别墅的室外装修立面图

识读内容：该别墅外墙喷涂灰色仿石面涂料，白色丙烯酸涂料采用 63mm×230mm 乳色白瓷质外墙砖，屋面采用暗紫红色水泥瓦，其具体做法参阅标准图集 88J1-1。

由图 17-5 还可看出，该别墅外墙门窗的材质为白色静电喷涂铝合金。平台栏杆高度为 850mm，做法详图位于建施 09。

图中还注明了别墅各层层高、各层高低错位的位置及总高度等。

（3）某礼堂室外装饰立面图

某礼堂室外装饰立面图如图 17-6 所示。

识图内容如下。

图 17-6 所示为某礼堂室外装饰立面图。由图可知，该礼堂正立面采用干挂石材装饰。礼堂建筑主体为三层、两侧附房为两层的中式屋顶建筑；主要出入口在中间，入口处共有三樘 12mm 厚的玻璃自由门，入口台阶共七级；墙面分格线表示的是安溪红毛板的排版布局，有点状填充图例的分格表示的是印度红光面板装饰范围。左右墙面对称布置有安溪红中式石材浮雕；勒脚采用黑色蘑菇石干挂；屋顶檐口刷白色外墙乳胶漆装饰，屋顶为琉璃瓦装饰，琉璃瓦仅画出了局部投影。

图 17-6 所示的下方和左方标注了石材排板的详细尺寸，立面装饰的分格及造型轮廓是装饰立面图的主要表达内容，各层窗口周边装饰有 120mm 宽的银灰铝塑板窗套；勒脚处黑色蘑菇石干挂的高度是 1.76m，单板分格宽度为 600mm，单板分格高度为 440mm，

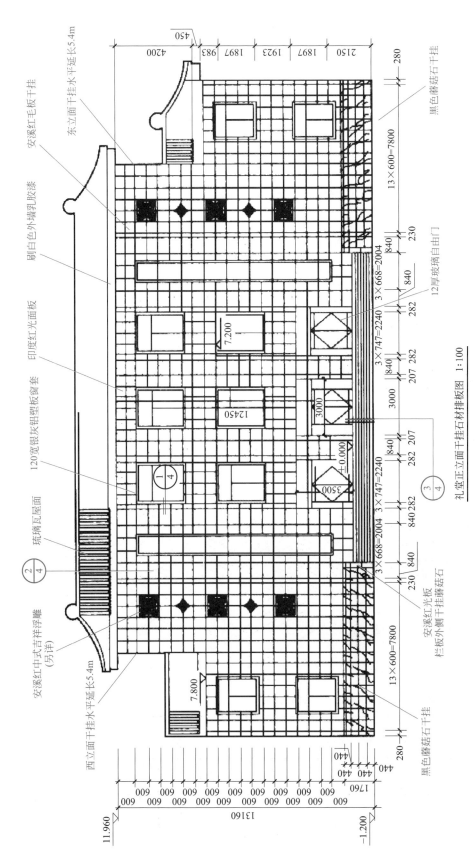

礼堂正立面干挂石材排板图 1:100

图 17-6 某礼堂室外装饰立面图

共四层；勒脚以上安溪红光板和印度红光面板的单板高度均为 600mm，安溪红光板的单板宽度为 600mm，印度红光面板的单板宽度为 840mm 和 600mm，墙面的石材干挂总高度为 13.16m。

17.3 楼地面装修图

(1) 某架空式木楼地面施工图

某架空式木楼地面施工图见图 17-7，识图内容如下。

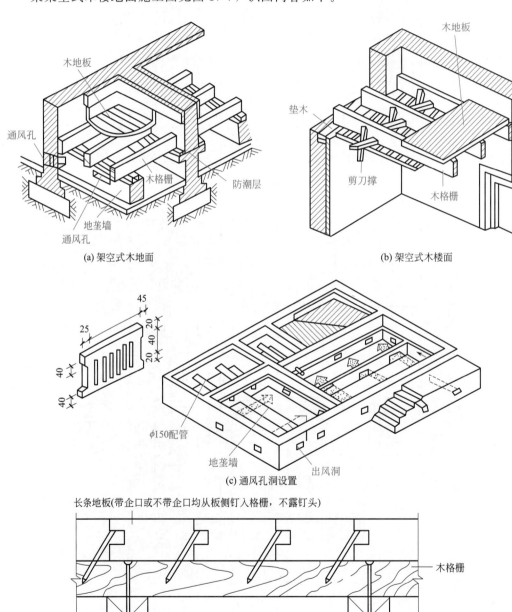

(a) 架空式木地面

(b) 架空式木楼面

(c) 通风孔洞设置

(d) 单层木地板钉结方式

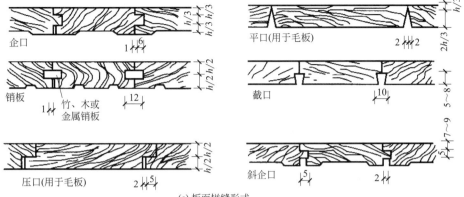

(e) 板面拼缝形式

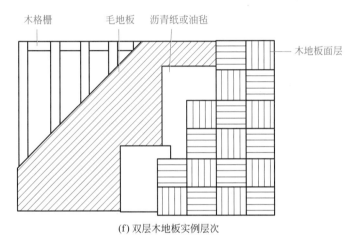

(f) 双层木地板实例层次

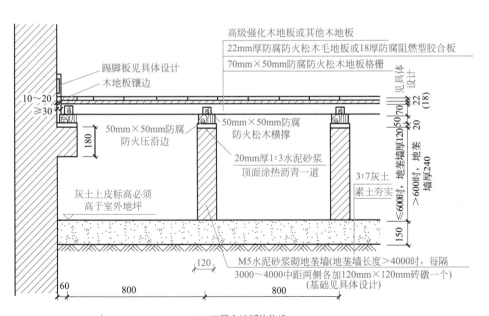

(g) 双层木地板的构造

图 17-7

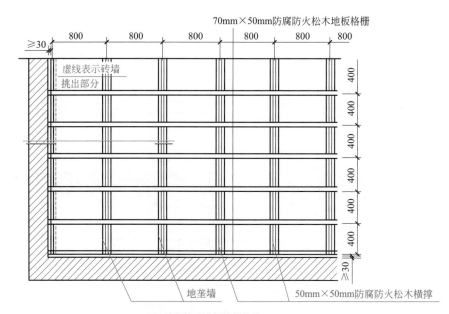

(h) 地垄墙及地板格栅构造

图 17-7　某架空式木楼地面施工图

① 从架空式木地面可以看出有通风孔，是设置在地垄墙上的，在地垄墙上设置了木格栅，木格栅的上方铺设了木地板，在地基层上又设置了防潮层；架空式木楼面可以看出垫木铺设在木格栅之下，也可沿地垄墙布置，主要作用是将木格栅传来的荷载传递到地垄墙上，剪刀撑用来加固木格栅，布置在木格栅两侧面，用铁钉固定在木格栅上，在木格栅的上方同样也设置了木地板。

② 从双层木地板可以看出地垄墙≤600mm 时，地垄墙厚 120mm；＞600mm 时，地垄墙厚 240mm。楼面用 3：7 灰土素土夯实，灰土上皮标高必须高于室外地坪，在室外地坪上有 M5 水泥砂浆砌地垄墙（地垄墙长度＞4000mm 时，每隔 3000～4000mm 中距两侧各加 120mm×120mm 的砖墩一个）。在砖墩的上方有三种装修做法，分别是 50mm×50mm 防腐防火压沿边、50mm×50mm 防腐防火松木横撑、20mm 厚 1：3 水泥砂浆顶面涂热沥青一道；在高级强化木地板或其他木地板铺设了 22mm 厚防腐防火松木毛地板或 18mm 厚防腐阻燃型胶合板和 70mm×50mm 的防腐防火松木地板格栅。

③ 从地垄墙及地板格栅构造可以看出木格栅一般与地垄墙垂直，中距 400mm，格栅间加钉 50mm×50mm 松木横撑，中距 800mm，在地垄墙和木格栅的下方有 70mm×50mm 防腐防火松木地板格栅，木格栅与墙间应留出不小于 30mm 的缝隙，虚线表示的是砖墙挑出的部分。

（2）某地毯楼地面施工图

某地毯楼地面施工图如图 17-8 所示，识图内容如下。

① 从挂毯条施工图（图 17-9）中可以看出在地毯下面加设垫层，垫层有波纹状的海绵波垫和杂毛毡垫，里面有五合板嵌入，厚度为 4～6mm。宽度为 24～25mm 的木板条上平行钉两行钉子。

② 从局部铺设地毯的固定施工图（图 17-10）中可以看出，把胶直接涂刷在处理好的基层上，然后将地毯固定在基层上面，装修做法采用的是平线地毯、8mm 厚泡沫波垫，

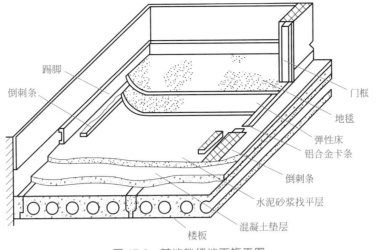

图 17-8　某地毯楼地面施工图

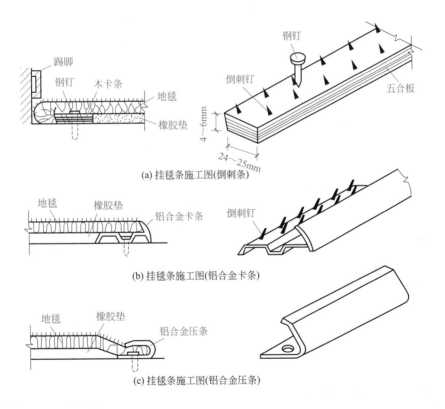

(a) 挂毯条施工图(倒刺条)

(b) 挂毯条施工图(铝合金卡条)

(c) 挂毯条施工图(铝合金压条)

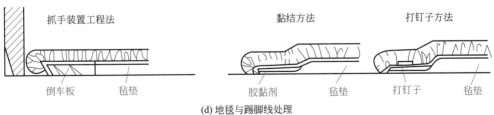

(d) 地毯与踢脚线处理

图 17-9　挂毯条与踢脚线处理施工图

水泥高墙钉间隔为 300～400mm，墙上布置了木踢脚板，固定在距墙面踢脚板外 8～10mm 处，以作地毯掩边之用，局部铺设地毯一般采用固定法，除可选用粘贴固定法和挂毯条固定法外，还可选用铜钉法，即将地毯的四周与地面用铜钉予以固定。

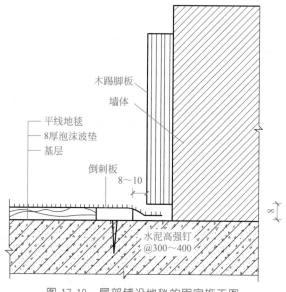

图 17-10　局部铺设地毯的固定施工图

（3）某玻璃楼地面施工图

某玻璃楼地面施工图如图 17-11 所示，识图内容如下。

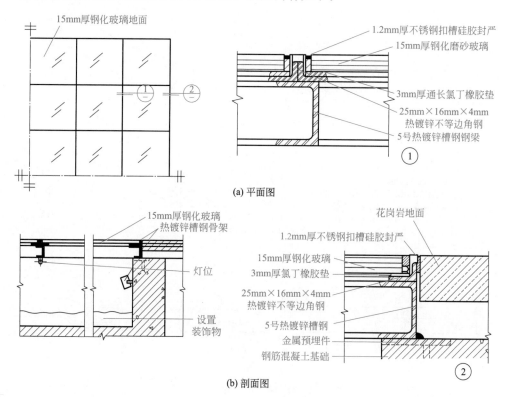

图 17-11　某玻璃楼地面施工图

① 从玻璃平面图中可以看出一种有 9 块玻璃，每块玻璃均为 15mm 厚的钢化玻璃地面，采用了 5 种装修做法，分别为 1.2mm 厚不锈钢扣槽硅胶封严、15mm 厚钢化磨砂玻璃、3mm 厚通长氯丁橡胶垫、25mm×16mm×4mm 热镀锌不等边角钢、5 号热镀锌槽钢钢梁。

② 从玻璃左边剖面图中可以看出地面上方设置了装饰物和灯，采用了 15mm 厚钢化玻璃和热镀锌槽钢骨架；右边图中可以看出在钢筋混凝土基础上设置了金属预埋件，同样也采用了五种装修做法，5 号热镀锌槽钢、25mm×16mm×4mm 热镀锌不等边角钢、3mm 厚氯丁橡胶垫、15mm 厚钢化磨砂玻璃、1.2mm 厚不锈钢扣槽硅胶封严，最上边还采用了花岗岩的地面。

17.4 天花板（顶棚）装修图

（1）天花板（顶棚）总平面图识读

规模较小的装饰设计可以省略天花板（顶棚）总平面图，如需要绘制，一般应能反映全部各楼层天花板（顶棚）总体情况，主要包括天花板（顶棚）造型、天花板（顶棚）装饰灯具布置、消防设施及其他设备布置等内容。

天花板（顶棚）总平面图如图 17-12 所示。

图 17-12 是某大酒店改造装修工程首层天花板（顶棚）平面图，比例是 1∶100。大厅天花板（顶棚）设有红胡桃擦色饰面藻井，标高是 2.650m。客房为轻钢龙骨石膏板顶棚刷白色乳胶漆饰面，标高是 2.750m；卫生间天花板（顶棚）为 200mm 宽铝扣板，标高是 2.300m。平面图中，墙、柱用粗实线表示，天花板（顶棚）的藻井及灯饰等主要造型轮廓线用中实线表示。天花板（顶棚）的装饰线、面板的拼装分格等次要的轮廓线则用细实线表示。

（2）天花板（顶棚）布置图识读

天花板（顶棚）布置图画出建筑平面及门窗洞口，门画出门洞即可，不画门扇及开启线。某建筑天花板（顶棚）布置图如图 17-13 所示。

从图 17-13 中可以看出，进厅天花板（顶棚）的原建筑天棚高度是 2.700m，四周局部二次跌级吊顶，跌级吊顶高度分别是 2.600m 与 2.550m。玄关天花板（顶棚）的原建筑天棚高度是 2.700m，四周局部吊顶，局部吊顶高度是 2.620m。大厅上方是空调，说明大厅在本层无天花板（顶棚）有可能是二层的天花板（顶棚）。多功能室的原建筑天花板（顶棚）高度是 2.700m，四周局部二次跌级吊顶高度分别为 2.650m 与 2.590m，在跌级吊顶的一侧安装了空调口，使用材料是石膏板上刮大白再刷乳胶漆。卫生间天花板（顶棚）为吊平顶，高度是 2.560m。绿化房天花板（顶棚）为钢化玻璃顶，高度为 2.600m。车库的原建筑天花板（顶棚）上刮大白刷乳胶漆。

（3）天花板（顶棚）造型布置图识读

天花板（顶棚）布置图应标明天花板（顶棚）造型、天窗、构件、装饰垂挂物及其他装饰配置与部件的位置，注明定位尺寸、材料及做法。

① 天花板（顶棚）灯具及设施布置图应标注所有明装与暗藏的灯具（包括火灾与事故照明）、发光天花板（顶棚）、空调风口、喷头、探测器、扬声器、挡烟垂壁、防火卷

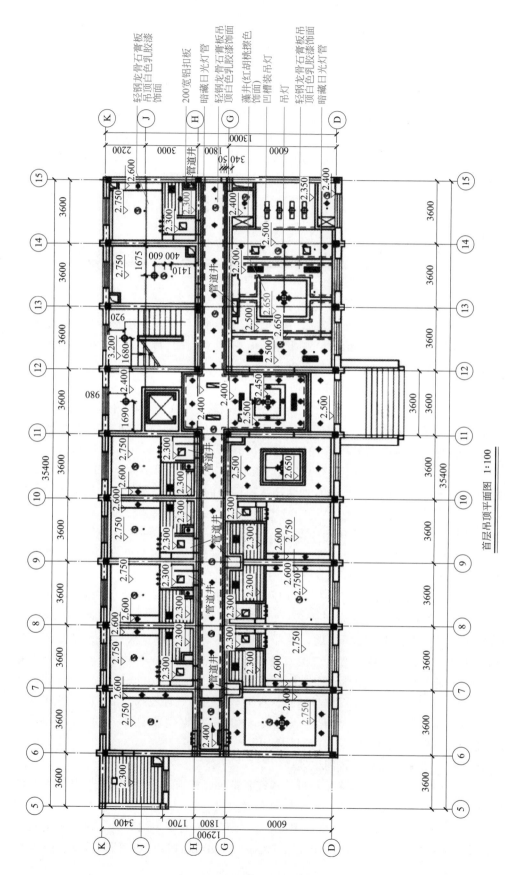

首层吊顶平面图 1:100

图 17-12 天花板（顶棚）总平面图

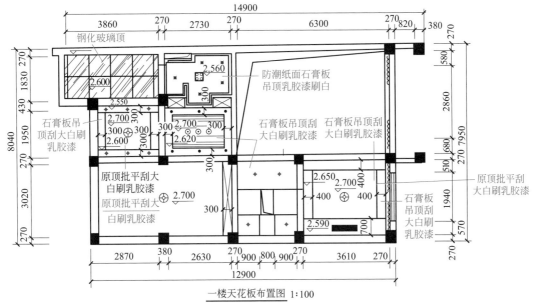

图 17-13　某建筑天花板（顶棚）布置图

帘、防火挑檐、疏散以及指示标志牌等的位置，标明定位尺寸、材料、产品型号和编号以及做法。

② 如果楼层天花板（顶棚）较大，可以就一些房间与部位的天花板（顶棚）布置单独绘制局部放大图，同样也要符合以上规定。

下面通过图 17-14 看天花板（顶棚）造型布置图。

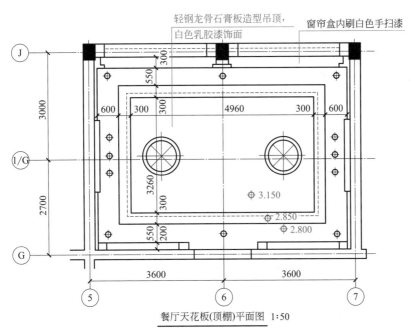

图 17-14　餐厅包房天花板（顶棚）造型布置图

从图 17-14 中可以看出，该餐厅包房天花板（顶棚）造型布置图比例是 1：50，图中表示造型轮廓线、灯饰及其材料做法。天花板（顶棚）是轻钢龙骨石膏板，白色乳胶漆饰面，标高分别是 2.800m、2.850m、3.150m。窗帘盒内刷白色手扫漆。

（4）天花板（顶棚）剖面图识读

通过对天花板（顶棚）剖面图中所示内容的阅读与研究，能够明确天花板（顶棚）各部位的构造方法、构造尺寸、材料要求及工艺要求。

下面通过图 17-15 看天花板（顶棚）剖面图。

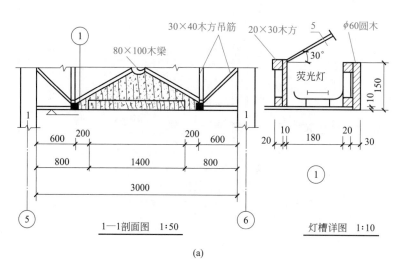

(a)

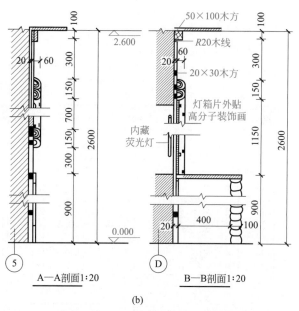

(b)

图 17-15 天花板（顶棚）剖面图

根据图 17-15（a）所示图形特点，可以断定其为天花板（顶棚）剖面图。图 17-15（b）所示 B—B 剖面，是 B 立面墙的墙身剖面图，从上而下识读得知：内墙与吊顶交角用 50mm×100mm 木方压角；主墙表面用仿石纹夹板，内衬 20mm×30mm 木方龙骨；夹板与 50mm×100mm 木方间用 R20 木线收口；假窗窗框采用大半圆木做成，窗洞内藏荧光灯，表面是灯箱片外贴高分子装饰画；假窗下是壁炉，壁炉台面是天然石材，炉口是浆砌块石。图 17-15（a）所示吊顶，由于比例很小，并且是不上人的普通木结构吊顶，因此未做详细描述，只是对灯槽局部以大比例的详图表示。对于某些仍然未表达清楚的细部，可以由索引符号找到其对应的局部放大图（即详图），如图 17-15（a）所示灯槽即是。

（5）天花板（顶棚）详图识读

识读天花板（顶棚）详图时，一般应结合天花板（顶棚）平面图、天花板（顶棚）立面图及天花板（顶棚）剖面图进行分析，以了解详图来自何部位。

下面通过图 17-16 讲解怎样看天花板（顶棚）详图。

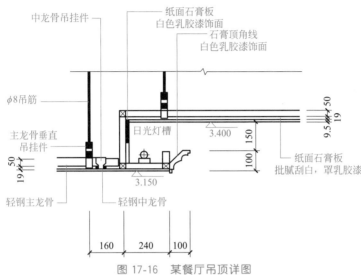

图 17-16　某餐厅吊顶详图

图 17-16 是一餐厅吊顶详图。该图反映的是轻钢龙骨纸面石膏板吊顶做法的断面图。吊杆是 $\phi8$ 钢筋，其下端有螺纹，用螺母固定主龙骨垂直吊挂件，垂直吊挂件钩住高度 50mm 的主龙骨，再用中龙骨垂直吊挂件钩住中龙骨（高度为 19mm），在中龙骨底面固定 9.5mm 厚纸面石膏板，然后在板面批腻刮白，罩白色的乳胶漆。

（6）石膏天花板（顶棚）节点大样图识读

由于平面布置图、室内立面图等的比例一般相对较小，很多装饰造型、构造做法、材料选用以及细部尺寸等无法表现或者表现不清晰，因此有时需要绘制节点大样图。

石膏天花板（顶棚）节点大样图如图 17-17 所示。

从图 17-17 中可以看出，石膏天花板（顶棚）从组成上看是由吊杆、主龙骨与次龙骨组成，局部龙骨（竖向）是木龙骨，并且做防火处理。从造型上看，为跌级吊顶，高差为 2.800m 与 2.600m 之差，为 0.2m。靠左面是墙体，在墙体与吊顶交界处安装窗帘盒，窗帘盒内安装双向滑轨。窗帘盒深为 200mm，宽为 180mm。在跌级之处有一发光灯槽，灯槽宽为 240mm，高为 160mm，槽口为 80mm，槽口下侧安装石膏角线，槽内安装日光灯。在顶棚与窗帘盒的交接处，装有石膏角线，在窗帘盒外侧下端装有木角线。整个装饰外表面涂刷白色乳胶漆。

（7）室内棚面结构详图识读

室内棚面结构详图是一种比较常见的局部详图形式。

下面通过图 17-18 看室内棚面结构详图。

从图 17-18 中可以看出，天花板（顶棚）的结构基本是在基础棚面上安装了两根吊

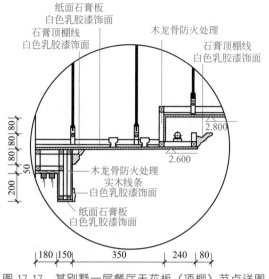

図 17-17 某别墅一层餐厅天花板（顶棚）节点详图

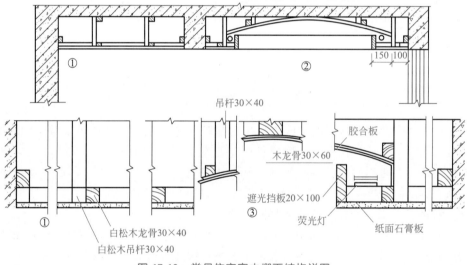

図 17-18 常见住宅室内棚面结构详图

杆，将棚面的木龙骨与吊杆及墙体中间的过梁上的木龙骨相结合，然后将棚面材料与吊顶水平方向的木龙骨结合。在局部详图的引出线上标注的木吊杆与木龙骨均是 30mm×40mm 的白松木方，而从图 17-18 中的剖面符号来看，吊顶的面层为纸面石膏板。拱形吊顶实际上是一个暗槽反光顶棚，棚的中部呈拱形，拱脚深入两侧的悬吊顶棚内形成一个较大的反光面，拱脚与悬吊顶棚之间有前后两块遮光挡板，共同组成了灯具的发光暗槽。当灯具发光以后，光线的主要部分被挡板遮住，而所有的光线均由挡板和拱形吊顶反射出去，因而光线柔和。棚面所用的木吊杆、木龙骨均是采用同样的 30mm×40mm 的白松木方，拱形造型的面层用 3mm 胶合板弯曲而成。由于拱顶部位与建筑的基础棚面的间距很近，空间狭小，不可能适于安装吊杆的施工，因此在拱顶的部位使用了 30mm×60mm 的白松木方，以方便拱顶的胶合板与基础棚面结合。

（1）某餐厅装饰装修立面图

某餐厅装饰装修立面图如图 17-19 所示。

① 从图 17-19 中可知，该餐厅装饰立面样式一中，左侧为圆形造型，半径为 180mm，内设射灯，其余部分为墙纸，中间为一组造型墙，中间左右两侧对称设计横条为玻璃片内装装饰灯，其余面积为金属防火板，中间靠下侧为一火炬形造型，下端为"不锈钢＋橙色亚克力板"材质，内设射灯，上面为一装饰品。左右两边暗藏走珠灯带，最右侧为一条宽 350mm、材质为白色亚克力板的灯带，内设射灯。

② 该餐厅装饰立面样式二中，立面共分为两部分，左边部分为大门，右边为酒柜造型，左边墙面为白色乳胶漆，墙面暗藏 3 条灯带设计，椭圆玻璃造型内设射灯，采用不锈钢支架，挂高脚杯，外部采用钢化玻璃，长度为 2350mm。

③ 该餐厅装饰立面样式三中，左侧为一组带有韵律式的玻璃造型，上下均留有 150mm 间距，用银灰色铝塑板装饰，中间部分为方格、中间带圆的造型，材质由红色玻璃贴纸和钢化玻璃组成。左侧最下端为一组 4 个的射灯。

④ 中间部分为灯带，中间虚线部分为走珠灯带，中间左侧为火红色灯组造型，直径为 340mm，采用火红色喷漆，右上侧也为可塑灯带，尺寸均在图中详细标出，采用金色系墙纸装饰。下侧为一组齿轮造型，材质为金属防火板，中心有射灯，具体尺寸图中详细标出。

（2）某公司接待厅装饰装修立面图

某公司接待厅装饰装修立面图如图 17-20 所示。

① 从图 17-20 中可知，该公司接待厅内墙右侧立面图的右侧部位墙面为铝塑板装饰，中间字体以及公司 Logo 采用刮钢化涂料和 PVC 材质装饰，左侧上面为背景墙射灯设计，右侧铝塑板包门通向工作区域。

② 从右侧立面图可知，门头上部造型为银灰铝塑板材质，下部大门采用透明钢化玻璃地弹门。柱子用铝塑板，台阶踏步采用 800mm×800mm 的抛光砖。

（3）某住宅楼室内装饰装修立面图

某住宅楼室内装饰装修立面图如图 17-21 所示。

识读内容如下。

① 从图 17-21 中可知，客厅立面图中，墙左侧为一块半透明钢化玻璃，高为 2100mm，宽为 1127mm。

② 客厅立面图中，墙右侧为卧室门，宽为 900mm，高为 2100mm。

③ 客厅立面图中，墙中间部分采用墙纸装饰，中间为 4 块装饰画，下部为一个装饰柜，装饰柜高度为 900mm，宽度为 1420mm，其四周立面采用大花白石材装饰，正面柜门为木材质。

④ 主卧立面图中，左侧为主卧卫生间装饰立面，右侧部分为卧室装饰立面，左侧卫生间进深为 2595mm，下面踢脚线采用木质材料，梳妆台采用木质材料，梳妆台角的放大尺寸图中左，上角已经给出。

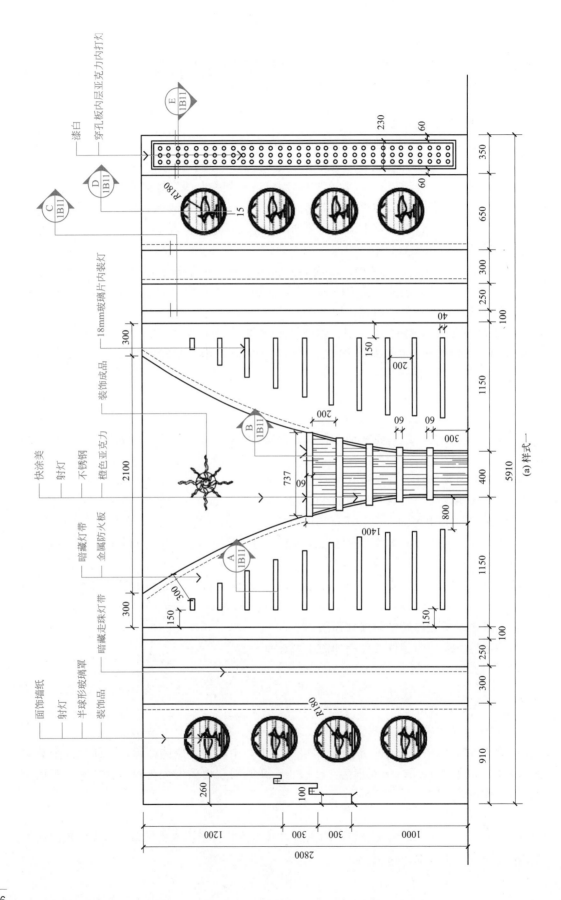

(a) 样式一

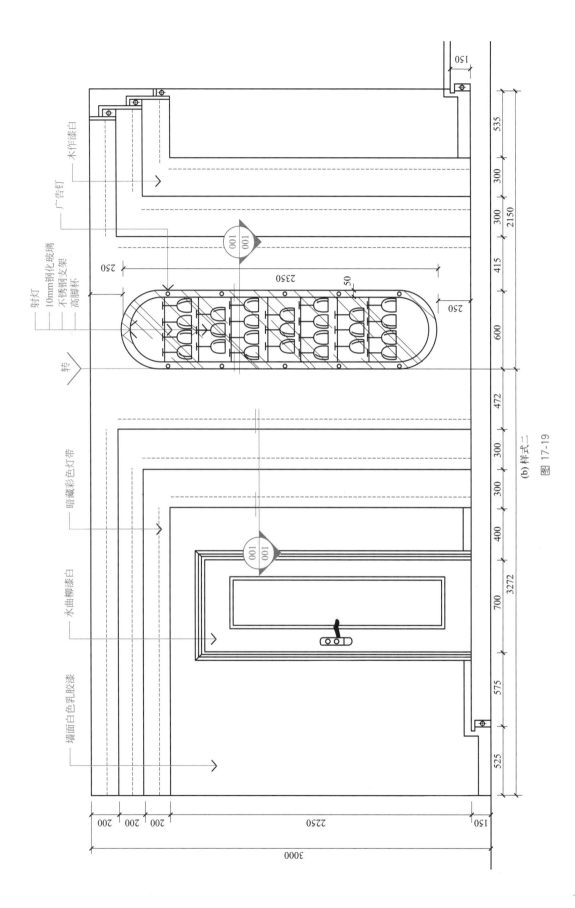

(b) 样式二

图 17-19

木作漆白

广告钉

射灯
10mm钢化玻璃
不锈钢支架
高脚杯

暗藏彩色灯带

水曲柳漆白

墙面白色乳胶漆

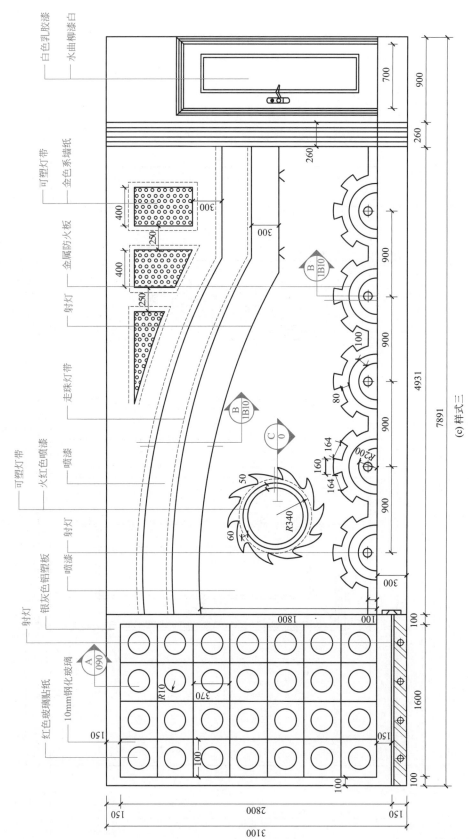

图 17-19 某餐厅装饰装修立面图

(c) 样式三

白色乳胶漆
水曲柳漆白

可塑灯带
金色系墙纸

金属防火板

射灯

走珠灯带

可塑灯带
火红色喷漆

喷漆

射灯

喷漆

银灰色铝塑板

射灯

红色玻璃贴纸
10mm钢化玻璃

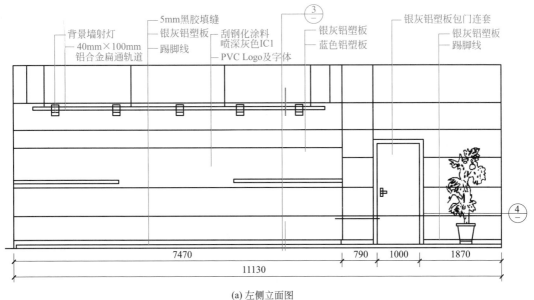

(a) 左侧立面图

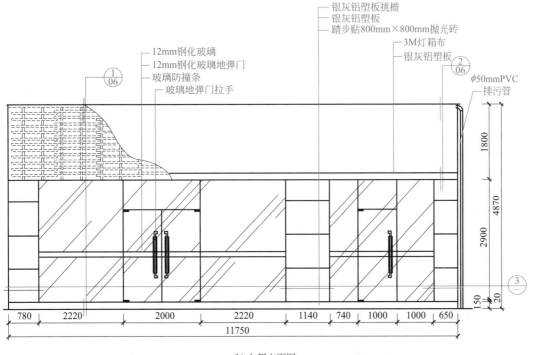

(b) 右侧立面图

图 17-20　某公司接待厅装饰装修立面图

⑤ 墙面铺设墙纸。右侧卧室的门宽为 800mm，床宽度为 1800mm，上方为装饰画。

⑥ 客房立面图中，墙面采用墙纸装饰，床头部分采用软包材质，床头上方长条为镜面不锈钢灯具，紧靠屋顶处为一条宽 340mm 的白色乳胶漆带。

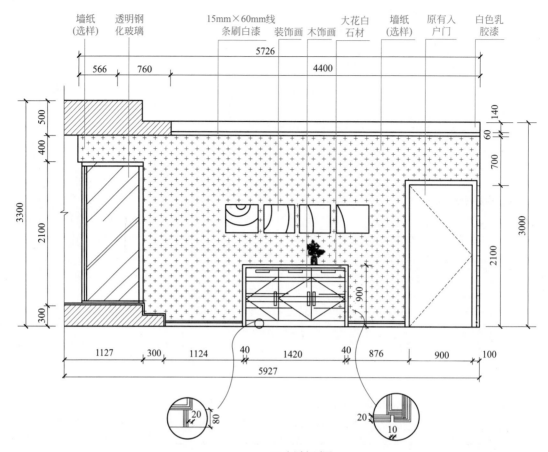

(a) 客厅立面图

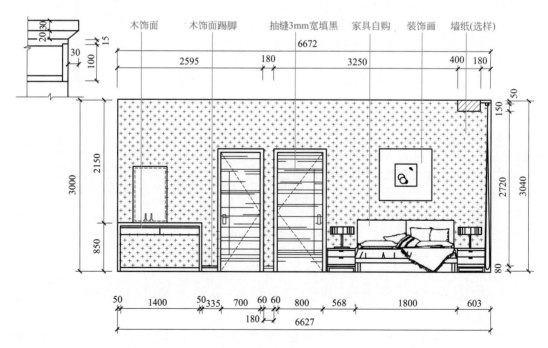

(b) 主卧立面图

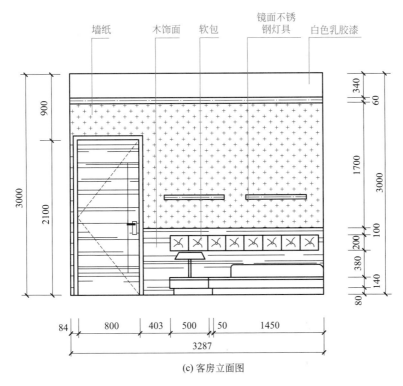

墙纸　木饰面　软包　镜面不锈钢灯具　白色乳胶漆

(c) 客房立面图

图 17-21　某住宅室内装饰装修立面图

（4）室内墙、地面结构详图识读

建筑室内墙、地面结构通常不单独绘制，多数与室内的立面布置图同时绘制。

下面通过图 17-22 看室内墙、地面结构详图。

从图 17-22 中可以看出，吊顶部分悬吊于基础棚面上，除了与基础棚面结合的一圈木质线条之外，这个棚圈由木质吊顶、木龙骨、纸面石膏板与筒灯组成。悬吊棚圈的木龙骨与吊杆之间均采用 30mm×40mm 的木方结合，纸面石膏板面层直接安装到棚面的木龙骨上，在纸面石膏板面层上直接开孔安装直径 100mm 的筒灯。棚面由 30mm×40mm 的白松木方制成方形的框架结构与墙体结合，这个框架结构由前面三根木龙骨与后面的三根墙体木龙骨所组成，框架表面安装 9mm 厚的胶合板作为墙体的面层，框架结构的下面则为规格是 100mm×40mm 的组合木线镶贴在墙体与框架相交的部位，作为压角线来使用。整个墙体都是由木龙骨与胶合板构成，由 30mm×40mm 的白松木方制成龙骨格栅作为墙体装修的骨架与基础墙体结合，然后把胶合板直接安装于龙骨上，最后在墙体的面层上刮白并且涂刷乳胶漆。

墙体下部的护墙板结构形成了一个凸起的墙脚造型，它由一个方形的构架与压角线、踢脚板组成。框架结构的上方与墙体的交界处钉装一个规格为 40mm×25mm 的压角线，规格为 120mm×20mm 的踢脚板则安装在墙脚造型与地板的交界处。地面的剖面相对比较简单，实木地板铺装在等距的地面木龙骨之上，由图 17-22 中的引出线得知，这些木龙骨采用 30mm×40mm 的落叶松木材制作而成。

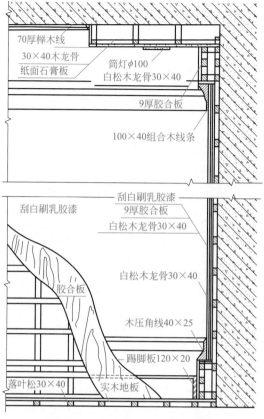

70厚榉木线
30×40木龙骨
纸面石膏板
筒灯φ100
白松木龙骨30×40
9厚胶合板
100×40组合木线条
刮白刷乳胶漆
刮白刷乳胶漆
9厚胶合板
白松木龙骨30×40
白松木龙骨30×40
木压角线40×25
胶合板
踢脚板120×20
落叶松30×40
实木地板

图 17-22　室内墙、地面结构详图

17.6　剖面图与节点装修详图

（1）某住宅楼装饰装修剖面图

某住宅楼装饰装修剖面图如图 17-23 所示。

识读内容如下。

① 从图名和轴线编号与平面图（本书未画出）上的剖切位置和轴线编号相对照，可知该剖面图是一个剖切平面通过楼梯间，剖切后向左进行投射所得的横剖面图。

② 图中画出房屋地面至屋顶的结构形式内容，可知此房屋垂直方向承重构件（柱）和水平方向承重构件（梁和板）是用钢筋混凝土构成的，所以它是属于框架结构的形式。

③ 从地面的材料图例可知为普通的混凝土地面，又根据地面和屋面的实例说明索引，可查阅它们各自的详细实例情况。

④ 图中标高都表示为与±0.000 的相对尺寸。如三层楼面标高是从首层地面算起为6.00m，而它与二层楼面的高差（层高）仍为3.00m。图中只标注了门窗的高度尺寸，楼梯因另有详图，其详细尺寸可不在此注出。

⑤ 从图中标注的屋面坡度可知，该处为一单向排水屋面，其坡度为3%（其他倾斜的地方，如散水、排水沟、坡道等，也可用此方式表示其坡度）。如果坡度较大，可用1/4

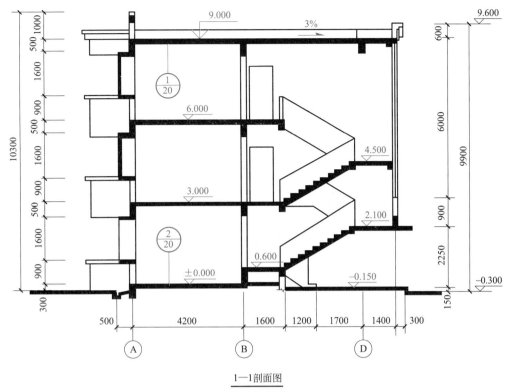

1—1剖面图

图 17-23　某住宅楼装饰装修剖面图

的形式表示，读作 1∶4。直角三角形的斜边应与坡度平行，直角边上的数字表示坡度的高宽比。

(2) 某餐厅装饰装修剖面图

某餐厅装饰装修剖面图如图 17-24 所示。

① 从图中可知，栏杆的详细尺寸已经清楚地标注在图上面，栏杆柱子采用白色弹性凹凸墙面漆涂刷。

② 柱子与地台连接的地方采用 $\phi 8$ 的钢筋与地面预埋钢筋焊接，地台采用 50mm 厚的

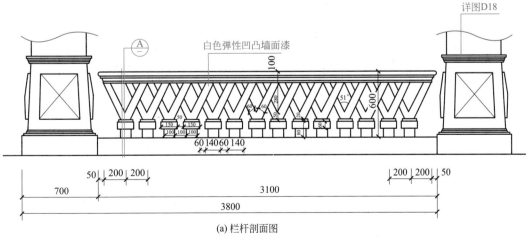

(a) 栏杆剖面图

图 17-24

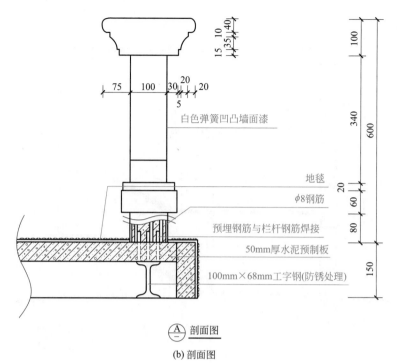

白色弹簧凹凸墙面漆

地毯

φ8钢筋

预埋钢筋与栏杆钢筋焊接

50mm厚水泥预制板

100mm×68mm工字钢(防锈处理)

剖面图

(b) 剖面图

图 17-24　某餐厅装饰装修剖面图

水泥预制板，预制板面层采用地毯铺设。

（3）某公司接待厅装饰装修剖面图

某公司接待厅装饰装修剖面图如图 17-25 所示。

从图中可知：图①为左侧门头部造型剖面图，图②为右侧门头处的剖面图，图③为下部横向剖面图。图①位置与图②位置的做法基本一致，图③为柱子横向断面图，外部先用

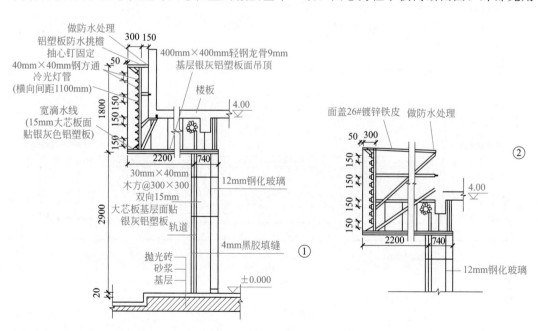

做防水处理
铝塑板防水挑檐
抽心钉固定
40mm×40mm钢方通
冷光灯管
(横向间距1100mm)
400mm×400mm轻钢龙骨9mm
基层银灰铝塑板面吊顶
楼板
宽滴水线
(15mm大芯板面
贴银灰色铝塑板)
30mm×40mm
木方@300×300
双向15mm
大芯板基层面贴
银灰铝塑板
轨道
12mm钢化玻璃
4mm黑胶填缝
抛光砖
砂浆
基层
面盖26#镀锌铁皮
做防水处理
12mm钢化玻璃

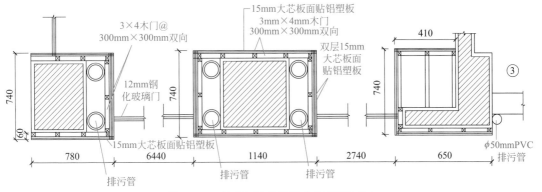

图 17-25 某公司接待厅装饰装修剖面图

木方做好龙骨，然后采用大芯板贴铝塑板装饰饰面，将管道包裹起来。

(4) 墙节点详图识读

墙节点详图属于装饰节点详图的一种，其表示的范围虽小，但牵涉面大，尤其是有些普通意义的节点，可能只是表示一个连接点或交汇点，却代表各个相同部位的构造做法。

墙节点详图如图 17-26 所示。

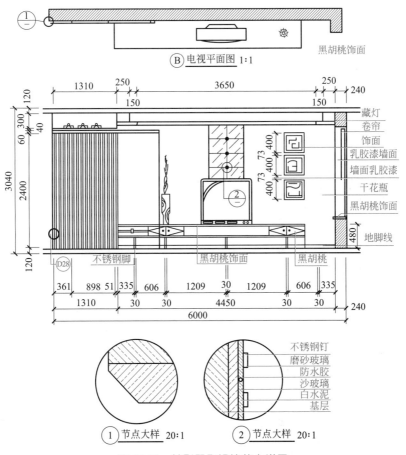

图 17-26 某别墅影视墙节点详图

图 17-26 中，①号详图的位置在详图Ⓑ电视平面图 1：1 的最左边，②号详图位置在影视墙正立面图的中央位置。①号详图反映了影视墙与墙面衔接处的节点做法，转角处以木线条拼接做了柔化处理。②号详图表示玻璃墙面的装饰做法，根据分层构造引出的说明制作。基层之上刮白水泥，随后使用不锈钢钉固定磨砂玻璃，磨砂玻璃之间的缝隙填防水胶嵌缝。

（5）某建筑门头节点详图

某建筑门头节点详图如图 17-27 所示。

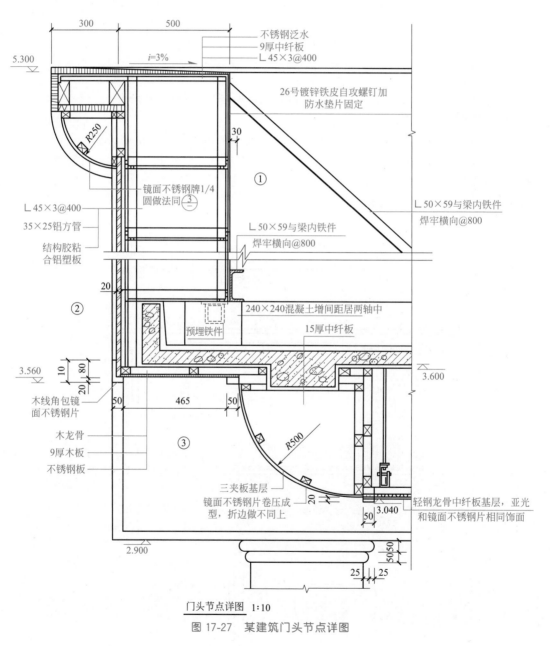

门头节点详图 1:10

图 17-27 某建筑门头节点详图

识读内容如下。

① 从图 17-27 中可知，造型体的主体框架由 45mm×3mm 的等边角钢组成。

② 在图 17-27 中所示标高 5.30m 处，用角钢挑出一个檐，檐下阴角处有一个 1/4 圆，由中纤板和方木为龙骨，圆面基层为三夹板。

③ 造型体底面是门廊顶棚，前沿顶棚是木龙骨，廊内顶棚是轻钢龙骨，基层面板均为中密度纤维板。前后跌级之间又有一个 1/4 圆，结构形式与檐下 1/4 圆相同。

④ 造型体的角钢框架，一边搁于钢筋混凝土雨篷上，用金属胀锚螺栓固定，另一边置于素混凝土墩和雨篷梁上，用一根通长槽钢将框架、雨篷梁及素混凝土墩连接在一起。

⑤ 框架与墙柱之间用 50mm×50mm 等边角钢斜撑拉结，以增加框架的稳定。

⑥ 造型体立面是铝塑板面层，用结构胶将其粘于铝方管上，然后用自攻螺钉将铝方管固定在框架上。门廊顶棚是镜面和亚光不锈钢片相间饰面，需折边 8mm 扣入基层板缝并加胶粘牢。

⑦ 立面铝塑板与底面不锈钢片之间用不锈钢片包木压条收口过渡，跌级之间 1/4 圆的连接与收口，方法同上。

⑧ 造型体顶面为单面内排水。

（6）某餐厅、沙发整体背景大样图

某餐厅、沙发整体背景大样图如图 17-28 所示。

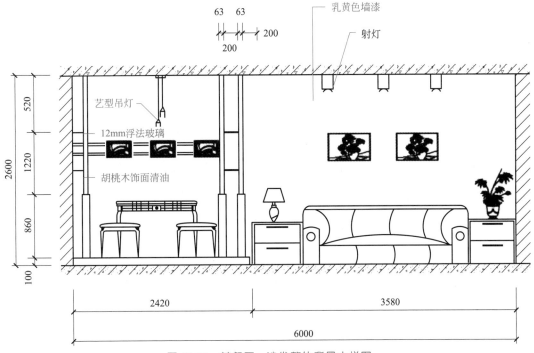

图 17-28　某餐厅、沙发整体背景大样图

识读内容如下。

① 图 17-28 中所示为餐厅、沙发整体背景大样图，这堵背景墙总长 6000mm。

② 它分成两个不同使用功能区，即餐厅和客厅，从图中可看出，餐厅地面提高 100mm，由装饰墙把两个不同的使用功能区分隔开来。

（1）某宿舍楼梯详图

某宿舍楼梯详图如图 17-29 所示。

① 识读楼梯平面图的内容如下。

a. 该宿舍楼楼梯平面图中，楼梯间的开间为 2700mm，进深为 4500mm。

b. 由于楼梯间与室内地面有高差，先上了 5 级台阶。每个梯段的宽度都是 1200mm（底层除外），梯段长度为 3000mm，每个梯段都有 10 个踏面，踏面宽度均为 300mm。

c. 楼梯休息平台的宽度为 1350mm，两个休息平台的高度分别为 1.700m、5.100m。

d. 楼梯间窗户宽为 1500mm。楼梯顶层悬空的一侧，有一段水平的安全栏杆。

② 识读楼梯剖面图的内容如下。

a. 该宿舍楼楼梯剖面图中，从底层平面图中可以看出，是从楼梯上行的第一个梯段剖切的。楼梯每层有两个梯段，每一个梯段有 11 级踏步，每级踏步高 154.5mm，每个梯段高 1700mm。

b. 楼梯间窗户和窗台高度都为 1000mm。楼梯基础、楼梯梁等构件尺寸应查阅结构施工图。

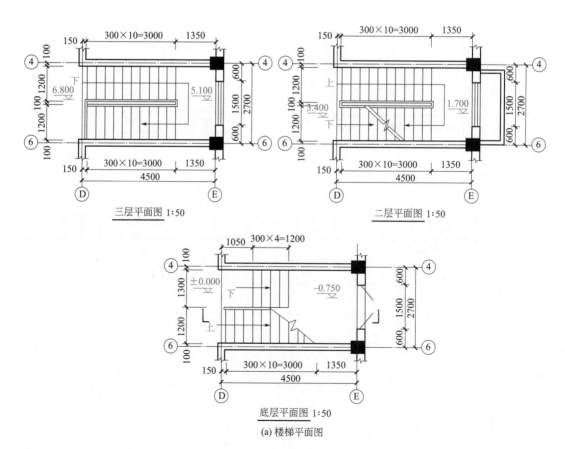

三层平面图 1:50

二层平面图 1:50

底层平面图 1:50

(a) 楼梯平面图

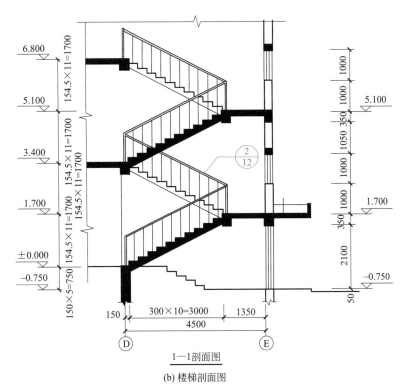

(b) 楼梯剖面图

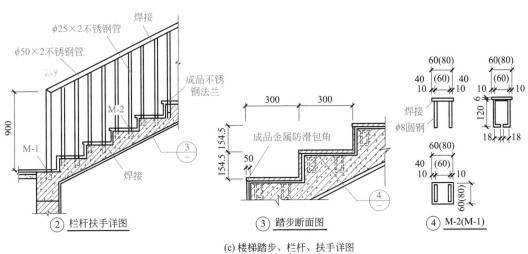

图 17-29　某宿舍楼梯详图

③ 识读楼梯节点详图的内容如下。

a. 楼梯的扶手高 900mm，采用直径 50mm、壁厚 2mm 的不锈钢管，楼梯栏杆采用直径 25mm、壁厚 2mm 的不锈钢管，每个踏步上放两根。

b. 扶手和栏杆采用焊接连接。

c. 楼梯踏步的做法一般与楼地面相同。踏步的防滑采用成品金属防滑包角。

d. 楼梯栏杆底部与踏步上的预埋件 M-1、M-2 焊接连接，连接后盖不锈钢法兰。

e. 预埋件详图用三面投影图表示出了预埋件的具体形状、尺寸、做法，括号内表示的是预埋件 M-1 的尺寸。

（2）某培训楼楼梯详图

某培训楼楼梯详图如图 17-30 所示。

① 识读楼梯平面图的内容如下。

a. 底层楼梯平面图中有一个可见的梯段及护栏，并注有"上"字箭头。根据定位轴线的编号可从一层平面图中可知楼梯间的位置。从图中标出的楼梯间的轴线尺寸，可知该楼梯间的宽为 3600mm、深为 4800mm；外墙厚度为 250mm，窗洞宽度为 1800mm，内墙厚 200mm。该楼梯为两跑楼梯，图中注有上行方向的箭头。

b. "上 22"表示由底层楼面到二层楼面的总踏步数为 22。

c. "280×10＝2800"表示该梯段有 10 个踏面，每个踏面宽 280mm，梯段水平投影 2800mm。

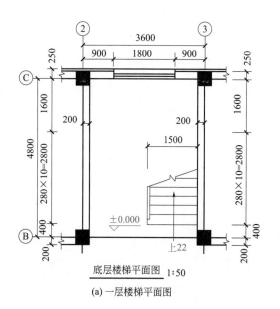

(a) 一层楼梯平面图

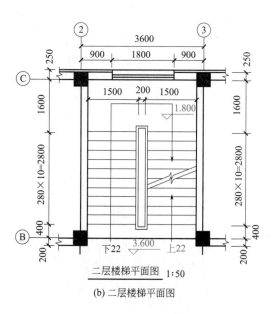

(b) 二层楼梯平面图

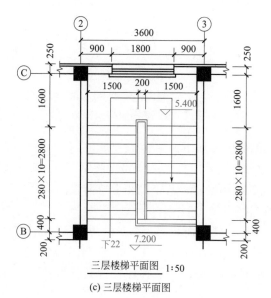

(c) 三层楼梯平面图

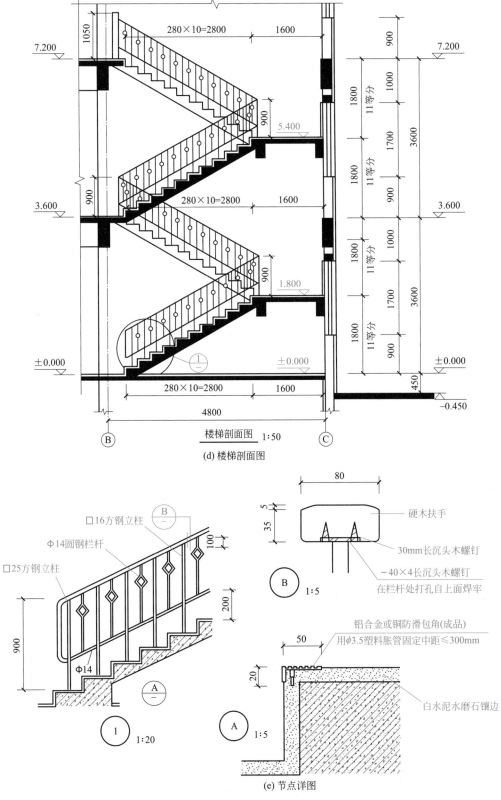

图 17-30 某培训楼楼梯详图

d. 地面标高±0.000。

e. 二层平面图中有两个可见的梯段及护栏，因此平面图中既有上行梯段，又有下行梯段。注有"上22"的箭头，表示从二层楼面往上走22级踏步可到达三层楼面；注有"下22"的箭头，表示往下走22级踏步可到达底层楼面。

f. 因梯段最高一级踏面与平台面或楼面重合，因此平面图中每一梯段画出的踏面数比步级数少一格。

g. 由于剖切平面在护栏上方，所以顶层平面图中画有两段完整的梯段和楼梯平台，并只在梯口处标注一个下行的长箭头。下行22级踏步可到达二层楼面。

② 识读楼梯剖面图的内容如下。

a. 从图中可知，该楼梯为现浇钢筋混凝土楼梯，双跑式。

b. 从楼层标高和定位轴线间的距离可知，该楼层高3600mm，楼梯间进深为4800mm。

c. 楼梯栏杆端部有索引符号，详图与楼梯剖面图在同一图纸上，详图为图17-30(e)中的1图。被剖梯段的踏步数可从图中直接看出，未剖梯段的踏步级数，未被遮挡也可直接看到，高度尺寸上已标出该段的踏步级数。

d. 如第一梯段的高度尺寸1800mm，该高度11等分，表示该梯段为11级，每个梯段的踢面高163.64mm，整跑梯段的垂直高度为1800mm。栏杆高度尺寸是从楼面量至扶手顶面为900mm。

③ 识读楼梯节点详图的内容如下。

a. 从图中可以知道栏杆的构成材料，其中立柱材料有两种，端部为25mm×25mm的方钢，中间立柱为16mm×16mm的方钢，栏杆由直径14mm的圆钢制成。

b. 扶手部位有详图B，台阶部位有详图A，这两个详图均与1详图在同一图纸上。A详图主要说明楼梯踏面为白水泥水磨石镶边，用成品铝合金或铜防滑包角，包角尺寸已给出，包角用直径3.5mm的塑料胀管固定，两根胀管间距不大于300mm。

c. B详图主要说明栏杆的扶手的材料为硬木，扶手的尺寸以及扶手和栏杆连接的方法，栏杆顶部设−40×4的通长扁钢，扁钢在栏杆处打孔自上面焊牢。

d. 手和栏杆连接方式为用30mm长沉头木螺钉固定。

(3) 某楼梯栏板、节点详图

某楼梯栏板、节点详图如图17-31所示。

识图内容如下。

① 顶层栏板立面图可以读出栏板尺寸及详细做法。扶手采用的是硬木扶手φ35不锈钢管，中间连接的是10mm厚钢化玻璃。

② 扶手尽端节点图可以读出扶手尽端采用40mm×4mm通长扁铁进入墙体，墙体与栏板连接处现浇混凝土块深120mm，高250mm。

③ 栏板节点采用10mm厚钢化玻璃边与10mm深2mm厚的不锈钢单槽。玻璃胶封口由自攻螺丝与不锈钢管连接。

④ 踏步局部剖面图可以读出：踏步面采用的是美术水磨石打蜡抛光，踏步面设有防滑铜条，栏杆的中心到踏步边70mm，栏杆底部与预埋件相连。

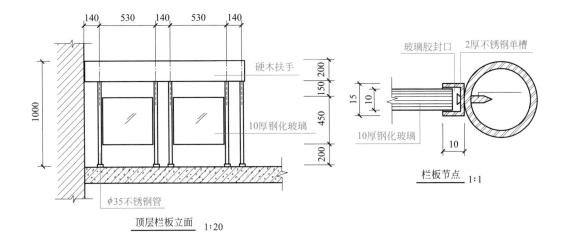

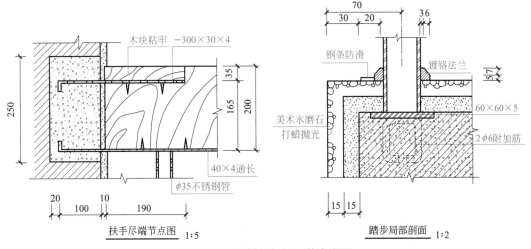

图 17-31　某楼梯栏板、节点详图

17.8　实训与提升

17.8.1　基础实训

（1）某别墅室内装饰平面图

某别墅室内装饰平面图如图 17-32 所示。由图可以看出该别墅为双拼别墅，总共为三层。进深为 15700mm，宽为 6800mm。

① 图 17-32（a）为一层平面图，主要设置客厅、餐厅和厨房，客厅和餐厅均用实木地板装饰，而厨房和卫生间地面用防滑地板装饰。

② 图 17-32（b）为二层平面图，该层空间主要为父母休息空间，父母房开间是5700mm，采用实木地板装饰，下面为观景露台，标高为＋3.207m。

③ 图 17-32（e）为三层平面图，主要设置为主卧、书房和儿童房，主卧开间为 4900mm、进深为 5100mm，儿童房开间为 3800mm、进深为 2800mm，书房开间为 4200mm、进深为 5100mm。卧室地面均采用实木地板，书房门为推拉门设计，减少空间的占用。

（2）某家居装饰立面图

某家居装饰立面图如图 17-33～图 17-35 所示。

图 17-33 为客厅背景墙装饰立面图，墙左侧为一块半透明钢化玻璃，高为 2100mm、宽为 1127mm；右侧为卧室门，宽为 900mm、高为 2100mm；中间部分墙面用墙纸装饰，中间为 4 块装饰画，下部为一个装饰柜，装饰柜高度为 900mm、宽度为 1420mm，其四周立面采用大花白石材装饰，正面柜门为木材质。

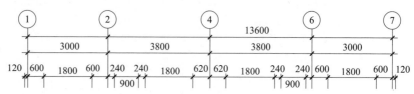

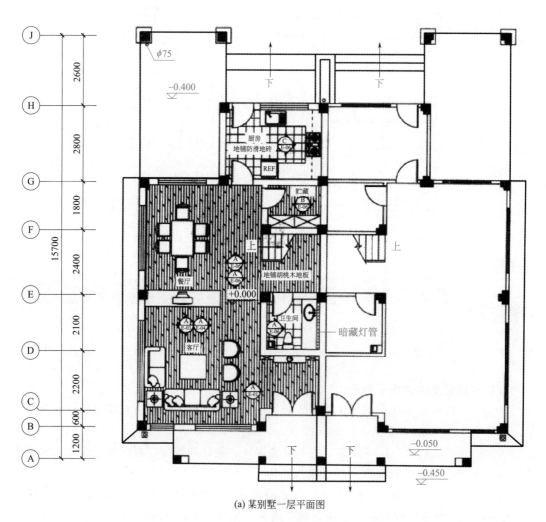

(a) 某别墅一层平面图

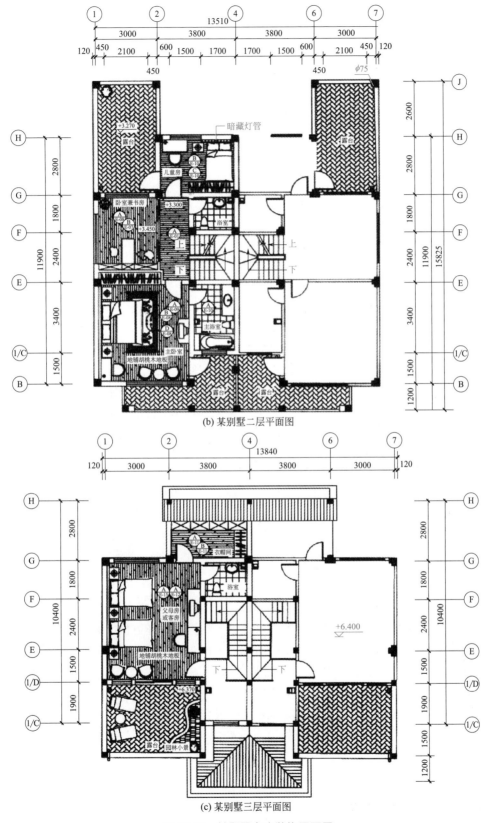

(b) 某别墅二层平面图

(c) 某别墅三层平面图

图 17-32　某别墅室内装饰平面图

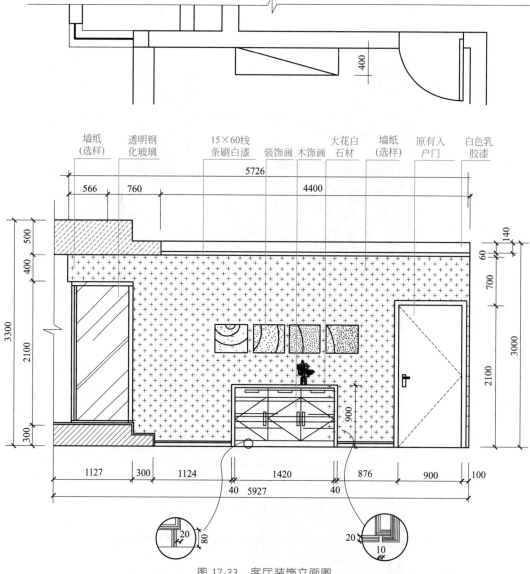

图 17-33　客厅装饰立面图

　　图 17-34 为主卧装饰立面图，由图可以看出，左侧为主卧卫生间装饰立面，右侧部分为卧室装饰立面，左侧卫生间进深为 2595mm，下面踢脚线采用木材质，梳妆台采用木材质，梳妆台角的放大尺寸图中左上角已经给出。墙面铺设墙纸。右侧卧室的门宽为800mm，床宽度为 1800mm，上方为装饰画。

　　图 17-35 为儿童房装饰立面图，墙面采用墙纸装饰，床头部分采用软包材质，床头上方长条为镜面不锈钢灯具，紧靠屋顶处为一条宽 340mm 的白色乳胶漆带。

17.8.2　提升实训

（1）地面装饰施工图识读

地面装饰施工图如图 17-36～图 17-38 所示。

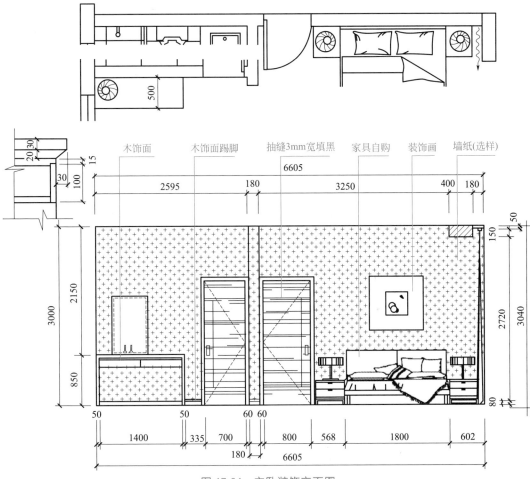

图 17-34　主卧装饰立面图

图 17-36 为别墅一层地面装饰铺贴图，由图可以看出，客厅和过道地面采用 800mm×800mm 的金线米黄大理石铺贴，过道和客厅连接处采用加州金麻大理石铺贴，餐厅地面采用 600mm×600mm 的抛光砖铺贴，厨房则采用 300mm×300mm 的抛光砖铺贴，卫生间地面为了防滑，采用小块防滑地砖铺贴。图中已标出各个空间的标高。

图 17-37 为别墅二层地面装饰铺贴图，地面铺贴的种类主要分为两种，书房和两个次卧地面为木地板，卫生间为防滑地砖。

图 17-38 为别墅三层地面装饰铺贴图，书房依旧采用木地板铺贴地面，卫生间采用防滑地砖，外露露台地面则采用园林地板铺贴。

（2）某别墅顶棚平面图识读

某别墅顶棚平面图如图 17-39 所示。

① 图 17-39 为某别墅一层顶棚平面图，入口从下方进入，玄关顶棚采用 150mm×90mm 的胡桃木饰面假梁。

a. 左侧餐厅和客厅顶棚，中间造型吊顶，安装造型吊灯。四周暗藏灯管，并在四周布设筒灯，中间标高＋3.200m。

b. 厨房顶棚采用 150mm 宽杉木吊顶，安装筒灯，标高＋2.400m。

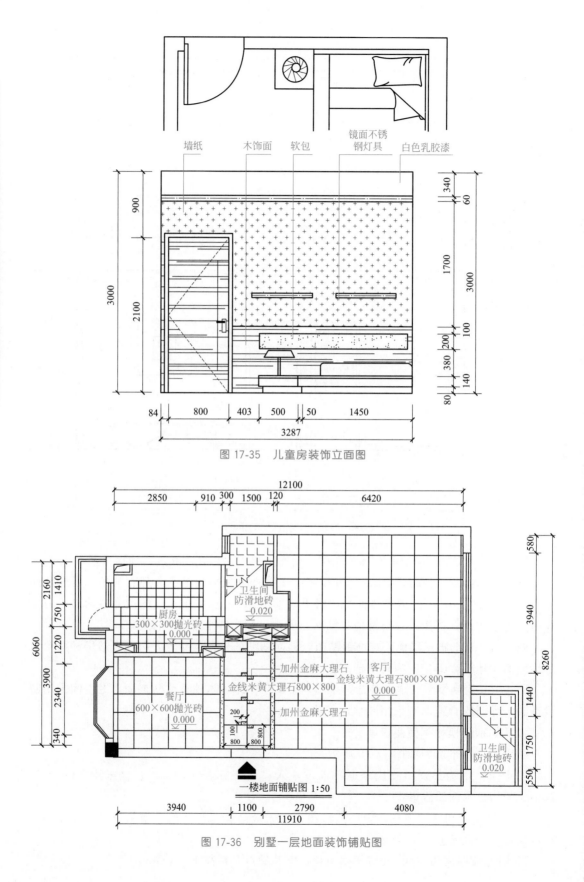

墙纸　木饰面　软包　镜面不锈钢灯具　白色乳胶漆

图 17-35　儿童房装饰立面图

厨房
300×300抛光砖
0.000

卫生间
防滑地砖
−0.020

餐厅
600×600抛光砖
0.000

加州金麻大理石

金线米黄大理石800×800

客厅
金线米黄大理石800×800
0.000

加州金麻大理石

卫生间
防滑地砖
0.020

一楼地面铺贴图 1:50

图 17-36　别墅一层地面装饰铺贴图

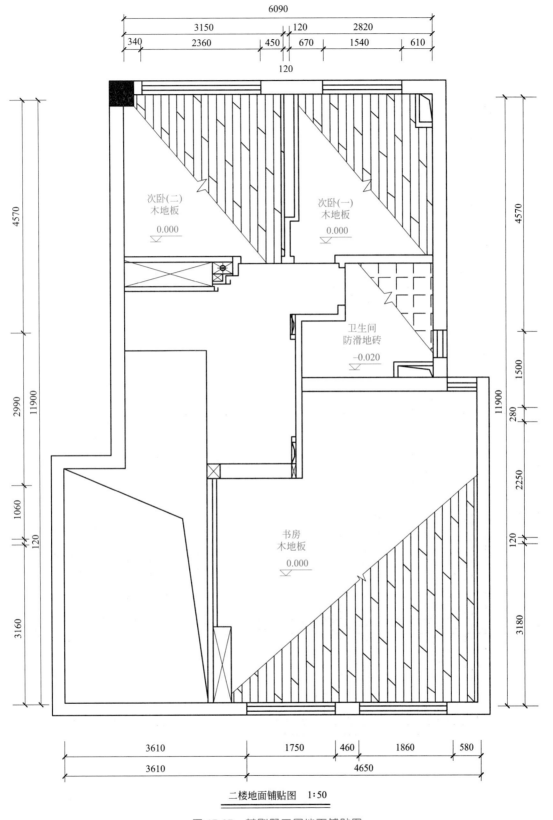

二楼地面铺贴图 1:50

图 17-37 某别墅二层地面铺贴图

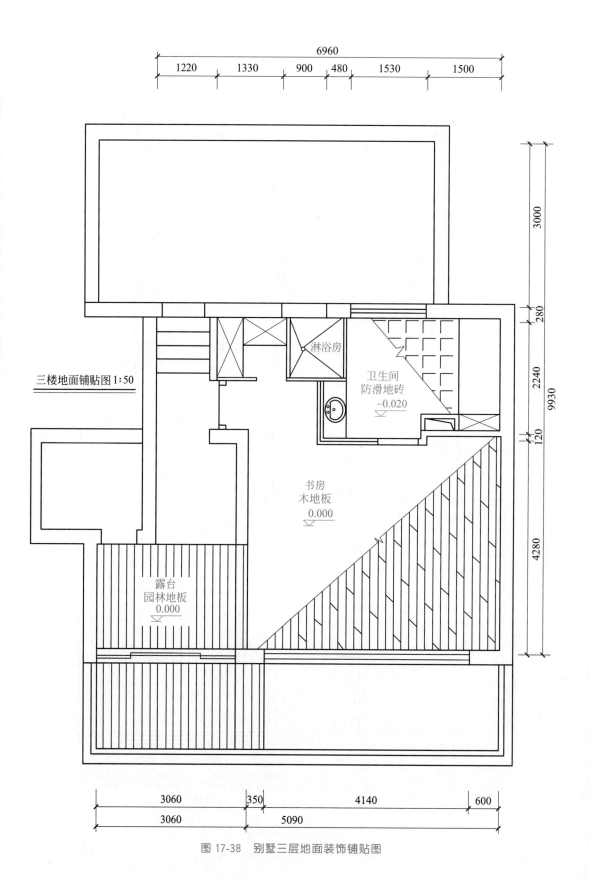

三楼地面铺贴图 1:50

淋浴房

卫生间
防滑地砖
−0.020

书房
木地板
0.000

露台
园林地板
0.000

图 17-38 别墅三层地面装饰铺贴图

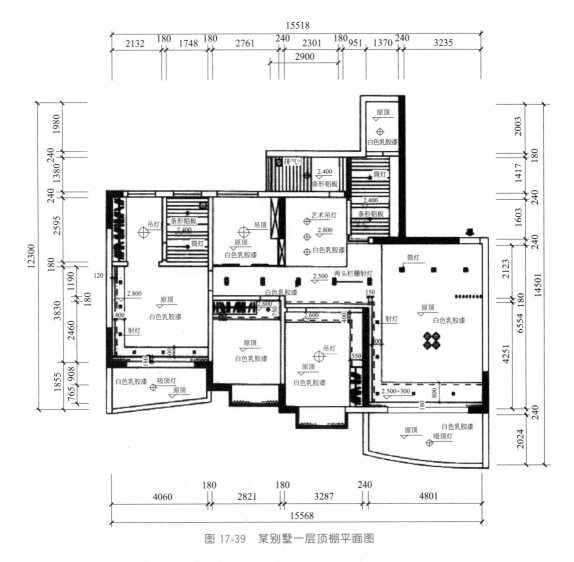

图 17-39　某别墅一层顶棚平面图

　　c. 卫生间采用 150mm 宽杉木吊顶，安装筒灯，标高＋2.400m。

　　② 图 17-40 为某别墅二层顶棚平面图，主卧室顶棚中心一块布艺天花造型，内暗藏灯管，四周围布设筒灯，中间标高＋2.850m。

　　a. 书房顶棚则是由杉木吊顶，规格有 35mm×40mm、35mm×50mm、天花350mm 宽三种，具体布置方式见图 17-40。吊顶采用清漆油漆，并安装日式吸顶灯，标高＋2.850m。

　　b. 儿童房顶棚漆白色乳胶漆，安装吸顶灯，标高＋2.850m。

　　c. 主卫采用 150mm 宽杉木吊顶，并采用清漆油漆，安装筒灯，标高＋2.320m。

　　d. 淋浴房则是采用条形铝板装饰，标高＋2.400m。

　　③ 图 17-41 为某别墅三层顶棚平面图，过道采用白色乳胶漆涂刷顶棚。

　　a. 父母房顶棚造型吊顶，中部分标高＋2.750m，白色乳胶漆刷顶，两边装饰顶，内嵌筒灯，靠近床头一侧为装饰灯带，暗藏灯管。图中给出详细定位尺寸。

　　b. 淋浴房采用条形铝板装饰，标高＋2.400m，房间设有排气扇，利于排出热气。

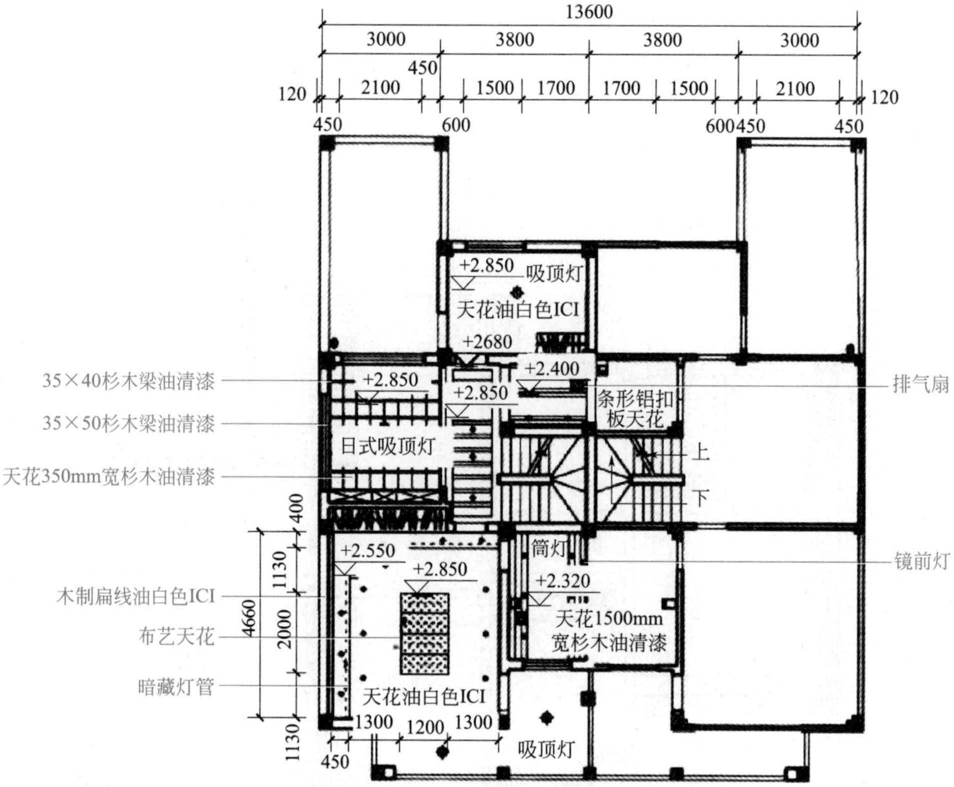
13600
3000
3800
3800
3000
450
120
2100
1500
1700
1700
1500
2100
120
450
600
600450
450
+2.850
吸顶灯
天花油白色ICI
+2680
+2.400
35×40杉木梁油清漆
+2.850
+2.850
排气扇
条形铝扣板天花
35×50杉木梁油清漆
日式吸顶灯
上
天花350mm宽杉木油清漆
下
400
筒灯
镜前灯
+2.550
1130
+2.850
+2.320
木制扁线油白色ICI
4660
2000
天花1500mm宽杉木油清漆
布艺天花
暗藏灯管
天花油白色ICI
1300
1200
1300
1130
吸顶灯
450
图 17-40　某别墅二层顶棚平面图

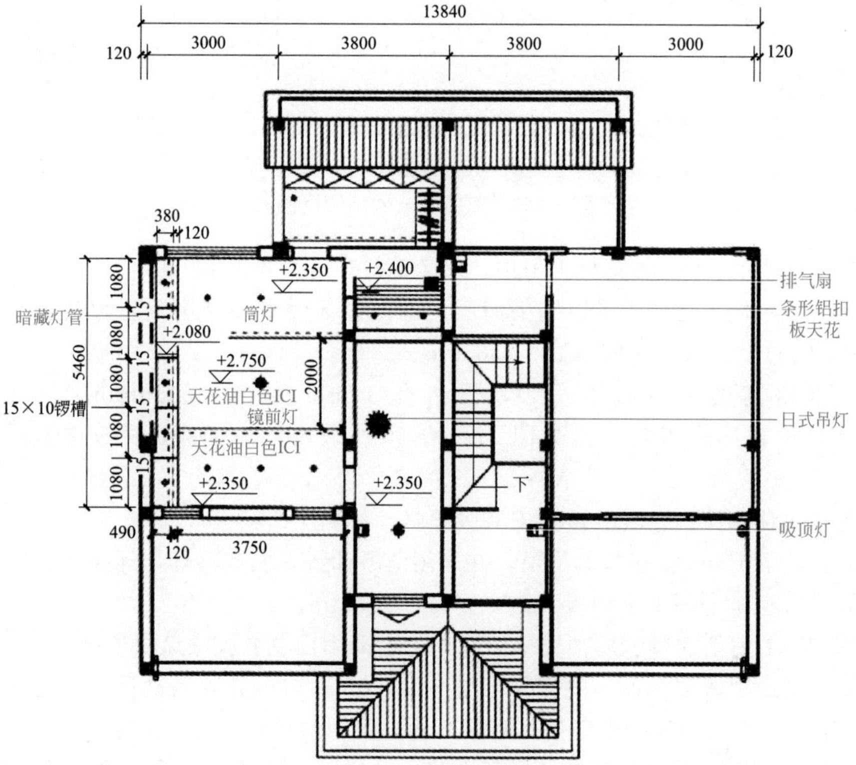
13840
120
3000
3800
3800
3000
120
380
120
+2.350
+2.400
1080
排气扇
15
筒灯
条形铝扣板天花
暗藏灯管
+2.080
1080
5460
15
+2.750
1080
2000
15×10锣槽
15
天花油白色ICI
镜前灯
日式吊灯
1080
天花油白色ICI
15
+2.350
+2.350
下
1080
490
吸顶灯
120
3750
图 17-41　顶层顶棚平面图

第18章

给水排水施工图识读的应用

18.1 给水排水工程施工图

18.1.1 总平面图

建筑给水排水总平面图所表达的是建筑给水排水施工图中的室外部分的内容。大致包括以下几个方面的内容：生活（生产）给水室外部分的内容；消防给水室外部分的内容；污水排水室外部分的内容；雨水排水管道和构筑物布置等；热水供应系统室外部分的内容。

对于简单工程，一般把生活（生产）给水、消防给水、污水排水和雨水排水绘在一张图上，便于使用；对较复杂工程，可以把生活（生产）给水、消防给水、污水排水和雨水排水按功能或需要分开绘制，但各种管道之间的相互关系需要非常明确。一般情况下，建筑给水排水总平面图需要单独写设计总说明（简单工程可以与单体设计总说明合并），在识图时应对照图纸仔细阅读。建筑给水排水总平面图是以建筑总平面图为基础的，建筑总平面图的基本内容包括：各建筑物的外形、名称、位置、层数、标高和地面控制点标高、指北针（或风向玫瑰图）。

如图18-1所示为建筑给水排水工程总平面图。图中给出了拟建建筑物所在建设区中的平面位置，建筑物的外形、名称、层数、标高和地面控制点标高、风向玫瑰图等基本要素。还给出了建设区内给水管道、排水管道、雨水管道以及室外消火栓和化粪池的布置情况。

从图18-1中可以看出生活给水管道接自市政给水管道，分别由东侧和西侧接入，在室外生活给水系统和消防给水系统合用一个系统，管道布置成环状；生活污水与雨水采用分流制排放，生活污水排入化粪池经简单处理后再排入城市排水管道；雨水直接排入城市雨水管道，雨水管管径 $DN200$，坡度 $i = 0.001$；地下室顶板结构层标高为 -0.900m，室外顶板覆土高度为900mm；生活给水管与消防给水管覆土高度为1400mm。

为了更清楚地识读建筑给水排水总平面图，下面将建筑给水排水总平面图分为生活与消防给水总平面图（如图18-2所示）和雨水与污水排水总平面图（如图18-3所示），然

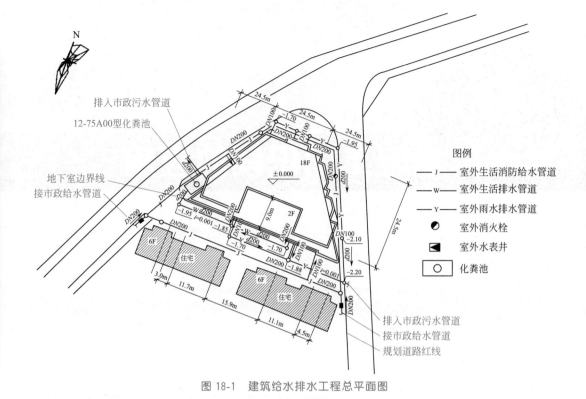

图 18-1　建筑给水排水工程总平面图

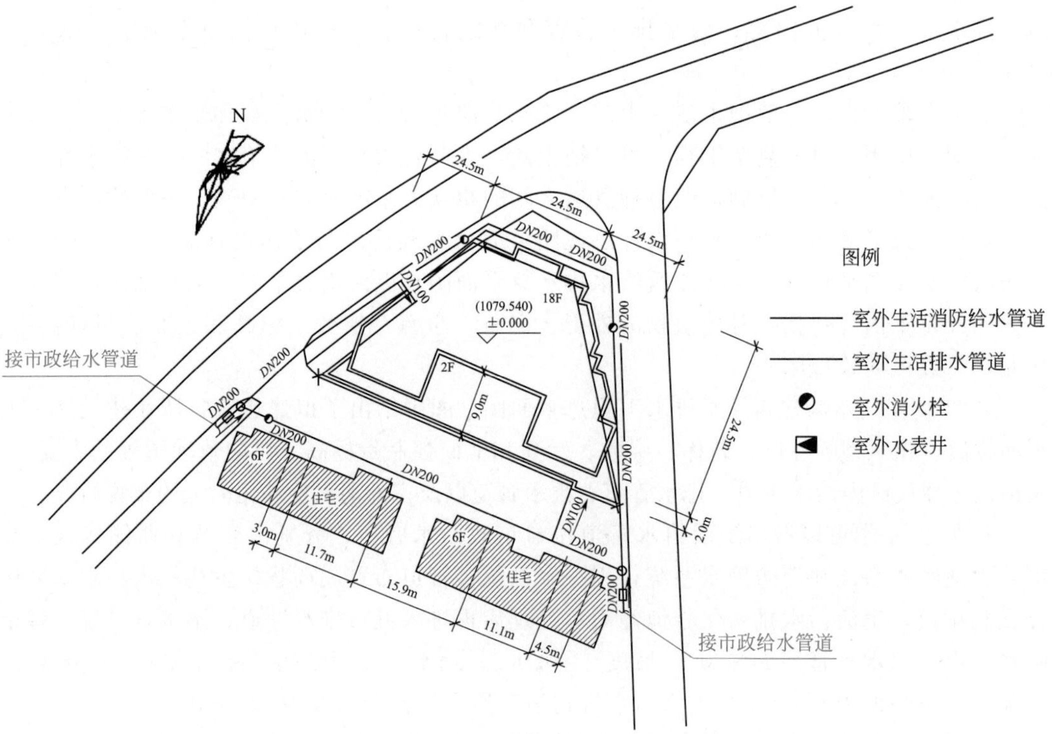

图 18-2　生活与消防给水总平面图

后再对这两个总平面图进行识读。

（1）生活与消防给水总平面图识读

图 18-2 所示为生活与消防给水总平面图。标注"J"的管道为生活给水管道，生活给水管道分别在建筑物的东西两侧与市政给水管道（市政自来水管）相连接。生活给水管道经水表后沿本建筑物地下室外侧形成环状布置，环状管管径为 DN200。生活给水管道从建筑物的南侧进入建筑物，接到生活水箱，进水管设有倒流防止器。然后由设在地下室泵房内的三套室内整体式生活供水设备（设备内含有倒流防止器）向建筑物内供水。

从图中还可以看出，消防给水管道在建筑物外与给水管道共用相同管路，给水管道经水表后沿本大楼地下室外侧形成环状布置，环状管管径为 DN200，并在建筑物的西南侧接入地下室消防水池。在建设区内的东侧、西侧和南侧分别设一座室外消火栓，共三座。地下室顶板结构层标高为 −0.900m，室外顶板覆土高度为 900mm；生活给水管与消防给水管覆土高度为 1400mm。需要注意的是：所有管道在车行道下，覆土厚度均要求大于700mm；各种消防管道上的阀门应带有显示开闭的装置；室外不明确部分应参照对应的室内图纸进行确定，图中所引用的详图应备齐，并结合平面图仔细识读。

（2）雨水与污水排水总平面图识读

图 18-3 所示为雨水与污水排水总平面图。标注"W"的管道为生活污水排水管道，生活污水分为粪便污水和生活废水（不带粪便污水），粪便污水一定要经过化粪池处理后才能排往市政污水管道。生活污水排水管道（DN200）沿地下室顶板，在 900mm 覆土层内（标高 −0.700～−0.900m）汇合至南侧污水管道（DN200），再北转接入设置在建筑物东侧的 12-75A00 化粪池。生活污水流经化粪池处理后，排入建筑物东侧市政排水管道。钢筋混凝土化粪池型号 G12-75SQF，含义如下：G 表示钢筋混凝土；12 表示 12 号；

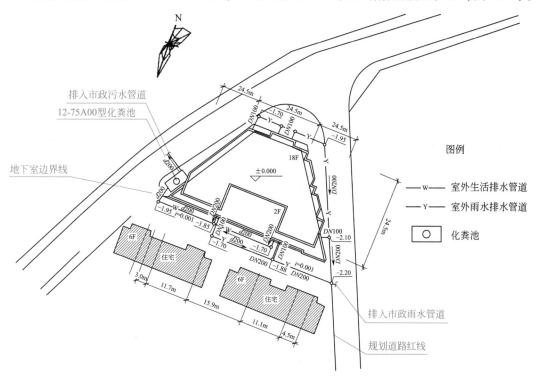

图 18-3　雨水与污水排水总平面图

465

75 表示容积 75m³；S 表示有地下水；Q 表示可过汽车；F 表示有覆土。

钢筋混凝土化粪池与地下室西侧外墙距离为 1700mm，钢筋混凝土化粪池覆土为 900mm。污水排水管道在车行道上覆土均大于 900mm。

污水检查井有方形和圆形两种，一般采用圆形的较多。当管道埋深 $H \leqslant 1200$mm 时，圆形检查井的直径为 700mm；当管道埋深 $H > 1200$mm 时，圆形检查井的直径为 1000mm。方形检查井的平面尺寸为 500mm×500mm。

编号为"Y"的管道是雨水排水管道。沿大楼的东、西、南三侧埋地敷设，雨水经雨水口汇流到该管道后，在东侧排往市政雨水管网，管径 $DN200$。地下室集水坑中的消防废水通过编号为"F"的管道也接入该雨水排水管道系统。雨水检查井为圆形检查井（管道埋深 $H \leqslant 1200$mm 时，采用 $\phi700$；管道埋深 $H > 1200$mm 时，采用 $\phi1000$）。雨水口为平算式单算雨水口（铸铁盖板），雨水口与雨水圆形检查井连接管管径为 $DN200$，坡度为 $i = 0.001$。雨水排水管道在车行道上覆土均大于 900mm。

18.1.2 平面图

建筑给排水工程平面图是在建筑平面图的基础上，根据给排水工程图制图的规定绘制出的用于反映给排水设备、管线的平面布置状况的图样，是建筑给排水工程施工图的重要组成部分，是绘制和识读其他建筑给排水工程施工图的基础。建筑给排水工程平面图一般有地下室给排水工程平面图、一层给排水工程平面图、中间层给排水工程平面图、屋面层给排水工程平面图。

建筑给排水工程平面图，是用假想水平面沿房屋窗台以上适当位置水平剖切并向下投影（只投影到下一层假想面，对于底层平面图应投影到室外地面以下管道，而对于屋面层平面图则投影到屋顶顶面）而得到的剖切投影图。这种剖切后的投影不仅反映了建筑中的墙、柱、门窗洞口等内容，同时也能反映卫生设备、管道等的内容。

对于简单工程，由于平面中与给排水有关的管道、设备较少，一般把各楼层各种给排水管道、设备等绘制在同一张图纸中；对于高层建筑及其他复杂工程，由于平面中与给排水有关的管道、设备较多，在同一张图纸中表达有困难或不清楚时，可以根据需要和功能要求分别绘出各种类型的给排水管道、设备平面等，如可以分层绘制生活给水平面图、生产给水平面图、消防给水平面图、污水排水平面图、雨水排水平面图。建筑给排水工程平面图无论各种管道是否绘制在一张图纸上，各种管道之间的相互关系都要表达清楚。

18.1.2.1 室外给排水平面图识读

图 18-4～图 18-7 所示为某办公大楼的各层给排水平面图。从该图中可以识读出以下内容。

① 该建筑物底层楼梯平台下设有女厕，女厕内有 1 个坐式大便器和 1 个污水池；在男厕所中设有 2 个蹲式大便槽、1 个小便槽、1 个污水池；在盥洗室中设有 6 个台式洗脸盆、2 个淋浴器、1 个盥洗槽。

② 二、三层均设有男厕所、盥洗室，并且布置与底层相同，四层设有女厕所。

③ 该办公大楼的二～四层房屋给排水平面图相同，但男、女厕所及管路布置都有不同，故均单独绘制二～四层的给排水平面图。另外，因屋顶层管路布置不太复杂，故屋顶水箱即画在四层给排水平面图中。

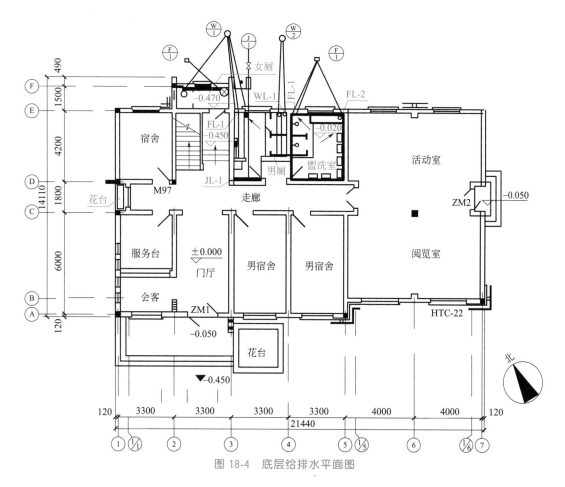

图 18-4　底层给排水平面图

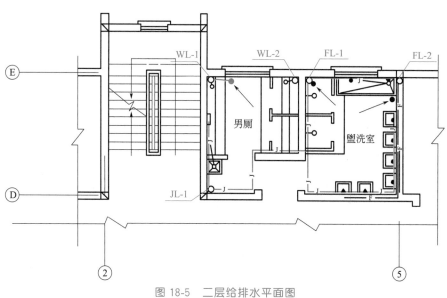

图 18-5　二层给排水平面图

④ 由于底层给排水平面图中的室内管道需与户外管道相连，所以必须单独画出一个完整的平面图。各楼层（如办公大楼中心的二～四层）的给排水平面图，只需把有卫生设

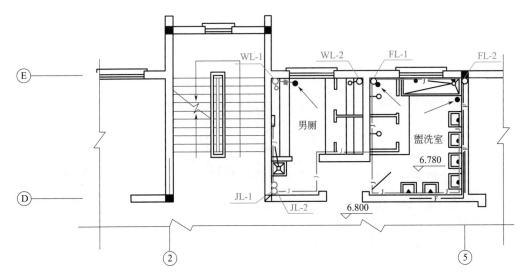

图 18-6　三层给排水平面图

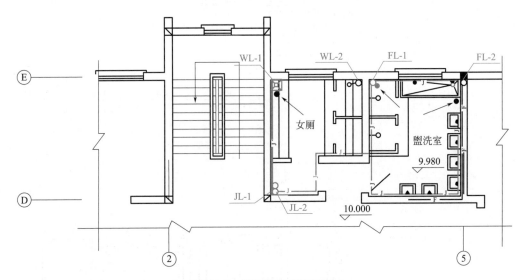

图 18-7　四层给排水平面图

备和管路布置在盥洗房间范围的平面图画出即可，不必画出整个楼层的平面图，只绘出了轴线②～⑤和轴线①和⑤之间的局部平面图。图例和说明如图 18-8 所示。

⑤ 每层卫生设备平面布置图中的管路，是以连接该层卫生设备的管路为准，而不是以楼地面作为分界线的，如图 18-4 底层给排水平面图中，不论给水管或排水管，也不论敷设在地面以上的或地面以下的，凡是为底层服务的管道以及供应或汇集各层楼面而敷设在地面下的管道，都应画在底层给排水平面图中。同样，凡是连接某楼层卫生设备的管路，虽有安装在楼板上面的或下面的，均要画在该楼层的给排水平面图中。二层的管路是指二层楼板上面的给水管和楼板下面的排水管（底层顶部的），而且不论管道投影的可见性如何，都按原线型来画。给水系统的室外引入管和污、废水管系统的室外排出管仅需在底层给排水平面图中画出，其他楼层给排水平面图中一概不需绘制。

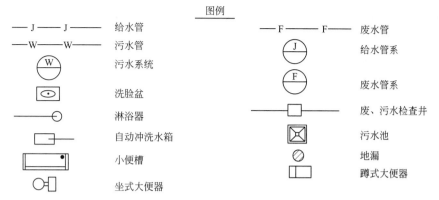

图 18-8　图例及说明

18.1.2.2　室内给排水平面图识读

图 18-9 所示为某工厂宿舍室内给排水平面图。从图中可以识读出的内容如下。

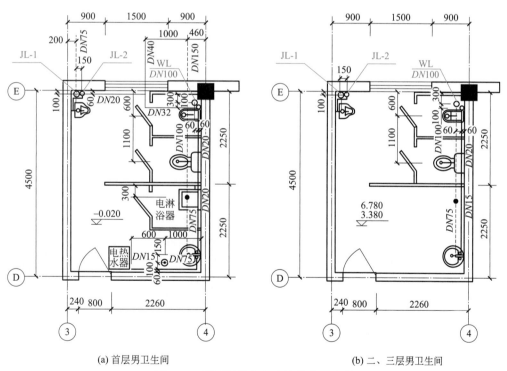

(a) 首层男卫生间　　　　(b) 二、三层男卫生间

图 18-9　某工厂宿舍室内给排水平面图

① 底层平面图。给水从室外到室内，需要从首层或地下室引入。所以通常应画出用水房间的底层给水管网平面图，由图可见给水是从室外管网经Ⓔ轴北侧穿过Ⓔ轴墙体之后进入室内，并经过立管 JL-1～JL-2 及各支管向各层输水。

② 楼层平面图。如果各楼层的盥洗用房和卫生设备及管道布置完全相同，则只需画出一个相同楼层的平面布置图。但在图中必须注明各楼层的层次和标高。

③ 标注。为使土建施工与管道设备的安装能互为核实，在各层的平面布置图上均需标明墙、柱的定位轴线及其编号，并标注轴线间距。管线位置尺寸不标注。

18.1.3　系统图

建筑给水排水管道系统图与建筑给水排水工程平面图相辅相成，互相说明又互为补充，反映的内容是一致的，只是反映的侧重点不同。建筑给水排水管道系统图主要有两种表达方式：一种是系统轴测图，另一种是展开系统原理图。

系统轴测图表达的主要内容包括系统的编号、管径、标高、管道及设备与建筑的关系、管道的坡向及坡度、重要管件的位置、给水排水设施的空间位置等。展开系统原理图比系统轴测图简单，一般没有比例关系，是用二维平面关系来替代三维空间关系，目前使用较多。

18.1.3.1　室内给水系统轴测图的识读

图18-10所示为某住宅楼的室内给水系统图，以此图为例进行给水系统轴测图的识读。

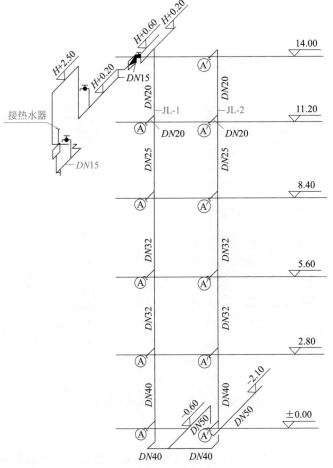

图 18-10　室内给水系统轴测图

图中首先标明了给水系统的编号，JL-1 和 JL-2。该系统编号与给排水平面图中的系统编号相对应，分别表示 A 单元、A′ 单元的给水系统。给出了各楼层的标高线（图中细横线表示楼地面，本建筑共六层）。示意了屋顶水箱与给水管道的关系。从本系统图中可见，室外城市给水管网的水以下行上给的方式直接供应到各用户，JL-1，JL-2 在每层距该层楼板 0.20m 处分出 $DN20$ 的支管，支管通过弯头升至距楼板 0.6m 后，进入水表箱中，在水表箱中支管上设有闸阀（$DN20$），水表（$DN20$）支管进入住宅后，通过弯头降至与该层标高相同后，随地面敷设，与各个用水点相连接。

以 JL-1 为例，室外供水经由 $DN50$ 管道（标高为 -2.10m）引入，经弯头后标高升至 -0.60m 后，分为两根 $DN40$ 的支管，其中一根支管与设置于管道井中的 JL-1 相连接。JL-1 在每层距该层楼板 0.20m 处分出 $DN20$ 的支管，支管通过弯头升至距楼板 0.6m 后，进入设在各层的水表箱中，在水表箱中支管上设有闸阀（$DN20$），水表（$DN20$）支管进入住宅后，通过弯头降至与该层标高相同后，随地面敷设，在厨房处设置一个三通，引出 $DN15$，支管为厨房洗涤池的水龙头供水，支管继续延伸，经弯头后，将支管标高升至 2.50m 后（躲开卧室门），接入卫生间，通过弯头降至与该层标高相同后，随地面敷设，支管在卫生间设两个三通和一个弯头，分别为热水器（预设）、洗脸盆和坐便器供水，管径均为 $DN15$。本层供水支管到此结束。

其他各层的支管走向与底层相同，立管主要是管径的变化。该建筑采用的是上行下给水式供水方式，生活给水管 JL-1 在 1～6 层的管径分别为 $DN40$、$DN32$、$DN32$、$DN25$、$DN20$。

18.1.3.2 室内排水系统轴测图的识读

室内排水系统图示是反映室内排水管道及设备空间关系的图样。如图 18-11 所示为某住宅楼的室内排水系统图，以该图为例进行排水系统轴测图的识读。

（1）WL-1 排水系统轴测图的识读

该排水系统是单元 A 厨房的污水排放系统。因为厨房内仅设置了洗涤池，所以这一排水系统很简单。1～6 层污水立管及排出管管径均为 $DN75$。污水支管在每层楼地面上方引至立管中，这样做的好处是不需要在厨房楼面上再开孔，便于施工和维修。支管的端部带有一个 S 形存水弯，用于隔气，支管管径 $DN50$。立管通向屋面部分（通气管）管径为 $DN75$，该管露出屋顶平面有 700mm，并在顶端加设网罩。立管在一层、二层、四层、六层各设有检查口，离地坪高 1m。从图中所注标高可知，污水管埋入地下 1.5m（本设计室外地坪高度为 ±0.000）。图中污水立管与支管相交处三通为正三通，但也有很多设计采用顺水斜三通，以利排水的通畅。

（2）WL-2 排水系统轴测图的识读

图中楼层卫生间内外侧的坐便器、地漏、洗面盆的污水均通过支管排至立管中，集中排放。底层卫生设备仍然采用单独排放的方法。首先看立管，管径 $DN100$ 直至六层，屋面部分通气管为 $DN100$，管道露出屋面 700mm。立管在一层、二层、四层、六层各设有检查口，离地坪高 1m。与立管相连的排出管管径为 $DN100$，埋深 1.50m。

楼层排水支管以立管为界两侧各设一路，用四通与立管连接，且接入口均设于楼面下方，图中左侧 $DN75$ 管带有 S 形存水弯，用于排除洗脸盆的污水，用三通连接坐便器，支管经过三通后管径为 $DN100$。连接坐便器的管道上未设存水弯，这并不意味着坐便器

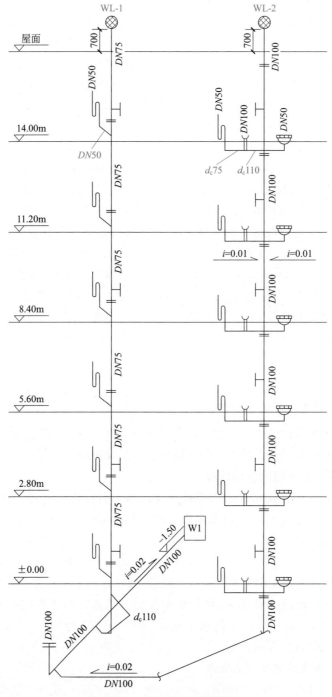

图 18-11　室内排水系统轴测图

上不需要隔臭，而是因为坐便器本身就带有存水弯，因此在管道上不需要再设。图中立管右侧，为承接洗浴的污水地漏，地漏为 $DN50$ 防臭地漏，上口高度与卫生间地坪平齐。左右两侧支管指向立管方向应有排水坡度 $i=0.01$，管道上还应设置吊架，有关这方面的规定详见说明中的内容。

落水底层的排水布置与楼层排水支管布置相同。底层排水也可以单独排出，单独排出的污水管有不易堵塞等优点。值得一提的是，当埋入地下的管道较长时，为了便于管道的疏通，常在管道的起始端设一弧形管道通向地面，在地表上设清扫口。正常情况下，清扫口是封闭的，在发生横支管堵塞时可以打开清扫口进行清扫。即使不是埋入地下的水平管道，当其长度超过 12m 时，也应在其中部设与立管检查口一样的检查口，利于疏通检查。

18.1.4 详图

建筑给排水工程平面图和建筑给排水工程系统图的比例较小，管道附件、设备、仪表及特殊配件等不能按比例绘出，常常用图例来表示。因此，在建筑给排水工程平面图和建筑给排水工程系统图中，无法详尽地表达管道附件、设备、仪表及特殊配件等的式样和种类。为了解决这个问题，在实际工程中，往往要借助于建筑给排水工程详图（建筑给排水工程的安装大样图）来准确反映管道附件、设备、仪表及特殊配件等的安装方式和尺寸。

建筑给排水工程详图有两类，具体介绍如下。

① 引自有关标准图集　为了使用方便，国家相关部门编写了许多有关给排水工程的标准图集或有关的详图图集，供设计或施工时使用。一般情况下，管道附件、设备、仪表及特殊配件等的安装图，可以直接套用给排水工程国家标准图集或有关的详图图集，无需自行绘制，只需注明所采用图集的编号即可，施工时可直接查找和使用。

② 由设计人员绘制出　当没有标准图集或有关的详图图集可以利用时，设计人员应绘制出建筑给排水工程详图，以此作为施工安装的依据。

18.1.4.1 给排水工程布置详图识读

(1) 卫生间、厨房与阳台布置详图识读

卫生器具的布置与管道的敷设应根据使用场所的平面尺寸、所需选用的卫生器具类型和需要布置卫生器具的情况确定。既要考虑使用方便，又要考虑管线短，排水通畅，便于维护。

如图 18-12 所示为某建筑物中 B 户型与 C 户型卫生间、厨房与阳台平面详图。B 户型与 C 户型卫生间内主要卫生器具有台式洗脸盆、坐式大便器；厨房内主要卫生器具有洗涤池（盆）；阳台主要卫生器具为洗衣机。在平面详图中，可以确定各卫生器具布置与排水管口的预留洞位置，如台式洗脸盆、坐式大便器、洗涤池（盆）与洗衣机等放置的具体位置；台式洗脸盆、坐式大便器、洗涤池（盆）与地漏排水管口的预留洞位置。

如图 18-13 所示为 B 户型与 C 户型卫生间、厨房与阳台给水支管轴测图。从图中可以看出给水支管的走法与安装高度。

B 户型卫生间中给水支管 $DN20$ 沿走道顶板梁下走，入户后沿墙内向下至卫生间楼板面 1.0m（$H+1.0m$）接向卫生间内各用水点。第一分支管（$DN15$）接台式洗脸盆，安装高度距楼板面 1.0m（$H+1.0m$），然后接坐式大便器；第二分支管（$DN15$）埋地敷设至厨房后，接厨房洗涤池，龙头安装高度距楼板面 1.0m（$H+1.0m$），然后接洗衣机给水管（预留）。

C 户型卫生间中给水支管（$DN20$）沿走道顶板梁下走，入户后沿墙内向下至卫生间楼板面后埋地敷设，向卫生间内各用水点布置，第一分支管（$DN15$）接坐式大便器（大便器未安装，故预留给水管）；第二分支管（$DN15$）接台式洗脸盆，安装高度距楼板面1.0m（$H+1.0m$），支管埋地敷设至厨房；第三分支管接厨房洗涤池，龙头安装高度距

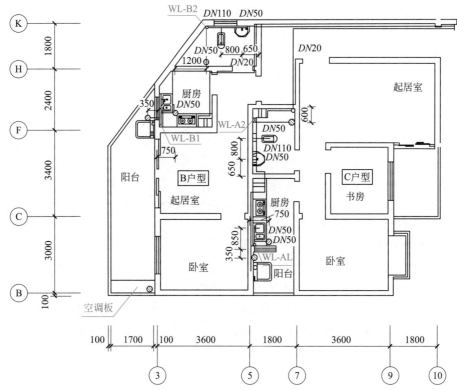

图 18-12　B户型、C户型卫生间、厨房与阳台管道平面详图

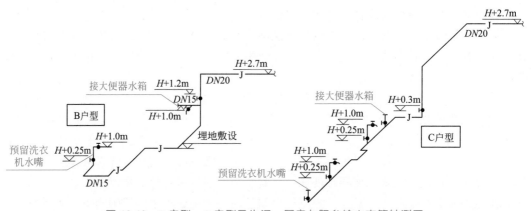

图 18-13　B户型、C户型卫生间、厨房与阳台给水支管轴测图

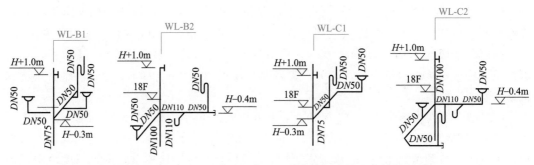

图 18-14　B户型、C户型卫生间、厨房与阳台排水支管轴测图

楼板面 1.0m（$H+1.0$m），第四分支管接厨房洗涤池，龙头安装高度距楼板面 1.0m（$H+1.0$m）。

B 户型与 C 户型卫生间、厨房与阳台排水支管轴测图如图 18-14 所示。编号为"WL-B1"和"WL-C1"的排水立管分别为 B 户型和 C 户型厨房内的排水立管，厨房排水立管管径为 $DN75$，厨房排水支管管径为 $DN50$，排水支管在距楼板面 300mm 处与排水立管连接，在排水支管上设 1 个 $DN50$ 的带"S"弯（"S"弯设在楼板面上）的排水管口，另设 1 个 $DN50$ 的地漏。另外，"WL-B1"管道上设 1 个 $DN50$ 的洗衣机插口地漏。

编号为"WL-B2"和"WL-C2"的管道为 B 户型和 C 户型卫生间的排水立管（$DN100$），排水支管在距楼板面 400mm 处与排水立管连接，在排水支管上设有台式洗脸盆 1 个，坐式大便器 1 个，$DN50$ 的地漏 1 个。台式洗脸盆设 1 个 $DN50$ 带"S"弯（"S"弯设在楼板面上）的排水管口，坐式大便器设 1 个 $DN110$ 排水管口，台式洗脸盆至坐式大便器之间的支管管径为 $DN50$，坐式大便器至排水立管之间的支管管径为 $DN110$。

（2）排污潜水泵布置详图识读

地下室集水坑布置的位置与数量应根据需要和要求设置。一般来说，消防电梯、水泵房、车道入口低处、车库的必要位置等应设置集水坑和排水设备。

某建筑物中地下室 F2 集水坑排污潜水泵平面图如图 18-15 所示。集水坑尺寸为 1000mm(长)×1000mm(宽)×1200mm（深），在集水坑内设置 2 台排污潜水泵，并有定位尺寸。

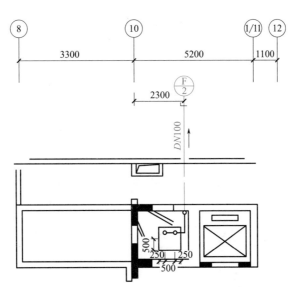

图 18-15　地下室 F2 集水坑排污潜水泵平面图

某建筑物中地下室 F2 集水坑排污潜水泵的轴测图如图 18-16 所示。集水坑尺寸为 1000mm(长)×1000mm(宽)×1200mm（深），在集水坑内设置 2 台排污潜水泵，并有定位尺寸。在集水坑内设有控制排污潜水泵开、停的水位和开双泵的水位（报警水位），每台排污潜水泵通过 $DN100$ 排水管排往室外检查井，$DN100$ 排水管为内外热镀锌钢管，$DN100$ 排水立管上接有 1 个橡胶接头（隔振）、1 个滑道滚球式排水专用单向阀（防止倒灌）和 1 个铜芯闸阀（检修用，安装高度为距地下室地面 1.000m）。$DN100$ 排水管穿地下室边墙处应设置防水套管，防水套管水平距离距⑩轴 2.300m，管内底标高为 -1.600m。

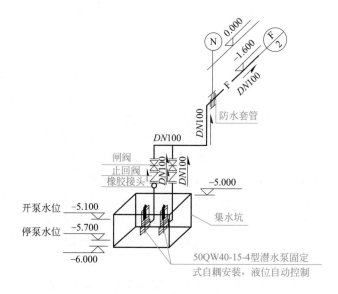

$\dfrac{F}{2}$ 排水系统图

图 18-16　地下室 F2 集水坑排污潜水泵轴测图

18.1.4.2　给排水工程安装详图识读

（1）$DN15\sim DN50$ 远传冷水、热水表安装图识读

如图 18-17 所示为 $DN15\sim DN50$ 远传冷水、热水表安装图，识读内容如下。

① 水表口径与阀门口径相同时可取消补芯。

② 冷水表介质温度不超过 30℃，热水表介质温度范围为 $30\sim100℃$，环境湿度不高于 70%。

③ 远传水表不得在强磁场条件下使用，即外磁场不得超过地磁场的 5 倍。

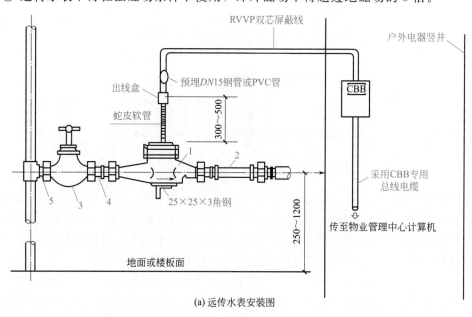

(a) 远传水表安装图

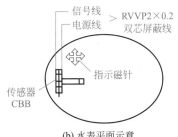

(b) 水表平面示意

图 18-17 DN15～DN50 远传冷水、热水表安装图

1—远传水表；2—金属软管；3—铜阀；4—补芯；5—短管

④ 远传水表电源 220V，整机功耗约 0.03W，停电时应有备用电池。

⑤ 远传水表信号传输距离小于 1km。

⑥ 金属软管是否安装由设计者决定。

⑦ CBB 户外计量箱，电源 220V，引入变电压为 8V。

（2）刚性防水套管安装图实例

如图 18-18 所示为刚性防水套管安装图，识读内容如下。

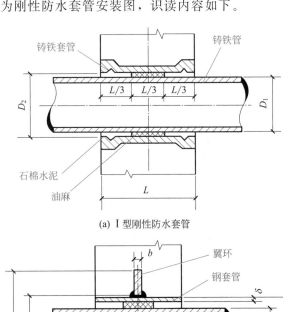

(a) Ⅰ型刚性防水套管

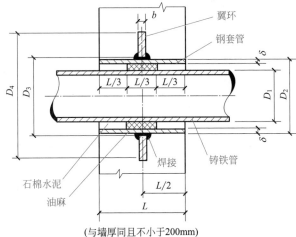

(与墙厚同且不小于200mm)

(b) Ⅱ型刚性防水套管

图 18-18 刚性防水套管安装图

① Ⅰ型及Ⅱ型防水套管，适用于铸铁管，也适用于非金属管，但应根据采用管材的管壁厚度修正有关尺寸。

② Ⅰ型及Ⅱ型套管穿墙处的墙壁，如遇非混凝土墙壁时应改用混凝土墙壁，其浇筑混凝土范围：Ⅰ型套管应比铸铁套管外径大 300mm，Ⅱ型套管应比翼环直径（D_4）大 200mm，而且必须将套管一次浇固于墙内。套管内的填料应紧密捣实。

③ Ⅰ型及Ⅱ型防水套管处的混凝土墙厚应不小于 200mm，否则应在墙壁一边或两边加厚，加厚部分的直径：Ⅰ型应比铸铁套管外径大 300mm，Ⅱ型应比翼环直径（D_4）大 200mm。

④ Ⅰ型防水套管仅在墙厚等于或使墙壁一边或两边加厚为所需铸铁套管长度时采用。

⑤ Ⅱ型套管尺寸表内所列的材料质量为钢套管（套管长度 L 按 200mm 计算）及翼环质量之和。

⑥ 焊缝高度 h 为最小焊件厚度。

18.2 消防工程施工图

下面以图 18-19 为例识读消防工程施工图。

(1) 设计说明

① 本建筑耐火等级为二级，是建筑高度小于 24m 的二层公共建筑，按公共建筑进行消防给水设计。室内消火栓用水量为 10L/s，室外消火栓用水量为 10L/s，火灾延续时间为 2h。一次灭火设计消防用水量为 72m³。

② 消火栓规格为 SN65，水龙带长 25m，水枪口径为 ϕ19，采用单栓消火栓。

③ 消防给水管道采用焊接钢管。DN≤80mm 采用螺纹连接，DN≥100mm 采用卡箍连接，PN=1.6MPa。

④ 本建筑按中危险级设置手提式干粉磷酸铵盐灭火器。

⑤ 各层设 5kg 装的手提式干粉磷酸铵盐灭火器；数量及位置见各层平面图。

⑥ 其他具体内容见设计总说明。

⑦ 图中所用的图例见表 18-1。

表 18-1　图中所用的图例

序号	名称	图例
1	给水管及立管编号	———— J ————　／ JL
2	排水管及立管编号	- - - - - W - - - - -　／ WL
3	热水管及立管编号	———— RJ ————　／ WL
4	消防管及立管编号	———— X ————　／ XL

序号	名称	图例
5	消火栓	
6	截止阀	
7	闸阀	
8	止回阀	
9	角式截止阀	
10	洗衣机地漏	
11	地漏	
12	检查口	
13	存水弯	
14	通气帽	
15	洗涤盆	
16	坐式大便器	
17	洗脸盆	
18	灭火器	

（2）首层消防平面图

消防平面图在识读过程中要清楚地了解消防管道的位置及走向、灭火器和消火栓设置的位置，管道和附件的具体标高和尺寸可以参考系统图对照着查看。从图 18-19 中可以识读出以下内容。

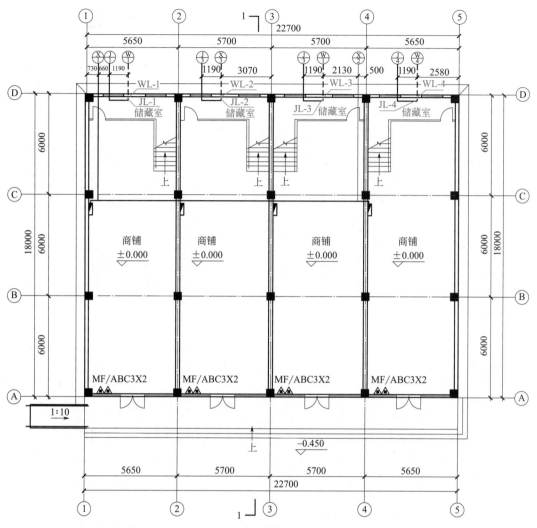

图 18-19　某商业楼首层消防平面图

① 消防管立管 1 的顶部设置一个截止阀和一个蝶阀，距①轴 730mm。

② 消防立管 2 顶部设置一个蝶阀和一个止回阀，距④轴 500mm，管径及标高见消防系统图。

③ 消防干管布置范围①～④轴，管径及标高见消防系统图。

（3）二层消防平面图

图 18-20 所示为某商业楼的二层消防平面图。二层消防平面图的识读方法与内容可以参考首层消防平面图。①～④轴消防支管上都连接一个消火栓，消火栓箱体的规格尺寸以及安装的方法详见图纸说明。

（4）消防系统图

图 18-21 所示为某商业楼的消防系统图。从图中识读出的内容如下。

① 消火栓系统主管管径为 $DN100$，接消火栓栓口的支管管径为 $DN100$。

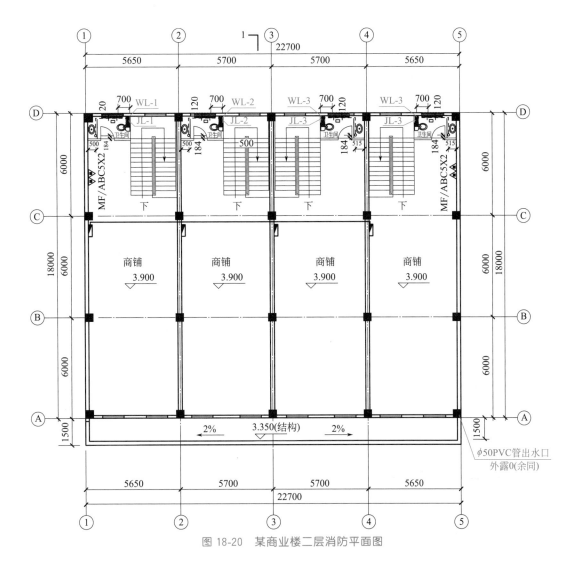

图 18-20 某商业楼二层消防平面图

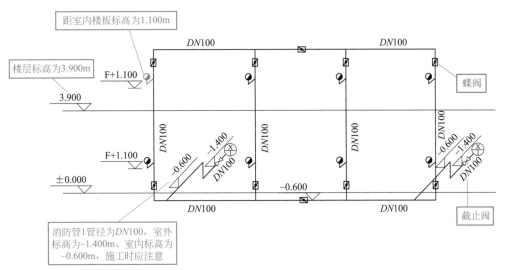

图 18-21 某商业楼消防系统图

② 消火栓立管的上、下两端均设截止阀控制，各立管之间在上部和下部用水平干管连接起来，确保供水的可靠性；水平干管上也用截止阀分成若干段，保证管网维修时总有一部分消火栓处于准工作状态。

③ 消火栓的标高应设置在比楼层底标高高出 1.100m 处。

18.3 实训与提升

18.3.1 基础实训

下面以某栋商业楼（低层）给排水工程施工图为实例解读给水排水施工图。

18.3.1.1 给水排水工程图设计说明

(1) 设计依据

甲方提供的资料《设计项目委托书》，规划局对设计方案审批意见。

《工程设计标准强制性条纹》房屋建筑部分。

《建筑设计防火规范（2018 年版）》（GB 50016—2014）。

《民用建筑设计统一标准》（GB 50352—2019）。

《住宅设计规范》（GB 50096—2011）。

《住宅建筑规范》（GB 50368—2005）。

《建筑制图标准》（GB/T 50104—2010）。

《地下工程防水技术规范》（GB 50108—2008）。

《建筑给排水设计标准》（GB 50015—2019）。

《商店建筑设计规范》（JGJ 48—2014）。

(2) 工程概况

×××小区位于×××市×××大路南侧。本设计为沿街商业楼，总用地面积为 406.8m²，总建筑面积为 820.2m²。地上两层，无地下层。设计范围：本设计范围包括生活给水、排水、消防。屋面雨水排放可以详见建筑施工图。

(3) 生活给水、排水系统

本工程水源为市政自来水，由管网直接供水，供水压力为 0.25MPa；最大日用水量为 4.1m³，最大小时用水量为 0.5m³。本工程生活排水采用生活污水与生活废水合流的排水系统，排至小区管网经化粪池排至市政污水管网，雨水排放见建筑施工图。

(4) 管材阀门及附件

① 室内生活给水立管采用钢塑复合管，采用卡箍连接。

② 室内生活排水管采用 UPVC 排水管。

③ 给水系统所用阀门为铜制阀门。

④ 排水地漏采用普通 UPVC 地漏，地漏水封高度不得小于 50mm，顶面应低于所在地面 10mm。

(5) 管道及卫生洁具

① 管道穿楼板处应做钢套管，套管顶高出所在地面 30mm，卫生间潮湿处高出地面

50mm，套管与管道之间用防水材料密封。

② 排水横管安装坡度。$De110$ 时 $i=0.02$；$De75$ 时 $i=0.03$；$De50$ 时 $i=0.035$。

③ 卫生洁具存水弯水封高度应不小于 50mm，给排水支管安装应以到货尺寸为准，穿楼板洞应以实际订货洁具尺寸在土建施工时配合预留。所有卫生洁具应采用节水型配件。

④ 排水横支管的连接采用 90°斜三通或斜四通连接。

⑤ 管道交叉若相撞，应采取小管让大管，有压管让无压管的避让原则。

⑥ 全部给水配件应采用节水型产品，不得采用淘汰产品。大、小便器采用节水型产品，坐便器水箱容量大于 6L。

⑦ 洗涤盆尺寸为 600mm×400mm，普通地漏的地漏水封不小于 50mm，连体式坐便器及感应式冲洗阀壁挂式小便器可以按图集规定施工。

（6）管道和设备保温

① 所有给水横管均做防结露保温。

② 塑料管保温材料采用泡沫塑料管壳，防结露给水管保温厚度为 20mm；防结露排水管保温厚度为 10mm；保护层采用玻璃布缠绕，外刷两道调和漆。

③ 保温应在完成试压合格及除锈防腐处理后进行。

（7）管道试压

① 给水立管保温前应做冲洗消毒试压。给水系统试验压力为 0.9MPa；室内热水管道试验压力为 1.2MPa；试压方法详见《建筑给水排水及采暖工程施工质量验收规范》（GB 50242—2002）。

② 排水系统应做闭水、通球、通水试验，空调冷凝水系统应做闭水试验；方法详见《建筑给水排水及采暖工程施工质量验收规范》（GB 50242—2002）。

（8）其他规定

① 图中除标高以"m"计，其他均以"mm"计。

② 图中所注标高，给水管道为管道中心标高，排水管道为管内底标高。

③ 本图纸的图例和 PPR 管支吊架的最大间距见表 18-2、表 18-3。

表 18-2　图中所用到的图例

序号	名称	图例
1	给水管及立管编号	 ——— J ———　　JL
2	排水管及立管编号	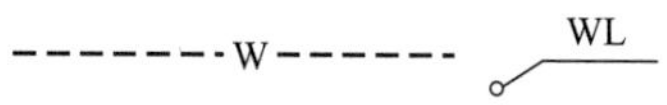 - - - - - - W - - - - - -　　WL
3	热水管及立管编号	 ——— RJ ———　　WL
4	消防管及立管编号	 ——— X ———　　XL
5	消火栓	
6	截止阀	
7	闸阀	

序号	名称	图例
8	止回阀	
9	角式截止阀	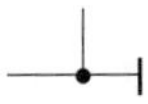
10	洗衣机地漏	
11	地漏	
12	检查口	
13	存水弯	
14	通气帽	
15	洗涤盆	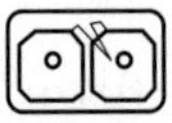
16	坐式大便器	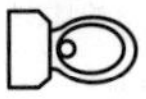
17	洗脸盆	
18	灭火器	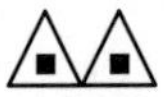

表 18-3　PPR 管支吊架的最大间距

公称直径/mm	PPR 冷水管外径×壁厚/mm	最大间距/mm	
		横管	立管
DN15	20×1.9	0.65	1.0
DN20	25×2.3	0.8	1.2
DN25	32×2.9	0.95	1.5
DN32	40×4.6	1.1	1.7
DN40	50×4.6	1.25	1.8
DN50	63×5.8	1.4	2.0
DN65	75×6.8	1.55	2.2

18.3.1.2　首层平面图识读

图 18-22 所示为某临街商业楼的给排水施工图的首层平面图。该图中明确地标出了给水管、排水管的布置及走向；各个管道的管径可通过查看设计说明和对照系统图得到，还可在设计说明中得到 PPR 管支吊架的最大间距。由图可知Ⓐ～Ⓘ轴的尺寸为 18000mm。给水管 1 $\left(\frac{J}{1}\right)$ 沿Ⓘ轴水平布置，距①轴 1390mm，距消防管 $\left(\frac{X}{1}\right)$ 660mm，标高及管径可以见系统图。排水管 $\left(\frac{W}{4}\right)$ 沿Ⓘ轴水平布置，距⑤轴 2580mm，标高及管径也可在系统图中识读出。

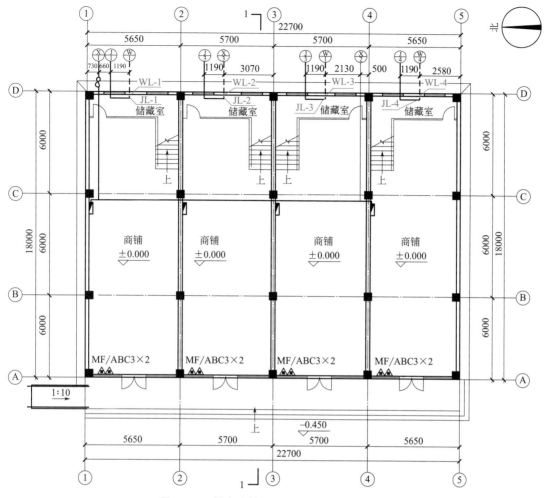

图 18-22　某商业楼给排水施工图首层平面图

18.3.1.3　二、三层平面图识读

图 18-23 所示为某临街商业楼的给排水施工图的二层平面图，三层平面图与二层平面图并没有大的差异。该图中给出了卫生间管道及洗脸盆、大便器等设置的位置，通过阅读设计说明可以得知更多相关信息。由图可知洗涤盆的尺寸为 600mm×400mm，普通地漏的地漏水封不小于 50mm；感应式冲洗阀壁挂式小便器的施工可以参考图集。同时还可以识读出给水立管 1（JL-1）分出的给水支管和排入排水立管 1（WL-1）的排水支管在卫生间内沿Ⓓ轴水平敷设，出水口设置时 PVC 管应外露 50mm，洗手台宽为 515mm。

18.3.1.4　给排水系统图识读

（1）给水系统图

图 18-24 所示为该临街商业楼给水系统图，给水系统中标明了给水管的标高、坡度及管径，例如坐便器所在给水的标高为 3.900m、管径为 De25，其余的详见图中已注写部分。

（2）排水系统图

如图 18-25 所示某该临街商业楼的排水系统图，排水系统图中也是标明了管道的尺

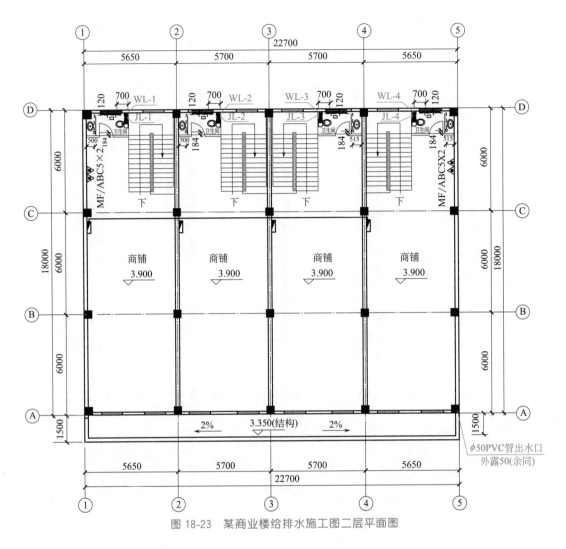

图 18-23 某商业楼给排水施工图二层平面图

寸、标高和安装的坡度，例如 $De110$，$i = 0.02$。其余的详见图中已注写部分。

18.3.2 提升实训

18.3.2.1 某综合建筑楼（多层）给排水工程施工设计说明

① 本套图纸中的标注尺寸，除标高以 m 计外，其余均以 mm 计，所有管径为公称管径。

② 本工程设计供水压力为 3.5kg/cm^2。

③ 室内生活给水管采用 PPR 管，热熔连接，安装见图集 11S405。

④ 室内排水管采用硬聚氯乙烯塑料排水管，安装见图集 10S406。

⑤ 室外给水管采用 PE 管，采用热熔连接，安装见图集 11S405。

⑥ 排水立管在每层汇水支管接入口下设伸缩节一个。立管接入排水横干管处加设弯管支座，安装见图集 03S402。

⑦ 设计选用的卫生器具见图集 09S304，建筑排水管道（UPVC）。

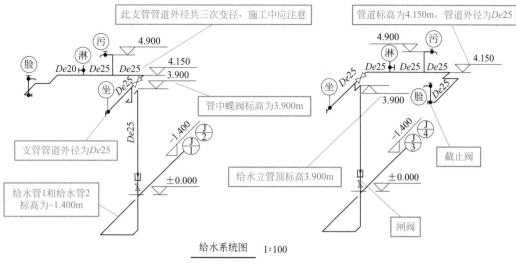

图 18-24　某商业楼给水系统图

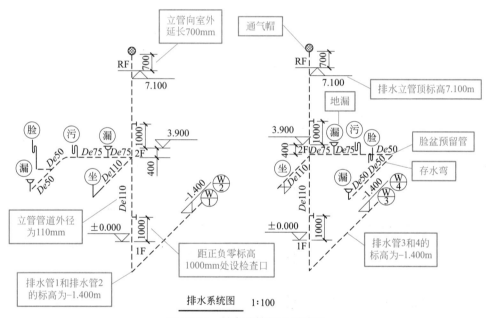

图 18-25　某商业楼排水系统图

⑧ 给水支管采用管卡固定，排水支管采用支架固定，其设置按规范执行。

⑨ 管道安装完毕后，给水管做水压实验，排水管做注水实验，不渗、不漏为合格。

⑩ 各种管道安装后进行实验合格后，方可进行吊顶、暗装、覆土。

⑪ 管道施工与验收按国家现行有关规范和标准执行。

⑫ 室外给水管采用 PE 管，采用热熔连接，安装见图集 11S405，室外污水管采用预制混凝土排水管（Ⅰ级），采用钢丝网水泥砂浆抹带接口，污水管基础为 120°混凝土带状基础，不同管径连接采用管顶平接，室外检查井采用砖砌圆形检查井。

⑬ 其他未描述的情况按有关规范现场处理。

⑭ 本套图纸中所用的图例如表 18-4 所示。

表 18-4　图中所用的图例

序号	名称	图例	规格型号	单位	数量	材料
1	水表（卡式电磁表）		LXS-25、DN25	块	10	
2	水嘴		DN15	个	32	
3	截止阀		J11X-10、DN25	个	10	铸铁
4			J11X-10、DN40	个	2	铸铁
5	污水盆		400mm×400mm	套	12	
6	洗涤盆		810mm×500mm	套	10	
7	洗衣机专用地漏		DN50	套	10	
8	低水箱坐式大便器		730mm×520mm	套	2	
9	淋浴器		800mm×800mm	套	10	
10	洗脸盆	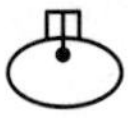	400mm×300mm	套	24	
11	浴盆	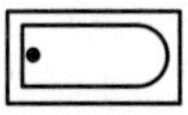	1500mm×750mm	套	10	
12	蹲式大便器	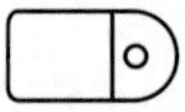	577mm×400mm	套	12	
13	地漏	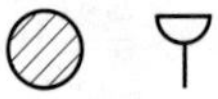	DN75	个	36	
14	管堵	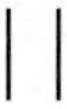		个	48	
15	P形存水弯（带检查口）		DN100	个	12	UPVC
16	S形存水弯（带检查口）		DN75	个	40	UPVC
17	通气帽（带检查口）		DN100	个	2	UPVC
18	检查口		DN100	个	8	UPVC
19	PPR管（冷）		DN15	m	10	
20		J	DN20	m	50	
21			DN25	m	30	
22			DN40	m	20	
23	硬聚氯乙烯塑料排水管	P	DN75	m	50	UPVC
24			DN100	m	70	UPVC

18.3.2.2　某综合建筑楼（多层）一层给排水平面图识读

如图 18-26 所示为某综合楼的一层给排水平面图。从图中识读出的内容如下。

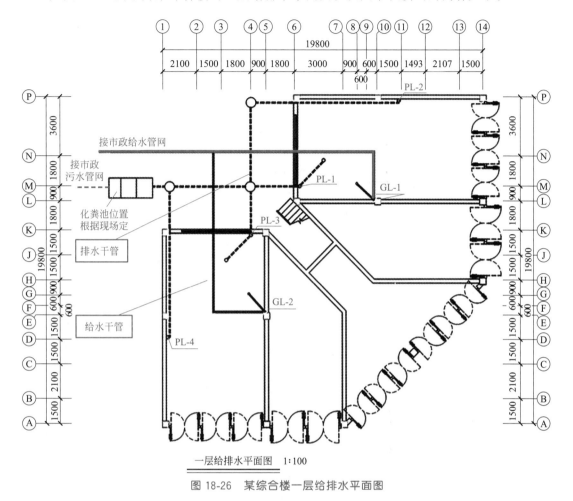

一层给排水平面图　1:100

图 18-26　某综合楼一层给排水平面图

① 从本图中可以看出给水主路由建筑物东侧市政官网引入两路给水管线，分别接入至室内Ⓛ/⑨轴、Ⓔ/④轴处的两个给水立管。

② 排水由Ⓜ/⑥、Ⓟ/⑪、Ⓚ/④、Ⓓ/①轴处的排水立管 PL-1、PL-2、PL-3、PL-4 排出到室外给排水官网，并经过排水检查井、化粪池最终进入市政污水管网。

③ 给水立管 GL-1 沿Ⓛ轴与⑩轴交点垂直布置，给水立管 GL-2 沿Ⓔ轴与④轴交点垂直布置。

④ 排水立管 PL-1 沿⑥轴与Ⓜ轴交点垂直布置，排水立管 PL-2 沿⑪轴与Ⓟ轴交点垂直布置。

18.3.2.3　某综合建筑楼（多层）二～五层给排水平面图识读

图 18-27 所示为某综合楼的二～五层给排水平面图。二～五层平面图明显地标出了给排水立管 GL-1、GL-2，排水立管 PL-1、PL-2、PL-3、PL-4 在本层的位置。给水立管 1（GL-1）分出的给水支管沿Ⓜ轴水平布置，排入排水立管 1（PL-1）的排水

支管沿Ⓝ轴水平布置，排入排水立管2（PL-2）的排水支管沿⑪轴水平布置，标高及管径见系统图。

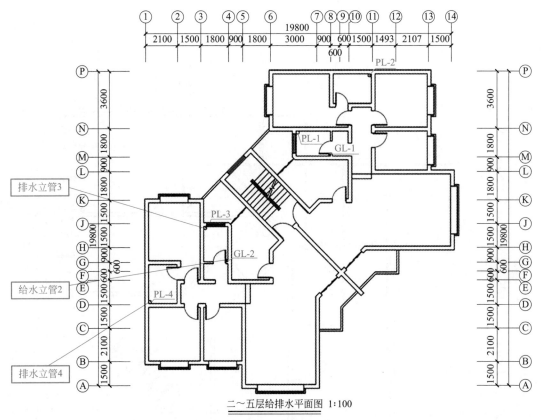

二～五层给排水平面图 1:100

图 18-27 某综合楼二～五层给排水平面图

18.3.2.4 某综合建筑楼（多层）六层、七层给排水平面图识读

如图 18-28 所示为某综合楼的六层、七层给排水平面图。该图中都标出了给排水立管 GL-1、GL-2，排水立管 PL-1、PL-2、PL-3、PL-4 在本层的位置，识读方法与其他层的给排水平面图的识读方法相同。

18.3.2.5 某综合建筑楼给排水系统图识读

如图 18-29 所示为某综合楼的给排水系统图。从图中识读出的内容如下。

① 给水系统图中明确显示出给水方式为枝状供水方式。本工程是由市政管网直接接出给水支管后提供本工程的生活用水，其中接入本工程的给水主管径为 $DN40$，其敷设深度为距离建筑±0.000 标高为 -0.8m。该主干管进入本工程后进行竖向敷设，各层支管均由本主干管引出，并且各层支管处均设置球阀、水表各一处。

② 需要注意的是，由于本给水立管在不同高度所负担的用水量有所不同，故其管径也略有不同，例如，在五层分支管之后，其管径变为 $DN32$。

③ 图中 $DN100$ 是指水管的管径，其公称直径为 100mm，以此类推。排水管上边箭头及数字表示水管坡向和坡度，如 $i=0.025$ 中，i 代表坡度，0.025 代表坡度数值，本字母数值组合旁边的箭头代表坡向，也就是管道低点的方向。

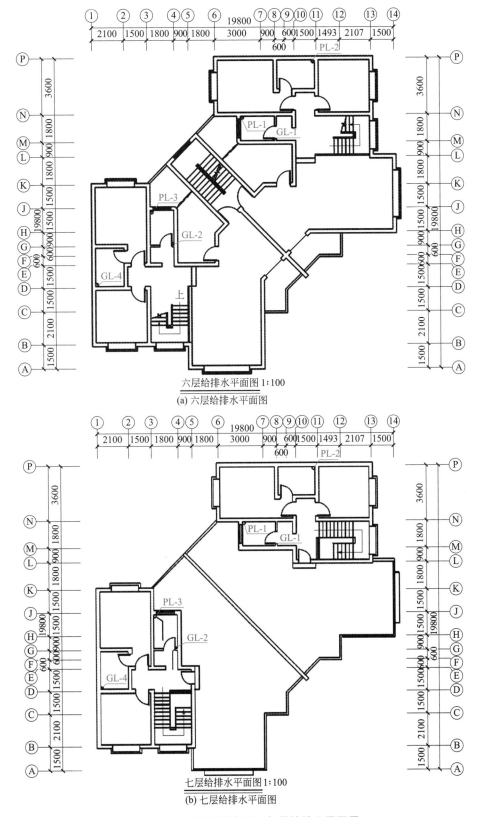

图 18-28　某综合楼六层、七层给排水平面图

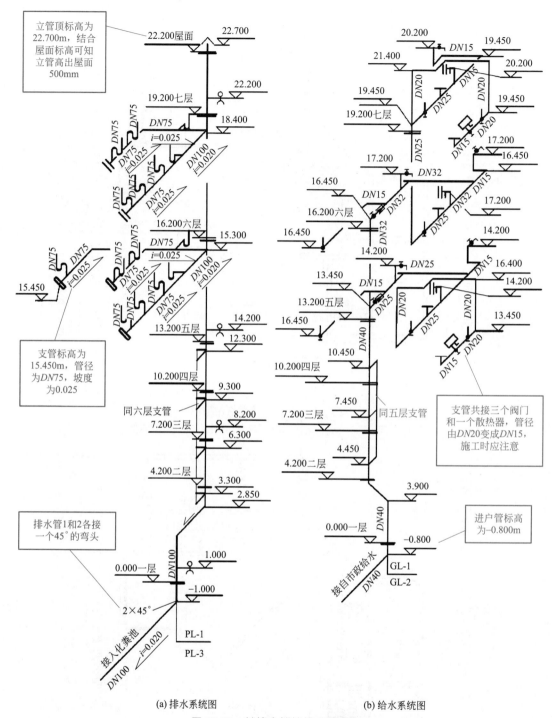

立管顶标高为22.700m，结合屋面标高可知立管高出屋面500mm

支管标高为15.450m，管径为DN75，坡度为0.025

同六层支管

排水管1和2各接一个45°的弯头

支管共接三个阀门和一个散热器，管径由DN20变成DN15，施工时应注意

同五层支管

进户管标高为-0.800m

(a) 排水系统图　　　　　　　(b) 给水系统图

图 18-29　某综合楼给排水系统图

第19章

采暖与通风空调工程施工图识读的应用

19.1 采暖工程施工图

19.1.1 平面图

采暖平面图如图 19-1 所示。

在底层采暖平面图中可知，回水干管安装在底层地沟内，室内地沟用细实线表示。粗虚线则表示的是回水干管。从底层平面图上看到该系统的热媒入口在房屋的东南角。图中

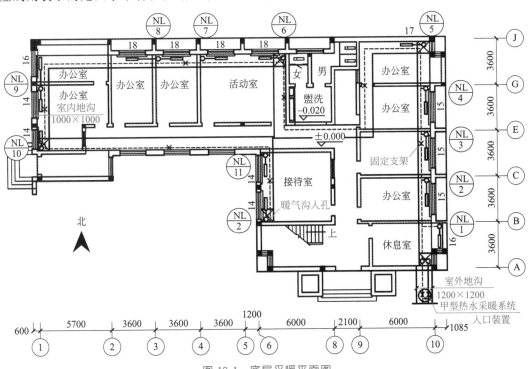

图 19-1　底层采暖平面图

标明了立管编号，本系统共有 12 根立管。从图中还可看到标注的暖气沟人孔的位置，分别设立在外墙拐角处，共有 5 个。暖气沟人孔的设置是为检查维修的方便。另外，从图中可以看到固定支架的布置情况，总共设有 7 个支架。在每个房间设有散热器，散热器通常是沿内墙安装在窗台下，立管处于墙角。散热器的片数可以从图中的数字读出。例如休息室的散热器的片数为 16 片。

19.1.2 系统图

如图 19-2 所示为采暖系统图。从采暖系统图中可以看出整个系统的概貌，某些在平面图中因为线条重叠而表示不出来的部分也可以表示出来。采暖系统图中供热管、回水管

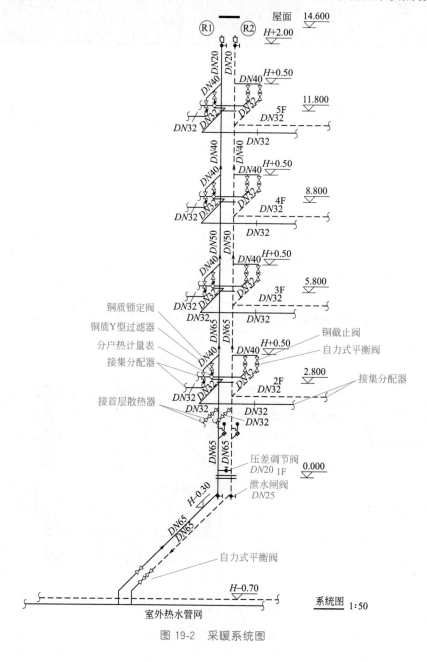

图 19-2 采暖系统图

走向与平面图一致，该系统为下供下回双管异程式系统。一层车库散热器供暖，二～五层户内采用低温热水地板辐射采暖，集中供热。供热干管和回水干管 $DN65$，进入单元楼后分别与水平干管相连，立管均为渐变管，一层和二层 $DN65$、三层 $DN50$、四层 $DN40$、五层 $DN20$。顶层立管安装自动排气阀。与立管连接的每层水平干管 $DN40$，回水管与铜截止阀和自力式平衡阀串联后变成 $DN32$，再接集分配器。供水管与铜质锁定阀、铜质 Y 型过滤器和分户热计量表串联后变成 $DN32$，再接集分配器。图中实线表示供水管，虚线表示回水管。

19.1.3　轴测图

图 19-3 所示为某采暖系统轴测图。主要表达了入口装置的组成、管道标高、管径及各管段的管径、坡度、坡向，散热器标号及数量，阀件、附件、设备在空间中的布置位置

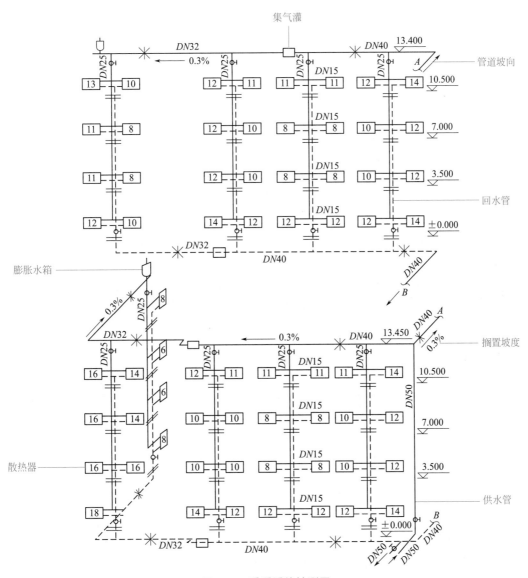

图 19-3　采暖系统轴测图

等内容。从图中可以看出：虚线为回水管，实线为供水管。总供回水管的管径为$DN50$；回水干管和供水干管的管径为$DN40$，然后变径为$DN32$；供水立管的管径为$DN25$。供水干管的坡度为0.3%。散热器的片数有6片、8片、10片、11片、12片、13片、14片、16片、18片九种。

19.1.4 详图

如图19-4所示为散热器的安装详图。图中主要表达了暖气支管与散热器和立管之间的连接形式，散热器与地面、墙面之间的安装尺寸、结合方式及结合件本身的构造等内容。从图中可以看出：散热器的高度为600mm，与墙面之间的安装尺寸为115mm，两托架间的距离为505mm，墙内水泥砂浆块的截面尺寸为70mm×170mm，散热器通过托架与水泥砂浆的黏结作用固定。

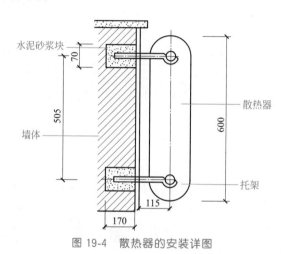

图19-4 散热器的安装详图

扫码观看视频

通风空调施工图
组成及识图方法

19.2 通风空调工程施工图

19.2.1 通风空调施工图组成及识图方法

通风空调施工图一般由文字部分和图样部分组成。文字部分包括图纸目录、设计施工说明、图例、设备及主要材料表。图样部分包括基本图和详图，基本图包括工艺图、平面图、剖面图、原理图、系统图等，详图包括系统中某局部或局部放大图、加工图、施工图等，如果详图中采用了标准图或其他工程图样，则需在目录中附有说明。

19.2.1.1 通风施工图图纸内容与识读方法

(1) 通风施工图的组成

① 设计施工说明。主要说明在施工图纸上无法用线型或符号表达的一些内容，如技术标准、质量要求等，具体有建筑概况、设计依据、系统工作原理，设计参数，管材、阀门的材质要求，施工质量要求和特殊的施工方法。

② 设备、材料清单。设备表一般包括序号、设备名称、技术要求、数量、备注栏。材料表一般包括序号、材料名称、规格或物理性能、数量、单位、备注栏；设备部件需标明其型号、性能时，可用明细栏表示。

③ 原理图。表明整个系统的原理和流程，可不按比例绘制，只要绘出设备、附件、仪表、部件和各种管道之间的相互关系。例如送、排风原理图，对通风与空调工程中的送风、排风、消防正压送风、排烟等流程做出表示。该图是施工中检查核对管道是否正确和确定介质流向的依据。

④ 平面图。其主要内容有建筑物轮廓、主要轴线号、轴线尺寸、室内外地面标高、房间名称，风道烟道及风口的位置尺寸，各设备、部件的名称、规格、型号、尺寸及设备基础的主要尺寸；在底层平面图上有指北针；相应的位置应标明防火分区与防烟分区。

⑤ 剖面图。它主要用来表达较复杂的管道相对关系及竖向位置。剖面图中展示了管道与设备、管道与建筑梁、板、柱、墙以及地面的尺寸关系，表达了风管、风口的尺寸和标高，部分图样还标出了气流方向及详图索引编号等。

平（剖）面图中的风管宜用双线绘制，风管法兰盘宜用单线绘制。两根风管相交叉时，可不断开绘制，其交叉部分的不可见轮廓线可不绘出。

⑥ 系统图。即系统轴测图，也称为透视图。系统图一般用单线表示，按比例绘制，能形象地表达通风系统空间走向。系统的主要设备、部件应进行编号，注明管径、标高。

⑦ 详图。其主要内容有风管、部件及设备制作和安装的具体形式、方法和详细构造及加工尺寸，对于一般性的通风空调工程，通常都使用国家标准图集；对于一些有特殊要求的工程，则由设计院设计施工详图。

（2）通风施工图的识读方法

基本原则是先文字后图形，先原理图后平面图、系统图，先整体后局部，由大到小、由粗到细逐步深入。

看图纸目录和设计说明，了解工程性质、设计基本思路，熟悉选用的设备类型与符号。将风系统与水系统分开阅读。按照原理图、平面图、剖面图、系统图及详图的顺序逐一阅读，相互对照。

识读平面图，了解设备、管道的平面布置位置及定位尺寸；识读剖面图，了解设备、管道竖向的标高、位置尺寸；识读系统图，了解整个系统在空间上的布置状况；识读详图，了解设备、部件的构造、制作安装尺寸及要求。

识读图样的基本顺序为：送风工程沿"进风口口→空气处理器→风机→干管→横支管→送风口"；排风工程沿"排风口→横支管→干管→风机→空气处理器→排风帽"。

19.2.1.2 空调施工图的组成和识读方法

（1）空调施工图的组成

空气调节专业设计文件应包括图样目录、设计与施工说明、设备表、设计图样、计算书等，其中，设计图样包括原理图、平面图、剖面图、系统图、详图。

① 设计施工说明。设计说明包括的内容有建筑概况、设计依据、设计参数，冷热源设置情况、冷热媒及冷却水参数，空调系统工作方式，空调设备和管道系统的规格、性能及安装要求，节能措施以及采用的标准图集、施工及验收依据，图例等。

② 设备表。列出空调工程主要设备，材料的型号、规格、性能和数量。

③ 原理图。针对冷热源系统、空调水系统及复杂的风系统均应绘制原理图，它能清晰地表达流体的运动路线、管道与设备的相互关系，可不按比例绘制。系统原理图中标出了设备、阀门、控制仪表、配件、标注介质流向、管径及设备编号。

④ 平面图。包括系统平面图、冷冻机房平面图、空调机房平面图等。主要内容有指北针、建筑构造基本情况，风管、水管的水平走向、规格尺寸，设备与部件的名称、规格、型号，设备的轮廓尺寸、各种设备定位尺寸、设备基础主要尺寸。

⑤ 剖面图。剖面图清晰地表达了管道与设备、管道与建筑物梁、板、柱、墙以及地面的尺寸关系，同时表达了风管、风口、水管的尺寸和标高，气流方向及详图索引编号等。便于设备和管道的安装，也是不同专业不同工种之间协调配合的依据。

⑥ 系统轴测图。空调系统轴测图中风管系统绘制同通风轴测系统，水系统轴测图按比例以单线绘制，对系统的主要设备、部件，应注出编号；对各设备、部件、管道及配件，要表示出它们的完整内容。系统轴测图宜注明管径、标高，标注方法同平面图、剖面图。

⑦ 详图。空调冷系统的各种设备及零部件施工安装应注明采用标准图、通用图的图名和型号。若无图样可选，设计人员必须绘制详图。

⑧ 计算书。计算书是设计的依据，包括空调冷热负荷计算，空调系统末端设备及附件的选择计算，空调冷热水、冷却水系统的水力计算，风系统的阻力计算以及必要的气流组织。

（2）空调施工图识读方法

空调系统中的新风、回风管路系统的识图与通风管道的识读方法相同，空调系统中的水系统识图与建筑给排水系统识读方法相同，均可按照流体运动方向来识读，同时，应注意文字与图样结合，平面图、剖面图、系统图结合。

19.2.2 平面图

19.2.2.1 通风系统平面图

通风系统平面图如图 19-5 所示。该平面图识读方法及内容如下。

（1）识读方法

① 查找系统的编号与数量。对复杂的通风系统，对风道系统需进行编号，简单的通风系统可不进行编号。

② 查找通风管道的平面位置、形状、尺寸。弄清通风管道的作用，相对于建筑物墙体的平面位置及风管的形状、尺寸。风管有圆形和矩形两种。通风系统一般采用圆形风管，空调系统一般采用矩形风管，因为矩形风管易于布置，弯头、三通尺寸比圆形风管小，可明装或暗装于吊顶内。

③ 查找水式空调系统中水管的平面布置情况。弄清水管的作用以及与建筑物墙面的距离。水管一般沿墙、柱敷设。

④ 查找空气处理各种设备（室）的平面布置位置、外形尺寸、定位尺寸。

⑤ 查找系统中各部件的名称、规格、型号、外形尺寸、定位尺寸。

（2）识图内容

① 图 19-5 是通风系统平面图，由图 19-5 中可以看出该空调系统为水式系统。图中标

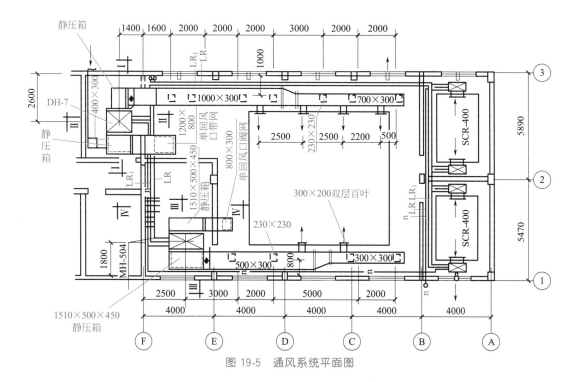

图 19-5 通风系统平面图

注 "LR" 的管道表示冷冻水供水管，标注 "LR₁" 的管道表示冷冻水回水管，标注 "n" 的管道表示冷凝水管。

冷冻水供水、回水管沿墙布置，分别接入两个大盘管和四个小盘管。大盘管型号为 MH-504 和 DH-7，小盘管型号为 SCR-400。冷凝水管将六个盘管中的冷凝水收集起来，穿墙排至室外。

② 室外新风通过截面尺寸为 400mm×300mm 的新风管，进入净压箱与房间内的回风混合，经过型号为 DH-7 的大盘管处理后，再经过另一侧的静压箱进入送风管。送风管通过底部的七个尺寸为 700mm×300mm 的散流器及四个侧送风口将空气送入室内。送风管布置在距③轴墙 1000mm 处，风管截面尺寸为 1000mm×300mm 和 700mm×300mm 两种。回风口平面尺寸为 1200mm×800mm，回风管穿墙将回风送入静压箱。型号为 MH-504 上的送风管截面尺寸为 500mm×300mm 和 300mm×300mm，回风管截面尺寸为 800mm×300mm。两个大盘管的平面定位尺寸图中已标出。

19.2.2.2 冷、热媒管道施工图

空调箱是空气调节系统处理空气的主要设备，空调箱需要供给冷冻水、热水或蒸汽。制造冷冻水就需要制冷设备，设置制冷设备的房间称为制冷机房，制冷机房制造的冷冻水要通过管道送到机房的空调箱中，使用过的水经过处理再回到制冷机房循环使用。由此可见，制冷机房和空调机房内均有许多管路与相应设备连接，这些管路和设备的连接情况要用平面图、剖面图和系统图来表达清楚。一般用单线条来绘制管线图。

图 19-6～图 19-8 所示分别为冷、热媒管道的底层平面图、二层平面图和系统轴测图。

从图中可见，水平方向的管子用单线条画出，立管用小圆圈表示，向上、向下弯曲的管子、阀门及压力表等都用图例符号来表示，管道都在图样上加注图例说明。

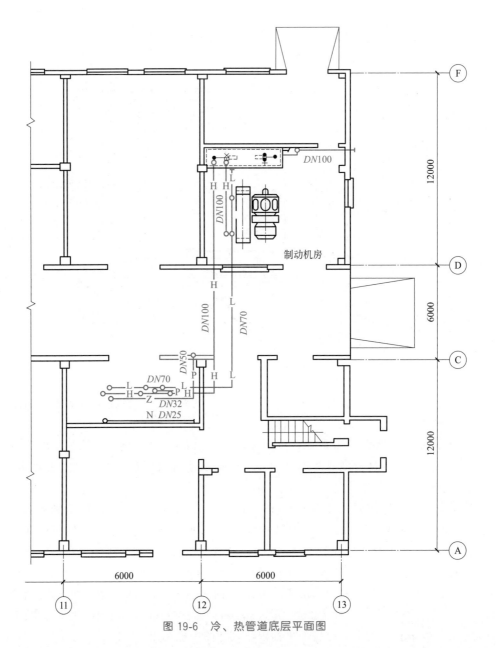

图 19-6 冷、热管道底层平面图

从图 19-6 中可以看到从制冷机房接出的两根长的管子（即冷水供水管 L 与冷水回水管 H）在水平转弯后，就垂直向上走。在这个房间内还有蒸汽管 Z、凝结水管 N 与排水管 P，它们都吊装在该房间靠近顶棚的位置上，与图 19-7 二层管道平面图中调-1 管道的位置是相对应的。在制冷机房平面图中还有冷水箱、水泵和相连接的各种管道，同样可根据图例来分析和识读这些管子的布置情况。由于没有剖面图，可根据管道系统图来表示管道与设备的标高等情况。

图 19-8 为表示管道空间方向情况的系统图。图中画出了制冷机房和空调机房的管路及设备布置情况，也表明了冷、热媒的工作运行情况。从调-1 空调机房和制冷机房的管路系统来看，从制冷机组出来的冷媒水经立管和三通进到空调箱，分出三根支管（两根将冷媒水送到连有喷嘴的喷水管；另一支管接热交换器，给经过热交换器的空气降温）；从

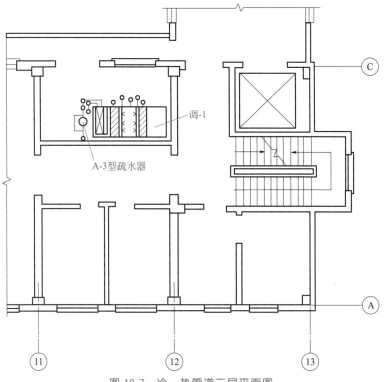

图 19-7 冷、热管道二层平面图

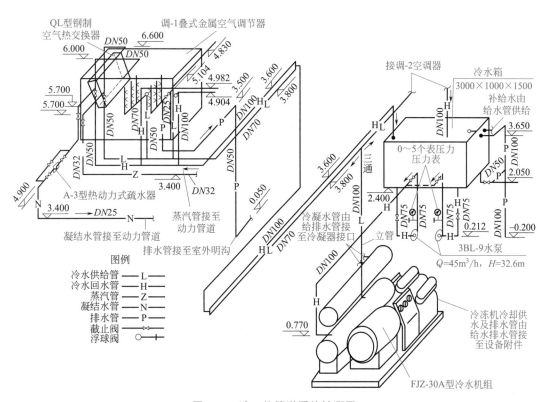

图例

冷水供给管	——L——
冷水回水管	——H——
蒸汽管	——Z——
凝结水管	——N——
排水管	——P——
截止阀	
浮球阀	

图 19-8　冷、热管道系统轴测图

热交换器出来的回水管 H 与空调箱下的两根回水管汇合，用 $DN100$ 的管子接到冷水箱，冷水箱中的水由水泵送到冷水机组进行降温。当系统不工作时，水箱和系统中存留的水都由排水管 P 排出。

19.2.3　系统图

19.2.3.1　通风系统图

通风系统图如图 19-9 所示。识读方法与识图内容如下。

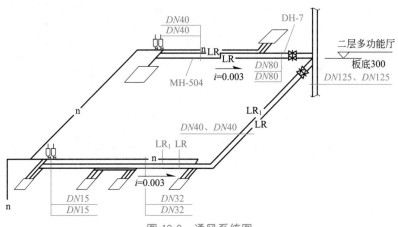

图 19-9　通风系统图

(1) 识读方法

阅读通风系统图查明各通风系统的编号、设备部件的编号、风管的截面尺寸、设备名称及规格型号、风管的标高等。

(2) 识图内容

从图 19-9 中可以看出冷冻水供水、回水管在距楼板底 300mm 的高度上水平布置。冷冻水供水、回水管管径相同，立管管径为 125mm；大盘管 DH-7 所在系统的管径为 80mm，MH-504 所在系统的管径为 40mm；四个小盘管所在系统的管径接第一组时为 40mm，接中间两组时为 32mm，接最后一组变为 15mm。冷冻水供水、回水管在水平方向上沿供水方向设置坡度 0.003 的上坡，端部设有集气罐。

19.2.3.2　加压送风系统

图 19-10 所示为消防电梯前室设置的加压送风系统。

本工程地上楼梯间和房间采用自然防排烟方式，开窗面积满足规范要求，在消防电梯合用前室设置加压。土建预留洞口为

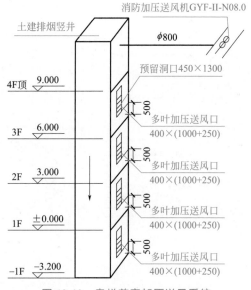

图 19-10　电梯前室加压送风系统

450mm×1300mm。

消防电梯前室加压送风口设计选用常闭型多叶送风口，多叶加压送风口尺寸为400mm×(1000+250)mm，层层设置。防排烟通风系统在施工过程中应与其他专业密切配合，预留洞口，土建预留洞口450mm×1300mm，下皮距地500mm。火灾时，开启着火层和上下相邻层共三个加压送风口，同时输出信号至消防控制室，消防控制室输出电信号开启加压风机。

消防电梯合用前室安装在室外的风机，其电动机必须加装防雨罩，以防雨、防尘。管道穿出屋面及地沟顶板时，应有防雨装置。

19.2.3.3 通风系统剖面图

识读通风系统剖面图如图 19-11 所示，识读方法和识图内容如下。

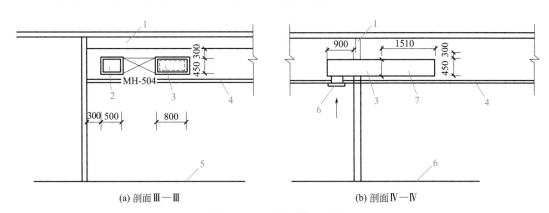

(a) 剖面Ⅲ—Ⅲ　　　　　　　　　　(b) 剖面Ⅳ—Ⅳ

图 19-11　通风系统剖面图

1—大梁；2—送风管；3—回风管；4—吊顶；5—楼地面；6—回风口；7—静压箱

(1) 识读方法

① 查找水系统水平水管、风系统水平风管、设备、部件在竖直方向的布置尺寸与标高、管道的坡度与坡向以及该建筑房屋地面和楼面的标高，设备、管道距该层楼地面的尺寸。

② 查找设备的规格型号及其与水管、风管之间在高度方向上的连接情况。

③ 查找水管、风管及末端装置的规格型号。

(2) 识图内容

从图 19-11 中可以看出，空调系统沿顶棚安装，风管距梁底 300mm，送风管、回风管、静压箱高度均为 450mm。两个静压箱长度均为 1510mm，接送风管的宽度为 500mm，接回风管的宽度为 800mm。送风管距墙 300mm，与墙平行布置。回风管伸出墙体 900mm。

19.2.4　详图

19.2.4.1　矩形送风口详图

矩形送风口详图如图 19-12 所示。

如图 19-12 所示是矩形送风口安装图，矩形送风口安装图应注意四点。

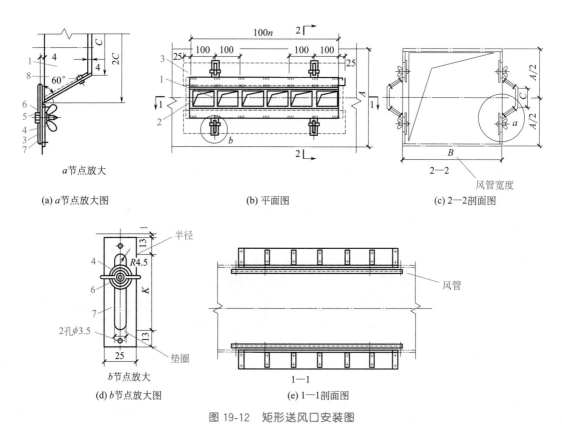

(a) a 节点放大图　　　　　(b) 平面图　　　　　(c) 2—2 剖面图

(d) b 节点放大图　　　　　(e) 1—1 剖面图

图 19-12　矩形送风口安装图

1—隔板；2—端板；3—插板；4—翼形螺母；5—六角螺栓；6—垫圈；7—垫板；8—铆钉；

A—风管高度；B—风管宽度；C—送风口高度

① 本图适用于单面及双面送风口。其材料明细表是以单面送风口计算的。

② A 为风管高度，B 为风管宽度，按设计图中决定。

③ C 为送风口的高度，n 为送风口的格数，按设计图中决定（$n \leqslant 9$）。

④ 送风口的两壁可在钢板上按 2C 宽度将中间剪开，扳起 60° 角而得。

19.2.4.2　金属空气调节箱详图

识读详图时，一般是在了解这个设备在系统中的地位、用途和工况后，从主要的视图开始，找出各视图间的投影关系，并结合明细表再进一步了解它的构造和相互关系。

图 19-13 所示为叠式金属空调箱，它是标准化的小型空调器，可参见采暖通风标准图集 T706-3 的图样来查阅。本图为空调箱的总图，分别为 1—1 剖面图、2—2 剖面图、3—3 剖面图。该空调箱总的分为上下两层，每层三段，共六段。制造时用型钢、钢板等制成箱体，分六段制作，再装上配件和设备，最后再拼接成整体。

（1）上层的三段

① 左面为中间段，是一个空箱，箱中没有设备，只供空气通过。

② 中间为加热和过滤段，左边为设加热器的部位（本工程不需要而没有设置），中部顶上有两个带法兰盘的矩形管，是用来连接新风和送风管的，两管中间的下方用钢板把箱体隔开，右部装过滤器，过滤器装成"之"字形以增加空气流通的面积。

③ 右段为加热段，热交换器倾斜装在角钢托架上，以利于空气顺利通过。

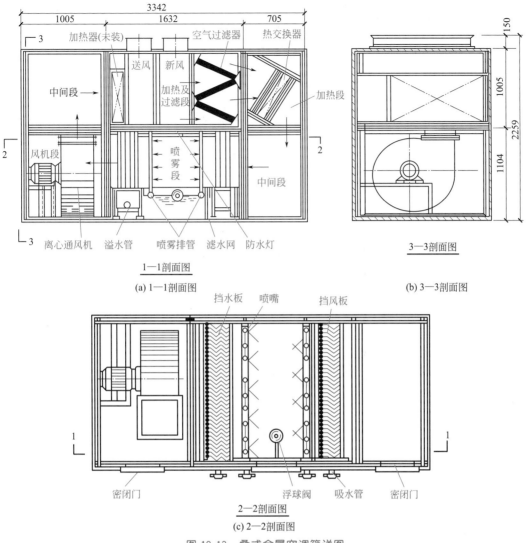

(a) 1—1剖面图

(b) 3—3剖面图

(c) 2—2剖面图

图 19-13　叠式金属空调箱详图

（2）下层的三段

① 右面为中间段，只供空气通过。

② 中部是喷雾段，右部装有导风板，中部有两根 $DN50$ 的水平冷水管。每根水平管上接有三根 $DN40$ 的立管，每根立管上接有六根 $DN15$ 的水平支管。支管端部安装尼龙或铜质喷嘴，喷雾段的进、出口都装有挡水板，把空气带走的水滴挡下。

③ 下部设有水池，喷淋后的冷水经过滤网过滤回到制冷机房的冷水箱以备循环使用，当水池水位超高时，则由左侧的溢水槽溢出回到冷水管，以备循环使用；当水池水位过低时，则由浮球阀控制的给水管补给。下部左侧为风机段，内装有离心式风机，是空调系统的动力设备。空调箱除底面外，各面都有厚 30mm 的泡沫塑料保温层。

由上可知，空气调节箱的工作过程是新风从上层中间顶部进入，向右经空气过滤器过滤、热交换器加热或降温，向下进入下层中间段，再向左进入喷雾段进行处理；然后进入风机段，由风机压送到上层左侧中间段，经送风口送出到与空调箱相连的送风管道系统；最后经散流器进入各空调房间。

19.2.5 原理图

图 19-14 所示为某通风原理图，应识图时应先阅读通风系统图查明各通风系统的编号、设备部件的编号、风管的截面尺寸、设备名称及规格型号、风管的标高等。从图中可以看出冷冻水供水、回水管在距楼板底 300mm 高度上的水平布置。冷冻水供水、回水管管径相同，立管管径为 125mm；大盘管 DH-7 所在系统的管径为 80mm，MH-504 所在系统的管径为 40mm；4 个小盘管所在系统的管径接第一组时为 40mm，接中间两组时为 32mm，接最后一组变为 15mm。冷冻水供水、回水管在水平方向，上沿供水方向设置坡度 0.003 的上坡，端部设有集气罐。

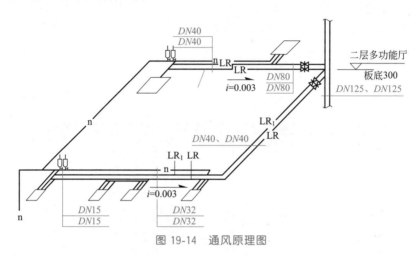

图 19-14　通风原理图

19.2.6 剖面图

图 19-15 是某大厦空调机房剖面图，用于表达新风机组的安装和配管情况。新风由右侧的

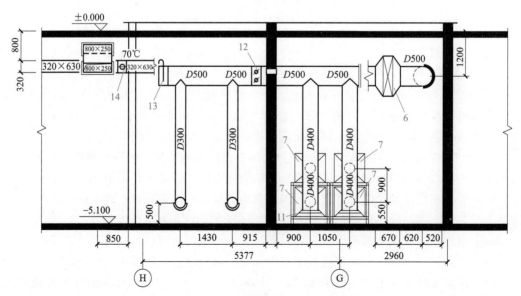

图 19-15　大厦空调机房剖面图

新风道引入，经新风机组处理后送出。供回水管从左侧进入后，与新风机组的盘管相连接，进水口在下而出水口在上，机组底部还连接了凝水管。水平供回水管末端均安装了自动排气阀，垂直供回水管末端均安装了泄水丝堵。垂直供水管上依次安装了截止阀、Y形过滤器、压力计和温度计，垂直回水管上依次安装了截止阀、流量调节阀、压力计和温度计。图中还给出了管道的截面尺寸、消声器尺寸、新风机组的定位尺寸以及主要管道的安装标高。

19.3　实训与提升

19.3.1　基础实训

19.3.1.1　多层住宅采暖工程

由图 19-16 所示的首层采暖平面图可以看出一层南北各有 6 个车库，总计 12 个，其中北面中间是两个大车库，共有 2 个车位，其他 10 间各有一个车位。

热能由室外管网经由供热管由南向北，图中由下至上沿楼梯平台下的地沟进入管道井连接成一组立管为底层车库供暖。图中实线表示的是进水水平干管的走向。回水干管的出口也在入口处，底层采暖平面图可以看到以虚线表示的回水管的走向。回水立管与供水立管并列。散热器旁标注的数字表示每库散热器的数量。图中还可以看出供热管和回水管采用 $DN65$，水平干管为渐变管 $DN32 \rightarrow DN25$。

由图 19-17 所示的二层至五层采暖平面图可以看出此 5 层建筑总共 1 个单元，每单元层 2 户，对称户型。每户都是四室二厅一厨二卫的半跃层结构，每户建筑面积为 $152.06\mathrm{m}^2$。

由图 19-18 所示的二层至五层分户地板采暖平面图可以看出每户地板采暖管路敷设的形式、间隔、长度、分支回路数量、与进水和回水管道的连接以及钢套管、伸缩节、伸缩缝的设置等信息。图中共有 A、B、C、D、E 五组分支回路。为了读图清楚，分别把五组分支放大，如图 19-16～图 19-23 所示。

如图 19-19 所示，A 分支回路主要为餐厅、厨房和佣人房供热，以迂回型（又称平行型）布管方式为主。管间距 300mm，管长 84m。其他参数查阅设计施工说明。

如图 19-20 所示，B 分支回路主要为卧室、阳台和客厅供热，以螺旋型（又称回折型）布管方式和迂回型（又称平行型）布管方式为主。管间距 250mm，管长 82m。其他参数查阅设计施工说明。

如图 19-21 所示，C 分支回路主要为卧室、卫生间和起居室供热，以螺旋型（又称回折型）布管方式和迂回型（又称平行型）布管方式为主。管间距 250mm，管长 84m。其他参数查阅设计施工说明。

如图 19-22 所示，D 分支回路主要为卧室供热，以螺旋型（又称回折型）布管方式为主，管间距 250mm，管长 86m。其他参数查阅设计施工说明。

如图 19-23 所示，E 分支回路主要为书房和客厅供热，以螺旋型（又称回折型）布管方式和混合型（又称双平行型）布管方式为主。管间距 250mm，管长 80m。其他参数查阅设计施工说明。

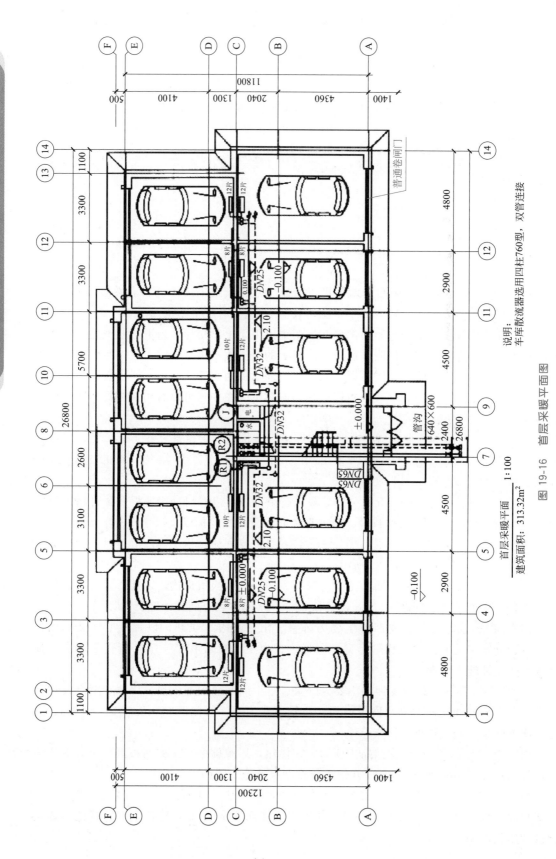

首层采暖平面 1:100

建筑面积: 313.32m²

图 19-16 首层采暖平面图

说明:
车库散流器选用四柱760型,双管连接

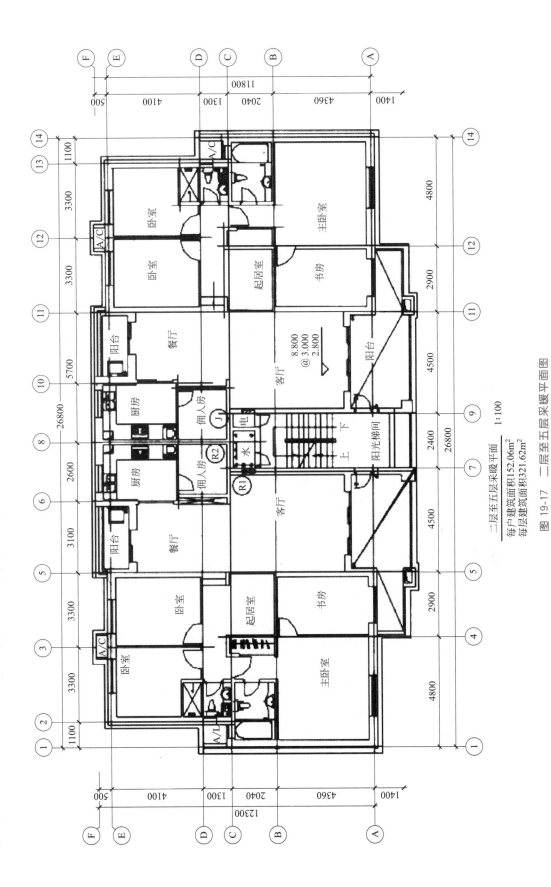

二层至五层采暖平面　1:100
每户建筑面积152.06m²
每层建筑面积321.62m²

图19-17　二层至五层采暖平面图

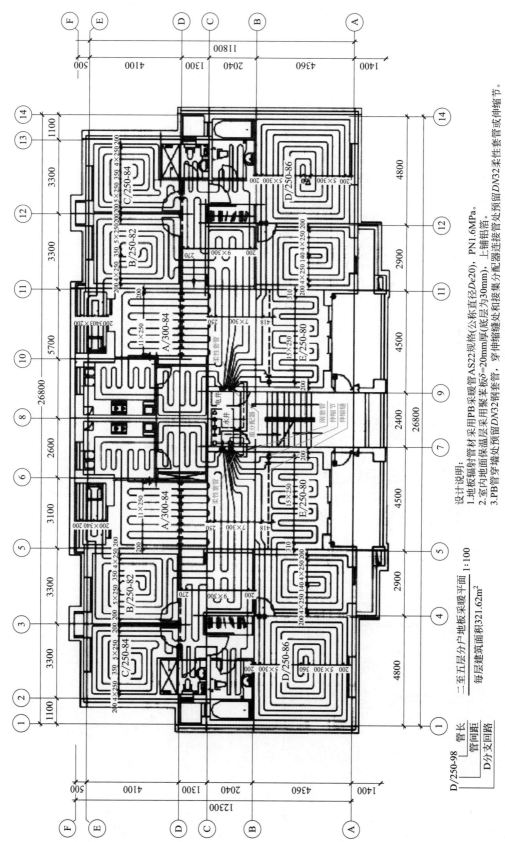

二至五层分户地板采暖平面 1:100
每层建筑面积321.62m²

设计说明：
1.地板辐射盘管材采用PB采暖管AS22规格(公称直径De20)，PN1.6MPa。
2.室内地面保温层采用聚苯板厚≥20mm(底层为30mm)，上铺铝管。
3.PB管穿墙处预留DN32钢套管，穿伸缩缝处和接集分配器连接管处预留DN32柔性套管或伸缩节。

图19-18 二层至五层分户地暖采暖

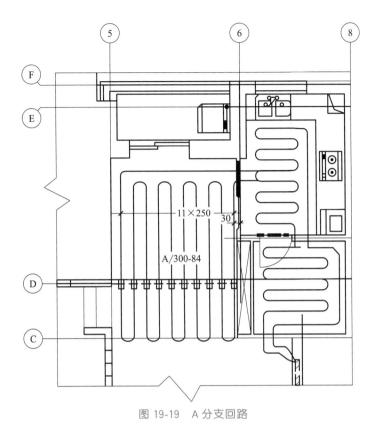

图 19-19　A 分支回路

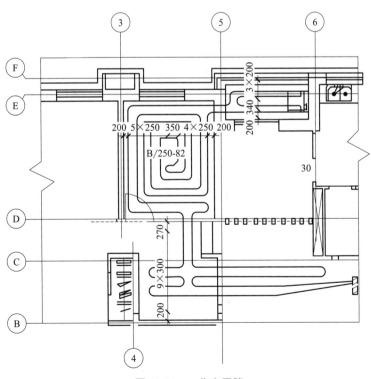

图 19-20　B 分支回路

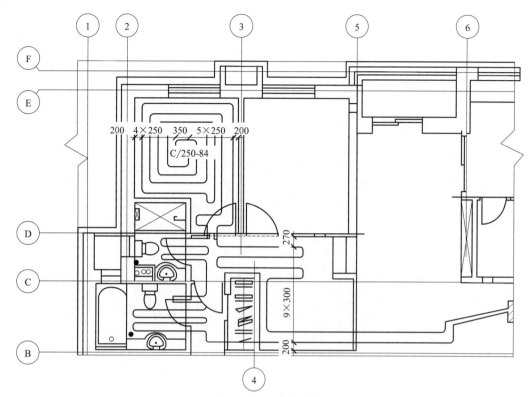

图 19-21 C 分支回路

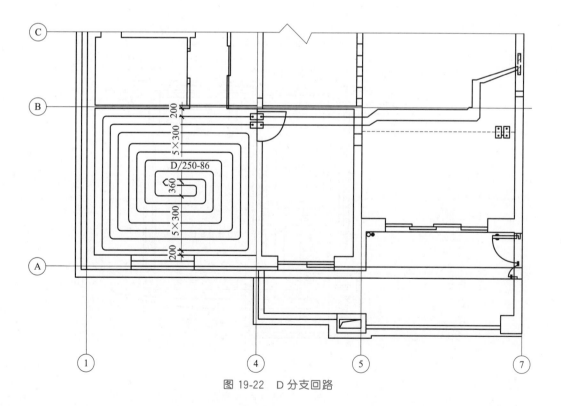

图 19-22 D 分支回路

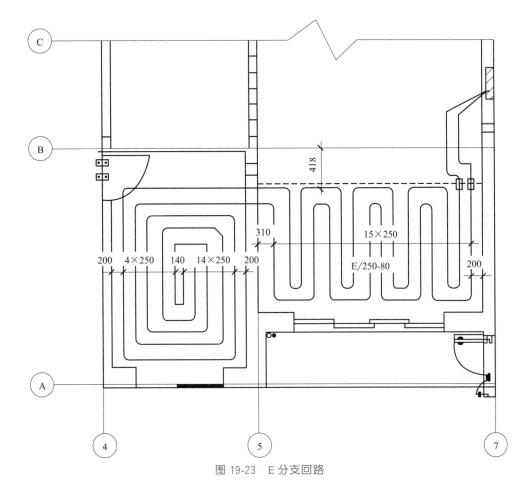

图 19-23　E 分支回路

19.3.1.2　通风空调

（1）地下室通风系统

地下室通风设计如图 19-24～图 19-26 所示。

① 设计与施工说明如下。

a. 设计依据：已批准的方案设计文件及审批意见，建设单位对本专业提出的有关意见有关设计规范。

b. 设计范围：地下室通风及防排烟设计。

c. 风管材料制作及安装：风管材料见表 19-1。风管采用镀锌钢板咬口制作，做法参照《通风与空调工程施工质量验收规范》（GB 50243—2016）。防火阀必须单独配置支吊架，气流方向必须与阀体上标志的箭头相一致，风管支吊架做法详见相关国家标准，并在支吊架与风管间镶以软木垫；测量孔位置及做法详见相关国家标准；风管吊支架跨距最大不应超过 3m；所有风管三通处（除装有多叶调节阀的风管外）均加装风管拉杆阀。涂刷非镀锌钢板保温前必须清除外表污锈，刷红丹漆两道。镀锌钢板焊缝处必须清除外表污锈，刷红丹漆两道。管道支吊架及设备在表面除锈后刷红丹漆两道，再刷色漆两道。

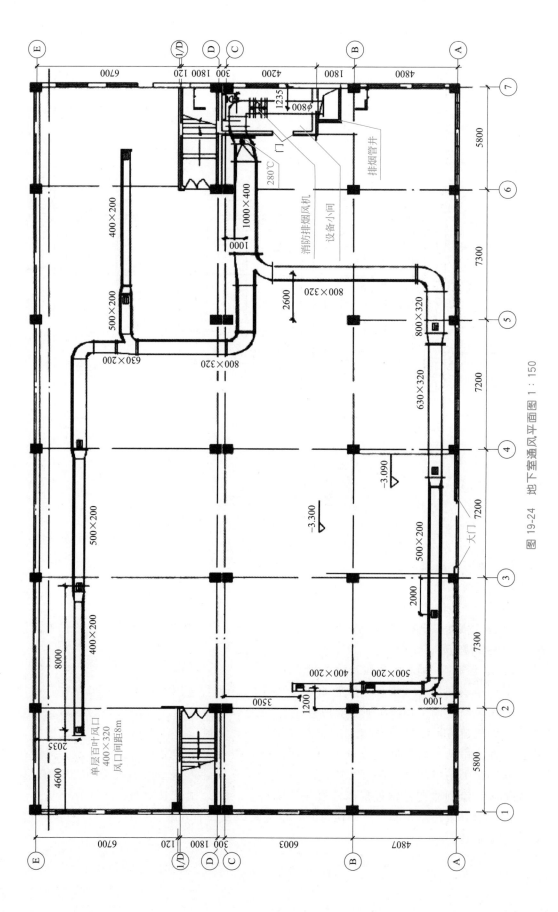

图 19-24 地下室通风平面图 1 : 150

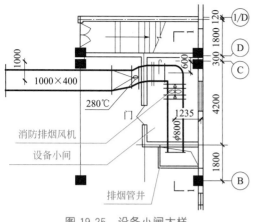

图 19-25 设备小闸大样

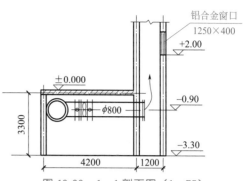

图 19-26 1—1 剖面图 (1：75)

表 19-1 风管材料

风管材料	镀锌薄钢板				
长边长 mm	$B \leqslant 320$	$320 < B \leqslant 450$	$450 < B \leqslant 630$	$630 < B \leqslant 1000$	$1000 < B \leqslant 1250$
钢板厚度	0.50	0.60	0.75	1.00	1.20
排烟管厚度	0.80	1.00	1.00	1.20	1.20

注：防火阀至防火墙之间的风管壁厚为 2.0mm。

d. 通风：—1 层地下汽车库采取机械排风自然补风通风方式。汽车库换气次数为 6 次/h，排气量为 30618m³/h。

e. 防排烟：排风排烟合用一个系统，排风机为排风排烟两用风机。平时，各防烟分区的百叶风口正常送排风，排烟支管上的排烟防火阀、防火调节阀常开；火灾时，排风机转变为排烟风机，各防烟分区百叶风口转变为排烟和补风；当排烟温度大于 280℃时，排烟防火阀关闭，并联动排烟风机关闭。

f. 风机等设备应采用 20～50mm 厚的橡胶减振垫隔振，接头处均设置 150mm 长的防火软接头。

g. 其他本工程所有标高均为相对标高，标高以 m 计，尺寸以 mm 计，所有圆形风管标高均为管中心标高，矩形风管标高均为管顶标高。静压箱里的消声材料及软接头均为不燃型。本说明未尽处，按国家有关施工及验收规范执行。本设计所使用的部分设备统计见表 19-2。

表 19-2 部分设备统计表

序号	名称	型号性能	单位	个数	备注
1	排烟风机	YZW.I型 No.10 处理风量 35000m³/h	台	1	顶棚贴梁底吊装
2	防火软接头	厚度 150mm	个	2	
3	排烟防火阀	$\phi 800,280℃$	个	1	
4	风口	单层百叶风口 400mm×320mm	个	10	
5	插板阀		个	1	

序号	名称	型号性能	单位	个数	备注
6	铝合金窗口	1250mm×400mm	个	1	
7	天圆地方	φ800	个	1	

② 图纸分析

如图 19-24、图 19-25 所示，由地下室通风平面图知，排烟管井设置于设备小间旁，风机设置于设备小间内。管道在进入设备小间前为矩形管，连接一个天圆地方，变成圆管，并设有一个排烟防火阀。进设备小间后，管道中设有一插板阀，风机前后接头处均设置 150mm 长的防火软接头。排烟风口采用单层百叶风口，风口尺寸为 400mm×320mm，共 10 个风口，风口间间距为 8m，风口与墙体、柱子、轴线间间距均已标明。

如图 19-26 所示，由 1—1 剖面图知，地下室烟气最终通过排烟风机抽入排烟竖井，排出室外。排风干管的管中心标高为 -0.9m，管径为 φ800，安装于地下室顶板下面。

（2）某车间排风系统识图

某车间排风系统的平面图、剖面图、系统轴测图如图 19-27 所示，设备材料清单见表 19-3 所示。该系统属于局部排风，其作用是将工作台上的污染空气排到室外，以保证工作人员的身体健康。系统工作状况是由排气罩到风机为负压吸风段，由风机到风帽为正压排风段。

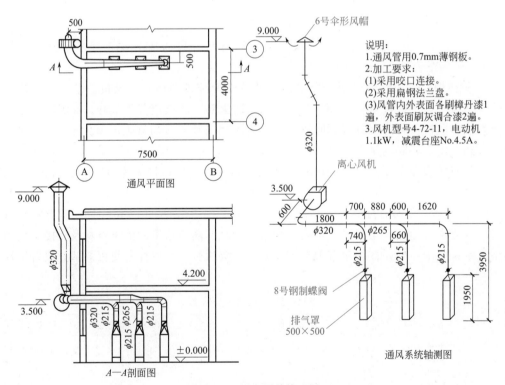

图 19-27　排风系统施工图

表 19-3　设备材料清单

序号	名称	规格型号	单位	数量
1	圆形风管	薄钢板 δ=0.7mm，φ215	m	8.50

序号	名称	规格型号	单位	数量
2	圆形风管	薄钢板 $\delta=0.7\mathrm{mm}, \phi265$	m	1.30
3	圆形风管	薄钢板 $\delta=0.7\mathrm{mm}, \phi320$	m	7.80
4	排气罩	500mm×500mm	个	3
5	钢制蝶阀	8#	个	3
6	伞形风帽	6#	个	1
7	帆布软管接头	$\phi320/\phi450, L=200\mathrm{mm}$	个	1
8	离心风机	4-72-11, $H=65\mathrm{mm}, L=2860\mathrm{mm}$	台	1
9	电动机	JO_2-21-4, $N=1.1\mathrm{kW}$	台	1
10	电动机防雨罩	下周长 1900 型	个	1
11	风机减震台座	No.4.5A	座	1

① 施工图设计说明的识读。

由施工图设计说明可知如下内容。

a. 风管采用 0.7mm 的薄钢板；排风机使用离心风机，型号为 4-72-11，所附电动机是 1.1kW；风机减震台座采用 No.4.5A 型。

b. 加工要求：使用咬口连接，法兰采用扁钢加工制作。

c. 油漆要求：风管内表面、外表面各刷樟丹漆 1 遍，灰调合漆 2 遍。

② 平面图的识读。

通过对平面图的识读可知风机、风管的平面布置和相对位置：风管沿③轴线安装，距墙中心 500mm；风机安装在室外③和Ⓐ轴线交叉处，距外墙面 500mm。

③ 剖面图的识读。

通过对 A—A 剖面图的识读可以了解到风机、风管、排气罩的立面安装位置、标高和风管的规格。排气罩安装在室内地面，标高是相对标高 ±0.000，风机中心标高为 +3.500m。风帽标高为 +9.000m。风管干管为 $\phi320$，支管为 $\phi215$，第一个排气罩和第二个排气罩之间的一段支管为 $\phi265$。

④ 系统轴测图的识读。

系统轴测图形象具体地表达了整个系统的空间位置和走向，还反映了风管的规格和长度尺寸，以及通风部件的规格型号等。实际工作中，细读通风空调施工图时，常将平面图、剖面图、系统轴测图等几种图样结合起来一起识读，可随时对照。这样即可以节省看图时间，还能对图纸看得深透，还能发现图纸中存在的问题。

(3) 多功能厅空调平面图识图

如图 19-28 所示为××大厦多功能厅空调平面图，图 19-29 为其剖面图，图 19-30 为风管系统轴测图。

从图中可见，空调箱设在机房内：Ⓑ、Ⓒ和①、②轴线间的房间。空调机房Ⓒ轴外墙上有一带调节阀的新风管（630mm×1000mm），空调系统由此新风管从室外吸入新鲜空气。空调机房②轴内墙上有一消声器 4，这是回风管。空调机房内有一变风量空调箱 1（BFP×18），该空调箱其侧面下部有一不接风管的进风口，新风与回风在空调机房内混合后被空调箱由此进风口吸入，经过冷热处理，由空调箱顶部的出风口送到送风干管。送风

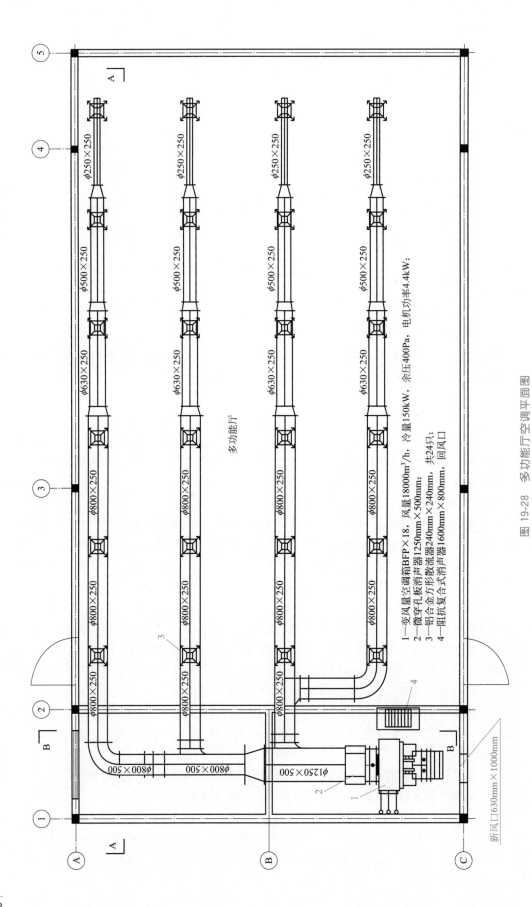

图 19-28　多功能厅空调平面图

φ250×250

φ500×250

φ630×250

φ800×250

多功能厅

1—变风量空调箱BFP×18，风量18000m³/h，冷量150kW，电机功率4.4kW，余压400Pa，电机功率4.4kW；
2—微穿孔板消声器1250mm×500mm；
铝合金方形散流器240mm×240mm，共24只；
3—阻抗复合式消声器1600mm×800mm，回风口

φ800×500

φ800×500

φ1250×500

新风口 630mm×1000mm

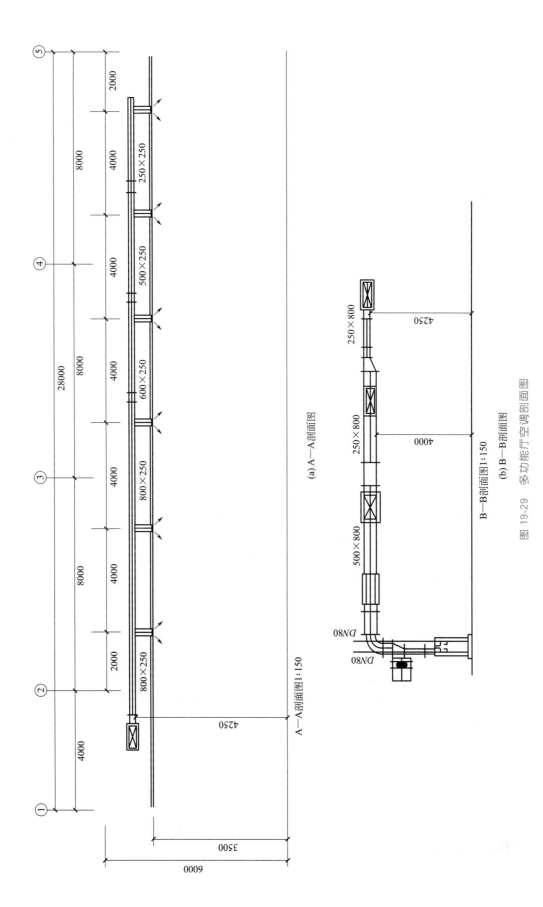

(a) A—A剖面图

A—A剖面图1:150

B—B剖面图1:150

(b) B—B剖面图

图 19-29 多功能厅空调剖面图

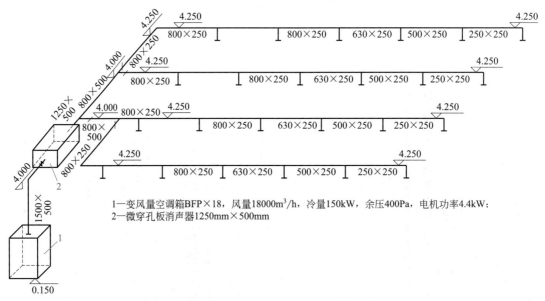

1—变风量空调箱BFP×18，风量18000m³/h，冷量150kW，余压400Pa，电机功率4.4kW；
2—微穿孔板消声器1250mm×500mm

图 19-30　多功能厅空调风管系统轴测图

经过防火阀，然后经过消声器 2，流入送风管 1250mm×500mm，在这里分出第一个支管 800mm×250mm，再往前流动，经过管道 800mm×500mm，又分出第二个支管 800mm×250mm，继续往前流动，即流向第三个支管 800mm×250mm。在每个支管上有 240mm×240mm 方形散流器 3（共 6 只），送风便通过这些方形散流器送入多功能厅。然后，大部分回风经消声器 2 回到空调机房，与新风混合被吸入空调箱 1 的进风口，完成一次循环。

从 A—A 剖面图可见：房间层高为 6m，吊顶离地面高度为 3.5m，风管暗装在吊顶内，送风口直接开在吊顶面上，气流组织为上送下回。

从 B—B 剖面图可见：送风管通过软接头直接从空调箱上部接出，沿气流方向高度不断减小，从 500mm 变成了 250mm，从该剖面图可见 3 个送风支管在这根总风管上的接口位置，支管大小分别为 500mm×800mm、250mm×800mm、250mm×800mm，风管底部标高分别为 4.250m、4.00m。

系统的轴测图清楚地表示了该空调系统的构成、管道的空间走向以及设备的布置情况。将平面图、剖面图和轴测图对照起来看：这是个带有新回风的空调系统，多功能厅的空气从地面附近通过消音器 4 被吸入到空调机房，同时新风也从室外被吸入到空调机房，新风与回风混合后从空调箱进风口吸入到空调箱内，经空调箱冷（热）处理后，经送风管送到多功能厅送风方形散流器风口，空气便送入了多功能厅，这是一个一次回风的全空气系统。

19.3.2　提升实训

19.3.2.1　散热器采暖宿舍楼识读

散热器采暖宿舍楼如图 19-31～图 19-34 所示。

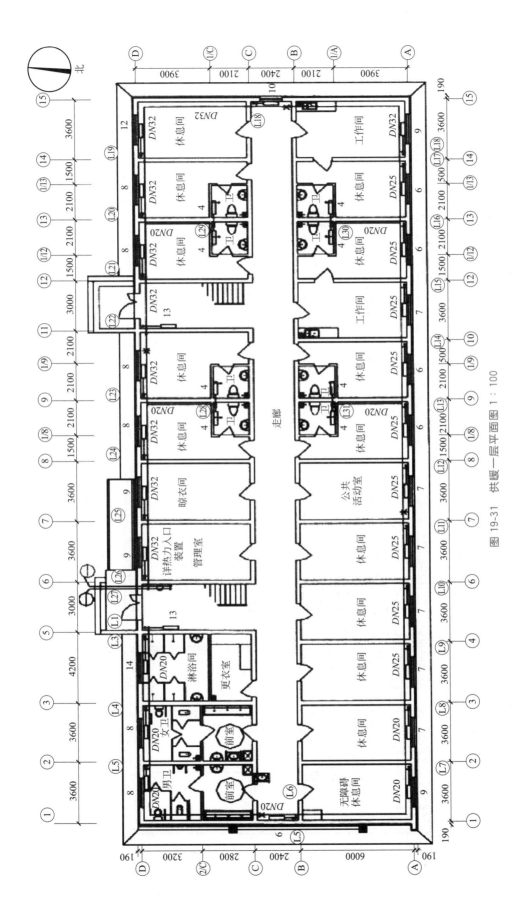

图 19-31　供暖一层平面图 1：100

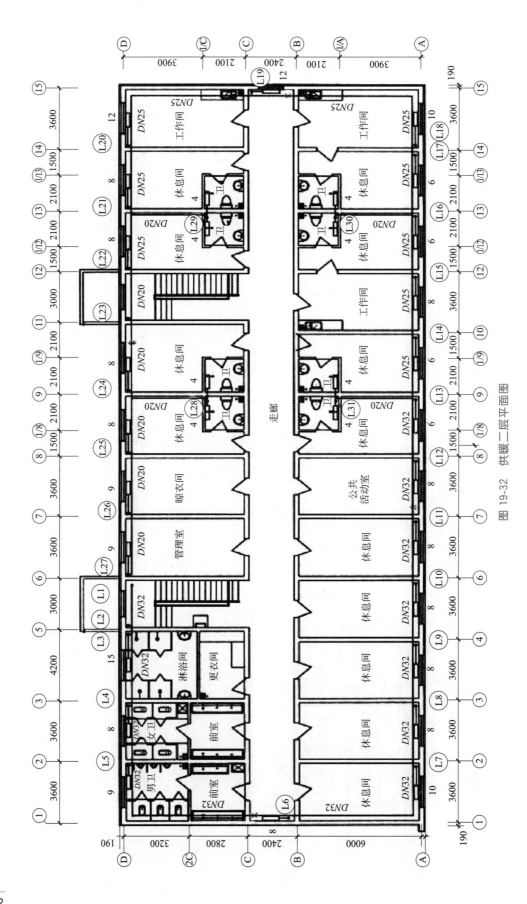

图 19-32 供暖二层平面图

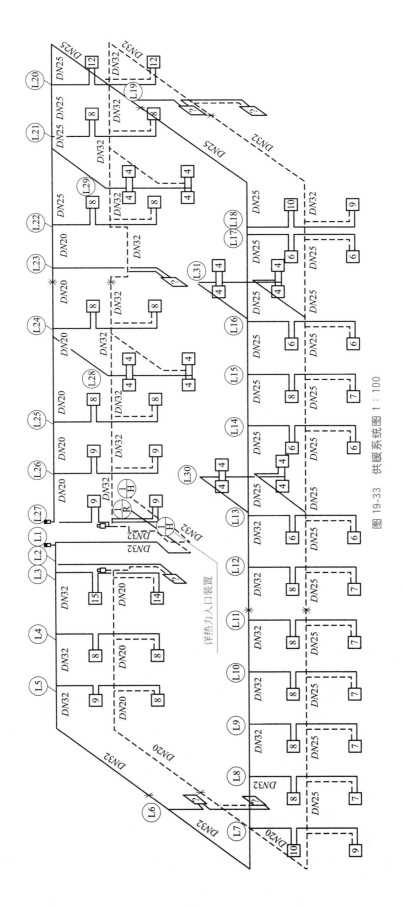

图 19-33 供暖系统图 1：100

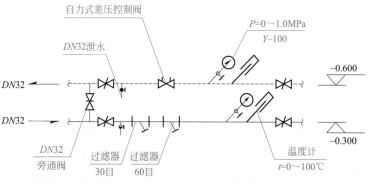

图 19-34　热力入口装置详图

(1) 设计及施工说明

① 建筑概况。本工程为某厂区职工宿舍散热器采暖施工图的设计，工程位于河北石家庄。该建筑结构形式为砖混结构，主体 2 层，层高 3.3m。总建筑面积约为 1289.12m²。

② 设计依据。建筑专业根据甲方设计委托及要求提供的文字，平面作业图、立面作业图、剖面作业图等。

③ 采暖设计及计算参数。

冬季采暖室外计算温度：−10℃。

冬季室外平均风速：6.0m/s。

冬季室外最大冻土深度：800mm。

冬季主导风向：NNW。

冬季室内计算参数：车间、办公室的供暖温度为 18℃（根据甲方要求）；卫生间的供暖温度为 16℃；楼梯间、走道的供暖温度为 16℃；厨房的供暖温度为 10℃。

④ 设计范围。楼内散热器采暖系统设计、卫生间排风系统设计、防火专篇、环保专篇。

⑤ 设计内容。

a. 楼内散热器采暖系统设计。

本工程采暖热源由自建锅炉房热水提供，供回水温度为 85℃/60℃，经无缝钢管引至建筑物热力入口处。该无缝钢管设有 50mm 厚聚氨酯保温层和聚乙烯保护壳，室外直埋。保温管供楼内冬季散热器热水采暖使用。采暖系统定压及补水由锅炉房统一解决（系统工作压力 0.4MPa）。采暖计算热负荷为 $Q=38.31kW$，面积热指标为 29.72W/m²。

供暖方式采用单管跨越式上供中回采暖系统，保证管中的水流速不得小于 0.25m/s，采用无坡敷设，供水干管顶层梁下敷设，回水干管一层梁下敷设，经校核采暖管道内的平均流速 0.36m/s＞0.25m/s，并在管道起端和终端设置了排气阀，满足无坡敷设要求。

散热器采用椭圆钢管柱散热器，高度 635mm。GGZ2-Ⅱ-600（宽×厚×高＝80mm×60mm×635mm），施工图中散热器均距地 100mm 挂墙安装。排气阀均采用优质铜质立式自动排气阀（接管 DN20）。

b. 卫生间排风系统设计。卫生间按照 10 次/h 计算通风量设置吸顶式通风器，由变压式风道排至室外。

c. 防火专篇。本工程采暖热媒为 85℃/60℃低温热水，椭圆钢管柱散热器热水采暖。

采暖管道均为热镀锌钢管，所有热水管道在穿墙及楼板处施工完后，均要求将其管道与穿墙套管之间的空隙用石棉麻絮非燃材料填充，外表抹平，采暖主管道均采用超细玻璃棉非燃保温材料。

d. 环保专篇。风机均选用低噪声设备。

（2）图样分析

由供暖一层平面图（图19-31）可知，本建筑坐南朝北，房屋布局不对称，楼梯间、卫生间、休息间、活动室、工作间以及走道的两端均设置散热器。供暖引入管和和回水管设置于西单元楼梯间处，参照热力入口装置详图（图19-34）可知，引入管、回水管管径为$DN32$，引入管标高为$-0.300m$，回水管标高为$-0.600m$，引入管中设置闸阀、泄水阀、过滤器、压力表、温度计等。回水管中设置闸阀、温度计、压力表、自力式差压控制阀、泄水阀。引入管与回水管之间设置旁通管。立管总共31根，均靠墙角设置。

对比供暖二层平面图（图19-32）可知，二层散热器布置与一层基本相同，部分房间暖气片片数增加，二楼楼梯间未设置散热器。

结合采暖系统图（图19-33）和设计说明可知，本系统采用上供中回式供暖，供水管由北边引入后靠楼梯间右侧墙角设置供水主立管L1，上升至二楼顶棚梁下，接供水横干管，依次供暖至立管L2~L31，其中，L28~L31为卫生间内供暖立管。立管上各散热器均为单管串联，回水管设置于一楼顶棚梁下。管道敷设均无坡度。暖气片的片数均已标明，如立管L2设于楼梯间，在一楼处接散热器，暖气片片数为13片，二楼未设置。又如L31，每层楼均接2个散热器，总共4个，每个散热器片数均为4片。在供水立管L1、L27顶部设置排气阀，在回水横干管的起端和末端均设置排气阀。管道相应的位置还设有固定支架。

19.3.2.2 某住宅楼（高层）采暖工程施工图实例解读

（1）设计说明

① 设计概况及设计内容

a. 本工程为某市某小区的住宅楼，位于某市宽敞路西段北侧。建筑面积为19662.23m²，其中地下室建筑面积为2011.12m²，地上建筑面积为17651.11m²。其中地下一层为储藏室，1~18层为住宅，属二类住宅。

b. 本设计包括公共建筑部分和住宅部分的采暖。

② 设计依据

a.《工业建筑供暖通风与空气调节设计规范》（GB 50019—2015）。

b.《住宅设计规范》（GB 50096—2011）。

c.《住宅建筑规范》（GB 50368—2005）。

d.《建筑设计防火规范》（GB 50016—2014）（2018年版）。

e.《公共建筑节能设计标准》（GB 50189—2015）

③ 采暖设计及计算参数

a. 采暖室外计算参数

ⅰ. 冬季采暖室外计算温度：$-8.1℃$。

ⅱ. 冬季室外平均风速：2.6m/s。

b. 采暖室内计算温度

ⅰ. 居住：卧室、客厅、餐厅为 18℃；厨房为 16℃；浴厕为 25℃。

ⅱ. 商业：营业厅、餐厅为 18℃；洗手间为 16℃。

④ 采暖系统

a. 本工程一层～十八层为一个采暖系统。采暖热源为城市一次网热水经换热站换热后提供，供水温度为 80℃，回水温度为 60℃。

b. 本工程采暖总耗热量为 555.60kW，采暖热指标为 $30.9W/m^2$。

c. 采暖系统为共用立管的新双管分户系统，住宅内为单管下供下回式，公用建筑户内为双管下供下回同程式，供回水管埋入本层建筑垫层内，垫层内管材对接焊式铝塑复合管，每组散热器装自动式恒温阀，恒温阀的安装详见产品要求，每户设热量表。

d. 本建筑散热器除卫生间外均选用 GRD-4 型钢制绕片管对流散热器，标准散热器为 $1873W/m^2$。安装高度为距地 0.21m。

⑤ 施工说明

a. 户内系统垫层交联铝塑管（XPAP）不得有接头，施工过程中管道出地面，端头应用塑料盖封堵。埋地管道与散热器连接的具体做法见详图。塑料管材标准其外径用 $De××$ 表示。

b. 管井内采暖立管采用焊接钢管，$DN>32mm$ 为焊接，$DN≤32mm$ 为螺纹连接。

c. 热水管道敷设安装时，在其最高点设排气阀，排气阀选用自动排气阀 ZP88-1 型立式铸铜排气阀，具体见详图。

d. 管道上的阀门安装在便于操作的地方，$DN≤50mm$ 时采用截止阀，$DN>50mm$ 时采用闸阀。

e. 防潮与保温。采暖系统埋地管道采用 40mm 厚聚氨酯直埋保温管，防潮保护壳为玻璃钢，楼内立管及非采暖房间均采用 30mm 厚橡塑管壳进行保温，外缠玻璃布保护，做法见图集 05S8，管件支架表面除垢后，刷防锈漆两道（室内明露部分再涂银粉两道）。门厅、走廊内采暖管加 10mm 厚橡塑套管。

f. 过滤器采用 Y 形过滤器，过滤网规格 60 目/in（1in＝25.4mm）。波纹补偿器采用轴向式波纹伸缩节，其与固定支架的设置详见 05N1-179。

g. 热量计量装置由供应商配套提供，采用机械式旋翼流量计可水平和竖直安装。

h. 系统安装完毕后保温之前试压，试验压力为 0.9MPa，具体按照《建筑给水排水及采暖工程施工质量验收规范》（GB 50242—2002）中的规定进行。散热器组队后，安装前做 0.9MPa 的水压试验，试验方法见《建筑给水排水及采暖工程施工质量验收规范》（GB 50242—2002）。

i. 采暖管道经试压合格投入使用前必须进行反复冲洗，直到排出水中不带泥砂铁渣等杂质，且水色不浑浊时为合格。在冲洗之前，应先除去过滤器滤网，待冲洗工作结束后再安装。

j. 本设计需报县级以上人民政府建设行政主管部门或其他相关部门施工图审图部门审查标准后方可施工。

k. 未尽事宜参见相关图集和《建筑给水排水及采暖工程施工质量验收规范》（GB 50242—2002）等中的规定进行。

l. 图例。图例见表 19-4。

表 19-4　图例

序号	图例	名称
1	 ———————	采暖供水管
2	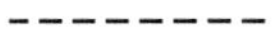 - - - - - - - -	采暖回水管
3	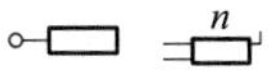 ○—▭　▱ⁿ	散热器（n 表示散热器长度）
4	 ✕　✕	固定支架
5	 ⊶	自动排气阀
6	 ⊤ ⋈	截止阀
7	 ⊥	自力式恒温阀
8	⋈	闸阀
9	⋈	平衡调节阀
10	⋈	锁闭阀
11	▱	过滤器
12	 R Ⓡ	热量表
13	⊟	波纹膨胀节
14	800×250 CE-0.40	风管规格及风管中心标高

（2）首层平面图解读

某住宅楼采暖施工图首层平面图（部分）如图 19-35 所示。

在识读采暖施工图首层平面图时，首先应了解每个管道和散热器的布置位置，然后通过系统图得到管道的标高和阀门等配件安装的位置，最后查看设计说明得出散热器的型号及安装方式和安装要求。具体识图内容见图中标注。

（3）二层平面图解读

图 19-36 所示为某住宅楼采暖施工图二层平面图。

采暖工程二层平面图中给出了每个房间散热器安装的位置、连接散热器管道的布置方向和坡度，管道安装的具体操作要结合采暖系统图进行施工。具体识图内容见图中标注。

（4）采暖系统图解读

图 19-37 所示为某住宅楼采暖系统图。

本图导读：采暖系统的管道应按顺序敷设，在施工过程中应与采暖平面图对照；具体施工做法见施工说明。具体识图内容见图中标注。

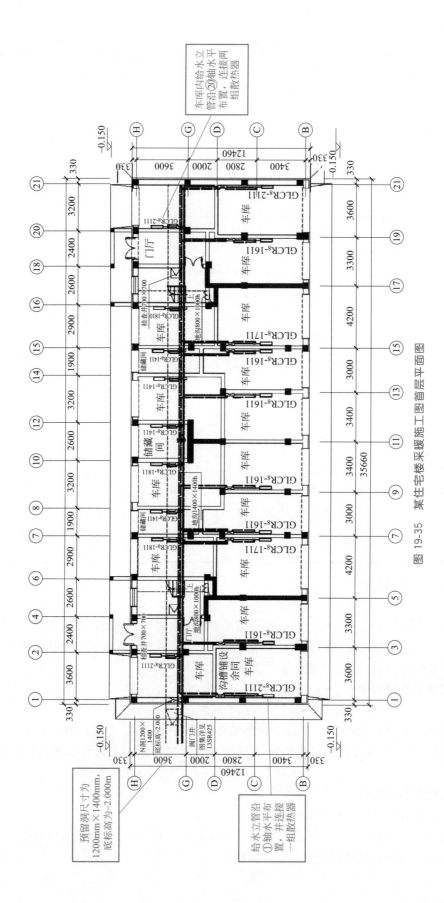

图 19-35 某住宅楼采暖施工图首层平面图

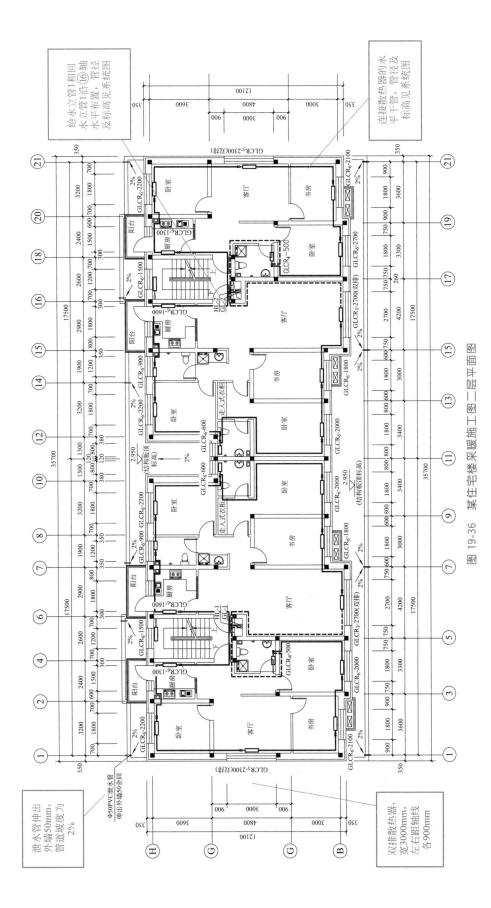

图 19-36 某住宅楼采暖施工图二层平面图

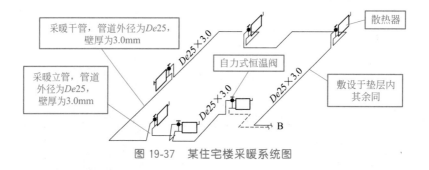

图 19-37 某住宅楼采暖系统图

19.3.2.3 办公楼空调系统

办公楼空调系统如图 19-38～图 19-43 所示。

如图 19-38、图 19-39 所示，L1 为空调冷冻水供水管，供水管由冷水机组引出，其上设置水流开关、橡胶软接头、蝶阀、压力表、温度计，此水管出水温度为 79℃，输送至换热设备，通过换热设备与热空气进行热交换，温度升高为 12℃，再通过冷冻水回水管 L2 回到冷水机组内。冷却水供水管道为 L3，此水管水温大约 37℃，由冷水机组通向冷却塔，在冷却塔内冷却为 32℃，由冷却水回水管 L4 输送至冷水机组。冷冻水回管上设置冷冻水泵，冷却水回水管上设置冷水泵。冷却塔中设置补水管 S。冷冻水泵进水管前端设置膨胀水箱，水箱上设置补水管和溢流管。水泵前设置蝶阀、Y 形水过滤器、橡胶软接头，水泵后设置橡胶软接头、温度表、蝶阀、压力表。

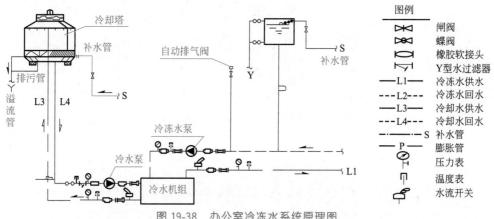

图 19-38 办公室冷冻水系统原理图

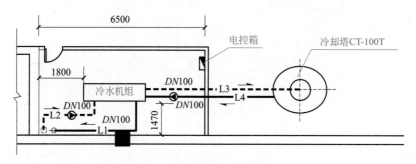

图 19-39 空调机房平面图

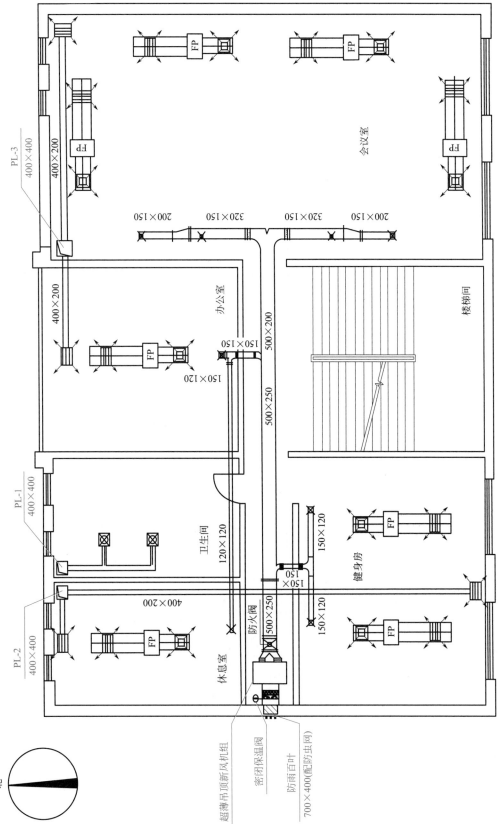

图 19-40 办公楼通风空调平面图

北

PL-3
400×400
400×200

会议室

200×150 320×150 320×150 200×150

办公室

500×200

500×250

150×150
150×120

楼梯间

PL-1
400×400

卫生间

120×120

健身房

150×120

150×150

PL-2
400×400

400×200

休息室

防火阀

150×120

150×150

500×250

超薄吊顶新风机组

密闭保温阀

防雨百叶

700×400(配防虫网)

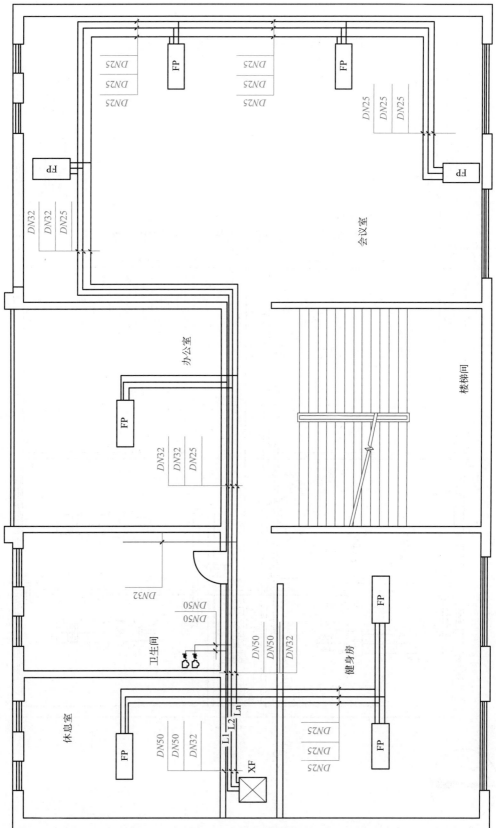

图 19-41　办公楼空调水管道平面图

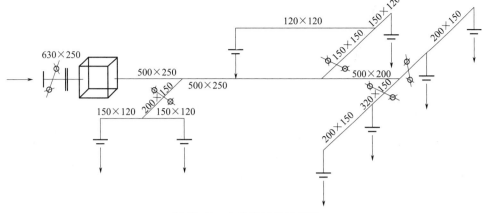

图 19-42 办公楼风机系统图

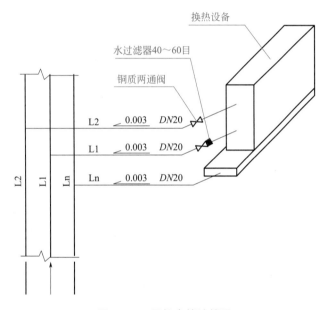

图 19-43 风机盘管接管图

L2—热水回水管；L1—热水供水管；Ln—冷凝水管

由图 19-40 可知，该办公楼的卫生间、休息室和会议室均设置排风口和排风管，三个排风立管尺寸均为 400mm×400mm。

由图 19-41、图 19-42 可知，办公楼通风空调房间内采用独立新风加风机盘管系统。新风由走廊吊顶新风机组提供。超薄吊顶新风机组设置于走道西端，新风口设置防雨百叶、密闭保温阀，新风机组后管道设置防火阀，由矩形管道输送至健身房、休息室、办公楼和会议室，管道分支处均设置调节阀。独立新风系统共设置 8 个送风口，新风加风机盘管系统设有 8 个风机盘管，8 个回风口和 8 个送风口。

由图 19-41～图 19-43 可知，空调供回水立管由卫生间引出，L1 为供水管，L2 为回水管，Ln 为空调冷凝水管。供回水管将冷媒或热媒分别输送至各个房间的风机盘管内，在盘管内与房间内的空气进行热交换。

第 **20** 章

电气工程施工图识读的应用

20.1　图纸目录、设计说明

（1）图纸目录

下面以某栋结构的图纸目录（图 20-1）为例，进行图纸目录的识读。

序号	图号	名称	张数	备注
1	电施E-01	电气施工图设计总说明及图纸目录1	1	
2	电施E-02	电气施工图设计总说明及图纸目录2	1	
3	电施E-03	供电竖向及配电箱系统图	1	
4	电施E-04	配电箱系统图	1	
5	电施E-05	设备安装详图及材料表	1	
6	电施E-06	地下室供电主干线及接地网布置图	1	
7	电施E-07	地下室公共区照明及弱电管线布置图	1	
8	电施E-08	一层商业应急照明管线布置图	1	
9	电施E-09	二层商业应急照明管线布置图	1	
10	电施E-10	三～十一层照明、弱电及消防管线布置图	1	
11	电施E-11	屋面夹层照明管线布置图	1	
12	电施E-12	一层商业弱电及消防管线布置图	1	
13	电施E-13	二层商业消防管线布置图	1	
14	电施E-14	屋面夹层弱电管线布置图	1	
15	电施E-15	屋顶防雷平面图	1	
		标准图		
1	03 D501-3	建筑物防雷设施安装	1册	国标
2	03 D501-4	接地装置安装	1册	国标
3	02 D501-2	等电位联结安装	1册	国标
4	04 D702-1	常用低压配电设备安装	1册	国标
		通用图		
1		建筑电气安装工程图集	套	

图 20-1　图纸目录

图 20-1 为图纸目录，从图中可以了解以下内容。

本套结构施工图共有 15 张图纸。图纸目录放在首页。看图前首先要检查各施工图的数量、图样内容等与图样目录是否一致，防止缺页、缺项、是否齐全等。

图纸目录中主要能够反映出本套图纸的图别、图号和图纸名称，方便在识图过程中有针对性、及时准确地找到想要查看的图纸。往往在大型工程中，图纸的页数较多，在识图及进行工程量计量时往往要前后查找数据，如果不熟悉图纸目录会降低识图效率。

（2）设计说明

通过阅读建筑电气工程图纸的设计总说明，通常可以了解到该建筑电气工程的工程概况。下面给出此案例的建筑电气工程的设计说明，以分析识读。

① 设计依据

a. 建筑概况：本住宅建筑面积约 1500m²，为地上 4 层的多层住宅。建筑总高度为 14.60m。结构形式为框架结构，钢筋混凝土现浇楼板，基础形式为桩基础。（为了方便识图及工程造价计量与计价，体现工程的典型性，本建筑电气安装工程在实际工程的基础上进行了部分修改。）

b. 建设单位提供的设计委托书及设计任务书。

c. 相关专业提供的作业图及要求。

d. 本工程所遵循的国家现行的有关规范、标准、行业及地方的标准、规定如下：《建筑物防雷设计规范》（GB 50057—2010），《建筑设计防火规范》（GB 50016—2014），《住宅设计规范》（GB 50096—2011），其他相关的规范、规程、规定等。

② 设计范围

本单体工程的 220V/380V 低压配电、照明系统及线路敷设；防雷及接地保护系统；等电位联结。本工程电源分界点为单元一层的总电源进线箱内的进线开关。电源进户位置及穿墙套管由本设计提供。

③ 220V/380V 配电、照明系统

a. 本工程用电设备均为三级负荷。每单元采用一回路低压电源（220V/380V）入户，电源由小区内土建变电所低压配出柜引来，距本单体大约 50m。进线电缆从建筑物的北侧埋地引入每单元的一层总开关箱（ZM）。本工程配电系统采用放射式的供电方式给每户住宅。

b. 计费：据《××市建发××号文件》规定新建住宅住户的电费计量装置仅在每单元一层做集中电表箱统一管理，并规定每户住宅的用电标准为 10kW，车库的用电标准为每户 2kW。

c. 根据甲方要求，本工程照明均采用白炽灯吸顶安装形式（除图中注明外）；插座除厨房、卫生间采用防溅插座外，其余均选用普通型的安全插座；楼梯间照明采用红外自动感光声控照明吸顶灯。

d. 每户内照明、厨卫插座、普通插座、空调插座均由不同支路供电。除空调插座外，其余插座回路均设漏电保护，漏电动作电流为 30mA。

④ 导线选型及敷设

a. 室外电源进线由上一级配电开关确定，本设计所给定值为参考值。

b. 除图中注明外，本工程由配电箱配出的所有导线均采用 BV-500V 聚氯乙烯绝缘铜芯导线穿阻燃型硬质塑料管（PC）保护，墙内、板内暗设。由住户开关箱（AM）配出的照明干线为 BV-2×4mm²，支线为 BV-2×2.5mm²（两个用电端以下为支线，余同），插座回路干线为 BV-3×6mm^2，支线为 BV-3×4mm^2。灯具高度低于 2.4m 时，需增加一根 PE 线。线路过沉降缝时加装沉降盒。线路过长时加装过线盒。

⑤ 设备的安装

除图中注明外，电源总开关箱（ZM）、集中电表箱（BM）、住户开关箱（AM）、车库开关箱（CM）均为铁制定型箱，墙内暗设。ZM 箱下沿距地 1.5m，BM 箱下沿距地 0.5m，AM 箱下沿距地 1.8m，CM 箱下沿距地 1.8m。翘板开关墙内暗设；底距地 1.2m，防溅插座底距地 1.8m，卧室、书房空调插座底距地 2.2m，客厅空调插座底距地 0.3m，其余插座底距地 0.3m。壁灯底距地 2.4m。

⑥ 建筑物防雷、接地系统及安全措施

a. 防雷。本建筑为一般性民用建筑物，按第三类防雷建筑物设计。屋顶避雷带利用 Φ12 镀锌圆钢沿女儿墙与屋面四周支设，支高 0.15m，间距 1m（不同标高的避雷带应紧密焊接在一起）。防雷引下线利用结构柱内两根 Φ16 的主筋连续焊接，上与避雷带、下与接地装置紧密焊接。

b. 接地及安全措施

ⅰ. 本工程等电位接地、电气设备的保护接地共用统一的接地装置，要求接地电阻不大于 4Ω，实测不满足要求时，增设人工接地极。

ⅱ. 接地极利用建筑物基础承台梁中的上下两层钢筋中的两根大于等于 Φ12 的主筋通长焊接，并同与之相交的所有桩基础内的四根大于 Φ12 的主钢筋焊接连通。

ⅲ. 凡正常不带电，而当绝缘破坏有可能呈现电压的一切电气设备金属外壳均应可靠接地。

ⅳ. 本工程采用总等电位联结，总等电位板由紫铜板制成，总等电位箱底距地 0.3m。应将建筑物内保护干线、设备进线总管、建筑金属结构等进行联结。总等电位箱联结干线，采用一根镀锌扁钢－40×4 由基础接地极引来，并从总等电位箱引出一根镀锌扁钢－40×4，引出室外散水 1.0m，室外埋深 0.8m。当接地电阻值不能满足要求时，在此处补打人工接地极，直至满足要求。注意要避开各单元的出入口处。总等电位联结线采用 BV-1×25mm^2，穿 PC32 管，总等电位联结均采用等电位卡子，禁止在金属管道上焊接。

ⅴ. 有淋浴室的卫生间采用局部等电位联结，设有局部等电位箱（LEB），局部等电位箱暗装，底边距地 0.5m。将卫生间内所有金属管道、金属构件、建筑物金属结构联结，并通过铜芯绝缘导线 BV-1×6-PC16 与浴室内的 PE 线相连。具体做法参见国家标准《等电位联结安装》（02D501-2）。

ⅵ. 本工程接地形式采用 TN-C-S 系统，电源在进户处做重复接地。其工作零线和保护地线在接地点后严格分开。

⑦ 其他

a. 凡与施工有关而又未说明之处，参见国家、地方标准图集施工，或与设计院协商解决。

b. 本工程引用的国家及地方建筑标准设计图集为：国家标准《等电位联结安装》（15D502）。

(3) 识读内容

从设计说明中可以识读到以下内容。

① 工程的结构形式，为后面的配管配线工程提供了分析思路。因为平面图是用于理论分析的，实际的配管配线要根据房屋楼板的结构形式来确定。设计所依据的有关规范、标准等可以在识图及进行工程造价的计量时提供参考。

② 反映出工程图纸设计所涵盖的内容，电源分界点位置，表明一层总电源箱前端的电源进户线部分由电业部门完成安装，在工程造价计量与计价时不予考虑。但电源进户的具体位置及穿墙保护管类型、规格等本设计已经给出，在施工图上能够识读出来。

③ 电源在每一个单元都有入户，且电压等级为 220V/380V，电缆敷设长度在建筑物外大约 50m，从北侧埋地敷设进入室内到总开关箱（ZM）。供电方式为放射式。

④ 可以清楚本工程各处的导线及导管的型号、规格、敷设方式，支线与干线的划分方式等。根据基础知识可知，BV-2×4mm^2 的含义为 2 根截面积为 4mm^2 的铜芯聚氯乙烯绝缘导线，其他依此类推。

⑤ 表明各配电箱、开关、插座等安装的高度，为识图及进行工程造价计量提供垂直部分参考数据。表明各配电箱为铁制定型箱，为悬挂嵌入式安装，是成套配电箱。

⑥ 表明防雷接地及等电位联结的具体做法及参考图集、接地形式、重复接地位置等。具体关于防雷接地安装的内容在后面识图时具体交代。

⑦ 指明应参考的标准图集，具体施工工艺及设备安装情况需要进行查询。识图时应准备好上述图集。

20.2　变配电施工图

下面以某建筑的变配电室的电气平面图和系统图（图 20-2、图 20-3）为例，进行变配电室平面图和系统图的识读。

图 20-2、图 20-3 为配电室平面图和系统图，从图中可以了解以下内容。

① 有两台三相干式变压器，每台变压器容量为 1000kV·A。

② 高压进线为两路 10kV，用 YJV22-10kV-3×240 电缆引入，到 1、5 号高压进线柜，进线柜为手车式，内装隔离开关。

③ 2 号、11 号高压柜是互感器柜，内装电压互感器和避雷器；3 号柜、10 号柜是主进线柜，装有真空断路器；4 号柜、9 号柜是计量柜，内装电压互感器和电流互感器，作为高压计量用；5 号柜、8 号柜是高压出线柜，装有真空断路器、电流互感器和放电开关等。

④ 输出到变压器的高压电缆为 YJV22-10kV-3×240。

⑤ 6 号、7 号高压柜是高压母线联络柜。高压柜左侧还有四面直流控制屏，具有提供二次控制用的直流电源、变配电的继电保护及中央信号功能。

⑥ 低压配电系统共有 20 个低压柜，1 号柜、20 号柜为低压总开关柜，采用抽屉式低压柜，变压器低压侧道用低压紧密式母线槽，容量为 1500A。低压供电为三相五线制（TN-S 系统）。低压进线柜装有空气断路器和电流互感器，用于分合电路、计量和继电保护，如图 20-3 所示。9 号、10 号、12 号和 13 号低压柜为静电电容器柜，用于供电系统功率因数补偿。柜内装有空气断路器、交流接触器和电流互感器等。低压输出配电柜有 13 台，采用抽屉式，用于照明、动力供电。

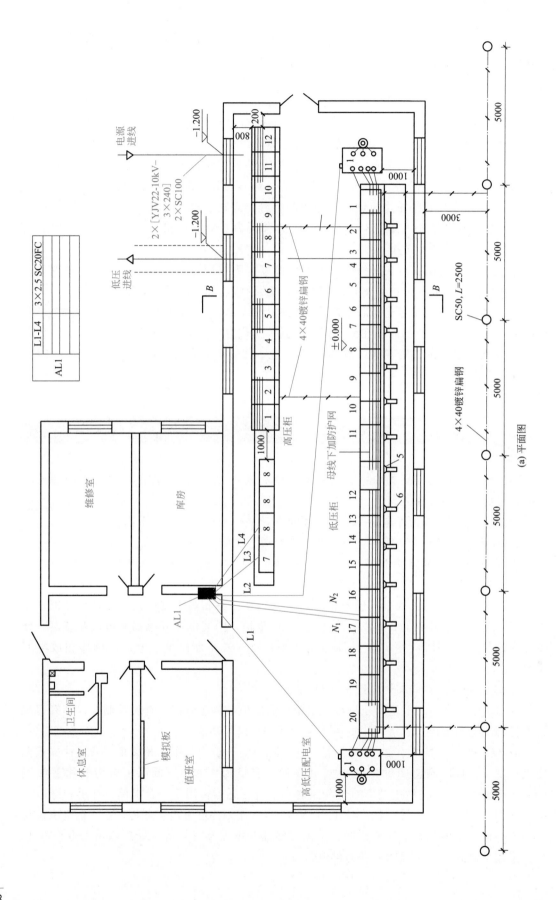

(a) 平面图

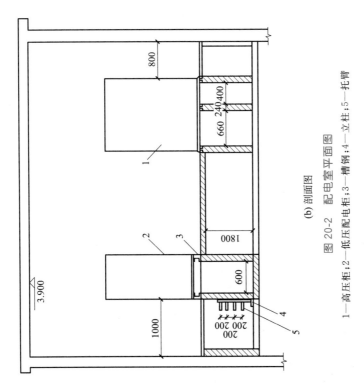

(b) 剖面图

图 20-2 配电室平面图

1—高压柜；2—低压配电柜；3—槽钢；4—立柱；5—托臂

型号	1	2	3	4	5	6	7	8	9	10	11	12
柜型号（手车柜） 母线 TMY-3(80×8)	12改	19改	07	JL	02	07	12	02	JL	07	19改	12改
一次线路方案	13QS	11QS	1QF/1QS	12QS	QF	3QF/3QS	31QS	QF	22QS	2QF/2QS	21QS	23QS
真空断路器ZN28-10/1250-31 5			1		1	1		1		1		
断路器电磁操作机构自带												
高压熔断器XRNP-12kV-1A		3		3					3		3	
避雷器Y5W2-12.7/45		3			3			3			3	
电压互感器JDZ-10		2									2	
电流互感器LZZJB9-10			3×(150/5)	2×(150/5)	3×(75/5)	2×(75/5)		3×(75/5)	2×(150/5)	3×(150/5)		
电流表63L2-A			3	3	3	3		3	3	3		
电压表63L2-V		1		1	1				1		1	
电压表接相开关LW2-5 5/F4 X		1		1	1				1		1	
接地开关JN1-101								1				
带电显示器CSNJ-10/T	1		1	1	1	1	1	1	1	1		1
操作机构CD17			1		1	1		1		1		
电缆信号规格												
二次线路图号												
配电柜用盒												
备注	进线隔离	互感器	主进线	计量	变压器	母线分断	分断隔离	变压器	计量	主进线	互感器	进线隔离

(a) 高压系统图

柜编号	1	2	3	4	5	6	7	8	9	10
柜型号GBD-1	03B	40	40	40	40	40	42	41	90	91
母线 TNY-3×[120×10]	1000kVA			TMY-100×10					12×CLMB43	12×CLMB43

一次线路方案

分路编号N：
1 | 2 3 4 | 5 6 7 8 | 9 10 11 12 | 13 14 15 16 17 | 18 19 20 | 21 22 | 23 24 25 26 27 28 | 90 | 91

分路编号N	1	2 3 4	5 6 7 8	9 10 11 12	13 14 15 16 17	18 19 20	21 22	23 24 25 26 27 28	9	10
柜宽/mm	1000	800	800	800	800	800	800	800	1000	1000
刀开关QA-1000							1			
刀开关QA-630		2	2	2	2	2			1	1
刀开关QA-400								1		
刀开关QA-200										
低压断路器M20	1600A									
低压断路器ME1000							800A			
低压断路器GM-630		630A 500A 630A 500A	500A	500A			500A			
低压断路器GM-400			400A	400A 300A 400A	400A 300A 400A	400A 300A				
低压断路器GM-225					180A	180A 180A		100A 100A		
低压断路器GM-100										
交流接触器CJ40										
电流互感器LMZJ, JMZ, -0.5	2000/5	600 500 600 500 /5 /5 /5 /5	400 500 400 500 /5 /5 /5 /5	400 300 400 400 /5 /5 /5 /5	400 200 300 200 /5 /5 /5 /5	300 200 300 /5 /5 /5	800/5 500/5	300 /5	400/5	400/5
电流表62-A	3	1 1 1 1	1 1 1 1	1 1 1 1	1 1 1 1 1	1 1 1	3 3	3	3	3
电压表62-V.0-450V	1									
信号灯AD11-30/220V								1 1 1 1		
设备容量P/kW	2036									
计算容量Pn	820kW								180kvar	180kvar
缆线型号规格									电容器	电容器
用电处所	进线								电容器	电容器

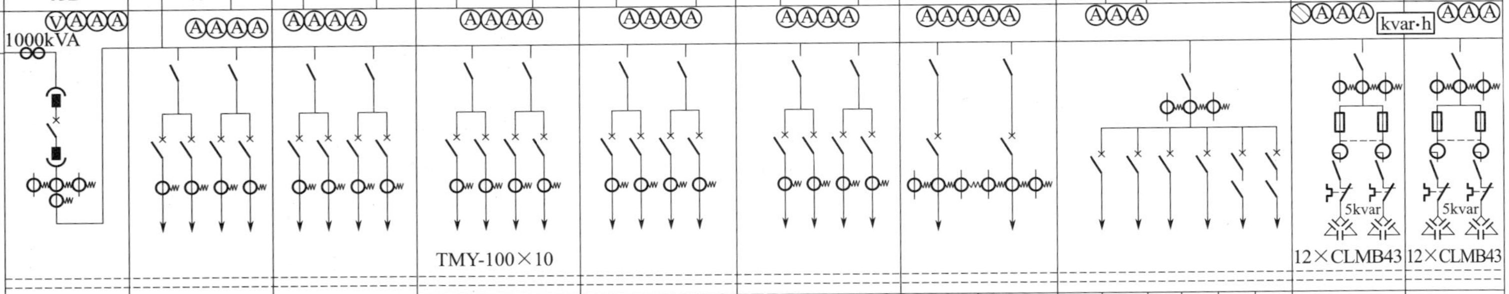

（b）低压系统图

图 20-3　系统图

20.3 动力及照明施工图

（1）动力接线图

下面以某住宅楼动力接线图（图 20-4）为例，进行动力接线图的识读。

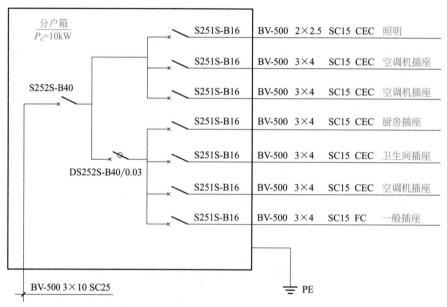

图 20-4　10kW 分户箱系统接线图

图 20-4 为 10kW 分户箱系统接线图，从图中可以了解以下内容。

进线回路导线为 3 根截面积为 $10mm^2$、耐压 500V 的聚氯乙烯绝缘单芯铜导线，穿直径 25mm 钢管引入，分户箱的机壳要做安全接地，设有高低两级断路器保护，每个输出支路的断路器脱扣电路设定 16A，总回路脱扣电流设定为 40A。照明和壁挂式空调回路没有设置漏电流保护器，而一般插座、卫生间插座、厨房插座和落地空调机插座回路共同使用一个漏电保护器。漏电保护器的型号为 DS252SB40/0.03，漏电流达到 30mA 时，漏电保护器会自动脱扣，对人员进行保护。8kW 分户箱与 10kW 分户箱基本相同，不再一一描述。

（2）动力系统图

下面以某一住宅楼动力系统接线图（图 20-5）为例，进行动力系统图的识读。

图 20-5 为 18kW 分户箱接线图，从图中可以了解以下内容。

该分户箱适用于带阁楼的住宅，实际上为相互级连的两个分户箱。主分户箱功率为 12kW，子分户箱功率为 6kW。主分户箱的输出回路设置与 10kW 分户箱基本相同，只是在主分户箱中增加一个回路为子分户箱配电，该配电回路的导线为 3 根 $10mm^2$ 聚氯乙烯绝缘铜线，穿直径为 20mm 的保护管引至子分户箱。子分户箱也设高低两极断路器保护，照明和壁挂式空调不加漏电保护器，而卫生间插座、一般插座和落地式空调插座回路加有漏电保护器。漏电保护器的动作电流为 30mA。

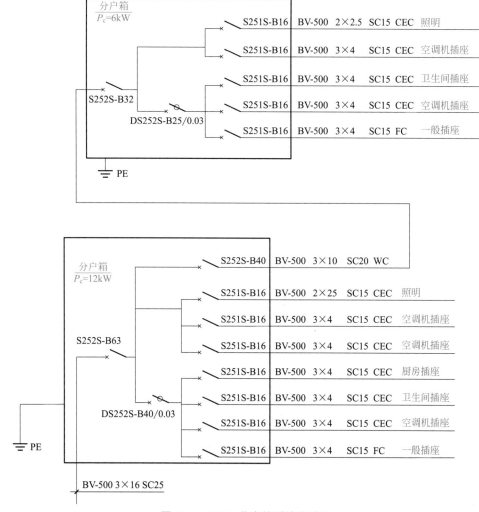

图 20-5　18kW 分户箱系统接线图

(3) 动力配电平面图

下面以某住宅楼动力配电平面图（图 20-6）为例，进行动力配电平面图的识读。

图 20-6 为动力配电平面图，从图中可以了解以下内容。

AP1 动力配电柜的电源的进线位置以及电缆型号（VVz2-1kV）、导线规格（$4 \times 185 mm^2$）、穿管尺寸（SC100）和埋地深度（$-0.8m$）。在动力配电图上也可以看出配电柜的编号（AP1）、型号（GDZ-3）、总功率（205kW）和计算电流（345A），同时可以看出 AP1 配电柜的两个输出回路的导线型号规格（VV-1kV）导线截面（$4 \times 50 mm^2 + 1 \times 25 mm^2$）和穿保护管直径尺寸等信息以及两个输出回路的负载编号（AL11、AL12）等。

AL11、AL12 为照明集中计量箱，AL11 总功率为 112kW，计算电流为 189A，共有 11 个输出回路，其中有 10 个回路相同，标为 10（BV-500 3×10 SC20 FC）分别引至 1～10AL1 分户箱，即共有 10 根直径 20mm 的钢管沿地面下敷设，每根保护管穿 3 根 $10 mm^2$ 的聚氯乙烯单芯铜质绝缘导线引出，另外一个输出回路为 BV-500 3×16 SC25 FC 引至 11AL1 分户箱。各符号含义同前述。该 11 个输出回路沿地面引至一单元电井处，除了

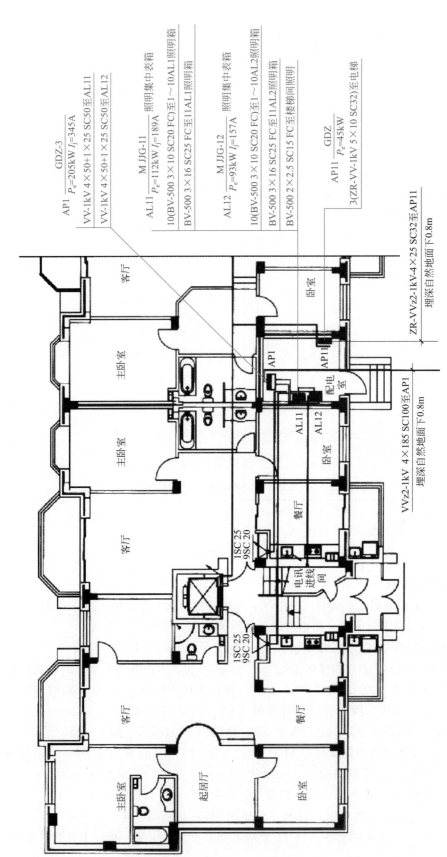

GDZ-3
AP1 P_e=205kW I_j=345A
VV-1kV 4×50+1×25 SC50至AL11
VV-1kV 4×50+1×25 SC50至AL12

MJJG-11 照明集中表箱
AL11 P_e=112kW I_j=189A
10(BV-500 3×10 SC20 FC)至1～10AL1照明箱
BV-500 3×16 SC25 FC至11AL1照明箱

MJJG-12 照明集中表箱
AL12 P_e=93kW I_j=157A
10(BV-500 3×10 SC20 FC)至1～10AL2照明箱
BV-500 3×16 SC25 FC至11AL2照明箱
BV-500 2×2.5 SC15 FC至楼梯间照明

GDZ
AP11 P_e=45kW
3(ZR-VV-1kV 5×10 SC32)至电梯

ZR-VVVz2-1kV-4×25 SC32至AP11
埋深自然地面下0.8m

VVz2-1kV 4×185 SC100至AP1
埋深自然地面下0.8m

图 20-6 动力配电平面图

1AL1 作为本层的动力配电直接进入一层的分户箱外，其余 10 个回路沿立管向上引出。图中标注为 1SC25、9SC20，即 1 根直径 25mm 钢管和 9 根直径 20mm 钢管。AL12 与 AL11 基本相同，只是增加了一个楼道照明回路，该照明回路单独引到一单元楼梯间，为照明线路供电。

配电柜 AP11 为电梯配电柜，其型号为 MJJG，输入回路的导线类型为 ZR-VVz2-1kV-4×25 SC32，即耐压 1000V 的阻燃 4 芯电缆，电缆每芯截面为 $25mm^2$，穿直径为 32mm，埋地下 0.8m 引入。AP11 配电柜输出有 3 个回路，总功率为 45kW，输出回梯电机供电。因为路导线信号为 3（ZR-VV-1kV 5×10 SC32），即 3 根同样的 5 芯阻燃电缆分别为 3 台 15kW 电梯供电机供电。因为本图为动力配电平面图的一部分，所以只在一单元电梯井侧看到一个向上的箭头，表明导线沿箭头方向向上引出。

（4）照明系统图

下面以某住宅楼照明系统图（图 20-7）为例，进行照明系统图的识读。

图 20-7 为照明系统图，从图中可以了解以下内容。

该照明工程采用三相四线制供电。配电箱动力线路采用 BV-(4×50)-SC80-FC，表示四根铜芯聚氯乙烯绝缘线，每根截面为 $50mm^2$，穿在一根直径为 80mm 的水煤气管内，埋地暗敷设，通至配电箱，内有漏电开关，型号为 HSL1-200/4P120A/0.5A。从总配电箱引至二、三、四层供电干线为 BV-4×50-SC70-WC，表示有四根铜芯聚氯乙烯绝缘线，每根截面为 $50mm^2$，穿在直径为 70mm 的水煤气管内，沿墙暗敷设。底层为总配电箱，二、三、四层为分配电箱。每层的供电干线上都装有漏电开关，其型号为 RB1-63C40/3P。各配电箱引出 14 条支路。其配电对象分别为：①、②、③支路为照明和风扇供电，线路为 BV-500-2×2.5-PVC16-CC，表示两根铜芯聚氯乙烯绝缘线，每根截面为 $2.5mm^2$，穿直径为 $16mm^2$ 的阻燃型 PVC 管沿顶板暗敷。④、⑤支路向单相五孔插座供电，线路为 BV-500-3×4-PVC20-WC。⑥、⑦、⑧、⑨、⑩、⑪、⑫向室内空调用三孔插座供电，线路为 BV-500-3×4-PVC20-WC。⑬、⑭支路备用。

（5）照明平面图

下面以某实验楼照明平面图（图 20-8）为例，进行照明平面图的识读。

图 20-8 为照明平面图，从图中可以了解以下内容。

物理实验室装有 1 盏双管荧光灯，每个灯管功率为 40W，采用链吊式安装，安装高度为 3.5m，4 盏灯用 2 只暗装单极开关控制；另外有 2 只暗装三相插座，2 台吊扇。化学实验室有防爆要求，装有 4 盏隔爆灯，每盏灯装 1 只 150W 白炽灯泡，采用管吊式安装，安装高度为 3.5m，4 盏灯用 2 只防爆式单极开关控制；另外还装有 2 个密闭防爆三相插座。危险品仓库亦有防爆要求，装有一盏隔爆灯，灯泡功率为 150W，采用管吊式安装。安装高度为 3.5m，由 1 只防爆单极开关控制。分析室要求光色较好，装有 1 盏三管荧光灯，每只灯管功率为 40W，采用链吊式安装，安装高度为 3m，用 2 只暗装单极开关控制，另有暗装三相插座 2 个。由于浴室内水汽较多，较潮湿，所以装有 2 盏防水防尘灯，内装 100W 白炽灯泡，采用管吊式安装，安装高度为 3.5m，3 盏灯用 1 个单极开关控制。男厕所，男、女更衣室，走廊及东西出口门外，都装有半圆球吸顶灯。一层门厅安装的灯具主要起装饰作用，厅内装有 1 盏花灯，装有 9 个 60W 白炽灯泡，采用链吊式安装，安装高度为 3.5m。进门雨篷下安装 1 盏半圆球吸

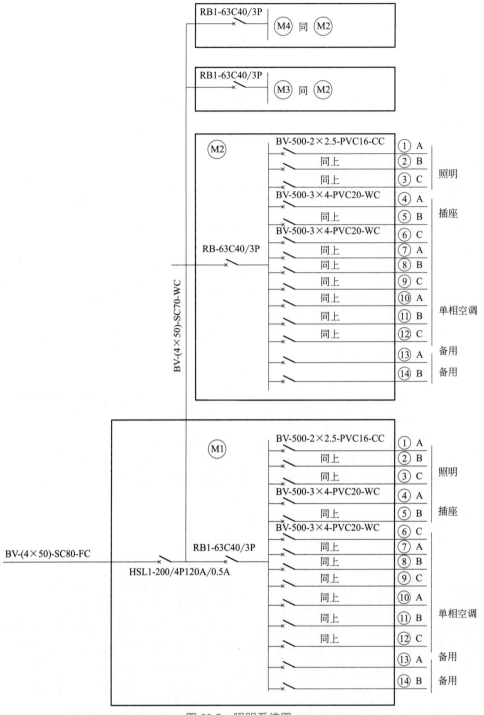

图 20-7　照明系统图

顶灯，内装 1 个 60 W 灯泡，吸顶安装。大门两侧分别装有 1 盏壁灯，内装 2 个 40 W 白炽灯泡，安装高度为 3 m。花灯壁灯和吸顶灯的控制开头均装在大门右侧，共 4 个单极开关。

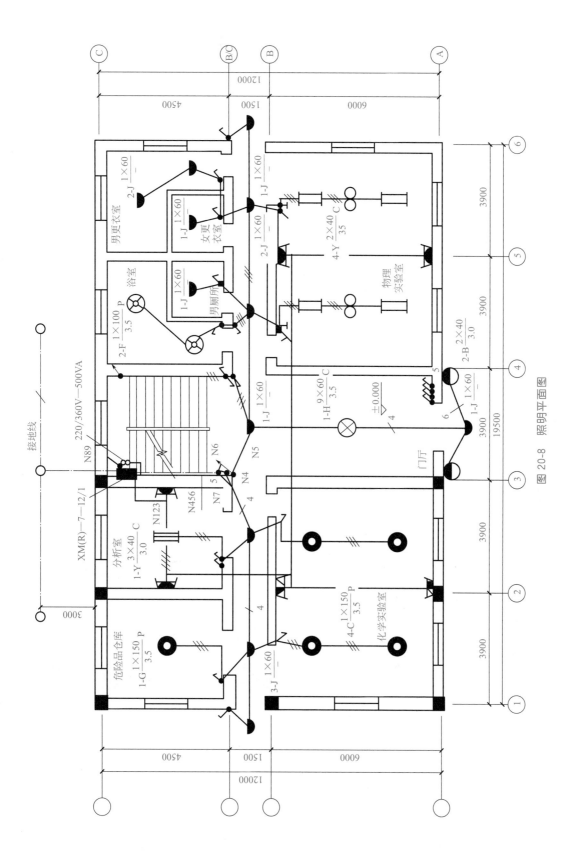

图 20-8 照明平面图

20.4　送电线路施工图

下面以某生活区供电线路平面图（图 20-9）为例，进行供电线路平面图的识读。

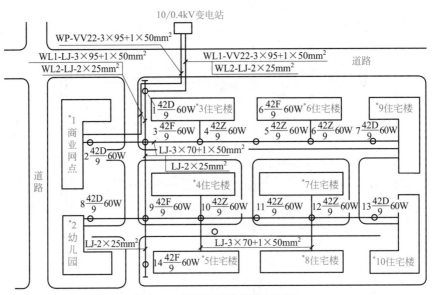

图 20-9　生活区供电线路平面图

图 20-9 为供电线路平面图，从图中可以了解以下内容。

1 号楼为商业网点，2 号楼为幼儿园，3～10 号楼为住宅楼。供电电源引自 10kV/0.4kV 变电站，用电力电缆线路引出。商业网点电源回路为 WP-VV22-3×95＋1×50mm²，由变电站直接敷设到位。WL1-VV22-3×95＋1×50mm² 为各用户的照明电力电缆。引至 1 号杆时改为架空敷设。采用 LJ-3×70＋1×50mm² 铝绞线，送至 3 号电线杆后，改用 LJ-3×70＋1×50mm² 铝绞线将电能送至各分干线，接户线采用 LJ-3×35＋1×16mm² 铝绞线。WL2-VV22-2×25mm 为路灯照明电力电缆，到 1 号电线杆后，改用 LJ-2×25mm² 铝绞线。电线杆型分别为 42Z（直线杆）、42F（分支杆）、42D（终端杆），杆高为 9m，路灯为 60W 灯泡。

20.5　弱电施工图

20.5.1　火灾自动报警及联动控制施工图

① 下面以某火灾报警与消防联动控制系统图（图 20-10）为例，进行火灾报警与消防联动控制系统图的识读。

图 20-10 为火灾报警与消防联动控制系统图，从图中可以了解以下内容。

系统控制器型号为 JB-1501A/G508-64，JB 为国家标准中的火灾报警控制器，经过相

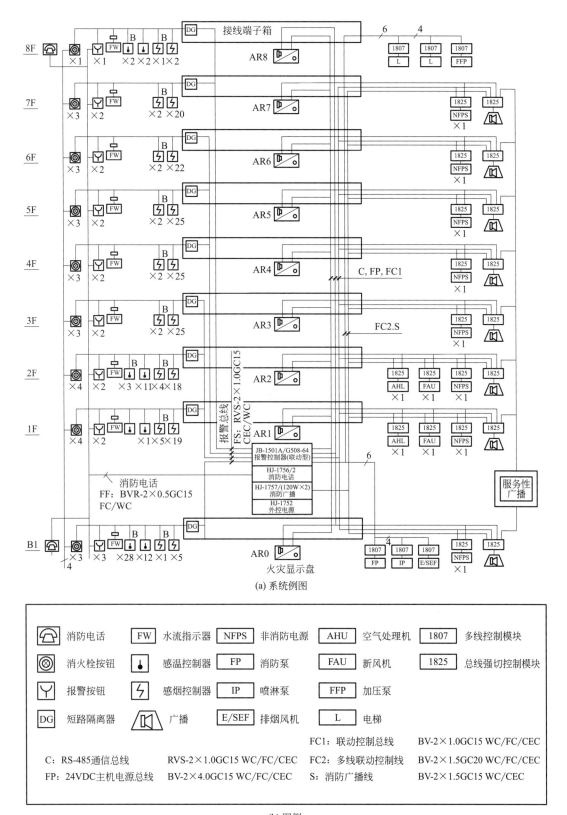

(a) 系统例图

⌒ 消防电话	FW 水流指示器	NFPS 非消防电源	AHU 空气处理机	1807 多线控制模块
◎ 消火栓按钮	● 感温控制器	FP 消防泵	FAU 新风机	1825 总线强切控制模块
Y 报警按钮	⚡ 感烟控制器	IP 喷淋泵	FFP 加压泵	
DG 短路隔离器	◁ 广播	E/SEF 排烟风机	L 电梯	

	FC1: 联动控制总线 BV-2×1.0GC15 WC/FC/CEC
C: RS-485通信总线 RVS-2×1.0GC15 WC/FC/CEC	FC2: 多线联动控制线 BV-2×1.5GC20 WC/FC/CEC
FP: 24VDC主机电源总线 BV-2×4.0GC15 WC/FC/CEC	S: 消防广播线 BV-2×1.5GC15 WC/CEC

(b) 图例

图 20-10 火灾报警与消防联动控制系统图

关的强制性认证，其他为该产品开发商的产品系列编号；消防电话总机型号为 HJ-1756/2；消防广播主机型号为 HJ-1757/（120W×2）；系统主电源型号为 HJ-1752，这些设备都是产品开发商配套的系列产品。由控制器引出 4 条报警回路总线，分别标号为 JN1～JN4，JN1 引至地下层，JN2 引至一～三层，JN3 引至四～六层，JN4 引至七～八层。报警总线采用星形接法。

② 下面以某火灾报警与消防联动控制平面图（图 20-11）为例，进行火灾报警与消防联动控制平面图的识读。

图 20-11 为火灾报警与消防联动控制平面图，从图中可以了解以下内容。

火灾自动报警和联动控制系统设备设置在本建筑首层，位于首层③～④轴、⑥～⑥轴之间消防及广播值班室。包括大堂、服务台、吧厅、商务及接待中心等在内的服务层。自下向上引入的线缆有 5 处，本层的报警控制线由位于横轴③、④之间，纵轴⑥、⑥之间的消防及广播值班室引出，呈星形接法自下引上。

本层引上线共有以下 5 处：在②/⑥轴附近继续上引 WDC；在②/⑥轴附近新引 FF；在②～③轴、⑥～⑥轴之间新引 FS、FC1、FC2、FF、C.S；⑨/⑥轴附近移位，继续引出 WDC；⑨/⑥轴附近继续引出 FF。

本层联动设备共有以下 4 台：AHU，在⑧轴、⑧～⑥轴附近空气处理机 1 台；FAU，在⑩/④轴附近新风机 1 台；NFPS，在⑩轴、⑥～⑥轴附近非消防电源箱 1 个。

本层检测、报警设施为：探测器，除咖啡厨房用感温型外，均为感烟型；消火栓按钮及手动报警按钮，分别为 2 点及 4 点。

20.5.2 电话通信施工图

① 下面以某住宅楼电话通信系统图（图 20-12）为例，进行电话通信系统图的识读。

图 20-12 为电话通信系统图，从图中可以了解以下内容。

进户使用 HYA 型电话电缆，埋地敷设，规格为 50 对线 2×0.5mm² 电缆。电话组线箱 TP-1-1 为一个 50 对线电话组线箱，型号为 STO-50。进线电缆通过 STO-50 组线箱将信号分送到各单元。单元干线使用 HYV 型 30 对电缆。从电话组线箱 TP-1-1 引出一、二层用户线，各用户线使用 RVS 型双绞线，每条为 2×0.5mm²。在三层和五层各设一个电话组线箱，型号为 STO-10（10 对线电话组线箱）。从三层及五层电话组线箱引出用户线至上层各 2 户的用户电话出线盒，用户线均使用 RVS 型 2×0.5mm² 双绞线。电话组线箱安装在楼道内，每户有两个电话出线盒，两个电话出线盒为并联关系。

② 下面以某住宅楼电话通信平面图（图 20-13）为例，进行电话通信平面图的识读。

图 20-13 为电话通信系统图，从图中可以看出用户电话出线盒的具体安装位置。

20.5.3 安全防范施工图

下面以某大楼保安闭路电视监控系统图（图 20-14）为例，进行保安闭路电视监控系统图的识读。

图 20-14 为楼宇监控系统图，从图中可以了解以下内容。

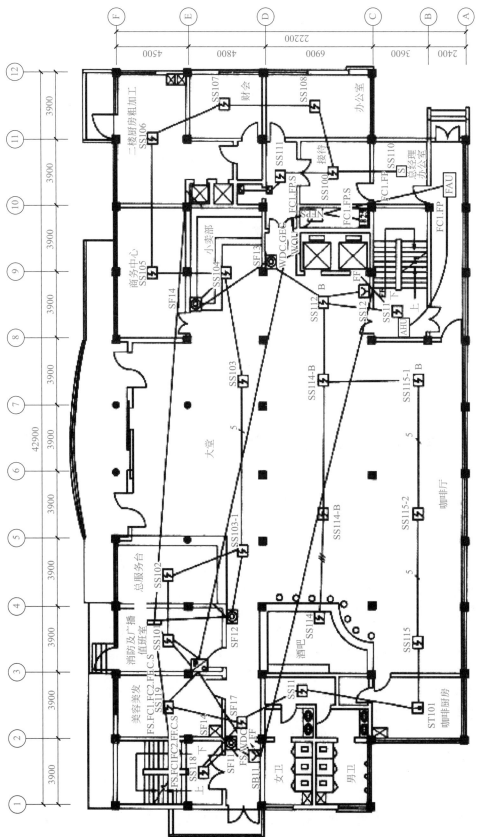

图 20-11 火灾报警与消防联动控制平面图

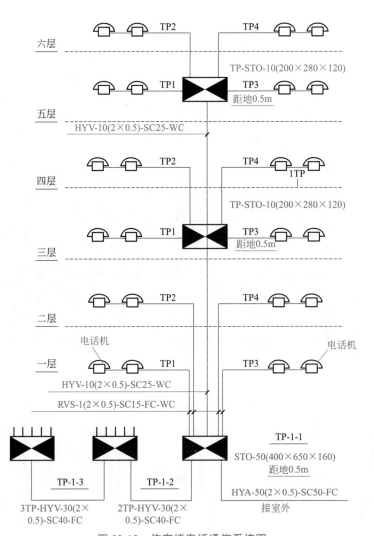

图 20-12　住宅楼电话通信系统图

该建筑地下 1 层，地上 8 层，地下 1 层为停车场，地上 8 层为住宅。地下层在 2 个楼梯出口设置 2 个监控摄像头，地上部分每层住宅的 4 个楼梯出口设置 4 个监控摄像头，摄像头可以通过在 1 层的控制中心进行控制。为能使系统图更清楚，其他栋楼未在图中反映，只是表示一栋建筑的部分。对小区入口设置了自动安检及停车收费管理装置，通过 IC 卡进行管理。入门有摄像监控，管理系统设在门卫值班室。

该楼宇监控系统的具体技术指标如下。

① 保安室设在一层，与消防中心共室，内设矩阵主机、16 画面分割器、视频录像、监视器及 24 V 电源设备等。视频自动切换器接受多个摄像点信号输入，定时自动轮换（1～30s）输出监控信号，也可手动任选一个摄像机的画面跟踪监视、录像、打印。系统矩阵主机带输入输出板、云台控制及编程，控制输出日期时间、字符叠加等功能。24 V 电源设备除向各摄像机供电外，还负责保安室内所有保安闭路电视系统设备供电。

② 在建筑的地下汽车库入口，各层电梯厅等处设置摄像机，要求图像质量不低于

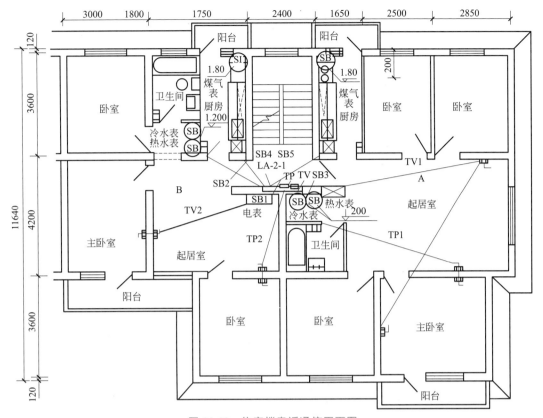

图 20-13　住宅楼电话通信平面图

四级。

③ 图像水平清晰度，黑白电视系统不应低于 500 线，彩色电视系统不应低于 380 线，图像画面的灰度不应低于 8 级。

④ 保安闭路监控系统各路视频信号，在监视器输入端的电平值应为 1Vp-p± 3dB VBS。

⑤ 保安闭路电视监控系统各部分信噪比指标分配应符合：摄像部分 40dB；传输部分 50dB；显示部分 45dB。

⑥ 保安闭路电视监控系统采用的设备和部件的视频输入和输出阻抗以及电缆电阻阻抗均应为 75Ω。

⑦ 摄像机至保安室预留两根 SC20 管。

⑧ 本系统所有各种器件均由承包厂商成套供货，并负责安装、调试。

⑨ 停车场管理系统：本工程在地下车库设一套停车场管理系统。采用影像全鉴系统，对进出的内部车辆采用车辆影像对比方式，防止盗车；外部车辆采用临时出票机方式。

20.5.4　综合布线施工图

下面以某办公楼综合布线系统图（图 20-15）为例，进行综合布线系统图的识读。

图 20-15 为综合布线系统图，从图中可以了解以下内容。

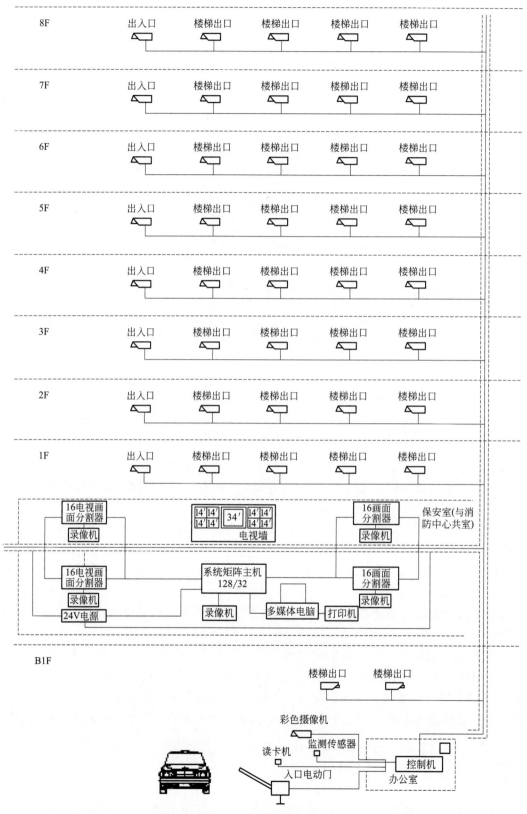

图 20-14　楼宇监控系统图

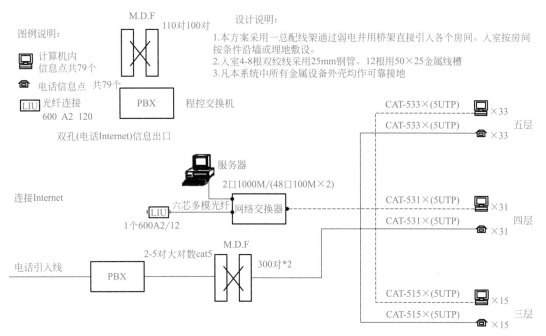

图 20-15　综合布线系统图

读图知该工程的主机房设于四层的服务用房，设备主要包含计算机网络系统的服务器、交换机、LIU、配线架等。各层采用金属线槽敷设，由线槽到各信息点之间采用穿钢管沿地/墙敷设。采用电话及网络的组合插座，两类线路可共管敷设。

在平面图中，电话和网络出线口是分别设置的，这是因为工程的需要，当电话及宽带网络出线口的位置相同时，网络由室外通过六芯多模光纤在四层引接。LIU包括光纤盒和耦合器，通过跳线连至网络交换机。交换器连接服务器等设备，同时连接两只48口配线架，通过5类线实现与三、四、五层信息点的连接。

电话由室外通过50对大对数电缆引入四层交换机，连接110配电架，通过5类线实现与三、四、五层电话信息点的连接。

20.6　防雷接地施工图

(1) 防雷施工图

下面以某一办公楼防雷平面图（图 20-16）为例，进行防雷平面图的识读。

图 20-16 为防雷施工图，从图中可以了解以下内容。

本工程为办公楼，砖混结构，楼板为现浇混凝土。建筑物长为 33.85m，最大高度为 11.10m。本建筑物防雷等级为三类。防雷装置应满足防直击雷、感应雷和雷电波侵入。

屋顶采用 ϕ10 镀锌扁钢作避雷带，沿着女儿墙四周明敷。因为本屋面较长，单独一圈避雷网不能满足防雷要求，所以在⑤轴处暗敷一根 ϕ10 镀锌扁钢，形成避雷网格。

避雷网在女儿墙上设置时，考虑到四角较容易遭受雷击，所以在转弯处加密设置支撑。⑤轴上的避雷带，设置在保温层上面，这样能保证较好的防雷效果。

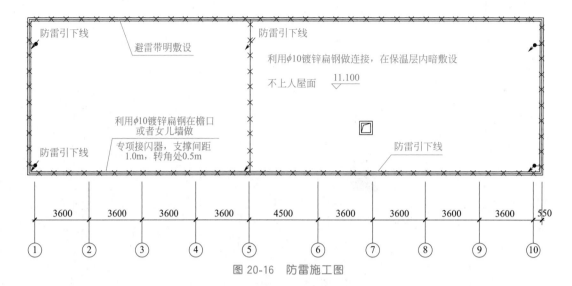

图 20-16　防雷施工图

引下线分别在设置在①轴×Ⓐ轴、⑤轴×Ⓐ轴、⑩轴×Ⓐ轴、①轴×Ⓑ轴、⑤轴×Ⓑ轴、⑩轴×Ⓑ轴，共 6 处。引下线采用柱内 2 根主筋通长焊接，主筋直径不小于 $\Phi 16$。引下线上端与避雷线焊接，下端与基础接地网焊接。所有外墙引下线在室外地面下 1m 处引出一根 -40×4 的扁钢，距外墙皮距离不小于 1m。

(2) 接地施工图

① 下面以某一变电所接地平面工程图（图 20-17）为例，进行接地平面工程图的识读。

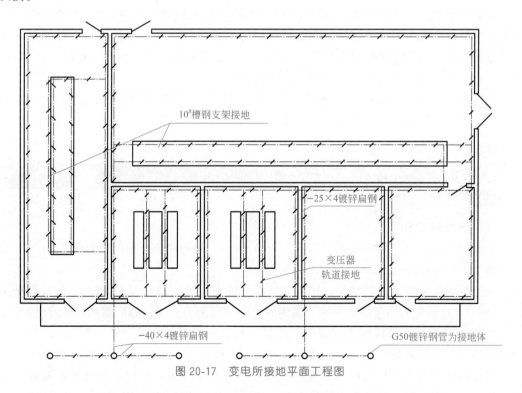

图 20-17　变电所接地平面工程图

图 20-17 为变电所接地平面工程图，从图中可以了解以下内容。

图 20-17 为有两台 10kV 变压器的变电所的接地平面电气工程图。可以看出接地系统的布置，沿墙的四周用－25×4 的镀锌扁钢作为接地支线，－40×4 的镀锌扁钢为接地干线，人工接地体为两组，每组有三根 G50 的镀锌钢管，长度为 2.5m。变压器利用轨道接地，高压柜和低压柜通过 10# 钢槽支架接地。要求变电所电气接地的接地电阻不大于 4Ω。

② 下面以某一住宅接地平面图（图 20-18）为例，进行接地平面图的识读。

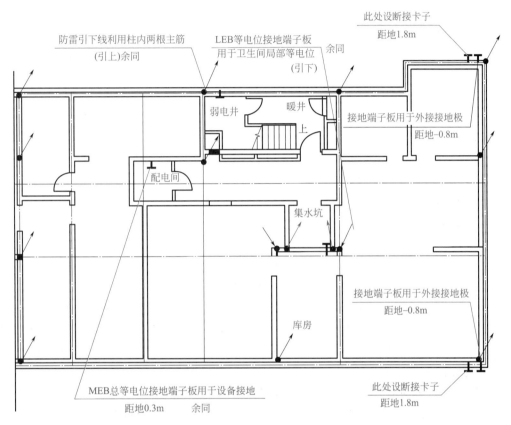

图 20-18　住宅接地平面图

图 20-18 为住宅接地平面图，从图中可以了解以下内容。

防雷引下线与建筑物防雷部分的引下线对应。在建筑物转角 1.8m 处设置断接卡子，用于接地电阻测量；在建筑物两端－0.8m 处设置有接地端子板，用于外接人工接地体。根据有关规定，人工接地体的安装位置要在建筑物 3m 之外，垂直人工接地体应采用长度为 2.5m 的角钢或镀锌圆钢，两接地体的间距一般为 5m，水平接地体一般采用镀锌扁钢材料，接地线均采用扁钢或圆钢，并应敷设在易于检测的地方，且应有防止机械损伤及防止化学腐蚀的保护措施。当接地线与电缆或其他电线交叉时，其间距至少应维持 25mm。在接地线与管道、公路等交叉处以及其他可能使接地线遭受机械损伤的地方，均应套钢管保护。所以预留接地体接地端子板时，要考虑人工接地体的安装位置。在住宅卫生间的位置，设有 LEB 等电位接地端子板，用于对各卫生间的局部等电位可靠接地；在配电间距地 0.3m 处，设有 MEB 总等电位接地端子板，用于设备接地。

20.7　实训与提升

20.7.1　基础实训

下面以别墅的电气施工图为例，说明电气施工图的识读方法。

(1) 设计说明

① 设计依据及规范

a. 相关专业提供的工程设计资料。

b. 建设单位提供的设计任务书及设计要求。

c. 中华人民共和国现行主要标准及法规：

《供配电系统设计规范》（GB 50052—2009）；

《低压配电设计规范》（GB 50054—2011）；

《建筑照明设计标准》（GB 50034—2013）；

《建筑物防雷设计规范》（GB 50057—2010）；

《火灾自动报警系统设计规范》（GB 50116—2013）；

《综合布线系统工程设计规范》（GB/T 50311—2016）。

其他有关国家及地方的现行规程、规范及标准。

② 设计范围：从电源进户预埋管起，至室内照明、动力及建筑物防雷、保护接地。

③ 电源。电源由小区绿地内的箱式变电所引入（由供电所负责室外电源引入每户电表箱），按二级负荷供电，估算装机容量约每户 25kW。

④ 线路敷设

a. 照明线路采用 BV-2×2.5VG20-PA 导线穿管暗敷。

b. 住宅插座线路采用 BV-2×2.5＋PE2.5VG20-DA 导线穿管暗敷。

c. 进户电缆沿预埋管敷设。

d. 本工程配线采用刚性无增塑阻燃塑料管（VG），并配塑料盒暗敷在混凝土内。

⑤ 接地保护。采用 TT 制，在每个单元电源箱内设 PE 专用接地点，该接地点与基础接地网可靠连接。

所有在正常情况下不带电的电器设备的金属外壳、安全插座的接地桩头、电线金属保护软管均与 PE 接地主干线连通。底层设总等电位接地，各卫生间设局部等电位接地。

⑥ 防雷接地。按第三类防雷建筑物设置防雷措施。

⑦ 其他

a. 图中未说明部分按国家及××地区有关规程施工。

b. 线路过长、弯头过多处应按规定加设过路箱。

c. 本工程的保护接地、弱电设备接地、防雷接地、等电位接地构成联合接地体，接地电阻不大于 1Ω。

（2）照明施工图

下面以别墅照明平面布置图和系统图（图 20-19、图 20-20）为例，进行照明平面布置图和系统图的识读。

图 20-19、图 20-20 为照明平面布置图和系统图，从图中可以了解以下内容。

① 了解建筑物情况，从建筑物平面图的角度读图，用细实线绘出了建筑物的平面图，这是一幢独立式二层别墅住宅。

② 别墅的强电系统是由多个回路组成的照明、插座和空调分配电箱供电线路。灯开关的插座基本为暗装，导线为穿管暗敷。总配电箱 M 在厨房外墙，分配电箱 K1 在工人房内，空调配电箱 K2 在二楼露台外侧。

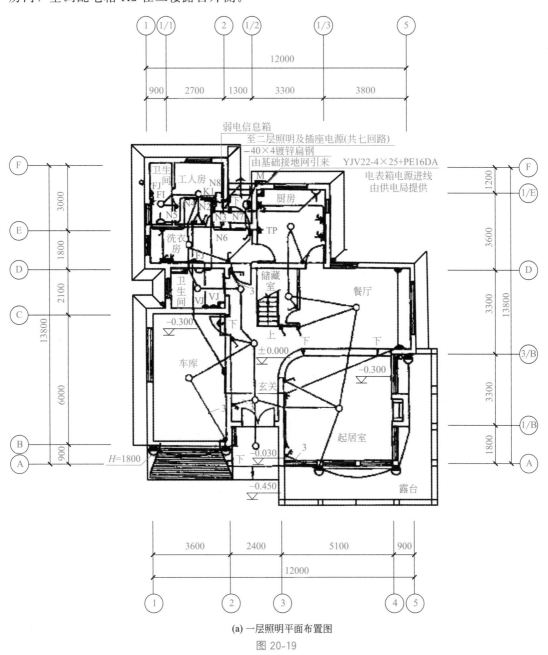

(a) 一层照明平面布置图

图 20-19

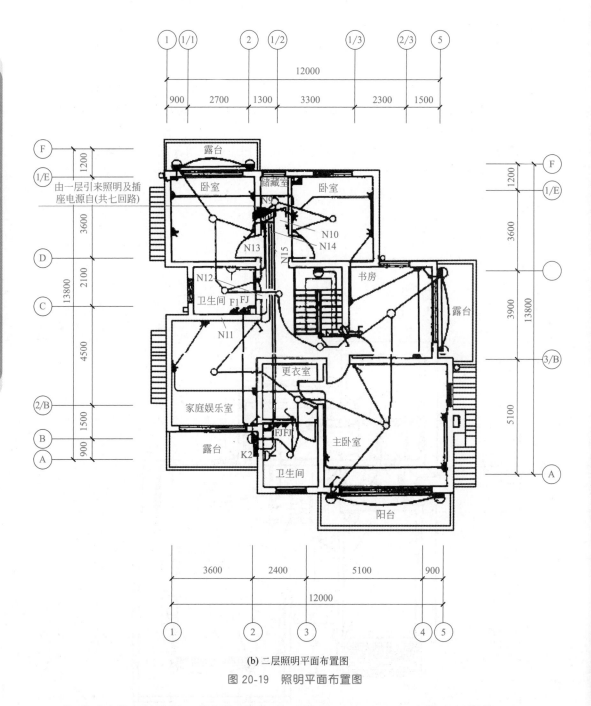

(b) 二层照明平面布置图

图 20-19　照明平面布置图

③ 从进户线开始读图，进户线采用三相四线制 380V/220V，由供电局提供 YJV22-4×25＋PE16DA 铜芯铠装电力电缆，进总配电箱 M（由供电局提供），进户处穿钢管保护，埋地穿墙入室，连接分配电箱 K1。

④ 导线型号均为铜芯聚氯乙烯绝缘电线（BV）。导线规格：N1、N9 回路为底楼和二楼的照明回路，有 2 根 1.5mm² 导线（2×2.5）；N2～N4 和 N10～N12 回路为普通插座的回路，有 2 根 2.5mm² 导线（2×2.5）和 1 根 2.5mm² 的共用接地线（PE2.5）。

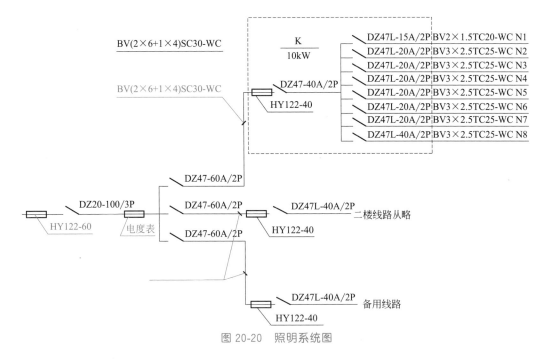

图 20-20　照明系统图

⑤ 零排和接地排均采用铜质搪锡的母排。所有回路的零线在 K1 箱的零排处汇接，以 25mm² 的导线与干线的零线连接。各回路的接地线 PE 汇接到 K1 箱的接地母排，与干线的接地线 PE 以 25mm² 的导线相连接。K1 箱的接地排作为总等电位接地处，通过 4mm×40mm 扁钢连接到由建筑基础内钢筋混凝土中的钢筋网络所组成的联合接地体中。每一楼层的接地线 PE 还汇接到本楼的卫生间的辅助接地点与钢筋网络相连，形成局部等电位接地。

(3) 弱电系统施工图

下面以别墅弱电平面布置图（图 20-21）为例，进行弱电平面布置图的识读。

图 20-21 为弱电平面布置图，从图中可以了解以下内容。

① 电话、有线电视、信息线的电缆分别配钢管（3×GG32-DA）从底楼工人房北侧由地底（-0.5m）穿出，敷设到设在工人房内的弱电信息箱。信息箱嵌入墙内，离地 0.4m。

② 本系统共有电话出线盒 7 只，各路电话线均单独从信息箱分出，电缆型号为 HB-VV-5（2×0.5mm²），电缆配直径为 20mm 的刚性无增塑阻燃塑料管（VG20）暗敷在墙内。一路电话电缆通至二楼，电话电缆为 5 对 2×0.5mm² 的导线 [5(2×0.5mm)]，依次接在二楼西侧卧室、东侧卧室、书房、主卧室、家庭娱乐室的 5 只电话出线盒，电话电缆上标明的导线数量也依次减少。另一路电话电缆在底楼，通过厨房的电话出线盒通向起居室的电话接线盒。出线盒暗敷在墙内，离地 0.3m。

③ 本系统有电视终端出线盒 5 只，分别位于底楼起居室、二楼的三个卧室和家庭娱乐室。系统采用分支分配器（即在每一终端安置一个分配器），因此图中电视电缆（型号：SYKV-75-5）仅用单根导线标明。电缆配管为 VG20，暗敷在墙内。出线盒也暗敷在墙内，离地 0.4m。

④ 信息线终端 2 个，分别位于二楼书房和主卧室。信息线电缆型号 C. T. P，电缆

共有两组。配管为 VG25，暗敷在墙内。一组信息线电缆沿进户管到弱电信息箱再到书房内终端，另一组信息线电缆沿进户管到弱电信息箱再到书房最后到主卧室终端。

（4）基础接地施工图

下面以别墅基础接地布置图（图 20-22）为例，进行基础接地平面布置图的识读。

图 20-22 为基础接地布置图，从图中可以了解以下内容。

该工程的防雷系统、低压配电系统、各专用设备要求的接地体采用钢筋混凝土基础内金属构件体所组成的联合接地体。即用 4mm×40mm 的扁钢或利用 Φ16 的两根钢筋作为连接线，将建筑基础内的主钢筋焊接成环形接地网，构成一个满足各类接地要求的共用联合接地体，其接地电阻小于 1Ω。

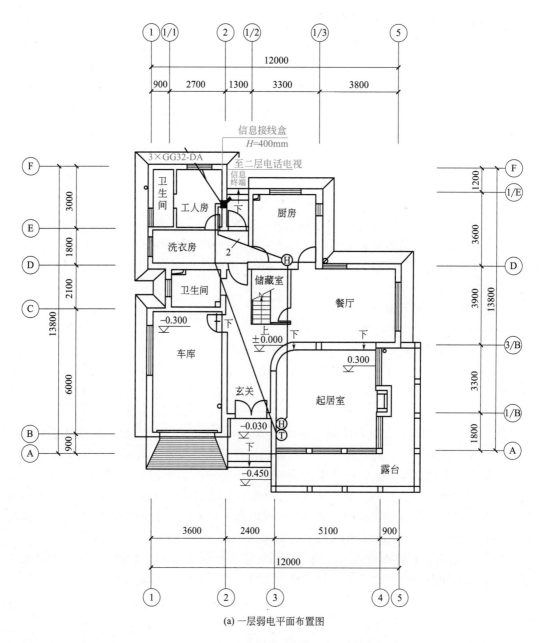

(a) 一层弱电平面布置图

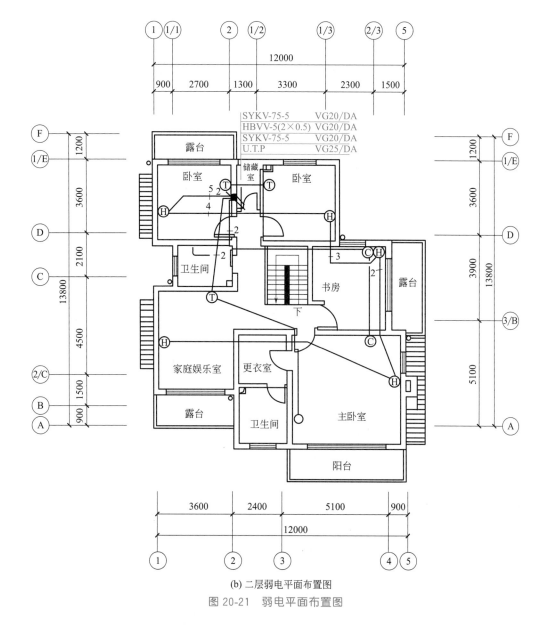

(b) 二层弱电平面布置图

图 20-21　弱电平面布置图

D9 点为配电箱 K1 的总接地点，D5～D8 点是卫生间的辅助接地点，D1～D4 点为房屋剪力墙外侧的两根主钢筋，其上部与避雷带焊接连通，下部与联合接地体的钢筋焊接连通。

(5) 防雷施工图

下面以别墅防雷平面图（图 20-23）为例，进行防雷平面图的识读。

图 20-23 为防雷平面图，从图中可以了解以下内容。

① 由 φ10 不锈圆钢采用搭接焊连接成的避雷带，架设在女儿墙和所有屋脊上。避雷带的支架间距、固定方法，由国家标准规定。

② D1～D4 点为引下线，是房屋剪力墙外侧的两根主钢筋，其上部与避雷带焊接连通，下部与联合接地体的钢筋焊接连通。

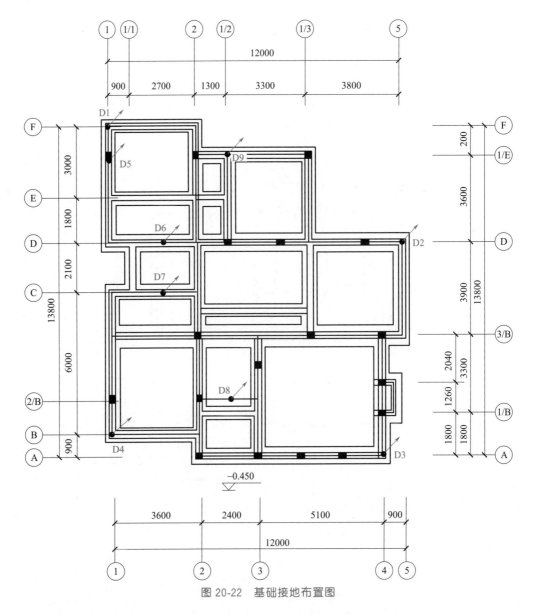

图 20-22　基础接地布置图

③ 联合接地体由钢筋混凝土基础内的金属构件体所组成。即采用 4mm×40mm 的扁钢或利用 φ16 的两根钢筋作为连接线，将建筑基础内的主钢筋焊接成环形接地网，构成一个满足防雷接地要求的接地体，其接地电阻小于 1Ω。

20.7.2　提升实训

下面以办公楼的弱电施工图为例，说明电气施工图的识读方法。

(1) 设计说明

① 建筑概况：本工程是一办公大楼，地下 1 层，地上 17 层，地下一层为停车库和设备用房，地上部分为办公用房，主要为办公室、餐厅、资料室、会议室等，总建筑面积 19980m²。

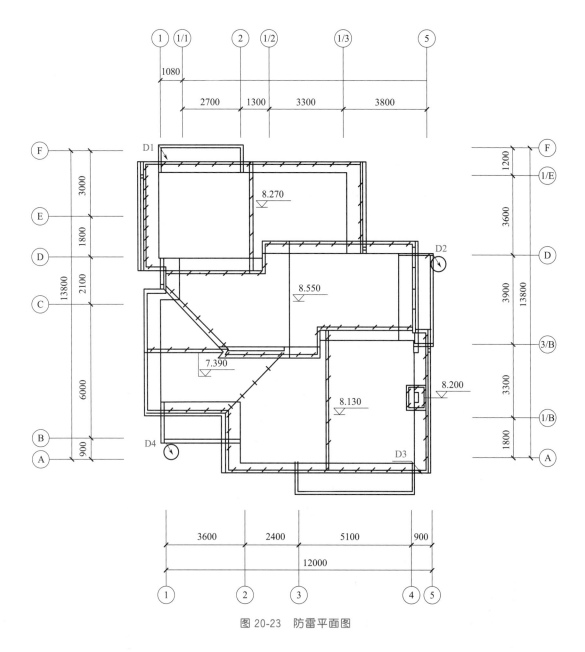

图 20-23　防雷平面图

② 弱电系统设计依据：

《建筑设计防火规范》（GB 50016—2014）；

《建筑物防雷设计规范》（GB 50057—2010）；

《智能建筑设计标准》（GB/T 50314—2015）；

《火灾自动报警系统设计规范》（GB 50116—2013）；

《建筑物电子信息系统防雷技术规范》（GB50343—2012）；

《视频安防监控系统工程设计规范》（GB 50395—2007）。

（2）电信平面图

下面以电信平面图（图 20-24）为例，进行电信平面图的识读。

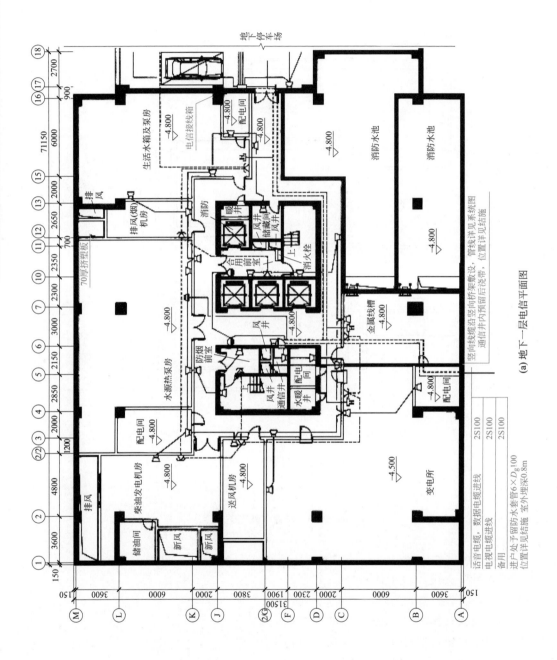

（a）地下一层电信平面图

竖向线缆沿竖向桥架敷设，管线详见系统图
通信井内预留后浇带，位置详见土结图

话音电缆、数据电缆进线　　　2S100
电视电缆进线　　　　　　　　2S100
备用　　　　　　　　　　　　2S100
进户处予留防水套管6×Dg100
位置详见结施　室外埋深0.8m

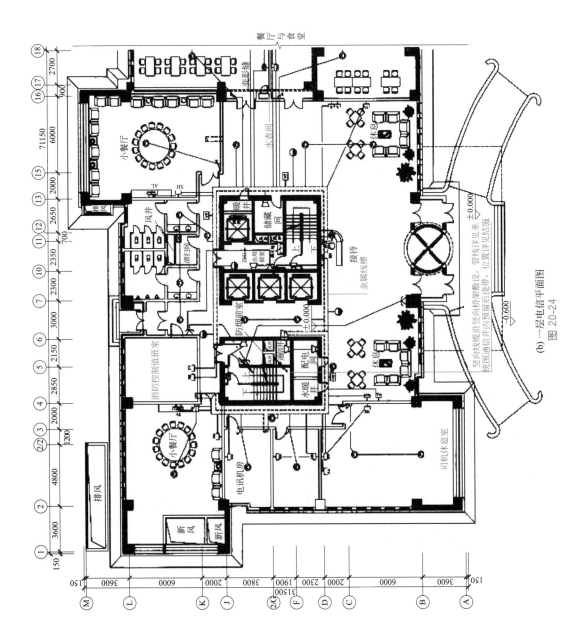

(b) 一层电信平面图

图 20-24

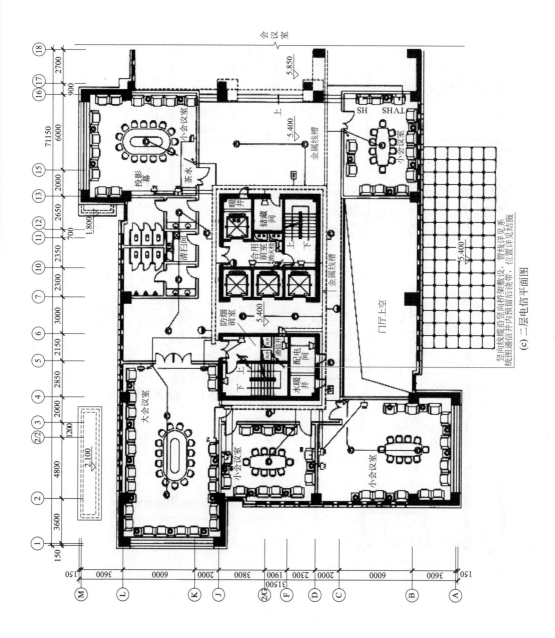

(c) 二层电信平面图

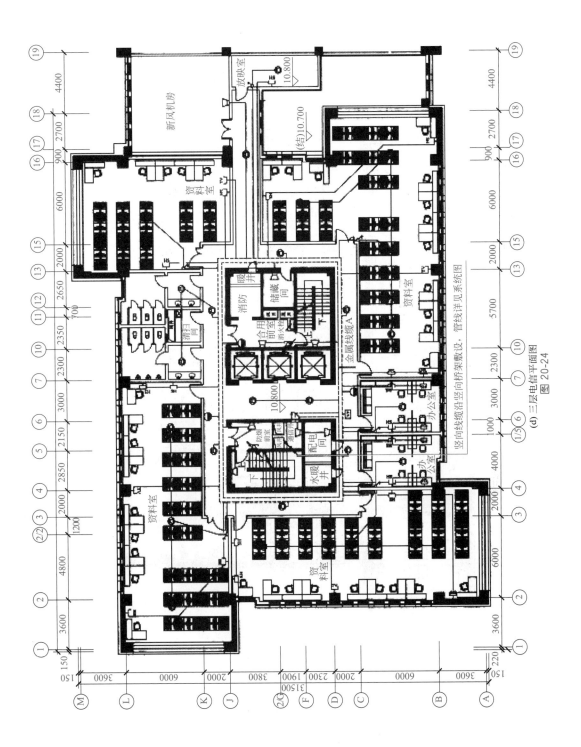

(d) 三层电信平面图

图 20-24

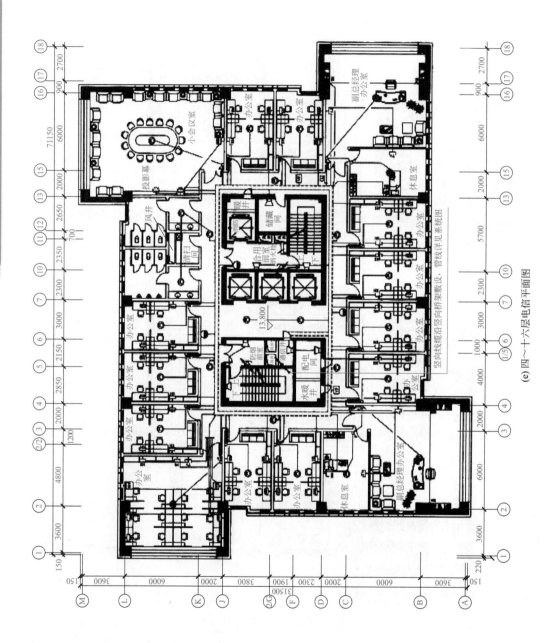

(e) 四~十六层电信平面图

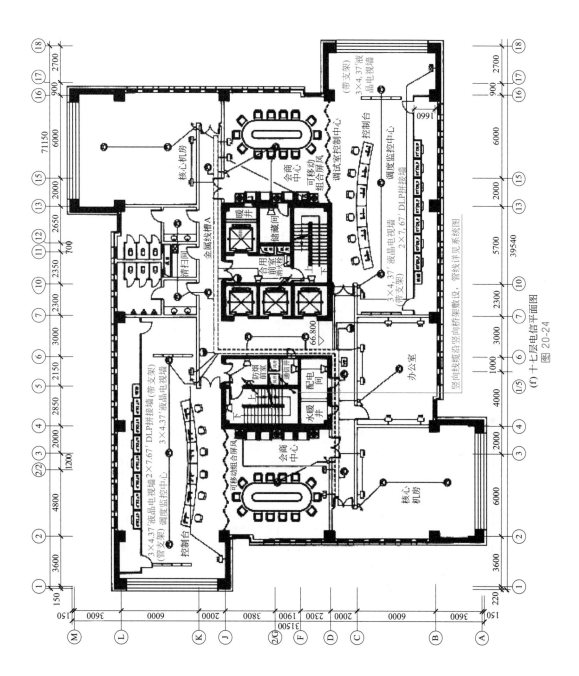

(f) 十七层电信平面图

图 20-24

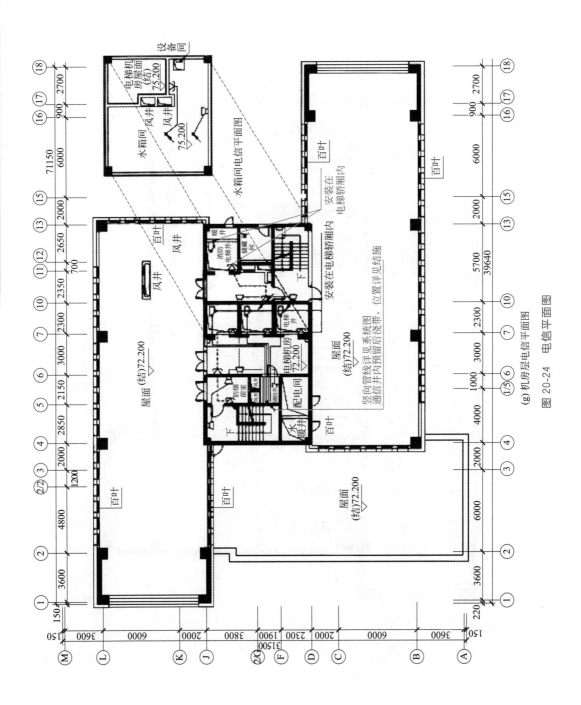

(g) 机房层电信平面图

图 20-24　电信平面图

图 20-24 为电信平面图，从图中可以了解以下内容。

地下一层为设备用房和地下车库，为限制图幅。主要有变电所、配电间、水源热泵房、送风房、排烟机房、消防水池、生活泵房、楼梯间、电梯间和地下车库。地下一层电信平面图如图 20-24(a) 所示。从电信部门来的电话外线、数据外线和有线电视进线在此层穿钢管 S100 保护穿墙进入楼内，经线槽敷设至通信井，在通信井经竖向电缆桥架敷设至一层通信井，从一层通信井经线槽敷设至一层电信机房。进线钢管均有备份预留。

地下层弱电设计分两部分，一部分是地下车库，其他设备间等为另一部分。地下车库部分在⑯轴墙上设置电信接线箱，车库部分的电信线路从通信井经线槽敷设至电信接线箱，然后由电信接线箱配出。

广播部分地下一层分两个分区，车库部分为一个分区，其他部分为另一个分区。车库分区设置壁挂式扬声器，线路由电信接线箱配出。另一分区各设备间设置壁挂式扬声器，线路由通信井配出。

综合布线部分地下层没有工作间，在车库值班室、水源热泵房、变电所、配电间只设置语音点。

视频监控部分在车库内设置 2 台三可变摄像机，线路由电信接线箱配出；在设备间部分电梯前室各设置一台三可变摄像机，线路由通信井配出。

一层主要由大厅、电信机房、消防保安控制室、两个小餐厅、司机休息室、两个职工餐厅和厨房以及楼梯间电梯间构成，为限制图幅，餐厅、厨房部分略去。其一层电信平面图如图 20-24(b) 所示。围绕楼梯间、电梯间在环形走廊吊顶内敷设弱电线槽，并敷设至通信井。电信机房综合布线系统及有线电视系统和消防值班室内的公共广播系统、视频监控系统配出线路均由此线槽配出。

一层为一个广播分区，在楼梯间设置壁挂式扬声器，走廊、卫生间、大厅等公共部分设置吸顶式扬声器，二线制配线；其他如餐厅、司机休息室，消防控制值班室等设置吸顶式扬声器，配置音量开关，三线制配线，火警时强切为火警广播，不受音量开关控制。在大厅、接待台、休息室、值班室、餐厅设置有线电视插座，由设置在吊顶内的两个分支器箱经弱电线槽配出线路。在接待台、休息室、大厅、机房、餐厅、厨房等适当位置设置语音、数据信息点，5 类 4 对非屏蔽对绞电缆配线。在楼梯和电梯出入口、大楼出入口及和餐厅直接的出入口设置摄像机进行监视。

二层主要是会议室，有 300 人会议室 1 个、大会议室 1 个、小会议室 4 个，为限制图幅，略去 300 人会议室，其二层电信平面图如图 20-24(c) 所示。各弱电线路均由通信井经围绕楼梯间、电梯间的环形走廊吊顶内敷设的弱电线槽配出。300 人会议室经环形线槽分支配出至会议室内，会议室内弱电设备线路均由此线槽配出。楼梯间设置壁挂式扬声器，其他公共部分设置吸顶式扬声器，二线制配线。各会议室内均设置吸顶式扬声器，配置音量开关，三线制配线，火警时强切为火警广播，不受音量开关控制。每个会议室设置语音、数据点各两个，有线电视插座 1 个，由设置在吊顶内的两个分支器箱经弱电线槽配出线路。300 人会议室设置三可变摄像机 2 台，其他公共部分摄像机设置与一层相同。

三层平面由 4 个资料室、2 间办公室、1 间新风机房、1 间放映室及卫生间和楼梯间、电梯间构成，如图 20-24(d) 所示。各弱电系统线路自通信井经围绕楼梯间、电梯间的环形走廊吊顶内敷设的弱电线槽就近配出。楼梯间和新风机房设置壁挂式扬声器，其他公共空间设置吸顶式扬声器，二线制配线。资料室、办公室和放映室设置吸顶式扬声器，配置音量开关，三线制配线，火警时强切为火警广播，不受音量开关控制。每个资料室设置 2～3 组语音、数据信息点，1 个有线电视插座由设置在吊顶内的两个分支器箱经弱电线槽配出线路。3 个合用前室出入口设置 3 台摄像机进行监控。

四～十六层均由 16 间办公室、1 间会议室和公共空间构成。其电信平面图如图 20-24 (e) 所示。各弱电系统线路自通信井经围绕楼梯间、电梯间的环形走廊吊顶内敷设的弱电线槽就近配出。每个办公室每个工作位设置语音、数据点各 1 个。楼梯间设置壁挂式扬声器，其他公共空间设置吸顶式扬声器，二线制配线。办公室和会议室设置吸顶式扬声器，配置音量开关，三线制配线，火警时强切为火警广播，不受音量开关控制。休息室和经理办公室各设置 1 个有线电视插座，由设置在吊顶内的两个分支器箱经弱电线槽配出线路。3 个合用前室出入口设置 3 台摄像机进行监控。

十七层由办公室、2 个调度中心、2 个核心机房、2 个会商中心和公共空间构成，其十七层电信平面图如图 20-24(f) 所示。各弱电系统线路自通信井经围绕楼梯间、电梯间的环形走廊吊顶内敷设的弱电线槽就近配出。办公室设置语音、数据点 6 组。楼梯间设置壁挂式扬声器，其他公共空间设置吸顶式扬声器，二线制配线。办公室、会商中心、调度中心和核心机房设置吸顶式扬声器，配置音量开关，三线制配线，火警时强切为火警广播，不受音量开关控制。2 个会商中心各设置 1 个有线电视插座，由设置在吊顶内的分支器箱经弱电线槽配出线路。3 个合用前室出入口设置 3 台摄像机进行监控。

机房层及水箱间层设置壁挂式扬声器，二线制配线，电梯轿厢设置微孔摄像机，线路由通信井线槽穿保护管墙内或楼板内暗敷设至设备点，机房层电信平面图如图 20-24(g) 所示。

(3) 综合布线系统

① 下面以有线电视系统图（图 20-25）为例，进行有线电视系统图的识读。

图 20-25 为有线电视系统图，从图中可以了解以下内容。

有线电视系统用来接收当地电视台有线电视节目，由楼外引来有线电视信号，由地下一层经弱电线槽引至地下一层电信间，在电信间由竖向电缆桥架引至一层电信间后，经水平弱电线槽引至一层电信机房电视前端设备箱，信号放大处理后，经分支-分配-分支信号分配网络送至各用户电视输出口。分支-分配-分支信号分配网络组成如下：分别在二层、六层、十层、十四层电信间设置有线电视前端箱，内设一分支器、均衡器、放大器和四分配器，将电信机房送来的电视信号经一分支器分出一路信号，经均衡放大处理后，经四分配器分成 4 路信号给相邻四层提供有线电视信号；每层根据电视输出口多少设置分支器箱，对信号再次进行分支输出，每个输出口分配一路信号。

有线电视主干线采用 SYKV-75-12 同轴电缆，在电信间内沿竖向电缆桥架敷设；分支干线采用 SYKV-75-9 同轴电缆，沿竖向电缆桥架或水平线槽敷设；支线采用 SYKV-75-5 同轴电缆，穿保护管在墙内或楼板内暗敷设，连接至有线电视出口插座上。各层分支器箱在棚内明装，安装在吊顶上 50mm，此处吊顶应预留检修口。

② 下面以综合布线系统图（图 20-26）为例，进行综合布线系统图的识读。

图 20-26 为综合布线系统图，从图中可以了解以下内容。

a. 工作区子系统，各工作区信息点的设置主要根据工作区的性质和甲方设计要求进行设置。办公室按工作位，每工作位设置 1 个语音点和 1 个数据点，采用复合双口面板；资料室根据面积大小设置 2～4 个语音、数据点；有人值班或经常活动的设备用房适当设

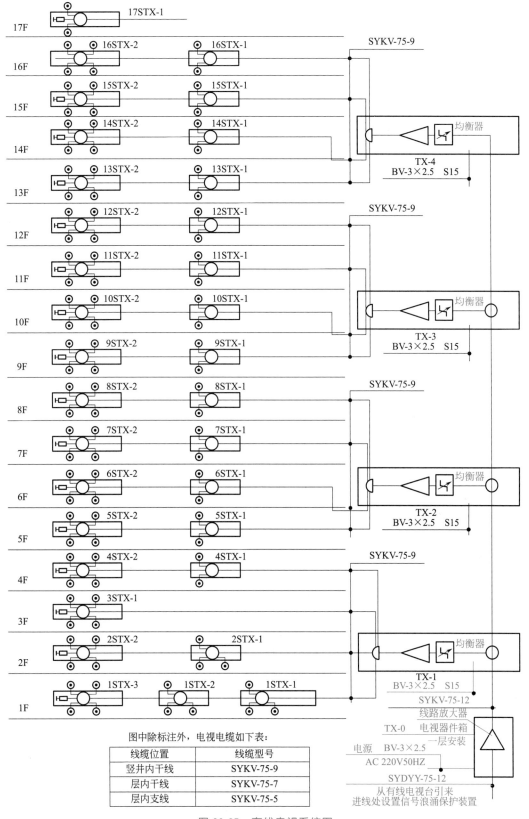

图中除标注外，电视电缆如下表：

线缆位置	线缆型号
竖井内干线	SYKV-75-9
层内干线	SYKV-75-7
层内支线	SYKV-75-5

图 20-25　有线电视系统图

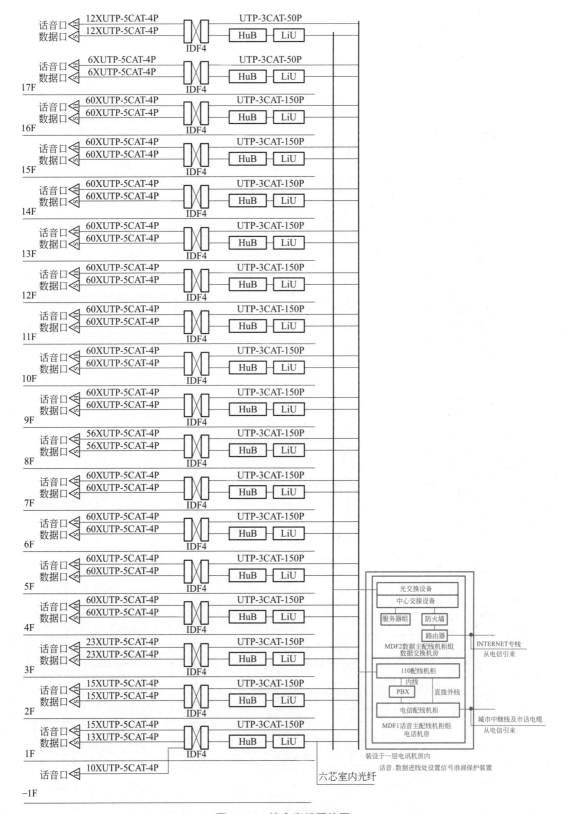

图 20-26　综合布线系统图

置语音点；休息室设置 1～2 个语音数据复合点；会议室设置 2～4 个语音数据复合点，其他场所根据需要设置一定数量的信息点，作适当预留。工作区信息模块采用 5 类 RJ45 模块。信息点插座底边距地 300mm。

b. 楼层配线间，一～十七层的电信间作为每层的楼层配线间，内设楼层机柜，机柜内设置配线架、理线器、光纤配线架、语音配线架等设备以及网络楼层交换机。

c. 水平布线子系统，采用专用的 4 对铜芯非屏蔽双绞线（UTP）按 D 级 5 类标准布线到工作区每个信息点。水平缆线自楼层配线设备经弱电线槽沿公共走廊吊顶内敷设，线槽至工作区各信息点缆线穿镀锌钢管墙内暗敷设。

d. 干线子系统，数据网络垂直干线选择六芯多模光纤，由一层电信机房经弱电线槽水平敷设至一层通信井，通信井内由竖向电缆桥架敷设至各层通信井，端接于楼层光纤配线架。语音垂直干线采用三类 100 对大对数对绞电缆，由一层电信机房经弱电线槽水平敷设至一层通信井，通信井内由竖向电缆桥架敷设至各层通信井，端接于楼层语音配线架。

e. 设备间，一层的电信机房作为设备间、网络机房和电话机房，内设本建筑综合布线机柜，机柜内设置配线架、理线器、光纤配线架、语音配线架设备，网络系统网络汇聚交换机、路由器服务器等网络设备以及程控电话交换机。语音部分由楼外电信部门引来大对数电缆和中继线由地下一层进入楼内，经弱电线槽引至地下一层电信间，在电信间由竖向电缆桥架引至一层电信机房语音配线架端接。数据干线由楼外电信部门引来单模光缆由地下一层进入楼内，经弱电线槽引至地下一层电信间，在电信间由竖向电缆桥架引至一层电信机房光纤配线架端接。

f. 电信机房，一层电信机房按设计规范《数据中心设计规范》（GB 50174—2017）B 级机房标准执行。设置 20kV 4h UPS 不间断电源、机房专用空调系统、气体灭火系统、通风系统、环境监控系统。机房内设 300mm 高架空防静电活动地板，机房布线采用下走线方式。弱电接地电阻小于 1Ω。

（4）公共广播系统

下面以公共广播系统图（图 20-27）为例，进行公共广播系统图的识读。

图 20-27 为公共广播系统图，从图中可以了解以下内容。

本工程广播分区的划分与消防分区一致，地下一层划分为 2 个广播分区，一～十七层每层一个分区，机房层和水箱间层 1 个广播分区，共分 20 个广播分区。

地下层设备房、楼梯间、车库设置壁挂式扬声器；走廊、大厅等设置吸顶式扬声器；办公室、资料室、会议室等设置吸顶式扬声器及音量控制开关，三线制配线，火灾时由控制模块强切使音量控制开关不起作用。

广播机柜及功放机柜设置在一层消防保安控制室内，兼做广播机房。广播配线自机房经弱电线槽敷设至一层通信井，沿竖向电缆桥架敷设至各层通信井。各层通信井至扬声器线路经线槽沿公共走廊吊顶内敷设，线槽至各扬声器配线穿镀锌钢管保护墙内暗敷设。

（5）视频监控系统

下面以视频监控系统图（图 20-28）为例，进行视频监控系统图的识读。

图 20-28 为视频监控系统图，从图中可以了解以下内容。

监控机房设在一层消防保安控制室内，内设视频监控系统的控制主机、电视墙、录像设备、视频切换器和画面分割器等后端设备。在各层主要出入口设置三可变摄像机，电梯轿厢设置微孔摄像机，对各监控点进行摄像监控。摄像机设置如下：地下一层在两个楼梯

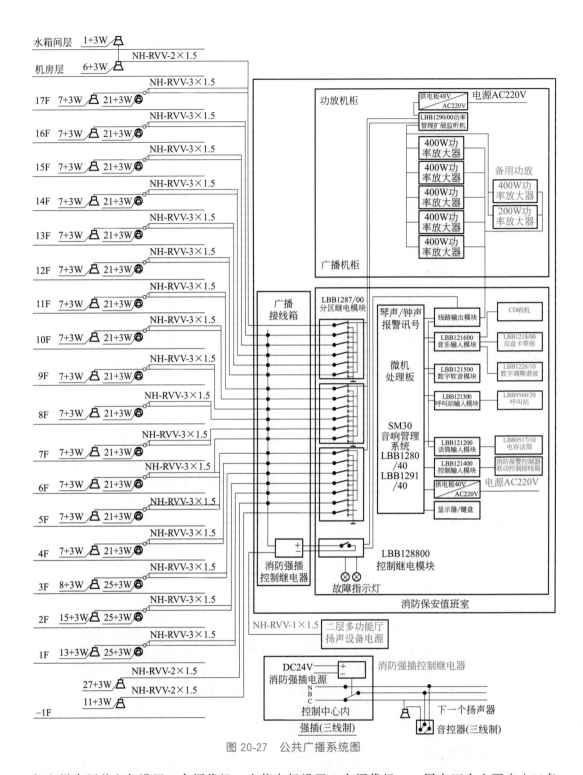

图 20-27　公共广播系统图

与电梯合用前室各设置 1 台摄像机，在停车场设置 2 台摄像机；一层在四个主要出入口各设置 1 台摄像机；二层在主要出入口设置 4 台摄像机，在会议中心设置 2 台摄像机；三～十七层在三个主要出入口各设置 1 台摄像机；机房层在 4 台电梯轿厢内各设置 1 台微孔摄像机。每台摄像机配置同轴电缆传输视频图像，各摄像机的控制采用总线控制方式。摄像机电源由机房电源系统统一提供。视频图像传输同轴电缆采用 SYV-75-5-1 实心聚乙烯绝

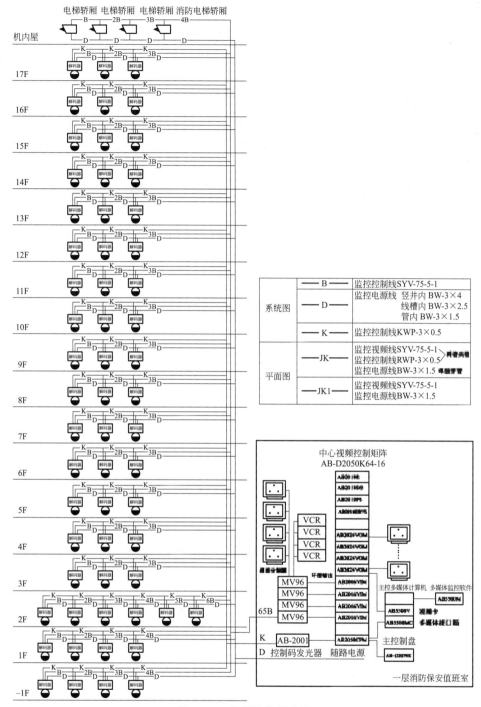

图 20-28　视频监控系统图

缘射频电缆，电源线采用 BVV 线，控制总线采用 RVVP-3×0.5。

　　一层外视频线、电源线及控制线自一层消防保安控制室经弱电线槽敷设至一层通信井，沿竖向电缆桥架敷设至各层通信井。各层通信井至扬声器线路经线槽沿公共走廊吊顶内敷设，线槽至各扬声器配线穿镀锌钢管保护墙内暗敷设。二层线路直接由机房经弱电线槽沿公共走廊吊顶内敷设，线槽至各扬声器配线穿镀锌钢管保护墙内暗敷设。

第21章
工程施工图实例解读分析

21.1 建筑施工图

21.1.1 图纸目录

某框架结构建筑施工图图纸目录见表21-1。

表 21-1　某框架结构建筑施工图图纸目录

图号	图纸规格	图纸名称	备注
1	A2	建筑设计总说明	
2	A2	一层平面图	
3	A2	二层平面图	
4	A2	三层平面图	
5	A2	屋顶平面图	
6	A2	1—1剖面图	
7	A2	Ⓐ—Ⓕ立面图	
8	A2	Ⓕ—Ⓐ立面图	
9	A2	③—①立面图	
10	A2	①—③立面图	
11	A2	节点详图	
12	A2	门窗表	

21.1.2 建筑设计总说明

(1) 工程概况

① 本工程建筑层数是地上3层。

② 耐久年限：50年。

③ 建筑分类及耐火等级：二类二级。

④ 建筑抗震设防烈度：6度。

⑤ 总建筑面积 1300.95m²。

⑥ 建筑标高：室内标高±0.000 相当于绝对标高现场决定。

⑦ 建筑总高度 13.2m。

⑧ 结构形式为框架结构。

⑨ 抗震设防分类：丙级。

（2）设计依据

① 我国现行设计规范和标准。

②《建筑设计防火规范》（GB 50016—2014）。

③ 建设单位提供的设计任务书及地形图。

④《民用建筑通则》（GB 50352—2005）。

⑤《无障碍设计规范》（GB 50763—2012）。

⑥《屋面工程技术规范》（GB 50345—2004）。

（3）墙体材料及墙身防潮

① 墙体基础部分承重墙体及钢筋混凝土墙体详见结施图。

② 砌体：外墙围护墙为 250mm 厚 B05 级加气混凝土砌块；分隔墙为 250mm 厚 B05 级加气混凝土砌块；局部为 200mm 厚 B05 级加气混凝土砌块。

③ 在墙身～0.050m 标高处做 20mm 厚 1：2 水泥砂浆加 5％防水剂防潮层（钢筋混凝土梁柱处可免做）。

④ 加气混凝土砌块与钢筋混凝土柱、墙结合处均应有钢筋拉结，具体做法详见结构施工设计有关说明。

⑤ 卫生间等有水房间的楼板四周门除门框外，做 200mm 高 C20 混凝土翻边，宽度同墙厚。

⑥ 室内墙、柱面阳角均设 1：2 水泥砂浆护角，每面 50mm 宽门窗洞口处粉到洞顶，内墙阳角粉到 1800mm 高处。

⑦ 所有内外墙饰面砂浆掺改性聚丙烯纤维按厂家配合比施工。

⑧ 加气混凝土砌块填充墙选用抗压强度为 A3.5、干密度级别为 B05 级的优等品。

（4）门窗工程

① 所有内门立樘位置除图中注明外均平开启方向安装，室内通风百叶、窗、管井检修门均平通道一侧墙面立樘，管井检修门距楼地面标高高出 200mm，建筑外门窗的安装必须牢固，在砌体上安装门窗严禁用射钉固定。

② 所有外窗窗台净高度不足 900mm 时均加设护窗栏杆。

③ 单块面积≥1.5m² 的玻璃，入口玻璃门、窗台低于 500mm 的外窗应采用安全玻璃。

④ 外门窗框与墙体之间的预留缝需满填发泡聚氨酯等闭孔材料，不得用砂浆填缝。

⑤ 所有外窗窗台均向外做排水坡 i＝5％，窗洞上沿做成品滴水线。

⑥ 推拉窗扇应设限位装置。外窗下框宜有泄水结构，如无时应做如下处理：推拉窗导轨在靠两边框处铣 8mm 宽的泄水口；平开窗在靠中梃位置每个扇洞铣一个 8mm 宽的泄水口；窗外周边留宽 5mm、深 8mm 的槽，用防水胶嵌缝。

（5）预留孔洞的封砌和封堵

① 各种设备管线安装必须与土建密切配合，预留孔洞和埋件，避免事后打凿而影响工程质量，待设备管线调试完毕后封砌。各管井在每层楼面均做防火水平封堵，待管线安装测试后由管井四周楼板处预留钢筋焊接 Φ10@200 双向，浇 80mm 厚 C20 混凝土，其上做 20mm 厚 1:2 水泥砂浆粉平（管道周围用矿棉填堵密实，再封砌管井围护墙），所有管井壁应清除残渣污物后粉平（较小管井可随砌随抹平），送、排风井壁应粉平不漏气。

② 管道穿楼板皆用 M2.5 防水砂浆捣注密实，刷聚氨酯防水涂料一道。

③ 本工程所有外墙上，因施工过程形成的脚手架孔洞等，在外墙面粉刷前，应将孔洞等清洗干净，孔洞内紧密填实 C20 细石混凝土至外侧洞口 50mm 深，采用防水油膏密嵌外侧剩余的 50mm 深洞口，并在洞口外侧加铺一层小孔钢板网罩面粉刷（钢板网覆盖面大于洞口周边 300mm）。

（6）油漆及防腐处理

① 所有预埋木构件与墙体连接处均需做防腐处理，所有预埋金属构件均先除锈后刷防锈漆二道。严禁使用沥青类，煤焦油类防腐、防潮处理剂。

② 所有木制门及栏杆木扶手均做灰色调和漆，所有露明金属件均采用防锈底漆一度，面做合成树脂调和漆。

③ 所有外墙、栏杆等部位处采用木制装饰件，均需涂刷桐油二遍防腐。

（7）防水问题

① 屋面天沟、泛水、雨水口、管道穿洞处及屋面凸出部位的连接处，均需加做一层聚氨酯防水涂料。

② 卷材、涂膜防水层的基层设有找平层，找平层施工应留分格缝，缝宽宜为 5～20mm，纵横缝的间距不宜大于 6m，分格缝内嵌填密封材料。

③ 当屋面有设施时，如设施基座与结构层相连，防水层应包裹设施基座的上部并在地脚螺栓周围做密封处理，如在防水层上放置设施时，设施下部的防水层应做卷材增加层，必要时在其上浇筑细石混凝土，其厚度应大于 50mm，经常维护的设施周围和屋面出入口至设施之间的人行道应铺设刚性保护层。

④ 穿室内雨水管安装完毕后应做闭水试验确保不漏并排水畅通。

⑤ 未注明的屋面排水沟坡度为 1%。

⑥ 雨水管：采用防攀阻燃 UPVC156 型雨水管，雨水管底端距散水 200mm，距外墙 20mm。

⑦ 屋面水泥砂浆面层、找平层、刚性整浇层等，均应严格按相关施工验收技术规程分缝分仓处理。

（8）卫生间工程

凡有水房间的楼地面均应先做 1.5mm 厚聚氨酯防水涂料，并按规范进行蓄水试验处理，试水不漏后再做面层。

有地漏房间除注明外均做 0.5% 坡向地漏。

卫生间楼面：楼板面清理干净、平直、干燥，涂 1.5mm 厚聚氨酯防水涂料，防水距楼层面沿墙四周上翻 300mm 高。

凡管道穿过有水湿房间楼地面时，需预埋套管并在高出楼地面 50mm 套管周边 200mm 范围涂 1.5mm 厚聚氨酯防水涂料加强层、地漏周围、穿楼地面或墙面防水层管道及预埋件周围与找平层之间预留宽 10mm、深 7mm 的凹槽并嵌填密封材料。

卫生间楼面防水材料距结构板面沿墙四周上翻 250mm 高。

21.1.3 门窗表

该建筑的门窗使用的型号及数量见表 21-2。

表 21-2 门窗表

类型	设计编号	洞口尺寸/(mm×mm)	数量	备注
门	M1	6600×4700	2	平开门
	M2	1000×2100	4	百叶夹板平开门
	M3	1000×2100	1	无障碍专用门
	M4	1200×2100	7	平板镶板平开门
	M5	1500×2100	5	平板镶板平开门
	M6	1400×2550	2	平开门
窗	C1	1400×3800	16	平开窗
	C2	1650×3800	8	平开窗
	C3	2100×3800	8	平开窗
	C4	1400×2600	16	平开窗
	C5	1550×3200	4	平开窗
	C6	1200×3200	4	平开窗
	C7	1650×2600	8	平开窗
	C8	2100×2600	8	固定窗
	C9	1750×2350	8	平开窗
	C10	1250×2750	4	平开窗
	C11	1550×2750	4	平开窗
	C12	1400×2350	13	平开窗
防火门窗	FM1 丙	700×2100	3	丙级木质防火门
	FM2 乙	1200×2100	1	乙级木质防火门

由门窗表可知，门的类型有平开门、百叶夹板平开门、无障碍专用门和平板镶板平开门。识读的内容为：平开门的数量是 4 个，M1 所留的洞口尺寸为洞宽 6600mm、洞高 4700mm。M6 所留的洞口尺寸为洞宽 1400mm、洞高 2550mm。百叶夹板平开门的数量是 4 个，M2 所留的洞口尺寸为洞宽 1000mm、洞高 2100mm。无障碍专用门数量是 1 个，M3 所留的洞口尺寸为洞宽 1000mm、洞高 2100mm。平板镶板平开门的数量是 12 个，其中 M4 所留的洞口尺寸为洞宽 1200mm、洞高 2100mm，M5 所留的洞口尺寸为洞宽 1500mm、洞高 2100mm。

窗的类型是平开窗和固定窗，平开窗的数量为 93，C1 所留的洞口尺寸为洞宽 1400mm、洞高 3800mm。C2 所留的洞口尺寸为洞宽 1650mm、洞高 3800mm。C3 所留的洞口尺寸为洞宽 2100mm、洞高 3800mm。C4 所留的洞口尺寸为洞宽 1400mm、洞高 2600mm。C5 所留的洞口尺寸为洞宽 1550mm、洞高 3200mm。C6 所留的洞口尺寸为洞宽 1200mm、洞高 3200mm。C7 所留的洞口尺寸为洞宽 1650mm、洞高 2600mm。C9 所留的洞口尺寸为洞宽 1750mm、洞高 2350mm。C10 所留的洞口尺寸为洞宽 1250mm、洞高 2750mm。C11 所留的洞口尺寸为洞宽 1550mm、洞高 2750mm。C12 所留的洞口尺寸为洞宽 1400mm、洞高 2350mm。固定窗的数量为 8 个，C8 所留的洞口尺寸为洞宽 2100mm、洞高 2600mm。

丙级木质防火门数量是 3 个，FM1 丙洞口尺寸为洞宽是 700mm，洞高是 2100mm。乙级木质防火门数量是 1 个，FM2 乙洞口尺寸为洞宽是 1200mm，洞高是 2100mm。

21.1.4　一层平面布置图

该建筑的一层平面布置图如图 21-1 所示。

一层平面图的识图内容如下。

① 读图名、比例，识形状，看朝向。先从图名了解该平面图是属于一层平面图，绘图比例为 1∶100，本层建筑面积是 500.39m²，平面形状是长方形。该建筑物坐西朝东，东边设置的是入户大门。

② 读名称、看房屋布局。该建筑从大门进入大堂，进入大堂右前方有一楼梯，卫生间与其相邻。另一楼梯在房屋左端，旁边设置的有一个休息室和洽谈区以及一个小的空调管井。

③ 根据轴线定位置。该图横向轴线为①～③，全长 15900mm。纵向轴线为Ⓐ～Ⓕ，共 30600mm。

④ 看细部。室外设置的宽 800mm 的散水。入户大门两侧设置的有一个坡度比是 1∶10 的无障碍坡道以及坡道扶手，入户时设置的有三阶的一个台阶。卫生间的地面设置向地漏处的坡度为 0.5%。本层设置的 M1 数量是 2 个，M2 数量是 2 个，M3 数量是 1 个，FM1 丙防火门数量是 1 个，FM2 乙防火门数量是 1 个，C1 的数量为 16 个，C2 的数量为 8 个，C3 的数量是 8 个。

21.1.5　二层平面布置图

该建筑的二层平面布置图如图 21-2 所示。

二层平面图的识读内容如下。该图为二层平面图，标高 5.400m，本层建筑面积为 458.18m²，图纸比例为 1∶100。建筑物西边设置一个钢结构的雨篷。标高是 5.100m，在建筑物东边，一楼入口处的上方设置的是一个屋面层，标高为 5.400m，屋面的排水坡度是 2%，本层主要由四个办公室，一个卫生间，两个楼梯以及一个空调管井组成，卫生间的排水坡度为 0.5%。本层 M2 的数量是 2 个，FM1 丙防火门数量是 1 个，M5 的数量是 1 个，C4 的数量是 16 个，C5 的数量是 4 个，C6 的数量是 4 个，C7 的数量是 8 个，C8 的数量是 8 个。

21.1.6　三层平面图

该建筑物的三层平面布置图如图 21-3 所示。

三层平面图的识读内容如下。该图为三层平面图，标高 9.300m，本层建筑面积为 317.57m²，图纸比例为 1∶100。本层南北两侧各设置一个露台，露台向东西两边排水的坡度设置为 2%，本层主要有五个办公室，两个楼梯以及一个空调管井组成。本层 M4 的数量是 7 个，FM1 丙防火门数量是 1 个，M6 的数量是 2 个，C9 的数量是 8 个，C10 的数量是 4 个，C11 的数量是 4 个，C12 的数量是 13 个。

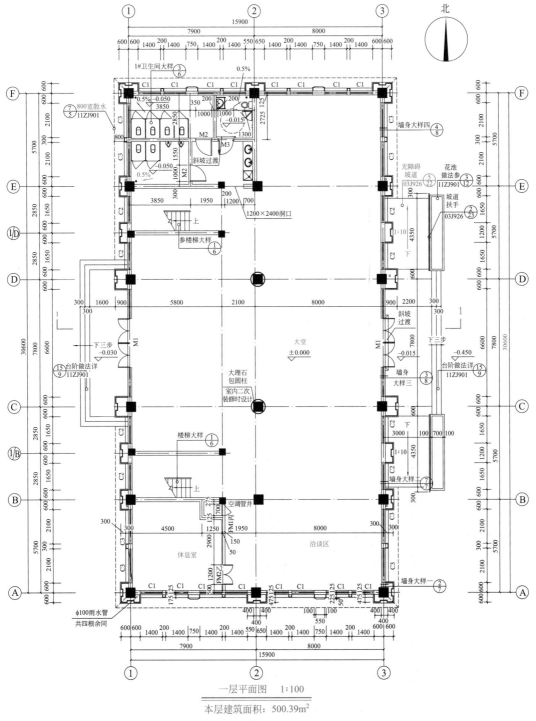

一层平面图   1:100

本层建筑面积：500.39m²

图 21-1　建筑的一层平面布置图

21.1.7　屋顶平面图

该建筑物的屋顶平面布置图如图 21-4 所示。

屋顶平面图的识读内容如下。该图为屋顶平面图，标高 13.200m，图纸比例为

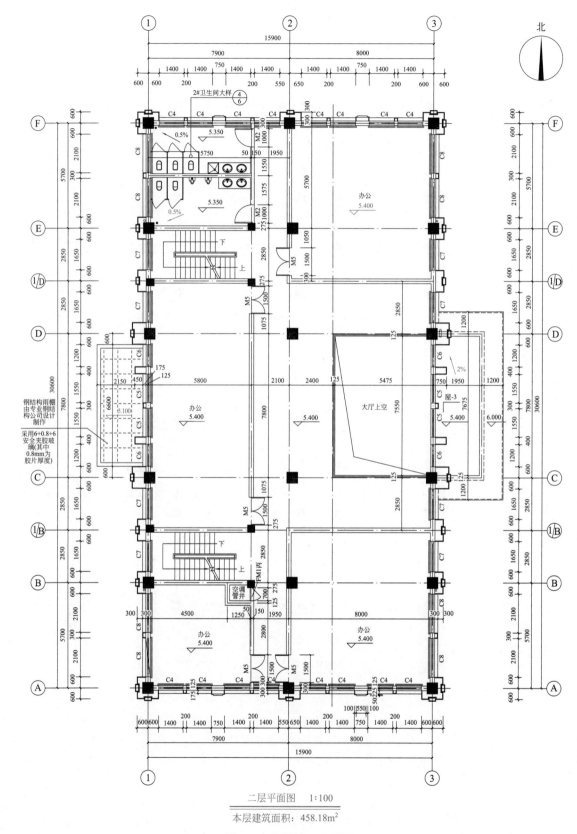

二层平面图　　1:100

本层建筑面积：458.18m²

图 21-2　　二层平面布置图

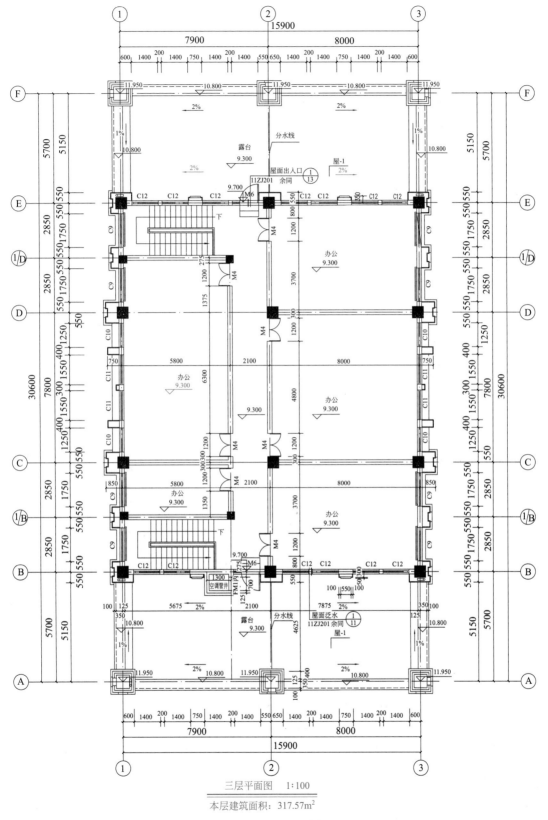

三层平面图   1:100

本层建筑面积：317.57m²

图 21-3 三层平面布置图

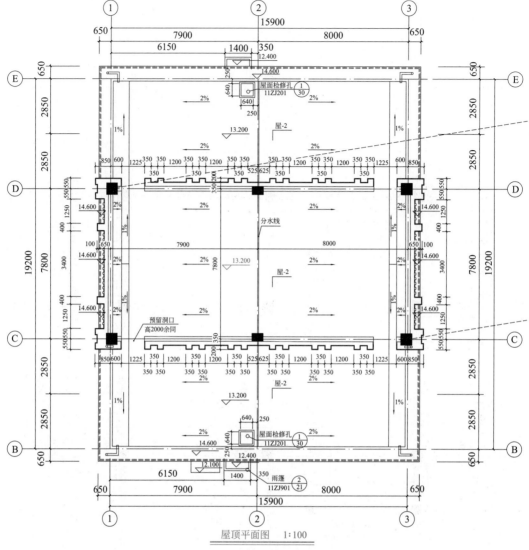

图 21-4 屋顶平面布置图

1：100。屋面层的主要放坡系数为 2%。

21.1.8　Ⓕ—Ⓐ轴立面图

该建筑物的Ⓕ—Ⓐ轴立面图如图 21-5 所示。

Ⓕ—Ⓐ轴立面图的识读内容如下，建筑总高度 13.200m（室外地面至主要屋面板），从图中可看见正大门下面有三阶的一个室外台阶，室外台阶高度是 450mm，从本图中可以看到该建筑外立面大部分使用的是米白色的干挂石材，建筑首层的高度是 5400mm，二层高度是 3900mm，三层高度是 3900mm，屋顶层上面的高度是 4200mm。

21.1.9　剖面图

该建筑的 1—1 剖面图的识读如图 21-6 所示。

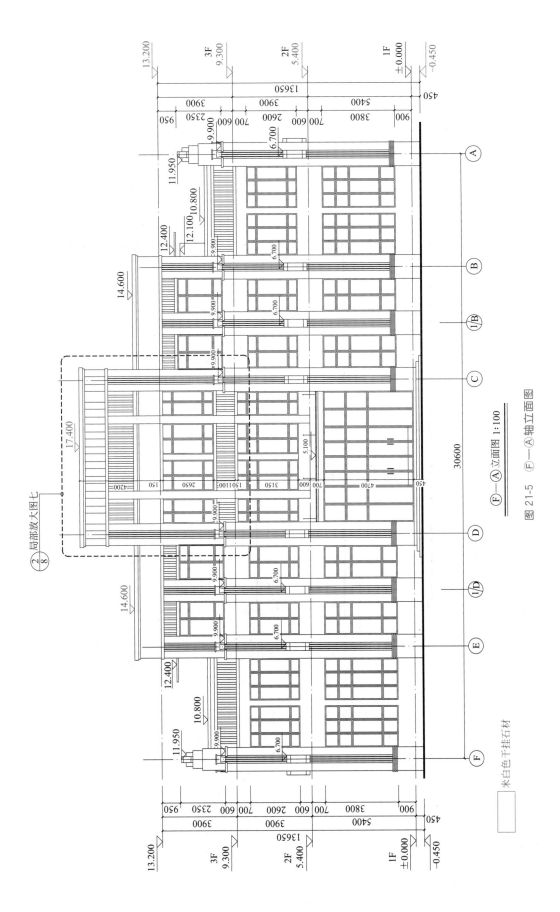

图 21-5 Ⓕ—Ⓐ轴立面图

Ⓕ—Ⓐ立面图 1:100

米白色干挂石材

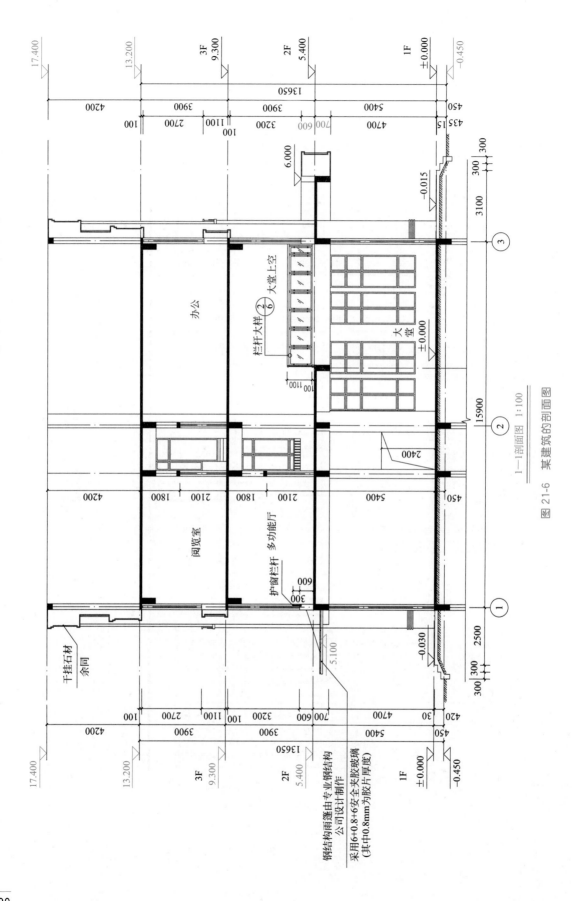

图 21-6 某建筑的剖面图

该建筑剖面图的识读内容如下。

① 该图为1—1剖面图，比例1:100，与平面图比例相同，是整幢建筑物的垂直剖面图。从一层建筑平面图的剖切符号可以看出，它是通过大堂的入口至一层出口处的一个剖切面，投射方向自北向南。

② 从图中可见房屋内部分层情况，一层层高5.4m，二层层高3.9m，三层层高3.9m，屋顶层的设置高度是4.2m。

③ 房屋室外地坪标高为-0.45m，屋面标高13.200m，屋顶标高17.400m。第二层设置的有一个钢结构的雨篷，结构标高为5.1m，屋顶层上设置的有干挂石材，大堂上空设置的有高为1100mm的栏杆。

21.2 结构施工图

21.2.1 设计说明

(1) 该工程设计的主要规范

①《建筑结构荷载规范》（GB 50009—2012）；

②《混凝土结构设计规范》（GB 50010—2010）；

③《建筑抗震设计规范》（GB 50011—2010）；

④《建筑地基础设计规范》（GB 50007—2011）；

⑤《建筑抗震设防分类标准》（GB 50223—2008）；

⑥《建筑结构制图标准》（GB/T 50105—2010）；

⑦《冷轧带肋钢筋混凝土结构技术规程》（J 254—2003）；

⑧《建筑桩基技术规范》（JGJ 94—2008）；

⑨《建筑物抗震构造详图》（11G329-1）。

(2) 建筑结构的安全等级及设计使用年限

① 本工程主体结构设计使用年限50年，建筑结构的安全等级为二级。

② 抗震设防烈度：本工程抗震设防烈度为6度，设计基本地震加速度为0.05g，设计地震分组为第一组。

③ 本工程建筑抗震设防类别为二类建筑。本工程建筑防火分类等级及耐火等级二级。

④ 结构形式：本工程地上三层采用框架结构。

⑤ 本工程抗震等级：框架四级。

⑥ 结构的嵌固端为基础顶部。

21.2.2 基础平面布置图

该建筑的基础平面布置图如图21-7所示。

基础图的识读：① 本图是基础平面布置图，从图中可以看出，基础是桩基础和基础梁构成的。

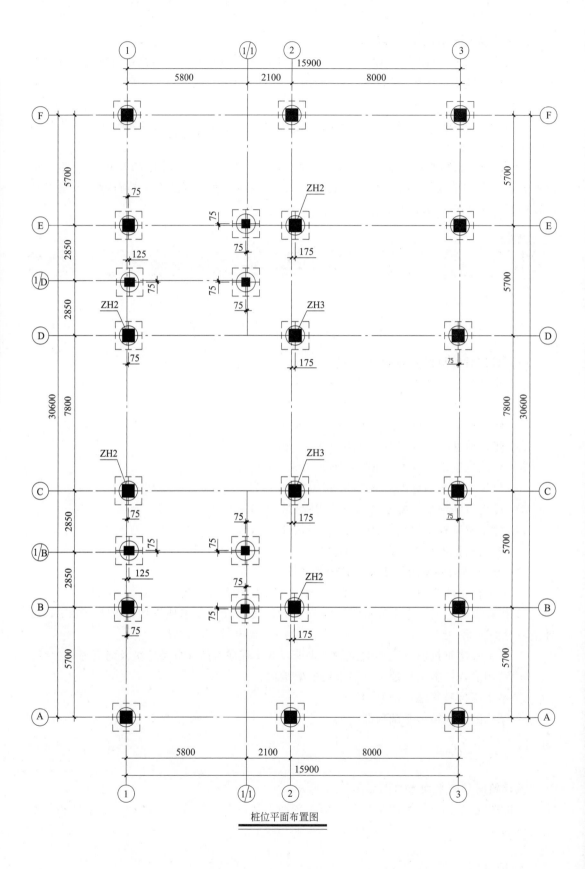

桩位平面布置图

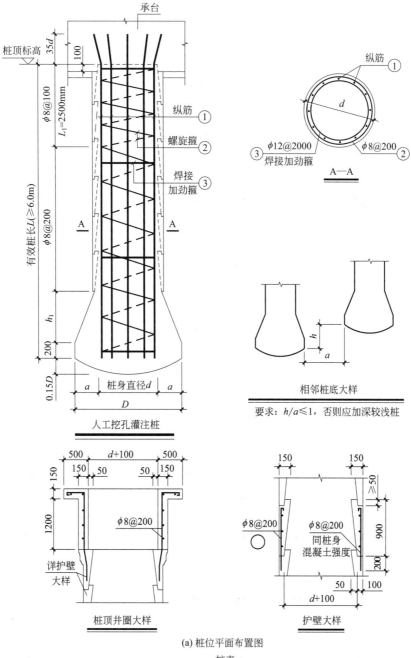

(a) 桩位平面布置图

桩表

编号	单桩竖向承载力特征值/kN	有效桩长 L/m	d/mm	D/mm	a/mm	h_1/mm	纵筋 ①
ZH1	1100	12～14	900	900			12ϕ14
ZH2	1600	12～14	900	1100	100	500	12ϕ14
ZH3	2300	12～14	900	1300	200	500	12ϕ14

(b) 桩表

图 21-7

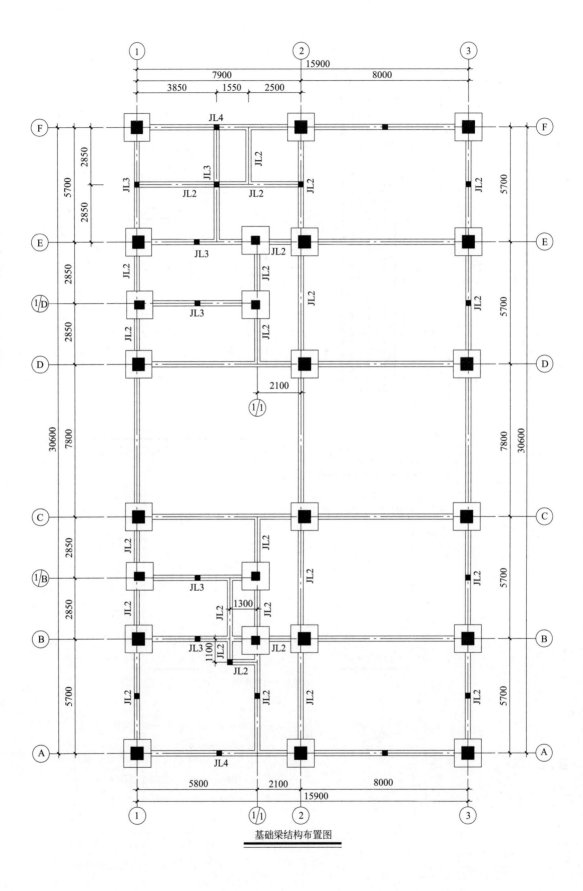

基础梁结构布置图

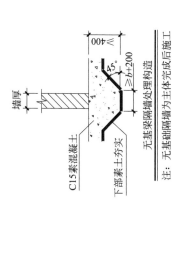

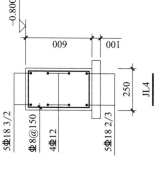

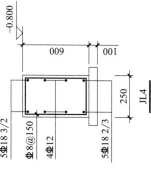

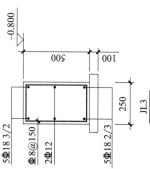

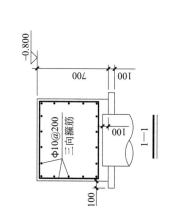

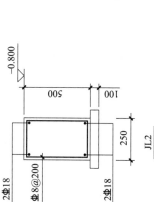

无基础隔墙处理构造

注：无基础隔墙为主体完成后施工

1—1

CT1

JL1

JL2

JL3

JL4

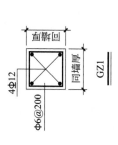

GZ1

说明：
1.图中未定位的基础梁均沿轴线或定位线居中布置。基础梁纵向钢筋锚入承台不小于 L_{aE}。
2.承台及基础梁采用C25混凝土。梁底、承台底均设100厚C15素混凝土垫层。钢筋均为HPB300(Φ)、HRB400(Φ)。
3.主次梁相交处一律在次梁两侧各设四道密箍@50，其直径及肢数同主梁箍筋。
4.图中未标注之单桩承台均为CT1。图中未标注之承台高均为-0.800m。
5.图中未标注之基础梁均为JL1，梁顶标高均为-0.800m，基础梁纵筋的混凝土保护层厚度详11G101-1第54页。
6.未标注的填充墙体构造柱均为GZ1，其纵筋锚入上下梁板内35d并分层浇筑。

(c) 基础梁结构布置图

图 21-7 基础平面布置图

② 每个基础都有相应的编号，如 ZH1、ZH2、ZH3……

③ 图中涂实的矩形是钢筋混凝土桩，涂实的长条是钢筋混凝土基础梁。

④ 每一个桩位之间使用的是基础梁连接。

⑤ 从桩位平面布置图中可以看出人工挖孔灌注桩的每一个桩位和每一个桩的尺寸配筋的信息以及相邻桩底大样图、桩顶井圈大样图和灌注桩护壁的大样图。从柱表中可知 ZH1、ZH2、ZH3 桩的有效桩长为 12～14m。还可以根据人工挖孔灌注桩的大样图以及节点剖面图去确定灌注桩钢筋的选择。从基础梁的结构布置图中识读到每一条基础梁的尺寸及配筋型号和根数。

21.2.3　底层框架柱配筋平面图

项目底层框架柱配筋的平面图如图 21-8 所示。

项目底层框架柱配筋的平面图（带柱表）识读内容如下。

① 在本张图纸中，我们能够清楚地看到该项目的每一个框架柱所处的位置以及个数，还有每一根不同型号柱子的尺寸、配筋等。

② 在柱网中 KZ1 根数是 6 个，KZ1 在基础顶～9.300m 的框架柱尺寸是 600mm×600mm，角筋设置的是 4Φ20，b 边一侧中部筋设置的为 2Φ18，h 边一侧中部筋设置为 2Φ18，箍筋截面的设置为 4×4，箍筋设置为Φ8@100/200。KZ1 在 9.300～11.100m 时的柱截面尺寸和钢筋信息与基础顶～9.300m 的信息相同，但其箍筋设置是Φ8@100。

③ 在柱网中 KZ2 根数是 4 个，KZ2 在基础顶～13.200m 的框架柱尺寸是 600mm×600mm，角筋设置的是 4Φ20，b 边一侧中部筋设置的为 2Φ18，h 边一侧中部筋设置为 2Φ18，箍筋截面的设置为 4×4，箍筋设置为Φ8@100/200。

④ 在柱网中 KZ3 根数是 2 个，KZ3 在基础顶～9.300m 的框架柱尺寸是 600mm×600mm，角筋设置的是 4Φ20，b 边一侧中部筋设置的为 2Φ18，h 边一侧中部筋设置为 2Φ18，箍筋截面的设置为 4×4，箍筋设置为Φ10@100。KZ3 在 9.300～13.200m 时的柱截面尺寸和钢筋信息与基础顶～9.300m 的信息相同，但其箍筋设置是Φ8@100/200。

⑤ 在柱网中 KZ4 根数是 4 个，KZ4 在基础顶～9.300m 的框架柱尺寸是 400mm×400mm，角筋设置的是 4Φ18，b 边一侧中部筋设置的为 1Φ16，h 边一侧中部筋设置为 1Φ16，箍筋截面的设置为 3×3，箍筋设置为Φ8@100。

⑥ 在柱网中 KZ5 根数是 2 个，KZ5 在±0.000～9.300m 的框架柱尺寸是 400mm×400mm，角筋设置的是 4Φ18，b 边一侧中部筋设置的为 2Φ16，h 边一侧中部筋设置为 1Φ16，箍筋截面的设置为 4×3，箍筋设置为Φ8@100。

⑦ 在柱网中 KZ6 根数是 4 个，KZ6 在基础顶～13.200m 的框架柱尺寸是 600mm×600mm，角筋设置的是 4Φ20，b 边一侧中部筋设置的为 2Φ18，h 边一侧中部筋设置为 2Φ18，箍筋截面的设置为 4×4，箍筋设置为Φ8@100/200。KZ6 在 13.200～17.400m 时的柱截面尺寸和角筋、箍筋信息与基础顶～13.200m 的信息相同，但其 b 边一侧中部筋设置的为 2Φ16，h 边一侧中部筋设置为 2Φ16。

⑧ 在柱网中 KZ7 根数是 2 个，KZ7 在±0.000～13.200m 的框架柱尺寸是 600mm×600mm，角筋设置的是 4Φ20，b 边一侧中部筋设置的为 2Φ18，h 边一侧中部筋设置为 2Φ18，箍筋截面的设置为 4×4，箍筋设置为Φ8@100/200。KZ7 在 13.200～17.400m 时的柱截面尺寸为 600mm×425mm，角筋、箍筋信息与±0.000～13.200m 的信息相同，但其 b 边一侧中部筋设置的为 2Φ16，h 边一侧中部筋设置为 1Φ16。

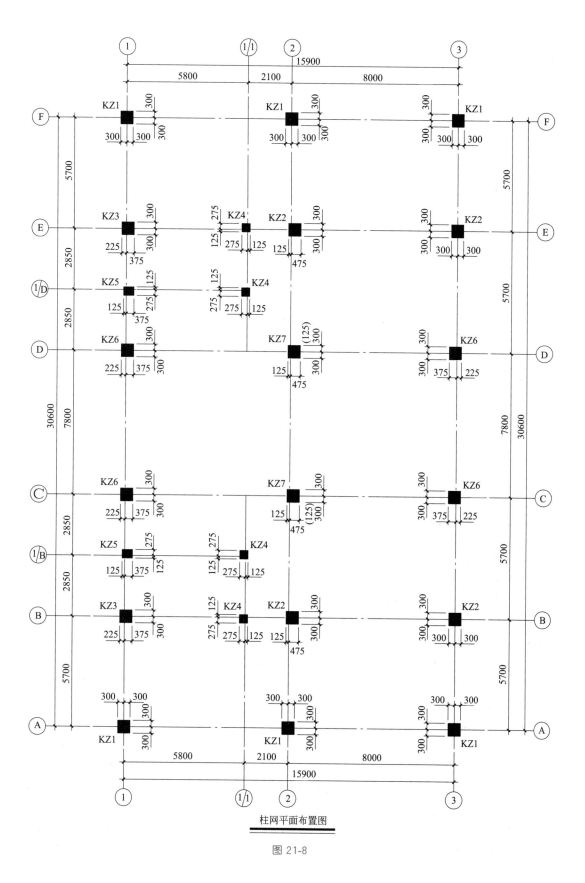

柱网平面布置图

图 21-8

柱构件明细表

柱号	标高/m	$b×h$ (mm×mm)	角筋	b边一侧中部筋	h边一侧中部筋	箍筋类型号 ($m×n$)	箍筋	备注
KZ1	基础顶~9.300	600×600	4⾠20	2⾠18	2⾠18	1(4×4)	⾠8@100/200	
	9.300~11.100	600×600	4⾠20	2⾠18	2⾠18	1(4×4)	⾠8@100	
KZ2	基础顶~13.200	600×600	4⾠20	2⾠18	2⾠18	1(4×4)	⾠8@100/200	
KZ3	基础顶~9.300	600×600	4⾠20	2⾠18	2⾠18	1(4×4)	⾠10@100	
	9.300~13.200	600×600	4⾠20	2⾠18	2⾠18	1(4×4)	⾠8@100/200	
KZ4	基础顶~9.300	400×400	4⾠18	1⾠16	1⾠16	1(3×3)	⾠8@100	
KZ5	±0.000~9.300	500×400	4⾠18	2⾠16	1⾠16	1(4×3)	⾠8@100	
KZ6	基础顶~13.200	600×600	4⾠20	2⾠18	2⾠18	1(4×4)	⾠8@100/200	
	13.200~17.400	600×600	4⾠20	2⾠16	2⾠16	1(4×4)	⾠8@100/200	
KZ7	±0.000~13.200	600×600	4⾠20	2⾠18	2⾠18	1(4×4)	⾠8@100/200	
	13.200~17.400	600×425	4⾠20	2⾠16	1⾠16	1(4×3)	⾠8@100/200	

箍筋类型1
$(m×n)$

说明:
1.抗震KZ边柱和角柱柱顶纵向钢筋构造选用11G101-1第59页类型(一)之A～C节点。
当上柱纵筋直径或根数大于下柱纵筋时,上柱纵筋锚固要求按11G101-1第57页图1、图2实施。
2.柱平法表示详平法图集11G101-1。
3.基顶~1.000全高加密至@100,箍筋型式及规格详柱表。
4.除注明者外,h平行于①轴。柱截面尺寸变化时详构件明细表中标注。

图 21-8　底层框架柱配筋的平面图

21.2.4　二层框架梁配筋详图

二层框架梁配筋图如图 21-9 所示。

二层框架梁配筋图的识图:在本图纸中可以看出每一根梁布置的型号、尺寸以及钢筋的布置情况。其中 KL1(2)集中标注的钢筋信息表示的是:该梁是框架梁1,有2跨。截面尺寸为 250mm×700mm,箍筋为直径是 8mm 的三级钢,加密区间距是 100mm,非加密区间距是 200mm,上部通长筋设置的是 2 根直径为 22mm 的三级钢,下部是 2 根直径为 20mm 的三级钢和 2 根直径为 18mm 的三级钢。

KL2(3)集中标注的钢筋信息表示的是:该梁是框架梁2,有 3 跨。截面尺寸为 250mm×700mm,箍筋为直径是 8mm 的三级钢,加密区间距是 100mm,非加密区间距是 200mm,上部通长筋设置的是 2 根直径为 22mm 的三级钢,下部是 6 根直径为 22mm 的三级钢,上排布置 2 根,下排布置 4 根。

L11(2)集中标注的钢筋信息表示的是:梁 11,有 2 跨。截面尺寸为 250mm× 500mm,箍筋为直径是 8mm 的三级钢,按间距 200mm 进行布置,上部通长筋设置的是 2 根直径为 20mm 的三级钢,下部布置两排钢筋,上排布置 2 根直径为 16mm 的三级钢,下排布置 3 根直径为 20mm 的三级钢。

WL1(1)集中标注的钢筋信息表示的是:屋面梁1,有 1 跨。截面尺寸为 250mm× 700mm,箍筋为直径是 8mm 的三级钢,按间距 200mm 进行布置,上部通长筋设置的是

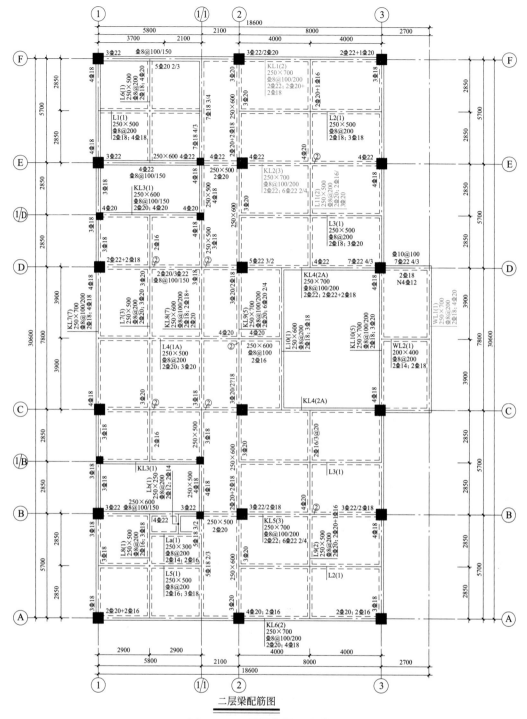

二层梁配筋图

图 21-9 二层框架梁配筋详图

2 根直径为 18mm 的三级钢,下部通长筋设置的是 4 根直径为 20mm 的通长筋。

21.2.5 二层板配筋详图

二层板构件配筋图如图 21-10 所示。

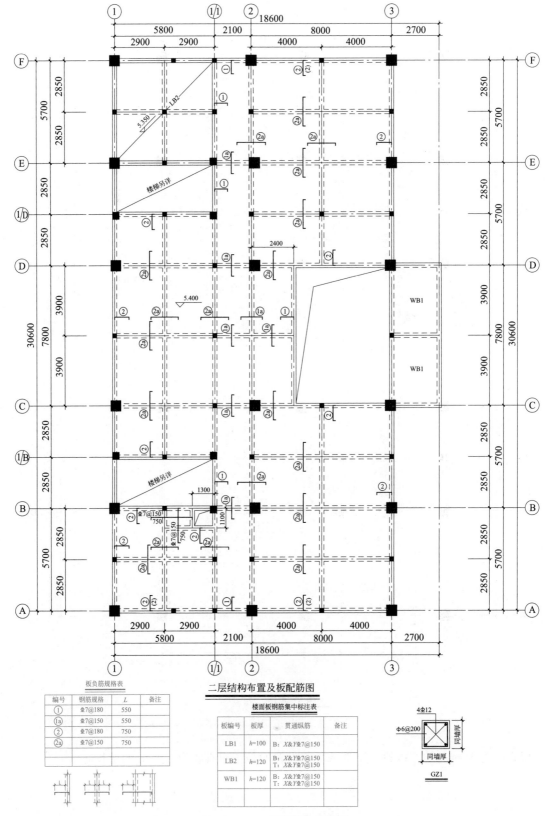

板负筋规格表

编号	钢筋规格	L	备注
①	Φ7@180	550	
①a	Φ7@150	550	
②	Φ7@180	750	
②a	Φ7@150	750	

二层结构布置及板配筋图

楼面板钢筋集中标注表

板编号	板厚	贯通纵筋	备注
LB1	h=100	B: X&Y Φ7@150	
LB2	h=120	B: X&Y Φ7@150 T: X&Y Φ7@150	
WB1	h=120	B: X&Y Φ7@150 T: X&Y Φ7@150	

4Φ12

Φ6@200

同墙厚

GZ1

图 21-10　二层板构件配筋图

板构件配筋图的识读内容如下。图中①、①a、②、②a都为板的负筋，①、②的分布筋设置的是直径为7mm、间距为150mm的三级钢。LB1的板厚是100mm，贯通纵筋B代表的是底部钢筋X、Y双向布置直径为7mm、间距为150mm的三级钢。WB1的板厚度为120mm，贯通纵筋设置是：板上部和板底部设置的都是X、Y双向布置直径为7mm、间距为150mm的三级钢。

21.2.6 楼梯平面图的识读

楼梯平面图如图21-11所示。

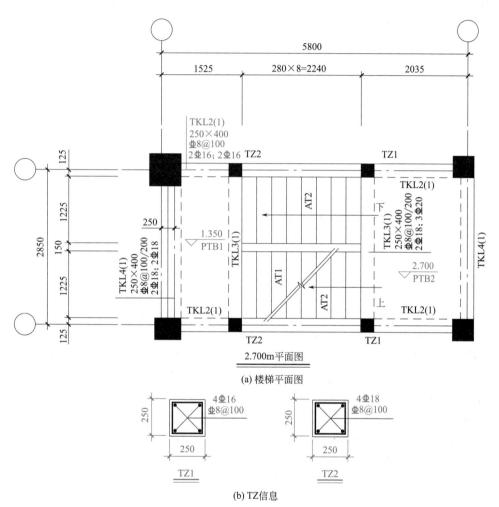

(a) 楼梯平面图

(b) TZ信息

板式楼梯配筋表							备注
梯板编号	梯板跨度	板厚h	梯板段总高度	梯板下部钢筋	梯板支座钢筋	分布筋	
AT1	2240	100	200+150×8=1400	Φ10@175	Φ10@200	Φ8@200	第一级踏步高200mm
AT2	2240	100	150×9=1350	Φ10@175	Φ10@200	Φ8@200	

(c) 板式楼梯配筋表

图 21-11 楼梯平面图

楼梯平面图的识读内容如下。

先看楼梯框架梁，该图纸上面用到了楼梯框架梁 2、3、4，其中楼梯框架梁 2 识读部分是：TKL2（1）表示的是楼梯框架梁 2，有一跨，截面尺寸为 250mm×400mm，箍筋是直径为 8mm 的三级钢按间距 100mm 进行布置，上部通长筋是 2 根直径为 16mm 的三级钢，下部通长筋是 2 根直径为 16mm 的三级钢。

其次看梯柱，该楼梯主要有两个梯柱，TZ1 和 TZ2，其中 TZ1 的截面尺寸是 250mm×250mm，四根角筋是直径为 16mm 的三级钢，箍筋是直径为 8mm 的三级钢按间距 100mm 进行布置。TZ2 的截面尺寸是 250mm×250mm，四根角筋是直径为 18mm 的三级钢，箍筋是直径为 8mm 的三级钢按间距 100mm 进行布置。

从图中还可以读出，PTB1 设置的高度是 1.350m，PTB2 设置的高度是 2.700m。根据图中所给的尺寸信息可以看出，本层楼梯每一个踏面宽度是 280mm，每一向设置 8 个踏面。

21.3 装饰装修施工图

21.3.1 装饰装修建筑做法说明

建筑装饰装修的做法说明如图 21-12 所示。

从本张图纸中可以看到该建筑楼面墙面等装修构造要求。

21.3.2 一层平面装饰装修图

一层平面布置图如图 21-13 所示。

结合装饰装修做法说明可以读出，本层大堂的装饰装修设置的大理石地面如下：素土夯实、80mm 厚 C15 混凝土、素水泥浆结合层一道、30mm 厚 1∶4 干硬性水泥砂浆、20mm 厚大理石铺实拍平，水泥浆擦缝（总厚度设置为 130mm）。卫生间的地面设置防滑地砖地面的厚度是 140mm，除了卫生间和大堂地面其余的地面设置为 80mm 厚的水泥砂浆地面。卫生间楼面以及楼梯间设置的是 60mm 厚的防滑地砖楼面，卫生间内墙面设置的是 20mm 厚的面砖内墙面。除卫生间外的内墙面使用的是混合砂浆内墙面，门厅和公共走道处的踢脚设置的是 29mm 厚的石质板材踢脚，设置的高度是 150mm，其余处的踢脚设置为 25mm 厚的水泥砂浆踢脚，设置高度为 150mm。

21.3.3 建筑外墙面装饰装修图

该建筑物的外墙面装饰装修图如图 21-14 所示。

在该图纸中我们可以读出在建筑物的出口处设置的有两个出入口的坡道，坡道上面设置的是石材贴面，坡道两边设置扶手。在建筑物的上面设置的是成品灯具，建筑物下部设置的是 800mm 宽的散水。外墙面是干挂石材外墙面，做法是：基层墙体表面清理干净，刷专用界面剂一遍，45mm 厚玻化微珠保温砂浆，6mm 厚抗裂砂浆压入耐碱网格布，刷1.5mm 厚聚合物水泥防水涂料，按石材高度安装配套不锈钢挂件，最后设置 30mm 厚的石材板，石材接缝宽 5～8mm，用硅酮（聚硅氧烷）密封胶填缝。

建筑做法说明

一、屋面：

编号	构造用料	技术指标	使用部位
屋-1 上人保温平屋面	(1)8～10厚地砖铺地，缝宽5～8，1:1水泥砂浆填缝	总厚度：121 按最薄处计 防水等级Ⅱ级	位置详见 平面图
	(2)25厚1:4干硬性水泥砂浆		
	(3)满铺0.3厚聚乙烯薄膜一层		
	(4)两层3厚APP改性沥青防水卷材		
	(5)基层处理剂一遍		
	(6)20厚1:2.5水泥砂浆找平层		
	(7)20厚(最薄处)1:8水泥憎水膨胀珍珠岩找2%坡		
	(8)干铺50厚B1级挤塑聚苯板		
	(9)钢筋混凝土楼面板，表面清扫干净		
屋-2 不上人保温平屋面	(1)25厚1:2.5水泥砂浆，分格面积宜为1m²	总厚度：111 按最薄处计 防水等级Ⅱ级	位置详见 平面图
	(2)满铺0.3厚聚乙烯薄膜一层		
	(3)两层3厚APP改性沥青防水卷材		
	(4)基层处理剂一遍		
	(5)20厚1:2.5水泥砂浆找平层		
	(6)20厚(最薄处)1:8水泥憎水膨胀珍珠岩找2%坡		
	(7)干铺50厚B1级挤塑聚苯板		
	(8)钢筋混凝土楼面板，表面清扫干净		
屋-3 无机盐防水砂浆屋面	(1)20厚(最薄处)1:3水泥砂浆找平兼找坡 (掺水泥用量6%有机硅)	总厚度：20	用于阳台、雨篷等位置详见平面图
	(2)钢筋混凝土屋面板，表面清扫干净		

二、地面：

编号	构造用料	技术指标	使用部位
地-1 大理石地面	(1)20厚大理石铺实拍平，水泥浆擦缝	总厚度：130 不含覆土层	用于大堂及门廊
	(2)30厚1:4干硬性水泥砂浆		
	(3)素水泥浆结合层一道		
	(4)80厚C15混凝土		
	(5)素土夯实		
地-2 防滑地砖地面	(1)8～10厚防滑地砖铺平拍实，水泥砂浆擦缝	总厚度：140 不含覆土层	用于卫生间
	(2)20厚1:4干硬性水泥砂浆		
	(3)素水泥浆结合层一道		
	(4)刷1.2厚聚氨酯防水涂料		
	(5)刷基层处理剂一遍		
	(6)30厚C20细石混凝土找坡层抹平		
	(7)80厚C15混凝土		
	(8)素土夯实		
地-3 水泥砂浆地面	(1)20厚1:2水泥砂浆找平层	总厚度：80 不含覆土层	用于除以上地面外的其他地面
	(2)素水泥浆结合层一道		
	(3)60厚C20混凝土		
	(4)素土夯实		

三、楼面：

编号	构造用料	技术指标	使用部位
楼-1 防滑地砖楼面	(1)8～10厚防滑地砖铺实拍平，水泥浆擦缝	总厚度：60	用于卫生间楼面公共走道及楼梯间
	(2)20厚1:4干硬性水泥砂浆		
	(3)素水泥浆结合层一道		
	(4)刷1.2厚聚氨酯防水涂料		
	(5)刷基层处理剂一遍		
	(6)30厚C20细石混凝土找坡层抹平		
	(7)钢筋混凝土楼面板，表面清扫干净		
楼-2 水泥砂浆地面	(1)20厚1:2水泥砂浆找平层	总厚度：20	用于除上述外的其余楼面
	(2)素水泥浆结合层一遍		
	(3)钢筋混凝土楼面		

四、外墙面：

编号	构造用料	技术指标	使用部位
外-3 干挂石材外墙面	(1)30厚石材板，石材接缝 宽5～8mm，用硅酮(聚硅氧烷)密封胶填缝	总厚度：86(不含预留不锈钢挂件所需空间)	位置、颜色详立面图
	(2)按石材高度安装配套不锈钢挂件		
	(3)刷1.5厚聚合物水泥防水涂料		
	(4)6厚抗裂砂浆压入耐碱网格布		
	(5)45厚玻化微珠保温砂浆		
	(6)刷专用界面剂一遍		
	(7)基层墙体，表面清理干净		

五、内墙面：

编号	构造用料	技术指标	使用部位
内-1 面砖内墙面	(1)基层墙体	总厚度：20	用于卫生间内墙面
	(2)刷专用界面剂一遍		
	(3)15厚1:3水泥砂浆		
	(4)3～4厚1:1水泥砂浆加水重20%建筑胶镶贴		
	(5)8～10厚面砖，水泥砂浆擦缝		
内-2 混合砂浆内墙面	(1)基层墙体	总厚度：20	用于除上述外的其余内墙面
	(2)刷专用界面剂一遍		
	(3)15厚1:1:6水泥石灰砂浆，分两次抹灰		
	(4)5厚1:0.5:3水泥石灰砂浆		

六、顶棚：

编号	构造用料	技术指标	使用部位
顶-1 水泥砂浆顶棚	(1)钢筋混凝土板底面清理干净，涂刷界面砂浆	总厚度：10	用于卫生间顶棚
	(2)5厚1:3水泥砂浆		
	(3)5厚1:2水泥砂浆		
	(4)清理基层		
	(5)满批腻子，刮平		
顶-2 乳胶漆顶棚	(1)钢筋混凝土板底面清理干净，涂刷界面砂浆	总厚度：10	用于公共走道以及门厅顶棚
	(2)5厚1:1:4水泥石灰砂浆		
	(3)5厚1:0.5:3水泥石灰砂浆		
	(4)满刮腻子一遍，刮平		
	(5)刷底漆一遍		
	(6)白色乳胶漆两遍		
顶-3 混合砂浆顶棚	(1)钢筋混凝土板底面清理干净，涂刷界面砂浆	总厚度：10	用于除上述外的其余顶棚
	(2)5厚1:1:4水泥石灰砂浆		
	(3)5厚1:0.5:3水泥石灰砂浆		
	(4)清理基层		
	(5)满刮腻子，刮平		

七、踢脚：

编号	构造用料	技术指标	使用部位
踢脚-1 石质板材踢脚	(1)刷专用界面剂一遍	总厚度：29 踢脚高度150	用于门厅，公共走道
	(2)15厚2:1:8水泥石灰砂浆，分两次抹灰		
	(3)5～6厚1:1水泥砂浆加水重20%建筑胶镶贴		
	(4)10厚石质板材，水泥浆擦缝		
踢脚-2 水泥砂浆	(1)刷专用界面剂一遍	总厚度：25 踢脚高度150	用于除上述外的其余部位的踢脚
	(2)15厚2:1:8水泥石灰砂浆		
	(3)10厚1:2水泥砂浆抹面压光		

图 21-12　建筑装饰装修做法说明图

第21章 工程施工图实例解读分析

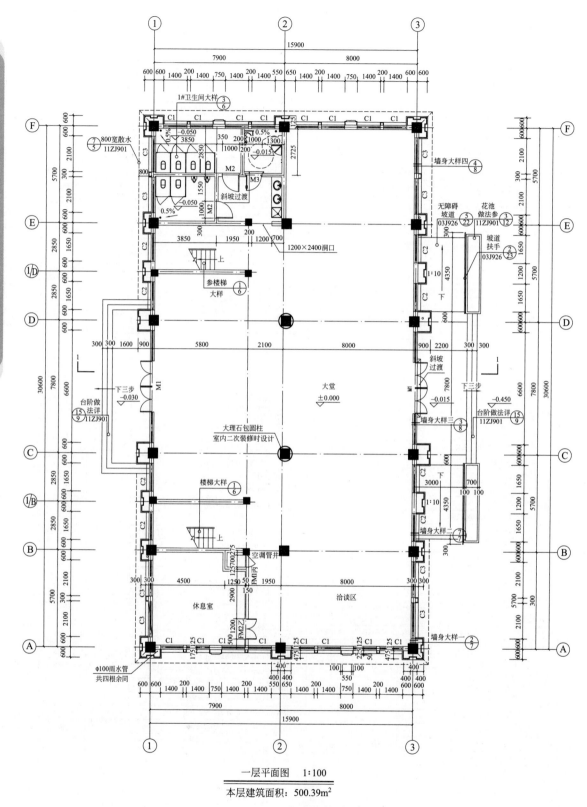

一层平面图　1:100

本层建筑面积：500.39m²

图 21-13　一层装饰装修布置图

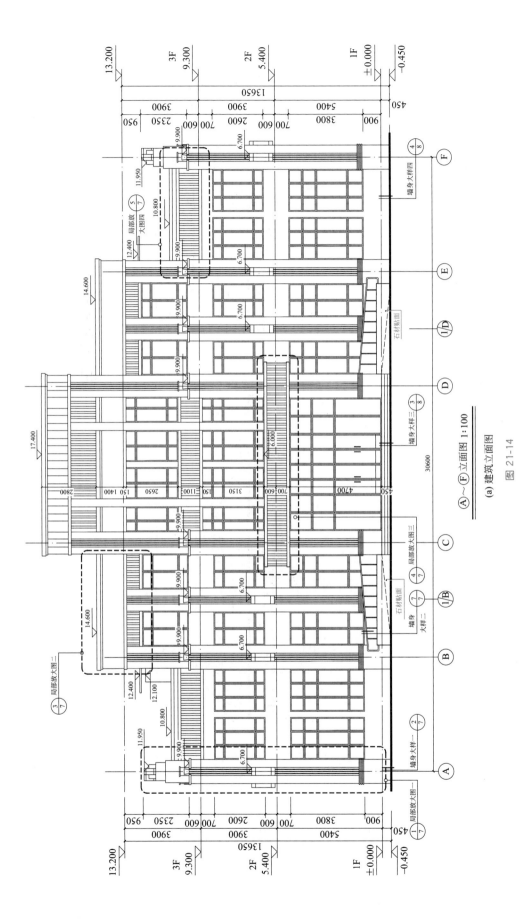

(a) 建筑立面图

图 21-14

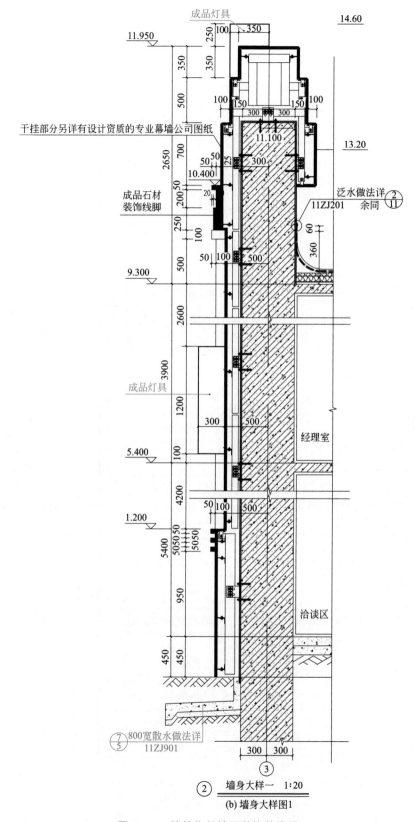

图 21-14　建筑物外墙面装饰装修图

21.3.4 屋面装饰装修图

该建筑屋面装饰装修图如图 21-15 所示。

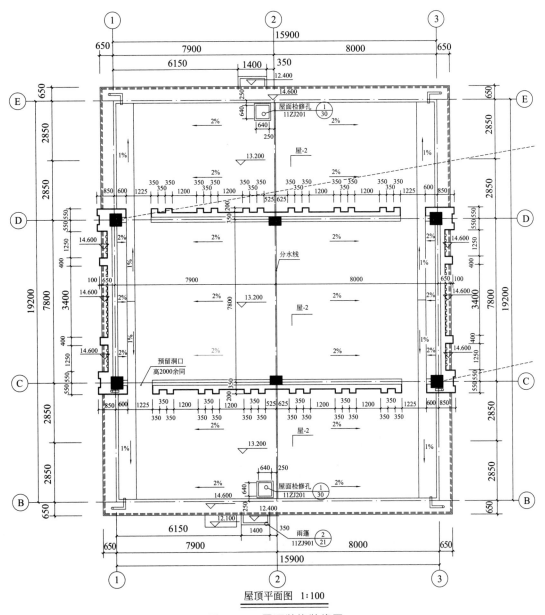

屋顶平面图 1:100

图 21-15 屋面装饰装修图

该屋面在两侧各设置一个屋面检修孔，屋面大部分设置 2% 的排水坡度，该屋面是 111mm 厚的不上人保温平屋面，其做法为：钢筋混凝土楼面板表面清扫干净，干铺 50mm 厚 B1 级挤塑聚苯板，20mm 厚 1：2.5 水泥砂浆找平层，基层处理剂一遍，两层 3mm 厚的 APP 改性沥青防水卷材（防水等级 Ⅱ 级），满铺 0.3mm 厚聚乙烯薄膜一层，25mm 厚 1：2.5 水泥砂浆，分格面积宜为 1m²。

21.3.5 楼梯装饰装修图

该建筑楼梯装饰装修如图 21-16 所示。

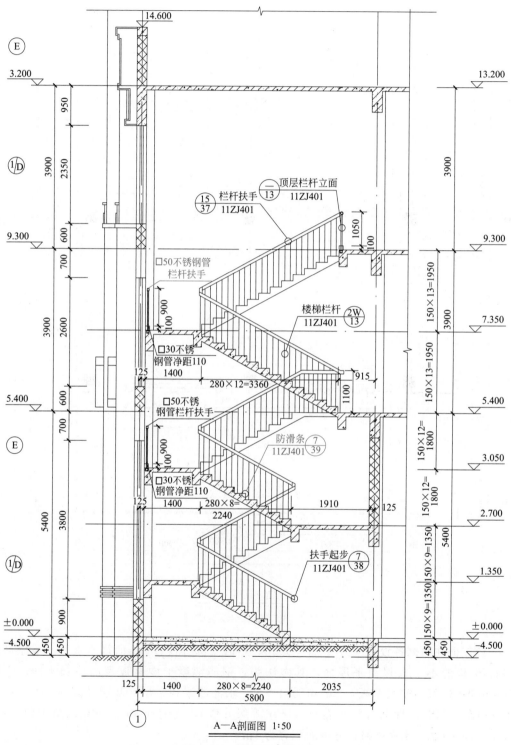

A—A剖面图 1:50

图 21-16 楼梯装饰装修图

该楼梯间设置的是 60mm 厚的防滑地砖楼面，楼梯每一个踏步上都设置有防滑条，楼梯休息平台处栏杆是 50mm 的不锈钢管栏杆扶手。

21.4 给水排水施工图

21.4.1 给排水平面图

给排水图例如图 21-17 所示。

一层平面的给排水平面图如图 21-18 所示。

给排水平面图的识读内容如下。

给水管道的进户点：从该建筑西北角接市政给水管网通过 $DN50$ 管道引入女卫生间，在女卫生间里面有一个给水立管通向二层和三层，外面有一个屋面雨水立管。男女卫生间里面各设置一个污水管，卫生间的地面设置的排水坡度为 0.5%，在两侧的楼梯旁各有一个消防立水管以及灭火器，消防立管井 $DN100$ 的消防管道引出至建筑物外，该层共设置了 9 个屋面雨水立管。

21.4.2 给排水管道系统图

该项目给排水管道系统图如图 21-19 所示。

从图中可知：引入管为 $DN50$ 的镀锌钢管接市政给水管网，埋地穿墙进入室内；引入管在建筑物外的埋地深度为 -1.10m，进入建筑物后，接室内水平给水干管（该给水系统采用下行上给的给水方式），水平干管穿过各横墙进入女、男厕，向 JL-1 供水，在一楼设置一个闸阀，二楼设置的一个闸阀和一个自动排气阀。

消防立管有一根 $DN100$ 的管道接入室内消火栓，由一个减压稳压阀分入两个不同的消防立管，两个消防立管都是在地下 1.10m 进行入室，入室后在每一层楼各设置一个消防软管卷盘，在三层各设置一个自动排气阀。

污水管道：WL-1 使用的是 $DN150$ 的管道进行排污，在一层接入卫生间的排污管，最后在地下 0.95m 处排除建筑物外。WL-2 使用的是 $DN100$ 的管道进行排污，在一层接入卫生间的排污管，最后在地下 0.95m 处排除建筑物外。两根管道在一层二层各设置一个检查口。

室外排水立管：分为两根管道，第一根从屋顶处进行设置，在第一层设置一个检查口，最后流入到室外。另一根从二层顶处进行设置，在第一层设置一个检查口，最后流入到室外。

21.4.3 卫生间给排水轴测图

该建筑卫生间给排水轴测图如图 21-20 所示。

卫生间的给水管道由给水立管引入，管径型号 $DN50$，引入处设置闸阀，女卫生间由 $DN50$ 引入卫生间，然后管径逐渐变小，在引入洗脸盆处管道贴梁底铺设，由 $DN20$ 引出的给水管道接一个水龙头，由 $DN32$ 引入到的另外一条给水管道处设置的有三个水龙头。

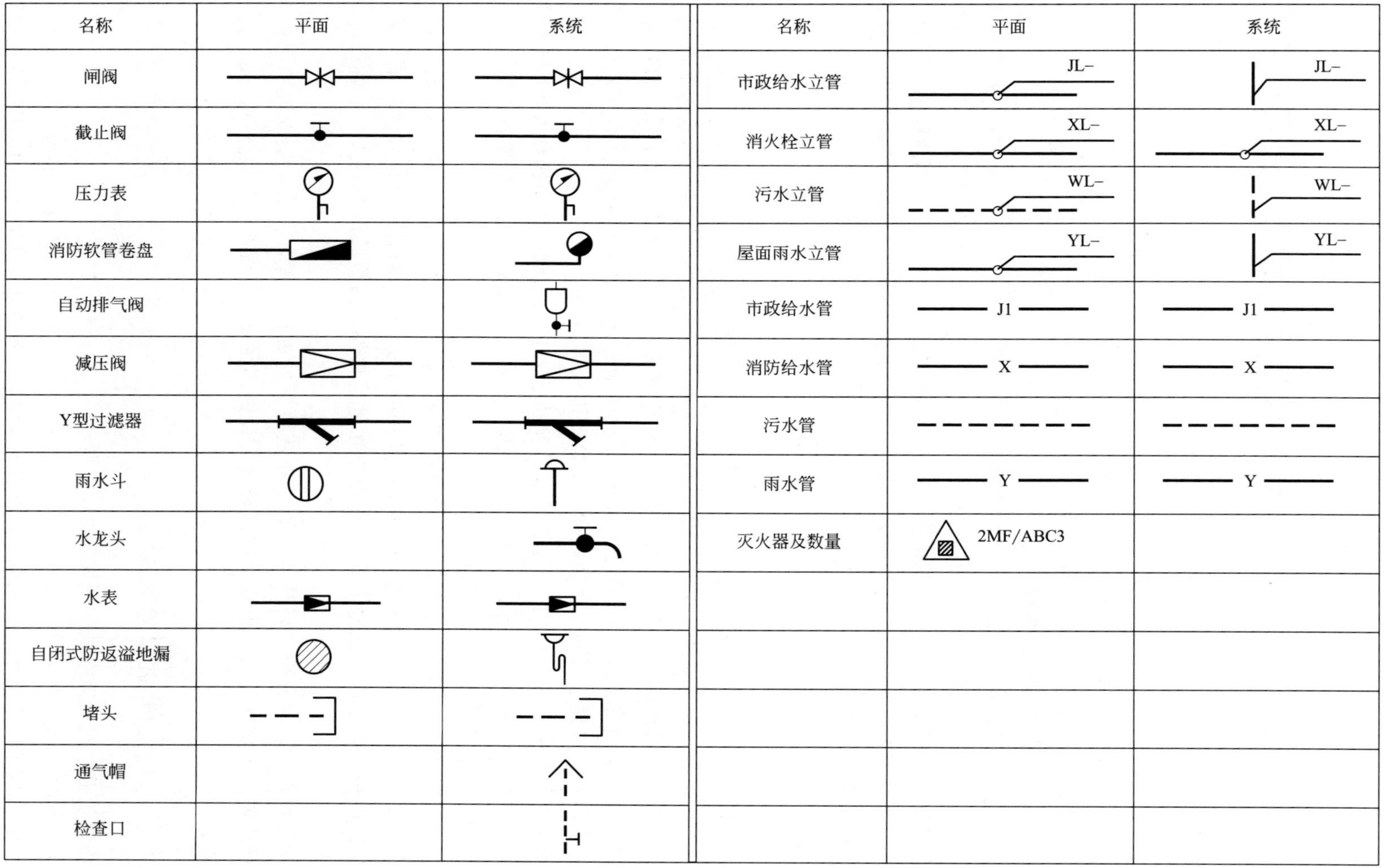

名称	平面	系统	名称	平面	系统
闸阀			市政给水立管	JL—	JL—
截止阀			消火栓立管	XL—	XL—
压力表			污水立管	WL—	WL—
消防软管卷盘			屋面雨水立管	YL—	YL—
自动排气阀			市政给水管	J1	J1
减压阀			消防给水管	X	X
Y型过滤器			污水管	Y	Y
雨水斗			雨水管	Y	Y
水龙头			灭火器及数量	2MF/ABC3	
水表					
自闭式防返溢地漏					
堵头					
通气帽					
检查口					

图 21-17　给排水图例

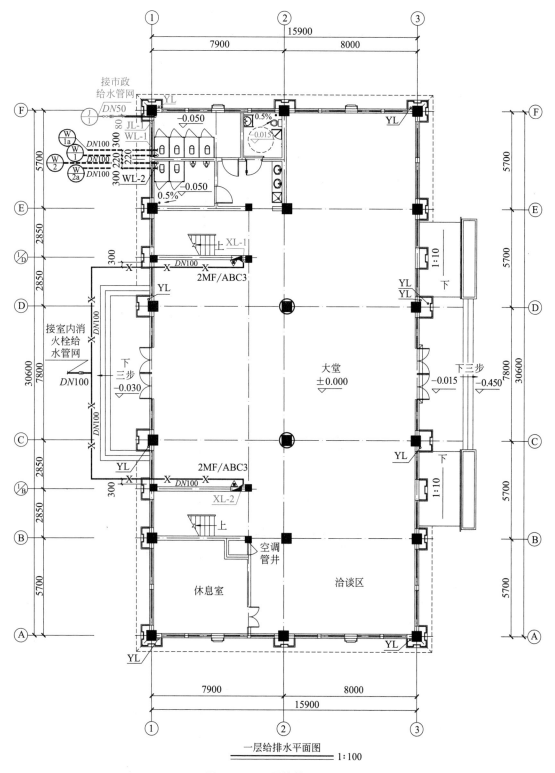

一层给排水平面图 1:100

图 21-18 一层给排水平面图

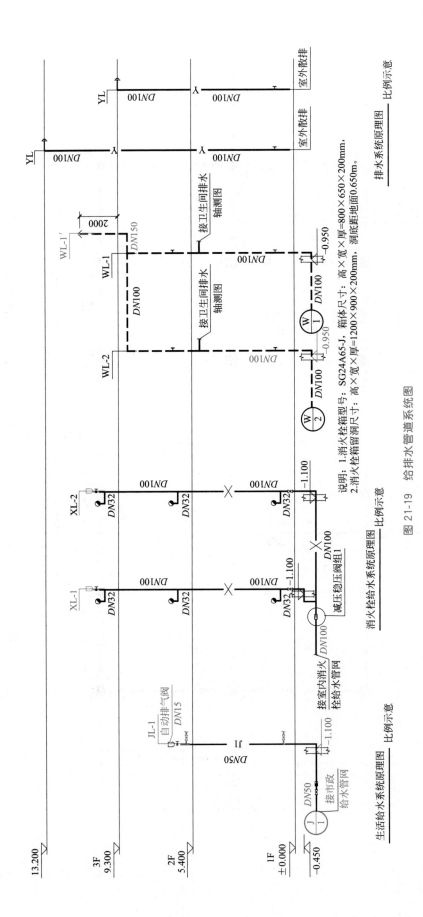

图 21-19　给排水管道系统图

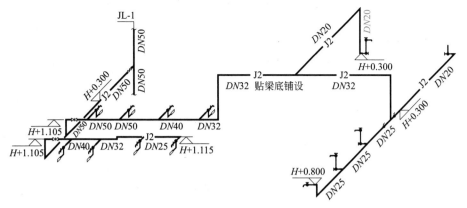

1#卫生间给排水轴测图　1:50

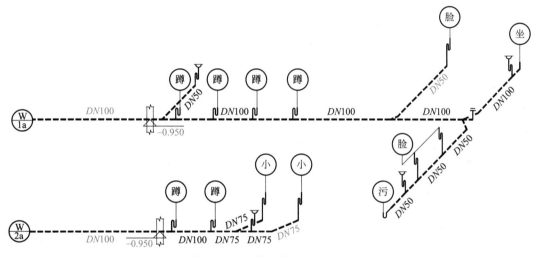

图 21-20　卫生间给排水轴测图

　　排水管道：污水管道 1a 设置的位置为地下 0.95m，其管道上设置的有三个地漏，一个坐式大便器，四个蹲便器，两个洗脸池和一个污水排放管。主要的污水管道是 $DN100$，坐便器和蹲便器使用管道的管径相同，脸盆的排水管道使用的是 $DN50$。污水管道 2a 设置的位置为地下 0.95m，其管道上设置两个蹲便器、两个小便器，蹲便使用的是 $DN100$ 的排水管，小便器使用的是 $DN75$ 管道，由 $DN100$ 管道排出室内。

21.5　暖通施工图

21.5.1　采暖施工图识读

21.5.1.1　采暖管道流程图

　　锅炉房的管道流程图如图 21-21(a) 所示。

　　管道流程图的识读：从锅炉 1 顶部出来的供水管向后（方位投影图确定，即左右、上下、前后，以下同）分两路，其中一路向右经阀门到分水缸 16。由分水缸引出各个支路分别通向供暖地点、浴池等。另一路向左经阀门通向淋浴储水箱 21，从储水箱引出管向左，经阀门后分两路通过阀门接两台并列淋浴加压泵 22，再经阀门通向淋浴地点，此管道的直径为 DN50。从集水缸 15 引出管经阀门向左，经立式直通除污器 14 后，通向两台并列循环水泵 8，循环水泵入口加阀门，水泵出口加止回阀与阀门，之后经止回阀与阀门通向锅炉回水入口。从图的右侧看到给水管引入自来水向右分别经阀门进入淋浴储水箱 21、经阀门后进入软水箱 13、经阀门接盐液箱 11、经阀门接离子交换器 10、经阀门进入锅炉 1、引向锅炉间、引向卫生间，管道公称直径分别是 DN70、DN50、DN40、DN20、DN15。水经离子交换器 10 后进入软水箱 13，从底部引出经阀门通向两台并列补水泵 8。从软水箱顶部引出管，经阀门接压力变送器 20。循环水泵 8 出口管通向锅炉 1。从锅炉 1 引出各条排污管，经阀门通向排水管道。

21.5.1.2 采暖管道平面图

采暖管道平面布置图如图 21-21（b）所示。

从平面图中可知道锅炉的总体布局分成六个房间。锅炉等所在房间的面积最大；引风机、除尘器等布置在一个房间；软水箱、离子交换器等占去一个房间；电控室一个房间，内有供暖变频调速稳压装置；还有卫生间和休息室。从布图上看此锅炉房设计比较合理，结合系统图，煤从南门运入后，通过运煤机送进锅炉燃烧。

燃烧后的烟气经除尘器到引风机排至烟囱，燃烧后的炉渣通过除渣机排除，经人工运至室外。从鼓风机出来的风通向锅炉炉排底部。从图中还可以知道各种设备在锅炉房内的平面位置，如锅炉中心线到左、右墙轴线距离分别为 5700mm、4200mm，锅炉前端距前墙轴线距离为 5000mm，其他设备定位尺寸依此类推。从图上可知道每个房间面积的大小。

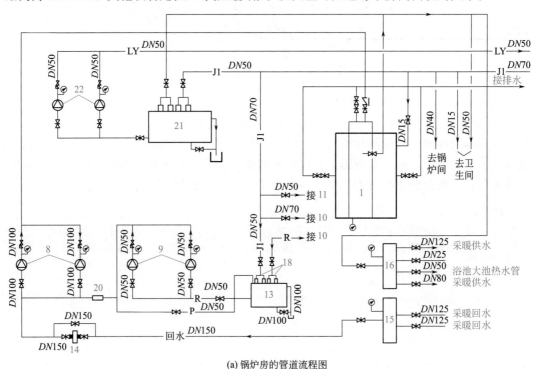

(a) 锅炉房的管道流程图

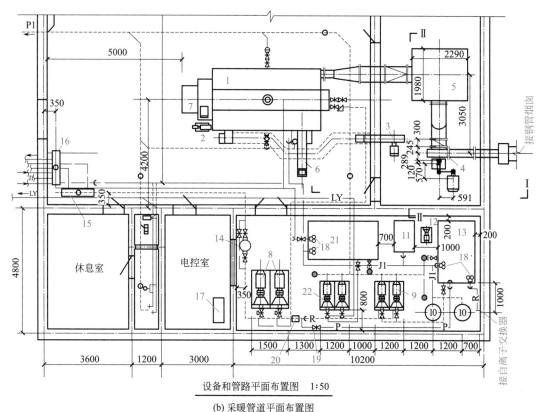

設備和管路平面布置圖 1:50

(b) 採暖管道平面布置圖

图 21-21 采暖施工图

1—热水锅炉；2—炉排电动机；3—鼓风机；4—引风机；5—除尘器；6—螺旋除渣器；7—上煤机；
8—循环水泵；9—补水泵；10—离子交换器；11—盐液箱；12—盐液泵；13—软水箱；14—立式
直通除污器；15—集水缸；16—分水缸；17—供暖变频调速稳压装置；18—液压式水位控制阀；
19—安全阀；20—压力变送器；21—淋浴储水箱；22—淋浴加压泵

21.5.1.3 采暖管道剖面图

采暖管道剖面图如图 21-22 所示。

采暖管道剖面图的识读内容如下：在平面图上找到Ⅰ—Ⅰ的剖切位置。从Ⅰ—Ⅰ剖面图看到从锅炉下方出来的烟气从烟道升至标高为 3.400m，穿墙进入除尘器；还可以看到在图的下方中间有鼓风机，标高为 0.500m，从鼓风机排出的风向左穿墙后向下通向风道；可以看到引风机的标高及引风机出口烟道的标高。从Ⅱ—Ⅱ剖面图上看到在除尘器标高为 3.900m，出来的烟气经弯头向下到引风机，引风机与电动机用联轴器连接，电动机的标高为 0.728m。在剖面图上还可以找到一些定位尺寸及标高等，如电动机、引风机、除尘器、鼓风机、烟囱等定位尺寸；除尘器顶部、锅筒中心线标高，烟囱的尺寸等。

21.5.1.4 采暖管道系统图

某锅炉房动力管道系统图如图 21-23 所示。

某锅炉房动力管道系统图识读内容如下。从动力管道系统图左侧可看到，锅炉供水经阀门、压力表向上到标高为 4.400m 处，向左分两个支路，一个支路通向淋浴水箱，另一

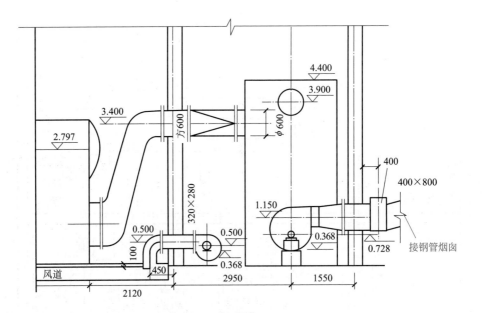

I—I 1:50

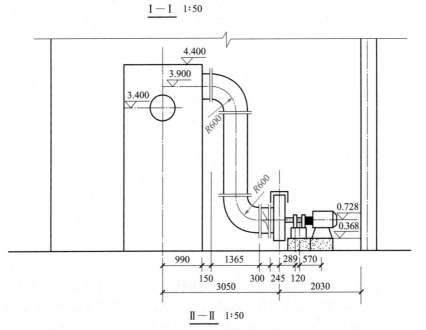

II—II 1:50

图 21-22 采暖管道剖面图

个支路通向分水缸；图左下方，供暖回水、浴池回水经阀门接入集水缸，集水缸上设有压力表，回水从集水缸出来后经阀门向上至标高为 4.400m 处，再向下至标高为 0.640m 处，接立式旁通阀，阀门的标高为 2.000m，向左再向右接入两台并联循环水泵，循环水泵出来的回水升至标高为 4.100m 处，向左再向右接压力表后通向锅炉。软化水箱的进水有 J1 管，经阀门在标高为 2.800m 处连接液压水位控制阀进入水箱；从离子交换器出来的经过软化处理的水在标高 2.00m 处接入控制阀进入水箱，从软化水箱底部引出管经阀门连接两台补水泵后接入压力变速器，压力变速器连接循环泵；软化水箱标高为 3.200m 处到压力变速器设有旁通管，中间有阀门。

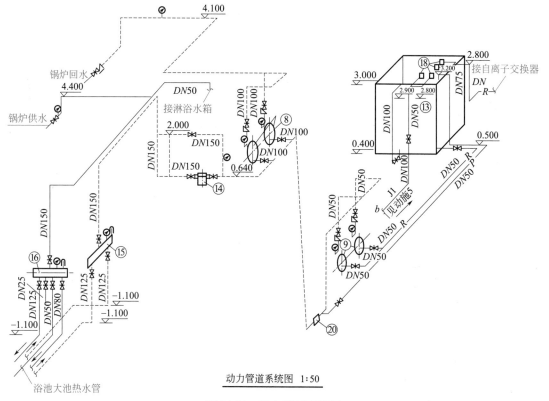

动力管道系统图 1:50

图 21-23　动力管道系统图

21.5.2　通风空调施工图

21.5.2.1　通风空调平面图

某会议厅的通风空调平面图如图 21-24 所示。

从图中可以看出，空调箱 1 布置在机房内（在图的左侧），通风管道从空调箱 1 起向后分四条支路延伸到会议厅右端，通过散热器 4 向会议厅输送经过处理的风。空调机房南墙设有新风口 2，尺寸为 1000mm×1000mm，通过变径接头与空调箱 1 连接，连接处尺寸为 600mm×600mm，空调系统由此新风口 2 从室外吸入新鲜空气以改善室内的空气质量。在空调机房右墙前侧设有回风口，通过变径接头与空调箱连接，连接处尺寸为 600mm×600mm，新风与回风在空调箱 1 混合段混合，经冷却、加热净化等处理后由空调箱顶部的出风口送至送风干管。空调箱 1 距前墙 200mm、距左右墙各 880mm，空调箱 1 的平面尺寸为 4400mm×2000mm。其他尺寸读法相同。送风干管从空调箱 1 起向后分出第一个分支管，第一个分支管向右通过三通向前分出另一个分支管，前面的分支管向前后、向右。送风干管再向后又分出第二个送风分支管。四路分支管一直通向右侧。在四路分支管上布置有尺寸为 240mm×240mm 的散流器 4。管道尺寸从起始端到末端逐渐缩小。

21.5.2.2　通风空调剖面图

某会议厅通风空调剖面图如图 21-25 所示。

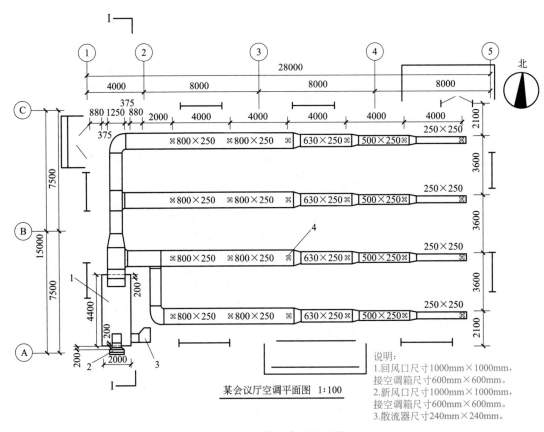

某会议厅空调平面图 1:100

说明:
1.回风口尺寸1000mm×1000mm,
接空调箱尺寸600mm×600mm。
2.新风口尺寸1000mm×1000mm,
接空调箱尺寸600mm×600mm。
3.散流器尺寸240mm×240mm。

图 21-24   通风空调平面图
1—空调箱;2—新风口;3—回风口;4—散流器

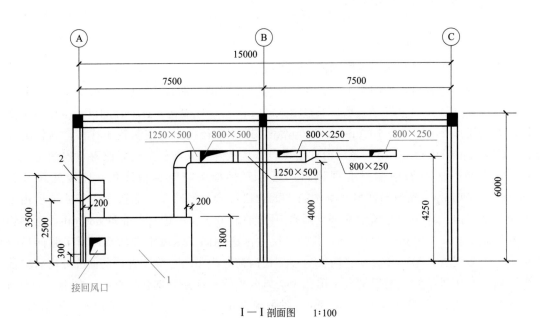

接回风口

Ⅰ—Ⅰ剖面图   1:100

图 21-25   通风空调剖面图
1—空调箱;2—新风口

从Ⅰ—Ⅰ剖面图上可以看出，空调箱的高度为1800mm，送风干管从空调箱上部接出，送风干管截面尺寸分别为 1250mm×500mm、800mm×250mm，高度分别为4000mm、4250mm。三路分支管从送风干管接出，前一路接口尺寸为800mm×500mm，后两路接口尺寸为800mm×250mm。

21.5.2.3　通风空调系统图

某会议厅的通风空调系统图如图21-26所示。

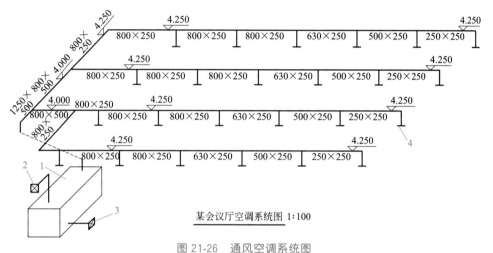

某会议厅空调系统图 1:100

图21-26　通风空调系统图

1—空调箱；2—新风口；3—回风口；4—散流器

系统图清晰地表示出该空调系统的构成、管道空间走向及设备的布置情况，如各管道标高分别为4.000m、4.250m，各段管道截面尺寸分别为1250mm×500mm、800mm×250mm、630mm×250mm、500mm×250mm、250mm×250mm等。

21.6　电气施工图

21.6.1　电气设备主要材料及文字符号代表图

电气设备主要材料及文字符号代表图如图21-27所示。

电气图用文字符号(部分)

导线敷设方式		导线敷设部位	
SC	穿焊接钢管敷设	WC	暗敷设在墙内
T	穿扣压式薄壁钢管敷设	CC	暗敷设在屋面或顶板内
PVC	穿阻燃塑料管敷设	F	地板或地面下敷设
WS	沿竖井敷设	DB	直接埋地敷设
		CT	沿电缆桥架敷设

(a) 电气设备主要材料

图 21-27

电气设备及主要材料表

序号	图例	名称	型号及规格	单位	数量	安装方式及高度	备注
1	▬	动力配电箱		台	1	详见系统图	
	▬	照明配电箱		台	3	详见系统图	
2	⬦	单联双控扳把开关	E2031L1/2A(250V, 10A)	只	—	暗装，下皮距地1.3m	
	⬦	单联单控扳把开关	E2031L1/2A(250V, 10A)	只	—	暗装，下皮距地1.3m	
	⬦2	双联单控扳把开关	E2032L1/2A(250V, 10A)	只	—	暗装，下皮距地1.3m	
	⬦t	声光控延时开关	TP31TS	只	—	暗装，下皮距地1.3m	
3	○	环型荧光灯	型号待定	套		吸顶式	
	⊗	防水防尘荧光灯	型号待定	套		吸顶式	
	▣	应急灯	2×10(自带蓄电池、玻璃外罩)	套		壁装2.5m，应急时间1.5小时	
	E	安全出口灯	1×10(自带蓄电池、玻璃外罩)	套		门上100mm壁装，应急时间1.5小时	
	⇥	诱导灯	1×10(自带蓄电池、玻璃外罩)	套		壁装0.8m，应急时间1.5小时	
	├─	单管荧光灯	1×32(带电子整流器)	套		吸顶装	
	╞═	双管荧光灯	2×32(带电子整流器)	套		吸顶装	
4	⊤	二、三眼插座，带安全门	250V, 10A	只		暗装，下皮距地0.3m	
	⊤F	防溅水安全型二、三眼插座	250V, 10A	只		暗装，下皮距地1.5m	
5		穿阻燃塑料管敷设	$\phi16, \phi20, \phi32, \phi50, \phi100$	m			
6		总等电位联结端子箱	MEB(R)-B	台	2	暗装，箱底距地0.3m	
		等电位联结端子板	JFG-Ⅱ	台		暗装，箱底距地0.3m	
7		电线~1kV	BV-2.5, 4, 10	m			
8		镀锌圆钢	$\phi12$	m			
		镀锌扁钢	$-40×4$	m			
9	RX	弱电多媒体布线箱	PB6011	台	3	暗装，箱底距地0.3m	
10		有线电视系统相关设备	由系统提供商确定				
		视频线	SYKV-75-9	m			
			SYKV-75-5-1	m			
	TV	电视及调频插座	E2032VTVFM	套		暗装，下皮距地0.3m	
11		电话系统相关设备	由系统提供商确定				
		通信电缆	HPV-2×0.5	m			
			HYA553-30×2×0.5	m			
	TP	电话插座	E2031RJ4	套		暗装，下皮距地0.3m	
		宽带系统相关设备	由系统提供商确定				
		通信电缆	超五类线1根和或光缆1根	m			
12		数据插座		套		暗装，下皮距地0.3m	
13	◎	专用呼救按钮	成套	只		暗装，下皮距地0.5m	
	⬦	声光显示装置	成套	只		暗装，下皮距地2.5m	

(b) 文字符号代表图

图 21-27　电气设备主要材料及文字符号代表图

在该图中我们可以读到每一个电气符号所代表的意思、型号规格、安装数量、安装方式、安装高度、导线的敷设方式和敷设部位。

21.6.2　配电干线系统图

配电干线系统图如图 21-28 所示。

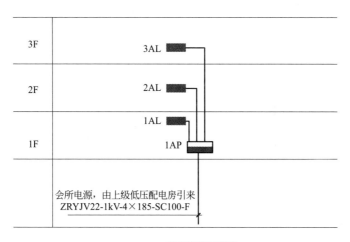

配电干线系统图

图 21-28　配电干线系统图

配电干线系统图识读：配电干线由上级低压配电房引入项目，经过一个动力配电箱后接入一层、二层、三层的照明配电箱。该系统有 1 个动力配电箱，3 个照明配电箱。

21.6.3　火灾报警系统图

消防系统及消防联动系统说明如下。

① 本建筑属二级保护对象，采用集中报警系统。在商铺营业厅，门厅、公共楼梯和主要通道设备用房走道等处设置感烟探测器和手动报警按钮。

② 消防中心设于物业用房层有直通室外的安全出口采用防静电地板并抬高 0.3m。消防中心的电源采用双电源自动切换方式供电并有专用的接地端子板。

③ 由消控中心引来信号总线、电源总线火灾自动报警及消防联动控制系统呈树干式布置。

④ 采用耐火型铜芯绝缘导线在电缆桥架内或穿管在楼板内暗敷。火灾自动报警系统的电源线、消防联动控制线应采用耐火类铜芯绝缘导线或铜芯电缆，通信、警报和应急广播线宜采用耐火类铜芯绝缘导线或铜芯电缆当线路。采用暗敷设时宜采用金属管或难燃型刚性塑料管保护，并应敷设在不燃烧体的结构层内且保护层厚度不宜小于 30mm。当采用明敷设时应采用金属管或金属线槽保护并应在金属管或金属线槽上采取防火保护措施。

⑤ 设备安装：区域显示盘挂墙明装，底边距地 1.5m。各探测器吸顶安装于楼板或吊顶上；手动报警按钮明装底边距地 1.4m。联动控制模块在被控设备附近的墙上 2.0m 高处就近安装，声光报警器挂墙明装底边距地 2.5m。消防接线箱底边距地 2m 明装。

火灾报警系统图如图 21-29 所示。

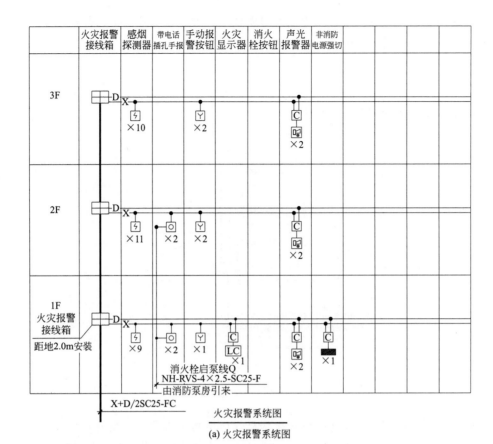

(a) 火灾报警系统图

火灾自动报警及联动材料表

图例	名称	型号与规格	单位	数量
⊞	消防接线端子箱	JBF-11A/X	个	3
⚡	感烟火灾探测器(带地址)	LN2100	个	30
Y	手动报警按钮/带电话插孔手报	JBF-101F-N	个	5
○	消火栓报警按钮	VM3332A	个	
▭	总线隔离器	JBF-171F-N	个	3
I/C	输出模块/输入模块	JBF-141F-N/JBF-131F-N	个	
▨	声光报警器	VM1372B	个	6
LC	楼层显示器	JBF-191F-N	个	1

火灾报警线路编号表

线路编号	名称	线路型号	穿管规格
X	火灾报警总线	NH-RVS-2×1.5	SC20
D	联动控制电源总线	NH-RVS-2×1.5	SC20
从消防中心至消防接线端子箱的消防干线型号及穿管管径一律按上述规格放大一级			

(b) 火灾自动报警及联动材料表

图 21-29 火灾报警系统图

火灾报警系统图识读：火灾报警接线箱距地 2.0m 安装，每层都由接线箱引出一条火灾报警总线和联动控制电源总线。一层先从配电箱开始在火灾报警总线上引出 9 个感烟火灾探测器，然后引出两个消火栓报警按钮，这两个报警按钮同时接入到由消防泵房引来的消火栓启泵线，同时和第二层的报警按钮相连。然后设置一个手动报警按钮/带电话插孔手报，紧接着引出一个输入模块同时设置一个楼层显示器，接着在火灾报警总线和联动控制电源总线上同时引出输入模块，设置 2 个声光报警器，最后在火灾报警总线和联动控制电源总线上同时引出输入模块，连接照明配电箱。

二层先从配电箱开始在火灾报警总线上引出 11 个感烟火灾探测器，然后引出两个消火栓报警按钮接入消火栓启泵线，这两个报警按钮与第一层相连，然后设置有 2 个手动报警按钮/带电话插孔手报，最后在火灾报警总线和联动控制电源总线上同时引出输入模块，连接 2 个声光报警器。

三层先从配电箱开始在火灾报警总线上引出 10 个感烟火灾探测器，然后设有 2 个手动报警按钮/带电话插孔手报，最后在火灾报警总线和联动控制电源总线上同时引出输入模块，连接 2 个声光报警器。

21.6.4 首层电气平面图

该项目首层电气平面图如图 21-30 所示。

从照明图中可以看出：该建筑照明电源是由上级低压配电房引来，在本层主要使用的电气设备有：单管荧光灯 4 个；双管荧光灯 28 个；安全出口灯设置 4 个，其中两个出口处各设置一个，两个楼梯处各设置 1 个；应急灯 8 个；环形荧光灯 3 个；防水防尘荧光灯 5 个；单联双控扳把开关 3 个；单联单控扳把开关 5 个；单联三控扳把开关 2 个；图中 "WC" 表示敷设方式是暗敷设在墙内，在一楼卫生间旁设置的有 1 个动力配电箱 1 个照明配电箱。

从插座平面图中可以看出：该图中布置 5 个二眼、三眼插座，带安全门，1 个动力配电箱和 1 个照明配电箱，在 W5 线路中引出一条线路暗敷设在墙内引至空调。

从弱电及火灾报警平面图中可以看出：接入弱电保护箱的线（电视预埋管、网络预埋管和电话预埋管）由室外弱电管网引来，在地板或地面下敷设。有消防泵房引来的消火栓启泵线在地板或地面下敷设引入楼层显示器。由消防控制室引来的联动控制电源总线接入到消防接线端子箱，然后经过声光报警器和消火栓报警按钮接入到楼层显示器。

21.6.5 屋顶防雷及接地平面图

屋顶防雷平面图如图 21-31 所示。

接地平面图如图 21-32 所示。

建筑防雷接地说明：本建筑物划为第三类防雷建筑物。

① 建筑物外部防雷的措施采用装设在建筑物上的接闪网、接闪带或接闪杆，也可采用接闪网、接闪带或接闪杆混合组成的接内器。接内网、接内带应沿屋角、屋脊、屋檐和檐角等易受雷击的部位敷设，并应在个屋面组成不大于 20m×20m 或 24m×16m 的网格，接闪器之间应互相连接。屋顶上所有凸起的金属构筑物管道及设备均与避雷带可靠焊接。利用屋顶平面图中指定的柱子作为防雷引下线柱利用基础内钢筋作为接地极。所有外露防雷设施均应热镀锌。

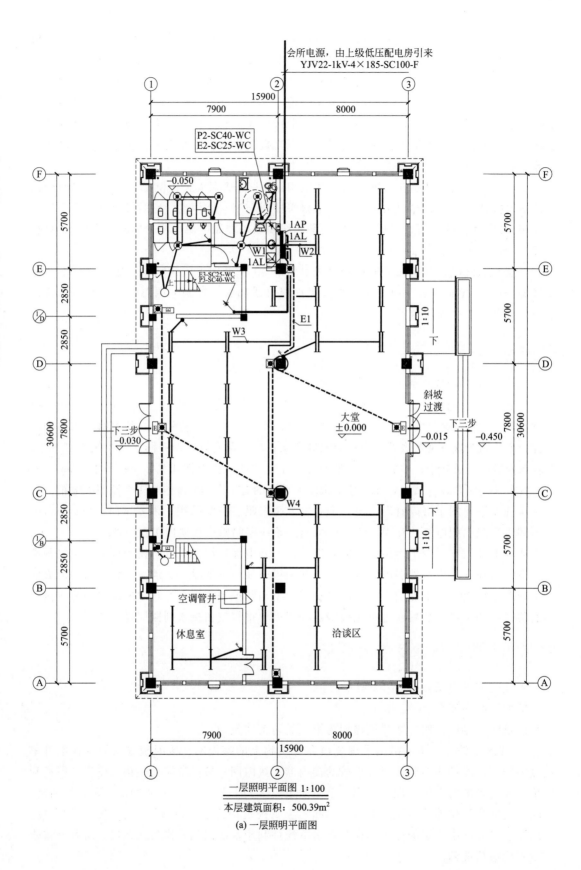

一层照明平面图 1:100

本层建筑面积：500.39m²

(a) 一层照明平面图

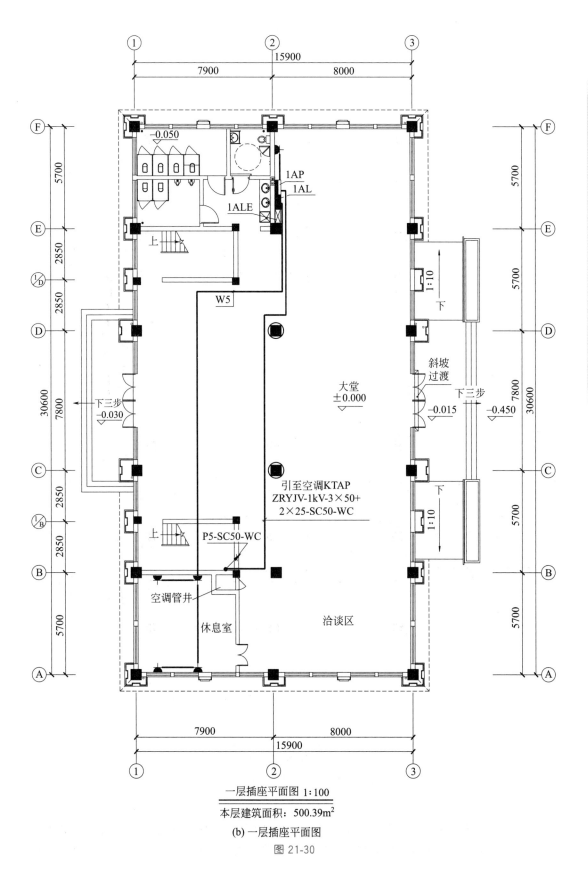

一层插座平面图 1:100

本层建筑面积：500.39m²

(b) 一层插座平面图

图 21-30

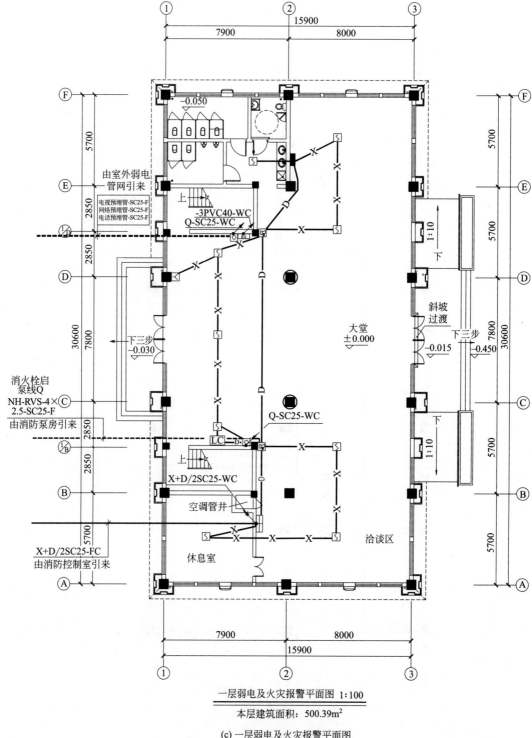

一层弱电及火灾报警平面图 1:100

本层建筑面积：500.39m²

(c) 一层弱电及火灾报警平面图

图 21-30　首层电气平面图

　　② 防止雷电流流经引下线和接地装置时产生的高电位对附近金属物或电气和电子系统线路的反击，在电气接地装置与防雷接地装置共用或相连的情况下，应在低压电源线路

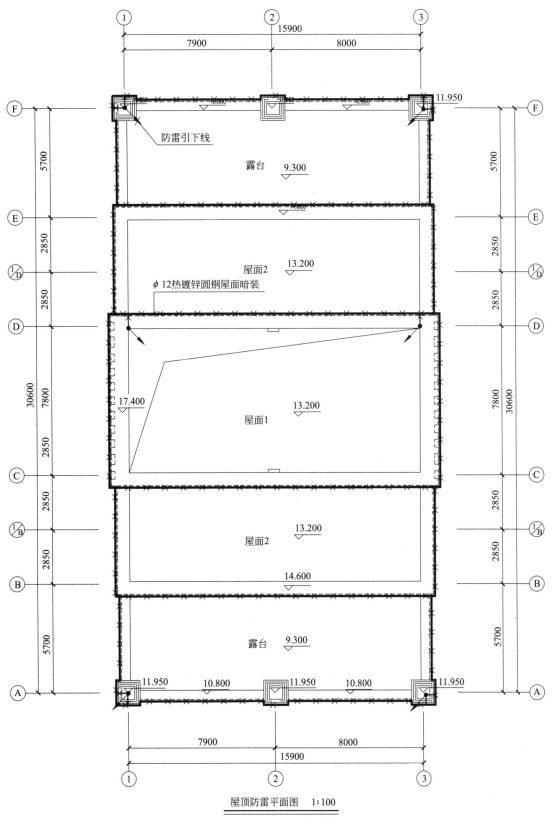

屋顶防雷平面图　1:100

图 21-31　屋顶防雷平面图

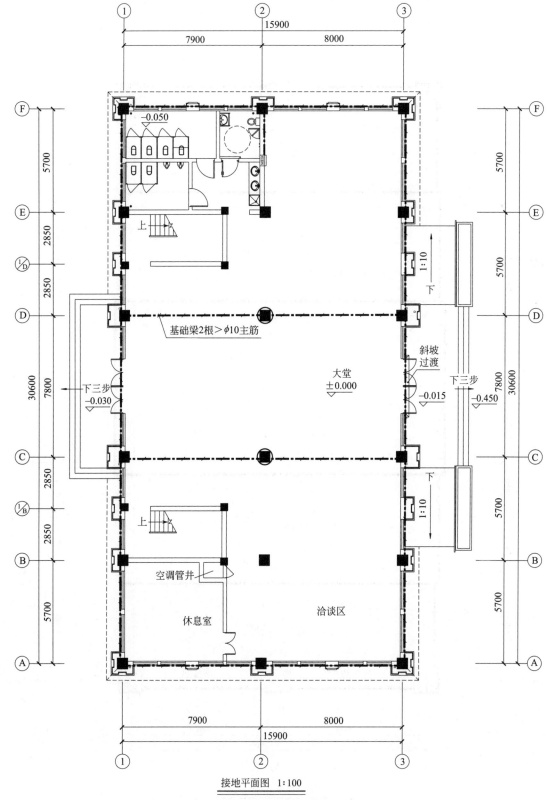

接地平面图 1:100

图 21-32　接地平面图

引入的总配电箱、配柜处装设Ⅰ级试验的电涌保护器。电涌保护器的电压保护水值应小于或等于 2.5kV。每一保护模式的冲击电流值当无法有定时应取等于或大于 12.5kA。

③ 防雷下线柱内 2 根φ16 或 4 根大于φ12 主筋（通长焊接或绑扎）与屋面避雷带地下基础钢筋之间必须可靠焊接以形成可靠电气通路。基础梁 2 根主筋焊接一周并应分别与防雷引下柱、基础内钢筋及环形接地所经过的基础均应可靠焊接。屋面避雷带采用在粉刷层内暗敷，屋脊部分在屋面瓦与屋面现浇板之间敷设。

④ 为防雷电波侵入，对于电缆进出线应在进出端将电缆的金属外皮、钢管等与电气设备接地相连。

⑤ 本工程接地采用共用接地装置，施工完毕应测量接地电阻，应不大于1Ω。若达不到要求应增加人工接地体。人工接地极，扁钢埋设深度为地下 1m。

⑥ 防雷引下线距地面 0.5m 处应设螺栓连接型预埋接地端子板供测试，连接人工接地体和作等电位联结用。

主要参考文献

[1] 中华人民共和国住房和城乡建设部 . 房屋建筑制图统一标准：GB/T 50001-2017）[S] . 北京：中国建筑工业出版社，2017.

[2] 中华人民共和国住房和城乡建设部，中华人民共和国国家质量监督检验检疫总局 . 建筑制图标准：GB/T 50104—2010 [S] . 北京：中国建筑工业出版社，2010.

[3] 中华人民共和国住房和城乡建设部 . 房屋建筑室内装饰装修制图标准：JGJ/T 244—2011 [S] . 北京：中国建筑工业出版社，2011.

[4] 张应龙 . 电气工程制图与识图 [M] . 北京：化学工业出版社，2015.

[5] 贾黎明，汪永明 . 建筑制图 [M] . 北京：中国铁道出版社，2018.

[6] 刘莉 . 建筑制图 [M] . 武汉：华中科技大学出版社，2017.

[7] 马广东，于海洋，郜颖 . 建筑制图 [M] . 北京：航空工业出版社，2015.

[8] 江依娜，蒋粤闽 . 建筑制图与识图 [M] . 镇江：江苏大学出版社，2019.

[9] 王丽红 . 建筑制图与识图 [M] . 北京：北京理工大学出版社，2017.

[10] 何培斌 . 建筑制图与识图 [M] . 重庆：重庆大学出版社，2017.

[11] 罗晓良，朱理东，温和 . 建筑制图与识图 [M] . 重庆：重庆大学出版社，2016.

[12] 周晖 . 建筑结构与识图 [M] . 北京：北京理工大学出版社，2018.

[13] 陈文元 . 建筑结构与识图 [M] . 2 版 . 重庆：重庆大学出版社，2018.

[14] 王子佳，孙红立 . 建筑装饰装修工程识图新手快速入门 [M] . 北京：化学工业出版社，2017.

[15] 歆静 . 详解室内外装修施工图识读与制图 [M] . 北京：机械工业出版社，2019.

[16] 王全福，郑福珍，田刚 . 暖通识图快速入门 [M] . 北京：机械工业出版社，2013.

[17] 陈东明 . 建筑给排水 暖通空调施工图快速识读 [M] . 合肥：安徽科学技术出版社，2019.

[18] 王凤 . 建筑设备施工工艺与识图 [M] . 天津：天津科学技术出版社，2019.

[19] 高安邦，冉旭，高鸿升 . 电气识图一看就会 [M] . 北京：化学工业出版社，2015.